土木工程施工教程

刘建民　张卫红　主编

西北工業大學出版社

【内容简介】 本书是依据全国高等院校土木工程专业指导委员会通过的《土木工程施工课程教学大纲》的要求，结合最新的各类施工规范及施工工艺标准编写而成的。

全书内容可分为施工技术和施工组织管理两大部分，共13章。第1～9章为施工技术部分，介绍了土方工程、桩基础工程、砌筑工程、混凝土结构工程、预应力混凝土工程、结构安装工程、脚手架与模板支架工程、防水工程、建筑装饰工程等的施工原理及方法；第10～13章为施工组织管理部分，介绍了流水施工原理、网络计划技术、建筑工程施工组织总设计、单位工程施工组织设计等内容。

本书可作为高等院校土木工程、工程管理等专业的教材，也可供土建类设计及施工人员学习参考。

图书在版编目(CIP)数据

土木工程施工教程/刘建民，张卫红主编．—西安：西北工业大学出版社，2012.6
ISBN 978-7-5612-3354-2

Ⅰ.①土… Ⅱ.①刘…②张… Ⅲ.①土木工程—工程施工—教材 Ⅳ.①TU7

中国版本图书馆CIP数据核字(2012)第129470号

出版发行：西北工业大学出版社
通信地址：西安市友谊西路127号 **邮编**：710072
电　　话：(029)88493844 88491757
网　　址：www.nwpup.com
印 刷 者：陕西兴平报社印刷厂
开　　本：787 mm×1 092 mm 1/16
印　　张：25.875
字　　数：632千字
版　　次：2012年6月第1版 2012年6月第1次印刷
定　　价：48.00元

前　言

“土木工程施工”是土木工程专业的一门主要专业课程，是研究土木工程施工技术和施工组织管理方法的科学。它主要介绍土木工程施工中各主要分部、分项工程施工工艺原理及方法、施工项目组织管理的基本原理，是将已学过的各专业类课程，如建筑材料、钢筋混凝土结构、钢结构、土力学与地基基础、工程测量等理论知识转化为实际建筑物的桥梁。

由于土木工程施工技术及管理方法更新得很快，最近几年又处于国家标准、规范的更新期，现有的大部分出版物在很多重要知识点上已跟不上国家最新标准、规范的要求，给教学工作带来困难。为此，编写一本能反映成熟施工技术最新进展的教材是土木工程专业教学中亟待解决的问题。

本书是依据全国高等院校土木工程专业指导委员会通过的《土木工程施工课程教学大纲》进行编写的。它阐述了土木工程施工的基本理论和实际应用方法。在内容上，力求符合国家最新颁布的各项规范、标准，反映土木工程施工技术及管理理论的最新进展；在编写过程中，参考了大量成熟的施工工艺标准及成功的施工方案案例；在知识点的取舍上，考虑到一般土木工程专业在本课程教学学时上的限制及实际从业范围的需要，重点放在讲述建筑工程所涉及的施工技术，对交通、水电等专业未做过多介绍。“土木工程施工”是一门操作性非常强的实践性课程，为方便学习，本书引入了大量的图表，并尽量采用了规范、简练、通俗易懂的语言，结合施工实际进行讲解。

本书共分为13章。第1～9章主要介绍了土木工程施工技术，第10～13章介绍了土木工程施工管理的基本理论及方法。本书可作为高等院校土木工程、工程管理等专业的教材，也可供土建类设计、施工及科研人员学习参考。

本书的编写分工如下：第5～7章、第10章、第12章由张卫红编写，其余各章由刘建民编写。全书由刘建民统稿。在读研究生葛刚等为本书的编写搜集了大量国家标准、规范及其他参考资料。

本书在编写过程中参考了大量国家标准、规范、施工工艺标准、教材、研究文献及专业著作，有些著作在参考文献中未能一一列举，在此谨对所有著作者表示衷心的感谢！

由于水平有限，加之时间仓促，书中难免存在各种不足，恳请广大读者批评指正。

编　者

2011年11月

目　录

第1章 土方工程

1.1 概 述

土方工程是土木工程施工程序中的一个重要环节。建筑工程施工中涉及的土方工程施工通常包括场地平整、土方(基坑、槽)开挖、土方的运输、土方回填与压实;还可能涉及基坑降水、坑壁支护等内容。

相对于建筑工程施工的其他内容,土方工程施工具有如下特点:

(1)工程量大,工期长。大型的土木工程项目,如场道工程等,其土方工程所涉及平面范围可能有数十平方千米,涉及的土方工程量可达到上百万立方米。

(2)受天气、地下水、土层性质等自然因素的影响较大。恶劣的天气条件可严重影响土方工程的开挖、运输与回填作业;地下水位太高、存在承压水层等都可能严重影响基坑侧壁稳定。由于天气及地下自然因素导致的土方工程工期拖延是造成建筑施工工期延误最常见的原因之一。

(3)国家法规对土方工程安全施工有着严格的规定:当开挖深度在 3 m 以上时,应编制专项施工方案;当开挖深度大于 5 m 时,其专项施工方案应组织专家论证。

(4)随着我国城市化进程的快速推进,城市建筑施工中土方工程的弃土与购买费用在土方工程施工中所占比例越来越大。

因此,编制合理的施工方案、进行有效决策并有效组织施工对土方工程具有重大意义。

1.2 土的工程分类及其性质

1.2.1 土的工程分类

在土方工程施工中,按照土体开挖的难易程度,将土体分为 8 类,其中前 4 类为土,后 4 类为岩石。具体如表 1.1 所示。

表 1.1 土的工程分类

土的类别	土的名称	密度/$(kg \cdot m^{-3})$	开挖方法及工具
一类土 (松软土)	砂土;粉土;冲积砂土层;疏松的种植土;淤泥(泥炭)	600～1 500	用锹、锄头挖掘
二类土 (普通土)	粉质黏土;潮湿的黄土;夹有碎石、卵石的砂;粉土混卵(碎)石;种植土;填土	1 100～1 600	用锹、锄头挖掘,少许用镐翻松

续 表

土的类别	土的名称	密度/(kg·m⁻³)	开挖方法及工具
三类土 (坚土)	软及中等密实黏土;重粉质黏土;砾石土;干黄土,含有碎石、卵石的黄土,粉质黏土;压实的填土	1 750～1 900	主要用镐,少许用锹、锄头挖掘,部分用撬棍
四类土 (砂砾坚土)	坚硬密实的黏性土或黄土;含碎石、卵石的中等密实的黏性土或黄土;粗卵石;天然级配砂石;软泥灰岩	1 900	先用镐、撬棍,后用锹挖掘,部分用楔子及大锤
五类土 (软石)	硬质黏土;中密的页岩:泥灰岩、白垩土;胶结不紧的砾岩,软石灰岩及贝壳石灰岩。	1 100～2 700	用镐或撬棍、大锤挖掘,部分使用爆破方法
六类土 (次坚石)	泥岩;砂岩;砾岩;坚实的页岩、泥灰岩;密实的石灰岩;风化花岗岩、片麻岩及正常岩	2 200～2 900	用爆破方法开挖,部分用风镐
七类土 (坚石)	大理岩;辉绿岩;玢岩;粗、中粒花岗岩;坚实的白云岩、砂岩、砾岩、片麻岩、石灰岩、微风化安山岩、玄武岩	2 500～3 100	用爆破方法开挖
八类土 (特坚石)	安山岩;玄武岩;花岗片麻岩;坚实的细粒花岗岩、闪长岩、石英岩、辉长岩、辉绿岩、玢岩、角闪岩	2 700～3 300	用爆破方法开挖

1.2.2 土的可松性

自然状态下的土,开挖时其体积会因变松散而增大,以后虽经压实,但仍不能恢复到原来的体积,这种性质称之为土的可松性。土体可松性的程度通常用可松性系数来描述。

最初可松性系数为

$$K_S=\frac{V_2}{V_1}=\frac{\text{开挖后的松散体积}}{\text{天然状态下的体积}} \tag{1.1}$$

最终可松性系数为

$$K'_S=\frac{V_3}{V_1}=\frac{\text{回填压实后的体积}}{\text{天然状态下的体积}} \tag{1.2}$$

各种土的最初可松性系数及最终可松性系数见表1.2。

表1.2　各种土的可松性系数

土的类别	体积增加百分率/(%)		可松性系数	
	最初	最终	K_S	K'_S
一类土(种植土除外)	8～17	1～2.5	1.08～1.17	1.01～1.03
一类土(植物性土、泥炭)	20～30	3～4	1.20～1.30	1.03～1.04

续表

土的类别	体积增加百分率/(%)		可松性系数	
	最初	最后	K_S	K'_S
三类土	14～28	2.5～5	1.14～1.28	1.02～1.05
四类土	24～30	4～7	1.24～1.30	1.04～1.07
四类土(泥灰岩、蛋白石除外)	26～32	6～9	1.26～1.32	1.06～1.09
四类土(泥灰岩、蛋白石)	33～37	11～15	1.33～1.37	1.11～1.15
五～七类土	30～45	10～20	1.30～1.45	1.10～1.20
八类土	45～50	20～30	1.45～1.50	1.20～1.30

1.2.3　土的最佳含水量与最大干密度

当土体回填压实时，其含水量对压实效果有很大影响。将回填土体的含水量控制在最佳含水量附近对保证压实质量、提高压实效率都有重要意义。最大干密度是衡量土体被压实程度的标准。土体被压实的程度通常用压实系数表示，即

$$D_y=\frac{\rho_d}{\rho_{dmax}} \tag{1.3}$$

式中　D_y——土的压实系数；

ρ_d——土在压实后现场实测的干密度；

ρ_{dmax}——土的最大干密度，通常由击实试验获得。

常见土体的最佳含水量及最大干密度如表1.3所示。

表1.3　常见土体的最佳含水量及最大干密度

土的种类	最佳含水量/(%)	最大干密度/(g·cm^{-3})
砂土	8～12	1.80～1.88
粉土	16～22	1.61～1.80
黏土	19～23	1.58～1.70
粉质黏土	12～15	1.85～1.95

1.3　土方工程量的计算

土方工程量的计算可以分为两类：基坑(槽)开挖工程量计算和场地平整工程量计算。

1.3.1　基坑(槽)开挖工程量计算

基坑(见图1.1(a))形状通常为上大下小的棱台体，其体积通常按照棱台体积的计算公式计算，即

$$V=\frac{H}{6}(F_1+4F_0+F_2) \tag{1.4}$$

式中 H—— 基坑开挖深度；

F_1, F_2—— 基坑上、下底面面积；

F_0—— 基坑中部截面面积。

基槽的形状多为棱柱体，若各截面尺寸逐渐变化，其体积也可用式(1.4)进行计算，只是 F_1, F_2, F_0 及 H 的含义如图 1.1(b) 所示。

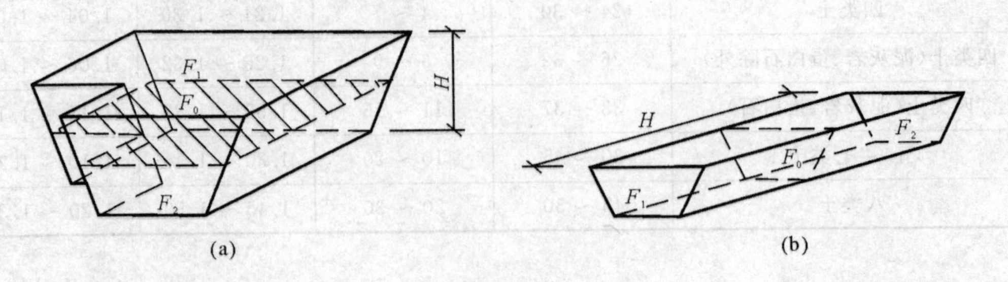

图 1.1 基坑与基槽的土方量计算

(a) 基坑；(b) 基槽

1.3.2 场地平整设计标高的确定

场地平整施工是建筑工程施工的第一步，它为施工场地上建筑物及室外工程规划放线、临建设施建设等提供条件。场地平整应按照设计要求的场地标高进行。

场地设计标高是进行场地平整土方量计算的依据。合理确定场地设计标高，对减少土方量和加快工程进度具有重要意义。一般情况下，场地标高的确定应考虑下列因素：

(1) 满足生产工艺和运输要求；

(2) 尽量利用现有地形；

(3) 场地内挖、填土方平衡，土方运输量最小；

(4) 有一定排水坡度，能满足排水要求(一般应向排水沟方向作成不少于 2‰ 的坡度)。

(5) 考虑最高洪水位影响。

场地设计标高一般在设计文件上有所规定。如果设计文件没有规定，则按照挖填平衡原则，通过以下所述的步骤确定。

1. 划分方格网

在地形图上，根据要求的计算精度及地形起伏情况，将场地地形图划分为 10 ～ 40 m 的方格网，如图 1.2 所示。

2. 确定方格各角点的标高

当地形平坦时，可根据地形图上相邻两等高线的标高，用插入法求得方格各角点的标高；当地形起伏较大或没有地形图时，可在地面上用木桩打好方格网，再用仪器直接测出方格各角点的标高。

3. 初步确定场地的设计标高

根据挖填平衡原则，场地的设计标高为

$$H_0 na^2 = \sum \left(\frac{H_{11} + H_{12} + H_{21} + H_{22}}{4} \right) a^2 \tag{1.5}$$

式中，等号左侧为平整后的土方体积，等号右侧为平整前的土方体积；

H_0—— 场地的设计标高；

a—— 方格边长；

n—— 方格数；

$H_{11},H_{12},H_{21},H_{22}$—— 分别为方格网4个角点标高。

所以

$$H_0=\frac{\sum(H_{11}+H_{12}+H_{21}+H_{22})}{4n} \tag{1.6}$$

由图1.2可以看到，H_{11}是1个方格的角点标高，H_{12}，H_{21}是2个方格公共的角点标高，H_{22}是4个方格公共的角点标高，它们在式(1.6)的等号右边分子部分的相加中分别要加1次、2次和4次。因此，式(1.6)又可写为

$$H_0=\frac{\sum H_1+2\sum H_2+4\sum H_4}{4n} \tag{1.7}$$

式中　n—— 方格数；

H_1——1个方格仅有的角点标高；

H_2——2个方格共有的角点标高；

H_4——4个方格共有的角点标高。

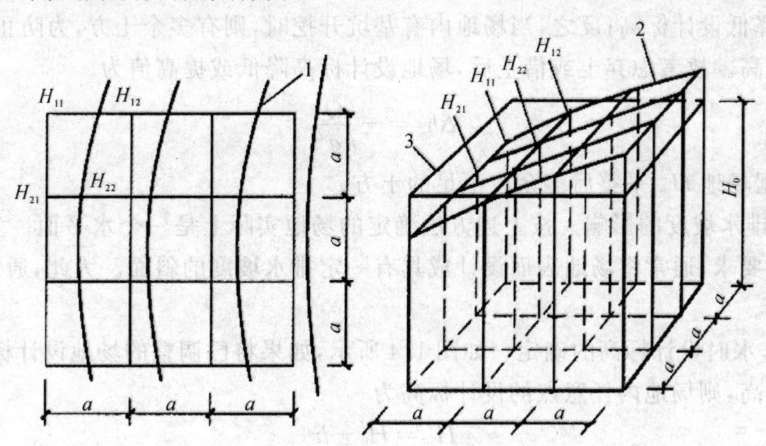

图1.2　场地设计标高计算示意图

1—等高线；2—自然地面；3—设计标高平面

4.场地设计标高的调整

式(1.7)中，H_0仅是一个理论值，实际中还须考虑土的可松性、场地排水坡度、挖填方量不等、弃土或借土等因素，来对设计标高进行调整。

(1) 土的可松性的影响。由于土具有可松性，按照式(1.7)计算的设计标高施工，土方会有剩余，为此，应适当提高设计标高。

如图1.3所示，设Δh为土的可松性引起的设计标高增加值，那么设计标高调整后的总挖方体积为

$$V_w'=V_w-F_w\Delta h$$

总填方体积为

$$V_t'=V_w'K_S'=(V_w-F_w\Delta h)K_S'$$

由于设计标高提高，需要增加的填方体积为

$$\Delta h F_t = V_t' - V_t = (V_w - F_w \Delta h) K_S' - V_t \tag{1.8}$$

式(1.8)即为考虑土的可松性后挖填平衡表达式。

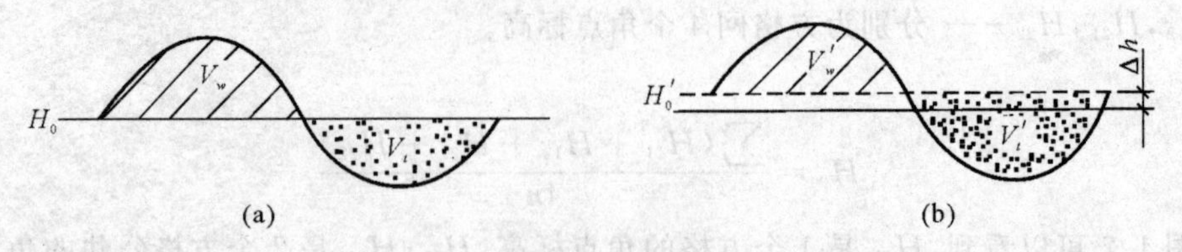

图 1.3 设计标高调整计算简图

(a) 理论计算标高；(b) 调整设计标高

考虑到初始设计计算中 $V_t = V_w$，整理式(1.8)，即可得到场地设计标高的调整值为

$$\Delta h = \frac{V_t (K_S' - 1)}{F_t + F_w K_S'} \tag{1.9}$$

故考虑到土的可松性后，场地设计标高调整为

$$H_0' = H_0 + \Delta h \tag{1.10}$$

(2) 弃土或借土的影响。当在场地内修筑路堤等时，若按场地设计标高 H_0 施工，会出现用土不足，须降低设计标高；反之，当场地内有基坑开挖时，则有多余土方，为防止土方外运，就须提高设计标高。故考虑弃土或借土后，场地设计标高降低或提高值为

$$\Delta h' = \pm \frac{Q}{n a^2} \tag{1.11}$$

式中，Q 为根据场地 H_0 平整后多余或不足的土方。

(3) 场地排水坡度的影响。按上述方法确定的场地实际上是一个水平面。实际中由于场地自然排水的要求，通常将场地表面设计成具有一定排水坡度的斜面。为此，通常采用下面的方法进行调整。

1) 单向排水时设计标高的确定。如图 1.4 所示，如果将已调整的场地设计标高 H_0' 作为场地中心线的标高，则场地内任意点的设计标高为

$$H_n = H_0' \pm l i \tag{1.12}$$

式中 H_n—— 场地内任一点的设计标高；

l—— 该点距场地中心线的距离；

i—— 场地排水坡度($i \geqslant 2\%$)。

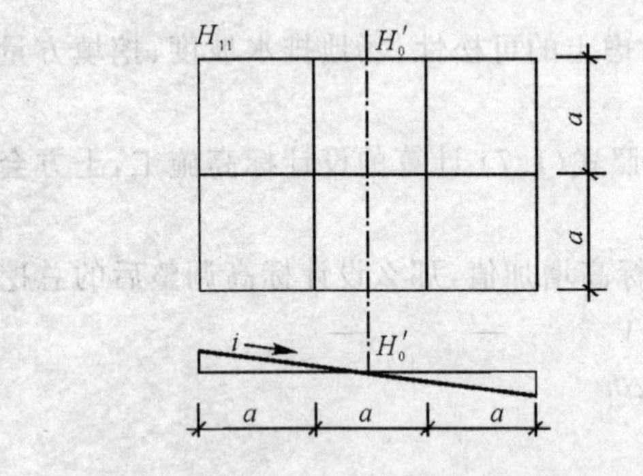

图 1.4 场地单向排水坡度示意图

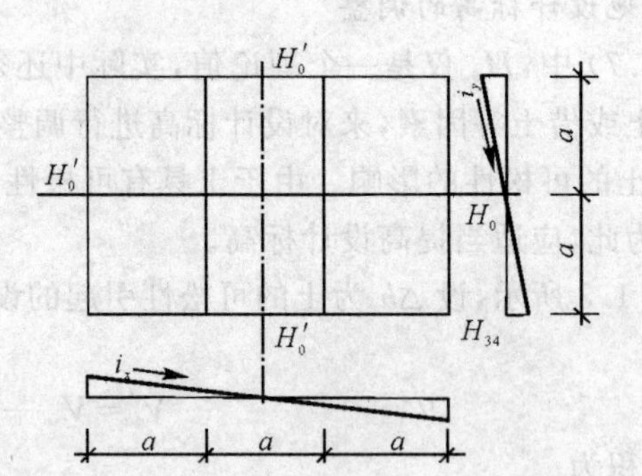

图 1.5 场地双向排水坡度示意图

2) 双向排水时设计标高的确定。如图 1.5 所示，如果将已调整的设计标高作为场地中心点的设计标高，则场地内任意点的设计标高为

$$H_n = H_0' \pm l_x i_x \pm l_y i_y \tag{1.13}$$

1.3.3　场地平整土方工程量的计算

场地平整土方工程量的计算步骤如下所列。

1. 确定网格角点的施工高度

$$h_n = H_n - H \tag{1.14}$$

式中　h_n—— 网格角点施工高度，“+”为填；“−”为挖；

H_n—— 各角点的设计标高；

H—— 各角点的自然地面标高。

2. 求“零点”、绘“零线”

“零点”即施工高度为零的点，其连成的曲线称为“零线”。零点及零线仅出现于施工高度有正有负的网格单元中。

“零线”位置的确定方法：先求出方格网中边线两端施工高度有“+”有“−”中的零点，再将相邻 2 个零点连接起来，即为“零线”。

如图 1.6 所示，设 h_1 为填方角点的填方高度，h_2 为挖方角点的挖方高度，O 点为零点位置，则

$$x = \frac{ah_1}{h_1 + h_2} \tag{1.15}$$

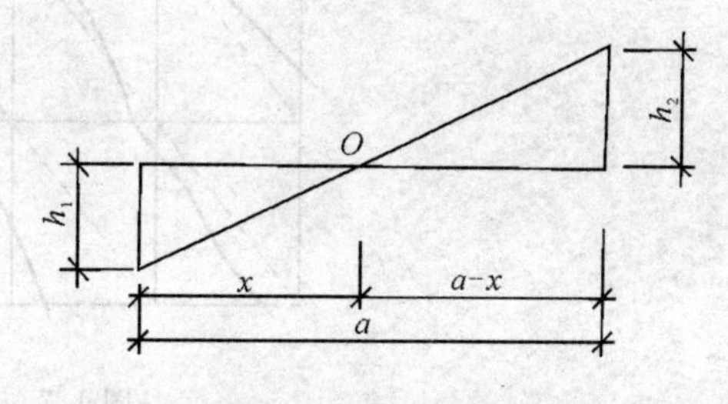

图 1.6　零点计算示意图

3. 计算场地挖填方土方量

(1) 四棱柱法。按照划分的正方形方格网，根据零线的位置可能有表 1.4 中所列的几种情形。

表 1.4　四棱柱法土方量计算表

正方形网格形式	计算公式
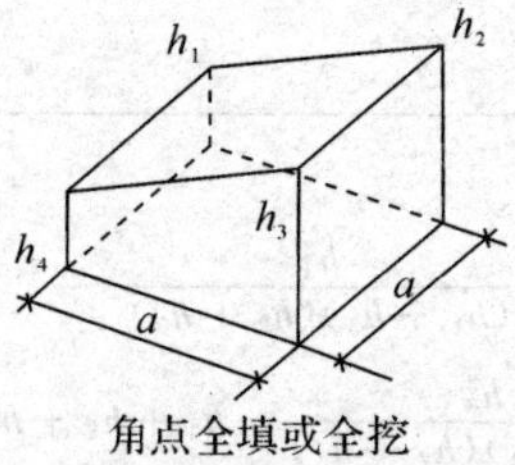 角点全填或全挖	$V = \frac{a^2}{4}(h_1 + h_2 + h_3 + h_4)$
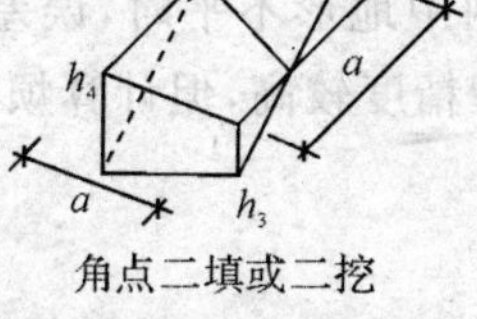 角点二填或二挖	$V = \frac{a^2}{4}\left(\frac{h_1^2}{h_2 + h_4} + \frac{h_2^2}{h_2 + h_3}\right)$

续表

正方形网格形式	计算公式
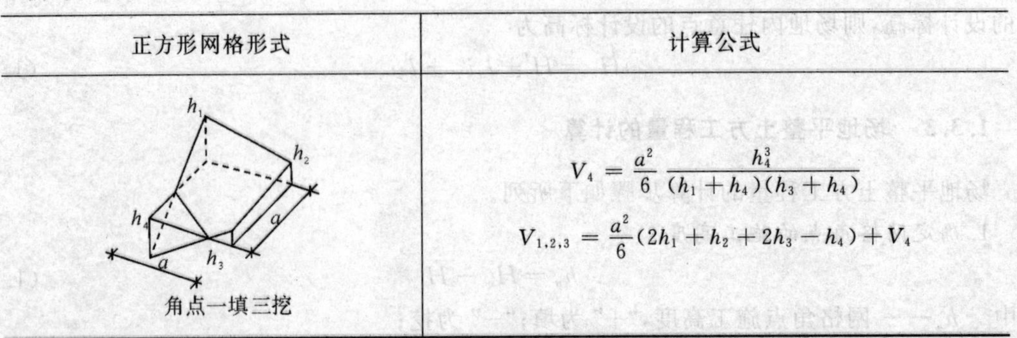角点一填三挖	$V_4=\frac{a^2}{6}\frac{h_4^3}{(h_1+h_4)(h_3+h_4)}$ $V_{1,2,3}=\frac{a^2}{6}(2h_1+h_2+2h_3-h_4)+V_4$

(2) 三棱柱法。以划分的正方形网格为基础，顺等高线的走向，将正方形网格再划分成三角形网格，如图 1.7 所示。若每个三角形三个角点的施工高度分别为 h_1,h_2,h_3，则其土方量计算公式如表 1.5 所列。

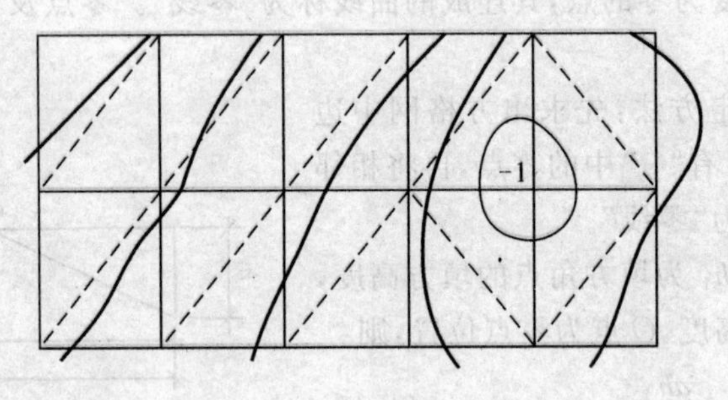

图 1.7　三角形网格划分图

表 1.5　三棱柱法土方量计算表

三角形网格形式	土方量计算公式
h_1 h_2 h_3 三个角点全部为挖或填	$V=\frac{a^2}{6}(h_1+h_2+h_3)$
h_1 h_2 O O h_3 三个角点有挖有填	$V_{锥}=\frac{a^2}{6}\frac{h_3^3}{(h_1+h_3)(h_2+h_3)}$ $V_{楔}=\frac{a^2}{6}\left[\frac{h_3^3}{(h_1+h_3)(h_2+h_3)}-h_3+h_2+h_1\right]$

四棱柱法是根据平均中断面的近似公式而得的，当方格网中地形不平时，误差较大，但计算简单。三棱柱法是根据立体几何体积计算公式得来的，计算精度较高，但计算烦琐。

1.4　土方调配

在大型场地平整施工中，通常有若干个挖方区和若干个填方区。将各挖方区的土方以最经济的方式运送至相应的填方区，是土方调配需要解决的问题。

1.4.1　土方调配原理

当调配土方时，应按照下列步骤进行。

（1）土方调配区的划分。在场地平面图上先划出挖、填区的分界线，然后在挖方区和填方区适当划出若干个调配区。划分时应注意以下问题：

1）调配区应与建筑物平面位置相协调，并考虑他们的开工顺序、分期施工顺序；

2）调配区的大小应满足主导施工机械的技术要求；

3）就近取土或弃土。

（2）计算各调配区的土方量，并标于图上。

（3）计算各挖填调配区之间的平均运距。平均运距即是指挖方区重心和填方区重心之间的距离。为此，应先求出每个调配区的重心位置。

若某一调配区由若干个方格网组成，则该调配区的中心坐标为

$$x_0=\frac{\sum V_i x_i}{\sum V_i},\quad y_0=\frac{\sum V_i y_i}{\sum V_i} \tag{1.16}$$

式中　x_i, y_i—— 方格 i 的重心坐标；

x_0, y_0—— 调配区的中心坐标；

V_i—— 方格 i 的土方量。

各调配区之间的平均运距为

$$L=\sqrt{(x_{0t}-x_{0w})^2+(y_{0t}-y_{0w})^2} \tag{1.17}$$

4. 确定调配方案

确定调配方案最基本的思路是用最优化方法。为此，需要先建立目标函数，再列出约束条件，然后求解该方程即可。

设整个场地可划分为 m 个挖方区，其挖方量分别为 $a_1, a_2, \cdots, a_m$；n 个填方区，其填方量分别为 $b_1, b_2, \cdots, b_n$。按照最优化法，可建立目标函数为

$$\min Z=\sum_{i=1}^{m}\sum_{j=1}^{n} c_{ij}x_{ij}$$

式中　c_{ij}—— 挖方区 i 到填方区 j 之间的运费单价（元 /m^3）或运距（m）；

x_{ij}—— 将挖方区 i 运到填方区 j 的土方量。

该目标函数的约束条件为

$$\begin{cases}\sum\limits_{i=1}^{n} x_{ij}=a_i & (i=1,2,\cdots,m)\\ \sum\limits_{j=1}^{m} x_{ij}=b_i & (j=1,2,\cdots,n)\\ x_{ij}\geqslant 0\end{cases}$$

通常，该线性规划问题用一些软件很容易求解。

1.4.2　土方调配表上作业法

土方调配表上作业法是一种基于运筹学原理的土方工程手工调配计算方法。由于其计算过程较为简单，且概念清晰，在工程中应用较广。

下面应用土方调配表上作业法对工程实例设计最优土方调配方案。

某矩形场地，其挖方区为 w_1, w_2, w_3, w_4，填方区为 t_1, t_2, t_3，其填挖方量及各填挖区之间的运距（单位为 m）如图 1.8 所示。

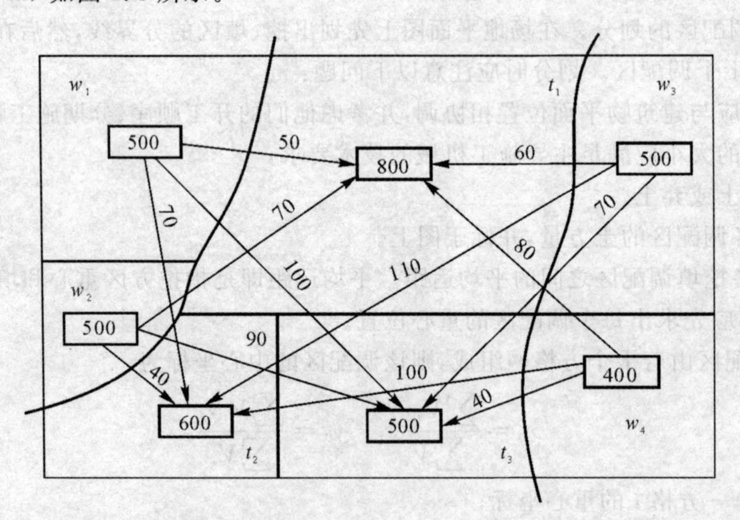

图 1.8　各调配区土方量及平均运距情况

具体设计过程如下：

1. 编制初始调配方案

编制初始调配方案一般采用最小元素法，即优先对运距（或运费）最小的调配区最大限量地供给土方。根据图 1.8 所给出的条件，可编制土方调配表见表 1.6。

表 1.6　土方调配表

挖方区 \ 填方区	t_1		t_2		t_3		挖方量/m³
w_1	x_{11}	$c_{11}=50$	x_{12}	$c_{12}=70$	x_{13}	$c_{13}=100$	500
w_2	x_{21}	$c_{21}=70$	x_{22}	$c_{22}=40$	x_{23}	$c_{23}=90$	500
w_3	x_{31}	$c_{31}=60$	x_{32}	$c_{32}=110$	x_{33}	$c_{33}=70$	500
w_4	x_{41}	$c_{41}=80$	x_{42}	$c_{42}=100$	x_{43}	$c_{43}=40$	400
填方量/m³	800		600		500		1 900

在表1.6中找运距(或单价)c_{ij}最小的数值。例如,$c_{22}=c_{43}=40$ m,任取其中一个,如c_{43},由于运距最短,经济效益最好,应使其对应的土方量最大化,即取$x_{43}=400\ \mathrm{m}^3$,这样,挖方区w_4中的土方被全部运走,于是,$x_{41}=x_{42}=0$,在其对应的方格内画"×"。再在剩余的c_{ij}中选择一个数量最小的方格,即$c_{22}=40\ \mathrm{m}^3$,取$x_{22}=500\ \mathrm{m}^3$,$x_{21}=x_{23}=0$,也在x_{21},x_{23}对应的网格中画"×"。

重复上述步骤,依次确定其余的x_{ij},可得初始调配方案见表1.7。

该初始方案的土方总运输量为

$$Z_0=\sum c_{ij}x_{ij}=500\times 50+500\times 40+300\times 60+100\times 110+100\times 70+400\times 40=97\ 000\ \mathrm{m}\cdot\mathrm{m}^3$$

表1.7　初始调配方案

填方区 挖方区	t_1		t_2		t_3		挖方量/m³
w_1	500	c_{11}=50	×	c_{12}=70	×	c_{13}=100	500
w_2	×	c_{21}=70	500	c_{22}=40	×	c_{23}=90	500
w_3	300	c_{31}=60	100	c_{32}=110	100	c_{33}=70	500
w_4	×	c_{41}=80	×	c_{42}=100	400	c_{43}=40	400
填方量/m³	800		600		500		1 900

表1.7中所给的初始调配方案是以就近调配为原则得到的,所求的总运输量应是较小的,但是否是最小的,还须进行判别。

2. 最优方案判别

在表上作业法中,判别是否是最优方案的方法有多种。应用较多的是假想运距或假想价格系数法。该方法的思想是设法求得初始土方调配表1.7中无调配土方方格(如$w_1\sim t_2$,$w_4\sim t_1$等)的检验数λ_{ij},判别λ_{ij}是否非负,若所有检验数$\lambda_{ij}\geqslant 0$,则该方案为最优方案,否则就不是最优方案,须进行调整。

(1) 求出表中各方格的假想价格系数c'_{ij}。

具体求解方法:对有调配土方的方格有$c'_{ij}=c_{ij}$;对无调配土方的方格,c'_{ij}应满足任一能组成一个矩形的四个方格,其两条对角线上方格的假想价格系数之和相等,即

$$c'_{ef}+c'_{pq}=c'_{eq}+c'_{pf}$$

利用已知的假想价格系数c_{ij},寻找适当的方格构成矩形,再利用上述关系最终能求得所有的c'_{ij}。

见表1.8所列,有

$$c'_{42}+70=110+40,\quad c'_{42}=80$$

$$c'_{21}+110=40+60,\quad c'_{21}=-10$$

同理可算出其他c'_{ij}。计算结果见表1.9。

表 1.8　假想价格系数计算表

填方区 / 挖方区	t_1		t_2		t_3		挖方量/m³
w_1	500	$c_{11}=50$ 50	×	$c_{12}=70$ c'_{ij}	×	$c_{13}=100$ c'_{ij}	500
w_2	×	$c_{21}=70$ c'_{21}	500	$c_{22}=40$ 40	×	$c_{23}=90$ c'_{23}	500
w_3	300	$c_{31}=60$ 60	100	$c_{32}=110$ 110	100	$c_{33}=70$ 70	500
w_4	×	$c_{41}=80$ c'_{41}	×	$c_{42}=100$ c'_{42}	400	$c_{43}=40$ 40	400
填方量/m³	800		600		500		1 900

表 1.9　假想价格系数计算结果

填方区 / 挖方区	t_1		t_2		t_3		挖方量/m³
w_1	500	$c_{11}=50$ 50	× ⊖	$c_{12}=70$ 100	× ⊕	$c_{13}=100$ 60	500
w_2	× ⊕	$c_{21}=70$ -10	500	$c_{22}=40$ 40	× ⊕	$c_{23}=90$ 0	500
w_3	300	$c_{31}=60$ 60	100	$c_{32}=110$ 110	100	$c_{33}=70$ 70	500
w_4	× ⊕	$c_{41}=80$ 30	× ⊕	$c_{42}=100$ 80	400	$c_{43}=40$ 40	400
填方量/m³	800		600		500		1 900

(2) 计算表中无调配土方方格的检验数 λ_{ij}。

$$\lambda_{ij}=c_{ij}-c'_{ij}$$

计算表中无调配土方方格的检验数，只要把表 1.9 中每一方格上、下两个小方格数值相减即可。这里只要检验数的正负号，并将结果填入表中"×"号的下边。

由表 1.9 可见，检验数 $\lambda_{12}=-30$，为负数，说明该方案还不是最优方案，应进行调整。

3. 方案的调整

(1) 调整对象的选取。在所有负数的 λ_{ij} 中，选取最小的一个(本例 $\lambda_{12}=-30$) 对应的变量 x_{12} 作为调整对象。

(2) 找出 x_{12} 的闭合回路。从 x_{12} 方格出发，沿水平及竖直方向前进，遇到适当的有数值的网格即做 90° 转弯(也可不转弯)，然后继续前进。如果线路合适，有限步后即可回到出发点，形成一个以有数字的方格为转角点的、用水平和竖直线连接起来的闭合回路(见表 1.9)。

(3) 从 x_{12} 出发，沿着该闭合回路，在各奇数(出发点为0) 转角点的数字中，挑选最小者，将其调到空格中，被调出的位置的数字改为 0。

本例的奇数转角点分别为 x_{11} 和 x_{32}，其最小值为 100，将其位置调到空格 x_{12} 中，即令 $x_{12}=100$。被调出的位置的数字 x_{32} 改为 0。

(4) 为保证挖填平衡，将奇数转角点上的数字都减去该数值，同时将偶数转角点上的数字加上该数值。

将 x_{11} 减去 100，有

$$x_{11}=500-100=400\ \text{m}^3$$

将 x_{31} 加上 100，有

$$x_{31}=300+100=400\ \text{m}^3$$

在调整完成后，再进行一次最优方案判别，直到所有检验数 $\lambda_{ij}\geqslant 0$，此时的方案即为最优方案。本例中，此方案已为最优方案。调整后的最优方案见表 1.10。

表 1.10 调整后的最优方案

挖方区 \ 填方区	t_1	t_2	t_3	挖方量 /m³
w_1	400	100		500
w_2		500		500
w_3	400		100	500
w_4			400	400
填方量 /m³	800	600	500	1 900

1.5 基坑工程排水与降水

当雨期施工时，地面雨水会流入基坑；当开挖面低于地下水位时，土壤含水层常被切断，地下水也会不断渗入基坑。基坑积水既影响土方开挖作业，还可能造成边坡塌方。因此，在基坑土方施工过程中，做好地面及基坑工程排水，保持基坑底面干燥，具有重要的工程意义。

基坑外地面通常采用挡水措施，而坑内土方施工则视具体情况，可分别采用集水井明排降水、人工降低地下水位、隔水帷幕、地下水回灌等措施。当采取降水措施时，降水深度应保持在开挖作业面和基坑(槽) 底面以下 500 mm 左右为宜。

1.5.1 场地地面挡水施工

为防止下雨时地面雨水流入基坑而影响基坑工程施工，可以在距基坑边沿约 50 cm 处设置截水沟或挡水坎。通常挡水坎用两皮普通黏土砖单砖砌成，外抹水泥砂浆。在设置基坑围栏的情况下，挡水坎可设置在紧挨围栏立杆的内侧。此外，还应注意基坑外地面的排水方向，必要时应沿基坑(挡水坎外侧) 四周设置排水沟，确保雨水能及时排出。

1.5.2 集水井降水

集水井降水是当基坑底面低于地下水位线时，在基坑开挖过程中，沿基坑周围或中央开挖排水沟，使得渗入基坑内的地下水通过排水沟流入集水井内，再用水泵将其抽至基坑外排走。

集水井排水如图 1.9 所示。

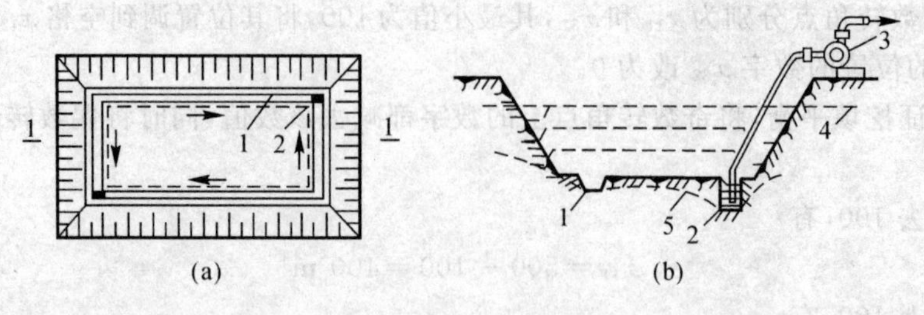

图 1.9 集水井排水

(a) 平面图；(b)1—1 剖面图

1— 排水沟；2— 集水井；3— 水泵；4— 原地下水位线；5— 降水后地下水位线

通常，排水沟宽度不小于 0.3 m，深度为 30 ～ 50 cm，排水坡度为 0.2% ～ 0.5%。为保证基坑边坡安全，排水沟外沿距离坡脚不小于 30 cm；为方便基础施工，排水沟和集水井还均应位于基础轮廓线以外。

集水井的直径或宽度为 0.6 ～ 0.8 m，其深度应保证集水井底面低于排水沟底不小于 0.5 m。集水井的间距为 20 ～40 m。其具体尺寸视基坑涌水量而定。当基坑开挖至设计标高时，为保证集水井抽水时不抽出泥沙，井底应铺设沙石过滤层，必要时井壁还应采用竹、木等材料加固(见图 1.10)。

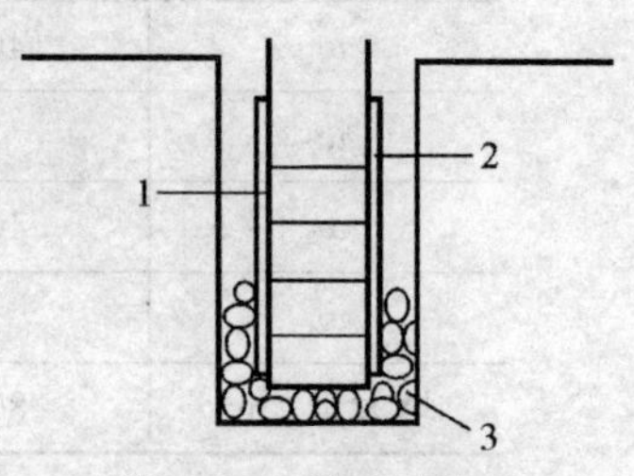

图 1.10 集水井构造

1— 钢筋笼；2— 竹片；3— 沙石

集水井降水法简单、经济，适用于渗透性较大土质的降水，但不能用于粉、细沙类基坑，否则极易产生流沙。

1.5.3 井点降水

井点降水是在基坑开挖前，预先在四周设置一定数量的井管，利用抽水设备不断进行抽水，将地下水位降低到坑底标高以下，并保持至基础施工完成。井点降水法可以使基坑底部始终保持干燥状态，改善了坑内工作条件，还可防止流沙现象产生。

井点降水按照系统设置、抽水原理等可分为轻型(真空)井点、喷射井点、管井井点、电渗井点和深井井点。其中，轻型井点是使用最广泛的井点类型。各种井点的适用范围见表1.11。

表 1.11 各种井点的适用范围

井点类型		土的渗透系数 /($d \cdot m^{-1}$)	降水深度 /m
轻型井点	一级轻型井点	0.1 ～ 50	3 ～ 6
	多级轻型井点	0.1 ～ 50	视井点级数而定
喷射井点		0.1 ～ 50	8 ～ 20
电渗井点		＜0.1	视选用的井点而定
管井类井点	管井井点	20 ～ 200	3 ～ 5
	深井井点	10 ～ 250	＞15

1.轻型井点

轻型井点是沿基坑四周每隔一定距离布置一根直径较小的井点管，各井点管上端用弯管同总管相连并通向水泵房，利用水泵房中的抽水设备将地下水从各井点管中抽出，从而达到降低地下水位的目的，如图1.11所示。

(1)轻型井点设备。轻型井点的设备主要由管路系统和抽水设备组成。管路系统主要包括滤管、井点管、弯连管及总管。

滤管是地下水的进入口，其构造如图1.12所示。滤管所用钢管长为1.0～1.5 m，直径为38～55 mm；管壁钻有直径为12～19 mm的圆孔，圆孔总面积为滤管表面积的20%～25%。滤管的外侧包裹两层滤网，中间用塑料管或铁丝缠绕成螺旋形，并将其隔开一定间隙；最外侧再缠一层铁丝保护网。滤管的上端与井点管相连，下端安装一铸铁滤管头，可以在插入土层过程中阻止泥沙进入滤管。

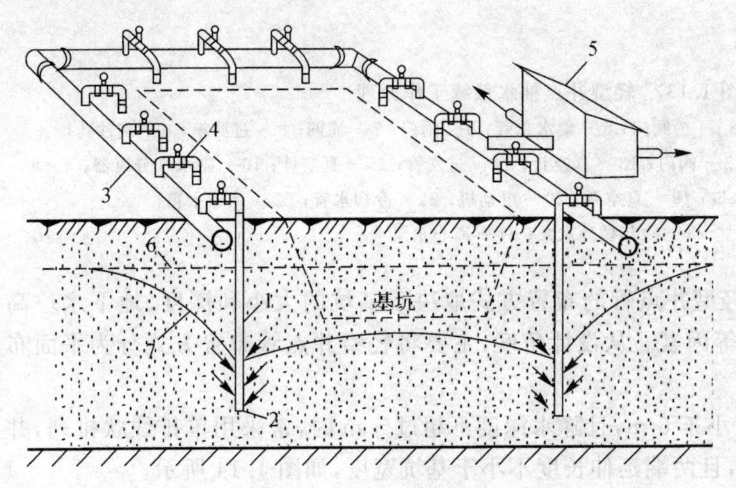

图1.11　轻型井点构造

1—井管；2—滤管；3—总管；4—弯连管；5—水泵房；6—原地下水位；7—降低后地下水位

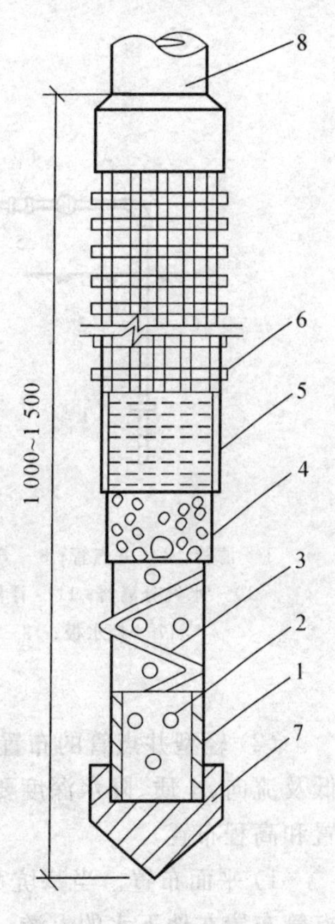

图1.12　滤管构造

1—钢管；2—进水孔；3—塑料管；4—细滤网；5—粗滤网；6—粗铁丝保护网；7—铸铁头；8—井点管

井点管直径为38～55 mm，长为5～7 m，可以是整根钢管或分节钢管；井点管与总管相连的弯连管宜使用透明塑料管或橡胶软管，其上还应安装阀门，以方便检修和调节。

集水总管的直径通常为100～127 mm，每段长为4 m，其上每隔0.8～1.2 m装有一个与井点管相连的短接头。

轻型井点的抽水设备主要由真空泵、离心泵和水气分离器组成，如图1.13所示。

工作时，真空泵19将在件1～18的整个管路系统中产生负压，使得地下水通过滤管1→井点管2→集水总管5→过滤箱8等进入水气分离器10，经由离心水泵24抽出。浮筒11在集水箱中水位过高时能堵住连接真空泵的阀门12，保证真空泵安全；件16～18组成的副水气分离装置能对真空泵正常工作起到进一步的保护作用。件21～23为真空泵冷却系统。

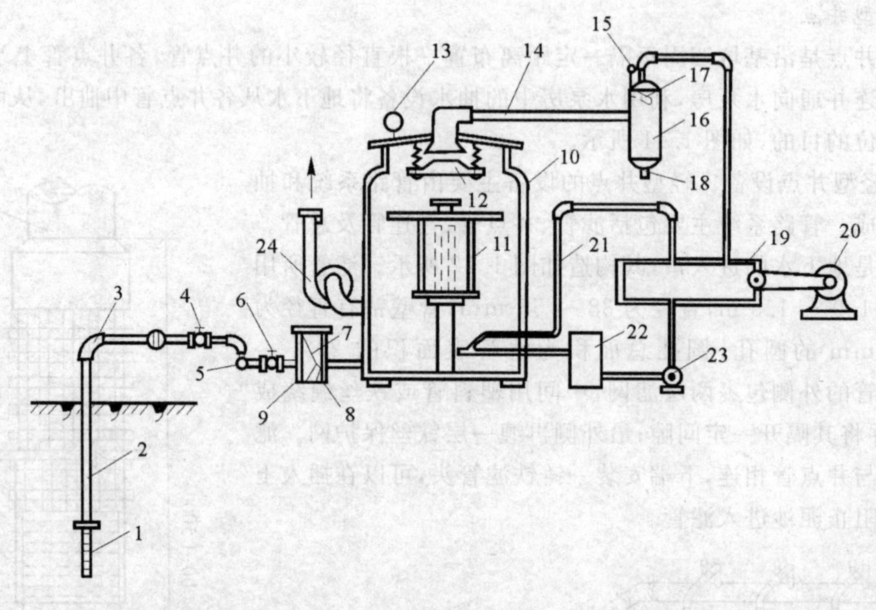

图 1.13　轻型井点抽水系统工作原理

1— 滤管；2— 井点管；3— 弯连管；4— 阀门；5— 集水总管；6— 闸门；7— 滤网；8— 过滤箱；9— 掏沙孔；10— 水气分离器；11— 浮筒；12— 阀门；13— 真空计；14— 进气管；15— 真空计；16— 副水气分离器；17— 挡水板；18— 放水口；19— 真空泵；20— 电动机；21— 冷却水管；22— 冷却水箱；23— 冷却循环水泵；24— 离心水泵

(2) 轻型井点管的布置。轻型井点管的布置方式取决于基坑的大小和深度、地下水位高低及流向、土质、降水深度要求等因素。从设计角度，主要将轻型井点管布置方式分为平面布置和高程布置。

1) 平面布置。当基坑宽度小于 6 m，且降水深度不超过 5 m 时，常采用单排线状排列，井点管布置在地下水的上游一侧，且两端延伸长度不小于基坑宽度，如图 1.14 所示。

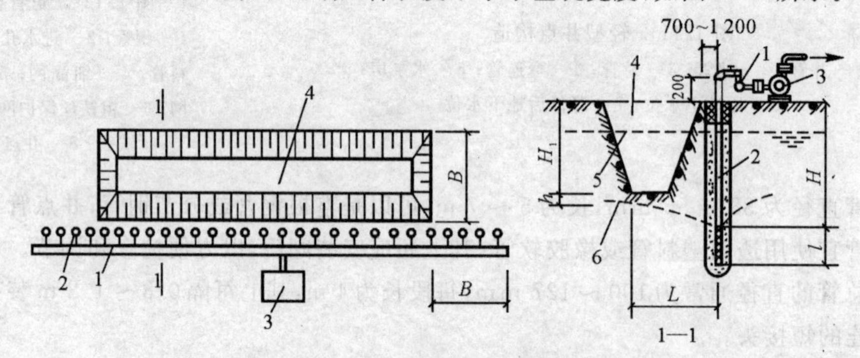

图 1.14　单排线状井点管布置

1— 集水总管；2— 井点管；3— 抽水设备；4— 基坑；5— 原地下水位线；6— 降低后的地下水位线

当基坑宽度大于 6 m 或土质不良时，常采用双排井点管，这时，位于上游一侧的井点管布置可以密些，而位于下游一侧的井点管布置则可以稀疏一些。对面积较大的基坑，宜采用环形井点管布置。井点管间距一般为 0.8 ～ 1.6 m，由计算或经验确定，井点管距基坑边沿一般为 0.7 ～ 1.0 m，如图 1.15 所示。为方便挖土机和运输车辆进出，有时也将井点管布置成 U 形，开口侧通常位于地下水流方向的下游。

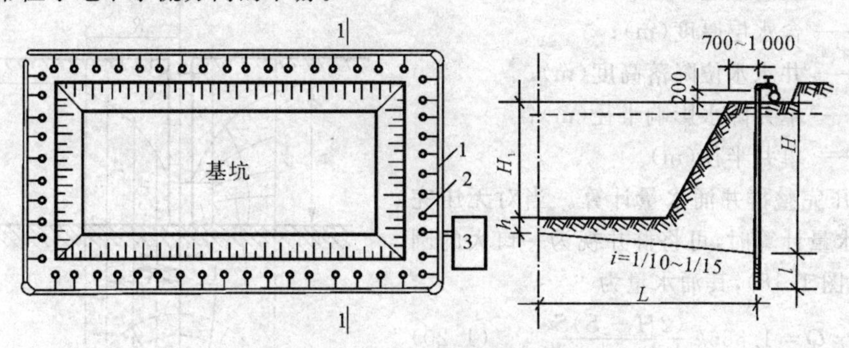

图 1.15　轻型井点的环形布置图

1— 集水总管；2— 井点管；3— 抽水设备

2) 高程布置。井点管的埋深，即滤管上口至集水总管埋设面的距离 H(见图 1.14 和图 1.15)，可由下式确定：

$$H \geqslant H_1 + h + iL \tag{1.18}$$

式中　H_1—— 井点管埋设面至基坑底面的距离；

h—— 降低后的地下水位线至基坑中心底面的距离，一般取 0.5 ~ 1.0 m；

i—— 水力坡度，根据实测，单排井点管为 1/4 ~ 1/5，双排井点管为 1/7，环形井点管为 1/10 ~ 1/12；

L—— 井点管至基坑中心的水平距离，当单排布置时，L 为井点管至对边坡脚的水平距离。

(3) 井点管涌水量的计算。根据地下水是否承受压力，可以将水井分为承压井和非承压井；根据井底是否到达不透水层，又可以将水井分为完整井和非完整井。各类水井如图 1.16 所示。目前，各类水井涌水量的计算方法均是以基于达西定律的裘布依(Dupuit) 无压完整单井理论为基础的。

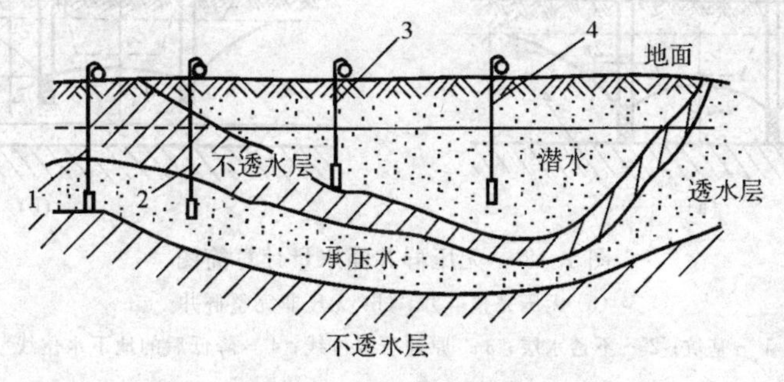

图 1.16　水井的分类

1— 承压完整井；2— 承压非完整井；3— 无压完整井；4— 无压非完整井

1) 无压完整单井涌水量计算。裘布依认为，当水井内均匀抽水，井内水位开始下降时，周围潜水即向井内渗流，经过一段时间抽水，井周围原有的水面就由原来的水平面变成弯曲水面，最后这个弯曲水面趋于稳定，成为向水井倾斜的降落漏斗(见图 1.17)。由此，他得出了流向单个水井的水量为

$$Q = 1.366k\frac{(2H - S)S}{\lg R - \lg r} \tag{1.19}$$

式中　k—— 土的渗透系数(m/d)；

H—— 含水层厚度(m)；

S—— 井水水位降落高度(m)；

R—— 单井降水影响半径(m)；

r—— 单井半径(m)。

2) 无压完整群井涌水量计算。当对无压完整群井涌水量计算时，可将群井视为一口大的圆形单井(见图 1.18)，其涌水量为

$$Q = 1.366k\frac{(2H-S)S}{\lg R - \lg x_0} \qquad (1.20)$$

式中，x_0 为由井点管围成的等效圆形单井的半径(m)。其他符号含义同前。

对矩形基坑，当其长宽比不大于 5 时，环形布置的井点可近似当做圆形处理，并用面积相等原则来确定其假想半径 x_0，即

$$x_0 = \sqrt{F/\pi} \qquad (1.21)$$

式中，F 为环状井点管所包围的面积(m^2)。

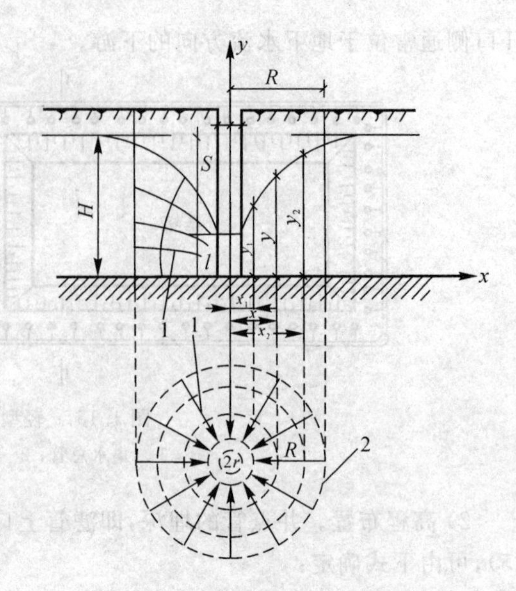

图 1.17　无压完整单井水位降落曲线及流网

1— 流线；2— 过水断面

当矩形基坑的长宽比大于 5 时，可将基坑分成几个小块，分别计算每个小块的涌水量，再相加即得到该基坑群井的总涌水量。

抽水影响半径 R 与土的渗透系数、含水层厚度、水位降低值及抽水时间等因素有关，在抽水 2 ～ 5 d 后，水位降落漏斗基本稳定，此时 R 可近似为

$$R = 2S\sqrt{Hk} \qquad (1.22)$$

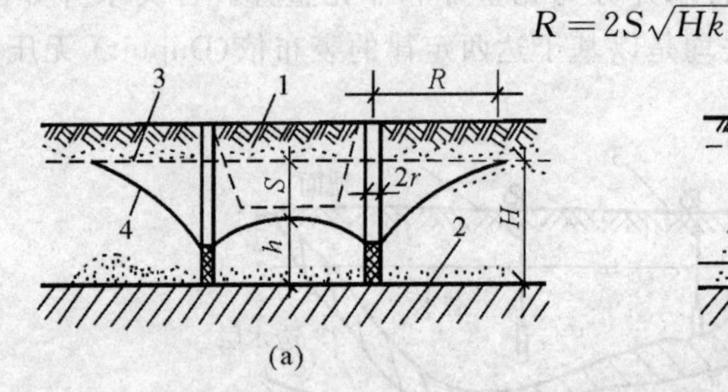

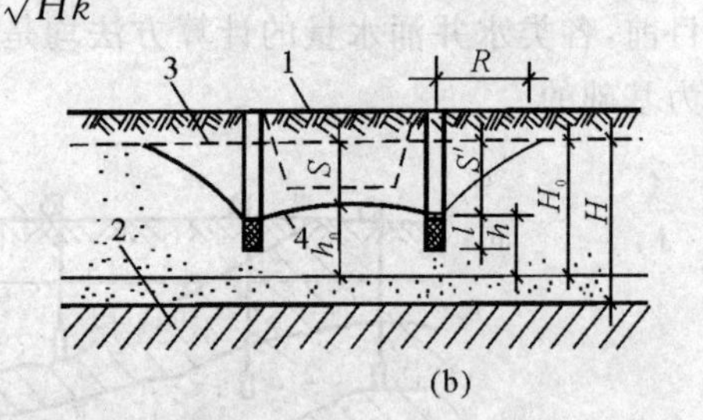

图 1.18　无压群井涌水量计算简图

(a) 无压完整群井；(b) 无压非完整群井

1— 基坑；2— 不透水层；3— 原地下水位线；4— 降低后的地下水位线

3) 无压非完整群井涌水量计算。对于无压非完整群井，地下水不仅从井的侧面流入，而且还从井底渗入，因此，其涌水量要比完整井大。为了简化计算，对群井的涌水量仍可采用式(1.20)，只是应将该式中的 H 换成抽水影响深度 H_0，其数值可按表 1.12 选用。

表 1.12　无压非完整群井抽水影响深度 H_0

$S/(S+l)$	0.2	0.3	0.4	0.8
H_0	$1.3(S+l)$	$1.5(S+l)$	$1.7(S+l)$	$1.84(S+l)$

表中，l— 滤管长度(m)。

4）承压完整井涌水量计算。对含水层为均质的承压完整群井，其涌水量为

$$Q=2.73\frac{kMS}{\lg R-\lg x_0} \tag{1.23}$$

式中，M 为含水层厚度(m)；其他符号含义同前。

5）承压非完整群井涌水量计算。对含水层为均质的承压非完整群井，其涌水量为

$$Q=2.73\frac{kMS}{\lg R-\lg x_0}\sqrt{\frac{M}{l+0.5x_0}}\sqrt[4]{\frac{2M-l}{M}} \tag{1.24}$$

(4) 井点管数量及间距的确定。在群井涌水量计算中，仅涉及了基坑形状、降水深度、降水半径等，现在讨论井点数量的确定。

首先，单根井管当满负荷运行时，其最大出水量为

$$q=65\pi dl\sqrt[3]{k} \tag{1.25}$$

式中　q—— 单根井管最大出水量($m^3 \cdot d^{-1}$)；

d—— 滤管直径(m)；

l—— 滤管长度(m)。

井点管的数量为

$$n=m\frac{Q}{q} \tag{1.26}$$

式中　n—— 井点管数量；

m—— 考虑堵塞等因素的井点管备用因数，一般取1.1。

井点管的最大间距为

$$D=\frac{L}{n} \tag{1.27}$$

式中　D—— 井点管的最大间距(m)；

L—— 集水总管长度(m)。

由于集水总管通常都是呈节状定制的，因此，实际采用的井点管间距应当与集水总管上接头的间距相适应，即尽可能采用0.8 m，1.2 m，1.6 m，2.0 m等尺寸；工程中常用的井点管间距在1.0～2.5 m之间。

(5) 轻型井点的施工。

1）抽水设备的选用。在轻型井点降水中，抽水设备包括真空泵、水泵两类。

a.真空泵的选用。真空泵包括干式(往复式)和湿式(旋转式)两类。干式真空泵在使用中不允许水分进入泵内，但排气量大；湿式真空泵允许水分渗入，但排气量相对较小。在轻型井点管降水中多使用干式真空泵。

干式真空泵的选用取决于抽水过程中所需的最大排气量和最大真空度 h_k。往复式真空泵，根据其最大排气量的不同，有 W_4，W_5，W_6，W_7 等型号。一般，W_5 可带动的井点管数量约为80根，集水总管长不超过100 m；W_6 可带动的井点管数量约为100根，集水总管长度不超过120 m；W_7 可带动的井点管数量超过120根，集水总管长度也更大。

最大真空度为

$$h_k=10\times(\overline{H}+\Delta h) \tag{1.28}$$

式中　$\overline{H}$—— 井点管长度；

Δh—— 水头损失，包括进入滤管的水头损失、管路阻力损失及漏气损失等，通常，近似取 1.0 ～ 1.5 m。

b. 水泵的选用。在井点降水中，最常选用的水泵是离心泵。选用离心泵时，主要考虑流量和吸水扬程、出水扬程。水泵的流量一般应较涌水量大 10% ～ 20%；离心泵的吸水扬程应能克服水气分离器中的真空吸力，即

$$吸水扬程 \geqslant h_k = \overline{H} + \Delta h \tag{1.29}$$

2) 轻型井点施工工艺。轻型井点的施工顺序通常是放线定位 → 成孔 → 埋设井点管 → 安装总管 → 用弯连管接通井点管与总管 → 安装抽水设备。

井点管孔的成孔常采用冲水管成孔、钻孔等方法。冲水管成孔是用起重机吊起冲水管，并插在井管位置上，开动高压水泵，利用从冲水管端部喷出的高压水流在井点位置成孔，孔径为 300 ～ 500 mm，冲孔深度应比设计深度大 50 cm。用水泵将孔内泥浆抽出，插入井点管，先用 5 ～ 30 mm 砾石填充井点管底部 50 cm，再用粗砂填充井点管四周。最上部 1 m 深度内用黏土填实以防止漏气，如图 1.19 所示。

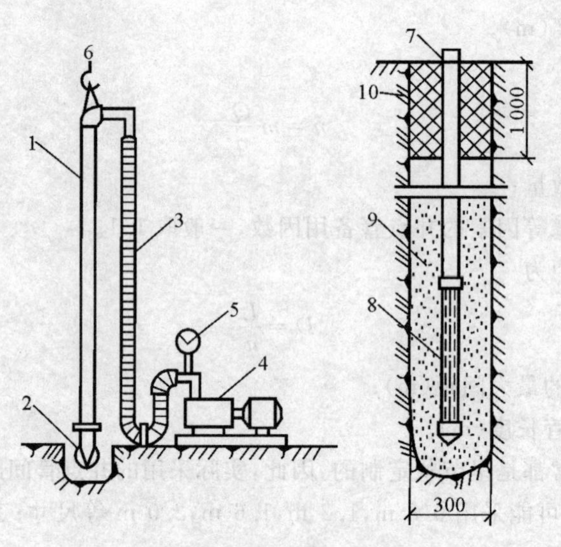

图 1.19　井点管的埋设

1— 充水管；2— 冲水喷头；3— 供水胶管；4— 高压水泵；5— 压力表；6— 起重机吊钩；
7— 井点管；8— 滤管；9— 砂过滤层；10— 黏土封口

在轻型井点安装完毕后，应进行试抽，现场进行抽水设备运转调试并检查管路有无漏气，再正式抽水。正式抽水开始后，一般应连续抽水。时抽时停的抽水方式易造成滤网堵塞，并抽出泥沙，使得周围地面下沉。

2. 喷射井点

喷射井点的降水深度可达 8 ～ 20 m。当基坑开挖深度较大（≥ 6 m）时，采用喷射井点较之于多级轻型井点要更为经济。

喷射井点系统由喷射井管、高低压水泵和管路系统组成，如图 1.20 所示。

喷射井点工作时，集水箱中的水由高压水泵加压，经进水总管进入井点管内管和外管之间的空间，经扬水器的侧孔流向喷嘴。由于喷嘴截面突然缩小，造成流速剧增，压力水以很高的流速进入混合室，在混合室产生负压。该负压将地下水通过滤管一起带进混合室，并随进水管

喷入混合室的水流在低压水泵的作用下一起通过排水总管流向地面。

喷射井点的井点管直径宜为 75～100 mm，井点管水平间距一般为 2.0～4.0 m(可根据不同土质和预降水时间确定)。喷射井点的平面布置取决于基坑宽度。一般当基坑宽度小于 10 m 时，多采用单排布置；当基坑宽度大于 10 m 时，采用双排布置；较大的基坑可采用环状布置。

每套喷射井点的井点数不宜超过 30 根，总长不宜超过 60 m。如果多套井点呈环圈布置，各套进水总管之间宜用阀门隔开，每套井点自成系统。

喷射井点的计算与轻型井点基本相同，只是设备选用有所差异。

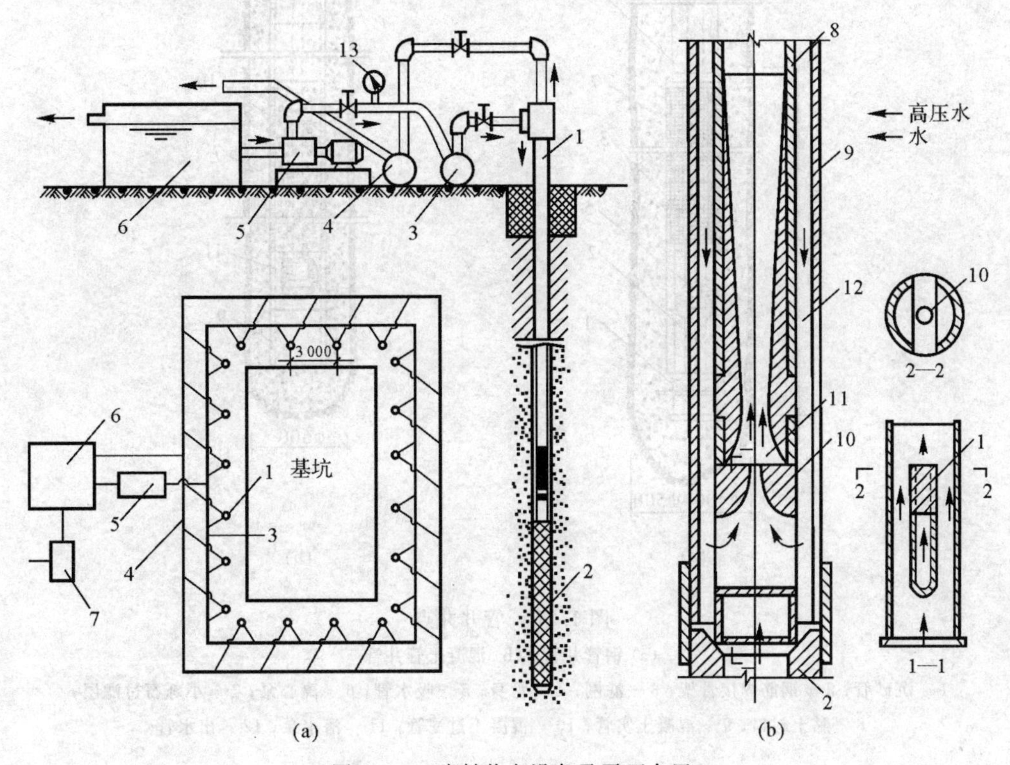

图 1.20 喷射井点设备及平面布置

(a) 喷射井点系统及平面布置；(b) 喷射扬水器原理图

1— 喷射井管；2— 滤管；3— 排水总管；4— 进水总管；5— 高压水泵；6— 集水池；7— 低压水泵；8— 内管；9— 外管；10— 喷嘴；11— 混合室；12— 扩散管；13— 压力表

3. 管井井点

管井井点是沿基坑四周每隔一定距离(20～50 m)设置的一个管井。管井深度为 8～20 m，每个管井单独使用一台水泵不断抽水降低地下水位，井内水位降低可达 6～10 m。管井井管的外径不宜小于 200 mm，且应大于抽水泵体最大外径 50 mm 以上。管井成孔的孔径应大于井管外径 300 mm 以上。

管井井点适用于渗透系数 $k \geqslant 20$ m/d 的土体，其计算可参照轻型井点进行。

管井井点由井管、吸水管及水泵组成。井管有钢管和混凝土管两种。钢管井管下端常设置 2～3 m 长的滤管；混凝土井管内径通常为 400 mm，分实壁管和过滤管两部分，过滤管位于地下水位以下。管井井点的具体构造如图 1.21 所示。

由于管井井点直径较大，为保证使用安全，停止降水后，应对降水管井采取可靠的封井措施。

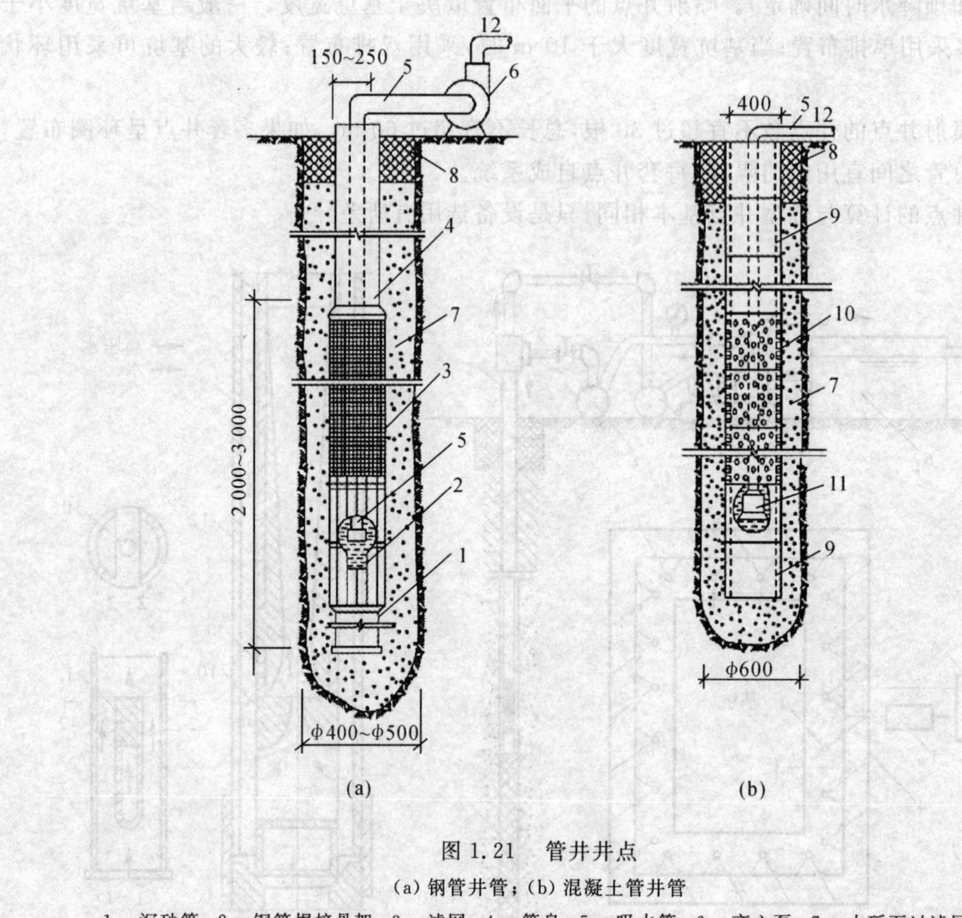

图 1.21　管井井点

(a) 钢管井管；(b) 混凝土管井管

1— 沉砂管；2— 钢筋焊接骨架；3— 滤网；4— 管身；5— 吸水管；6— 离心泵；7— 小砾石过滤层；8— 黏土封口；9— 混凝土实管；10— 混凝土过滤管；11— 潜水泵；12— 出水管

4. 电渗井点

对渗透系数 $k \leqslant 0.1$ m/d 的土，土中水的流动性极差，上述各类井点都难以适用。为了加快水在土中流动速度，可以在井点管上接上直流电源，将其作为电极，利用极性水分子在电场作用下向阴极运动的特性加快水在土中的渗透。一般，将井点管作为阴极，在其内侧插入钢筋通上电源作为阳极。对轻型井点，两者之间的间距约为 0.8 ～ 1.0 m；对喷射井点，其间距为 1.2 ～ 1.5 m。阳极入土深度应比阴极深 0.5 m 左右，并露出地面 200 ～ 400 mm。两极之间电压梯度可采用 50 V/m。工作电压不宜大于 60 V；土中通电时的电流密度宜为 0.5 ～ 1.0 A/m^2，降水时宜采用间歇通电方式。电渗井点原理如图 1.22 所示。

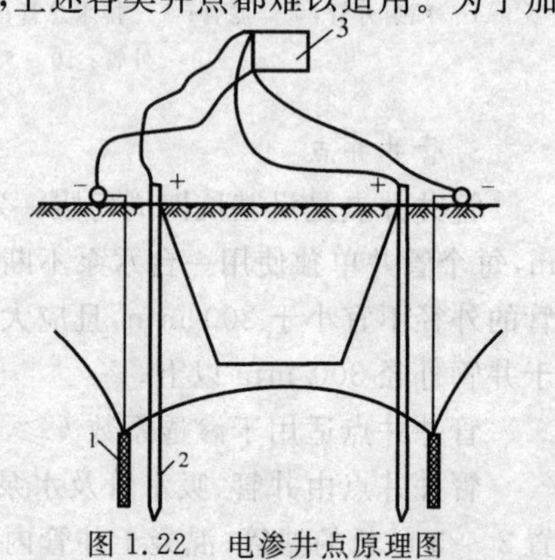

图 1.22　电渗井点原理图

1—井点管滤管；2— 电极；3—直流电源

某工程矩形基坑，基坑底部宽度为12 m，长为16 m，基坑深为4.5 m，挖土边坡为1∶0.5，基坑平剖面图如图1.23所示。地质勘查表明，天然地面以下为1.0 m厚的黏土层，其下有8 m厚的中砂，渗透系数$k=12$ m/d。再往下为不透水的黏土层。地下水位线在地面以下1.5 m。拟采用轻型井点降水，其井点系统设计步骤如下。

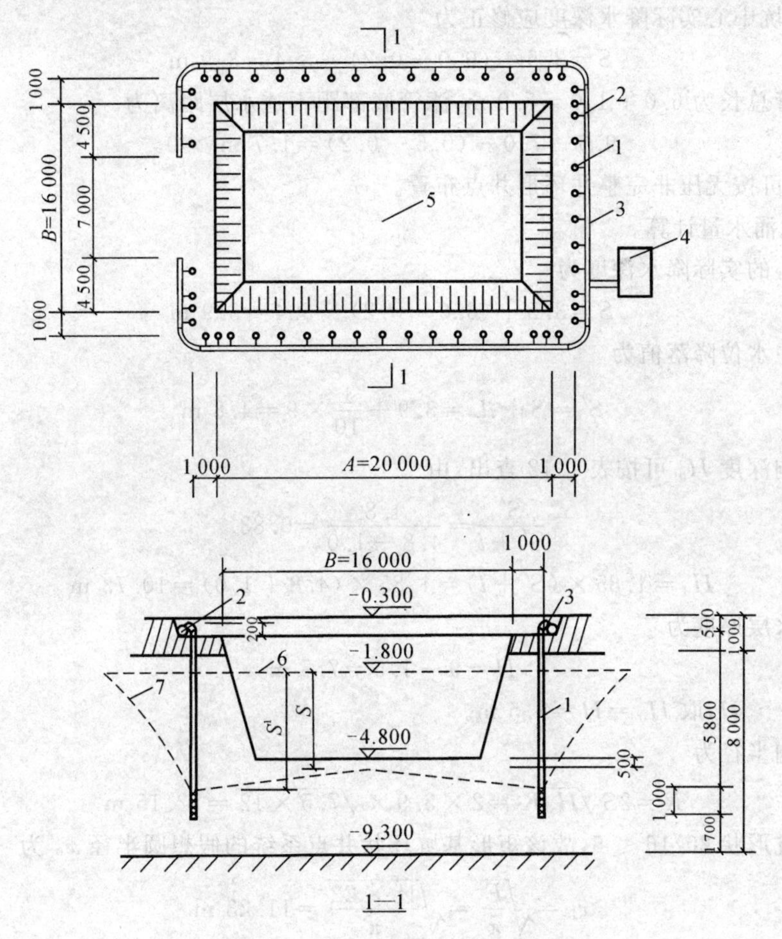

图1.23　轻型井点布置示意图

1— 井点管；2— 弯连管；3— 集水总管；4— 真空泵房；5— 基坑；6— 原地下水位线；7— 降低后的地下水位线

(1) 井点系统的布置。为使总管接近地下水位和不影响地面交通，考虑到天然地面以下有1.0 m厚的黏土层，将总管埋设在地面下0.5 m处，即先挖深0.5 m的沟槽，然后在槽底铺设总管。此时，基坑上口平面尺寸为

$$A\times B=[16+2\times 0.5\times(4.5-0.5)]\times[12+2\times 0.5\times(4.5-0.5)]=20\text{ m}\times 16\text{ m}$$

井点系统布置呈环状，为便于反铲挖掘机及运土车辆出入施工现场，在地下水渗流方向的下游端部开口7 m，另考虑总管与基坑边缘1.0 m，则总管长度为

$$L_{总}=[(16+2)+(20+2)]\times 2-7=73\text{ m}$$

基坑中心要求降水深度为

$$S=4.5-1.5+0.5=3.5\text{ m}$$

采用一级轻型井点，井点管的埋设深度(不包括滤管)为

$$H \geqslant H_1 + h + iL = (4.5 - 0.5) + 0.5 + \frac{1}{10} \times \left(\frac{18}{2}\right) = 5.4\ \text{m}$$

选用井点管长度为6.0 m，直径为51 mm，滤管长度为1.0 m。井点管露出地面0.2 m，以便与总管相连。故实际井点管埋入土中5.8 m(不包括滤管)，大于计算需要的5.4 m。

此时，基坑中心实际降水深度应修正为

$$S = 3.5 + (6.0 - 0.2) - 5.4 = 3.9\ \text{m}$$

井点管及滤管总长为6.0 + 1.0 = 7.0 m，滤管底部距不透水层距离为

$$9.0 - 7.0 - (0.5 - 0.2) = 1.7\ \text{m} > 0$$

故，井点系统可按无压非完整井环形井点布置。

(2) 基坑涌水量计算。

基坑中心的实际降水深度为

$$S = 3.5 + (6.0 - 0.2) - 5.4 = 3.9\ \text{m}$$

井点管中水位降落值为

$$S' = S + iL = 3.9 + \frac{1}{10} \times 9 = 4.8\ \text{m}$$

抽水影响深度 H_0 可按表1.12查出：由

$$\frac{S'}{S' + l} = \frac{4.8}{4.8 + 1.0} = 0.83$$

得
$$H_0 = 1.85 \times (S' + l) = 1.85 \times (4.8 + 1.0) = 10.73\ \text{m}$$

实际含水层厚度为

$$H = 9 - 1.5 = 7.5\ \text{m}$$

由于 $H_0 > H$，取 $H_0 = H = 7.5$ m。

抽水影响半径为

$$R = 2S\sqrt{H_0 K} = 2 \times 3.9 \times \sqrt{7.5 \times 12} = 72.15\ \text{m}$$

由于基坑形状 $20/16 \leqslant 5$，故该矩形基坑环状井点系统的假想圆半径 x_0 为

$$x_0 = \sqrt{\frac{F}{\pi}} = \sqrt{\frac{18 \times 22}{\pi}} = 11.23\ \text{m}$$

于是，该群井的涌水量为

$$Q = 1.366k\,\frac{(2H_0 - S)S}{\lg R - \lg x_0} = 1.366 \times 12\,\frac{(2 \times 7.5 - 3.9) \times 3.9}{\lg(72.15) - \lg 11.23} = 878.23\ \text{m}^3/\text{d}$$

(3) 确定井点管的数量及间距。

单根井点管的最大出水量为

$$q = 65\pi dl\sqrt[3]{k} = 65 \times \pi \times 0.051 \times 1.0 \times \sqrt[3]{12} = 23.84\ \text{m}^3/\text{d}$$

井点管数量为

$$n = 1.1\,\frac{Q}{q} = 1.1 \times \frac{878.23}{23.84} = 40.5 \approx 41$$

井点管的最大间距为

$$D = \frac{L_{总}}{n} = \frac{73}{41} = 1.78\ \text{m}$$

由于实际采用的井点管间距 D 应当与总管上接头尺寸相适应，故取井点间距为1.6 m，则

井点管数量为

$$n_{实}=\frac{L_{总}}{D_{实}}=\frac{73}{1.6}=45.6\approx 46$$

在基坑四角处将井点管加密，考虑每个角加两根管，最后实际采用 46＋8＝54 根。

(4) 选择抽水设备。根据井点数量 54 根及集水总管长度为 73 m，选用 W5 干式真空泵一套。

水泵所需流量为

$$Q_1=1.1Q=1.1\times 878.23=966.05\ m^3/d=40.25\ m^3/h$$

水泵吸水扬程

$$H_s\geqslant 6.0+1.0=7.0\ m$$

根据 Q_1 及 H_s 的数值，可选用工地常用的 3B33 型离心泵。实际选用 2 台，1 台备用。

1.5.4　降水与排水工程施工质量要求

按照《建筑地基与基础工程施工质量验收标准》(GB50202)，当降水与排水工程施工时，施工质量控制标准见表 1.13。

表 1.13　降水与排水施工质量控制标准

序号	检查项目	允许值或容许偏差		检查方法
		单位	数值	
1	排水沟坡度	‰	1～2	目测：坑内不积水，沟内排水通畅
2	井管(点)垂直度	%	1	插管时目测
3	井管(点)间距(与设计相比)	%	≤150	用钢尺量
4	井管(点)插入深度(与设计相比)	mm	≤200	水准仪
5	过滤砂砾料填灌(与计算值相比)	mm	≤5	检查回填料用量
6	井点真空度(轻型井点，喷射井点)	kPa kPa	＞60 ＞93	真空度表 真空度表
7	电渗井点阴阳极距离(轻型井点，喷射井点)	mm mm	80～100 120～150	用钢尺量 用钢尺量

1.6　土方边坡与坑壁支护

建筑工程施工中，土方开挖是不可避免的，基坑土方坍塌已成为近年来影响施工安全的一个重大社会问题。为防止坑壁坍塌，保证施工安全，对开挖土方的边坡坡度必须有一定限制。当施工现场条件不能满足开挖放坡要求时，必须考虑采用支护措施；同时，为防止外在因素对基坑边坡稳定性的影响，通常还应对坡面采取措施进行保护、对坑边荷载也应有相应限制。

1.6.1 基坑放坡开挖

基坑放坡开挖适用于场地较大、周边环境比较简单的施工现场。采用这种方式进行基坑开挖通常相对简单、经济。

放坡开挖时，土方边坡坡度的定义为

$$土方边坡坡度=\frac{H}{B}=\frac{1}{B/H}=\frac{1}{m} \tag{1.30}$$

式中 H—— 边坡高度(m)；

B—— 边坡底宽(m)；

m—— 坡度系数。

实际施工中，边坡形状除一般的直线形外，还可以做成折线形、台阶形等形式(见图1.24)，当采用折线形式放坡时，其每段折线的坡度均应满足关于基坑放坡坡度的相关规定。

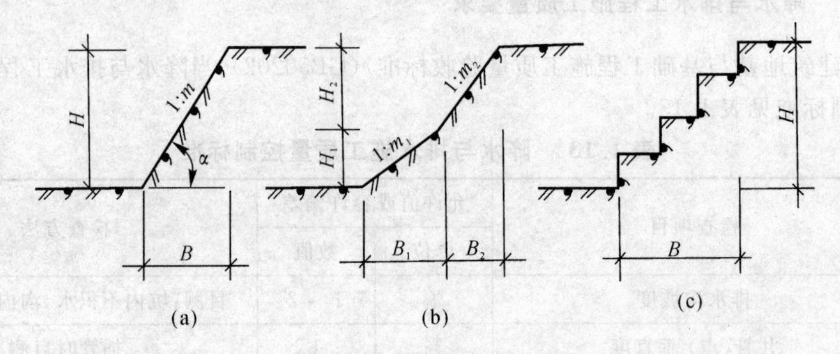

图 1.24 土方放坡

(a) 直线形；(b) 折线形；(c) 台阶形

《建筑地基与基础工程施工质量验收标准》(GB50202) 对临时性挖方边坡坡度允许值的规定见表 1.14。

表 1.14 临时性挖方边坡坡度允许值

土的类别		边坡值(高 ∶ 宽)
砂土(不包括细砂、粉砂)		1 ∶ 1.25 ～ 1 ∶ 1.50
一般性黏土	硬	1 ∶ 0.75 ～ 1 ∶ 1.00
	硬、塑	1 ∶ 1.00 ～ 1 ∶ 1.25
	软	1 ∶ 1.50 或更缓
碎石类土	充填坚硬、硬塑黏性土	1 ∶ 0.50 ～ 1 ∶ 1.00
	充填砂土	1 ∶ 1.00 ～ 1 ∶ 1.50

注：1. 设计有要求时，应符合设计标准。

2. 如果采用降水或其他加固措施，可不受本表限制，但应计算复核。

3. 开挖深度对软土不应超过 4 m，对硬土不应超过 8 m。

在满足表 1.15 所列条件的情况下，基坑(槽)、管沟开挖边坡也可作成不加支撑的直立壁。

表1.15 不加支撑的直立壁须满足的条件

土的类别	挖深/m
稍密的杂填土、素填土、碎石类土、砂土	<1.0
密实的碎石类土(填充物为黏土)	<1.25
可塑状的黏性土	<1.5
硬塑状的黏性土	<2.0

1.6.2 坑壁支撑

1.沟槽坑壁支护

通常,沟槽是指底宽小于3 m,长宽比大于3的坑状物。在建筑施工中,沟槽通常用做管沟等。沟槽支护主要采用水平或垂直挡土板,配合相应的立楞木或水平楞木,用横撑做水平支撑而成,其主要构造形式如图1.25所示。实际使用中,沟槽还可有多种衍化及组合变形形式。

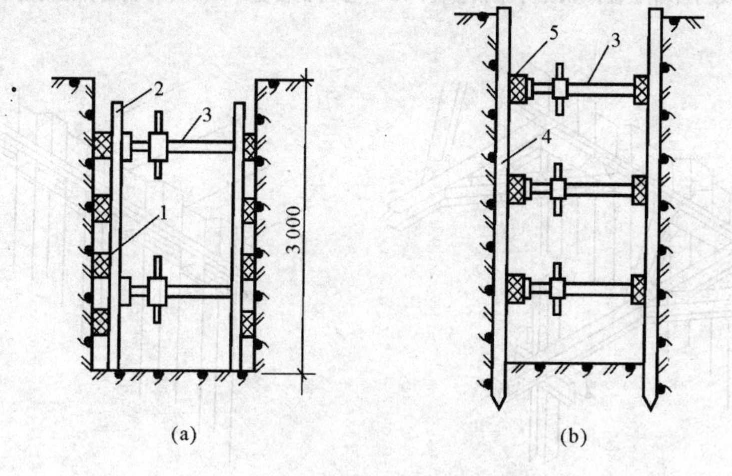

图1.25 沟槽开挖横撑式支撑

(a)水平挡土板支撑;(b)垂直挡土板支撑

1—水平挡土板;2—立楞木;3—工具式横撑;4—垂直挡土板;5—横楞木

在挡土板为水平的情形下,若不加立楞、间断水平挡板及横撑,一般开挖深度可达2 m;加立楞、间断水平挡板及横撑,开挖深度可达3 m;加立楞、连续水平挡板,开挖深度可达5 m。

在挡土板垂直的情形下,只要横楞木及横撑设置得当,开挖深度可不受限制。

2.基坑边坡支护

基坑边坡支护的方式主要有排桩与板墙式、边坡稳定式、水泥土挡墙式及逆做拱墙式4种。

(1)排桩与板墙式支护结构。这种支护结构主要包括钢板桩、型钢桩横挡板、钢筋混凝土挡土桩及地下连续墙等。

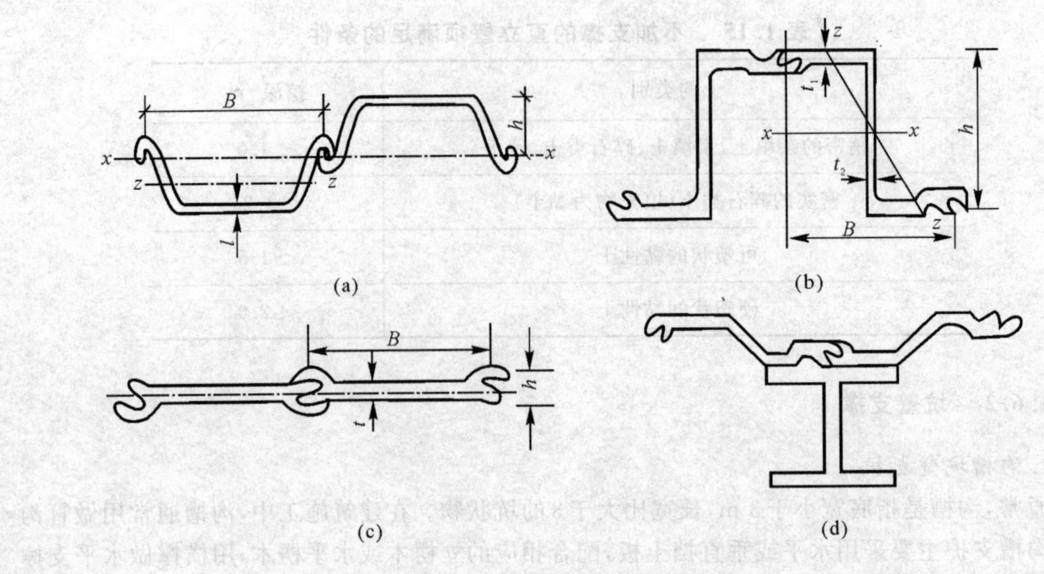

图 1.26　钢板桩的基本形式

(a)U 字形钢板桩；(b) Z 字形钢板桩；(c) 一字形钢板桩；(d)H 字形钢组合型钢板桩

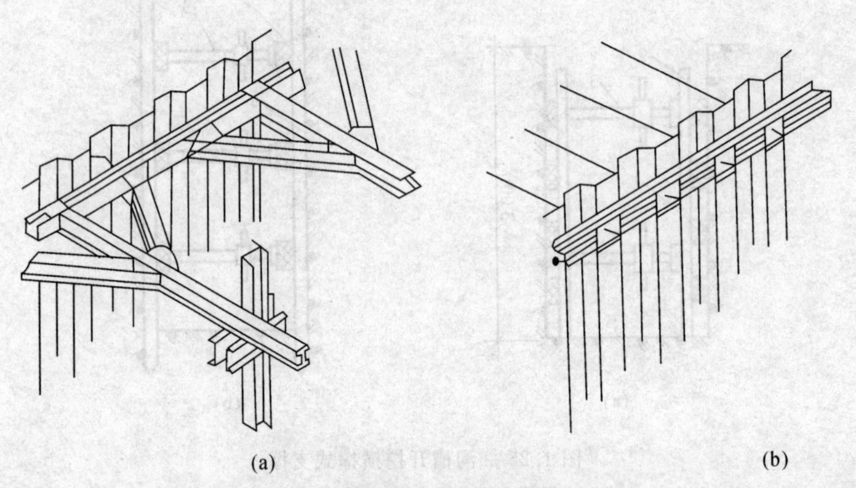

图 1.27　钢板桩挡土墙的其他组合形式

(a) 内支撑钢板桩；(b) 锚拉式钢板桩

1) 钢板桩。钢板桩的基本形式如图 1.26 所示。钢板桩又分为槽钢钢板桩及热轧锁口钢板桩。

槽钢钢板桩是将大规格的槽钢正反扣搭接而成的。单根槽钢长 6 ～ 8 m，可以用电焊接长，型号由计算确定。这种支护形式抗弯能力较弱，一般只适用于深度不超过 4 m 的基坑。通常在结构顶部设置一道拉锚或支撑，以提高其抗弯能力。

热轧锁口钢板桩按照其截面形状有 U 字形、Z 字形和一字形三种；通常，U 字形钢板桩可用于开挖深度为 5 ～ 10 m 的基坑。当基坑开挖深度较大时，还采用钢板桩与 H 字形钢的组合形式，开挖深度更大时，还可采用钢板桩与坑内水平支撑相结合的支护形式，如图 1.27 所示。

2) 型钢桩横挡板挡土墙。型钢桩横挡板挡土墙(见图 1.28) 是将 H 字形钢或工字钢以一定的间距(1 ～ 1.5 m) 打入土中作为挡土支柱，支柱之间插入木板(厚 3 ～ 6 cm) 或其他挡土构件。

型钢尺寸、间距及插入坑底深度由计算确定。这种结构适用于地下水位较低的基坑，在国外应用较多。

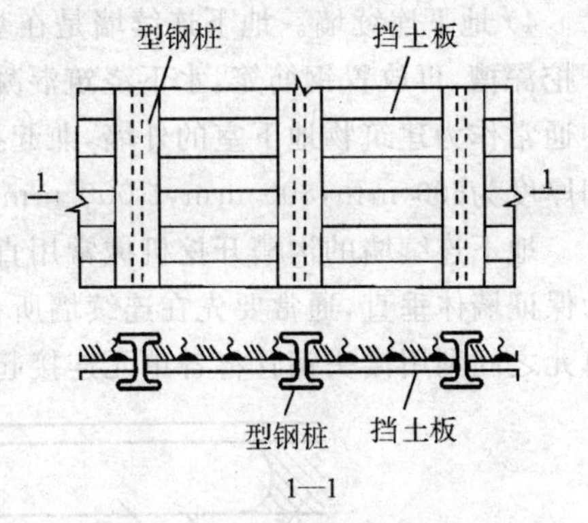

图 1.28 型钢桩横挡板挡土墙

3）钢筋混凝土挡土桩。在基坑周围以一定的间距做钢筋混凝土灌注桩（直径通常在 80 ～ 110 cm），作为挡土的主要承载体系，适用于开挖深度不大于 10 m 的基坑（见图1.29）。为保证挡土桩的稳定性，可以在桩顶部设置锚桩拉杆，或随深度的增加以一定间距设置土层锚杆；为保证所有灌注桩协同工作，通常在桩顶部还设置一道钢筋混凝土冠梁，冠梁宜形成封闭，其宽度不宜小于桩径，高度不宜小于 500 mm。

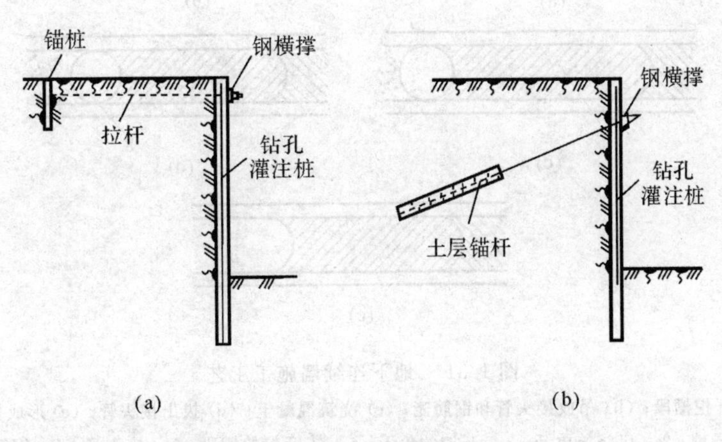

图 1.29 钢筋混凝土灌注桩挡土墙

对灌注桩之间的裸露土面应采用喷射混凝土进行保护。当地下水位较高时，可在挡土桩外侧再增加水泥土搅拌桩作为止水帷幕。挡土桩直径、插入基坑底部的深度及锚拉间距等由计算确定。

为了增加灌注桩挡土墙的稳定性，在工程中也有将灌注桩相互紧挨施工，甚或间隔或紧挨施工几排的情形，如图 1.30 所示。

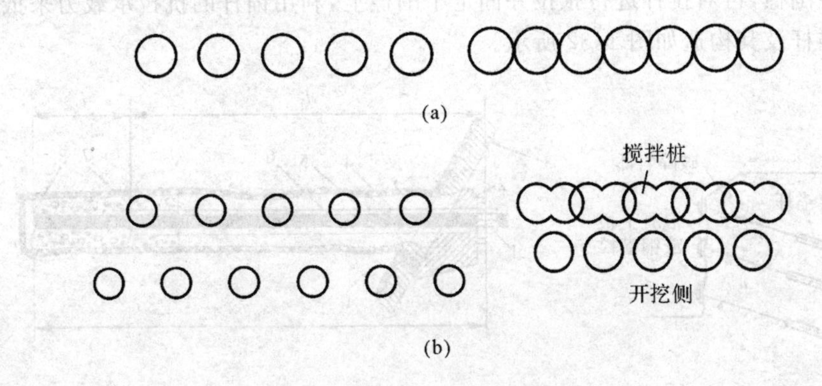

图 1.30 混凝土灌注桩挡土墙的平面布置

(a) 单排布置；(b) 双排布置

4）地下连续墙。地下连续墙是在基坑开挖之前，使用专用设备以泥浆护壁方法在土体中开挖深槽，再放置钢筋笼，水下浇筑混凝土形成的墙体，如图 1.31 所示。地下连续墙在逆做法中通常作为建筑物地下室的外墙，兼起挡土墙作用；也可以只作为挡土或截水结构使用。其常用厚度为600 mm，800 mm，1 000 mm，常用于深度在 12 m 以下的深基坑工程。

地下连续墙的沟槽开挖机械常用直轴多头钻机、连续液压抓斗、水平轴双轮铣成槽机等。为保证墙体垂直，通常要先在连续墙所在位置设置导墙，分单元开挖（每个单元长 6 ～ 10 m），单元之间利用接头钢管将各单元连接起来。

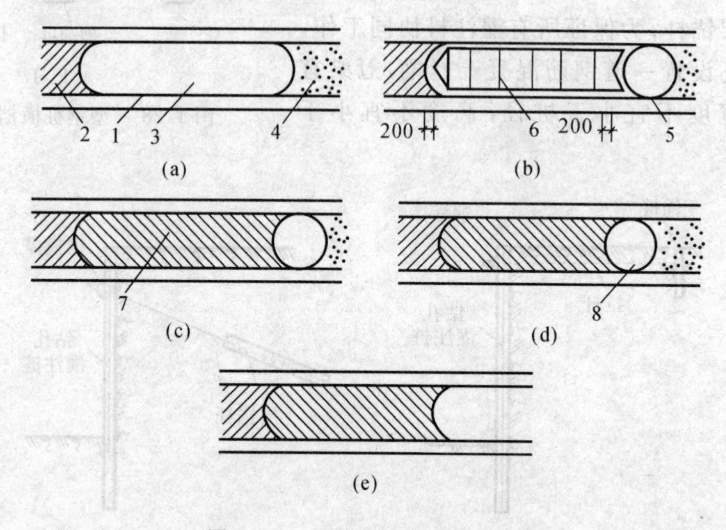

图 1.31　地下连续墙施工工艺

(a) 开挖槽段；(b) 吊放接头管和钢筋笼；(c) 浇筑混凝土；(d) 拔出接头管；(e) 形成接头；

1— 导墙；2— 已浇筑单元；3— 开挖的单元；4— 未开挖的槽段；5— 接头管；6— 钢筋笼；

7— 正浇筑的单元；8— 拔出导管后的孔洞

(2) 边坡稳定式挡土结构。边坡稳定式挡土结构主要包括土层锚杆和土钉墙两种形式。目前应用较为广泛的是土钉墙。

1）土层锚杆。土层锚杆是用钻孔机械在基坑侧壁上钻孔，于孔中安放拉杆（钢管、粗钢筋、钢丝束等），再于锚固段压力灌浆将拉杆锚固于土层中，待锚固体强度达到一定数值后在支护结构上安装围檩，再对拉杆进行张拉并固定于围檩上，利用锚杆的抗拉承载力来抵抗坑壁土压力。土层锚杆及其构造如图 1.32 所示。

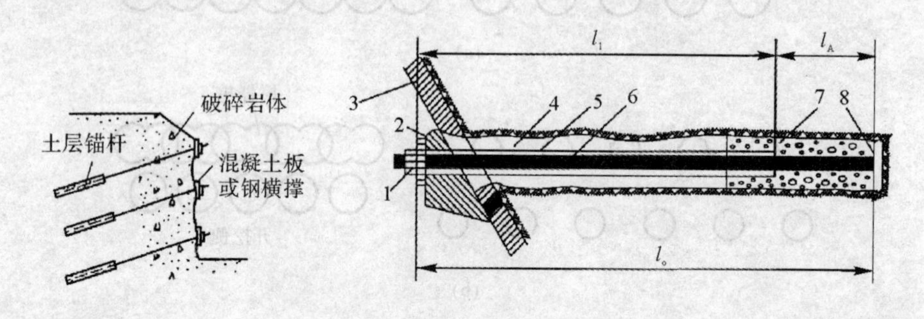

图 1.32　土层锚杆及其构造

1— 锚头；2— 锚头垫座；3— 支护结构；4— 钻孔；5— 防护套管；6— 拉杆；7— 锚固体；8— 锚底板

土层锚杆的长度、锚固长度、锚固体半径、拉杆直径、锚杆间距等均须通过现场试验及计算确定。

2）土钉墙。土钉墙是由基坑壁被加固土体、放置于土中的细长金属杆件（通常为钢筋——土钉）和附着于坡面上的混凝土面板组成的一种挡土结构（见图1.33）。钢筋和土体组成的复合体形成了一个类似于重力式挡土墙的结构，以此来抵挡墙后土体的土压力及其他作用力，保证基坑边坡的稳定。

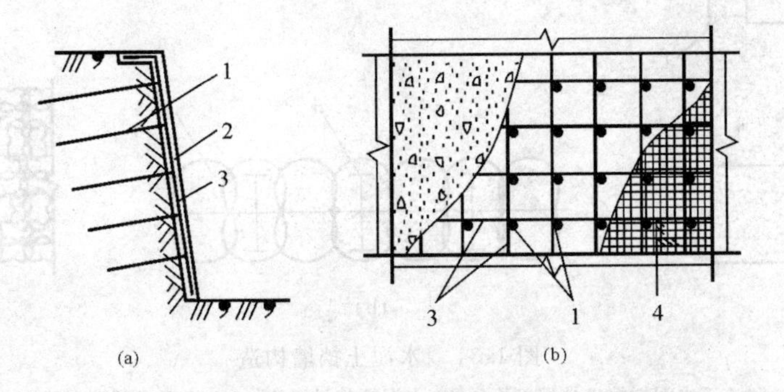

图1.33 土钉墙构造

(a) 土钉墙剖面；(b) 混凝土面层

1— 土钉钢筋；2— 喷射混凝土面层；3— 面层加强钢筋；4— 钢筋网

土钉墙的构造要求：① 墙面坡度不宜大于1∶0.1；② 土钉与面层钢筋之间应设置承压板或加强钢筋等措施，承压板或加强钢筋与土钉之间应采用焊接或螺栓连接；③ 土钉长度宜为开挖深度的0.5～1.2倍，土钉间距宜为1～2 m，与水平面夹角宜为5°～10°；④ 土钉钢筋宜采用直径为16～32 mm的Ⅱ、Ⅲ级钢筋，钻孔直径宜为70～120 mm；⑤ 注浆材料宜为水泥浆或水泥砂浆，强度大于等于M10；⑥ 喷射混凝土面层宜配置钢筋，直径为6～10 mm，间距为150～300 mm；⑦ 喷射混凝土强度大于等于C20，面层厚度大于等于80 mm。

土钉墙施工的一般程序：① 按设计要求开挖，修整边坡，埋设喷射混凝土厚度控制标志；② 喷射第一层混凝土；③ 钻孔、安设土钉、注浆、安设连接件；④ 绑扎坡面钢筋网、喷射第二层混凝土；⑤ 设置坡顶、坡面及坡脚排水系统。

(3) 水泥土挡墙。水泥土挡墙是利用水泥土搅拌桩或高压喷射注浆法形成的桩体构成挡土墙，它是依靠其自身重力和刚度保护基坑侧壁不发生坍塌的挡土结构，具有挡土、止水的双重功效。它适用于基坑深度为4～6 m的基坑开挖支护。挡墙的宽度及深度由计算确定。

典型的水泥土挡墙构造如图1.34所示。

为保证桩体之间协调工作，水泥土搅拌桩之间通常搭接施工，搭接宽度一般不小于100 mm。当考虑止水作用时，搭接宽度不小于150 mm。当需要多排桩共同作用时，水泥土墙常采用格栅布置，此时，水泥土的置换率对淤泥不宜小于0.8，淤泥质土不宜小于0.7，一般黏性土及砂土不宜小于0.6，格栅长宽比不宜大于2。为增大水泥土挡墙的刚度及强度，还常在水泥土桩中插入钢筋、竹筋，甚至工字钢，在顶部做混凝土面板。

水泥土挡墙的施工可采用搅拌桩或旋喷桩形成桩体。当采用深层搅拌法施工时，浆喷时水泥的掺入量宜为被加固土重度的15%～18%；粉喷时水泥的掺入量宜为被加固土重度的13%～16%。水泥浆的水灰比应通过现场试验确定。当采用高压喷射注浆法（旋喷）施工时，应通过现场试喷试验,确定旋喷固结体的最小直径、高压喷射施工技术参数等。高压喷射水泥浆的水灰比宜为 1.0 ～ 1.5。

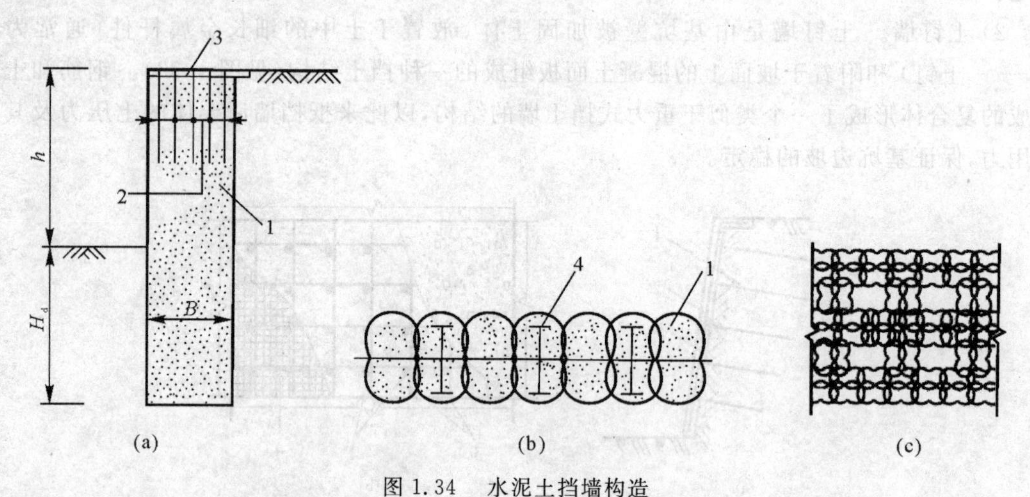

图 1.34 水泥土挡墙构造

(a) 水泥搅拌桩挡墙剖面;(b) 水泥搅拌桩平面;(c) 格栅式平面布置

1— 搅拌桩;2— 插筋;3— 面板;4—H 形钢

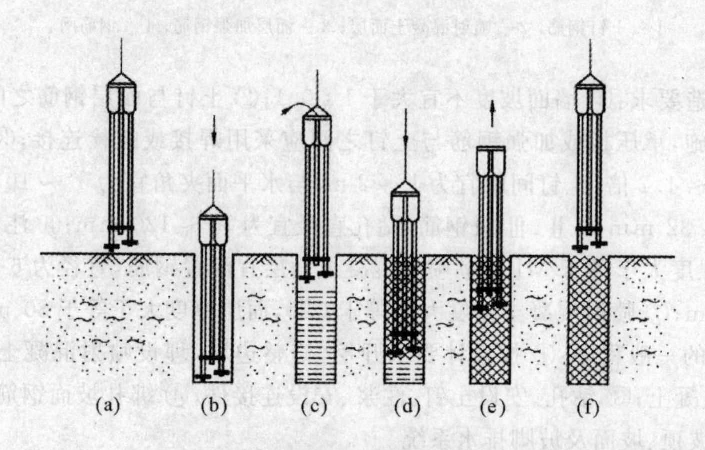

图 1.35 水泥搅拌桩施工工艺

(a) 定位;(b) 预搅下沉;(c) 喷浆搅拌提升;(d) 重复搅拌下沉;(e) 重复搅拌提升;(f) 成桩结束

1.7 场地平整与土方开挖的机械化施工

场地平整与土方开挖工程量大而面广,利用人工进行这类土方工程作业不仅劳动繁重,且效率低下,成本高昂。因为其具体施工过程中不牵扯复杂的技术,所以采用机械化或半机械化作业不仅劳动效率高,而且能大幅度降低劳动强度,保证施工质量。

场地平整与土方开挖作业所使用的施工机械主要包括土方挖掘机械,如挖土机;土方推运机械,如推土机、铲运机、装载机;土方运输机械,如翻斗车、自卸汽车等。根据工程特点合理进行机械调配与使用,对安全施工及提高经济效益具有重要意义。

本节将以这类工程施工顺序为主线,讲解各类施工机械的应用及调配。

1.7.1 场地平整施工

1. 场地平整施工准备工作

场地平整施工的准备工作主要包括场地清理、地面水排除、修筑临时道路及水电供应设施、建立测量控制网等。

(1) 场地清理主要包括以下方面。

1) 迁建施工范围内的已有房屋、道路、水电设施等；

2) 挖除挖方场地上的树根；

3) 清除场地上的草皮、淤泥等。

(2) 地面水排除主要包括以下方面。

1) 对地面上的现有积水进行排除；

2) 在场地四周及适当部位修建排水沟、截水沟、坝等，将因下雨等原因可能在现场形成的积水及时排除，并阻止高处的水流入施工现场。一般，排水沟的断面不小于0.5 m×0.5 m，纵向坡度不小于2‰。

(3) 修筑临时道路及水电设施。施工道路主要用于大型施工机械的进出场及土方、材料的运输；还应修建临时机械停放场地及机械修理间；临时水电对建筑施工也是不可或缺的。

(4) 建立测量控制网。根据总图设计上使用的国家永久性控制坐标及水准点，按照建筑总平面要求，将坐标及水准点引至施工现场，并在施工区域内设置好测量控制网，包括控制基线、轴线、水准点等，做好测量标志的复核及保护工作。

2. 场地平整的机械化施工

场地平整常用的施工机械主要有推土机和平地机。一般的建筑施工场地平整作业多采用推土机，大型的场道、工程场地平整作业则两者均采用。

(1) 推土机。推土机是在拖拉机上安装推土板等工作装置而成的机械。按行走方式可以分为轮式推土机及履带式推土机；按推土板的操纵方式可以分为索式推土机(自重切土)和液压式推土机(强制切土)。液压式推土机不仅可以调整推土板高度，而且还可调整其角度，是工程上比较常用的推土机。

推土机操作灵活，所需工作面小，行驶速度快，易于转移，能爬30°左右的缓坡，能单独完成切土、推土等作业，还能配合铲运机、挖土机工作。在推土机后加装松土装置，能完成对硬土、含石类土的刨松，还能牵引无动力的土方机械，如铲运机、羊足碾。推土机适于推挖一至三类土，经济运距为30～60 m，一般应将运距控制在100 m以内。

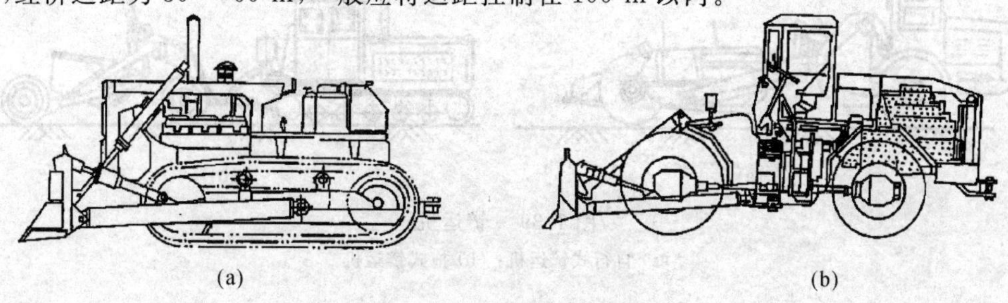

图1.36 推土机

(a) 履带式推土机；(b) 轮式推土机

推土机的常用施工方法包括以下方面。

1）下坡推土法。推土机沿坡面向下推土，借助于机械本身及土体的自重，可以增加推土量，缩短推土时间。推土时的最大坡度应控制在 15° 以内为宜，如图 1.37 所示。

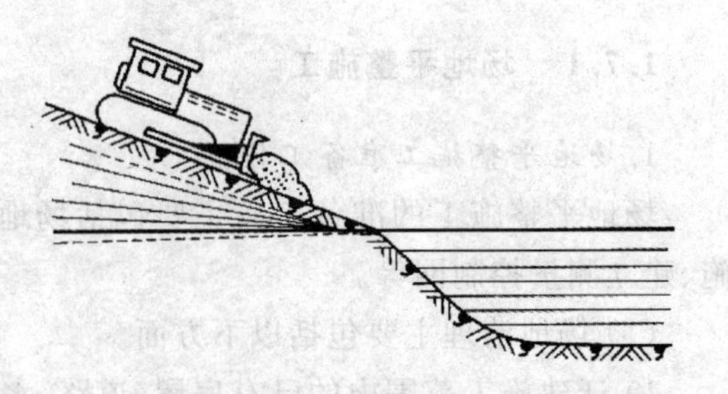

图 1.37　下坡推土法

2）并列推土法。对面积较大的平整区域，可用两台或多台推土机并列推土。推土时，两铲刀相距 15 ～ 30 cm，可以减少铲前土体的散失。施工时，推土机数量不宜多于 3 台，否则行驶不易保持一致。推土机平均运距不宜超过 50 ～ 70 m，如图 1.38(a) 所示。

3）槽形推土法。槽形推土法适用于运距较远、挖土层较厚的情形。这种方法可以减少推土板两侧土体的散落，显著提高施工效率。施工时，槽深一般在 1 m 左右，槽间土埂宽度约 0.5 m。在推出多条槽后，再将土埂推入槽内运出，如图 1.38(b) 所示。

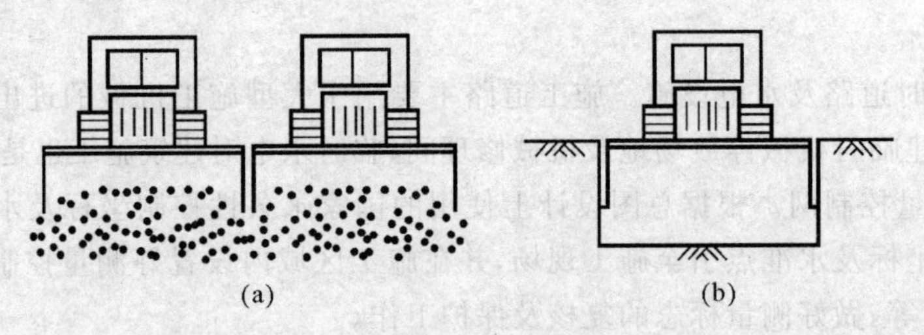

图 1.38　并列推土法与槽形推土法

(a) 并列推土；(b) 槽形推土

4）分批集中，一次推送。当土质比较坚硬而运距又较远时，由于切土深度小，可采用多次铲土，分批集中成土堆，再一次推送的方法，使得推土铲前保持满载。

(2) 铲运机。铲运机能独立完成铲土、运土、填筑、压实、整平作业等全部土方工程施工工序，适合于一至三类土、场地面积较大的土方工程平整施工作业。

铲运机按行走机构可分为自行式铲运机和拖式铲运机两种，如图 1.39 所示。自行式铲运机的行走和铲运作业都依靠本身所带的动力设备；而拖式铲运机行走及铲运作业所需的动力则来源于拖拉机。

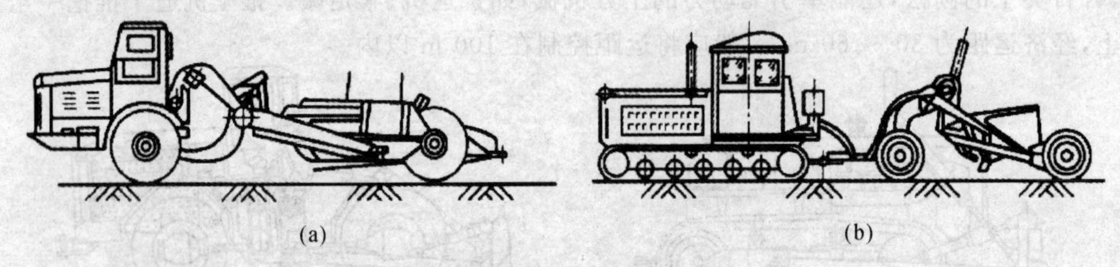

图 1.39　铲运机

(a) 自行式铲运机；(b) 拖式铲运机

常用铲运机的铲斗容量为 2 m^3，5 m^3，6 m^3 及 7 m^3 等，自行式铲运机适用于运距在 800 ～ 3 500 m 的大型土方工程，拖式铲运机适用于运距在 80 ～ 800 m 的土方工程。

铲运机的施工方法取决于工程大小、运距长短及土的性质。常用的施工方法有以下几种。

1) 环形路线。环形路线适用于场地起伏不大，施工范围较小的情形。根据挖填距离的远近，可选择采用大环形路线或小环形路线，每环形行走一次可完成一次或多次铲土和卸土作业，如图 1.40(a)(b)(c) 所示。

2)“8”字形行走路线。该行走路线适用于施工地段较长或场地起伏较大的情形，每一循环可完成两次铲土及卸土作业，如图 1.40(d) 所示。

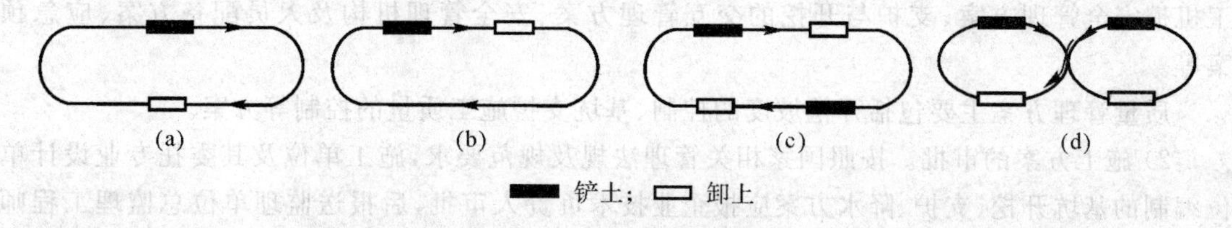

图 1.40　铲运机行驶路线

(a) 环形路线；(b) 环形路线；(c) 环形路线；(d)8 字形路线

3) 下坡铲土。借助于铲运机重力，可以加深切土深度。一般纵坡不得大于 25°，横坡不大于 5°，铲运机在坡上不能急转弯，以免翻车。

4) 跨铲法。铲运机间隔铲土，预留土埂，当在土槽中铲土时，可以减少向外抛洒。为便于铲除土埂，一般土埂高度不大于 300 mm，宽度不大于拖拉机两履带间的净距。

5) 推土机助铲。当土质较硬时，可采用推土机在铲运机后面推顶，以加大铲刀切土能力，缩短铲土时间；在助铲间隙还可兼做松土或平整作业。

1.7.2　基坑(槽) 开挖施工

基坑(槽) 开挖施工是建筑工程土方施工中工程量最大的部分，施工方法的确定不仅关系到施工效率，还关系到施工安全等问题。

1. 基坑开挖施工准备工作

基坑开挖的施工准备工作主要包括开挖及支护施工方案的编制与审批、施工放线及基坑支护施工。

(1) 基坑开挖及支护施工方案的编制与审批。

1) 基坑开挖施工方案的内容：

a. 施工现场环境描述与分析。它包括拟建建筑物与周围已有建筑物、构筑物的距离，周围危险源列表及影响分析，基坑所需的开挖深度、地下水位深度、地下现有管线状况等。

b. 基坑支护方案及降、排水方案的确定。首先应考虑现场条件是否允许放坡开挖，并确定放坡参数。当不具备放坡条件时，应确定拟采用的基坑支护方式；当现场条件复杂及开挖深度较大时，还应委托具有相应资质的设计单位进行基坑支护专项设计。

c. 施工监测方案的确定。为确保基坑工程本身及周围建筑物、构筑物和地下管线在施工期间的安全，施工单位应安排专人对基坑工程施工过程中可能引起的基坑周围地面、构筑物、建筑物等的变形进行监测。对开挖深度超过 5 m，或开挖深度未超过 5 m，而现场地质情况和周围环境较复杂的基坑，还应委托具有相应资质的监测单位编制相应的深基坑工程监测方案，并对施工过程可能引发的基坑周围地面、构筑物、建筑物等的变形进行监测。

d. 施工机械的选择及劳动力安排。

e. 施工进度计划安排。

f. 施工开挖平面图的确定。确定开挖平面图时应注意，基坑开挖的下边缘基底每边应留出一定的工作面宽度（一般为 30 ～ 60 cm），以方便基础支模；当基坑内有排水沟时，还应再加上排水沟的预留宽度。基坑开挖的上边缘应由下边缘、开挖深度及放坡综合确定。

g. 基坑工程施工安全及质量管理措施的确定。安全管理措施包括基坑周边围护方案、施工机械安全管理方案、支护与开挖的交互管理方案、安全管理机构及人员配备方案、应急预案等。

质量管理方案主要包括开挖坡度的控制、基坑支护施工质量的控制等方案。

2) 施工方案的审批。按照国家相关管理法规及规范要求，施工单位及其委托专业设计单位编制的基坑开挖、支护、降水方案应报企业技术负责人审批，后报送监理单位总监理工程师审核签字。对开挖深度超过 5 m（含 5 m）的基坑（槽）的土方开挖、支护、降水工程及开挖深度虽未超过 5 m，但地质条件、周围环境和地下管线复杂，或影响毗邻建筑（构筑）物安全的基坑（槽）的土方开挖、支护、降水工程的专项设计及施工方案还应组织专家进行论证。

(2) 基坑开挖放线。基坑开挖放线的顺序一般是先根据施工图确定建筑物周边基础轴线定位，据此根据基础宽度确定基础边缘位置，再根据开挖方案确定的施工面及排水沟预留宽度确定基坑开挖后的边坡下边缘线，然后确定开挖范围的上边缘线。以上所确定的所有线条在经过复核无误后应采用定位桩的方式固定并保护起来。最后用白灰洒出基坑开挖外边缘线作为开挖范围。

(3) 基坑支护及降水设施施工。当采用钢板桩、混凝土灌注桩、水泥土挡墙、地下连续墙等基坑支护方案时，在基坑开挖前须先施工这些支护措施；当采用土钉墙、土层锚杆等方法进行支护时，应分层开挖、分层支护，以确保施工安全。

当基坑开挖需要降低地下水位时，一般在开挖前应进行降水设施，如轻型井点、高压喷射井点、管井井点等的施工，并用其将地下水位稳定地降低到设计深度。

2. 基坑（槽）开挖施工

基坑开挖通常采用机械开挖方式进行，常用的机械为各种单斗挖掘机。按照其行走机构，可分为轮式挖掘机和履带式挖掘机；按照其工作方式，单斗挖掘机可分为反铲挖掘机、正铲挖掘机、拉铲挖掘机和抓铲挖掘机。单斗挖掘机进行土方开挖时，常需要自卸汽车配合运土。为保护基坑底面土层的天然结构不受破坏，通常需在坑底保留 200 ～ 300 mm 厚土层采用人工开挖并整平。

(1) 正铲挖掘机。正铲挖掘机挖土的特点是“前进向上，强制切土”，适用于开挖停机面以上的土方，一般用于开挖含水量较小的一至四类土和经过爆破的岩石及冻土等，其挖掘力大，工作效率较高。开挖时，挖掘机及运土车辆需开入基坑内，为此，还需要开挖进入基坑的坡道；通常，坡道的坡度为 1∶8 左右。

1) 正铲挖掘机的作业方式。根据挖掘机与自卸汽车相对位置的不同，正铲挖掘机的作业方式有侧向卸土和后方卸土两种，如图 1.41 所示。

a. 正向挖土，侧向卸土。如图 1.41(a) 所示，挖掘机沿前进方向开挖，运输车辆停在侧面，挖掘机卸土时动臂转动角度较小，运输车辆行驶方便，故生产效率较高。采用这种挖土方式时，运输车辆停放的地面，可以是挖掘机的停机面（平卸侧工作面），也可以高于停机面（高卸侧工作面）。

b.正向挖土，后方卸土。如图1.41(b)所示，挖掘机沿前进方向开挖，运输车辆停放在其后面装土。这种方法挖掘机动臂转动角度大，生产效率较低，通常适用于深而窄的基坑的开挖。为了装土，自卸汽车通常要倒车进入工作面。

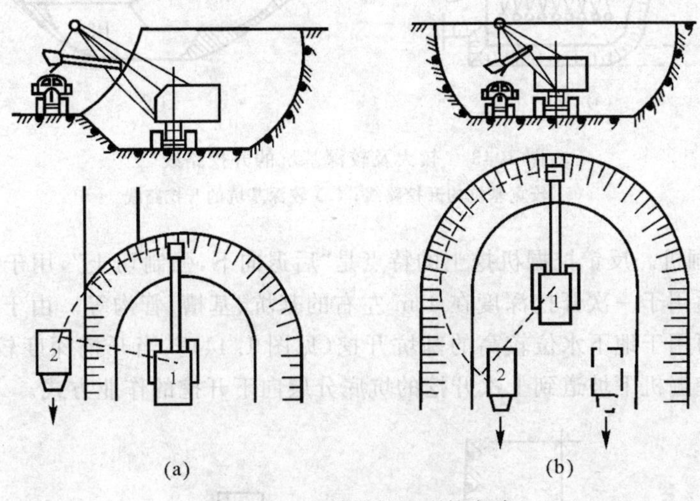

图1.41　正铲挖掘机开挖方式

(a)侧向卸土；(b)后方卸土

1—正铲挖掘机；2—自卸汽车

2）正铲挖掘机的开行路线。当基坑深度不大，而面积很大时，通常在深度方向一次开挖到位，而在平面上则需要来回开行几次进行开挖，如图1.42所示。对图示基坑，挖掘机需要开行三次。第一次采用正向开挖，后方卸土；第二、三次则采用正向开挖，侧向卸土作业方式。

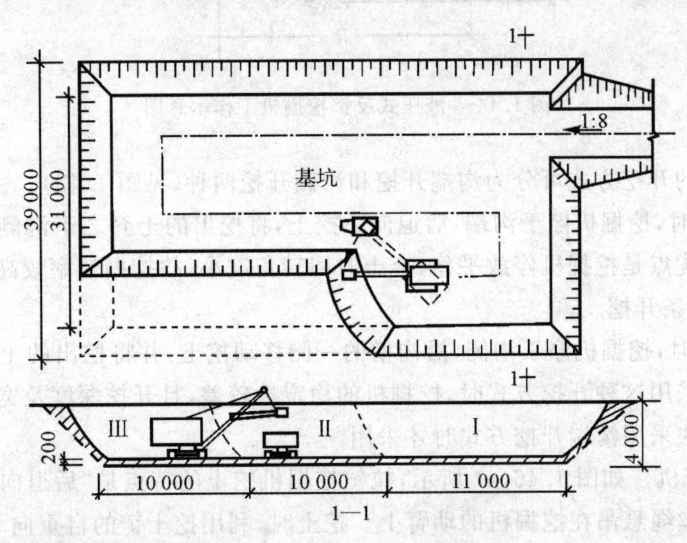

图1.42　大型基坑开挖时正铲挖掘机的开行路线

当基坑宽度稍大于正工作面宽度时，为减少挖掘机的开行次数，可采用加宽工作面的办法——挖掘机按“之”字形路线开行，如图 1.43(a) 所示。

当基坑开挖深度较大时，开行路线可布置成多层，如图 1.43(b) 所示。

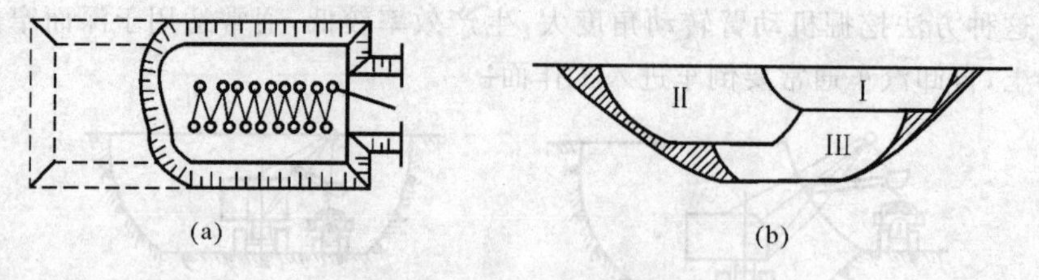

图 1.43　较大及较深基坑的开挖路线

(a) 较宽基坑的开挖路线；(b) 较深基坑的开挖路线

(2) 反铲挖掘机。反铲挖掘机挖土的特点是“后退向下，强制切土”，用于开挖停机面以下的一至三类土，适用于一次开挖深度在 4 m 左右的基坑、基槽、管沟等。由于挖掘机停机面通常在地面，因此可用于地下水位较高的基坑开挖(见图 1.44)。当开挖深度较大时，也可采用开挖坡道，反铲挖掘机下坡道到上次开挖的坑底分层向下开挖的作业方式。

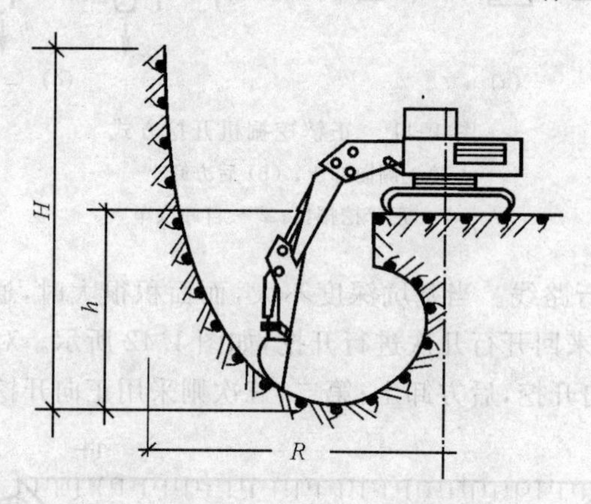

图 1.44　液压式反铲挖掘机工作示意图

反铲挖掘机的开挖方式可分为沟端开挖和沟侧开挖两种(见图 1.45)。

1) 沟端开挖时，挖掘机停于沟端，后退向下挖土，将挖出的土弃之于沟侧或由停放于沟侧的汽车运走。其优点是挖掘机停放平稳，弃土时回转角度小，故挖掘效率较高。当基坑宽度较大时，可以多次分条开挖。

2) 沟侧开挖时，挖掘机停于沟侧，沿沟槽的一侧移动挖土，并将挖出的土弃于远处或停在机旁的汽车上。采用这种开挖方式时，挖掘机的稳定性较差，且开挖深度及宽度均较小。这种方法一般只在无法采用沟端开挖方式时才采用。

(3) 拉铲挖掘机。如图 1.46(a) 所示，拉铲挖掘机挖土的特点是“后退向下，自重切土”。其挖土铲通过钢丝绳悬吊在挖掘机的动臂上。挖土时，利用挖土铲的自重向下切入土中，再用连接在挖土铲上的钢丝绳与悬挂钢丝绳配合将土铲拉起。由于两条钢丝绳长短可伸缩，利用惯性可将挖土铲甩至较远处挖土，因此，其挖土半径及深度均较大。拉铲挖掘机适用于开挖停机面以下的一至三类土，常用于开挖较深较大的基坑(槽)、沟渠、挖取水中的泥土等。其缺点是不如反铲挖掘机灵活、准确。

拉铲挖掘机的开挖方式与反铲挖掘机相同，也有沟端开挖及沟侧开挖两种方式。

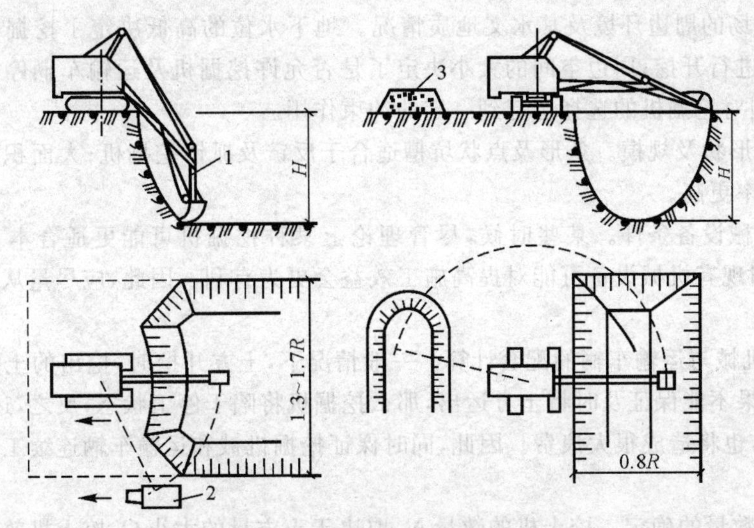

图 1.45　反铲挖掘机的开挖方式

(a) 沟端开挖；(b) 沟侧开挖

1— 挖掘机；2— 运土车辆；3— 弃土堆

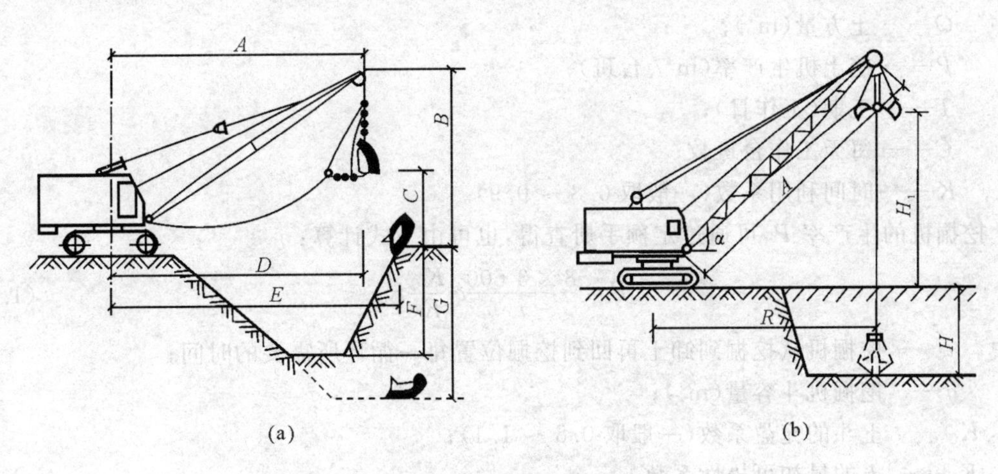

图 1.46　拉铲挖掘机与抓铲挖掘机

(a) 拉铲挖掘机；(b) 抓铲挖掘机

(4) 抓铲挖掘机。抓铲挖掘机挖土的特点是"直上直下，自重切土"。同拉铲挖掘机一样，其土斗也是通过钢丝绳悬挂于动臂上，松开钢丝绳时，在自重作用下，土斗垂直向下切入土中，提起时土斗底部合拢，将土抓起，如图 1.46(b) 所示。该机适合于开挖停机面以下的一至二类土壤，一般用于深而窄的坑槽、深井等的开挖，还用于疏通旧有渠道及挖取水中的淤泥，也用于装卸碎石、矿渣等松散材料。目前，市场上还出现了液压控制的抓铲挖掘机，较之于传统的机械式抓铲挖掘机，其控制精度及挖掘能力有大幅提高。

3. 土方开挖施工机械的选用与调配

土方开挖施工机械包括两大类：开挖机械，即单斗挖掘机；运输机械，即自卸汽车。首先应根据工程特点选择合适的机械类型，再进行合理的组合以达到土方工程机械的最经济使用。

(1) 土方机械的选用。选用挖掘机时应考虑以下因素。

1) 施工现场的周边环境及其水文地质情况。地下水位的高低决定了挖掘机是否能够开行到基坑里面进行开挖；周边空间的大小决定了是否允许挖掘机及运输车辆停放在基坑边缘作业；土壤类型对挖掘机的选择也起到一定的约束作用。

2) 基坑的形状及规模。条形及点状坑槽适合于反铲及抓铲挖掘机；大面积基坑采用正铲挖掘机可能效率更高。

3) 现有机械设备条件。某些时候，尽管理论上某种挖掘机可能更适合本工程的开挖作业，但充分利用现有机械设备可能对提高施工效益会更为有利。因此，应尽量从现有设备着手进行机械配备。

(2) 挖土机械与运输车辆的配套计算。一般情况下，土方开挖时，挖出的土方须经由运输车辆运出。如果不能保证及时将土方运出，那么挖掘机将陷于停工状态；反之，运输车辆过多，经常停车等土，也将造成很大浪费。因此，同时保证挖掘机械和运输车辆连续工作是配套计算的基本原则。

1) 挖土机数量的确定。挖土机的数量 N，取决于土方量的大小 Q、挖土机效率 P 及工期要求 T，有

$$N=\frac{Q}{P}\times\frac{1}{TCK} \tag{1.31}$$

式中 Q—— 土方量(m^3)；

P—— 挖土机生产率(m^3/ 台班)；

T—— 工期(工作日)；

C—— 每天工作台班数；

K—— 时间利用系数(一般取 0.8 ～ 0.9)。

挖掘机的生产率 P，可通过定额手册查得，也可由下式计算：

$$P=\frac{8\times 3\ 600}{t}q\,\frac{K_C}{K_S}K_B \tag{1.32}$$

式中 t—— 挖掘机从挖掘到卸土再回到挖掘位置每一循环所需要的时间；

q—— 挖掘机斗容量(m^3)；

K_C—— 土斗的充盈系数(一般取 0.8 ～ 1.1)；

K_S—— 土的最初可松性系数；

K_B—— 工作时间利用系数(0.7 ～ 0.9)。

2) 运土车辆的配套计算。当选用运输车辆时，应尽量使运输车辆的载重量及容积与挖掘机每斗的挖掘量成一定的倍率关系(一般选用车辆的载重量为挖掘机斗容量的 3 ～ 5 倍)；同时，运输车辆的数量应能保证挖掘机连续工作。

运输车辆的数量 N_1 可由下式计算：

$$N_1=\frac{T_1}{t_1} \tag{1.33}$$

$$T_1=t_1+\frac{2L}{v_c}+t_2+t_3 \tag{1.34}$$

式中 T_1—— 运土车辆每一运土循环的延续时间(min)；

L—— 运土距离(m)；

v_c—— 运土车辆的平均速度(m/min)，一般取 20～30 km/h；

t_2—— 卸土时间，一般为 1 min；

t_3—— 操纵时间(包括停放待装、等车、让车等)，一般取 2～3 min；

t_1—— 运土车辆每车装车时间(min)，$t_1=nt$；

n—— 挖掘机装运每车土所需的挖掘斗数，计算式为

$$n=\frac{Q_1}{q\dfrac{K_C}{K_S}r} \tag{1.35}$$

式中　Q_1—— 运土车辆的载重量(t)；

r—— 土体的天然密度，一般取 1.7 t/m³。

1.7.3　土方开挖工程施工质量要求

根据《建筑地基与基础工程施工质量验收标准》(GB50202)，土方开挖工程的质量控制内容主要包括基坑(槽)底面的开挖标高、开挖尺寸、边坡坡度、坑底表面平整度、基底土性等项。具体的控制标准及检验方法如表 1.16 所示。

表 1.16　土方开挖工程质量检验标准

施工质量验收规范的规定								检验方法
项目			容许偏差或允许值 /mm					
			柱基基坑基槽	挖方场地平整		管沟	地(路)面基层	
				人工	机械			
主控项目	1	标高	−50	±30	±50	−50	−50	水准仪
	2	长度、宽度(由设计中心线向两边量)	+200 −50	+300 −100	+500 −150	+100		经纬仪，用钢尺量
	3	边坡	设计要求					观察或用坡度尺检查
一般项目	1	表面平整度	20	20	50	20	20	用 2 m 直尺及楔形塞尺检查
	2	基底土性	设计要求					观察或土样分析

1.8　土方的填筑与压实

土木工程施工中，土方的填筑与压实作业广泛应用于场地平整、地基处理、基础施工、基坑回填及楼地面工程等。它所涉及的主要问题包括基底处理、土料的选择、压实机械、压实质量控制等。

1.8.1　填土前的基底处理

填方工程施工前，应按设计要求对填方区域的基底进行清理；当设计无要求时，一般应按

下列要求进行处理。

(1) 挖除基底上的树墩及主根，清除坑穴内的积水、淤泥和杂物等。

(2) 对建筑物和构筑物地面以下的填方或厚度小于50 cm的填方，应清除基底上的草皮和垃圾。

(3) 当在土质较好的平坦地上(地面坡度不陡于1/10)填方时，可不清除基底上的草皮，但应割除地面上的长草。

(4) 稳定山坡上的填方，当山坡坡度为1/10 ～ 1/5时，应清除基底上的草皮；坡度陡于1/5时，应将基底挖成阶梯形，阶宽不小于1 m。

(5) 当填方基底为耕植土或松土时，应将基底辗压密实。

1.8.2　土料的选择

土方回填时所用的土料，应符合设计要求。当设计无明确要求时，一般按下列规定选用。

(1) 碎石类土、砂土和爆破石碴，可用做表层以下的填料；使用细、粉砂时应取得设计单位同意。

(2) 含水量符合压实要求的黏性土，可用做各层填料。

(3) 碎块草皮和有机质含量大于8% 的土，只可用于无压实要求的填方。

(4) 淤泥和淤泥质土一般不能用做填料；但在软土或沼泽地区，经过处理且含水量符合压实要求后，可用于填方中的次要部位。

(5) 碎石类土或爆破石碴用做填料时，其最大粒径不得超过每层铺填厚度的2/3。当使用振动辗时，不得超过每层铺填厚度的3/4。铺填时大块料不应集中，且不得填在分段接头处或填方与山坡连接处。

1.8.3　填土压实机械

填土施工时，一般均采用机械进行压实。常用的压实机械主要有静力压实机械、振动压实机械、夯实机械等。

1. 静力压实机械

静力压实机械是通过滚轮的重力使得土壤得到压实。常用的静力压实机械主要有光碾压路机、气胎(轮胎)碾和羊足碾等。

(1) 光碾(平碾)压路机。光碾压路机是以内燃机为动力的自行式压路机，适用于大面积的填土压实作业。按其质量，可以分为轻型(3 ～ 5 t)、中型(6 ～ 9 t)和重型(10 ～ 14 t)三类，按压路机滚轮的数量又可以分为双轴双轮和双轴三轮两种形式(见图1.47)。

平碾压路机的滚轮通常是用钢材焊接而成的，内为中空。根据需要，轮内可灌入砂等材料以调整压路机重力。平碾压路机在进行压实作业时，开行速度不宜过快，否则可能因钢轮与土壤之间产生的摩擦力而使土面起皱。一般碾压速度不超过2 km/h。

(2) 气胎(轮胎)压路机。轮胎压路机的前后轮各为一组充气轮胎。充气轮胎的弹性较大，在碾压过程中，土和轮胎都发生变形。土体松散时，轮胎与土体的接触面很大，压实力较小；而当土体逐渐变密实时，土体变形减小，其与轮胎的接触面逐渐减小，故接触压力逐渐增大。这种接触压力的自动调节使得土体更容易得到压实，如图1.48所示。

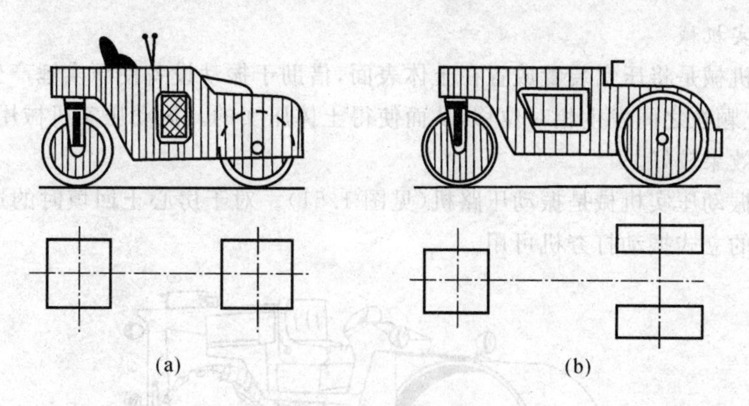

图 1.47　平碾压路机

(a) 双轴双轮；(b) 双轴三轮

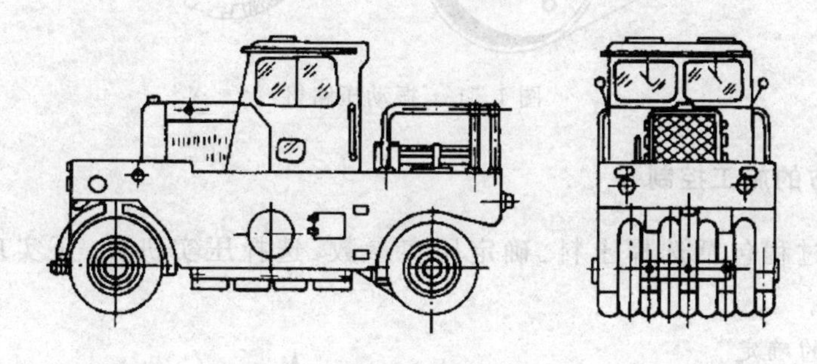

图 1.48　轮胎式压路机

(3) 羊足碾。与平碾不同，羊足碾的碾轮表面上装有很多羊蹄形的碾压凸脚，一般无动力，靠拖拉机牵引碾压。羊足碾的碾压轮也是空心的，根据需要可以在其内部充入砂、水等，以增加碾压轮的重力。由于碾压轮滚动时，羊足与土体的接触面积很小，故单位面积上的压力很大，压实效果好。但羊足碾只适用于黏性土，对于砂土，碾轮滚动时会将土体再次搅松。

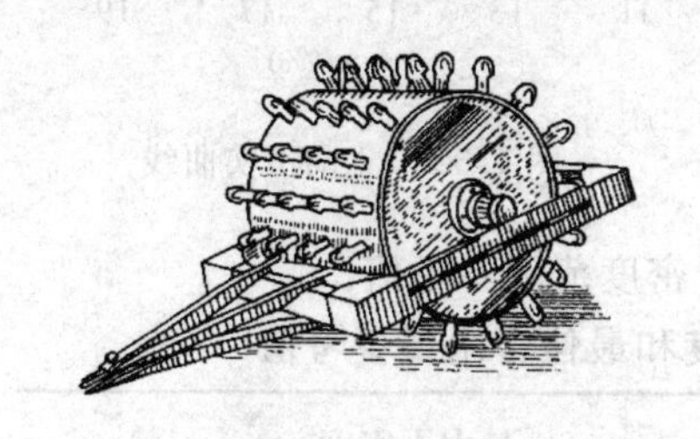

图 1.49　羊足碾

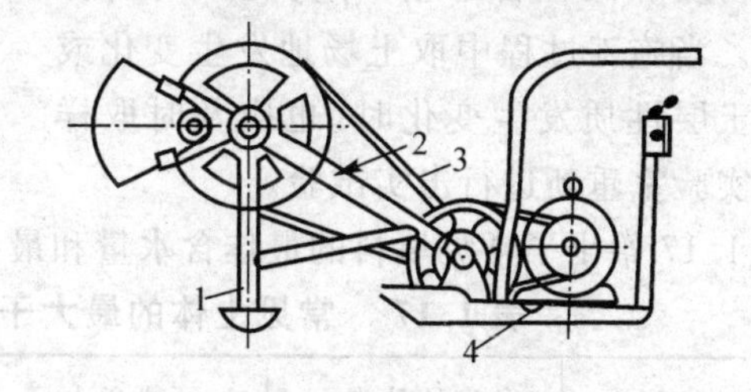

图 1.50　蛙式打夯机

1— 打夯头；2— 夯架；3— 三角胶带；4— 底盘

2. 夯实机械

夯实机械是利用夯锤自由下落时的冲击力对土体进行压实的。由于一般夯锤的面积都很小，故其主要用于面积较小的回填土的压实作业。夯实机械的类型有木夯、石夯、蛙式打夯机等，也有用1～4 t的重锤进行填土夯实作业。如图1.50所示为蛙式打夯机。在上述夯实机械中，蛙式打夯机因其轻巧灵便、构造简单在工程中应用最为广泛。

3. 振动压实机械

振动压实机械是将压实装置放置在土体表面，借助于振动设备使压实锤产生振动，在这种振动作用下，土颗粒之间发生相对位移，从而使得土体压实的。振动压实机械用于无黏性土体的填方压实时效果较好。

最常见的振动压实机械是振动压路机(见图 1.51)。对于房心土回填时的边角部位，目前还有一种小型的立式振动打夯机可用。

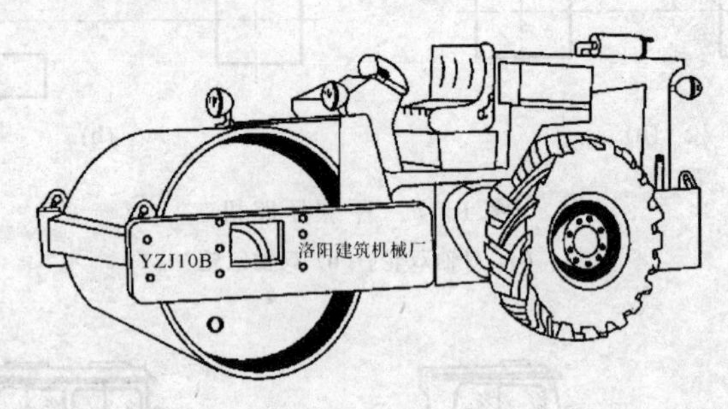

图 1.51　振动压路机

1.8.4　填方的施工控制

填土的施工过程包括选择土料、确定压实参数、选择压实机械、压实现场施工控制等内容。

1. 压实参数的确定

土料的压实参数主要包括最大干密度和最佳含水量。填方工程施工前，施工单位应在所选用的填料中选取具有代表性的土样，委托有资质的检测实验室进行击实试验，得到击实曲线如图 1.52 所示，以确定该填料的最大干密度和最佳含水量，作为施工时的控制标准。当施工过程中取土场地发生变化或取土场土层性质发生变化时，也应及时取样送检测实验室重新进行击实试验。

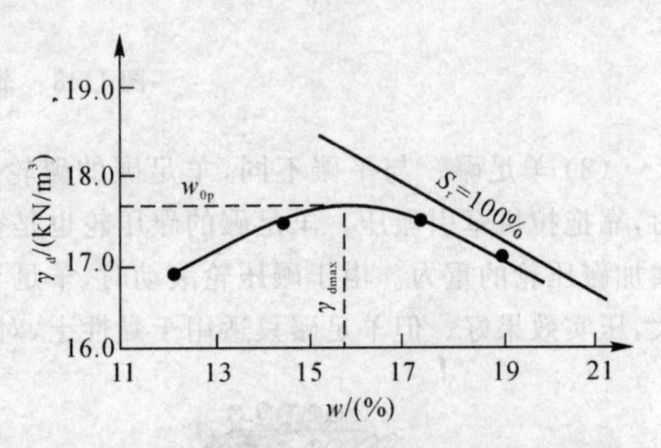

图 1.52　土的击实曲线

表 1.17 给出了常见填料的最佳含水量和最大干密度范围参考值。

表 1.17　常见土体的最大干密度和最佳含水量参考值

序号	土的种类	最佳含水量 /(%)	最大干密度 /(t·m^{-3})
1	砂土	8 ～ 12	1.80 ～ 1.88
2	黏土	19 ～ 23	1.58 ～ 1.70
3	粉质黏土	12 ～ 15	1.85 ～ 1.95
4	粉土	16 ～ 22	1.61 ～ 1.80

2. 压实机械的选择

压实机械的选择，取决于以下几个因素。

(1) 土方工程量的大小。

(2) 施工现场场地的大小。

(3) 设计要求(或施工方选择)的填料种类。

当施工场地面积较大时，对一般黏土，应选用静力平碾或轮胎碾；而对爆破石碴、碎石类土、杂填土或粉土，一般应选用振动碾；对于填料为粉质黏土或黏土的大型填方，宜使用振动凸块辗。

当施工场地面积狭小，无法使用压路机进行压实时，应考虑使用蛙式打夯机、立式打夯机、甚或各种人工夯实方法。

由于压实机械作用于地面下的压应力分布随深度而减小，因此，其只能使得距地面一定深度范围内的填土得到压实，该范围通常称之为压实机械的影响深度。压实机械吨位越大，影响深度越大，回填时允许的虚铺厚度也就越大。表1.18给出了常见压实机械施工时允许的填土虚铺厚度及每层压实遍数。

表1.18　填土施工时的铺土厚度和压实遍数

压实机具	每层铺土厚度 /mm	每层压实遍数
平碾	250 ～ 300	6 ～ 8
振动压路机	250 ～ 350	3 ～ 4
柴油打夯机	200 ～ 250	3 ～ 4
人工打夯	＜200	3 ～ 4

3. 压实过程施工控制

压实过程施工控制的内容包括回填土的铺土厚度、土体含水量、接茬留设、土体的碾压、压实效果检查、问题处理等。

(1) 回填土的虚铺厚度。表1.18给出了各种压实机械所允许的回填土的虚铺厚度。为在施工中能准确控制，通常先要在施工现场进行试压，确定某一标准虚铺厚度下的压实厚度，再据此用木桩制作成标尺杆，标尺杆上应标上虚铺厚度和压实后的厚度，然后挂小线控制整个回填现场的分层标高，如图1.53所示；也可以采用在基坑边坡上每隔一定间距钉上水平木橛或弹水平控制线等控制每层回填土的虚铺标高和压实标高。

如果对施工标高要求不太严格，也可以在填土层上通过摆放立砖的方式进行铺土厚度的控制。

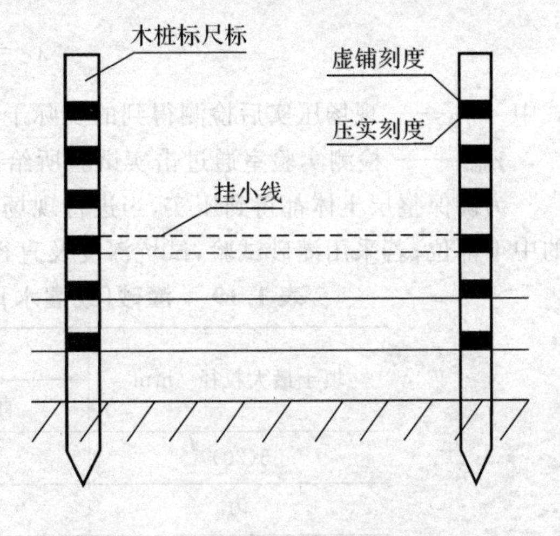

图1.53　回填土铺土厚度控制

(2) 土体的含水量控制。从土体的击实曲线可以看到，在一定压实功作用下，当含水量为最佳含水量时，所达到的干密度最大，即压实效果最好。因此，为保证土体的压实效果，当压实时，应严格控制土体含水量与最佳含水量之间的偏差。若土体含水量过大，容易形成橡皮土；反之，则不能形成密实的压实土层。

大量的施工经验发现，一般情况下，从取土场挖取的未受气候影响（即未遭受风吹日晒及雨淋）的土体，其含水量一般均在最佳含水量附近。

为此，当填料为黏性土时，填土前应检验其含水量是否在控制范围内。对回填用的黏性土，其施工含水量与最优含水量之差可控制在 $-4\% \sim +2\%$ 范围内，使用振动辗时，可控制在 $-6\% \sim +2\%$ 范围内。如含水量偏高，可采用翻松晾晒、均匀掺入干土或吸水性填料（如生石灰粉）等措施，如含水量偏低，可采用预先洒水润湿、增加压实遍数或使用大功能压实机械等措施。对碎石类土（充填物为砂土），辗压前宜充分洒水湿透，以提高压实效果。当填料为爆破石碴时，应通过辗压试验确定含水量的控制范围。

(3) 土体接茬的留设。当采用分段回填时，为保证接茬部位压实土体的性质均匀、接触紧密，接茬处每层土体应错开 1 m 以上，如图 1.54 所示。

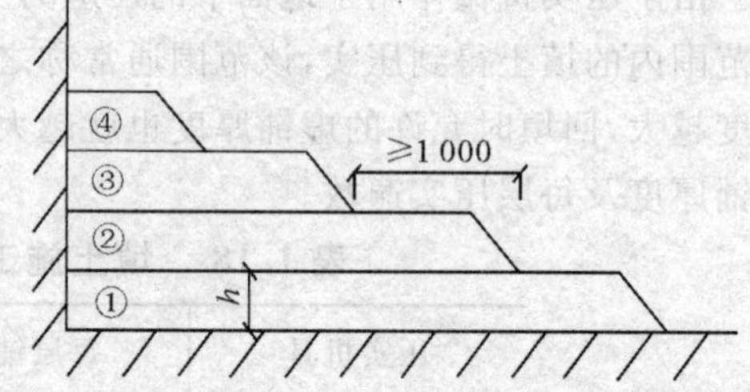

图 1.54　分段回填时接茬的处理

(4) 压实过程中问题的处理。局部出现"橡皮土"现象。在压实过程中，经常发现局部会产生"橡皮土"现象，这主要是由于回填土含水量不均匀，该部位土体含水量过大造成的。为此，应将该部位"橡皮土"挖除，用含水量合适的土体重新回填并碾压。当面积过大，挖除不大现实时，可采用翻开晾晒的方法，或将干的砖块打碎后用压路机压入含水量大的土中，以吸收土体水分，消除"弹簧"现象。

对于黏性填土，若施工中因土层铺填厚度过大造成碾压后上半层形成硬壳，而下半层未能充分压实，则可采用羊足碾破除硬壳层，并将其压入下半层而使其变密实。

碾压时，压路机应从填土区的两边逐渐压向中间部位，每次碾压应有 15 ～ 20 cm 的重叠，压路机开行速度不宜过快，平碾不应超过 2 km/h。羊足碾应控制在 3 km/h 之内，否则会影响压实效果。

4. 填土压实效果的质量控制

填土的压实效果，通常采用压实系数（压实度）λ_C 进行控制，即

$$\lambda_C = \frac{\gamma_d}{\gamma_{dmax}} \tag{1.36}$$

式中　γ_d—— 现场压实后检测得到的实际干密度；

γ_{dmax}—— 检测实验室通过击实试验所给出的该土体的最大干密度。

为确保整层土体都得到压实，当进行现场检测时，若采用环刀法，取土位置应位于该层土的中下部位；若采用灌砂试验，试坑深度及直径见表 1.19。

表 1.19　灌砂（或灌水）检测密实度时的试坑尺寸

填土最大粒径 /mm	试坑尺寸	
	直径 /mm	深度 /mm
5(20)	150	200
40	200	250
60	250	300

土体的压实度λ_C，应满足设计要求。对一般场地平整，压实系数通常在0.9左右，而对于地基填土(地基主要受力层范围内)压实系数为0.93～0.97。检查验收时，基坑和室内土方回填，每层填土按100～500 m^2取样1组，且不少于1组；柱基回填，每层填土抽样柱基总数的10%，且不少于5组；基槽和管沟回填，每层按20～50 m取1组，且不少于1组；场地平整填方，每层按400～900 m^2取样1组，且不少于一组。

对地基处理时的回填压实，当回填质量未达到设计要求时，还应按设计要求采取其他地基处理措施。

1.8.5　土方填筑的冬、雨期施工

1. 土方填筑的雨期施工

雨期施工时，土体含水量增大会造成压实困难，因此，土方回填施工应尽量在雨期开始前完成。

雨期施工时，工作面不宜过大，应逐段、逐片进行。做好现场的排水措施，填土施工中的取土、运土、铺填、压实等各工序应连续进行，应在下雨前及时碾压完所铺土层，并保证土面有一定坡度，以利于排出雨水。当土方工程面积不大时，对已压实部分及堆土场正在取用的土方，应采取一定的遮盖措施(如采用塑料薄膜、彩条布等遮盖)，或将堆土场土丘表面压光，以方便雨停后尽快恢复施工。

为保证雨期施工的顺利进行，还应做好场地内道路等的排水、加固等工作，避免出现道路积水、泥泞等现象。

2. 土方填筑的冬期施工

冬期施工时，由于温度低，土壤中的水分经常凝结成冰状，造成压实困难，也使得填土层压缩性增大。为此，对填方工程冬期施工应采取下列措施。

(1) 每层铺土厚度应比常温施工时减少20%～25%，预留沉陷量应比常温施工时增加。

(2) 室外的基槽(坑)或管沟可采用含有冻土块的土回填，冻土块粒径不得大于150 mm，含量不得超过15%，且应均匀分布；管沟底至管顶以上500 mm范围内不得用含有冻土块的土回填。冻结期间暂不使用的管道及其场地回填时，冻土块的含量和粒径可不受限制，但融化后应作适当处理。

(3) 室内的基槽(坑)或管沟不得采用含有冻土块的土回填，施工应连续进行并应夯实。当采用人工夯实时，每层铺土厚度不得超过200 mm，夯实厚度宜为100～150 mm。室内地面垫层下回填的土方填料中不得含有冻土块，并应及时夯(压)实。在填方完成后至地面施工前，应采取防冻措施。

(4) 当工程紧迫必须回填时，可选用砂类土或级配砂石回填，并按常温技术要求分层回填并夯实。

1.8.6　土方回填工程施工质量要求

按照《建筑地基与基础工程施工质量验收规范》(GB50202)对回填土方，施工质量控制的内容除了压实系数外，还包括标高、土料性质、分层厚度及含水量、表面平整度等，具体标准及检验方法如表1.20所示。

表 1.20　土方回填工程质量控制标准

施工质量验收规范的规定								
检查项目			容许偏差或允许值/mm					检验方法
			柱基基坑基槽	场地平整		管沟	地(路)面基础层	
				人工	机械			
主控项目	1	标高	－50	±30	±50	－50	－50	水准仪
	2	分层压实系数	设计要求					环刀法或灌砂、灌水法
一般项目	1	回填土料	设计要求					观察或取样送检
	2	分层厚度及含水量	设计要求					尺检，现场试验或送检
	3	表面平整度	20	20	30	20	20	用 2 m 直尺及塞尺

习　题

1. 土按照开挖的难易程度分为几类？各类的特征是什么？

2. 试述土的可松性及其对土方施工的影响。

3. 试述用网格法计算土方工程量的步骤及方法。

4. 土方调配的原则有哪些？简述土方调配的一般方法。

5. 基坑支护结构的形式有哪些？工程中应如何选用？

6. 基坑降水的方法有哪些？试述轻型井点的系统布置方案及计算步骤。

7. 试述推土机、铲运机的工作特点、适用范围及提高生产率的方法。

8. 试述正铲挖掘机、反铲挖掘机的作业方法。

9. 试述各类压实机械的适用范围及使用方法。

10. 试述土体最佳含水量的概念。

11. 土方工程雨期施工时应注意哪些问题？

12. 土方工程冬期施工时，对冻土块的使用有哪些规定？

13. 某基坑底长 90 m、宽 65 m、深 8 m，四面放坡，边坡坡度为 1∶0.5。

(1) 计算土方开挖工程量。

(2) 若混凝土基础及地下室总体积为 24 800 m^3，则应预留多少回填土(以自然状态的土体积计算)？

(3) 若多余土方外运，现用斗容量为 3.5 m^3 的自卸汽车外运，试问需要运多少车(已知土的最初可松性系数 $K_S=1.14$，最终可松性系数 $K'_S=1.05$)？

14. 某基坑底面积为 50 m×25 m，深 6 m。边坡坡度为 1∶0.5。地下水位在天然地面以下 1.2 m，不透水层在地面以下 12 m 处，中间为细砂层，地下水为无压水，渗透系数 $K=15$ m/d，四面放坡，坡度为 1∶0.5。现有井点管长 6 m，管径 38 mm，滤管长 1 m。拟用轻型井点降低地下水位至基坑底面以下 0.5 m。

(1) 绘制井点系统平面及高程布置图；

(2) 计算涌水量、井点管数量和间距。

15. 某建筑场地方格网如图1.55所示，每一方格边长30 m，双向泄水坡度 $i_x=i_y=3‰$，试按挖填平衡原则确定设计标高(不考虑土的可松性影响)。

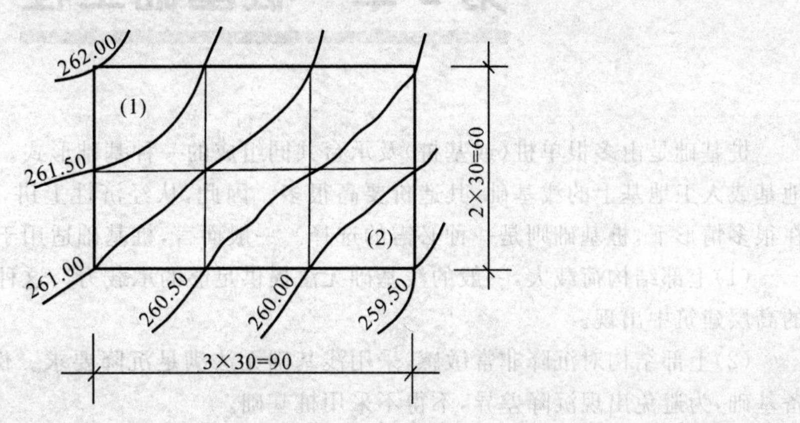

图1.55　建筑场地方格网

第2章 桩基础工程

桩基础是由多根单桩(或基桩)及承台共同组成的一种基础形式。相对于一般建造于天然地基或人工地基上的浅基础,其造价要高很多。因此,从经济性上讲,桩基础应尽量少用。但在很多情形下,桩基础则是一种必需的选择。一般而言,桩基础适用于下面几种情形。

(1)上部结构荷载大,一般的浅基础无法提供足够的承载力。这种情形近年来在越来越多的高层建筑中出现。

(2)上部结构对沉降非常敏感,采用浅基础无法满足沉降要求。例如,一些精密的大型设备基础,为避免出现沉降差异,不得不采用桩基础。

(3)建筑场地有不良土层,为将建筑物上部结构荷载传到坚实土层,而采用桩基础。例如湿陷性黄土地区,为避免黄土湿陷对上部结构的危害,可以采用桩基础将荷载传递到深处的非湿陷性土层。

(4)建筑构造要求。地基基础设计规范对基础埋深与建筑物高度之间规定了一定的比例,一些高层建筑为满足此要求不得不采用桩基础。

桩基础可以按照下面几种方法进行分类。

(1)按照基桩荷载的传递机理,桩基础可以分为端承型桩和摩擦型桩两大类。端承型桩主要靠桩端持力层为桩基础提供承载力;摩擦型桩则主要靠桩周摩擦阻力提供基桩承载力,如图2.1所示。

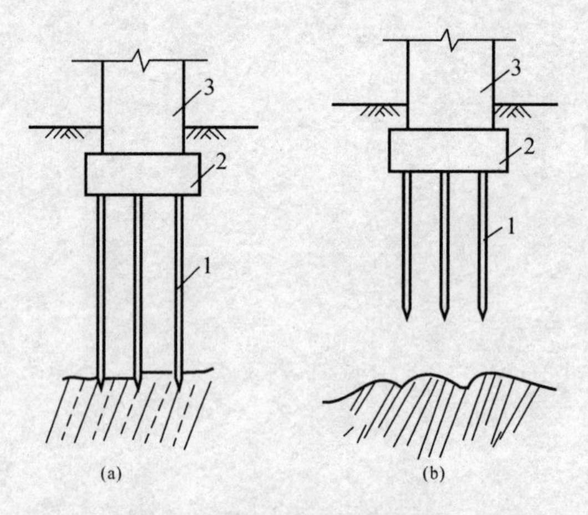

图2.1 端承型桩和摩擦型桩

(a)端承型桩;(b)摩擦型桩

1—基桩;2—承台;3—上部结构

(2)按照基桩所使用的材料,桩基础可以分为混凝土桩、钢桩及组合材料桩。

(3)按照使用功能,可以将桩基础分为竖向抗压桩、竖向抗拔桩、水平受荷桩及复合受荷桩。对房屋建筑而言,其桩基础一般以竖向抗压为主,承受水平荷载为辅;而对用于码头加固的桩基，其受力则以水平为主。

(4)按照施工方法，桩基础可以分为灌注桩和预制桩。预制桩是将桩在工厂或施工现场预制成所需长度及截面形状，然后用静压、锤击、振动等方法将其沉入土中。灌注桩则是用沉管、钻孔、水冲、挖孔等方式在设计的桩位成孔，然后在孔中放入钢筋笼，再浇灌混凝土成桩。具体的成孔方法取决于土层情况、上部荷载及桩的承载类型。

(5) 按照桩的直径，当 $d \leqslant 250$ mm 时，为小直径桩；当 250 mm $< d \leqslant 800$ mm 时，为中等直径桩；当 $d > 800$ mm 时为大直径桩。

2.1 预制桩施工

预制桩按材料可分为钢桩、木桩及混凝土桩三类。

由于木桩需要耗费大量木材，且使用条件限制严格，否则容易腐烂，因此除少数特殊环境外已很少使用；钢桩主要有钢管桩、H形钢桩及其他异形钢桩，一般均在工厂制作；混凝土桩主要有实心方桩和预应力混凝土空心管桩。预应力混凝土空心管桩一般在工厂采用离心法制作，实心方桩可在工厂制作，也可在现场制作。

预制桩的沉桩方法主要有两类：锤击沉桩法和静力压桩法。锤击沉桩法是借助桩锤下落时的势能将桩打入土中，常见的桩锤有柴油锤、落锤、蒸汽锤、振动锤等；静力压桩法是利用静力压桩机械将桩压入土中。

相对于灌注桩，预制桩具有桩身质量控制容易、制作方便、承载力高、不受地下水位影响、不存在泥浆排放等优点。近年来，随着沉桩技术（如振动沉桩、静压沉桩技术）及设备的发展，预制桩施工技术也愈来愈先进。

2.1.1 预制桩的制作、运输与堆放

实心方形截面是混凝土预制桩的最常见形式。截面尺寸一般在 200 mm×200 mm～600 mm×600 mm之间。实心方桩的构造如图 2.2 所示。单节桩的长度，依打桩架的高度而定，一般在 27 m 以内。对长度为 30 m 以上的桩，一般分节预制，在打入过程中接长。工厂预制的实心桩，考虑到运输方便，一般每节长度不超过 12 m。

1. 钢筋混凝土预制桩的制作

预制桩中的纵向钢筋宜采用对焊和电弧焊，当钢筋直径大于 20 mm 时，宜采用机械接头连接。同一截面内纵筋接头不得超过总数的 50%，相邻两根主筋接头截面的距离应大于 35 d（d 为主筋直径），并不应小于 500 mm。桩顶 1 m 范围内不得有接头，钢筋骨架的制作偏差应符合规范要求。

预制桩的混凝土强度等级不应低于 C30，混凝土应从桩顶向桩尖方向浇筑。应一次浇筑完成，中间不得留施工缝。浇筑完成的桩体应洒水养护 7 d 以上。重叠法浇筑时，下层桩混凝土强度达到设计强度的 30% 以上时才能在其上支模浇注上层桩体。

预制桩采用现场制作时，为节省场地及模板常采用重叠法，如图 2.3 所示。制作前应进行场地硬化，预制桩重叠的层数不宜超过 4 层。上、下层桩及同层桩之间应采用油毡、牛皮纸、塑料薄膜或纸筋灰等材料做好隔离。

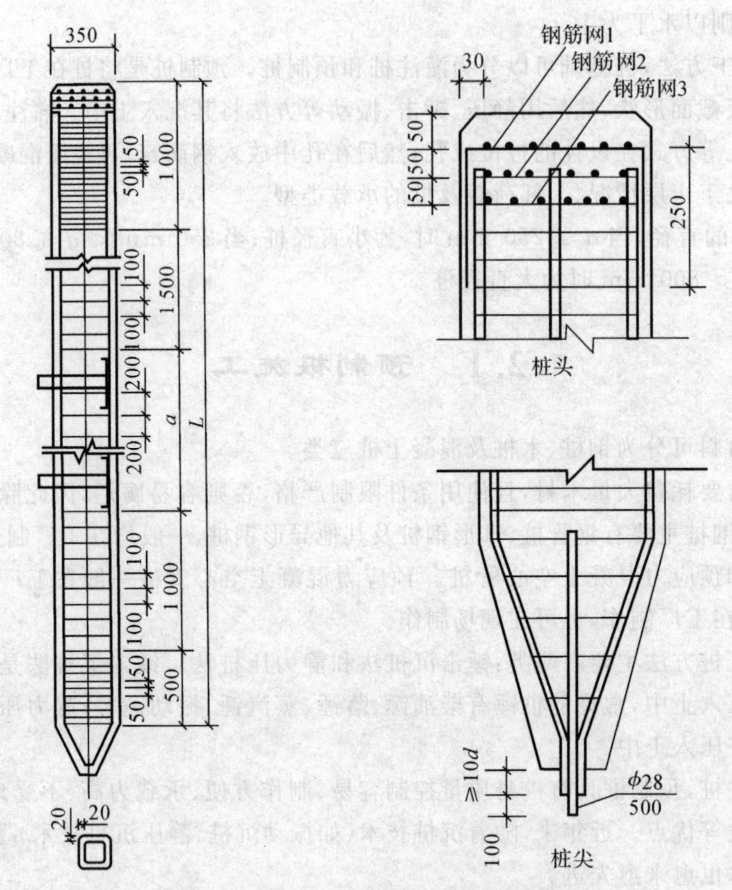

图 2.2　实心方形钢筋混凝土预制桩构造

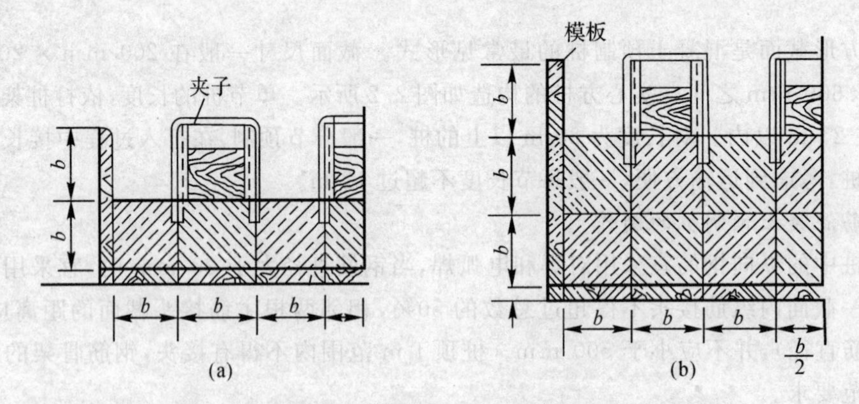

图 2.3　重叠法浇筑混凝土预制桩

2. 预制桩的起吊、运输与堆放

为保证预制桩在起吊和运输中桩身的安全，起吊时混凝土预制桩的强度应达到设计强度的 70% 以上，而运输时的强度应达到 100% 设计强度。起吊和搬运时的吊点，应符合设计要求。如无吊环，又无设计要求，吊点的布置应符合起吊时由重力引起的弯矩最小原则，具体如图 2.4 所示。起吊时应尽量做到安全平稳，保护桩身不受磕碰。

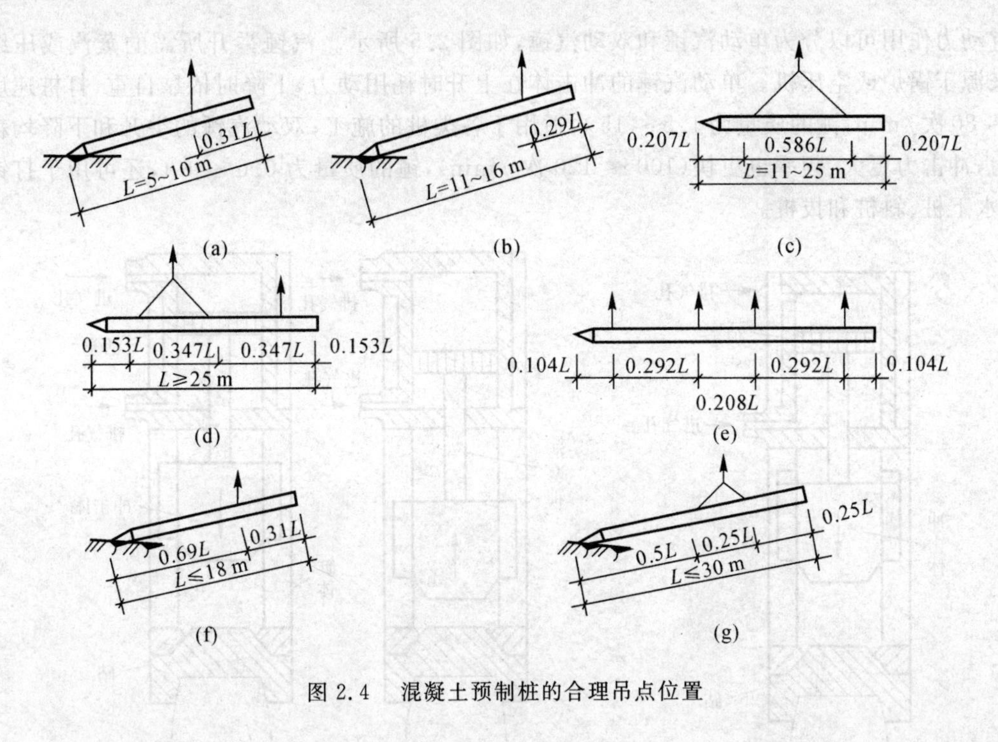

图 2.4　混凝土预制桩的合理吊点位置

预制好的混凝土桩，应根据现场打桩的进展，随打随运，一次运输到打桩机旁，尽量避免二次搬运。当在现场预制且运距不大时，可直接采用起重机吊运到位。当水平运输时，应做到桩身平稳放置，严禁在场地上直接拖拉桩体。

堆放桩的场地应平整、坚实、排水畅通。

堆放时垫木的位置应与吊点位置相同，多层堆放时，各层垫木应位于同一垂线上。圆形桩身的两侧应采用木楔塞紧，以防滚动。

桩的堆放层数不应太多。对于混凝土桩，堆放层数不宜超过 4 层；对钢管桩，直径在 900 mm 左右时，不宜超过 3 层，直径在 600 mm 左右时，不宜超过 4 层，直径在 400 mm 左右时，不应超过 5 层。不同规格、不同材质的桩应分别堆放，以方便吊取。

2.1.2　锤击沉桩法

锤击沉桩也称打入桩，是将桩锤通过某种方法提升到桩顶上一定高度，再自由下落，利用桩锤的势能将桩打入土中。该方法施工速度快，机械化程度高，适用范围广，是预制桩最常用的沉桩方法，但该法施工时会产生较大的噪声及振动，对施工场所及施工时间有所限制。

1. 打桩机具及其选用

锤击沉桩法的打桩设备主要包括桩锤、桩架及动力装置 3 部分；此外，通常还包括衬垫和送桩器。

(1) 桩锤。桩锤是打桩机具的主要部件，其作用是将桩打入土中。按照提升桩锤的动力类型，桩锤可分为落锤、汽锤、柴油锤、振动锤等。

落锤一般用生铁铸成，质量为 0.5 ～ 1.5 t，靠卷扬机提升。其特点是构造简单、提升高度可随意调整，但打桩速度慢(6 ～ 20 次 / min)，对桩头损伤较大，现已很少使用。

汽锤是利用蒸汽或压缩空气的压力将桩锤上举，然后下落冲击桩头沉桩。根据下落时是否有动力作用可以分为单动汽锤和双动汽锤，如图 2.5 所示。汽锤举升所需的蒸汽或压缩空气来源于锅炉或空压机。单动汽锤的冲击体在上升时耗用动力，下降时依靠自重，打桩速度为 60～80 次/min，锤的质量为 1.5～15 t，适用于各类桩的施工；双动汽锤的举升和下降均耗用动力，冲击力更大、频率也更快(100～120 次/min)，锤的质量为 0.6～6 t，还可用于打钢板桩、水下桩、斜桩和拔桩。

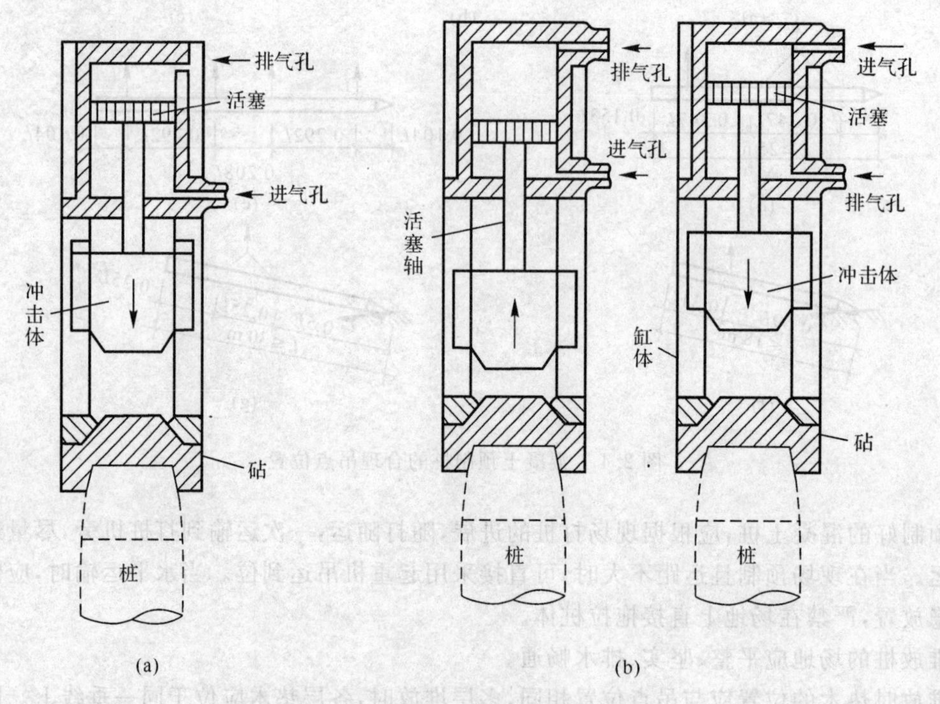

图 2.5　汽锤工作原理

(a) 单动汽锤；(b) 双动汽锤

柴油锤实际上是一种单缸内燃机，根据活塞导轨的形式，柴油锤可分为导杆式和筒式两种，如图 2.6 所示。柴油锤工作时，首先使用机械能将活塞提升到一定高度，然后使其自由下落，这时汽缸中的空气受到压缩而温度剧升，同时通过喷嘴向汽缸中喷入柴油，压缩空气的高温使柴油爆炸，其作用力将活塞上抛，反作用力将桩沉入土中(见图 2.7)。柴油锤冲击部分的质量有 0.1 t，0.2 t，0.6 t，1.0 t，1.2 t，1.8 t，2.5 t，4 t，6 t 等级别，每分钟锤击 40～80 次。柴油锤构造简单、轻巧，易于搬运，不需外部动力设备，用途广泛。但柴油锤施工时噪声较大，有污染和振动，在城区施工受到一定限制。另外，当柴油锤用于松软土体时，由于桩的下沉阻力小，致使活塞回弹距离很小，当其再次下落时不能保证将汽缸中的空气压缩至使柴油爆炸的高温，因此容易引起熄火。当用于非常坚硬的土体时，由于桩的下沉阻力很大，致使活塞举升过高，冲击力太大会造成桩头开裂并损坏桩锤。

振动锤是利用电动机带动两个并排的偏心轮相向旋转，如图 2.8 所示。当偏心轮转动时，两个偏心轮在水平方向所产生的离心力相互抵消，而竖直方向的离心力则相互叠加，使桩产生竖向强迫振动。这种振动能破坏桩与桩周土之间的黏结作用，使得桩在自重及竖向振动力作用下沉入土中。振动锤沉桩效率高，适用性强，可用于粉质黏土、松散砂土、黄土及软土中的沉桩及拔桩施工。

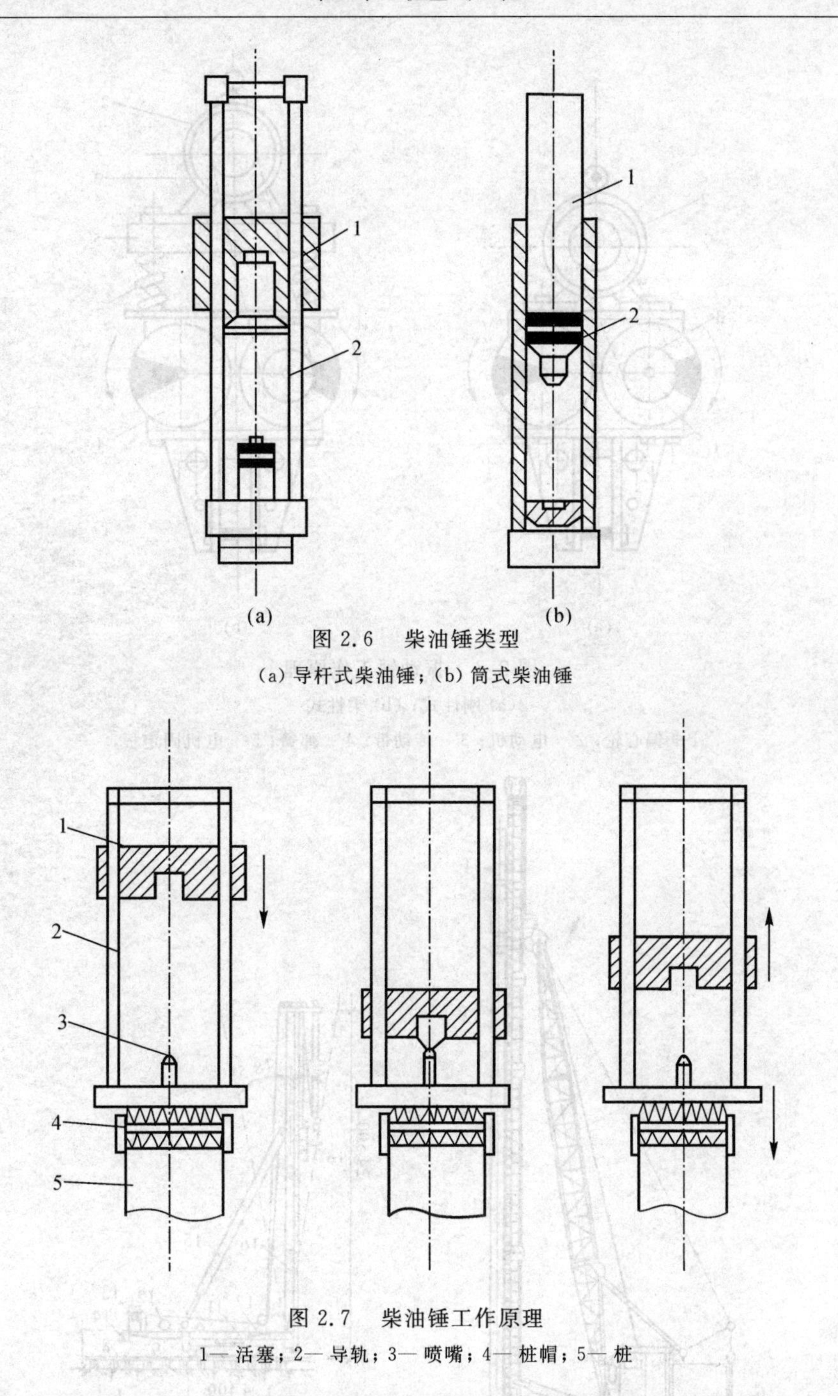

图 2.6　柴油锤类型

(a) 导杆式柴油锤；(b) 筒式柴油锤

图 2.7　柴油锤工作原理

1— 活塞；2— 导轨；3— 喷嘴；4— 桩帽；5— 桩

桩锤的选用应根据地质条件、桩型、桩的密集程度、单桩竖向承载力及现有施工条件等因素确定，具体可参考《建筑桩基技术规范》JGJ94 附录给出的相关数据。

(2) 桩架。桩架的作用是悬挂桩锤、吊装就位，并在打桩过程中引导桩锤沿一定方向锤击桩头的装备。通常要求桩架具有稳定性好、移动方便、可调整垂直度等特点。桩架的种类和高度应根据桩锤的种类、桩的长度、施工现场条件等因素综合确定。目前，常见的桩架主要有多功能桩架、履带式桩架和步履式桩架，如图 2.9 所示。

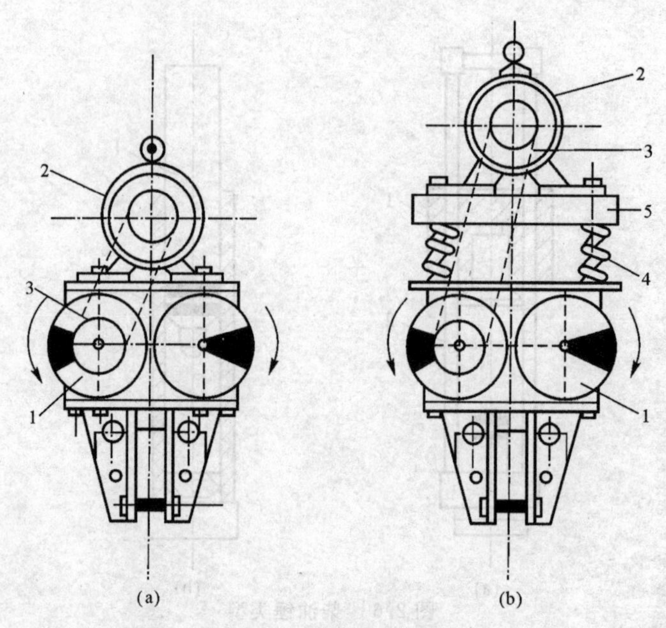

图 2.8　振动锤工作原理

(a) 刚性式；(b) 柔性式

1— 偏心轮；2— 电动机；3— 传动带；4— 弹簧；5— 电机固定板

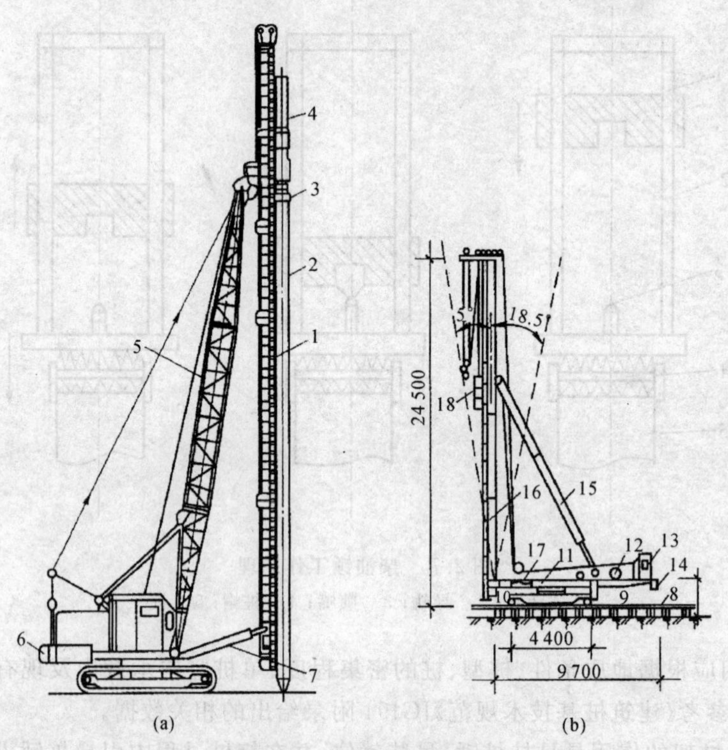

图 2.9　常见的桩架形式

(a) 履带式桩架；(b) 多功能桩架

1— 导向架；2— 桩；3— 桩帽；4— 桩锤；5— 起重臂；6— 机体配重；7— 导向架支撑；8— 枕木；9— 钢轨；10— 底盘；11— 回转平台；12— 卷扬机；13— 司机室；14— 平衡配重；15— 撑杆；16— 导架；17— 水平调整装置；18— 桩锤与桩帽

多功能桩架由底盘、导架、斜撑、滑轮组和动力设备组成。底盘下装有导向轮，可在轨道上行走；在水平方向可做360°旋转，导架可伸缩和前后倾斜。这种桩架机动性大，适用性较强，可用于各种预制桩施工。其缺点是机构较庞大，现场组装和拆卸、转运较为困难。

履带式桩架以履带式起重机为底盘，增加了立柱、斜撑、导架等部件。这种桩架的行走、提升、回转、移动等性能良好，使用方便，适用性广。

桩架的高度 H 应满足：

$$H \geqslant h_1 + h_2 + h_3 + h_4 \tag{2.1}$$

式中　h_1—— 桩节长度；

h_2—— 滑轮组高度；

h_3—— 桩锤高度；

h_4—— 起锤所需的工作富余高度(1 ～ 2 cm)。

(3) 动力装置。打桩机械的动力装置主要根据选定的桩锤种类来定。一般情况下，落锤以电源为动力，再配置卷扬机、变压器等；蒸汽锤以高压蒸汽为动力，再配以锅炉房、蒸汽绞盘等；汽锤以压缩空气为动力，配有空气压缩机、内燃机等；柴油锤的桩锤本身有燃烧室，不需要外部动力；振动锤只需要电源即可。

(4) 桩帽。桩帽是加装在桩头与桩锤之间，保护桩锤和桩顶在锤击沉桩过程中免遭损坏的一个部件，通常由锤垫、桩垫和桩帽三部分构成。如图2.10所示，锤垫常用橡木、桦木等硬木按纵纹受压使用，有时也采用钢索盘绕而成。对重型桩锤也可采用压力箱式或压力弹簧式新型结构锤垫。锤垫的厚度一般在15 ～ 20 cm，太薄易被击碎，太厚则能量损失大。桩垫常用松木横纹拼合板、草垫、麻袋片等材料，厚度一般为12 ～ 15 cm。一般，桩帽与桩周围的间隙应为5 ～ 10 mm，且桩帽与桩的轴线应重合。

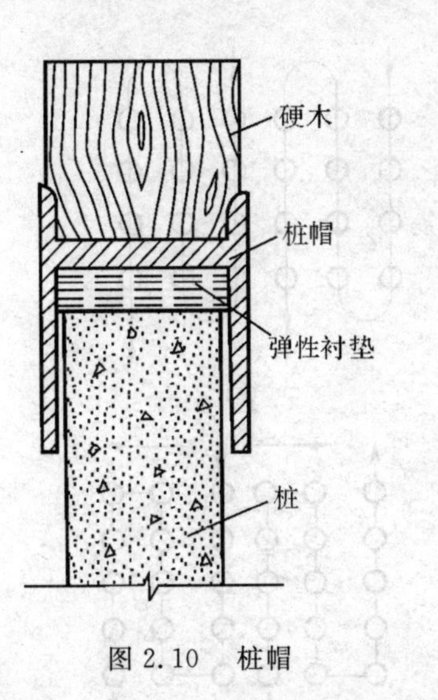

图2.10　桩帽

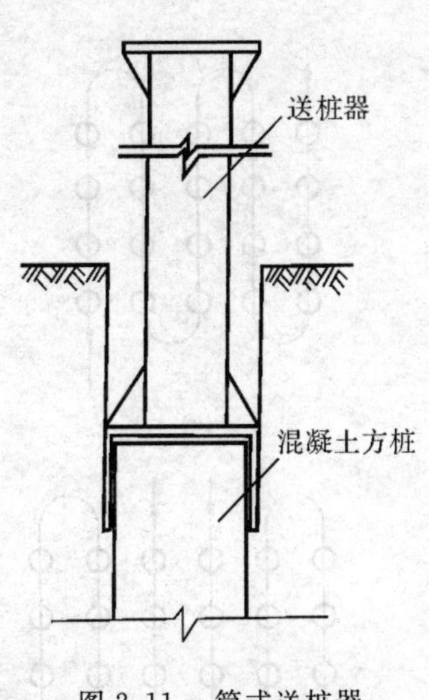

图2.11　筒式送桩器

(5) 送桩器。预制桩常在基坑开挖前进行施工，需要将桩顶打至地表以下的设计标高，为此，通常在桩顶上加装一节类似于桩身的部件 —— 送桩器，如图2.11所示。送桩器一般用钢管制成，要求其能将桩锤的冲击力有效地传递到桩上，有足够的刚度和强度，同时还要容易拔出。筒式送桩器与桩周围的间隙要求同桩帽。

2. 打桩施工

(1) 打桩前的准备工作。打桩正式开始前，应做好下列准备工作。

1) 清除障碍物，平整场地。需要清除的障碍物包括妨碍施工的高空（如电线等）、地面（如电线杆、旧有建筑物）、地下障碍物（如地下管线、旧建筑物基础）等。为保证打桩机械的稳定性，还应对施工场地进行平整压实，保证现场排水通畅。

2) 打试桩。打试桩的作用有两个：验证桩基设计的合理性及确定施工工艺参数。对第一个目的，通常需要进行单桩承载力试验，根据试验结果，由设计单位确定是否需要调整桩基设计参数。而沉桩施工工艺参数则包括打入时间、施工过程中可能出现的问题、确定最终贯入度、确定沉桩设备和施工工艺的适用性等。

通常，试桩数量不应少于总桩数的 1%，且不少于 3 根。当工程总桩数在 50 根以内时，不少于 2 根。

3) 抄平放线、确定桩位。首先，应在打桩场地建立标高和建筑物轴线控制基点，再按照设计图纸定出桩基础轴线，根据轴线定出每个桩位。为方便在施工过程中找到已定出的桩位，通常在桩位（桩心）上打入木橛、钢筋头等物，并用白灰做好标记。

4) 选择打桩机的进出路线，确定打桩顺序，制订施工方案。

打桩时，桩的沉入作用会造成桩周土体向侧向挤出。因此，先打的桩会受到后打桩的水平推挤而造成移位，或被垂直挤拔造成浮桩；而后打入的桩会因土体被挤密难以打入。同时，土体过大的侧向挤出还会影响邻近建筑物的安全。因此，打桩前应根据桩的规格、密集程度、桩架移动的方便程度等确定合理的打桩顺序。

打桩顺序一般分为逐排打、自边缘向中间打、自中央向边缘打和分段打等 4 种方法，如图 2.12 所示。

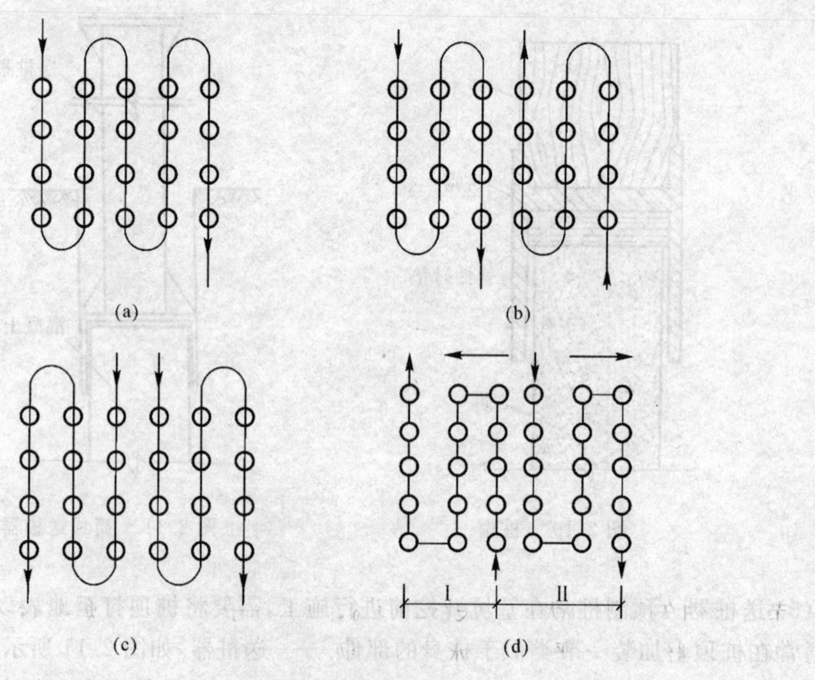

图 2.12　打桩顺序

(a) 逐排打桩；(b) 从两边向中间打；(c) 从中间向两边打；(d) 分段打桩

逐排打桩时，桩架单向移动，桩的就位及起吊都很方便，故施工效率较高，但将造成土体向一个方向挤压。因此，若后打入方向有对土体侧移敏感的建(构)筑物、地下管线时，不宜采用这种方法。

自边缘向中间打，会造成中间土体挤压密实，可能使得中间部位桩体难以打入。

自中间向边缘打，可以减轻打桩对周围土体的不均匀挤压。

分段打，可分散打桩对土体的挤压作用。

在实际工程中，打桩顺序应遵循以下原则：对于密集桩群，自中间向两个方向或四周对称施打；当一侧毗邻建筑物时，由毗邻建筑物处向另一方向施打；当桩的规格、埋深、长度不同时，宜按照先大后小、先深后浅、先长后短的顺序施打。

(2) 沉桩工艺。沉桩的工艺流程一般为桩架就位 → 吊桩 → 稳桩 → 打桩 → 接桩 → 送桩 → 截桩。

1) 桩架就位。不管采用何种桩架，就位时应做到垂直稳定、导轨中心线与打桩方向一致且对准桩位，打桩过程中不发生倾斜。桩架就位经校核无误后应进行固定。

2) 吊桩。吊桩一般利用桩架上附设的起重钩配合桩机上的卷扬机进行。吊桩时，先拴好吊桩用钢丝绳和索具，再用索具捆住桩上端吊环附近，启动卷扬机起吊桩体，使得桩尖垂直对准桩位中心，缓缓放下插入土中。插入时，垂直度偏差不得超过 0.5%。然后固定桩帽和桩锤，应确保桩锤、桩帽和桩体在同一铅垂线上。最后解掉索具。桩体垂直度的检查一般采用两台正交布置的经纬仪或线坠进行，不得使用目测。

3) 稳桩。桩尖插入桩位后，先用较小的落距锤击 1 ～ 2 次，使桩有一定的入土深度；然后检查桩的位置及垂直度。一般 10 m 以内的短桩可采用线坠双向矫正，10 m 以上的桩则采用经纬仪双向矫正。

4) 打桩。打桩开始时，锤的落距应较小，待桩入土至一定深度且稳定后再按规定的落距锤击。在打桩过程中，桩锤应连续施打，使桩均匀下沉。在工程中，一般采用“重锤低击”的原则，这样桩锤回弹小，对桩头的冲击力也较小，不易损坏桩头，且容易保证施工安全。轻锤高击时，桩锤回弹量大，桩头易损坏，且桩身入土速度较小。

在打桩过程中，当遇到贯入度剧变，桩身突然发生倾斜、位移或有严重回弹、桩顶或桩身出现严重裂缝、破碎等情况时，应暂停打桩，并及时与设计等单位研究分析原因，采取相应措施。

5) 接桩。当桩长较大，打桩机受桩架高度限制或预制桩受运输条件限制不能整根打入时，通常将桩体分段预制，再于现场打桩过程中进行桩身连接叫做接桩。

一般在下节桩高出地面约 0.5 ～ 1.0m 时进行接桩。

接桩常采用焊接、法兰连接及硫磺胶泥锚接。

采用焊接接桩时，通常在两节桩的端部四角预埋角钢或侧面预埋钢板，连接时用钢板或角钢通过电焊将上、下两节桩体连接起来，如图 2.13 所示。也有采用在桩端横截面上预埋钢板，再于侧面采用钢板焊接连接的方法。施焊前，应清除节点部位预埋件上的锈迹、污渍，保持焊接部位清洁，对可能存在的间隙，应用铁片垫实焊牢。焊接时，上、下两节中心线偏差不得大于 5 mm，节点弯曲矢高不得大于桩长的 0.1%，且不大于 20 mm。焊接后应使焊缝自然冷却 10 min 后方可继续沉桩，严禁使用水冷，或焊好即施打。

法兰连接一般用于管桩段之间。它是在桩段的端部预埋法兰盘，接桩时在上、下法兰盘之间利用沥青纸或石棉板做衬垫，用螺栓将法兰盘连接起来，外露部分应涂上防锈油漆或沥青胶泥即可继续沉桩。

若采用硫磺胶泥锚接法接桩，制桩时，应在上节桩下端伸出 4 根锚筋，而下节桩上端应预留 4 个锚筋孔。接桩时，应先在接头处安装好夹箍，在锚筋孔内灌满硫磺胶泥并使之溢满下节桩截面，再将上节桩下落，使其锚筋插入下节桩的锚筋孔内，待硫磺胶泥冷却凝固并拆除夹箍后即可继续打桩，如图 2.14 所示。硫磺胶泥的凝结时间可参考相关施工手册。锚筋直径一般为 22 ～ 25 mm，长度为直径的 15 倍。

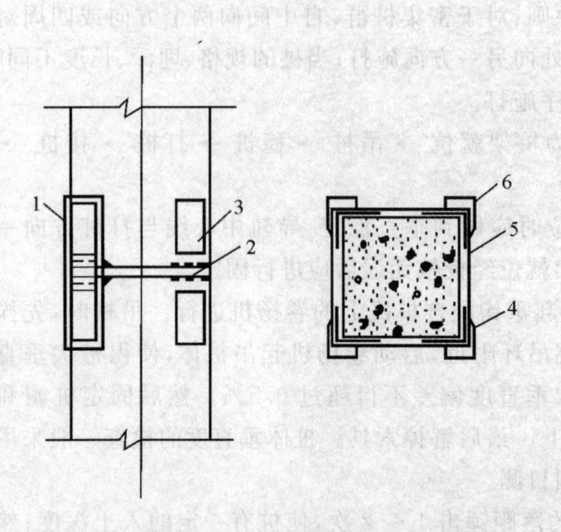

图 2.13　焊接法接桩节点

1，6— 连接角钢；2，5— 预埋垫板；3，4— 预埋钢板

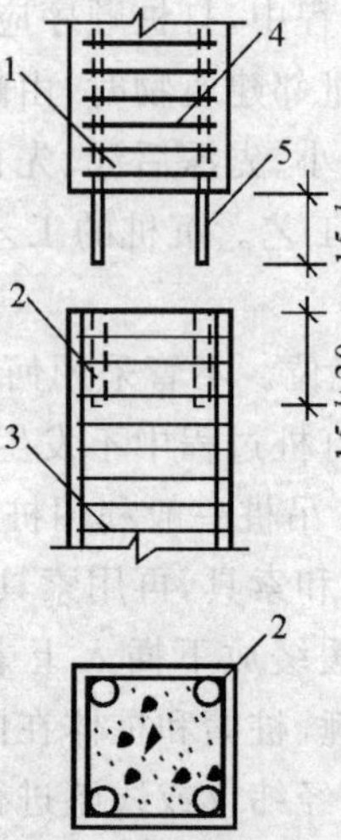

图 2.14　硫磺胶泥锚接法接桩节点

1，3— 上、下段桩；2— 锚筋孔；4— 箍筋；5— 锚筋

6）送桩。当桩顶设计标高低于天然地面时，即需要送桩。送桩时，应将送桩器加在桩头上，待将桩顶送到设计标高时即可拔出。送桩完成后，应将送桩留下的孔洞及时用碎石或黄砂填实。

7）截桩头。在桩打入预定深度后，通常还应对桩头进行截除。若桩顶露出地面，影响后续施工，应马上安排截除，否则，可在基坑开挖后结合凿桩头一起进行。预制混凝土桩可用风镐或手锤人工截除，混凝土管桩可用锯桩器截锯。严禁用大锤横向敲击或强行扳拉截桩，截桩时不得将未截部分桩身混凝土打裂。截桩后桩顶的高程应保证其嵌入承台的长度不小于 50 mm；当桩主要承受水平荷载时，应保证桩顶嵌入承台深度不小于 100 mm。截桩时凿出的主筋应焊接至设计要求的长度。

（3）打桩工程的质量控制。打桩工程质量控制的内容主要包括两个方面：桩体终止锤击条件控制和桩的位置偏差控制。

1）桩体终止锤击的条件。当桩端位于一般土层时，应以控制桩端设计标高为主，贯入度为辅。当桩端达到坚硬、硬塑的黏性土，中密以上粉土、砂土、碎石类土及风化岩时，应以贯入度控制为主，桩端标高为辅；当贯入度已达到设计要求而桩端标高未达到时，应继续锤 3 阵，并按每阵 10 击的贯入度不应大于设计规定的数值确认，必要时，施工控制的贯入度应通过试验确定。

2）桩位偏差的控制。打桩时，斜桩倾斜度的偏差不得大于倾斜角正切值的 15%（倾斜角系桩的纵向中心线与铅垂线间夹角）。打入桩（预制混凝土方桩、预应力混凝土空心桩、钢桩）

的桩位偏差，应满足表2.1所列的各项要求。

表2.1　打入桩桩位的容许偏差

项　目	容许偏差
带有基础梁的桩：(1)垂直基础梁的中心线； (2)沿基础梁的中心线	$100+0.01H$ $150+0.01H$
桩数为1～3根桩基中的桩	100
桩数为4～16根桩基中的桩	1/2桩径或边长
桩数大于16根桩基中的桩：(1)最外边的桩； (2)中间桩	1/3桩径或边长 1/2桩径或边长

注：H为施工现场地面标高与桩顶设计标高的距离。

(4)打桩过程中常见问题的处理。打桩过程中的常见问题主要包括桩本身出现的问题及其对周围环境的影响两类。

桩本身可能出现的问题包括以下方面。

1)桩顶碎裂。造成这种现象的原因可能有桩顶混凝土强度不足、钢筋网片不够、主筋距桩顶面间距太小、桩顶不平、桩锤落距过大等。

2)桩身混凝土崩裂。其原因可能包括主筋位置不正，桩顶面与轴线不垂直，桩身制作弯曲过大，在堆放、起吊、运输过程中的损坏未及时发现，地下有障碍物等。

3)桩身倾斜。其主要原因有桩尖位置不居中、吊桩及稳桩时未能及时纠正桩体倾斜、打桩机底盘不稳、桩尖在地下遇到障碍物等。

4)桩位偏移。其可能的原因有桩架就位和吊桩时就有偏位、桩尖位置不居中、桩顶不平、土中有障碍物等。

5)桩打不下。造成这种现象的原因可能有土层中有障碍物或较厚的砂层、硬土层等；另外，如果打入过程中因某种原因造成停打时间过长，再次施打时也会出现这种现象。这主要是由于土体的触变恢复现象造成的。

6)一桩打下、邻桩升起。这种现象主要出现在桩距较小的软土地基中，主要是由于预制桩入土时产生的挤土效应造成桩周围土体抬升，带动相邻桩体抬升。为消除这种现象，可以采用预钻孔打入桩，即在桩位预先钻一较小的孔，以减小沉桩时的挤土效应。

打桩对周围环境影响的控制。打桩过程中产生的振动、噪声、空气污染、土体挤压等都会对周围环境产生一定程度的影响。有时，这些影响可能会导致工程停工或造成他人直接经济损失。因此，应采取合理措施将这些影响控制在允许的范围内。

1)噪声。打桩过程中的噪声主要来源于桩锤与桩帽之间的撞击，这种撞击在打桩过程中是不可避免的；此外运输桩体的汽车、吊桩的卷扬机也会产生较大噪声。为此，在居民密集居住区应尽量避免夜间及休息时间施工。

2)空气污染。当采用柴油锤施打时，不能完全燃烧的柴油会产生大量废气；接桩时熔化的硫磺胶泥也会产生刺鼻的气味。为此，当在城区施工时只能改变施工方法，例如，采用振动锤代替柴油锤，或采用焊接接桩方法等。

3)振动。锤击沉桩时，桩锤与桩帽之间的撞击会通过桩身在土体中产生较大的振动波，使一定距离内的物体产生振动。这种振动可能会对周围的一些设施造成影响或损坏。一般，浅层土质越硬，锤击能量越大，振动的影响也会越严重。预防的方法是在地面开挖防振沟，防振沟沟宽可取 0.5 ～ 0.8 m，深度按土质情况决定；还可采用重锤低击的方法降低桩体振动的产生。

4）土体挤压。打桩过程中产生的土体水平挤压经常造成邻近建筑物或地下管道的损坏。为减小土体挤压效应，在一般土中常采用预钻孔方法；在饱和软黏土中可采用预钻孔或设置袋装沙井、塑料排水板等方法加速土体在受到挤压时的排水固结。当采用预钻孔法时，预钻孔孔径可比桩径（或方桩对角线）小 50 ～ 100 mm，深度可根据桩距和土的密实度、渗透性确定，宜为桩长的 1/3 ～ 1/2；施工时应随钻随打；桩架宜具备钻孔和锤击双重性能；当采用袋装砂井或塑料排水板时，袋装砂井直径宜为 70 ～ 80 mm，间距宜为 1.0 ～ 1.5 m，深度宜为 10 ～12 m；塑料排水板的深度、间距与袋装砂井相同。沉桩过程中应加强对邻近建筑物、地下管线等的观测和监护。

2.1.3 静力压桩施工

静力压桩施工是利用压桩机的自重及配重作为反力，用压桩机本身的动力将预制桩逐节压入土中的沉桩方法。这种方法无噪声、无振动，对周围环境影响小，适用于软土地区、城镇人口密集区以及建筑密集区等的桩基工程施工。另外，由于桩在压入过程中只承受静压力作用，不受锤击，因此还可以降低桩体混凝土强度 1 ～ 2 个等级、减少用钢量约 40%，从而降低桩基工程造价。

静力压桩的原理是压桩机以自身重力及其配重为反力，通过液压系统产生的压力，从桩节侧面作用于桩身或顶面，以克服桩侧摩擦力和桩端阻力。桩在压入过程中，由于桩周及桩端土体受到挤压而严重扰动，强度大大降低，从而使桩身快速下沉。

1. 静力压桩机械

静力压桩机械按照其驱动原理可分为机械式和液压式两种。目前，由于机械式压桩机压桩力小、设备笨重、移动不便等原因已基本上被淘汰。

液压式静力压桩机主要由夹持机构、底盘平台、行走回转机构、液压系统和电气系统等部分组成。其压桩能力有 80 t，120 t，150 t，200 t，240 t，320 t 等。其结构紧凑、移动方便快捷、自动化程度高，在工程中已广泛应用。如图 2.15 所示为液压式静力压桩机示意图。

2. 静力压桩工艺

静压预制桩施工时，一般采用分段压入、逐节接长的方法进行。其工艺流程为测量定位 → 压桩机就位 → 吊桩 → 插桩 → 桩身对中调直 → 静压沉桩 → 接桩 → 再静压桩 → 终止压桩 → 切割桩头。

静压预制桩主要施工要点如下。

（1）桩机就位。静力压桩机的行走系统由横向和纵向两个系统组成，利用这两个系统的交替及共同工作，可以实现压桩机的横向及纵向步履式行走和小角度回转，从而使压桩机可以容易地按设计要求就位。

（2）吊桩、插桩和压桩。利用压桩机上自身所带的工作吊机可以将混凝土预制桩吊入夹持器中，用夹持器将桩从侧面夹紧，然后开动压桩机，先将桩压入土中 1 m 左右停止，调整桩的垂直度，再继续压桩。当压桩油缸伸长到极限时，松开夹持器，再将压桩油缸回程。重复上述过程可实现连续的压桩作业,直到将桩压入设计高程。

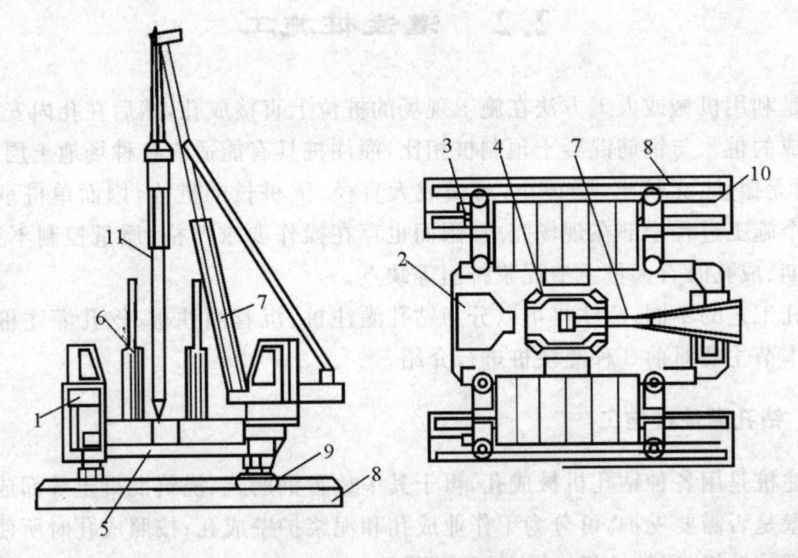

图 2.15　液压式静力压桩机

1— 操纵室；2— 电气控制台；3— 液压系统；4— 导向架；5— 配重；6— 夹持装置；7— 吊桩拔杆；8— 支腿平台；9— 横向行走与回转装置；10— 纵向行走装置；11— 桩

(3) 压桩终止的条件。

1) 根据现场试压桩的试验结果确定终压力标准。

2) 终压连续复压次数应根据桩长及地质条件等因素确定。对于入土深度大于或等于 8 m 的桩,复压次数可为 2 ～ 3 次;对于入土深度小于 8 m 的桩,复压次数可为 3 ～ 5 次。

3) 稳压压桩力不得小于终压力,稳定压桩的时间宜为 5 ～ 10 s。

(4) 静压桩施工中应注意的事项。

1) 压桩机应配以足够的配重,其最大压桩力不应大于压桩机的机架重力和配重之和乘以 0.9。

2) 最大压桩力不得小于设计的单桩竖向极限承载力标准值,该单桩竖向极限承载力应由现场试验确定。

3) 第一节桩下压时垂直度偏差不应大于 0.5%;压桩过程中应测量桩身的垂直度。当桩身垂直度偏差大于 1% 时,应找出原因并设法纠正;在桩尖进入较硬土层后,严禁用移动机架等方法强行纠偏。

4) 当出现下列情况之一时,应暂停压桩作业,并分析原因,采取相应措施。

a. 压力表读数显示情况与勘察报告中的土层性质明显不符。

b. 桩难以穿越具有软弱下卧层的硬夹层。

c. 实际桩长与设计桩长相差较大。

d. 出现异常响声,压桩机械工作状态出现异常。

e. 桩身出现纵向裂缝和桩头混凝土出现剥落等异常现象。

f. 夹持机构打滑。

g. 压桩机下陷。

2.2 灌注桩施工

灌注桩是利用机械或人工方法在施工现场的桩位上直接成孔，然后在孔内安放钢筋笼、灌注混凝土而成的桩。与钢筋混凝土预制桩相比，灌注桩具有能适应各种场地土层的变化，无需接桩，施工时无振动、无挤土、噪声小，可做成大直径、大桩长的桩体，因而单桩承载力高等优点。由于整个施工过程全部在现场完成，因而也存在操作要求严格、质量控制不易、桩的养护期需占用工期、成孔时有大量土渣泥浆排出等缺点。

根据成孔工艺的不同，灌注桩可以分为钻孔灌注桩、沉管灌注桩、挖孔灌注桩及爆扩成孔灌注桩等。本节主要对前3种灌注桩进行介绍。

2.2.1 钻孔灌注桩施工

钻孔灌注桩是用各种钻孔机械成孔，再于其中放置钢筋笼、浇筑混凝土等而成桩。按照成孔时桩孔内壁是否需要支护，可分为干作业成孔和泥浆护壁成孔；按照成孔时所使用的钻孔机械可以分为螺旋钻机、回转钻机、冲击钻机等成孔。

1. 干作业成孔灌注桩施工

干作业成孔常用于地下水位以上且桩孔能保持稳定自立的黏性土、粉土、填土等土层的灌注桩成孔作业，最常用的成孔机械是螺旋钻机。

螺旋钻机按照其外形可分为长螺旋钻机(见图2.16)和短螺旋钻机(见图2.17)。螺旋钻头如图2.18所示。

长螺旋钻机的钻杆长度一般会比所设计的桩长略大，钻入过程中，孔位的泥土嵌入钻杆的叶片之间，螺旋钻杆可一次钻入到设计桩长深度，提起钻杆后盖上桩孔并反向旋转，将泥土甩至钻孔四周。目前，国内常用的长螺旋钻机成孔直径为300～800 mm，成孔深度为8～20 m。可根据土层的差异，选配各种钻头，如图2.18所示。其中，锥式钻头用于黏性土层；平底钻头用于松散土层；耙式钻头适用于杂填土，其钻头边镶有硬质合金刀头，能破碎坚硬的砖块等物。

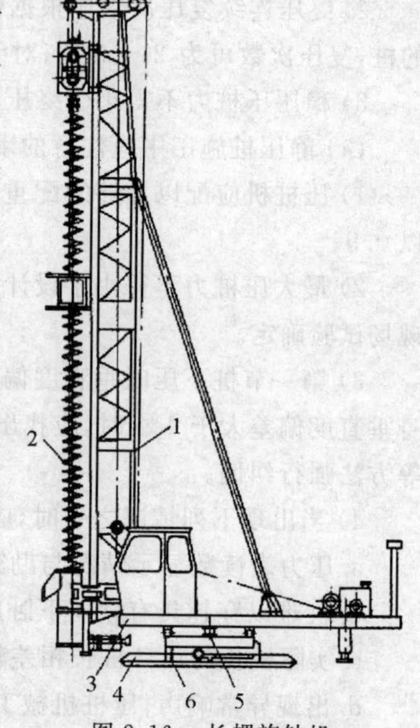

图2.16 长螺旋钻机

1—立柱；2—螺旋钻杆；3—上底盘；4—下底盘；5—回转滚轮；6—行车滚轮

短螺旋钻也称大直径螺旋钻机，其切土原理与长螺旋钻相同。当钻头向下钻入时，切削下的碎土堆积在叶片上，因此，每向下钻进一定距离，必须用卷扬机将钻杆连同钻头提出地面，盖上桩孔再反向旋转，将碎土甩至四周地面。短螺旋钻机由于每次切土深度较小，其钻孔直径可以较大。目前，其钻孔直径可达2 m以上，钻孔深度可达70 m以上。

为确保干作业成孔的施工质量，施工中应注意以下问题：① 钻孔时应注意保持钻孔位置正确、钻杆垂直，防止因钻杆晃动引起的孔径扩大及孔底虚土增多；② 钻孔过程中如发现钻杆摇晃或钻进困难，则可能是遇到石块等异物，应立即停钻检查；③ 钻头进入硬土层时，易造成钻杆偏斜，可提起钻头上、下反复扫钻几次，以便削去硬土；④ 成孔达到设计深度后，孔底虚土应尽量清除干净，可采用夯锤夯击或桩底压力灌浆等措施；⑤ 钻孔过程中应随时清理孔口积土，发现塌孔、缩孔等异常现象时应及时研究解决。

干作业成孔灌注桩的混凝土浇筑与泥浆护壁钻孔灌注桩混凝土浇筑工艺基本相同。

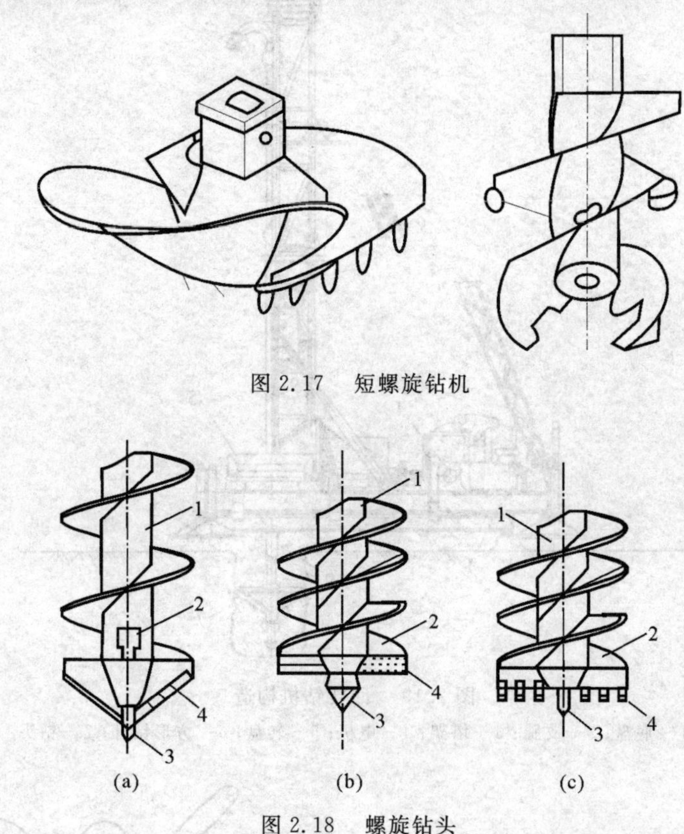

图 2.17　短螺旋钻机

图 2.18　螺旋钻头

(a) 锥式钻头；(b) 平底钻头；(c) 耙式钻头

1— 螺旋钻杆；2— 切削叶片；3— 导向尖；4— 合金刀

2. 泥浆护壁钻孔灌注桩

泥浆护壁成孔是在成孔过程中，在桩孔内灌入相对密度大于 1 的泥浆，对孔周围的土层提供侧向支撑，以防止塌孔及缩孔的成孔方法。这种方法对地下水位上、下土层都可使用。

泥浆护壁成孔的施工机械主要有冲击钻、冲抓锥、回转斗、潜水钻机、回转钻机等。其中，回转钻机应用最为广泛。

(1) 成孔机械。

1) 回转钻机成孔。回转钻机是由机械动力带动转盘旋转，该转盘再带动方形的空心钻杆强制转动，钻杆带动其下安装的笼头式钻头钻进成孔的；回转钻机的钻头切削下来的土渣，通过泥浆循环被带出孔外沉淀于泥浆池底部，如图 2.19 所示。

回转钻机设备性能可靠、振动噪声小、钻进效率高、钻孔质量好，最大钻孔直径可达 2.5 m，钻孔深度可达 50 ～ 100 m。选用不同钻头，该钻机可适用于碎石类土、砂土、黏性土、岩石等多种地层的桩孔钻进。

2）潜水钻机。潜水钻机的动力（电动机）、变速机构、钻头是连在一起且严格密封的中空结构，如图2.20和图2.21所示。该种钻机可放至水位以下进行切削土层作业，利用中间的中空结构，可将泥浆压入孔底以带出土渣或安装泥浆泵管以吸出土渣。

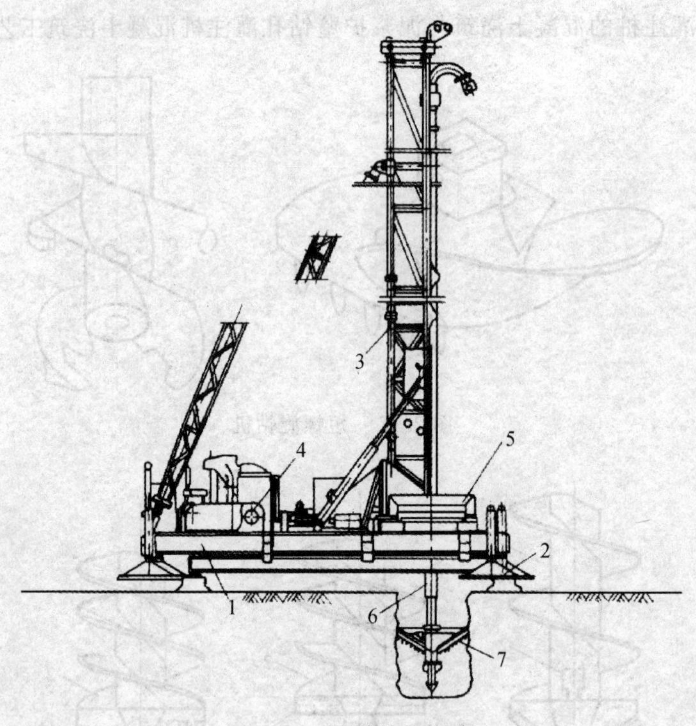

图2.19　回转钻机构造

1—底盘；2—支腿；3—塔架；4—电机；5—转盘；6—方形钻杆；7—钻头

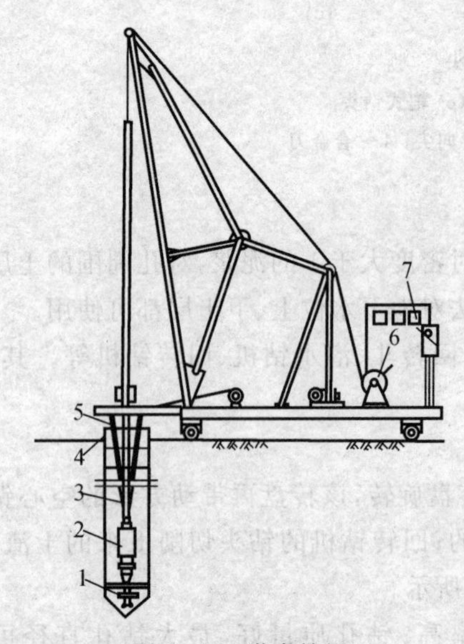

图2.20　潜水钻机

1—钻头；2—潜水钻机；3—钻杆；4—护筒；5—水管；6—卷扬机；7—控制箱

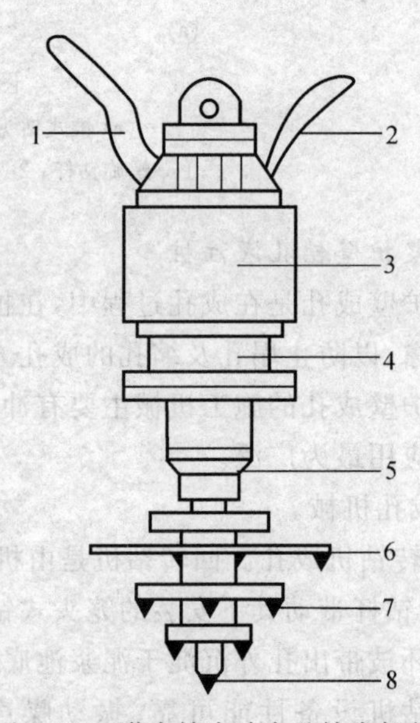

图2.21　潜水钻头动力及钻头部分

1—泥浆管；2—防水电缆；3—电动机；4—齿轮减速器；5—密封装置；6—钻头；7—合金刀齿；8—钻尖

潜水钻机由于工作时动力装置潜在孔底泥浆中，因而温升较低，过载能力强；同时由于钻杆不动，可避免钻杆折断，也减少了动力消耗。但由于所有动力设备均与钻头连在一起，因此设备笨重，使得其使用受到一定限制。

3) 回转斗(旋挖) 钻机。回转斗钻机如图 2.22 所示，主要由履带式桩架、伸缩式钻杆、回转斗及其驱动装置构成。一般情况下，可根据需要将回转斗换成短螺旋等钻头。

回转斗是一个直径与桩径相同的圆筒状装置，底部带有切土刀，转斗通过钻杆与驱动马达相连。回转斗钻入时，土渣进入斗内，装满后，提起钻斗至地面，打开斗底把土卸入运输工具内，再将钻斗落入孔内继续钻进。该型钻机宜用于黏性土、粉土、砂土、填土、碎石土及风化岩层的钻进。回转斗钻机由于结构简单、适用性强，近年来在灌注桩施工中得到愈来愈广泛的应用。

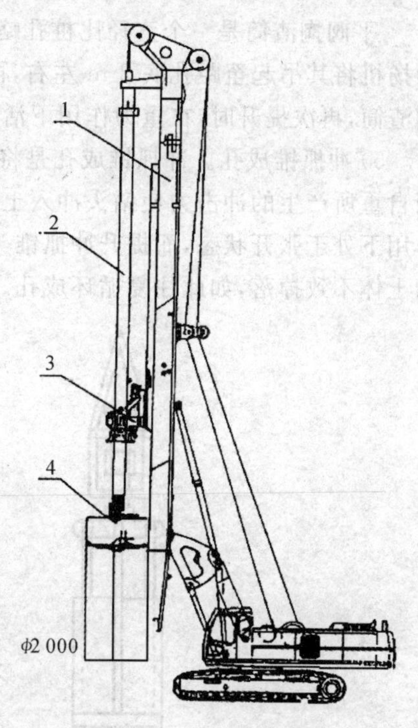

图 2.22　回转斗钻机

1— 履带桩架；2— 伸缩钻杆；3— 回转斗驱动装置；4— 回转斗

4) 冲击钻机。冲击钻机是将冲锤式钻头用动力提升至一定高度，以自由下落的冲击力来使得硬土体或岩石破碎成孔(见图 2.23)。在冲击成孔过程中，一部分碎渣挤入孔壁，另一部分则须用掏渣筒或循环泥浆排除。该法适用于各类土层，特别是含有孤石的砂砾石层、漂石层、坚硬土层等。

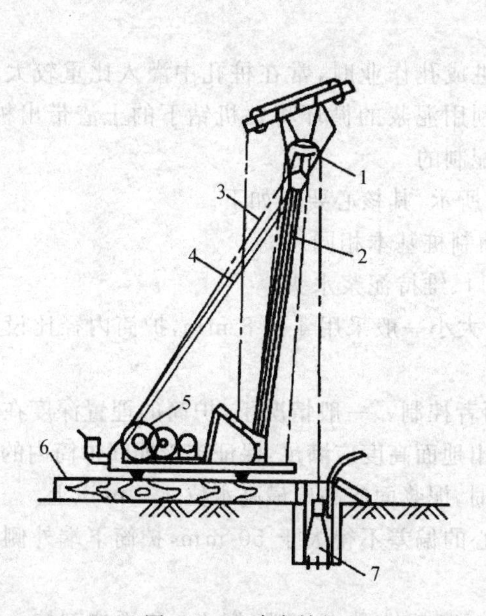

图 2.23　冲击钻机

1— 滑轮；2— 主杆；3— 拉索；4— 斜撑；5— 卷扬机；6— 垫木；7— 钻头

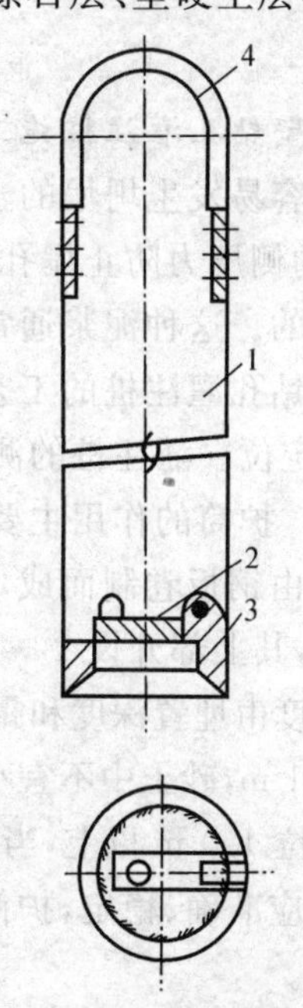

图 2.24　平阀掏渣筒

1— 筒体；2— 平阀；3— 切削管袖；4— 提环

平阀掏渣筒是一个直径比桩孔略小的底部带有活门的钢桶，如图 2.24 所示。使用时，用卷扬机将其吊起至距孔底 2 m 左右，再使其自由下落，在此过程中，孔内的土渣通过活门进入掏渣筒，再次提升时，在重力作用下活门自动关闭。往复上下即可将孔内的土渣纳入筒中。

5) 冲抓锥成孔。冲抓锥成孔是将冲抓锥斗(见图 2.25) 提升至一定高度使其自由下落，利用自重所产生的冲击力使钻头冲入土中。当钻头下落时，钻头底部的抓片在锥斗内压重铁的作用下处于张开状态，而提升冲抓锥斗时，抓片在卷扬机钢丝绳作用下强制闭合，使得锥斗内的土体不致掉落，如此往复循环成孔。

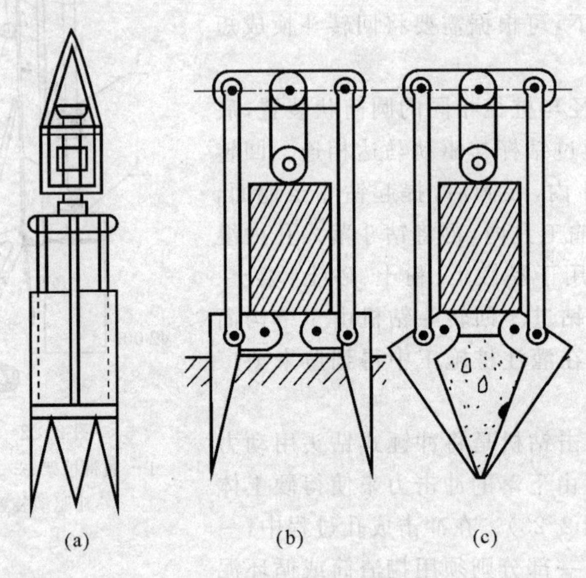

图 2.25　冲抓锥斗

(a) 冲抓锥斗；(b) 抓土；(c) 提土

3. *泥浆护壁钻孔灌注桩施工工艺*

当在一些容易发生坍塌的土层中进行灌注桩成孔作业时，常在桩孔中灌入比重较大的泥浆，利用泥浆的侧压力防止塌孔或缩颈发生；还利用泥浆的循环将钻机钻下的土渣带出桩孔，达到排渣的目的。这种泥浆通常是在地面人工配制的。

泥浆护壁钻孔灌注桩的工艺流程如图 2.26 所示，其核心要点如下。

(1) 测桩定位。灌注桩的测量定位方法与预制桩基本相同。

(2) 护筒。护筒的作用主要是定位、保护孔口、维持泥浆水头。

护筒一般由钢板卷制而成，钢板厚度视孔径大小一般采用 4 ～ 8 mm，护筒内径比设计桩径大 100 mm，其上部开设 1 ～ 2 个溢流口。

护筒的长度由埋置深度和露出地面的高度两者控制。一般情况下，护筒的埋置深度在黏性土中不宜小于 1 m，砂土中不宜小于 1.5 m；其露出地面高度应满足：保证施工期间护筒内的泥浆面高出地下水位 1.0 m 以上，当受水位涨落影响时，泥浆面应高出最高水位 1.5 m 以上。

护筒埋设应准确、稳定，护筒中心与桩位中心的偏差不得大于 50 mm，护筒下端外侧应采用黏性土填实。

(3) 泥浆的调制和使用。护壁泥浆一般由水、高塑性黏土(或膨润土) 和添加剂按一定比例配制而成，可通过机械在泥浆池、钻孔中搅拌均匀。泥浆池的容量不应小于桩体积的 3 倍。

泥浆的比重一般在 1.1 左右。

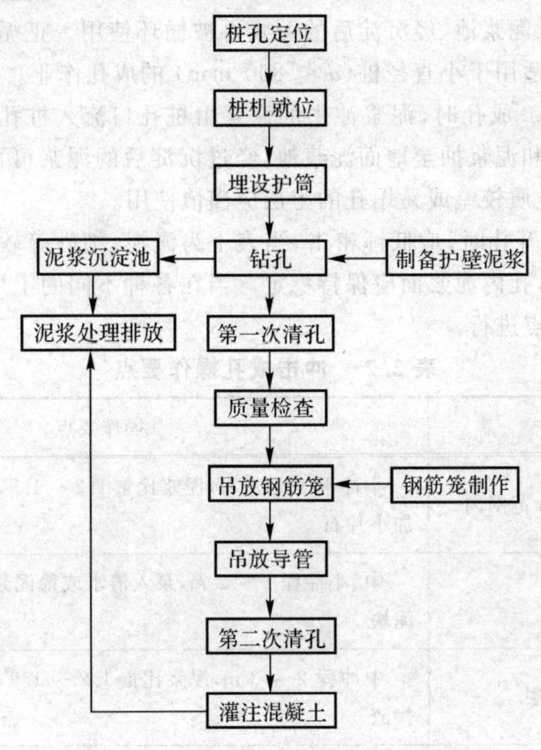

图 2.26　泥浆护壁灌注桩施工工艺流程

(4) 钻孔施工。钻孔施工前,应根据当地具体的地质资料及施工条件合理选择成孔钻机的种类及型号,并配备合适的钻头。在钻孔过程中,应随时检查泥浆比重,认真填写钻孔施工记录,交接班时应交代钻进情况及注意事项。

1) 回转钻机施工。用回转钻机成孔时,一般通过泥浆循环进行排渣。根据泥浆循环方式的不同,可以有两种方法(见图 2.27)。

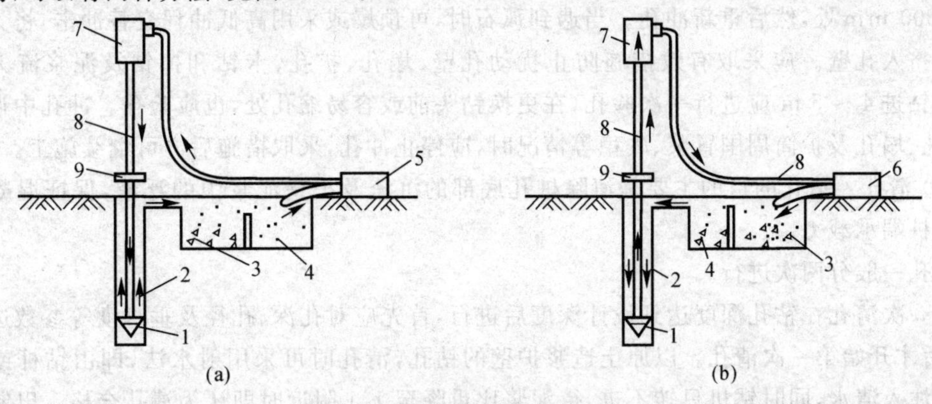

图 2.27　泥浆循环成孔工艺

(a) 正循环成孔;(b) 反循环成孔

1— 钻头;2— 泥浆循环方向;3— 沉淀池;4— 泥浆池;5— 泥浆泵;6— 砂石泵;

7— 水龙头;8— 钻杆;9— 钻机回转装置

a. 正循环成孔工艺。高压泥浆通过空心钻杆由其底部注入桩孔内，携带钻下的土渣沿孔壁向上流动，由孔口流入泥浆池，经沉淀后的泥浆再被循环使用。正循环方法设备简单、操作方便，但排渣能力较差，适用于小直径桩($d \leqslant 800$ mm)的成孔作业。

b. 反循环成孔工艺。成孔时，泥浆池中的泥浆由桩孔口流入桩孔内，然后用沙石泵通过空心钻杆将孔底的沉渣和泥浆抽至地面泥浆池，经过沉淀后的泥浆可再循环使用。反循环工艺的排渣能力很强，对土质较差或易塌孔的土层应谨慎使用。

2) 冲击成孔施工。开孔时，应低锤密击，当表土为淤泥、细砂等软弱土层时，可加黏土块加小片石反复冲击造壁，孔内泥浆面应保持稳定。当在各种不同的土层、岩层中成孔时，可按照表 2.2 所列的操作要点进行。

表 2.2　冲击成孔操作要点

项目	操作要点
在护筒刃脚以下 2 m 范围内	小冲程 1 m 左右，泥浆比重 1.2 ～ 1.5，软弱土层投入黏土块加小片石
黏性土层	中、小冲程 1 ～ 2 m，泵入清水或稀泥浆，经常清除钻头上的泥块
粉砂或中粗砂层	中冲程 2 ～ 3 m，泥浆比重 1.2 ～ 1.5，投入黏土块，勤冲、勤掏渣
砂卵石层	中、高冲程 3 ～ 4 m，泥浆比重 1.3 左右，勤掏渣
软弱土层或塌孔回填重钻	小冲程反复冲击，加黏土块加小片石，泥浆比重 1.3 ～ 1.5

注：1. 土层不好时提高泥浆比重或加黏土块；

2. 防黏钻可投入碎砖石。

进入基岩后，应采用大冲程、低频率冲击，当发现成孔偏移时，应回填片石至偏孔上方 300 ～500 mm 处，然后重新冲孔。当遇到孤石时，可预爆或采用高低冲程交替冲击，将大孤石击碎或挤入孔壁。应采取有效措施防止扰动孔壁、塌孔、扩孔、卡钻和掉钻及泥浆流失等事故。每钻进 4 ～ 5 m 应进行一次验孔，在更换钻头前或容易缩孔处，也应验孔。冲孔中遇到斜孔、弯孔、塌孔及护筒周围冒浆、失稳等情况时，应停止冲孔，采取措施后方可继续施工。

(5) 清孔。清孔的目的主要是清除桩孔底部的沉渣及护壁泥浆中的浮渣，保证混凝土浇筑后的桩端承载力。

清孔一般分两次进行。

第一次清孔在钻孔深度达到设计深度后进行，首先应对孔深、孔径及垂直度等参数进行检验，然后才开始第一次清孔。以原土造浆护壁的钻孔，清孔时可采用射水法，即由钻杆或孔口向孔内注入清水，同时钻机只转不进，待泥浆比重降至 1.1 附近时即认为清孔合格。以制备泥浆护壁的钻孔，采用换浆法清孔，即由孔口或钻杆注入制备泥浆带出沉渣，置换出的泥浆比重小于 1.15 ～ 1.25 时方为合格。

第二次清孔在安放完钢筋笼和混凝土浇筑导管后进行。这次清孔可以采用正循环、反循环或气举反循环等方法进行。灌注混凝土前，孔底沉渣应满足端承型桩，其厚度不大于

50 mm；摩擦型桩，其厚度不大于 100 mm；抗拔、抗水平力桩，其厚度不大于 200 mm；孔底 500 mm 以内的泥浆比重应小于 1.25；含砂率不得大于 8%；黏度不得大于 28 s。

第二次清孔完毕后应立即进行桩体混凝土浇筑。

(6) 混凝土浇筑。灌注桩的混凝土浇筑常采用导管法或串筒法。导管法适用于泥浆护壁成孔及干法成孔的灌注桩，而串筒法仅适用于干法成孔的灌注桩混凝土浇筑。此处仅介绍导管法。

水下浇筑混凝土用的导管一般用无缝钢管制作，直径为 200～300 mm，每节长 2～3 m，底管长度不宜小于 4 m；节与节之间用法兰盘通过螺栓连接，承料漏斗利用法兰盘安装在导管最上端。隔水栓通常用软木球或橡皮塞制作，用来隔开混凝土与泥浆(或水)，用绳或铁丝吊挂。

浇筑时，用吊车将导管沉入距孔底约 300～500 mm 的高处，往导管中放入隔水栓，并在导管内边灌入混凝土边下放隔水栓，直至隔水栓下落至距导管下口约 300 mm 时剪断吊绳，混凝土在自重作用下推动隔水栓下落至孔底并向四处扩散，形成混凝土堆将导管下部埋住，然后连续灌注混凝土。导管及料斗应有足够的混凝土储备量，保证导管一次埋入混凝土灌注面以下不少于 0.8 m。随着管外混凝土面的上升，应逐渐缓慢提升导管，在此过程中，应随时保证导管底部埋入混凝土 2～6 m。严禁将导管提出混凝土灌注面，并应有专人测量导管埋深及管内外混凝土灌注面的高差，填写水下混凝土灌注记录。混凝土浇筑过程应连续进行，不得中断。混凝土浇筑的最终标高应比设计标高超出 0.8～1.0 m，确保凿除泛浆高度后暴露的桩顶混凝土强度达到设计等级。导管法水下浇筑混凝土工艺如图 2.28 所示。

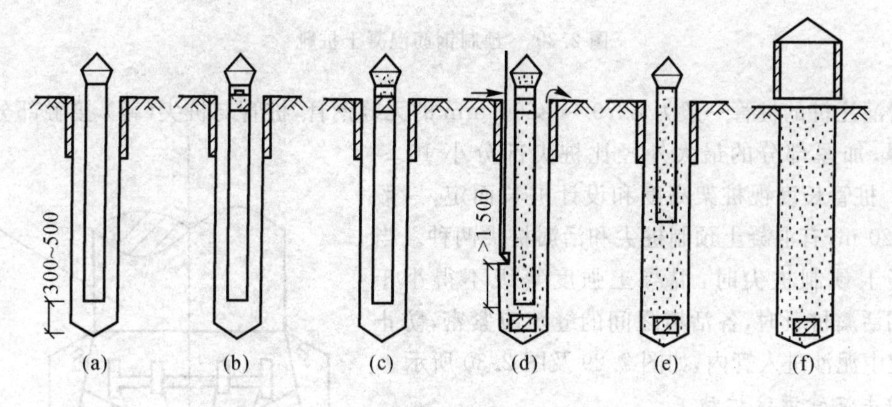

图 2.28　导管法水下浇筑混凝土工艺

(a) 安设导管；(b) 设隔水栓；(c) 首灌混凝土；(d) 剪断隔水栓铁丝；(e) 边灌混凝土边拔管；(f) 成桩

(7) 常见问题的处理。

1) 孔壁坍塌。成孔过程中孔壁发生坍塌的主要表现有护筒内水位突然下降、泥浆中不断出现气泡等。

主要原因：孔壁土质松散、护壁的泥浆比重不够，提升或下落冲击锤、掏渣筒、钢筋笼时碰撞孔壁等。

处理办法：在坍塌段用石子、黏土填入，重新成孔。

2) 钻孔偏斜。主要原因：护筒倾斜或位移、钻杆不垂直、土质软硬不一、遇到孤石等。

处理办法：用石子、黏土填入，重新成孔。当遇到孤石时，可用其他钻头将其打碎。

3) 孔壁缩颈。主要原因:孔壁土质松软。

处理办法:用钻头反复扫孔,以扩大孔径;也可在成孔过程中加入黏土和小石片,用冲击成孔法将其挤入孔壁以增加其稳定性。

2.2.2 沉管灌注桩施工

沉管灌注桩又称套管成孔灌注桩。它的施工过程是先用锤击、振动或静压等方法将带有桩尖的钢管沉入土中,形成桩孔,然后于其中放入钢筋笼,浇筑混凝土,边灌混凝土边拔钢管,利用拔管时的振动将混凝土振实,最后形成一根灌注桩。

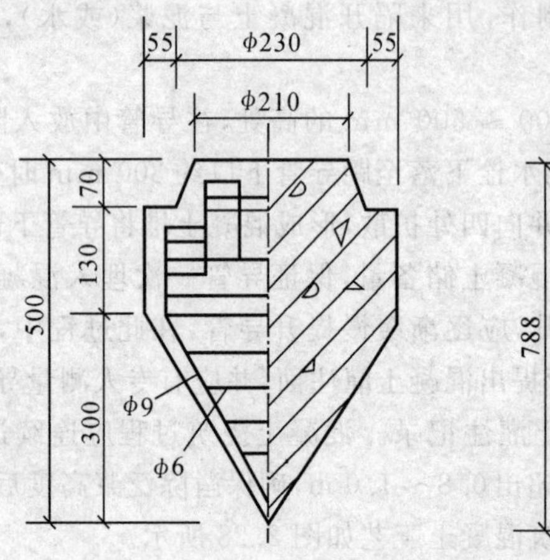

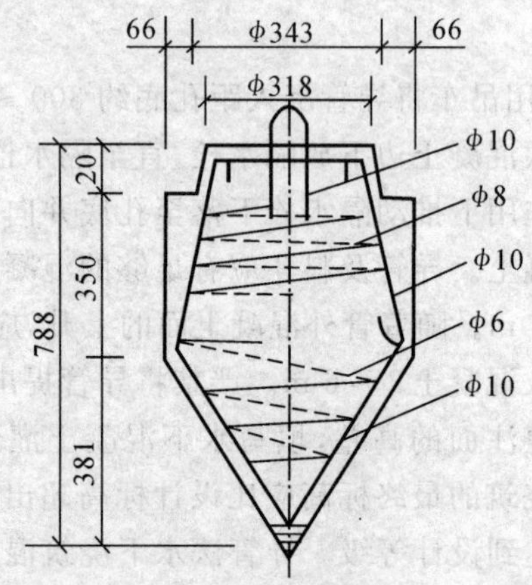

图 2.29 预制钢筋混凝土桩靴

沉管灌注桩的桩管一般为 ϕ270 ~ ϕ600 mm 的无缝钢管,桩管与桩尖(靴)接触部分用环形钢板加厚,加厚部分的最大外径比桩尖部分小 10 ~ 20 mm。桩管长度视桩架高度和设计桩长而定,一般为 10 ~ 20 m,有混凝土预制桩尖和活瓣桩尖两种。当采用混凝土预制桩尖时,混凝土强度等级不得小于 C30;采用活瓣桩靴时,各活瓣之间的缝隙应紧密,防止沉管过程中泥沙进入管内,如图 2.29 及图 2.30 所示。

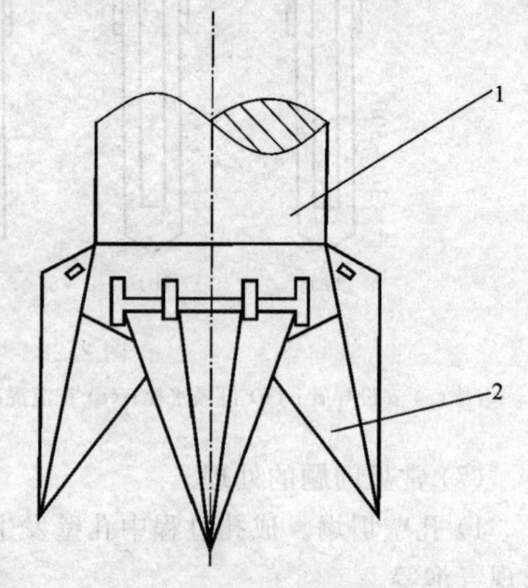

图 2.30 活瓣桩靴

1— 桩管; 2— 活瓣

1. 锤击沉管灌注桩施工

锤击沉管灌注桩是用落锤、汽锤、柴油锤或振动锤将钢管沉入土中成孔的方法,适用于一般黏性土、淤泥质土、砂土和人工填土地基。其常用机械如图 2.31 所示。

锤击沉管灌注桩施工时,首先用桩架吊起桩管,对准预先设在桩位处的预制钢筋混凝土桩靴,套入桩靴压入土中(为防止地下水渗入管内,桩管与桩靴的连接处要垫上麻、草绳等);于桩管上端扣上桩帽,进行垂直度矫正后即可开始锤击沉管。开始时应先轻捶低击,观察无偏移后再正常施打。在桩管沉入到设计深度后停止锤击,立即检查桩管内进泥进水情况，并立即浇灌混凝土。当桩身局部长度配置钢筋笼时，第一次灌注混凝土应先灌至笼底标高，然后放置钢筋笼，再灌至桩顶标高。第一次拔管高度应以能容纳第二次灌入的混凝土量为限，不应拔得过高，应在桩管内保持不少于2 m 高的混凝土，在拔管过程中应采用测锤或浮标检测混凝土面的下降情况；拔管时应保持连续的密捶低击（单动汽锤不得少于50 次 /min，自由落锤小落距轻击不得少于 40 次 /min；在管底未拔至桩顶设计标高之前，不得中断），并控制好拔管速度。拔管速度应保持均匀，对一般土层拔管速度宜为 1 m/min，在软弱土层和软硬土层交界处拔管速度宜控制在 0.3 ～ 0.8 m/min，如图 2.32 所示。

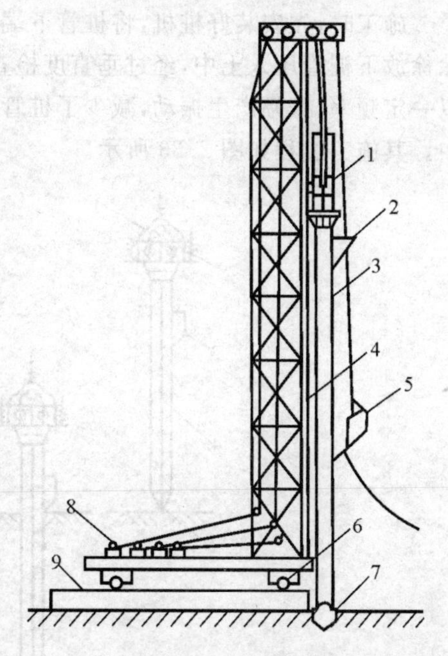

图 2.31　锤击沉管成孔灌注桩桩基设备

1— 桩锤；2— 混凝土漏斗；3— 桩管；4— 桩架；5— 混凝土吊斗；6— 行驶用钢管；7— 预制桩靴；8— 卷扬机；9— 枕木

混凝土浇筑完毕后应及时检查混凝土的充盈系数。混凝土的充盈系数不得小于 1.0；对充盈系数小于 1.0 的桩，应全长复打，对可能断桩和缩颈的桩，应采用局部复打。成桩后的桩身混凝土顶面应高于桩顶设计标高 500 mm 以内。全长复打时，桩管入土深度宜接近原桩长，局部复打应超过断桩或缩颈区 1 m 以上。复打与初打的桩轴线应重合；复打施工必须在第一次灌注的混凝土初凝之前完成。复打拔管时灌注混凝土及密捶低击的要求与初打相同。

有时，为扩大桩径，提高单桩承载力，根据设计要求也可以进行复打。

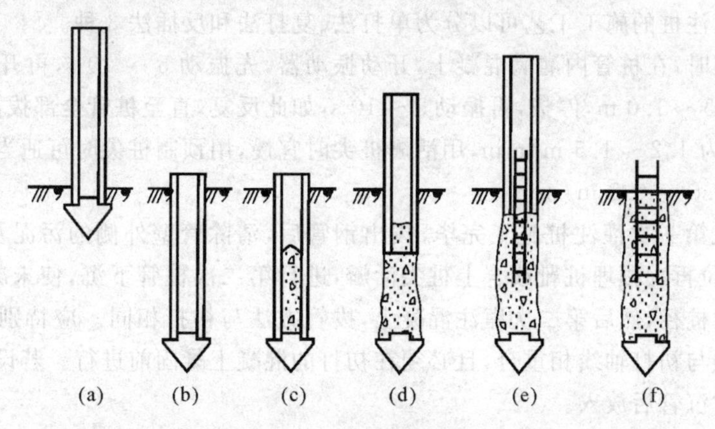

图 2.32　锤击沉管灌注桩施工过程

(a) 就位；(b) 沉入套管；(c) 开始浇筑混凝土；(d) 拔管并继续浇筑；(e) 插钢筋笼并继续浇筑；(f) 成桩

2. 振动沉管灌注桩施工

振动沉管灌注桩是采用激振器或振动冲击锤沉管，沉管设备除桩锤外，其余部分与锤击沉管法相同。除可用于锤击沉管法所适用的地基外，更适用于砂土、稍密及中密的碎石土地基。

施工时，先安装好桩机，将桩管下端活瓣合起来，对准桩位（或同前，装好桩靴对准桩位），徐徐放下桩管压入土中，经过垂直度检查校正后即可开动振动器沉管。桩管在激振力作用下以一定频率、振幅产生振动，减少了桩管与周围土体之间的摩擦阻力，并在所加压力下沉入土中。其施工过程如图 2.33 所示。

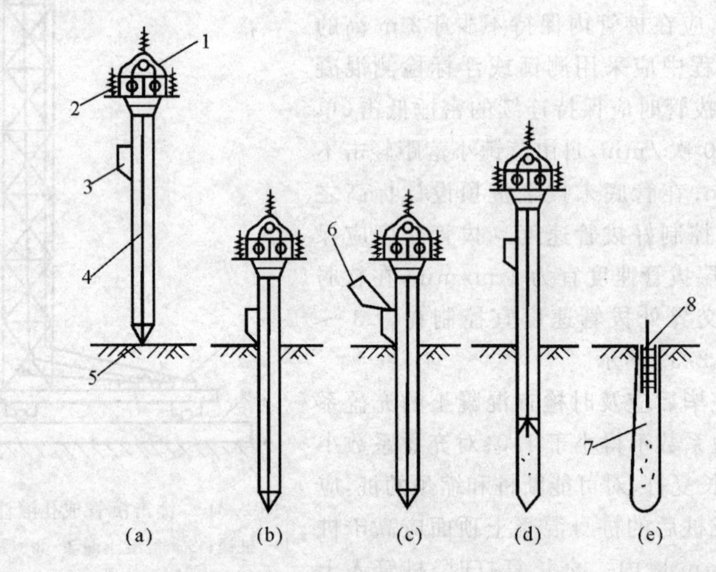

图 2.33　振动沉管灌注桩成桩过程

(a) 就位；(b) 沉管；(c) 上料；(d) 拔出钢管；(e) 顶部插入钢筋并浇满混凝土

1— 振动锤；2— 加压减振弹簧；3— 加料口；4— 桩管；5— 桩尖活瓣；6— 加料斗；7— 混凝土桩；8— 短钢筋笼

在桩管沉到设计标高，且最后 30 s 的电流值、电压值符合设计要求后，停止振动，用吊斗将混凝土灌入桩管，再开动激振器和卷扬机拔出钢管，边振动边拔，从而使混凝土得到振密。

振动沉管灌注桩的施工工艺可以分为单打法、复打法和反插法 3 种。

单打法施工时，在桩管内灌满混凝土，开动振动器，先振动 5 ～ 10 s，再开始拔管，应边振边拔，每拔出 0.5～1.0 m，停拔，再振动 5～10 s，如此反复，直至桩管全部拔出。在一般土层内，拔管速度宜为 1.2～1.5 m/min，用活瓣桩尖时宜慢，用预制桩尖时可适当加快；在软弱土层中宜控制在 0.6～0.8 m/min。

复打法是在第一次灌注桩施工完毕，拔出钢管后，清除管壁外侧的污泥及桩孔周围的浮土，立即在原桩位再次预埋桩靴或合上桩尖活瓣，进行第二次桩管下沉，使未凝固的混凝土向四周挤压以扩大桩径，然后第二次灌注混凝土，拔管方法与初打相同。应特别注意，二次复打时桩的轴线必须与初打轴线相重合，且必须在初打的混凝土凝固前进行。若设计上有钢筋笼，应在二次复打时沉管后放入。

反插法是在桩管内灌满混凝土后，先振动再拔管，每次拔管高度为0.5～1.0 m，再反插深入0.3～0.5 m。在拔管过程中应分段添加混凝土，保持管内混凝土面始终不低于地表面或高于地下水位 1.0～1.5 m 以上，拔管速度应小于0.5 m/min。当穿过淤泥夹层时，应减慢拔管速度，并减少拔管高度和反插深度，在流动性淤泥中不宜使用反插法。

在上述 3 种施工工艺中，单打法可用于含水量较小的土层，且宜采用预制桩尖；反插法及复打法可用于饱和土层。

3.沉管灌注桩施工中常见问题的处理

(1) 断桩。断桩产生的原因：

1) 拔管时速度过快，混凝土来不及下落，周围土体迅速回缩。

2) 混凝土终凝不久即受到振动或外力扰动。

3) 桩距过小，土层不均匀，各土层受到挤压时侧向挤出不同，在土层交界面处形成水平剪切层。

避免及处理措施：

1) 严格控制拔管速度。

2) 制定合理的打桩顺序和桩架行走路线以尽量减少振动的影响；采用跳打法施工，跳打应在相邻桩强度达到 60% 以上时方可进行。

3) 布桩不宜过密，桩间距宜大于 3.5 d。

(2) 缩颈。缩颈产生的原因：

1) 当在含水率很大的软土层中沉入桩管时，桩周土受到挤压会产生很高的孔隙水压力，拔管后挤向新灌的混凝土而造成桩径截面缩小。

2) 混凝土流动性差或装入的混凝土太少，拔管太快，混凝土来不及扩散造成缩颈。

预防及处理措施：

1) 每次向管内装尽量多的混凝土，使之有足够的扩散压力。

2) 严格控制拔管速度。

3) 若造成缩颈，可采用反插法，局部缩颈可采用半复打法，多处缩颈可采用复打法。

(3) 吊脚桩。吊脚桩是指桩底部混凝土因水或泥沙进入而形成松软层或隔空层。

吊脚桩产生的原因：

1) 预制桩靴强度不足，沉管过程中发生破损，被挤入桩管内，拔管时未能及时将其从桩管内压出。

2) 振动沉管时，桩管入土较深并进入低压缩性土层，灌完混凝土开始拔管时，活瓣桩尖被周围土体挤压不能及时张开。

3) 活瓣桩尖合拢不严或预制桩靴与桩管接触不严密或沉桩过程中被打坏，导致水及泥沙进入桩管。

预防及处理办法：

1) 严格检查桩靴的强度和规格。

2) 沉管时用吊砣检查桩靴是否进入桩管或活瓣是否张开。

3) 用麻绳或衬垫缠绕预制桩尖与桩管接触处，使之封闭严密。

处理的方法：将桩管拔出，换新桩尖或修复桩尖活瓣后重新沉管。

2.2.3　人工挖孔灌注桩施工

人工挖孔灌注桩(简称人工挖孔桩)是采用人工挖掘方式成孔，然后安放钢筋笼，再浇灌混凝土成桩。

1.人工挖孔桩的特点

人工挖孔桩成桩直径大，其成桩直径在 800～2 500 mm，承载力高。它大多为端承桩，沉降量小，传力路线明确。由于采用人工挖孔，故开挖过程中可直接观察到穿越土层及持力层情况，因而成桩质量可靠。采用常规机具开挖，施工工艺简单，占用场地小，施工无振动、无噪声、无环境污染。可多桩同时开挖，总体施工进度快，节省设备费用。但工人劳动强度大，井下作业时可能遭受塌孔、流沙、淤泥及有害气体的影响。

2. 人工挖孔桩施工

(1) 施工机具。人工挖孔桩的施工机具主要有以下几类。

垂直运输机具：电动葫芦、提土桶、软梯，用于施工人员、材料、弃土等的上下运输。

排水工具：例如潜水泵，用于抽出桩孔中的积水。

通风设备：例如鼓风机、输风管，用于向桩孔内强制输入新鲜空气。

挖掘工具：镐、锹、土筐，如遇到坚硬岩石或土层，还需配备风镐等。

通信照明设备：照明灯、对讲机、电铃等。

(2) 施工工艺。人工挖孔桩的施工流程为场地平整 → 放线、定位 → 挖第一节桩身土方 → 做第一节护壁 → 在护壁上二次投测标高及桩位十字轴线 → 挖第二节桩身土方 → 校核桩孔垂直度及直径 → 做第二节护壁。循环作业直至设计深度 → 检查持力层后进行扩底 → 清理虚土、排除积水、检查持力层 → 吊放钢筋笼 → 浇灌桩身混凝土。

当在地下水位以上土质较好的土层（如黄土层或一般黏性土层）中开挖桩孔时，也可不必做护壁，而直接开挖至设计深度。护壁材料通常为钢筋混凝土，条件允许时也可用砖砌筑。

1) 桩身土方分节开挖。桩身土方分节开挖时，每节的高度取决于土壁保持自立状态的能力，一般为 0.5 ～ 1.0 m。每节土方应开挖成圆台形状，下部应比上部宽一个护壁厚度。施工人员必须在护壁保护圈内开挖，不得超挖。

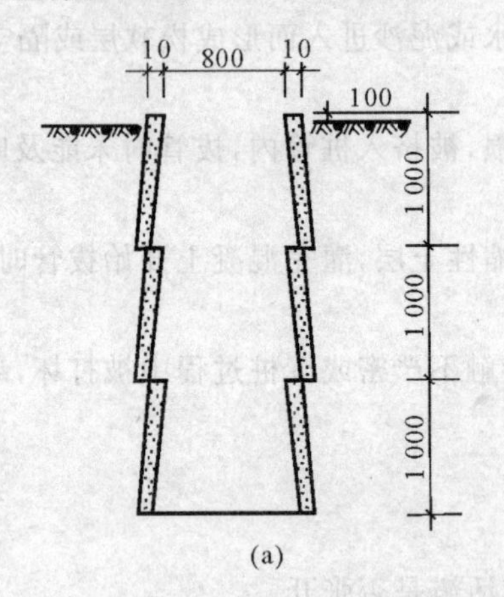

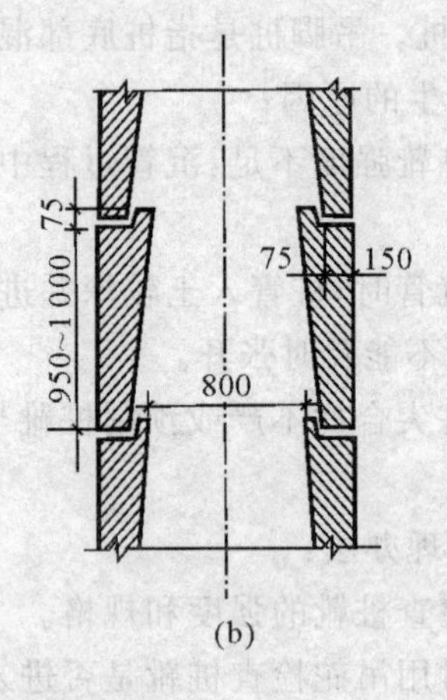

图 2.34　钢筋混凝土护壁形式

(a) 外齿式护圈；(b) 内齿式护圈

2) 护壁施工。如图 2.34 所示，钢筋混凝土护壁的厚度不应小于 100 mm，混凝土强度等级不低于桩身混凝土，用木模板或钢模板支设，土质较差时应加配直径不小于 8 mm 的构造钢筋，竖向筋应上下搭接或拉接。土质较好时也可采用普通黏土砖砌筑。第一节护壁（井圈）中心线与设计轴线的偏差不得大于 20 mm；顶面应比场地自然地面高出 100 ～ 150 mm，壁厚应比下面的护壁厚度增加 100 ～ 150 mm。第一节护壁浇筑后还应及时将定位十字轴线投测到护壁表面。

其他各节护壁施工时应做到：① 上、下节护壁的搭接长度不得小于 50 mm，以保证上、下节之间的紧密连接；② 每节护壁均应在当日连续施工完毕，防止冷缝造成的护壁强度减小和渗水；③ 护壁混凝土必须保证振捣密实，应根据土层渗水情况使用速凝剂；④ 护壁模板应在灌注混凝土 24 h 之后才可拆除，以保证护壁混凝土强度；⑤ 拆模后若发现护壁有蜂窝、漏水现象时，则应及时补强；⑥ 同一水平面上的护壁任意直径的极差不得大于 50 mm。

3) 校核桩孔垂直度及直径。每开挖一节桩体土方，在桩孔护壁模板支设前后均应通过第一节护壁上设置的十字控制点，吊线坠，用水平尺杆找圆周，以保证桩孔的垂直度和直径。桩径的容许偏差为 ＋50 mm，垂直度容许偏差小于 0.5%。

4) 扩底施工。在开挖到设计标高后，经检查确认到达设计的持力层，才可以开始扩底施工。扩底时，应从上到下进行削土，直至形成设计要求的尺寸及形状。扩底完成后，应清理孔底虚土，排除积水，经检查验收后立即浇筑封底混凝土。

5) 安放钢筋笼。当钢筋笼长度过大时，可分节制作，用焊接或机械连接方式进行连接。桩身主筋的保护层厚度为 70 mm，为确保保护层厚度，一般在钢筋笼四周主筋上沿长度每隔 5 m 设置一圈(4 个，每个间隔 90°) 耳环。吊放钢筋笼入桩孔时，不得碰撞孔壁，以防止钢筋笼变形。

6) 桩体混凝土浇筑。人工挖孔桩的深度一般均大于 2 m，为防止混凝土从孔口下落到孔底时产生离析现象，必须通过溜槽浇筑；当落距超过 3 m 时，应采用串筒，串筒末端距孔底高度不宜大于 2 m；也可采用水下混凝土浇筑方法。对一般混凝土，宜采用插入式振捣器分层振实。

当浇灌混凝土时，应每灌注 50 m^3 混凝土留一组试块，混凝土用量小于 50 m^3 的桩体，每根桩应留一组试块。

(3) 人工挖孔桩常见问题的处理。

1) 当遇有局部或厚度不大于 1.5 m 的流动性淤泥和可能出现涌土、涌砂或塌孔时，开挖施工时可将每节护壁的高度减小到 300 ～ 500 mm，并随挖、随验、随灌注混凝土；也可采用钢护筒或有效的降水措施。

2) 淹井。当桩孔内遇到较大的泉眼或渗透性较大的土层时，附近的地下水会向桩孔内集中形成淹井。处理方法是在群桩区设置降水深井，并用水泵抽水以降低地下水位。施工完成后再回填之。

(4) 人工挖孔桩的安全施工。当人工挖孔桩施工时，应采取如下安全措施。

1) 孔内必须设置应急软爬梯供人员上下；使用的电葫芦、吊笼等应安全可靠，并配有自动卡紧保险装置，不得使用麻绳和尼龙绳吊挂或脚踏井壁凸缘上下。电葫芦宜用按钮式开关，使用前必须检验其安全起吊能力。

2) 每日开工前必须检测井下的有毒、有害气体，并应有足够的安全防范措施。当桩孔开挖深度超过 10 m 时，应有专门向井下送风的设备，风量不宜少于 25 L/s。

3) 孔口四周必须设置护栏，护栏高度宜为 0.8 m。

4) 挖出的土石方应及时运离孔口，不得堆放在孔口周边 1 m 范围内，机动车辆的通行不得对井壁的安全造成影响。

5) 施工现场的一切电源、电路的安装和拆除必须遵守《施工现场临时用电安全技术规范》JGJ46 的规定。孔内使用的电线、电缆必须有防磨损、防潮、防断措施，照明应采用 12 V 安全电压。

2.3 桩基工程的检查验收

桩基工程检查验收按时间顺序可分为三个阶段:施工前检验、施工检验和施工后检验;检验内容主要包括桩位、桩长、桩径、桩身质量和单桩承载力。

施工前检验。其检查内容主要包括桩的定位、原材料(如钢筋、混凝土配合比)、钢筋笼制作、预制桩成品等的检验。

施工检验。对预制桩检查内容:应对打入(静压)深度、停锤标准、静压终止压力值及桩身(架)垂直度进行检查;对接桩质量、接桩间歇时间及桩顶完整状况进行检验;对每米进尺的锤击数、最后 1.0 m 锤击数、总锤击数、最后三阵贯入度及桩尖标高等进行控制和记录。对灌注桩的检查内容:在灌注混凝土前,应对已成孔的中心位置、孔深、孔径、垂直度、孔底沉渣厚度进行检验,对钢筋笼安放的实际位置等进行检查,并填写相应质量检测、检查记录,对干作业成孔大直径桩桩端持力层进行检验;对混凝土的充盈系数进行计算。

施工后检验。其检查内容主要是对成桩桩位偏差、工程桩承载力和桩身质量进行检验。

下面,主要以施工后检验为重点进行介绍。

1. 桩位偏差及桩身垂直度检验

按照《建筑桩基技术规范》JGJ94,对打入桩桩位偏差的容许值(见表 2.1)和灌注桩桩位偏差的容许值(见表 2.3)均有规定。

表 2.3 灌注桩平面位置和垂直度的容许偏差

<table>
<tr><th rowspan="2">序号</th><th rowspan="2" colspan="2">成孔方法</th><th rowspan="2">桩径容许偏差/mm</th><th rowspan="2">垂直度容许偏差/(%)</th><th colspan="2">桩位容许偏差/mm</th></tr>
<tr><th>1～3根桩、条形桩基沿垂直轴线方向和群桩基础中的边桩</th><th>条形桩基沿轴线方向和群桩基础的中间桩</th></tr>
<tr><td rowspan="2">1</td><td rowspan="2">泥浆护壁钻、挖、冲孔桩</td><td>$d \leqslant 1\,000$ mm</td><td>≤−50</td><td rowspan="2">1</td><td>$d/6$ 且不大于 100</td><td>$d/4$ 且不大于 150</td></tr>
<tr><td>$d > 1\,000$ mm</td><td>−50</td><td>$100 + 0.01H$</td><td>$150 + 0.01H$</td></tr>
<tr><td rowspan="2">2</td><td rowspan="2">沉管灌注桩</td><td>$d \leqslant 500$ mm</td><td rowspan="2">−20</td><td rowspan="2">1</td><td>70</td><td>150</td></tr>
<tr><td>$d > 500$ mm</td><td>100</td><td>150</td></tr>
<tr><td>3</td><td colspan="2">螺旋钻、机动洛阳铲干作业成孔灌注桩</td><td>−20</td><td>1</td><td>70</td><td>150</td></tr>
<tr><td rowspan="2">4</td><td rowspan="2">人工挖孔桩</td><td>现浇混凝土护壁</td><td>±50</td><td>0.5</td><td>50</td><td>150</td></tr>
<tr><td>长钢套管护壁</td><td>±20</td><td>1</td><td>100</td><td>200</td></tr>
</table>

注:1. 桩径容许偏差的负值是指个别断面。

2. H 为施工现场地面标高与桩顶设计标高的距离;d 为设计桩径。

2. 基桩桩身完整性检测

基桩桩身完整性检测的方法有钻芯法、低应变法、高应变法和声波透射法。

钻芯法是利用液压操纵的钻机,在灌注桩上沿整个桩长视桩径大小钻取 1 ～ 3 个钻孔(桩径小于1.2 m的桩钻1孔，桩径为1.2～1.6 m的桩钻2孔，桩径大于1.6 m的桩钻3孔)，并根据钻孔中抽取的芯样，通过观察和抗压试验对桩身混凝土的完整性、混凝土强度及桩底沉渣厚度等情况进行判断。

低应变法是在桩顶安放锤垫，然后用锤敲击锤垫，在桩身中产生振动波。混凝土强度越高，振动波传播速度越快；若遇到断桩、夹杂、缩颈等缺陷，将产生波的反射并传回桩顶的拾振器。通过分析其振动特征，即可确定混凝土强度等级、桩长及缺陷位置和性质等特征。

高应变法是采用较重的锤(锤的重力应大于预估单桩极限承载力的1.0%～1.5%，混凝土桩的桩径大于600 mm或桩长大于30 m时取高值)，在桩顶锤击，使桩产生一定贯入度，根据桩的振动特征和贯入度情况即可对桩身的完整性及单桩承载力等特征作出判断。

声波透射法是在桩身中沿全长埋设若干根钢测声管(当桩径 $D \leqslant 800$ mm时为2根；800 mm $< D <$ 2 000 mm时不少于3根；$D >$ 2 000 mm，不少于4根)，其内径为50～60 mm，成桩后于每两根声测管中同一深度处分别放入声波发射与接收换能器，由声波发射器发出脉冲波，通过接收装置接收，并由桩顶的声波检测仪进行分析。该方法适用于混凝土灌注桩桩身完整性检测、判定桩身缺陷的程度并确定其位置。

基桩桩身完整性检测的数量。柱下三桩或三桩以下的承台抽检桩数不得少于1根。设计等级为甲级，或地质条件复杂、成桩质量可靠性较低的灌注桩，抽检数量不应少于总桩数的30%，且不得少于20根。其他桩基工程的抽检数量不应少于总桩数的20%，且不得少于10根。对端承型大直径灌注桩，应在上述两款规定的抽检桩数范围内，选用钻芯法或声波透射法对部分受检桩进行桩身完整性检测，抽检数量不应少于总桩数的10%。地下水位以上且终孔后桩端持力层已通过核验的人工挖孔桩，以及单节混凝土预制桩，抽检数量可适当减少，但不应少于总桩数的10%，且不应少于10根。

根据完整性检测结果，可以将桩的完整性分为4类，见表2.4。

表2.4　桩身完整性分类表

桩身完整性类别	分类原则
Ⅰ类桩	桩身完整
Ⅱ类桩	桩身有轻微缺陷，不会影响桩身结构承载力的正常发挥
Ⅲ类桩	桩身有明显缺陷，对桩身结构承载力有影响
Ⅳ类桩	桩身存在严重缺陷

对Ⅳ类桩应进行工程处理。

3. 单桩承载力检测

桩基工程在下列情况下应将单桩承载力静载试验检测作为验收项目。

(1) 工程施工前已进行单桩静载试验，但施工过程变更了工艺参数或施工质量出现异常。

(2) 施工前未进行单桩静载试验的工程。

(3) 地质条件复杂、桩的施工质量可靠性低。

(4) 本地区采用的新桩型或新工艺。

(5) 设计等级为甲级的桩基。

(6) 挤土群桩施工时产生挤土效应的桩。

检测方法：根据桩基所承受荷载的性质，可选择进行单桩竖向抗压、竖向抗拔或水平静载试验。高应变法也可作为单桩竖向抗压承载力验收检测的补充。

抽检数量：不应少于总桩数的 1%，且不少于 3 根；当总桩数在 50 根以内时，不应少于 2 根。

习　题

1. 在锤击沉桩法中，桩锤的类型有哪些？各有何特点及适用范围？
2. 预制桩的沉桩顺序有哪些？如何选定沉桩顺序？
3. 预制桩的吊点应如何确定？
4. 当预制桩打桩时，接桩的方法有哪些？
5. 预制桩沉桩的方法有哪些，各有何优、缺点？
6. 灌注桩的成孔机械及成孔方法有哪些？
7. 什么是泥浆护壁成孔？解释正、反循环回转钻机成孔工艺。
8. 如何进行灌注桩水下混凝土浇筑？
9. 说明沉管灌注桩的单打、复打及反插施工工艺。
10. 试述沉管灌注桩施工中常见问题的原因及处理。
11. 当人工挖孔桩施工时，安全管理应注意哪些问题？
12. 如何进行桩基础工程的检查验收？

第3章 砌筑工程

砌筑工程是指应用各种砂浆作为胶结物，采用一定的工艺方法，将各种块状砌体材料如黏土砖、硅酸盐类砖、石块和各种砌块砌筑成各种砌体。

各种砌体是建筑物墙体的主要构成材料。砌筑工程施工在我国是一个传统工种。我们祖先遗留下来的“秦砖汉瓦”在建筑工程中一直使用至今，可以就地取材，保温、隔热、耐火及隔音效果都很好。砌筑工程具有施工设备小型、施工组织简单等特点。

3.1 砌筑材料

3.1.1 砌筑用砖

1.烧结普通砖

烧结普通砖是指以黏土、页岩、煤矸石、粉煤灰等为主要材料，经焙烧而成的普通砖，包括黏土砖、页岩砖、煤矸石砖和粉煤灰砖。其标准尺寸为 240 mm×115 mm×53 mm。其中黏土砖在建筑工程中应用最为广泛。当砌体灰缝厚度为 10 mm 时，其组砌成的墙体符合 4 块砖长等于 8 块砖宽，还等于 16 块砖厚，还等于 1 m 的模数规律。

烧结普通黏土砖按抗压强度可分为 MU30，MU25，MU20，MU15，MU10 等 5 个强度等级。

烧结煤矸石砖按抗压强度可分为 MU20，MU10，MU7.5 等 3 个强度等级。

烧结普通砖的质量等级除强度指标外，还包括耐久性指标和外观指标。

耐久性指标包括抗冻性能、泛霜程度、石灰爆裂情况、吸水情况等；外观指标包括尺寸偏差、两个条面的厚度偏差、弯曲、杂质凸出高度、缺棱掉角、裂纹长度、颜色、完整面数量、混等率等。

根据烧结普通砖的耐久性指标和外观指标，其质量等级分为特等、一等和合格 3 个等级。

2.烧结多孔砖

烧结多孔砖是以黏土、页岩、煤矸石为主要材料经焙烧而成的，是带有圆形或非圆形孔洞，主要用于承重部位砌筑的砖。其孔洞率不小于 15%，按外形尺寸分为 P 型砖和 M 型砖其形状及尺寸如图 3.1 所示。

P 型砖尺寸：240 mm×115 mm×90 mm。

M 型砖尺寸：190 mm×190 mm×90 mm。

烧结多孔砖的强度等级及质量等级分类与烧结普通砖基本相同。

3.蒸压灰砂砖

蒸压灰砂砖是以石灰和砂为原料，经过坯料制备、压制成型、蒸压养护而成的实心砖，其尺寸同烧结普通砖。蒸压灰砂砖不得用于长期受热 200℃以上，受急冷、急热和有酸性介质侵蚀的工程部位。

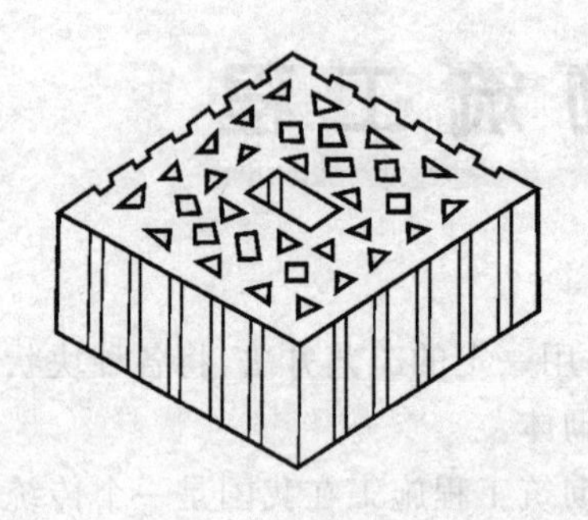

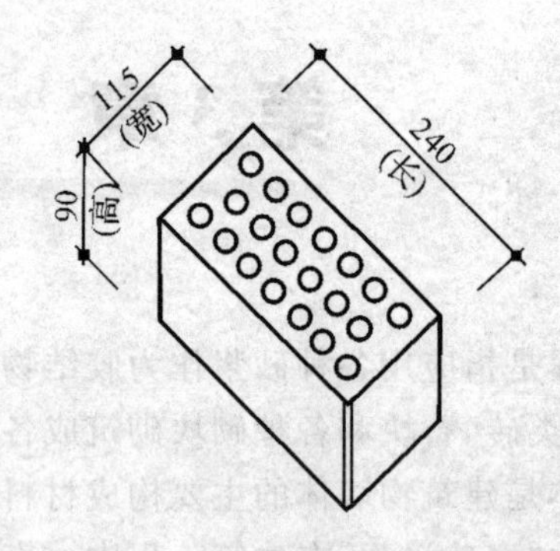

图 3.1 烧结多孔砖

4. 蒸压粉煤灰砖

蒸压粉煤灰砖是以粉煤灰、石灰为主要原料，掺加适量石膏和骨料经坯料制备、压制成型、高压蒸汽养护而成的实心砖。可用于建筑物墙体和基础，但用于基础及建筑物易受冻融和干湿交替部位时必须使用优等砖和一等砖；不得用于长期受热 200℃以上，受急冷、急热和有酸性介质侵蚀的工程部位。

蒸压灰砂砖、蒸压粉煤灰砖的强度等级分为 MU25，MU20，MU15，MU10 共 4 个等级。其外观质量分为优等品、一等品和合格品。

5. 烧结空心砖

烧结空心砖是以黏土、页岩、煤矸石等为主要原料，经焙烧而成的空心砖。其形状如图 3.2 所示。

图 3.2 烧结空心砖

烧结空心砖外形的常用规格有两种：290 mm×190(140) mm×90 mm 和 240 mm×180(175) mm×115 mm。根据密度（kg/m^3）分为 800，900，1 100 这 3 个密度级别；每个密度级根据孔洞及其排数、尺寸偏差、外观质量、强度等级和物理性能分为优等品、一等品和合格品 3 个等级。

各种砖的使用部位如表 3.1 所示。

表 3.1 砌筑用砖选用表

材料名称	适用范围
烧结普通砖	MU15 及其以上主要用于承重墙体；MU10 及其以下可用于非承重墙及平房
烧结多孔砖	主要用于承重部位(6 层以下建筑的承重墙)
烧结空心砖	主要用于非承重墙或填充墙
灰砂砖	可用于基础及建筑防潮层以上部位
炉渣砖	可代替烧结普通砖使用
粉煤灰砖	用于墙体和基础(一等和优等)，不得用于长期受急冷、急热及酸性介质侵蚀部位

3.1.2 砌筑用砌块

砌块是指砌筑用人造块材，外形大多为直角六面体，也有各种异形。砌块的长度、宽度或高度中有一项或多项分别大于365 mm，240 mm，115 mm，但高度不大于长度或宽度的6倍，长度不超过高度的3倍。砌块系列中主规格高度大于115 mm，而又小于380 mm的砌块称为小型砌块，简称小砌块。

小型砌块按其所使用材料的不同，可分为蒸压加气混凝土砌块、普通混凝土小型空心砌块、轻骨料混凝土小型空心砌块、粉煤灰砌块、粉煤灰小型空心砌块、石膏砌块等。

1. 蒸压加气混凝土砌块

蒸压加气混凝土砌块是以水泥、矿渣、砂、石灰、粉煤灰等为原料，加入发气剂，经搅拌、成型、高压蒸汽养护而成的。按照所用的具体材料，此类砌块可分为蒸压水泥-石灰-砂加气混凝土砌块、蒸压水泥-石灰-粉煤灰加气混凝土砌块、蒸压水泥-粉煤灰-砂加气混凝土砌块以及蒸压水泥-矿渣-砂加气混凝土砌块等。

蒸压加气混凝土砌块适用于各类建筑物的非承重内、外墙体，尤其是有轻质、节能要求的填充墙体和围护结构，也可作为保温隔热材料使用。但此类砌块不得用于防潮层以下的墙体、地下室外墙和长期处于潮湿、浸水、干湿交替、化学侵蚀环境下，以及表面温度长期处于80℃以上的部位。

加气混凝土砌块的一般规格为

长度：600 mm；

高度：200 mm，240 mm，250 mm，300 mm；

宽度：100 mm，120 mm，125 mm，150 mm，180 mm，200 mm，240 mm，250 mm，300 mm。

加气混凝土砌块按抗压强度分为7个级别：A1.0，A2.0，A2.5，A3.5，A5.0，A7.5，A10。其中，A后面的数值代表砌块的立方体抗压强度（MPa）。

加气混凝土砌块按密度分为6个级别：B03，B04，B05，B06，B07，B08。其中，B后面的数值，如04表示其密度在优等品时为400 kg/m^3，合格品时为425 kg/m^3。

加气混凝土砌块按尺寸偏差及外观，分为优等、一等、合格3个等级。

2. 普通混凝土小型空心砌块

普通混凝土小型空心砌块是以水泥、砂、碎石或卵石、水等为原料按一定的配合比经搅拌浇筑预制而成的。它可用于非抗震区及抗震设防烈度为6～8度地区的承重墙体施工。

普通混凝土小型空心砌块的主规格尺寸为390 mm×190 mm×190 mm，其他规格尺寸可由供需双方协商。最小外壁厚应不小于30 mm，最小肋厚应不小于25 mm，空心率应不小于25%（见图3.3）。

普通混凝土小型空心砌块按照其抗压强度，分为MU5，MU7.5，MU10，MU15，MU20共5个级别。

普通混凝土小型空心砌块按尺寸偏差及外观，分为优等品、一等品、合格品3个等级。

3. 轻集料混凝土小型空心砌块

轻集料混凝土小型空心砌块（见图3.4）是以水泥、轻骨料、砂、水等材料经搅拌、浇筑等预制而成的。

轻集料混凝土小型空心砌块的主规格尺寸为390 mm×190 mm×190 mm，按其孔的排数分为实心单排孔、双排孔、三排孔和四排孔等五类，如图 3.4 所示。

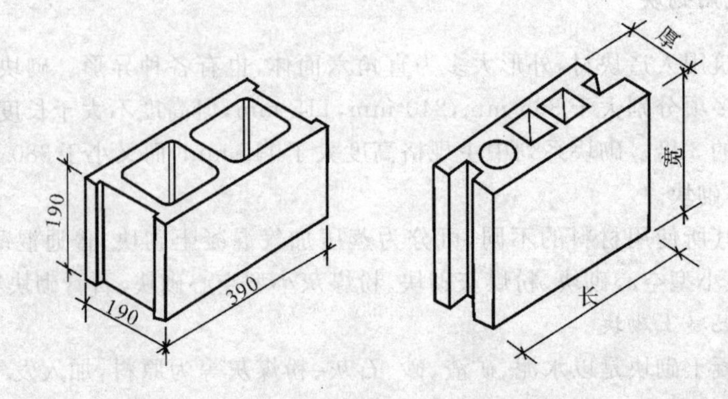

图 3.3 普通混凝土小型空心砌块

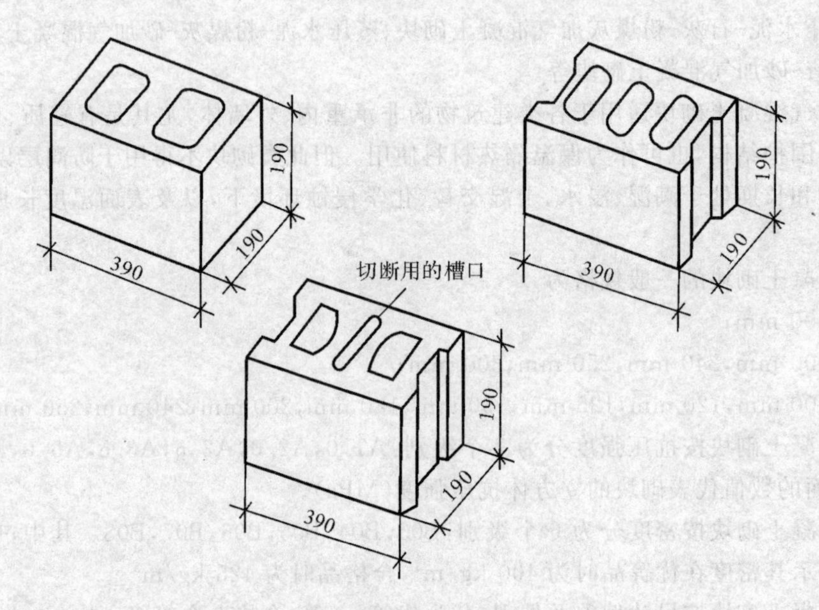

图 3.4 轻集料混凝土小型空心砌块

轻集料混凝土小型空心砌块按其密度等级分为 500，600，700，800，900，1 000，1 200，1 400共 8 个等级，数值表示该密度等级的最大干密度(kg/m^3)。按其强度等级分为 1.5，2.5，3.5，5.0，7.5，10.0 共 6 个等级，数值表示其抗压强度(MPa)。按尺寸容许偏差及外观质量分为优等品(A)、一等品(B)和合格品(C)3 个等级。

4. 粉煤灰砌块

粉煤灰砌块是以粉煤灰、石灰、石膏和轻集料为原料，加水搅拌、振动成型、蒸汽养护而成的密实砌块。其主规格外形尺寸为 880 mm×380 mm×240 mm 和 880 mm×430 mm×240 mm，砌块端面应加灌浆槽，坐浆面宜设抗剪槽，如图 3.5 所示。

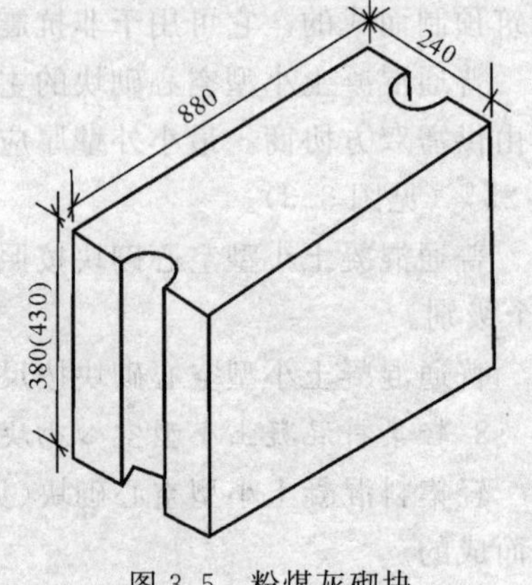

图 3.5 粉煤灰砌块

粉煤灰砌块按其立方体试件的抗压强度分为 MU10 和 MU13 共 2 个强度等级。按其尺寸容许偏差、外观质量和干缩性能分为一等品和合格品。

5. 粉煤灰小型空心砌块

粉煤灰小型空心砌块是以粉煤灰、水泥及各种轻、重骨料加水搅拌制成的空心砌块。其中，粉煤灰用量不低于原材料总量的 10%。这种砌块具有轻质高强、保温隔热的特点，可用于框架填充墙等结构部位。

该空心砌块主规格尺寸为 390 mm×190 mm×190 mm，按其孔的排数分为单排孔、双排孔、三排孔、和四排孔等 4 类。

粉煤灰小型空心砌块按其抗压强度分为 MU2.5，MU3.5，MU5.0，MU7.5，MU10.0，MU15 共 6 个强度等级；按照尺寸容许偏差、外观质量、碳化系数及强度等级等，分为优等品、一等品、合格品 3 个等级。

3.1.3 砌筑用砂浆

砂浆是由胶结料（如水泥）、细骨料（如砂子）、掺加料（为改善砂浆和易性而加入的，如石灰膏、电石膏、粉煤灰、黏土膏等）和水配制而成的建筑材料，用以填充砖之间的空隙，并将其黏结成整体，起衬垫和传递应力的作用。砌筑工程中使用的砂浆主要有水泥砂浆、石灰砂浆以及水泥混合砂浆。砌筑砂浆的强度等级有 M20，M15，M10，M7.5，M5，M2.5 等 6 个等级。

1. 原材料要求

水泥。水泥的品种和标号应根据设计要求和砌体所处的环境来选择。水泥砂浆采用的水泥，其标号一般为砂浆强度等级的 4～5 倍，对水泥砂浆不宜大于 32.5 级，对水泥混合砂浆不宜大于 42.5 级。水泥应保持干燥，如水泥标号不明或出厂时间超过 3 个月，应经试验鉴定后方可使用。不同品种的水泥不得混合使用。

砂。砌筑砖砌体所用砂浆的砂子宜用中砂。砂的含泥量对水泥砂浆和强度等级不小于 M5 的水泥混合砂浆不应超过 5%；强度等级小于 M5 的水泥混合砂浆，不应超过 10%。

掺加料。当掺入的生石灰熟化成石灰膏时，应用孔径不大于 3 mm×3 mm 的网过滤，熟化时间不得少于 7 d；磨细生石灰粉的熟化时间不得小于 2 d。沉淀池中贮存的石灰膏，应采取防止干燥、冻结和污染的措施。当配制水泥石灰砂浆时，严禁使用脱水硬化的石灰膏配制砂浆。采用电石膏时，制作电石膏的电石渣应用孔径不大于 3 mm×3 mm 的网过滤，应加热至 70℃并保持 20 min，待没有乙炔气味后，方可使用。在砂浆中掺入其他掺加剂，如有机塑化剂、早强剂、缓凝剂、防冻剂等，应经检验和试配符合要求后，方可使用。有机塑化剂应有砌体强度的型式检验报告。

2. 制备与使用

砂浆的配合比应事先委托有资质的检测试验室通过试配确定。砂浆搅拌时，水泥及各种外加剂配料的准确度应控制在±2.0%以内；砂、水及电石膏、石灰膏等的配料精度应控制在±5.0%以内。砂应计入含水量对配料的影响。

为提高砂浆的保水性，可掺入无机或有机塑化剂，不应采用增加水泥用量的方法；但水泥黏土砂浆不得掺加有机塑化剂。

水泥砂浆中水泥用量不应小于 200 kg/m^3；水泥混合砂浆中水泥和掺加料总量宜为 300～350 kg/m^3。砌筑砂浆的分层度不得大于 30 mm。砌筑砂浆的稠度应满足表 3.2 的要求。

表 3.2 砌筑砂浆的稠度

砌体种类	砂浆稠度/mm	砌体种类	砂浆稠度/mm
烧结普通砖砌体	70～90	普通混凝土小型空心砌块	50～70
轻骨料混凝土小型空心砌块	60～90	砌体加气混凝土砌块砌体	50～70
砌体烧结多孔砖、空心砖砌体	60～80	石砌体	30～50

当拌制水泥砂浆时，应先将砂与水泥干拌均匀，再加水拌和均匀；当拌制水泥混合砂浆时，应先将砂与水泥干拌均匀，再加掺加料（石灰膏、黏土膏）和水拌和均匀。拌制水泥粉煤灰砂浆，应先将水泥、粉煤灰、砂干拌均匀，再加水拌和均匀。掺用外加剂时，应先将外加剂按规定浓度溶于水中，在拌和水投入时投入外加剂溶液，外加剂不得直接投入拌制的砂浆中。

砂浆应采用搅拌机进行拌制。自投料完算起，搅拌时间应满足水泥和混合砂浆不得小于2 min、掺用外加剂的砂浆不得少于3 min、掺用有机塑化剂的砂浆应为3～5 min的条件。

砂浆应随拌随用，常温下，水泥砂浆和混合砂浆应分别在3 h和4 h内使用完毕；当施工期间温度高于30℃时，须分别在拌成后2 h和3 h内使用完毕。

砂浆拌成后和使用时均应盛入储灰器中，如砂浆出现泌水现象，应在砌筑前再次拌和。

3.2 砖砌体施工

本节分别介绍普通砖砌体及多孔砖砌体的施工工艺。

3.2.1 烧结普通砖砌体施工

1. 烧结普通砖砌体的组砌形式

(1)砖墙的组砌。

1)直墙的组砌。根据墙体厚度的不同，砖墙的组砌可选用全顺、两平一侧、全丁、一顺一丁、梅花丁或三顺一丁等砌筑形式，如图3.6所示。

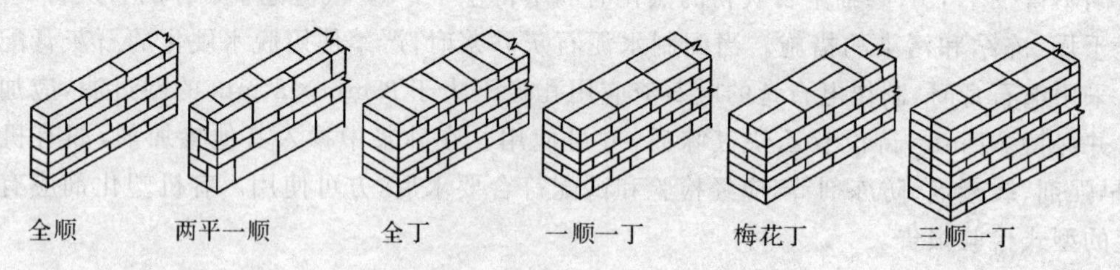

图3.6 砖墙的组砌形式

各种组砌的方法及适用范围：

全顺：各皮砖均顺砌，上、下皮垂直灰缝相互错开半砖长（120 mm），适合于砌半砖厚（115 mm）墙。

两平一侧：两皮顺砖与一皮侧砖相间，上、下皮垂直灰缝相互错开1/4砖长（60 mm）以上，适合砌3/4砖厚（178 mm）墙。

全丁：各皮砖均丁砌，上、下皮垂直灰缝相互错开1/4砖长，适合砌一砖厚（240 mm）墙。

一顺一丁:一皮顺砖与一皮丁砖相间,上、下皮垂直灰缝相互错开 1/4 砖长,适合砌一砖及一砖以上厚墙。

梅花丁:同皮中顺砖与丁砖相间,丁砖的上、下均为顺砖,并位于顺砖中间,上、下皮垂直灰缝相互错开 1/4 砖长,适合砌一砖厚墙。

三顺一丁:三皮顺砖与一皮丁砖相间,顺砖与顺砖上、下皮垂直灰缝相互错开 1/2 砖长;顺砖与丁砖上、下皮垂直灰缝相互错开 1/4 砖长,适合砌一砖及一砖以上厚墙。

一砖厚承重墙的每层墙体的最上一皮砖、砖墙的阶台水平面上及挑出层应整砖丁砌。

2)转角及丁字墙的组砌。在砖墙的转角及交接处,为了错缝,通常需要加砌配砖。

如图 3.7 所示为一砖厚墙一顺一丁转角处的分皮砌法,配砖为 3/4 砖,位于墙外角。

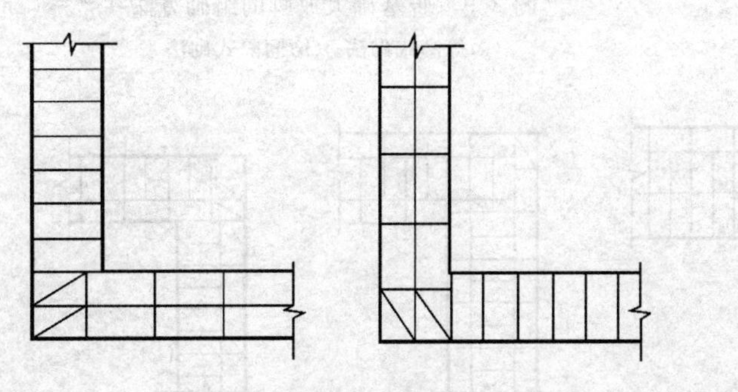

图 3.7 一砖厚砖墙一顺一丁转角处分皮砌法

如图 3.8 所示为一砖厚砖墙一顺一丁交接处分皮砌法,配砖也为 3/4 砖,位于墙交接处外面,仅在丁砌层设置。

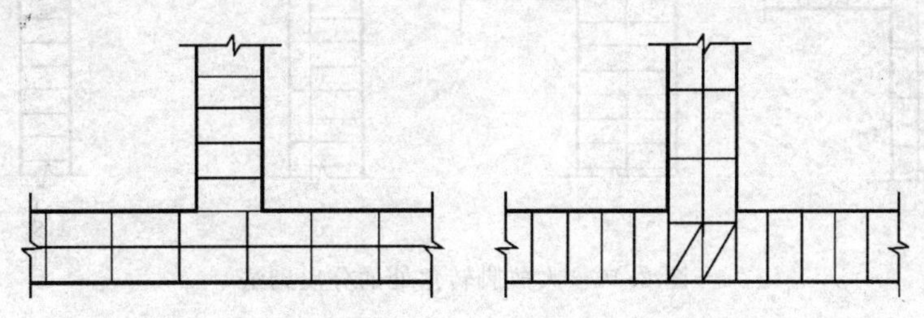

图 3.8 一砖厚砖墙一顺一丁交接处分皮砌法

(2)砖基础的组砌。砖基础一般砌筑于厚 100 mm 的混凝土垫层上,其下部为大放脚、上部为基础墙。大放脚的宽度为半砖长的倍数。

砖基础大放脚的砌筑方法有等高式和间隔式。等高式(也称两皮一收)大放脚是每砌两皮砖,两边各收进 1/4 砖长(60 mm);间隔式(也称二一间隔)大放脚是每砌两皮砖及一皮砖,轮流两边各收进 1/4 砖长(60 mm),其共同特点是最下边一个台阶厚度应为两皮砖,如图 3.9 所示。

砖基础大放脚一般采用一顺一丁砌筑方式,在转角及交接处,为错缝需要应加砌配砖(3/4 砖、半砖或 1/4 砖)。如图 3.10 所示是底砖为两砖半的等高式砖基础大放脚转角处的分皮砌法。

当砖基础的底标高不同时,应从低处开始砌筑,并应由高处向低处搭砌,当设计无要求时,搭砌长度不应小于砖基础大放脚的高度,如图 3.11 所示。

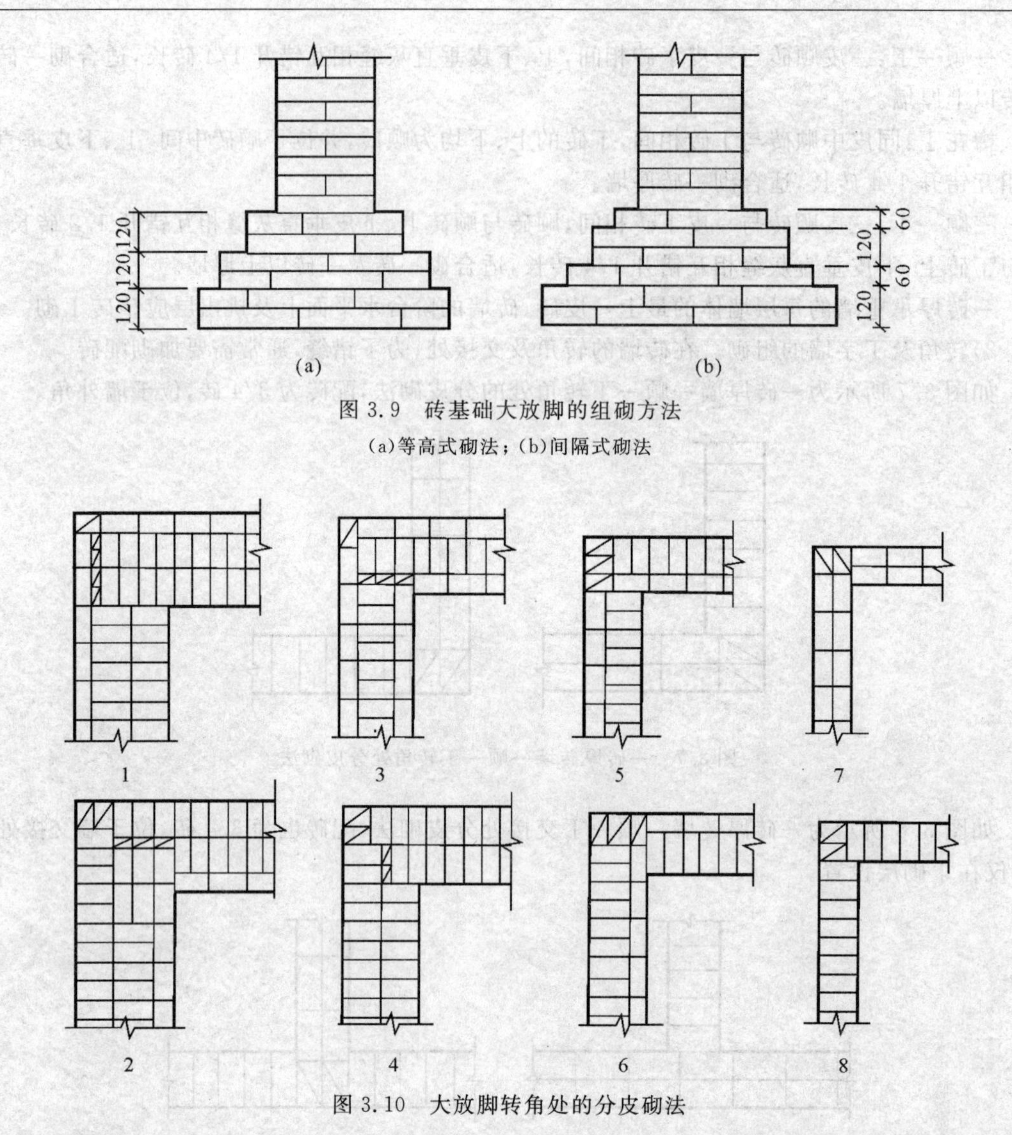

图 3.9　砖基础大放脚的组砌方法

(a)等高式砌法；(b)间隔式砌法

图 3.10　大放脚转角处的分皮砌法

(3)砖垛与砖柱的组砌。

1)砖垛的砌筑。砖垛也称附墙砖柱，是砖墙上沿墙高伸出墙面的凸出状砌体，用于支撑梁或增加墙体稳定性。砖垛在垂直于墙面方向的常用尺寸有 125 mm，240 mm 等；砖垛平行于墙面方向的常用尺寸有 240 mm，365 mm 及 490 mm。

如图 3.12 及图 3.13 所示为两种典型砖垛的组砌方法。

砖垛的组砌方法由墙厚及砖垛大小而定，但无论采用哪种砌法，都应使砖垛与墙身逐皮搭接，搭接长度至少为 1/2 砖长。砖垛最小的截面尺寸为 125 mm×240 mm。

为保证砖垛与砖墙墙体的搭接，砖垛应与砖墙同时砌筑。严禁先砌墙体后砌砖垛或先砌砖垛后砌墙体的行为。

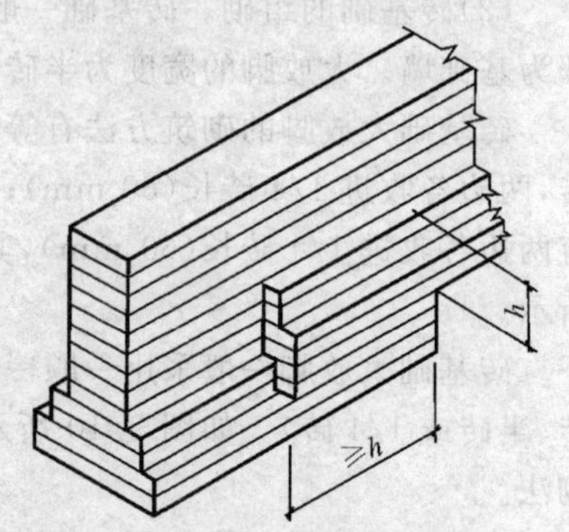

图 3.11　基础底面标高不同时的搭接砌法

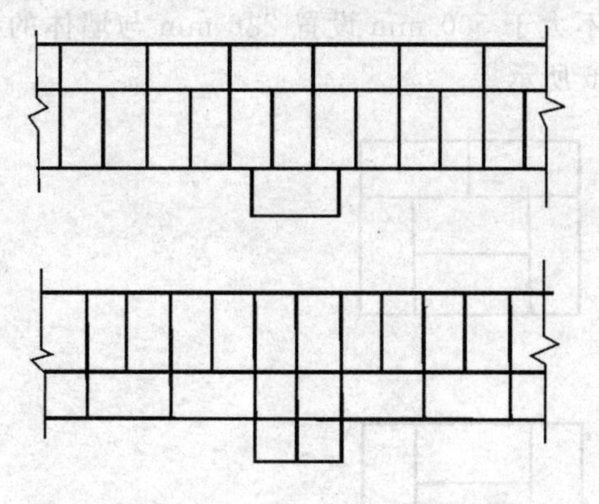

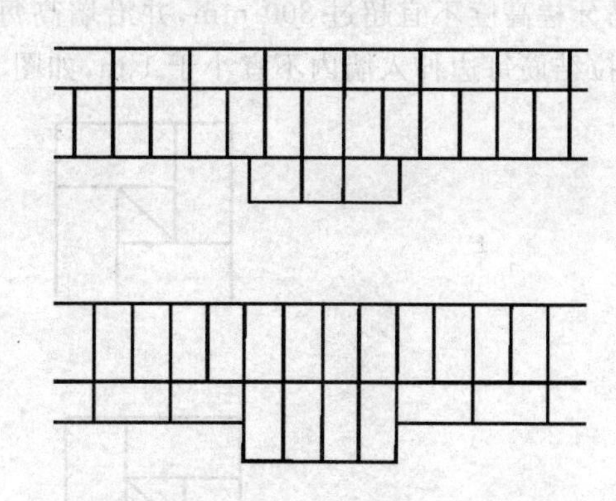

图 3.12 125 mm×240 mm 砖垛分皮砌法　　图 3.13 125 mm×490 mm 砖垛分皮砌法

2)砖柱的砌筑。砖柱最常见的形状为矩形,也有圆形及异形等形状。由于组砌方法上的困难,目前圆形柱及异形柱多采用混凝土柱代替。

砖柱的几面尺寸常采用 240 mm,365 mm,490 mm 及 615 mm 几种尺寸的组合;普通矩形截面砖柱尺寸不应小于 240 mm×365 mm。

砖柱组砌时应注意砖块之间的搭接,应尽量避免形成竖向通缝,严禁采用包心砌法。如图 3.14 所示为常用尺寸砖柱的分皮组砌方法。应注意,在一些组砌方法中,会形成竖向通缝,这时,常采用每隔一定高度在灰缝中加钢筋网片的方法增加砖柱的整体性。

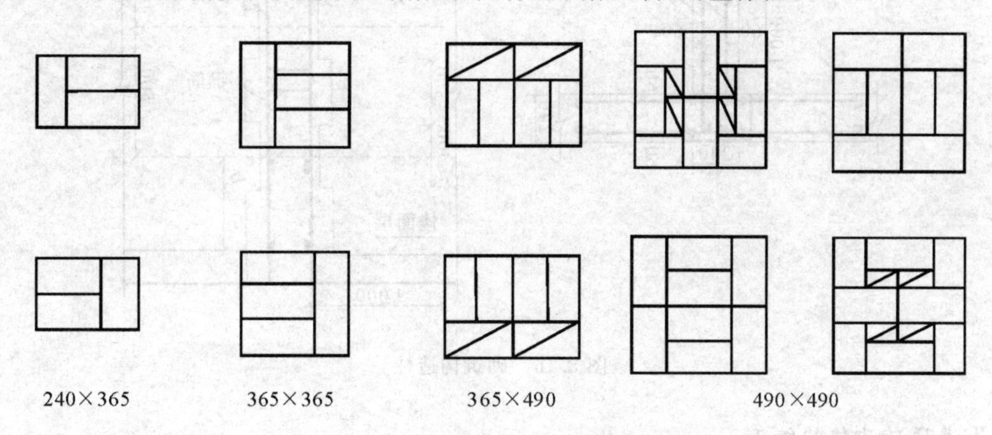

图 3.14 不同尺寸砖柱的分皮砌筑方法

如图 3.15 所示为两种常见砖柱的包心砌法。

(4)构造柱的组砌。构造柱是在砌体中浇筑的混凝土柱,与砌体紧密结合,能增加砌体结构的稳定性,提高砌体结构的抗震能力。构造柱一般设置于砖墙的转角、墙段长度超过墙体高度两倍的墙体中部、门窗洞口边沿、悬墙端部等位置。

构造柱的截面尺寸不宜小于 240 mm×240 mm,其厚度不应小于墙厚,边柱和角柱的截面尺寸应适当加大。构造柱内的竖向钢筋一般采用 4ϕ12 mm,边柱及角柱内的不宜小于 4ϕ14 mm,箍筋直径一般采用 6 mm、间距为 200 mm,在上、下部 500 mm 范围内加密。砖砌体砌筑前,应先绑扎好构造柱钢筋。

构造柱砌筑时,从每层地面向上,应先退后进,形成马牙槎形状,每个台阶后退 60 mm,每个马牙槎高度不宜超过 300 mm，并沿墙高每隔不大于 500 mm 设置 2ϕ6 mm 与墙体的拉结筋，拉结筋每边伸入墙内不宜小于 1 m，如图 3.16 所示。

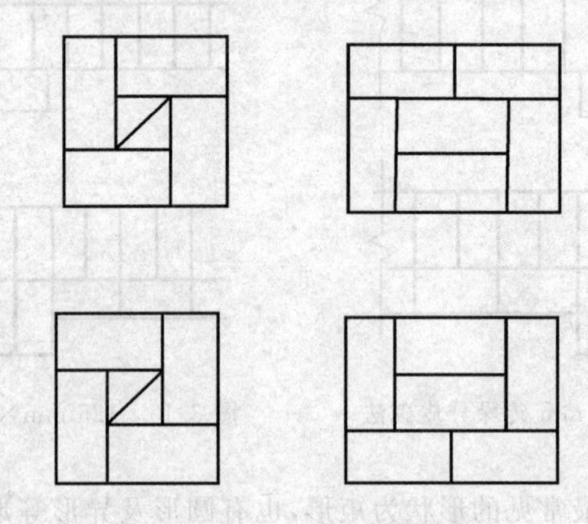

图 3.15　砖柱的包心砌法

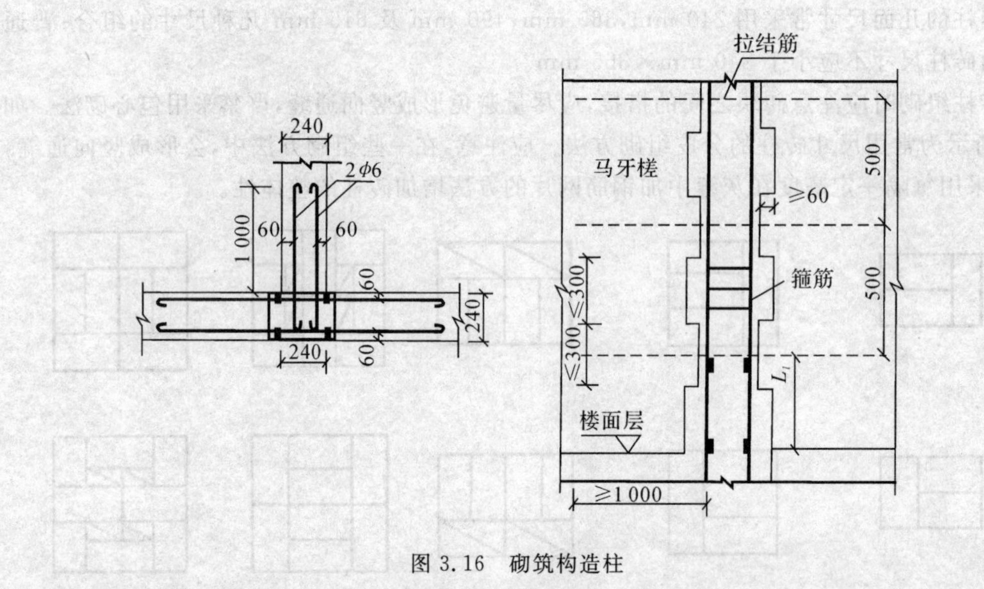

图 3.16　砌筑构造柱

2.普通砖砌体的施工

砖砌体的砌筑过程一般包括抄平、放线、摆砖样、立皮数杆、挂准线、铺灰、砌砖等工序。

(1)抄平。砌筑基础或每层墙体前，应先在垫层面或楼面按现场水准点定出基础底面或各层标高，再用水泥砂浆或 C15 细石混凝土找平(一般地，当第一皮灰缝厚度小于 20 mm 时，用水泥砂浆找平；当第一皮灰缝厚度大于 20 mm 时，用细石混凝土找平)。

(2)放线。

1)基础垫层上的放线。一般是根据龙门板或轴线控制桩上的轴线钉，用经纬仪将基础轴线投测到垫层上(也可在对应的龙门板间拉细线，再用小线坠将轴线投测到基础垫层上)，如图 3.17 所示。然后，以基础轴线为基础，放出基础边线，作为砌筑依据。

2)楼层放线。底层墙身可按龙门板上轴线定位将墙身轴线投测到基础面上，再弹出其他墙身轴线及边线，定出门窗洞口位置，打上交错的斜线以示洞口；在基础墙侧立面再画出对应的轴线及门窗洞口位置，并标上洞口的宽和高的尺寸；同时将现场±0.000也投测到基础墙侧立面上，作为其他楼层施工时的标高控制点。其他楼层轴线可借助于经纬仪将一层墙身轴线引测到该层，也可用线锤挂，对准外墙面上墙身轴线，向上引测。

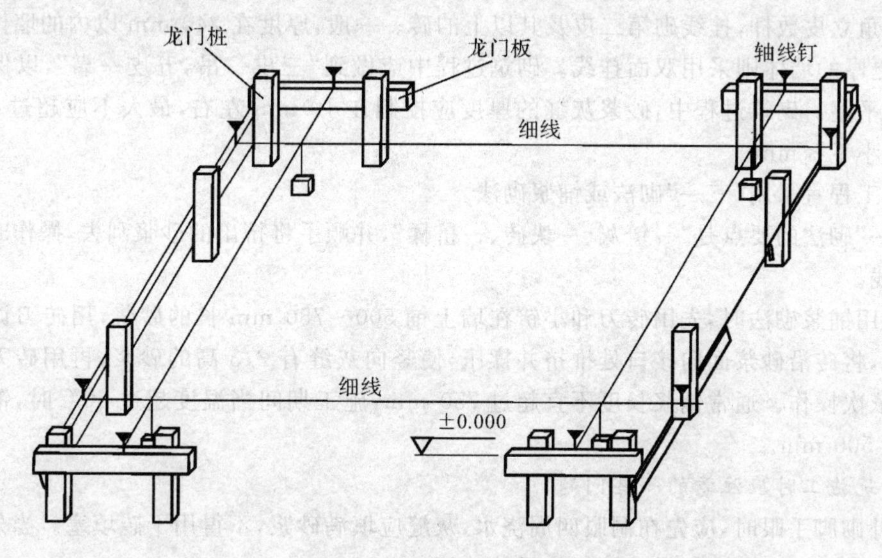

图3.17 基础轴线的投测

(3)摆样砖。摆样砖是指按选定的组砌方法，在放线位置试摆砖样(干摆，即不铺灰)，应尽量使门窗口、附墙垛的位置符合所选砖的模数，偏差较小时可通过竖缝调整，以减少砍砖数量，并保证砖及砖缝排列整齐、均匀。在完成以上步骤后，在保证不移动砖的平面位置及与皮数杆标准砌平的条件下用砂浆将干摆的砖砌起来，这个过程常称为"撂底"。

(4)立皮数杆。皮数杆通常是用5 cm×7 cm方木制作而成的标志杆，上面刻有砖的皮数、灰缝厚度、门窗、楼板、圈过梁等构件的位置及建筑物各种预留洞口和加筋的高度，用以控制每皮砖砌筑时的竖向位置，并使铺灰、砌砖的厚度均匀，保证砖缝水平，同时控制门窗洞口及各构件的位置和标高，如图3.18所示。

皮数杆的长度应有一层楼高，一般立于墙的转角处、内外墙交接处、楼梯间及洞口等地方，如墙长很大，应每10～15 m立一根。皮数杆应在两个方向用斜撑或铆钉固定，以保证其牢固和垂直；皮数杆上的±0.000线应与楼层的起始标高线相重合。

(5)砌筑。砌筑前，应检查砖的品种、规格及强度等级是否与设计相一致，用于清水墙的砖，还应边角整齐，色泽均匀。砖应在砌筑前1～2 d浇水湿润，以免砌筑时干砖吸收砂浆中的大量水分，使砂浆的流动性降低，造成砌筑困难，并影响砂浆的黏结力和强度。但也不应将砖浇得过湿，而使得砖不吸收砂浆中的多余水分，影响砂浆的密实性、强度和黏结力。一般烧结黏土砖的含水量宜为10%～15%，灰砂砖、粉煤灰砖的含水量宜为8%～12%。现场

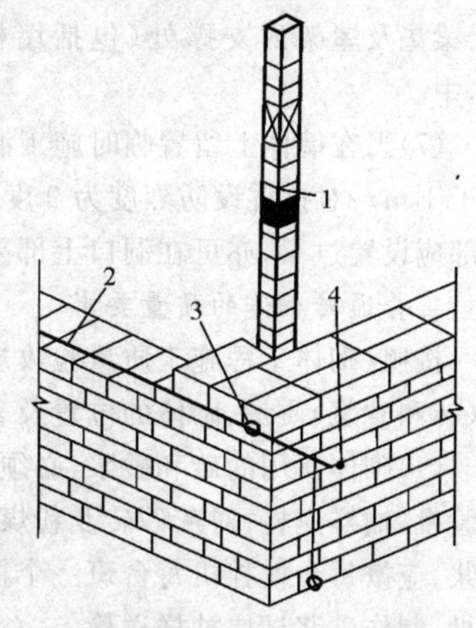

图3.18 立皮数杆示意图

1—皮数杆；2—准线；3—竹片；4—圆铁钉

检验砖的含水率常采用断砖法:当砖截面四周融水深度为 15～20 mm 时,视为含水量适宜。

砌筑时,先挂上通线,按所排的干砖位置砌好第一皮砖,然后盘角,每次盘角不得超过六皮砖,在盘角过程中应随时用托线板检查墙角是否垂直平整,砖层及灰缝是否符合皮数杆标志,然后在墙角立皮数杆,挂线砌第二皮及其以上的砖。一般,厚度在 240 mm 以内的墙体采用单面挂线,更厚的墙体则采用双面挂线。砌筑过程中应做到“三皮一吊,五皮一靠”,以保证墙面的垂直与平整。砌筑过程中,砂浆灰缝的厚度应控制在 10 mm 左右,最大不应超过 12 mm,最小不应小于 8 mm。

砌砖工程宜采用“三一”砌法或铺浆砌法。

“三一”砌法的要点是“一铲灰、一块砖、一挤揉”,并顺手将挤出的砂浆刮去,操作时砖块要放平、跟线。

当采用铺浆砌法时,先用砖刀和小铲在墙上铺 500～750 mm 长的砂浆,用砖刀调整好灰浆的厚度,将砖沿砂浆面向接口处推挤并揉压,使竖向灰缝有 2/3 高的砂浆,再用砖刀将砖调平,如此依次操作。通常铺浆长度不宜超过 750 mm,施工期间当温度超过 30℃时,铺浆长度不应超过 500 mm。

3. *砌筑施工时应注意的一些问题*

(1)补砌脚手眼时,应先在洞眼四周浇水,灰缝应填满砂浆,不得用干砖填塞。当外墙有防水要求时,应编制专项施工措施用以指导施工。

(2)设计要求的洞口、管道及沟槽等应在砌筑时正确预留或预埋,未经设计同意不得在墙体上打洞或开凿水平沟槽。宽度超过 300 mm 的孔洞上部应设置过梁。

(3)每日砌筑高度不得超过 1.5 m。

(4)墙体施工段的分段位置宜设在门窗洞口、变形缝、构造柱等部位;相邻施工段的高度差不得超过一个楼层高度,也不宜大于 4 m。

(5)在下列部位严禁使用断砖:①砖柱、砖垛、砖拱、砖碹、砖过梁、梁的支撑处、砖挑层及宽度小于 1 m 的窗间墙等重要受力部位;②起拉结作用的丁砖;③清水砖墙的顺砖。

(6)在下列部位应使用丁砌层砌筑且应使用整砖:①每层承重墙的最上一皮砖;②楼板、梁、梁垫及屋架的支撑处(包括墙柱上);③砖砌体的台阶水平面上;④挑出层(挑檐、腰线等)中。

(7)当在墙体上留置临时施工洞口时,洞口侧边距交接处不得小于 0.5 m,洞口宽度不得大于 1 m。对抗震设防烈度为 9 度的地区,留置临时洞口应经设计单位同意。临时施工洞口顶部应设置过梁,亦可在洞口上部采取逐层挑砖的方法封口,并应预埋水平拉结筋。

4. *普通砖砌体的质量要求*

按照《砌体工程施工质量验收规范》GB50203,砌体工程施工质量主要包括 3 个方面:原材料(砖和砂浆)质量、砌体的位置及表面平整度、灰缝及组砌质量。

(1)砌体所用的砖和砂浆,必须符合设计要求。对于进场的烧结砖,应按每 15 万块为一个检验批,抽样送检;对灰砂砖及粉煤灰砖,应按每 10 万块为一个检验批,抽样送检。对砌筑用砂浆,应按每台搅拌机每台班一个检验批及不超过 250 m^3 砌体一个检验批的较小者为一个检验批,制作砂浆试块抽样送检。

(2)砌体允许的垂直度、表面平整度及位置的容许偏差如表 3.3 及表 3.4 所示。

表 3.3 普通砖砌体的位置及垂直度容许偏差

项次	项目			容许偏差/mm	检验方法
1	轴线位置偏移			10	用经纬仪和尺检查或用其他测量仪器检查
2	垂直度	每层		5	用2 m托线板检查
		全高	≤10 m	10	用经纬仪、吊线和尺检查，或用其他测量仪器检查
			>10 m	20	

表 3.4 普通砖砌体一般尺寸容许偏差

项次	项目		容许偏差/mm	检验方法
1	基础顶面和楼面标高		±15	用水平仪和尺检查
2	表面平整度	清水墙、柱	5	用2 m靠尺和楔形塞尺检查
		混水墙、柱	8	
3	门窗洞口高、宽(后塞口)		±5	用尺检查
4	外墙上下窗口偏移		20	以底层窗口为准，用经纬仪或吊线检查

(3)灰缝及组砌质量。灰缝是将零散的砖块联结成砖砌体的媒介，对砌体的整体性质有非常重要的影响。对灰缝及组砌的施工质量要求是横平竖直、厚薄均匀、灰浆饱满、上下错缝、内外搭砌、接槎牢固。

1)砌体灰缝应横平竖直、厚薄均匀。砌体灰缝做到横平竖直、厚薄均匀，不仅能保证砌体表面美观，更重要的是能保证整个砌体内部受力及变形均匀。灰缝的厚度宜为10 mm，不应小于8 mm，也不应大于12 mm。灰缝过薄，会影响砖块之间的黏结力；灰缝过厚，容易使砖块浮滑，降低砌体抗压强度。

对灰缝的平直度，规范规定用10 m长线和尺进行检查，对清水墙其容许偏差为7 mm，对混水墙其容许偏差为10 mm。

上、下各皮丁砖及顺砖在墙面上所形成的竖向灰缝，也应尽量在一条直线上，避免形成"游丁走缝"(指丁砖的中心未压在其下皮顺砖的竖向灰缝上的现象)。对清水墙，"游丁走缝"的容许偏差为20 mm。

2)砂浆饱满。砌体所承受的荷载是通过灰缝在砖块之间进行传递的。水平灰缝砂浆的饱满程度直接影响到砌体的抗压强度；竖直灰缝的饱满程度对砌体的抗剪强度有很大影响，同时，也影响到砌体防渗、抗透风等性能。对水平灰缝，通常用百格网来检测其饱满程度，水平灰缝的饱满度不得小于80%；对竖向灰缝，不得出现明缝(也即透明缝——竖向灰缝中无砂浆)、瞎缝(砖与砖之间紧挨，无法加入砂浆)。

3)上下错缝，内外搭砌。普通砖砌体正常组砌时，无论采用哪种方法，上、下两皮砖的竖向灰缝一般都不应小于1/4砖长(即60 mm)，若灰缝距离过近，则可能使砌体因"通缝"而丧失整体性。规范规定，当上、下两皮砖的搭接长度小于25 mm时，即形成通缝。规范要求：清水墙、窗间墙不得出现通缝；混水墙中长度大于等于300 mm的通缝，每个房间不应超过3处，且不得位于同一面墙上。

当砌体厚度大于一个砖长时，同一高度处的内外砖块，应通过相邻上下皮的砖块搭接组砌，避免形成内外之间的通缝。对砖柱，应避免包心砌法。

4)接槎牢固。接槎是指相邻墙体不能同时砌筑时而设置的临时间断，为便于先砌砌体与后砌砌体之间的连接而设置。为保证接槎处牢固可靠，砖砌体的转角处和交接处应同时砌筑，严禁无可靠措施的内外墙分砌施工。对不能同时砌筑而又必须留置的临时间断处，应砌成斜槎。烧结普通砖砌体的斜槎长度不应小于高度的 2/3。

对于非抗震设防及抗震设防烈度不大于 6 度、7 度地区的砌筑临时间断处，当不能留斜槎时，除转角处外，可以留直槎，但必须做成凸槎，并加设拉结筋。拉结筋的数量为每 12 cm 墙厚放置一根直径为 6 mm 的圆钢，间距沿墙高不得超过 50 cm，埋入长度从墙的留槎处算起，每边均不应小于 500 mm。对抗震设防烈度为 6 度、7 度的地区，不得小于 1 000 mm。钢筋末端应做 90°弯钩。对抗震设防烈度为 8 度以上的地区，不得留直槎，如图 3.19 所示。

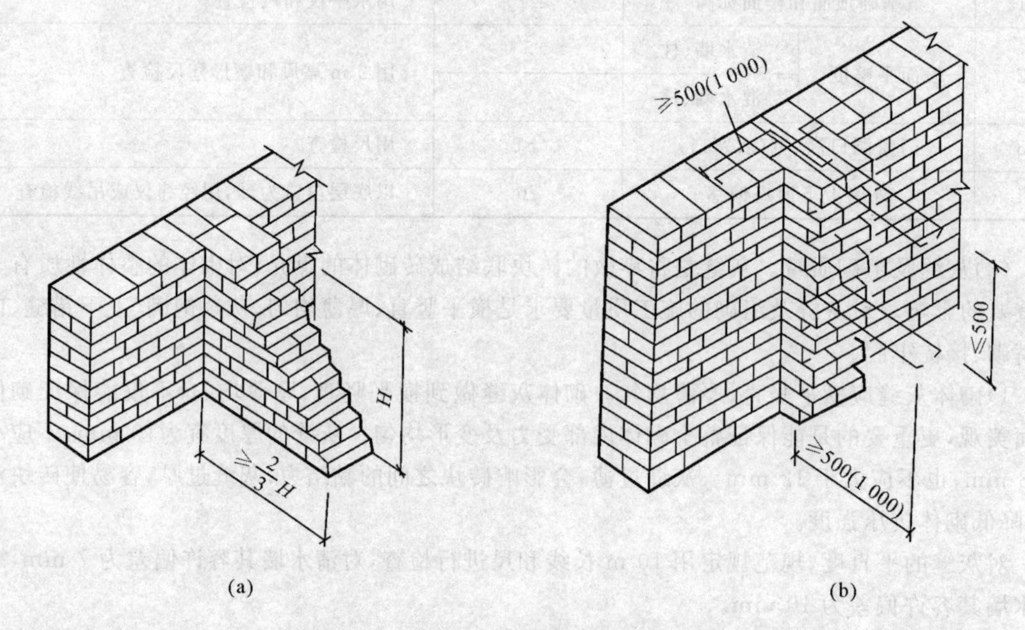

图 3.19　烧结普通砖砌体交接处留槎做法

(a)斜槎；(b)直槎

3.2.2　烧结多孔砖砌体的施工

烧结多孔砖一般用于地面以上的承重墙体，按外形有方形多孔砖及矩形多孔砖两种。

1. 多孔砖砌体的组砌方法

方形多孔砖一般采用全顺砌法，多孔砖中手抓孔应平行于墙面，上下皮垂直灰缝相互错开半砖长。

矩形多孔砖宜采用一顺一丁或梅花丁的砌筑形式，上下皮垂直灰缝相互错开 1/4 砖长，如图 3.20 所示。

方形多孔砖墙的转角处，应加砌配砖(半砖)，配砖位于砖墙外角；在交接处，应隔皮加砌配砖(半砖)，配砖位于砖墙交接处外侧，如图 3.21 所示。

矩形多孔砖墙的转角处和交接处砌法与烧结普通砖墙相同。

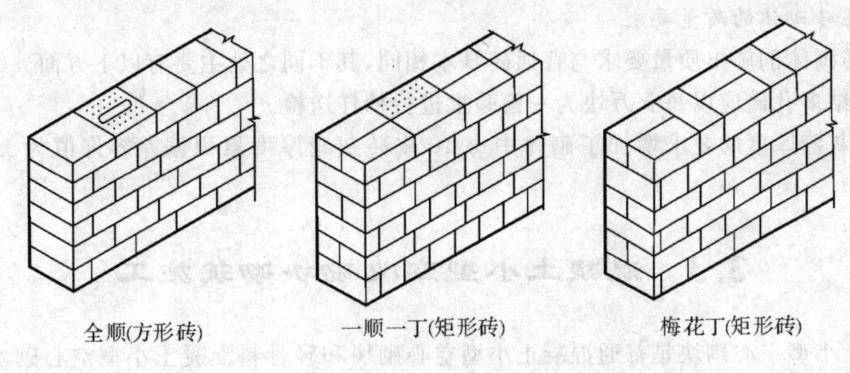

图 3.20 多孔砖组砌方法

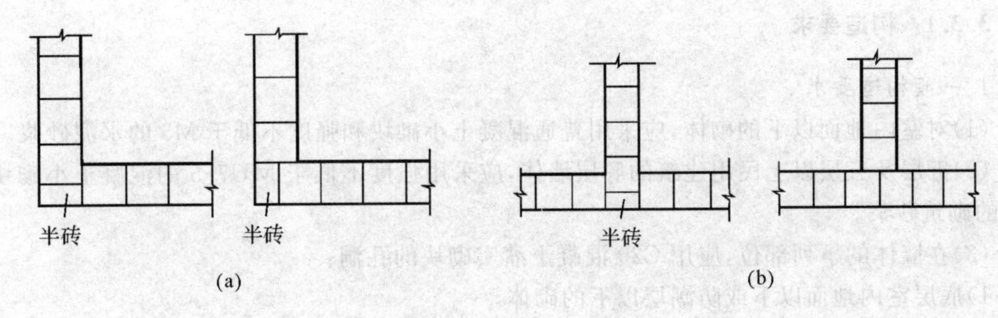

图 3.21 方形多孔砖墙转角及交接处砌法

(a)转角处砌法；(b)交接处砌法

2. 多孔砖砌体的施工

砌筑清水墙的多孔砖,应边角整齐、色泽均匀。

在常温状态下,多孔砖应提前 1～2 d 浇水湿润。砌筑时砖的含水率宜控制在 10%～15%。

对抗震设防地区的多孔砖墙应采用"三一"砌砖法砌筑;对非抗震设防地区的多孔砖墙可采用铺浆法砌筑,铺浆长度不得超过 750 mm;当施工期间最高气温高于 30℃时,铺浆长度不得超过 500 mm。

多孔砖墙的灰缝应横平竖直。水平灰缝厚度和垂直灰缝宽度宜为 10 mm,但不应小于 8 mm,也不应大于 12 mm。

多孔砖墙灰缝砂浆应饱满。水平灰缝的砂浆饱满度不得低于 80%,垂直灰缝宜采用加浆填灌方法,使其砂浆饱满。

多孔砖组砌时,其孔洞应垂直于受压面。

多孔砖墙中不够整块多孔砖的部位,应采用烧结普通砖补砌,不得采用砍过的多孔砖填补。

施工中须在多孔砖墙中留设临时洞口时,洞口净宽度不宜大于 1 m,其侧边离交接处的墙面不应小于 0.5 m;洞口顶部宜设置钢筋砖过梁或钢筋混凝土过梁。

多孔砖墙每日砌筑高度不得超过 1.8 m,雨天施工时,不宜超过 1.2 m。

多孔砖在转角及交接处若不能同时砌筑,在留斜槎时,斜槎长度不应小于高度的 1/2.

3. 多孔砖砌体的质量要求

多孔砖砌体的施工质量要求与普通砖基本相同，其不同之处主要有以下方面。

(1)烧结多孔砖应以每 5 万块为一检验批进行抽样送检。

(2)对灰缝厚度的要求增加了砌体中每 10 皮砖灰缝厚度累积偏差容许值为±8 mm 的规定。

3.3 混凝土小型空心砌块砌筑施工

混凝土小型空心砌块是普通混凝土小型空心砌块和轻骨料混凝土小型空心砌块的统称。当它们用做砌体结构墙体时，其施工方法相近。

3.3.1 构造要求

1. 一般构造要求

(1)对室内地面以下的砌体，应采用普通混凝土小砌块和强度不低于 M5 的水泥砂浆。

(2)五层及五层以上民用建筑的底层墙体，应采用强度不低于 MU7.5 的混凝土小砌块和 M5 的砌筑砂浆。

(3)在墙体的下列部位，应用 C20 混凝土灌实砌块的孔洞：

1)底层室内地面以下或防潮层以下的砌体。

2)无圈梁的檩条和楼板支承面下的一皮砌块。

3)没有设置混凝土垫块的屋架、梁等构件支承面下，高度不应小于 600 mm，宽度不应小于 600 mm 的砌体。

4)卫生间等有防水要求的房间四周墙最下层一皮砌块，或设置高度不小于 200 mm 的混凝土带。

(4)挑梁支承面下，其支撑部位的内、外墙交接处，纵横各灌实 3 个孔洞，高度方向不小于 3 个砌块。

(5)砌块墙与后砌隔墙交接处，应沿墙高每隔 400 mm 在水平灰缝内设置不少于2ϕ4 mm、横筋间距不大于 200 mm 的焊接钢筋网片，钢筋网片伸入后砌隔墙内不应小于 600 mm，如图 3.22所示。

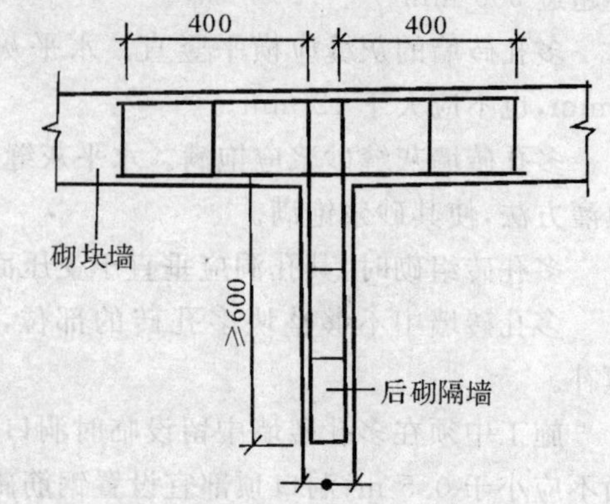

图 3.22 砌块墙与后砌隔墙交接处钢筋网片

2. 芯柱设置

芯柱是在小砌块墙体的空洞内灌注混凝土，或先插入钢筋再灌入混凝土而形成的混凝土暗柱，在砌块结构中起到稳定墙体、增加结构抗震性能、提高砌体承载能力的作用。

芯柱通常设置在墙体的下列部位：

(1)在外墙转角、楼梯间四角的纵横墙交接处的 3 个孔洞。

(2)五层及五层以上的房屋，应在上述部位设置钢筋混凝土芯柱。

(3)抗震设防区，芯柱的设置见表 3.5。

表 3.5 抗震设防区混凝土小型空心砌块房屋芯柱设置要求

6度	7度	8度	设置部位	设置数量
房屋层数				
四	三	二	外墙转角，楼梯间四角，大房间内、外墙交接处，隔 15 m 或单元横墙与外墙交接处	外墙转角灌实 3 个孔；内、外墙交接处灌实 4 个孔
五	四	三		
六	五	四	外墙转角，楼梯间四角，大房间内、外墙交接处，山墙与内纵墙交接处，隔开间横墙（轴线）与外纵墙交接处	
七	六	五	外墙转角，楼梯间四角，各内墙（轴线）与外墙交接处；8 度时，内纵墙与横墙（轴线）交接处和洞口两侧	外墙转角灌实 5 个孔；内、外墙交接处灌实 4 个孔；内墙交接处灌实 4～5 个孔；洞口两侧各灌实 1 个孔

芯柱的构造要求：

(1)芯柱截面不宜小于 120 mm×120 mm，宜用不低于 C20 的细石混凝土浇灌。

(2)钢筋混凝土芯柱每孔内插竖筋不应小于 1ϕ10 mm，底部应伸入室内地面下 500 mm 或与基础圈梁锚固，顶部与屋盖圈梁锚固。

(3)在钢筋混凝土芯柱处，沿墙高每隔 600 mm 应设 ϕ4 mm 钢筋网片拉结，每边伸入墙体不小于 600 mm，如图 3.23 所示。

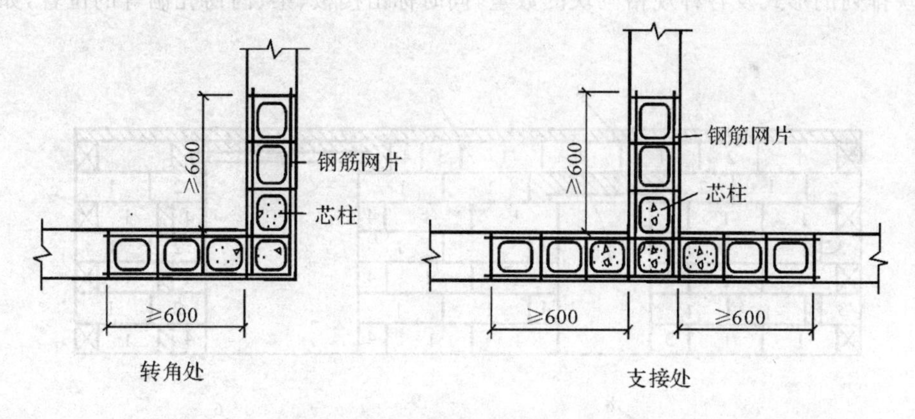

图 3.23 钢筋混凝土芯柱处的拉筋构造

(4)芯柱应沿房屋的全高贯通，并与各层圈梁整体现浇，在圈梁及楼板处的做法如图 3.24 所示。

3.3.2 混凝土小型空心砌块砌筑施工

1. 施工准备

混凝土小型空心砌块砌筑前的施工准备工作包括下列内容：

(1)施工现场的堆放场地必须平整，并做好排水；砌块的堆放高度不宜超过 1.6 m。

(2)砌块在装卸时严禁采用翻斗卸车和随意抛掷。

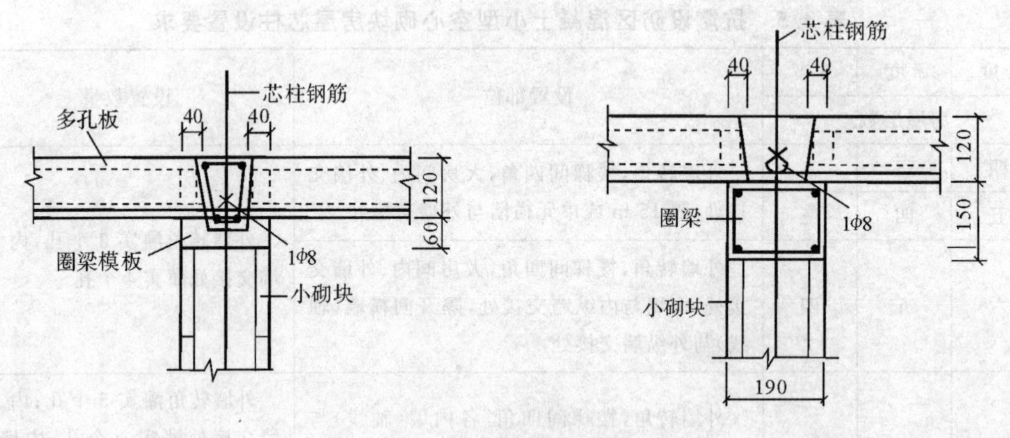

图 3.24 芯柱穿圈梁及楼板处做法

(3)砌筑承重墙时,应对小砌块进行挑选,剔除断裂、有竖向裂缝及表面明显受潮以及龄期不足 28 天的砌块。

(4)准备好所需的拉结钢筋及钢筋网片。

(5)清除小砌块表面污物和芯柱用小砌块孔洞底部的毛边。

(6)编制砌块排列图。

为合理布置混凝土小型砌块,并对非主规格砌块使用部位及数量进行控制,砌块墙体在砌筑前,均应编制砌块排列图。砌块排列图用立面表示,对每一面墙都应绘制一张排列图,说明墙面砌块排列的形式及各种规格砌块的数量,同时标出楼板、梁、门窗孔洞等的位置,如图3.25所示。

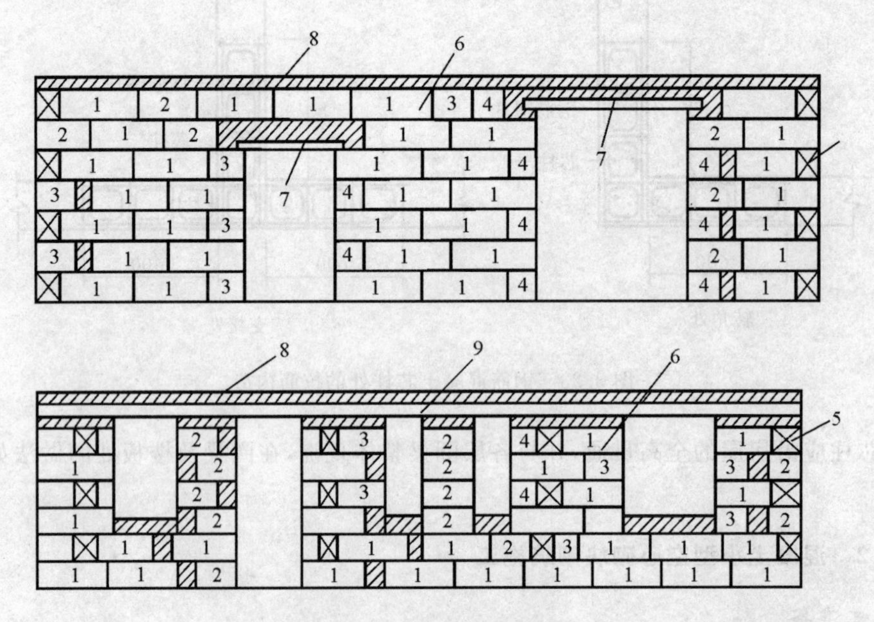

图 3.25 砌块排列示意图

1—主规格砌块;2,3,4—副规格砌块;5—丁砌砌块;6—顺砌砌块;7—过梁;8—镶砖;9—圈梁

除设计另有要求外，砌块排列应遵循下列原则：

1)尽量使用主规格砌块，以减少镶砖。当需要局部嵌砌时，应采用不低于C20的适宜尺寸的配套预制混凝土块，不得采用黏土砖或其他墙体材料。

2)砌块应对孔错缝搭砌，竖缝应错开1/2主规格长度(190 mm)。采用多排孔小砌块时，搭砌长度不应小于主规格长度的1/4。否则，应在水平灰缝中设4ϕ4 mm钢筋点焊网片，网片两端离竖缝间距不得小于400 mm。

2. *小型砌块砌筑要求*

普通混凝土小砌块不宜浇水；当天气干燥、炎热时，可在砌块上稍加喷水润湿；轻集料混凝土小砌块施工前可洒水，但不宜过多。

砌筑时，在房屋四角或楼梯间转角处应设立皮数杆。皮数杆间距不得超过15 m。皮数杆上应画出各皮小砌块的高度及灰缝厚度。在皮数杆上相对小砌块上边线之间拉准线，小砌块依准线砌筑。

小砌块砌筑应从转角或定位处开始，内、外墙同时砌筑，纵、横墙交错搭接。外墙转角处应使小砌块隔皮露端面；T字交接处应使横墙小砌块隔皮露端面，纵墙在交接处改砌两块辅助规格小砌块。小砌块尺寸为290 mm×190 mm×190 mm，一头开口，如图3.26所示。

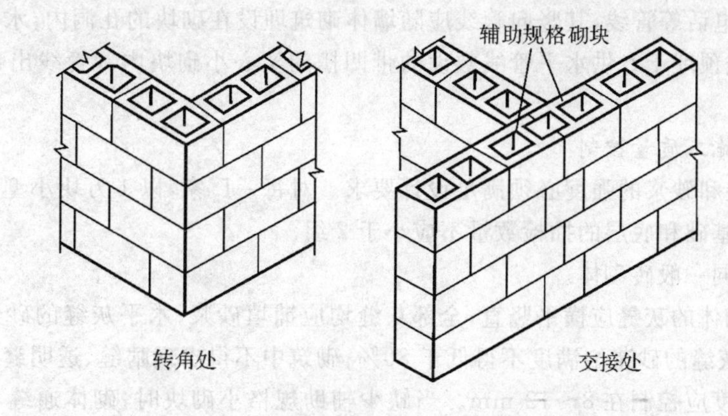

图3.26 小砌块转角及交接处砌筑方法

小砌块砌体临时间断处应砌成斜槎，斜槎长度不应小于斜槎高度的2/3；如留斜槎有困难，除外墙转角处及抗震设防地区砌体临时间断处不应留直槎外，可从砌体面伸出200 mm砌成阴阳槎，并沿砌体高每三皮砌块(600 mm)，设拉结筋或钢筋网片，接槎部位宜延至门窗洞口，如图3.27所示。

不得采用小砌块与烧结普通砖等其他块体材料混合砌筑；镶砌时，应采用与小砌块材料同等级的预制混凝土块。

小砌块应底面朝上逐块铺砌砌筑于墙上。水平灰缝宜采用坐浆满铺法，垂直灰缝可先在砌块上铺满砂浆(即将砌块铺浆的端头朝上依次紧密排列进行铺浆)，然后将砌块上墙挤压至要求的尺寸；也可在砌好的端头挂满砂浆，然后将砌块上墙进行挤压，直至达到所需的尺寸。

每砌完一块，应马上进行勾缝。勾缝深度一般为3～5 mm。

木门窗框与小砌块墙体的相连处，应砌入埋有沥青木砖的小砌块(190 mm×190 mm×190 mm)或实心小砌块，以方便门窗框的固定。

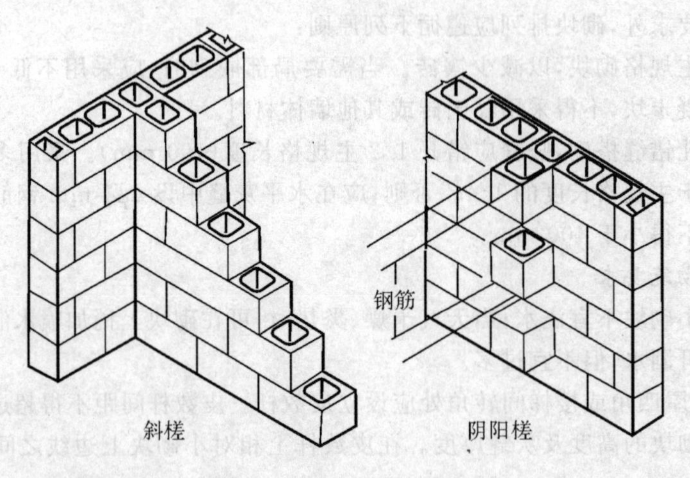

图 3.27　小砌块砌体留槎

设计规定的孔洞、管道、预埋件等应在砌筑过程中预留或预埋，不得在已砌筑的墙上打洞或开槽。严禁在外墙或承重墙上凿长度大于 390 mm 的沟槽。

照明、电视、电话等管线，其竖向管线应随墙体砌筑埋设在砌块的孔洞内，水平管线可通过现浇圈梁埋设，或预埋于专供水平管线敷设的带凹槽的实心小砌块内。管线出口处应采用 U 形小砌块竖砌。

3.小型砌块施工质量控制

(1)小型砌块和砂浆的强度必须满足设计要求。对每一厂家，以 1 万块小型砌块为一个检验批，进行抽检，基础和底层的抽检数量不应小于 2 组。

砂浆的抽检同一般砖砌体。

(2)小砌块砌体的灰缝应横平竖直，全部灰缝均应铺填砂浆；水平灰缝的砂浆饱满度不得低于 90%；竖向灰缝的砂浆饱满度不得低于 80%；砌筑中不得出现瞎缝、透明缝。水平灰缝厚度和竖向灰缝宽度应控制在 8～12 mm。当缺少辅助规格小砌块时，砌体通缝不应超过两皮砌块。

(3)其他要求与普通砖砌体相同。

3.4　填充墙砌体施工

填充墙主要是在框架、框剪及剪力墙结构中作为围护或分隔区间的墙体，应具有一定的隔音、隔热效果。填充墙为非承重墙体，多采用实心砖、空心砖、小型空心砌块、轻骨料小型砌块、加气混凝土砌块等砌筑而成。填充墙是施加在结构上的荷载，因此，其自重应尽量小，且在施工时不得改变结构的传力路线。

施工填充墙时，若采用普通实心砖、多孔砖、小型空心砌块等，其墙体砌筑与前面讲到的方法完全一致。本节仅对烧结空心砖及加气混凝土砌块砌体的砌筑进行介绍。与普通砖砌体施工相比，填充墙砌体施工除了因材料差异而引起的砌筑方法差异外，最主要的差异在于，砌体四周与原有结构(混凝土柱、剪力墙、框架梁、地面)之间的连接以及门窗洞口的处理。本节将对这些问题分别进行介绍。

3.4.1　空心砖及加气混凝土砌块砌体填充墙施工

1.空心砖填充墙砌体施工

当用空心砖作为填充墙砌体材料时，其砌筑方法及要求与普通砖基本相同，例如上、下皮错缝 1/2 砖长，灰缝厚度为(10±2)mm，砌筑时应立皮数杆，砌筑过程中应盘角挂线等。其不同之处主要有以下方面：

(1)当设计无具体要求时，空心砖中孔洞的方向宜置于水平位置。

(2)空心砖砌体底部至少应先砌筑 3 皮普通砖；门窗洞口两侧一砖范围内应采用普通黏土砖砌筑。

(3)在排砖时，凡不够半砖长的地方，应采用普通砖补砌，半砖以上的非整砖，宜采用无齿锯加工制作，不得用砍凿方法将砖打断。

(4)空心砖砌筑宜采用刮浆法，竖缝应先批砂浆再砌筑。当砖孔垂直砌筑时水平铺灰应用套板。

(5)空心砖墙应同时砌筑，不得留槎，每天砌筑高度不应超过 1.8 m。

(6)操作过程中应随时进行自检，随时纠正偏差，严禁事后砸墙。

2.加气混凝土砌块填充墙施工

与普通砖砌体相比，加气混凝土砌块砌筑施工有以下特点：

(1)砌筑前，应绘制砌块排列图。

(2)加气混凝土砌块砌筑时，水平灰缝和竖直灰缝厚度不应超过 15 mm，当采用薄灰砌筑法时，应采用专用砂浆，灰缝厚度为 3～4 mm。

(3)当加气混凝土砌块砌至门窗洞口边非整块时，应采用同品种的砌块加工切割补砌。加气混凝土砌块不得和其他砖及砌块混砌。

(4)砌筑时应上下错缝，搭接长度不宜小于砌块长度的 1/3，并应不小 150 mm。如不能满足要求时，在水平灰缝中应设置 $2\phi6$ mm 钢筋或 $\phi4$ mm 钢筋网片加强，加强筋长度不应小于 500 mm。

(5)每一皮砌块就位后，应用砂浆灌实竖缝，随即进行勾缝。

(6)加气混凝土砌块的切锯、钻孔打眼、镂槽等应采用专用工具、设备进行，不得随意砍凿。砌筑上墙后更应注意。

(7)同空心砖砌体，加气混凝土砌块砌体底部也应砌筑至少 3 皮普通砖。

3.4.2　填充墙砌体与四周结构的连接

1.填充墙与框架柱及连接

填充墙与混凝土框架柱及剪力墙的连接方式一般有 3 种。

(1)预埋拉结筋法。这种方法是当浇筑框架柱或剪力墙时，即在柱内或剪力墙内预埋用于拉结填充墙体的钢筋，如图 3.28(a)所示。由于被预埋的钢筋需要在支模前插入，然后才浇筑混凝土，因此，经常造成钢筋位置不合适、在混凝土内挖不出来等现象，还影响混凝土表面质量。

(2)预埋铁件再焊接拉筋法。这种方法是在浇筑框架柱及剪力墙前预先植入铁件，使得铁件的钢板面露出混凝土表面，砌筑填充墙前再根据皮数杆确定拉结筋的焊接位置并将拉结筋焊接于钢板上，如图 3.28(b)所示。较之于预埋拉结筋法，该方法的混凝土表面平整，操作相对简单。

(3)植筋法。该方法是在砌筑填充墙砌体前，在需要设置拉结筋的位置打孔，再用化学方法植入拉结筋，如图 3.28(c)所示。这种方法操作简单、植入位置准确，是目前填充墙砌体施工时的常用方法。为确保拉结筋的植入质量，通常需要有专业资质的公司来进行这项操作，还须委托检测单位对植筋效果进行检验。

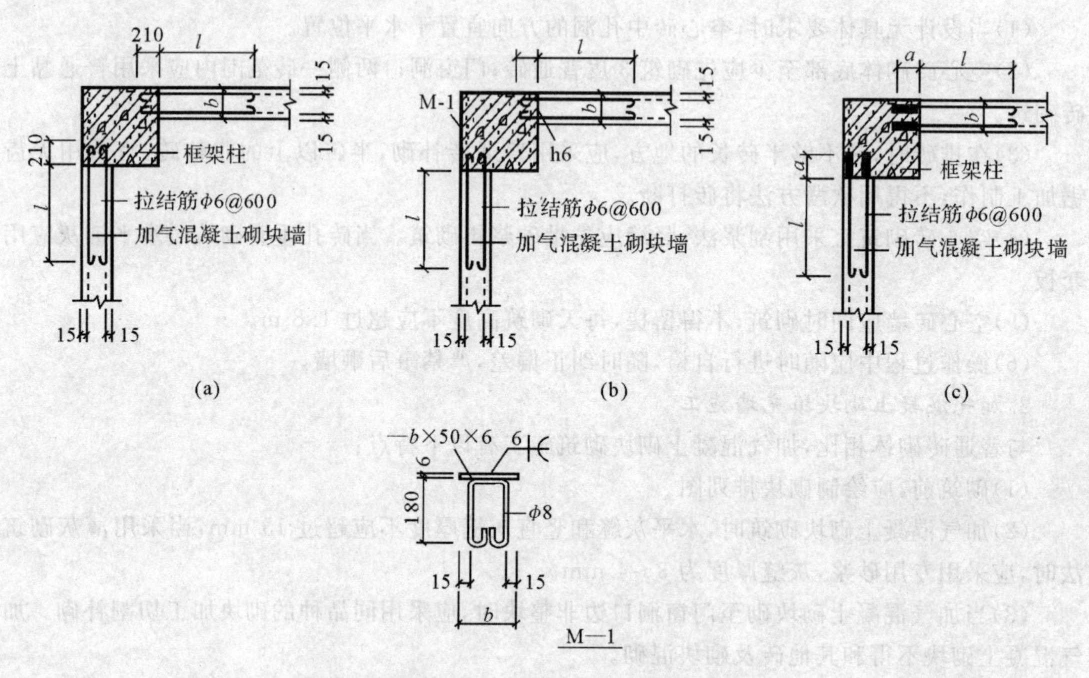

图 3.28　填充墙拉结筋与框架柱及剪力墙的连接

(a)预留拉结筋法；(b)预埋铁件法；(c)植筋法

2.填充墙与结构构件底部(板底、梁底)的连接

当填充墙砌体砌筑至墙顶梁(板)底部时，应留一定的空隙，待砌体沉降变形稳定并应至少间隔 14 d 后再用实心斜砖或与墙体相同的砌块挤紧砌好，如图 3.29 所示。

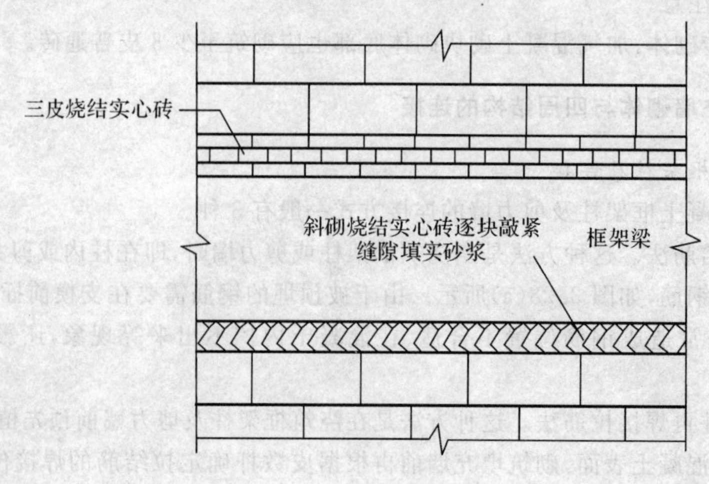

图 3.29　填充墙顶部砌法

当墙体长度大于5 m时，墙顶与梁底或板底还应设置专门的拉结措施，如图3.30所示。

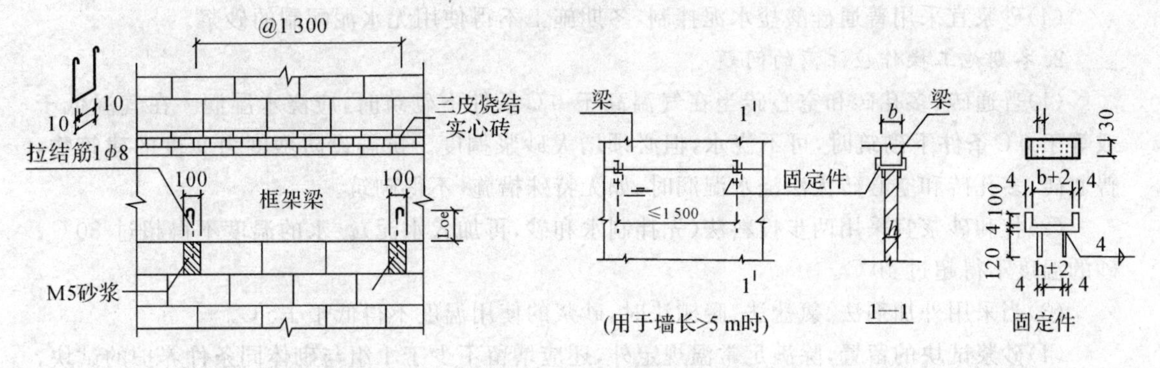

图3.30 填充墙顶部与梁及板底的连接(墙长大于5 m时)

3. 砌体填充墙门窗洞口的处理

在门窗洞口处，常需要考虑安设门窗，为此，常见的处理方法有下列几种。

(1)在门窗洞口处用实心砖砌筑。这种做法主要适用于空心砖砌体。

(2)直接在填充墙砌块上钻孔，埋入膨胀尼龙管、膨胀螺栓、木楔等作为门窗固定的连接处。这种做法适用于加气混凝土砌块填充墙。

(3)在门窗与墙体的拉结位置埋置实心混凝土块或木砖。这种做法常用于实心砖、多孔砖、小型混凝土空心砌块等填充墙砌体。

(4)在门窗洞口做钢筋混凝土构造柱或抱框。钢筋混凝土抱框一般厚100 mm，宽度同墙厚，内配2ϕ12 mm钢筋，每隔600 mm与墙体拉结，实际上是门窗洞口的钢筋混凝土包边。这种做法适用于所有类型的砌体填充墙结构。

具体在施工中，应注意设计图纸的要求，尽量做到按图施工。

4. 砌体填充墙施工时的其他构造措施

(1)当填充墙的墙段长度超过高度的2倍时，应在墙体中增设构造柱。

(2)当墙高超过4 m时，应在墙体半高处设置沿墙全长贯通的与两边混凝土柱或墙体相连的钢筋混凝土水平系梁。该系梁一般厚60～100 mm，内配2ϕ10 mm钢筋。

(3)在厨房、卫生间、浴室等房间用轻骨料混凝土砌块、蒸压加气混凝土砌块砌筑墙体时，墙底部应现浇混凝土坎台，高度不宜小于150 mm。

3.5 砌体工程冬期施工

冬期施工是指当室外日平均气温连续5 d稳定低于5℃或当日最低气温低于0℃时建筑工程施工应采取的特殊措施。

3.5.1 砌体工程冬期施工的一般要求

1. 冬期施工对砌筑材料的要求

(1)石灰膏、电石膏等应防止受冻，如遭冻结，应经融化后使用。

(2)拌制砂浆用砂，不得含有冰块和大于10 mm的冻结块。

(3)砌体用砖或其他块材不得遭水浸冻,砌筑前应清除块材表面污物、冰霜等。

(4)砂浆宜采用普通硅酸盐水泥拌制,冬期施工不得使用无水泥配制的砂浆。

2.冬期施工操作应注意的问题

(1)普通砖、多孔砖和空心砖当在气温高于0℃条件下砌筑时,应浇水湿润。在气温低于或等于0℃条件下砌筑时,可不浇水,但必须增大砂浆稠度。抗震设防烈度为9度的建筑物,普通砖、多孔砖和空心砖无法浇水湿润时,如无特殊措施,不得砌筑。

(2)拌和砂浆宜采用两步投料法(先拌制水和砂,再加入水泥)。水的温度不得超过80℃;砂的温度不得超过40℃。

(3)当采用外加剂法、氯盐法、暖棚法时,砂浆的使用温度不得低于+5℃。

(4)砂浆试块的留置,除满足常温规定外,还应增留不少于1组与砌体同条件养护的试块,测试检验28 d强度。

(5)对砌筑于地基土体上的砌体,当基土无冻胀性时,基础可在冻结的地基上砌筑;当基土有冻胀性时,应在未冻的地基上砌筑。在施工期间和回填土前,均应防止地基遭受冻结。

(6)冬期施工的砖砌体应按"三一"砌砖法施工,并应采用一顺一丁或梅花丁的排砖方法。

(7)在冬期施工中和每日砌筑后应及时在砌体表面覆盖保温材料,砌体表面不得留有砂浆。在继续砌筑前应扫净砌体表面,然后再施工。

3.5.2 砌体工程冬期施工方法

砌体工程冬期施工的方法主要有外加剂法、暖棚法、冻结法等。其中外加剂法是冬期施工首选的方法,冻结法已很少使用。

1.外加剂法

外加剂法是在砂浆中掺入一定数量的氯盐或亚硝酸钠等外加剂,以降低冰点,使砂浆中的水分在低于0℃的一定范围内不冻结。

掺入的氯盐应以氯化钠为主,当气温低于-15℃时,可与氯化钙复合使用。氯盐的掺入量见表3.6。

表3.6 氯盐外加剂掺量 (占拌和水质量百分比,单位:%)

氯盐及砌体材料种类			日最低气温			
			≥-10℃	-11~-15℃	-16~-20℃	-21~-25℃
单盐(氯化钠)		砖、砌块	3	5	7	—
		石材	4	7	10	—
复盐	氯化钠	砖、砌块	—	—	5	7
	氯化钙		—	—	2	3

当设计无要求,且最低气温等于或低于-15℃时,承重砌体砂浆强度等级应较常温施工提高一级。

氯盐砂浆中复掺引气型外加剂(如微沫剂等)时,应先加氯盐,在氯盐砂浆搅拌的后期再加入引气型外加剂。

外加剂溶液应设专人配制,并应先配制成规定浓度溶液置于专用容器中,然后再按规定加入搅拌机中拌制成所需砂浆。

砌体采用氯盐砂浆施工，每日砌筑高度不宜超过 1.2 m，墙体留置的洞口，距交接墙处不应小于 500 mm。

下列条件下，不得使用掺氯盐的砂浆砌筑砌体：

(1)对装饰工程有特殊要求的建筑物。

(2)使用环境湿度大于 80%的建筑物。

(3)配筋砌体。

(4)接近高压电线的建筑物(如变电所、发电站等)。

(5)经常处于地下水位变化范围内，以及在地下未设防水层的结构。

2.暖棚法

暖棚法是利用简易结构和廉价的保温材料，将需要砌筑的砌体和工作面临时封闭起来，棚内加热，使之在正温条件下砌筑和养护，待达到适宜的抗冻强度时，再变为常温养护的方法。暖棚法费用高，热效率低，劳动效率不高，一般采用较少。该法适用于地下工程、基础工程以及急需使用的砌体结构。

当采用暖棚法施工时，块材在砌筑时的温度不应低于＋5℃，距离所砌的结构底面 0.5 m 处的棚内温度也不应低于＋5℃。

砌体在暖棚内的养护时间应满足表 3.7 的规定。

表 3.7　暖棚法砌体的养护时间

暖棚内温度/℃	5	10	15	20
养护时间/d	≥6	≥5	≥4	≥3

习　　题

1.砌体工程常用材料有哪些？说明其规格、等级等指标。

2.什么是皮数杆？皮数杆应如何布置？如何划线？

3.普通黏土砖砌筑前为什么要浇水？应浇湿到什么程度？

4.什么是“一顺一丁、梅花丁”砌法？

5.解释“三一”砌砖法。

6.各类砌体均规定有每日容许的砌筑高度，为什么？

7.什么是包心砌法？为什么砖柱不允许采用包心砌法？

8.砖墙的砌筑质量包括哪些方面？

9.框架填充墙砌筑与一般墙体相比有哪些不同？

10.构造柱如何砌筑？

11.填充墙门窗洞口边缘一般如何处理？

12.砌体工程冬期施工常用哪些方法？应注意哪些问题？

13.在什么条件下不得使用氯盐掺加法？

14.各类砌块对砌筑时竖向灰缝的饱满程度是如何规定的？

15.试述混凝土小型砌块砌筑工艺。

16.简述墙体砌筑时留槎的要求。

第4章　混凝土结构工程

混凝土结构是将水泥、砂、石、水和其他外加材料通过搅拌制备成混凝土，在其中配备合适数量及形状的钢筋，通过模板系统成型，并养护硬化而制成的建筑结构。它具有就地取材、保温性能较好、材料可循环利用等优点，是目前我国最常用的建筑结构形式。

按照现场生产方式，混凝土结构可以分为两种类型。

(1)现浇混凝土结构。这种结构是在结构的设计位置支设模板、绑扎钢筋、浇筑混凝土并振捣和养护成型，具有整体性强、抗震性能好、不需大型施工机械等特点，但须消耗大量模板及支架材料，施工过程受气候条件影响较大，工人劳动强度大，施工环境较差。

(2)预制装配式混凝土结构。其做法是将整个结构拆分成若干混凝土部件(梁、柱、板等)，在预制构件生产厂(或施工现场)按照图纸对其进行生产加工，再运至现场进行结构安装。与整体现浇式结构相比，预制装配式结构施工方便、建造速度快。但这种结构形式耗钢量大，施工时对起重设备要求高，整体性及抗震性能不如现浇结构。

为充分利用混凝土材料的抗压性能和钢筋材料的抗拉性能，在混凝土结构中还经常使用一种工艺——预应力混凝土结构，即在混凝土构件受荷载前，先在构件的主受力钢筋中施加一定预拉力，以减少构件在使用过程中的变形和开裂，同时充分利用了钢筋的抗拉变形和强度。

从施工工艺方面看，无论采用哪种混凝土结构形式，其基本的施工程序均包括钢筋加工制作与安装、模板支设、混凝土浇筑与养护等。本章将对上述内容分别进行讲解。

4.1　钢筋工程

钢筋工程是混凝土结构施工的一个重要分项工程，钢筋在结构中起着骨架的作用。钢筋工程的施工工艺流程主要包括钢筋进场验收、钢筋下料加工、钢筋绑扎安装及钢筋隐蔽验收4个环节。

4.1.1　钢筋的种类和性能

混凝土结构用钢筋按构件类型的不同分为普通钢筋和预应力钢筋。

普通钢筋是指用于普通钢筋混凝土结构和预应力混凝土结构中的非预应力钢筋。预应力钢筋主要是各种钢绞线和钢丝。

普通钢筋按生产工艺可分为热轧钢筋、余热处理钢筋、冷处理钢筋(冷轧带肋钢筋、冷轧扭钢筋、冷拔钢丝、冷拉钢筋)、刻痕钢丝。

按照轧制外形，可分为光圆钢筋、螺纹钢筋(人字纹、月牙纹)。

按照钢筋的直径，可分为钢丝(直径为3～5 mm)、细钢筋(直径为6～10 mm)、中粗钢筋(直径为12～20 mm)和粗钢筋(直径大于20 mm)。

按照化学成分，可分为碳素钢钢筋和普通低合金钢钢筋。碳素钢钢筋按照含碳质量分数又可以分为低碳钢钢筋(含碳质量分数小于 0.25%)、中碳钢钢筋(含碳质量分数在 0.25%～0.60%之间)和高碳钢钢筋(含碳质量分数高于 0.60%)。含碳质量分数直接影响到钢筋的力学性能,一般而言,随着含碳质量分数的增加,钢筋强度和硬度增大,但塑性和韧性降低,脆性增大,可焊性变差。普通低合金钢是在低碳钢和中碳钢中加入质量分数不超过 3%的合金元素(如钛、钒、锰等),使得其强度提高,机械性能也得到改善。

按照钢筋供应时的状态,可以分为直条形式和盘圆形式两种。一般,直径在 6～10 mm 的钢筋多采用盘圆形式供应,而直径大于 12 mm 的钢筋则多采用直条形式。当采用直条形式时,每根钢筋的长度一般为 6～12 m,可根据本工程特点进行选择。

1. 热轧钢筋

热轧钢筋是由低碳钢、普通低合金钢在高温状态下轧制而成的。热轧钢筋分为光圆钢筋和热轧带肋钢筋两种。热轧带肋钢筋形状如图 4.1 所示。

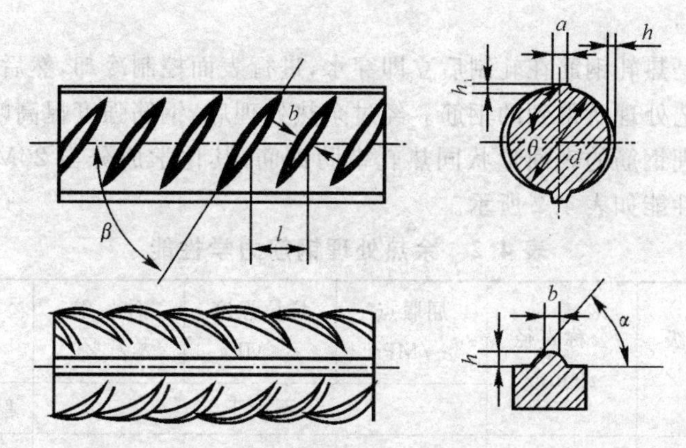

图 4.1　热轧带肋钢筋形状(月牙纹)

d—钢筋内径;α—横肋斜角;h—横肋高度;β—横肋与轴线夹角;h_1—纵肋高度;θ—纵肋斜角;a—纵肋顶宽;l—横肋间距;b—横肋顶宽

热轧钢筋的直径有 6 mm,8 mm,10 mm,12 mm,14 mm,16 mm,18 mm,20 mm,22 mm,25 mm,28 mm,32 mm,36 mm,40 mm,50 mm 等 15 种规格。

热轧钢筋按照其屈服强度可以分为 HPB235,HPB300,HRB335,HRB400,HRB500 共 4 个等级。其中,前边的 3 个字符表示钢筋的形状,如 HPB 表示热轧光圆钢筋,HRB 表示热轧带肋钢筋;后边的数值表示其屈服强度值,单位为 MPa。近年来还出现了热轧带肋细晶粒钢筋 HRBF,这种钢筋是在不改变化学成分的条件下通过轧制过程中的温度控制措施以获得更细的金属晶粒,从而获得更高的强度及韧性性能。各种热轧钢筋的力学性能如表 4.1 所示。

表 4.1　热轧钢筋的力学性能

表面形状	强度等级代号	公称直径 d/mm	屈服点 σ_s/MPa	抗拉强度 σ_b/MPa
			不小于	
光圆	HPB235	6～20	235	370
	HPB300	5～22	300	420

续 表

表面形状	强度等级代号	公称直径 d/mm	屈服点 σ_s/MPa	抗拉强度 σ_b/MPa
			不小于	
月牙肋	HRB335 HRBF335	6～50	335	455
	HRB400 HRBF400	6～50	400	540
	HRB500 HRBF500	6～50	500	630

2.余热处理钢筋

余热处理钢筋是热轧钢筋在轧制后立即穿水，进行表面控制冷却，然后利用芯部余热自身完成回火等调质工艺处理所得到的钢筋。经过余热处理后，钢筋强度提高幅度较大，但塑性降低并不多。余热处理钢筋的表面形状同热轧带肋钢筋，其化学成分与 20MnSi 钢筋相同。余热处理钢筋的力学性能如表 4.2 所示。

表 4.2　余热处理钢筋力学性能

表面形状	强度等级代号	公称直径 d/mm	屈服点 σ_s/MPa	抗拉强度 σ_b/MPa	伸长率 δ_5/(%)	冷弯	
			不小于			弯曲角度	弯心直径
月牙肋	RRB400	8～25 28～40	440	600	14	90° 90°	$3d$ $4d$

3.冷轧带肋钢筋

冷轧带肋钢筋是热轧圆盘条经冷轧或冷拔减径后在其表面冷轧成三面或二面有肋的钢筋。冷轧带肋钢筋的强度可分为 4 种等级：CRB 550，CRB 650，CRB 800 及 CRB 970。其中，CRB 550 级钢筋宜用于钢筋混凝土结构构件中的受力钢筋、架立筋、箍筋及构造钢筋；CRB 650 以上钢筋宜用于中小型预应力混凝土构件中的受力主筋。

冷轧带肋钢筋的直径最小为 4 mm，最大为 12 mm，中间规格以 0.5 mm 进位，例如 4.5mm，5.0 mm，5.5 mm，…，12 mm。

4.冷轧扭钢筋

冷轧扭钢筋是用低碳钢钢筋经冷轧扭工艺制成的，其表面呈连续螺旋形(见图 4.2)。这种钢筋不仅具有较高的强度，而且还有足够的塑性，与混凝土的黏结性能优异。一般用于预制钢筋混凝土圆孔板、叠合板中的预制薄板，以及现浇钢筋混凝土楼板等。

冷轧扭钢筋的截面形状如图 4.2 所示，有扁带形、正方形(菱形)和圆形 3 种，标志直径有 6.5 mm，8.0 mm，10 mm，12 mm 等规格。其强度等级有 CTB550 和 CTB650 共 2 个级别。

5.冷拉钢筋和冷拔钢筋

冷拉钢筋是在常温下将钢筋进行强力拉伸，使应力超过屈服强度而产生塑性变形的一种工艺。钢筋经冷拉后，屈服点提高，同时也进行了除锈和调直。

冷拔钢筋是将低碳钢光圆钢筋强力通过特制的硬质钨合金拔丝模孔，从而把钢筋拔成比原钢筋直径小的钢丝，称为冷拔低碳钢丝。钢筋在冷拔后，强度大幅度提高，但塑性降低，延伸率变小。目前，这两种钢筋冷处理工艺已逐渐被淘汰。

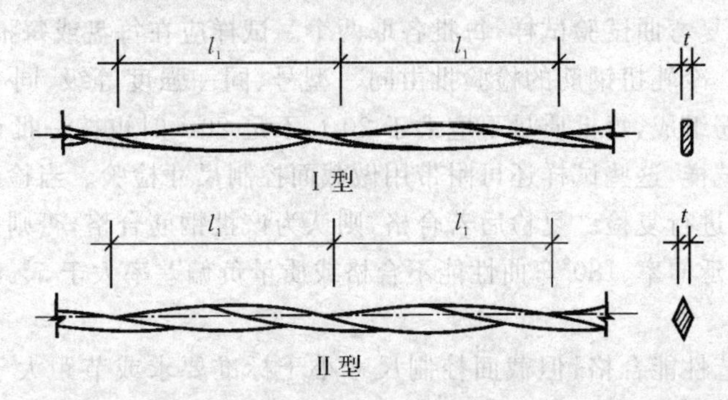

图 4.2　冷轧扭钢筋表面及截面形状

t—轧扁厚度；l_1—节距

4.1.2　钢筋的进场验收及存放

钢筋进场时，应对下列项目进行核查。

(1)外观检查。钢筋应平直、无损伤、表面不得有裂纹、油污、颗粒状老锈；带肋钢筋表面凸块不得超过横肋高度；钢绞线表面不得有折断、横裂和相互交叉的钢丝，无润滑剂、油脂和锈斑。

(2)铭牌检查。每一捆(或盘)钢筋上均应附带有金属制的铭牌。铭牌上标明的钢筋规格、级别、生产厂家等应与实际钢筋相一致。

(3)出厂材质单检查。钢材的出厂材质单应为原件，若为复印件或手抄件，应在材质单上注明原件存放单位，并有存放单位及经手人签章。还应检查材质单与钢筋上附带的金属铭牌的一致性(规格、级别、炉批号等)，若不相同，则说明该材质单与本批钢材不符。

(4)对钢材进行抽检。施工方质量管理人员(或试验员)应会同现场监理人员对进场的钢材进行抽检。抽检的频率及内容规定如下：

1)热轧钢筋。热轧钢筋应按检验批进行抽检，每个检验批由同一牌号、同一炉罐号、同一规格的钢筋组成，质量不大于 60 t。对超过 60 t 的部分，每增加 40 t(或不足 40 t 的余数)，增加一个拉伸试验试样和一个弯曲试验试样。

抽检时，从每个检验批抽取 5 个试件，先进行质量偏差检验，其质量偏差应满足相关标准的规定；合格后再取其中 2 个试样进行力学性能检验(包括屈服点、抗拉强度和伸长率)和冷弯试验。

对有抗震设防要求的结构，纵向受力钢筋在进行抽检时还应注意，对一、二、三级抗震等级的纵向受力钢筋，检验结果还应满足钢筋的抗拉强度实测值与屈服强度实测值的比值不应小于 1.25；钢筋的屈服强度实测值与屈服强度标准值的比值不应大于 1.3，钢筋在最大拉力下总伸长率不得小于 9%。

当进行力学性能检验时，如有一项试验结果不合格，则从同一检验批中应另取双倍数量的试样重作各项试验。如仍有一个试件不合格，则该批钢筋为不合格品。

余热处理钢筋的检验同热轧钢筋。

2)冷轧带肋钢筋。冷轧带肋钢筋在抽检时的检验批由同一钢号、同一规格和同一级别、同一生产工艺和同一交货状态的钢筋组成，质量不大于 60 t。其中，拉伸试验试样，每盘(捆)取一个，弯曲试验和反复弯曲试验试样，每批各取两个。试样应在每盘或每批中随机切取。

3)冷轧扭钢筋。冷轧扭钢筋的检验批由同一型号、同一强度等级、同一规格尺寸、同一台(套)轧机生产的钢筋组成，每批质量不应大于 20 t，不足 20 t 时也按一批计。抽样时，每批各取 3 根拉伸和弯曲试样，这些试样还可附带用做截面控制尺寸检验。当检验不合格时，应加倍抽样，对不合格项目进行复检。复检后若合格，则认为该批钢筋合格，否则按下列原则处理：

a. 当抗拉强度、延伸率、180°弯曲性能不合格或质量负偏差率大于 5%时，判定该批钢筋为不合格。

b. 当力学与工艺性能合格，但截面控制尺寸小于标准要求或节距大于标准规定时，应对该批钢筋降直径规格使用。

对任何品种的钢筋，当发现有钢筋脆断、焊接性能不良或力学性能显著不正常等现象时，应对该批钢筋进行化学成分检验或其他专项检验。

(5)钢筋的存放。钢筋通过进场检验后，应严格按批分等级、牌号、直径、长度挂牌存放，并注明数量，不得混淆。钢筋应尽量堆放入仓库或料棚内。条件不具备时，应选择地势较高、排水通畅，且经过硬化的露天场地。堆放时，钢筋下面应加垫木，离地高度不应小于 200 mm，四周应设排水沟，以避免钢筋受到污染和锈蚀。

对已经加工好的钢筋成品，应按工程名称、构件名称、部位、钢筋类型、尺寸、钢号、直径和根数分别堆放，并挂上标签，以方便钢筋绑扎安装。

4.1.3 钢筋的配料

钢筋配料是根据结构施工图，分别计算出构件中各钢筋的直线下料长度及根数，编制钢筋下料单，作为钢筋备料、加工和结算的依据。

结构图中注明的钢筋尺寸一般是钢筋的外轮廓尺寸(不包括弯钩)(见图 4.3)，即从钢筋的外皮到外皮的尺寸，亦称做外包尺寸。钢筋在加工前，按直线下料，经弯曲后，外边缘伸长，内边缘压缩，而中心线保持不变。这样，钢筋弯曲后的外包尺寸和中心线长度之间就存在一个差值，称之为量度差值或弯曲调整值。当计算下料时，必须对这一差值加以扣除，否则将造成下料过长。其后果是浪费钢筋，或成型后的钢筋不能满足保护层厚度要求，甚或无法放入模板内。

因此，钢筋的下料长度应为各段外包尺寸之和减去弯曲处的量度差值，再加上两端弯钩的增长值，即

直钢筋下料长度＝构件长度－保护层厚度＋弯钩增加长度

弯曲钢筋下料长度＝直段长度＋斜段长度－量度差值＋弯钩增加长度＝

构件长度－保护层厚度＋弯起增加长度－量度差值＋弯钩增加长度

箍筋下料长度＝箍筋周长＋箍筋调整值

上述钢筋需要搭接的话，还应增加钢筋搭接长度。

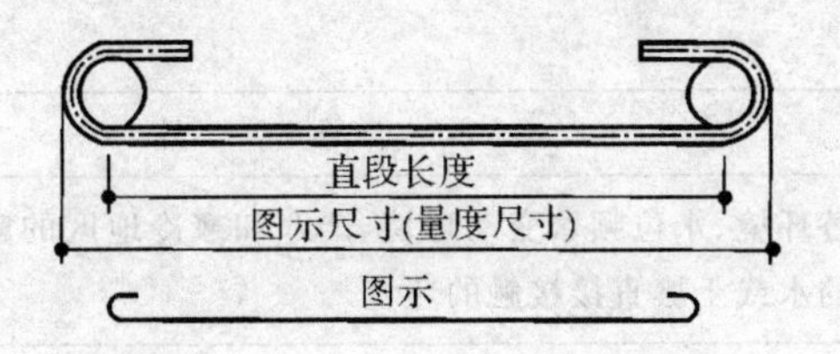

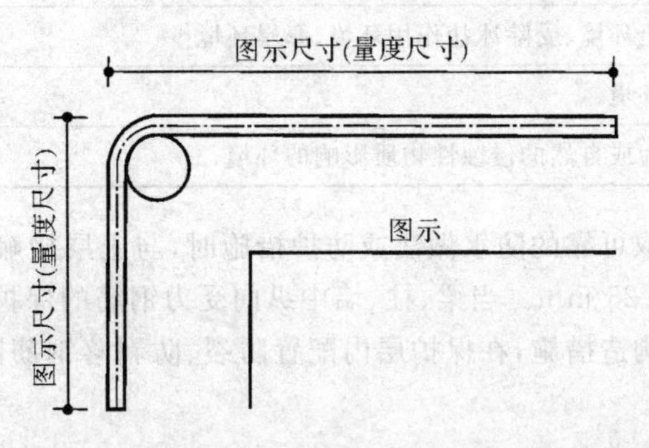

图 4.3　钢筋的图示尺寸与下料长度

1. 关于钢筋保护层厚度

混凝土保护层厚度是指最外层钢筋(箍筋、分布筋、构造筋等)外皮至混凝土构件表面间的距离,其作用主要是使钢筋免于遭受外部环境的锈蚀作用。《混凝土结构设计规范》GB50010规定,普通混凝土保护层厚度不应小于其公称直径。设计使用年限为50年的结构,其最外层钢筋应满足表4.3所示的规定;设计使用年限为100年的结构,最外层钢筋保护层的厚度应为表4.3所示数值的1.4倍。

表 4.3　纵向受力钢筋的混凝土保护层最小厚度　(mm)

环境类别		板、墙、壳	梁、柱、杆
一		15	20
二	A	20	25
	B	25	35
三	A	30	40
	B	40	50

注:钢筋混凝土基础宜设置垫层,基础中钢筋的混凝土保护层厚度从垫层表面算起不应小于40 mm。

关于环境类别,《混凝土结构设计规范》GB50010的规定如表4.4所示。

表 4.4　混凝土结构的环境类别

环境类别		条　件
一		室内干燥环境、无侵蚀性静水浸没环境
二	A	室内潮湿环境;非严寒和非寒冷地区的露天环境、与无侵蚀性的无侵蚀性水或土壤直接接触的环境、严寒或寒冷地区冰冻线以下与无侵蚀性的无侵蚀性水或土壤直接接触的环境

续表

环境类别		条件
二	B	干湿交替环境、水位频繁变动环境、严寒和寒冷地区的露天环境、严寒和寒冷地区与无侵蚀性的水或土壤直接接触的环境
三	A	严寒和寒冷地区冬季水位变动环境、受除冰盐影响环境、海风环境
	B	盐渍土环境、受除冰盐作用环境、海岸环境
四		海水环境
五		受人为或自然的侵蚀性物质影响的环境

当对地下室墙体采取可靠的防水做法或防护措施时，与土层接触一侧的钢筋保护层厚度可适当减少，但不应小于 25 mm。当梁、柱、墙中纵向受力钢筋的保护层厚度大于 50 mm 时，宜对保护层采取有效的构造措施，在保护层内配置防裂、防剥落钢筋网片时，钢筋网片的保护层厚度不应小于 25 mm。

2. 钢筋末端弯钩增加长度

(1)规范关于钢筋末端弯钩的规定。《混凝土结构工程施工质量验收规范》GB50204 对钢筋末端的弯钩规定如下。

对于受力钢筋：

1)HPB235 级钢筋末端应作 180°弯钩，其弯弧内直径不应小于钢筋直径的 2.5 倍，弯钩的弯后平直部分长度不应小于钢筋直径的 3 倍。

2)当设计要求钢筋末端须作 135°弯钩时，HRB335 级、HRB400 级钢筋的弯弧内直径不应小于钢筋直径的 4 倍，弯钩的弯后平直部分长度应符合设计要求。

对于箍筋：

除焊接封闭环式箍筋外，箍筋的末端应作弯钩，弯钩形式应符合设计要求；当设计无具体要求时，应符合下列规定：①箍筋弯钩的弯弧内直径除应满足受力钢筋的规定外，尚应不小于受力钢筋直径。②箍筋弯钩的弯折角度对一般结构，不应小于 90°；对有抗震等要求的结构，应为 135°。③箍筋弯后平直部分长度对一般结构，不宜小于箍筋直径的 5 倍；对有抗震等要求的结构，不应小于箍筋直径的 10 倍。

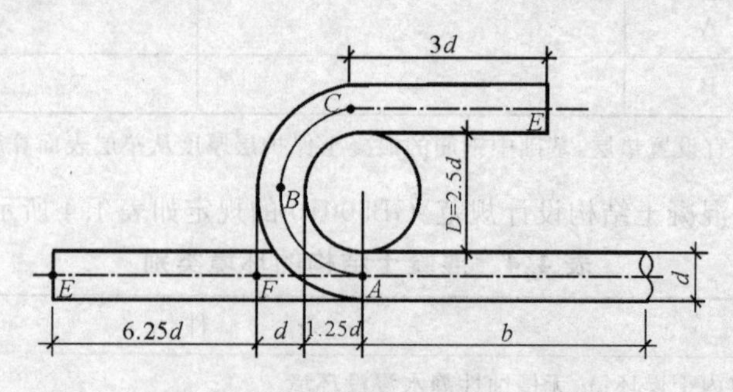

图 4.4 钢筋 180°弯钩时的弯钩增加值

(2)钢筋末端弯钩增加值的计算。按规范，钢筋做 180°弯钩时的增加长度，其弯心直径最小值应为 $2.5d$，平直段长度最小值为 $3d$，如图 4.4 所示。弯钩增加长度应为

180°弯钩长度($\overline{FE'}$)$=\overset{\frown}{ABC}-\overline{AF}+\overline{EC}=\pi(0.5D+0.5d)-(0.5D+d)+3d=6.25d$

同理，可对于 135°弯钩，若钢筋为 HPB235，则通常其弯曲半径为 2.5d，此时，其弯钩增加值的计算如图 4.5 所示。

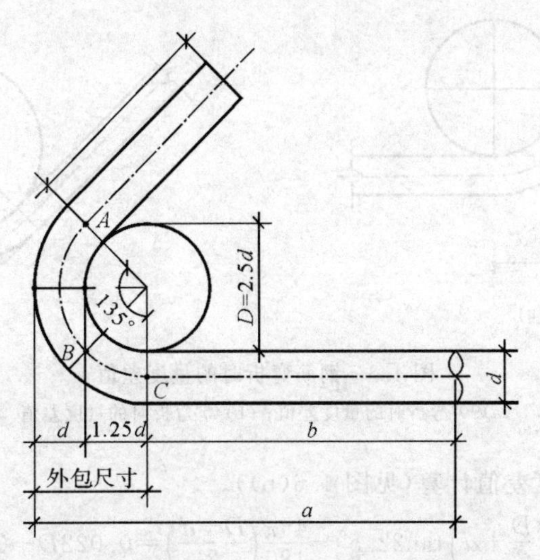

图 4.5　钢筋 135°时的弯钩增加值计算

$$135°\text{弯钩的弯钩增加值}=\overset{\frown}{ABC}-\text{外包尺寸}=\frac{135}{180}\times\pi\times(1.25d+0.5d)-(1.25d+d)=$$

$$4.12d-2.25d=1.87d$$

同理，可对 135°弯钩弯弧内径为 4d、90°弯钩弯弧内径为 5d 的弯钩增加长度进行计算，计算结果如表 4.5 所示。

表 4.5　弯钩增加值计算结果

弯钩角度/(°)	180	135	90
弯弧最小内直径	2.5d	4d 2.5d	5d
弯钩增加长度	6.25d	2.89d+平直段长度 1.87d+平直段长度	1.21d+平直段长度

3. 钢筋弯曲的量度差值

通常，当受力钢筋在中间弯曲时，其弯曲角度一般都不大于 90°，只有箍筋能达到 90°。《混凝土结构工程施工质量验收规范》GB50204 规定：当钢筋作不大于 90°的弯折时，弯折处的弯弧内直径不应小于钢筋直径的 5 倍。

钢筋弯曲的量度差值如图 4.6 所示尺寸(外包尺寸)与轴线尺寸之差。

(1)90°弯折时的量度差值计算(见图 4.6(a))。

$$\Delta=2\times\left(\frac{D}{2}+d\right)-\frac{1}{4}\times(D+d)\pi=0.215D+1.215d$$

按规范，应取 $D=5d$，代入上式，则

$$\Delta=2.29d$$

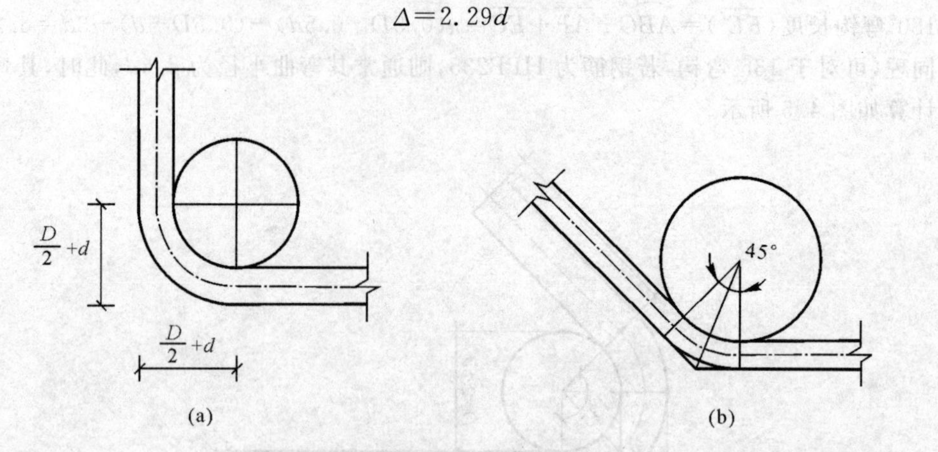

图 4.6　钢筋弯折时的量度差值

(a)90°弯折时的量度差值；(b)45°弯折时的量度差值

(2)45°弯折时的量度差值计算(见图 4.6(b))。

$$\Delta=2\left(\frac{D}{2}+d\right)\tan 22.5^\circ-\frac{45\pi}{180}\left(\frac{D+d}{2}\right)=0.022D+0.436d$$

按规范，应取 $D=5d$，代入上式，则

$$\Delta=0.55d$$

同理，可以计算其他弯折角度时的量度差值。工程中为了简化，常按表 4.6 所列的数值进行下料计算。

表 4.6　各种弯折角度的量度差值

钢筋弯折角度	30°	45°	60°	90°	135°
量度差值	$0.3d$	$0.5d$	$1.0d$	$2.0d$	$3.0d$

4. 弯起钢筋的弯起增加长度

当计算弯起钢筋的下料长度时，可根据弯起角度，计算弯起钢筋的弯起增加长度如表 4.7 所示。

表 4.7　弯起钢筋的弯起增加长度

弯起钢筋示意图	α	S	L	$S-L$
S α L H	30°	$2.0H$	$1.73H$	$0.27H$
	45°	$1.41H$	$1.0H$	$0.41H$
	60°	$1.15H$	$0.58H$	$0.57H$

注：H 为扣去保护层厚度后弯起钢筋的净高度；$S-L$ 为弯起钢筋增加的净长度。

5. 箍筋的下料长度

按照《混凝土结构工程施工质量验收规范》GB 50204，关于箍筋弯钩的相关规定，若设计无要求时，箍筋的弯钩形式可按图 4.7(b)(c)所示进行加工；有抗震要求时，应按图 4.7(a)所示进行加工。

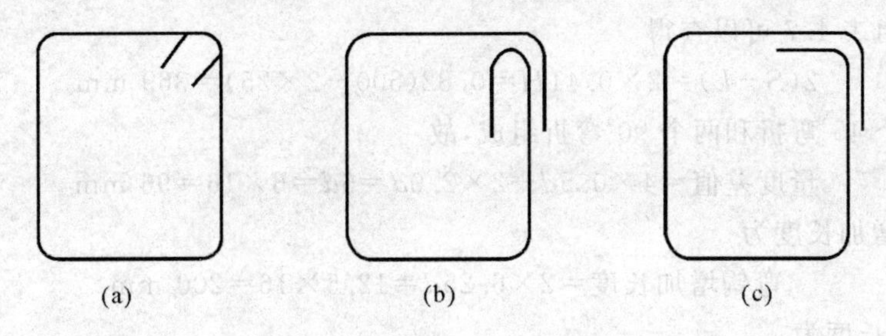

图 4.7　箍筋的弯钩形式

当采用 135°的弯钩形式时，对 HPB235 钢筋：两个弯钩的增加值为 $2\times(1.87d+10d$（或 $5d$）），三个 90°弯折的量度差值为 $3\times 2d$；测量箍筋外包尺寸时，箍筋长度应为

135°弯折抗震箍筋长度＝箍筋外包长度＋$23.74d$（变钩增加长度）－$6d$（量度差值）＝箍筋外包长度＋$17.74d$

同理，可以对其他两种箍筋弯钩形式时的长度进行计算。

工程上，通常将箍筋弯钩增加长度和弯折量度差值两项合并成一项箍筋调整值，即

箍筋下料长度＝箍筋外(内)包长度＋箍筋调整值

针对不同直径的箍筋，在不考虑抗震要求的前提下，量箍筋外包尺寸或内包尺寸时，箍筋的调整值如表 4.8 所示。

表 4.8　箍筋调整值

箍筋度量方法	箍筋直径/mm			
	4～5	6	8	10～12
量外包尺寸	40	50	60	70
量内包尺寸	80	100	120	150～170

应当说明，钢筋下料的理论计算长度与实际操作之间多少会有一些差距，这主要是由于钢筋在弯折时圆弧半径的不准确造成的。因此，实际操作时，还应依据公认的操作经验适当进行调整。

例 4.1　某建筑物一楼层梁中某一配筋如图 4.8 所示，试计算钢筋的下料长度。

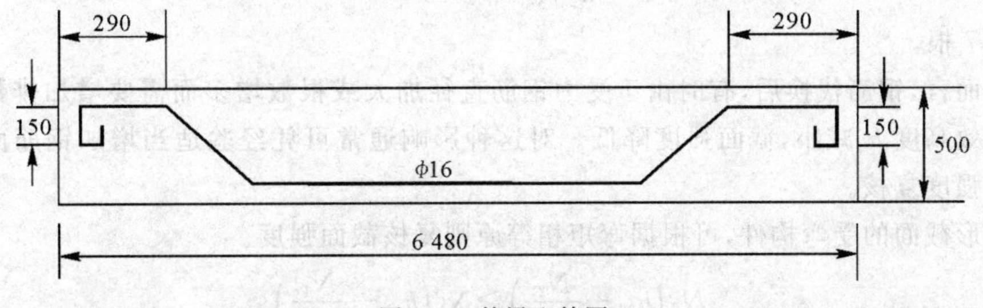

图 4.8　某梁配筋图

解　梁钢筋长度＝构件长度－保护层厚度＋弯起增加长度－量度差值＋弯钩增加长度

在该题中，构件长度为 6 480 mm，保护层厚度为 25 mm，钢筋弯起角度为 45 mm，两端向下弯长度为 150 mm，端部加 180°弯钩。

弯起增加长度由表 4.7 可以查得

$$2(S-L)=2\times 0.41H=0.82(500-2\times 25)=369\ \text{mm}$$

量度差值由 4 个 45°弯折和两个 90°弯折组成，故

$$量度差值=4\times 0.5d+2\times 2.0d=6d=6\times 16=96\ \text{mm}$$

两个 180°弯钩增加长度为

$$弯钩增加长度=2\times 6.25d=12.5\times 16=200\ \text{mm}$$

于是，钢筋下料长度为

$$L=6\ 480-2\times 25+369+2\times 150-96+200=7\ 203\ \text{mm}$$

4.1.4 钢筋代换

1. 钢筋代换的原则

在正常情况下，施工用钢筋的级别、规格和钢号应符合设计要求。若施工中缺少设计图中所要求的钢筋，在征得设计单位同意并办理设计变更手续后，可以按下述原则进行代换。

(1)当构件受强度控制时，可按强度相等的原则进行代换，即等强代换。

例如，设计图中所用钢筋强度为 f_{y1}，钢筋总面积为 A_{s1}；代换后钢筋强度为 f_{y2}，面积为 A_{s2}，则按照等强代换原则，应满足

$$A_{s2}f_{y2}\geqslant A_{s1}f_{y1} \tag{4.1}$$

即

$$A_{s2}\geqslant A_{s1}f_{y1}/f_{y2}$$

(2)当构件按最小配筋率配筋时，可按面积相等的原则进行代换，即等面积代换为

$$A_{s2}\geqslant A_{s1} \tag{4.2}$$

(3)当构件受裂纹宽度或挠度控制时，钢筋代换后还应进行裂纹宽度或挠度验算。

例 4.2 某墙体设计配筋为 ϕ14 @200，现施工现场无此钢筋，拟用 ϕ12 钢筋代替，试计算代换后钢筋的数量。

解 取 1 m 宽度的钢筋进行分析。

代换前 1 m 宽度钢筋根数为

$$n_1=1\ 000/200=5\ 根$$

$$n_2=\frac{n_1 d_1^2 f_{y1}}{d_2^2 f_{y2}}=\frac{5\times 14^2}{12^2}=6.8$$

故取 $n_2=7$ 根。

对梁而言，钢筋代换后，有时由于受力钢筋直径加大或根数增多而需要增加排数，则构件截面的有效高度 h_0 减小，截面强度降低。对这种影响通常可凭经验适当增加钢筋面积，然后再作截面强度复核。

对矩形截面的受弯构件，可根据弯矩相等原则复核截面强度。

$$N_2\left(h_{02}-\frac{N_2}{2f_c b}\right)\geqslant N_1\left(h_{01}-\frac{N_1}{2f_c b}\right) \tag{4.3}$$

式中 N_1——原设计的钢筋拉力，$N_1=A_{s1}f_{y1}$；

N_2——代换钢筋拉力，$N_2=A_{s1}f_{y2}$；

h_{01}——原设计钢筋的合力点至构件截面受压边缘的距离；

h_{02}——代换钢筋的合力点至构件截面受压边缘的距离；

f_c——混凝土的抗压强度设计值，对 C20 混凝土其抗压强度设计值为 9.6 N/mm²，对 C25 混凝土其抗压强度设计值为 11.9 N/mm²，对 C30 混凝土其抗压强度设计值为 14.3 N/mm²；

b——构件截面宽度。

2. 钢筋代换的注意事项

钢筋的代换除应征得设计单位同意外，还应注意：对某些重要构件，如吊车梁、薄腹梁、桁架下弦等，不宜用光圆钢筋代替 HRB335 和 HRB400 级带肋钢筋。

钢筋代换后，应满足配筋的构造要求，如钢筋的最小直径、间距、根数、锚固长度等。

梁的纵向受力钢筋与弯起钢筋应分别代换，以保证正截面与斜截面强度。

偏心受压构件（如框架柱、有吊车厂房柱、桁架上弦等），或偏心受拉构件作钢筋代换时，不取整个截面配筋量计算，应按受力侧（受压或受拉）分别代换。

当构件受裂缝宽度控制时，如以小直径钢筋代换大直径钢筋，强度等级低的钢筋代替强度等级高的钢筋，则可不作裂缝宽度验算。

4.1.5　钢筋的连接

在建筑物上，柱通常与建筑物同高，一根梁可能横跨几个开间，普通的钢筋下料时不可能一次加工成这样的长度。实际操作中都是将钢筋分段加工制作，再在中间进行连接。钢筋连接的常用方式有绑扎连接、焊接连接和机械连接。通常，绑扎连接需要较长的搭接长度，在钢筋直径较大时会造成很大浪费。焊接连接方法主要有电弧焊、闪光对焊、电渣压力焊等，成本较低，质量也还可靠，宜优先选用。机械连接是近年来推广使用的一种钢筋连接方法，设备简单，不受气候等影响，连接可靠，适用范围广，尤其适用于焊接有困难的现场。

1. 钢筋连接的一般原则

受力钢筋连接时，应满足以下条件。

(1)钢筋的接头宜设置在受力较小处；同一纵向受力钢筋不宜设置两个或两个以上接头。接头末端至钢筋弯起点的距离不应小于钢筋直径的 10 倍。

(2)在同一构件内，钢筋的接头应相互错开。具体要求详见相应连接方法。

2. 绑扎连接

钢筋的绑扎连接是将需要连接的两根钢筋相互搭接，再于搭接部位的中间和两端用 20# ～22# 扎丝分别绑扎，从而形成一个连接接头，如图 4.9 所示。

轴心受拉及小偏心受拉杆件的纵向受力钢筋不得采用绑扎搭接接头。当受拉钢筋的直径 $d>25$ mm 及受压钢筋的直径 $d>28$ mm 时，不宜采用绑扎搭接接头。须进行疲劳验算的构件，不得采用绑扎搭接接头。

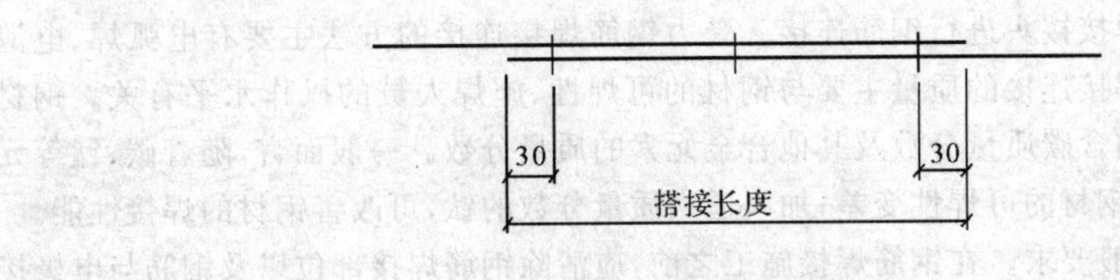

图 4.9　钢筋的绑扎连接

(1)钢筋的搭接长度。钢筋绑扎连接时,纵向受拉钢筋的搭接长度应根据位于同一区段内钢筋搭接接头的百分率,按下式计算,且不应小于 300 mm,即

$$l_l = \xi_l l_a \tag{4.4}$$

式中 l_l——纵向受拉钢筋的搭接长度;

l_a——钢筋锚固长度;

ξ_l——纵向受拉钢筋搭接长度修正系数,可按表 4.9 所示取值。

表 4.9 纵向受力钢筋搭接长度修正系数 ξ_l

纵向钢筋搭接接头百分率/(%)	≤25	50	100
ξ_l	1.2	1.4	1.6

注:两根直径不同钢筋的搭接长度,以较细钢筋直径计算。

对纵向受压钢筋的搭接连接,其最小搭接长度可按纵向受拉钢筋搭接长度的 70%取用,且不应小于 200 mm。

对于上述规定,很多结构标准图集都根据实际钢筋的直径及混凝土强度等级将其列成了专门表格。在工程施工中,可参考这些表格进行应用。

(2)绑扎连接接头钢筋的横向净距。绑扎连接接头中钢筋的横向净距不应小于钢筋直径,且不应小于 25 mm。

(3)绑扎搭接接头在一个连接区段内的容许百分率。钢筋绑扎搭接接头连接区段的长度为 $1.3l_l$,(l_l 为搭接长度),如图 4.10 所示,凡搭接接头中点位于连接区段长度内的搭接接头均属于同一连接区段。在同一连接区段内,纵向受拉钢筋搭接接头面积百分率应符合设计要求。当设计无具体要求时,应满足规定:①对梁类、板类及墙类构件,不宜大于 25%;②对柱类构件,不宜大于 50%;③当工程中确有必要增大接头面积百分率时,对梁类构件,不应大于 50%;对其他构件,可根据实际情况放宽。

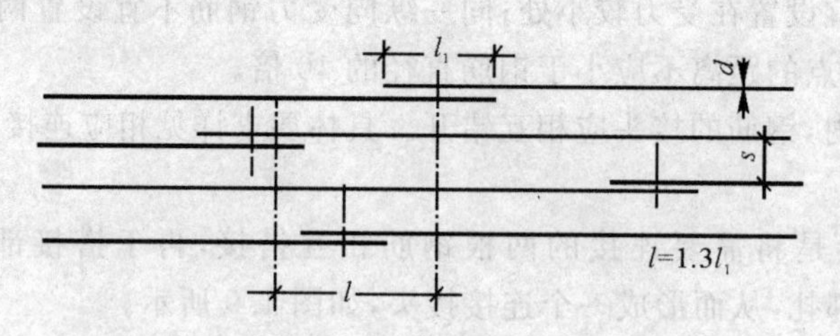

图 4.10 搭接钢筋的连接区段

3.焊接连接

焊接连接是利用焊接接头进行钢筋连接。受力钢筋焊接连接的方法主要有电弧焊、电渣压力焊及闪光对焊。焊接连接的质量主要与钢材的可焊性、施焊人员的操作水平有关。钢材的可焊性取决于其中的含碳质量分数及其他合金元素的质量分数。一般而言,随着碳、锰等元素的质量分数的增加,钢材的可焊性变差;加入适当质量分数的钛,可改善钢材的焊接性能。

(1)焊接连接的一般要求。在钢筋焊接施工之前,应清除钢筋焊接部位以及钢筋与电极接触处表面上的锈斑、油污、杂物等;当钢筋端部有弯折、扭曲时,应予以矫直或切除。

当对带肋钢筋进行闪光对焊、电弧焊、电渣压力焊和气压焊时,宜将纵肋对纵肋安放和焊接。

当采用低氢型碱性焊条时，应按使用说明书的要求烘焙，且宜放入保温筒内保温使用；酸性焊条若在运输或存放中受潮，使用前亦应烘焙后方能使用。

焊剂应存放在干燥的库房内，当受潮时，在使用前应经 250～300℃烘焙 2 h。

雨天、雪天不宜在现场进行施焊，必须施焊时，应采取有效遮蔽措施。焊后未冷却接头不得碰到冰雪。在现场进行闪光对焊或电弧焊，当风速超过 7.9 m/s 时，应采取挡风措施。

在焊接过程中应随时观察电源电压的波动情况，当电源电压下降大于 5%而小于 8%时，应采取提高焊接变压器级数的措施；当电源电压下降大于或等于 8%时，不得进行焊接。

焊接接头连接区段如图 4.11 所示。

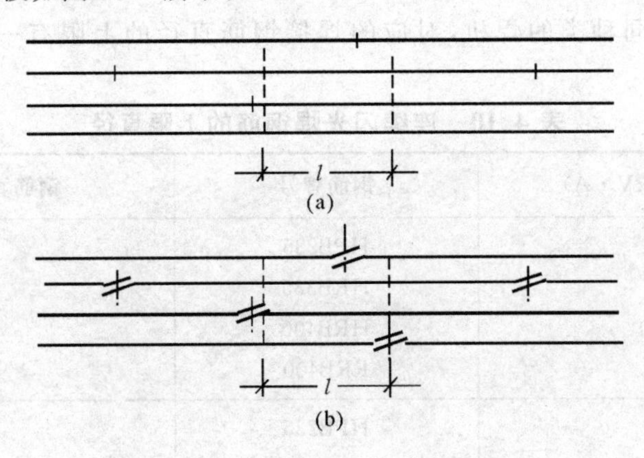

图 4.11　焊接接头的连接区段

纵向受力钢筋焊接接头连接区段的长度为 35d（d 为纵向受力钢筋的较大直径）且不小于 500 mm，凡接头中点位于该连接区段长度内的接头均属于同一连接区段。

在同一连接区段内，焊接接头纵向受力钢筋的接头面积百分率不应大于 50%；对预制构件的拼接处可适当放宽。

直接承受吊车荷载的混凝土梁及屋架下弦纵向受力钢筋，采用焊接接头时，其连接区段的长度为 45d，在该区段内受拉钢筋焊接接头的百分率不应大于 25%。

直接承受动力荷载的结构构件，不宜采用焊接接头。

细晶粒热轧带肋钢筋及直径大于 28 mm 的带肋钢筋，能否采用焊接接头应经试验确定。余热处理钢筋不宜采用焊接接头。

(2)闪光对焊。闪光对焊是将钢筋在对焊机上安放成对接方式，通以低压强电流，再利用对焊机使接头两端的钢筋相互接触，电流在触点处产生电阻热，从而使接触处的钢筋熔化，再施加压力顶锻，使两根钢筋焊接在一起，形成对焊接头，如图 4.12 所示。

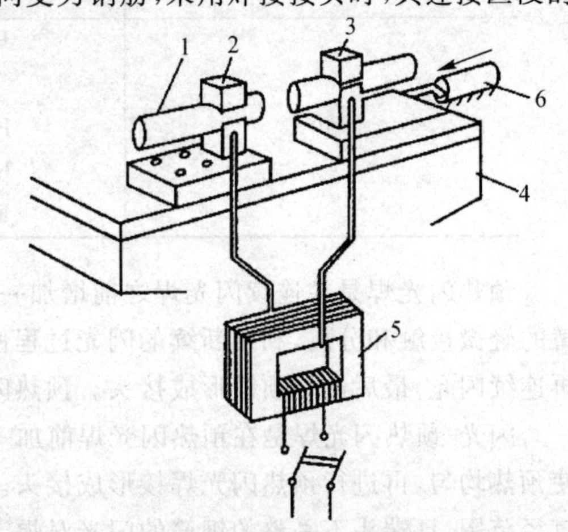

图 4.12　闪光对焊原理

1—钢筋；2—固定电极；3—可动电极；4—机座；5—变压器；6—顶锻压力机构

闪光对焊适用于直径为 ϕ32 mm 以下的

HPB235，HPB300，HRB335，HRB400，RRB400 以及 HRBF500 级钢筋的焊接，其特点是成本低、功效高、质量好。

根据钢筋的级别、直径以及所选用的对焊机容量，闪光对焊有三种施焊工艺：连续闪光焊、预热闪光焊和闪光-预热闪光焊。

连续闪光焊是将钢筋夹入对焊机两极，闭合电源，使钢筋两个端头轻微接触。由于端头表面不平，电流通过时因电阻大而产生大量热量，接触点很快熔化，形成闪光。然后再徐徐移动钢筋，使之形成连续闪光，在钢筋烧熔到规定长度后，以一定压力迅速顶锻，使钢筋焊牢，形成接头。连续闪光焊对钢筋的加热熔化和顶锻是一次完成的，焊接过程中钢筋端头接触时的发热量较小，故针对不同种类的焊机，对应的焊接钢筋直径的上限有一定限制。具体规定见表 4.10。

表 4.10　连续闪光焊钢筋的上限直径

焊机容量/(kV·A)	钢筋牌号	钢筋直径/mm
160 (150)	HPB235 HRB335 HRB400 RRB400	20 22 20 20
100	HPB235 HRB335 HRB400 RRB400	20 18 16 16
80 (75)	HPB235 HRB335 HRB400 RRB400	6 4 2 2
40	HPB235 Q235 HRB335 HRB400 RRB400	10

预热闪光焊是在连续闪光焊之前增加一个预热过程，即先闭合电源，再使钢筋端面产生交替的轻微接触和分离，利用断续的闪光过程使钢筋端头预热，在钢筋端头烧熔到一定程度后，再连续闪光，最后进行顶锻形成接头。预热闪光焊适用于直径超出表 4.10 规定的钢筋。

闪光-预热闪光焊是在预热闪光焊前加一次闪光过程，使钢筋端头烧化而变得平整，从而使预热均匀，再进行预热闪光焊接形成接头。预热闪光焊适用于钢筋直径超出表 4.10 规定的直径范围，且端头不平整的钢筋的闪光对焊。

闪光对焊的焊接接头在外观上不得有横向裂纹；与电极接触处的钢筋表面，不得有明显烧伤；接头处的弯折角不得大于 3°；接头处的轴线偏移不得大于钢筋直径的 0.1 倍，且不得大于 2 mm。

闪光对焊必须在闪光焊机上操作，而闪光焊机一般体积较大，比较笨重，因此，闪光对焊只适用于钢筋的室内焊接作业。在施工现场，由于墙、柱钢筋的连接必须在原位进行，因此，闪光对焊只能用于梁、板钢筋的连接。

(3)电弧焊。电弧焊是指以焊条作为一极，以被焊钢筋作为另一极，利用弧焊机在焊条与钢筋之间产生高温电弧，使焊条和电弧燃烧范围内的焊件熔化，待其凝固即形成焊缝或接头的焊接方法。根据焊件之间的连接方式，电弧焊可分为搭接焊、帮条焊、坡口焊和熔槽帮条焊 4 种方法。采用电弧焊时的焊条型号，可按表 4.11 所示选用。

表 4.11　钢筋电弧焊焊条型号选用表

钢筋级别	电弧焊接头形式		
	帮条焊 搭接焊	坡口焊 熔槽帮条焊 预埋件穿孔塞焊	钢筋与钢板搭接焊 预埋件 T 形角焊
HPB235	E4303	E4303	E4303
HRB335	E4303	E5003	E4303
HRB400	E5003	E5503	

1)帮条焊。帮条焊适用于直径为 10～40 mm 的 HRB335、HRB400 钢筋，直径为 10～20 mm的 HPB235 钢筋以及直径为 10～25 mm 的 RRB400 钢筋。焊接时宜采用双面焊，当不能采用双面焊时，亦可以采用单面焊。采用帮条焊时，帮条的长度如表 4.12 所示。

表 4.12　钢筋帮条长度

项次	钢筋级别	焊缝形式	帮条长度
1	HPB235	单面焊 双面焊	$\geqslant 8d$ $\geqslant 4d$
2	HRB335	单面焊 双面焊	$\geqslant 10d$ $\geqslant 5d$

帮条焊时，两主筋端面的间隙应为 2～5 mm，帮条与主筋之间应用四点定位焊固定；定位焊缝与帮条端部的距离宜大于或等于 20 mm；焊接时，应在帮条焊形成的焊缝中引弧；在端头收弧前应填满弧坑，并应使主焊缝与定位焊缝的始端和终端熔合。

采用帮条焊时，若帮条钢筋与主筋级别相同，帮条直径可与主筋相同或比主筋小一个规格；当帮条直径与主筋相同时，帮条钢筋的级别可与主筋相同或比主筋小一个等级。

2)搭接焊。搭接焊接头的适用范围与帮条焊相同。焊接前，焊接端钢筋应预弯，使两钢筋的轴线在同一直线上。焊接时，宜采用双面焊，不能采用双面焊时，亦可采用单面焊。采用搭接焊时，搭接长度与帮条长度相同。

搭接焊时，应用两点固定；定位焊缝的位置及引弧等要求与帮条焊相同。

搭接焊及帮条焊接头的形式如图 4.13 所示。

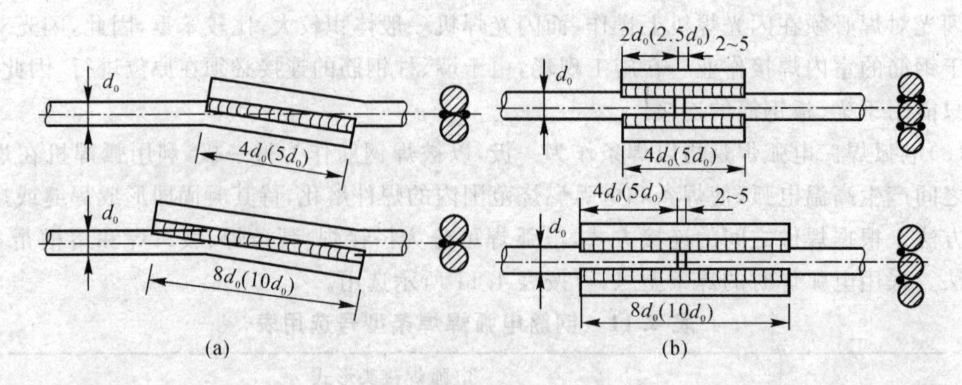

图 4.13　搭接焊与帮条焊接头

(a)搭接焊接头；(b)帮条焊接头

无论是帮条焊还是搭接焊，焊缝厚度 h 不应小于主筋直径的 0.3 倍，焊缝宽度 b 不应小于主筋直径的 0.8 倍，如图 4.14 所示。

3)坡口焊。坡口焊是将钢筋的端头切割成坡口形式，再于坡口处用电弧焊焊条和钢筋的熔化物填满形成焊接接头。它常用于装配式结构构件端头的钢筋连接。由于坡口的制备要求较高，一般不用于建筑施工混凝土工程的钢筋连接。

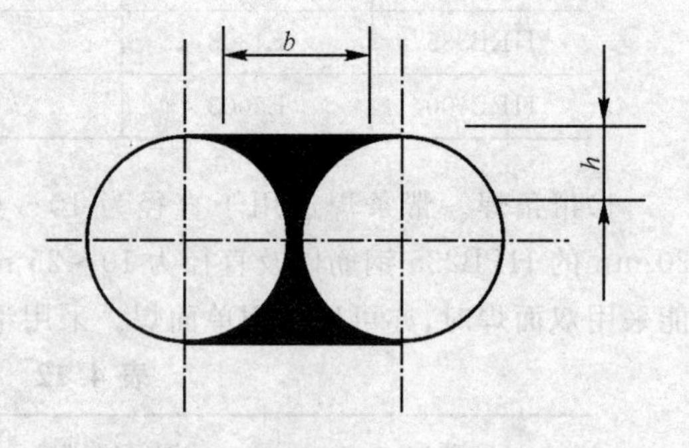

图 4.14　焊缝尺寸示意图

h—焊缝高度；b—焊缝宽度

按照钢筋接头的位置坡口焊分为平焊和立焊，如图 4.15 所示。

采用坡口焊工艺时，应注意以下问题：

a. 钢筋坡口面应平顺，切口边缘不得有裂纹、钝边和缺棱。

b. 平焊时，V 形坡口角度宜为 55°～65°；坡口立焊时，坡口角度宜为 40°～55°。其中，下钢筋为 0°～10°，上钢筋为 35°～45°。

c. 钢垫板的长度宜为 40～60 mm，厚度宜为 4～6 mm；坡口平焊时，垫板宽度应为钢筋直径加 10 mm；立焊时，垫板宽度宜等于钢筋直径。

d. 钢筋根部间隙，坡口平焊时宜为 4～6 mm；立焊时，宜为 3～5 mm。其最大间隙均不宜超过 10 mm。

e. 焊缝根部、坡口端面以及钢筋与钢板之间均应熔合。焊接过程中应经常清渣。钢筋与钢垫板之间，应加焊 2～3 层侧面焊缝。

f. 宜采用几个接头轮流进行施焊。

g. 焊缝的宽度应大于 V 形坡口的边缘 2～3 mm，焊缝余高不得大于 3 mm，并宜平缓过渡至钢筋表面。

电弧焊接头的外观应满足焊缝表面平整，不得有凹陷或焊瘤；焊接接头区域不得有肉眼可见的裂纹；咬边深度、气孔、夹渣等缺陷允许值及接头尺寸的容许偏差，应符合表 4.13 的规定。

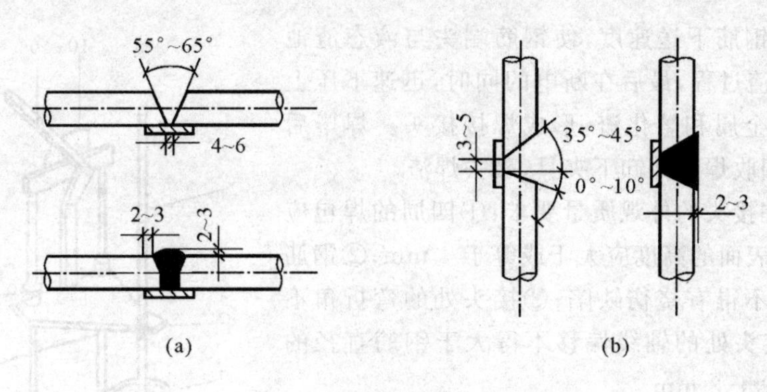

图 4.15　坡口焊接头形式

(a)平焊；(b)立焊

表 4.13　钢筋电弧焊接头尺寸偏差及缺陷容许值

名称		单位	接头形式		
			帮条焊	搭接焊	坡口焊
帮条沿接头中心线的纵向偏移		mm	$0.3d$		
接头处弯折角		(°)	3	3	3
接头处钢筋轴线的偏移		mm	$0.1d$	$0.1d$	$0.1d$
			3	3	3
焊缝厚度		mm	$^{+0.05d}_{0}$	$^{+0.05d}_{0}$	
焊缝宽度		mm	$^{+0.1d}_{0}$	$^{+0.1d}_{0}$	
焊缝长度		mm	$-0.3d$	$-0.3d$	
横向咬边深度		mm	0.5	0.5	−0.5
在长 $2d$ 焊缝表面上的气孔及夹渣	数量	个	2	2	
	面积	mm^2	6	6	
在全部焊缝表面上的气孔及夹渣	数量	个			2
	面积	mm^2			6

(4)电渣压力焊。电渣压力焊是将两根钢筋竖向以对接形式安放在焊剂盒中(渣池)，并利用这两根钢筋作为电极，使焊接电流通过钢筋端面间隙，在焊剂层下形成电弧过程和电渣过程，产生电弧热和电阻热，熔化钢筋，再加压顶锻完成焊接的一种焊接方法。这种焊接方法比电弧焊节省钢材、工效高、成本低，适用于现浇钢筋混凝土结构中竖向或斜向(倾斜度在 4∶1 范围内)钢筋的连接，如图 4.16 所示。电渣压力焊接头不得在竖向焊接后横置于梁、板等构件中作水平钢筋用；当用于不同直径钢筋之间连接时，为避免应力突变其直径差距不应大于二级。

电渣压力焊的工艺过程如图 4.17 所示。焊接夹具的上、下钳口加紧于上、下钢筋之上，使得上、下钢筋不能晃动，采用铁丝圈或焊条头引弧，亦可直接引弧。电弧引燃后，先进入电弧过程,然后加快上钢筋下送速度,使钢筋端头与液态渣池接触,转变为电渣过程,最后在断电的同时,迅速下压上钢筋,挤出熔化金属和熔化渣,形成焊接接头。焊毕后稍作停歇即可回收焊剂并卸下夹具,敲去焊渣。

电渣压力焊接头的外观质量要求:①四周的焊包应均匀,凸出钢筋表面的高度应大于或等于 4 mm;②钢筋与电极接触处,不得有烧伤缺陷;③接头处的弯折角不得大于 3°;④接头处的轴线偏移不得大于钢筋直径的 0.1倍,且不得大于 2 mm。

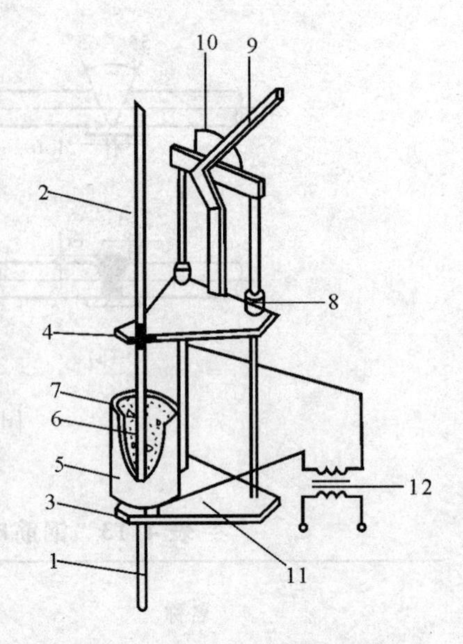

图 4.16　电渣压力焊原理图

1,2—钢筋;3—固定电极;4—活动电极;5—药盒;6—导电剂;7—焊药;8—滑动架;9—手柄;10—支架;11—固定架

钢筋的焊接连接还有其他多种方法。例如,电阻点焊、钢筋气压焊、埋弧压力焊等。限于篇幅及其在建筑施工过程中应用的广泛程度,本书不再进一步介绍。

4. 机械连接

钢筋的机械连接是指通过连接件的机械咬合作用,将一根钢筋中的力传递至另一根钢筋的连接方法。目前常用的机械连接方法包括冷挤压套管连接、锥螺纹套管连接、直螺纹套管连接、灌浆套管连接等。机械连接具有接头质量稳定可靠,不受钢筋化学成分的影响,人为因素的影响也小;操作简便,施工速度快,且不受气候条件影响;无污染、无火灾隐患,施工安全等特点,近年来在建筑工程施工中得到了广泛的应用。

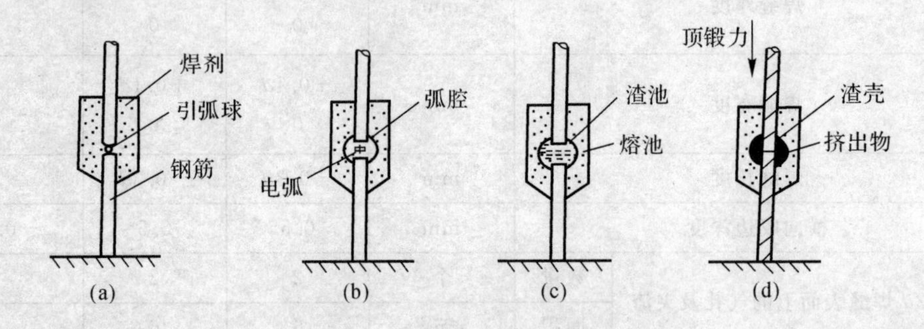

图 4.17　电渣压力焊工艺过程

(a)电弧引燃;(b)埋弧燃烧;(c)电渣过渡;(d)加压焊接

(1)机械连接接头的应用范围及一般要求。各类机械接头的适用范围如表 4.14 所示。

表 4.14　机械连接接头的适用范围

机械连接方法	适用范围	
	钢筋级别	钢筋直径/mm
钢筋套筒挤压连接	HRB335,HRB400	16～40
	RRB400	16～40
钢筋锥螺纹套筒连接	HRB335,HRB400	16～40
	RRB400	16～40

续表

<table>
<tr><th colspan="2" rowspan="2">机械连接方法</th><th colspan="2">适用范围</th></tr>
<tr><th>钢筋级别</th><th>钢筋直径/mm</th></tr>
<tr><td colspan="2">钢筋镦粗直螺纹套筒连接</td><td>HRB335,HRB400</td><td>16～40</td></tr>
<tr><td rowspan="3">钢筋滚轧直螺纹套筒连接</td><td>直接滚轧</td><td rowspan="3">HRB335,HRB400</td><td>16～40</td></tr>
<tr><td>挤肋滚轧</td><td>16～40</td></tr>
<tr><td>剥肋滚轧</td><td>16～50</td></tr>
</table>

可以看到,机械连接接头主要用于中、大直径热轧带肋钢筋的连接。

1)机械连接接头的分级。根据接头的抗拉强度、残余变形及高应力和大应变条件下反复拉压性能的差异,可以分为三个级别。

Ⅰ级。接头抗拉强度不小于被连接钢筋实际抗拉强度或1.10倍钢筋抗拉强度标准值,残余变形小,并具有高延性及反复拉压性能。

Ⅱ级。接头抗拉强度不小于被连接钢筋抗拉强度标准值,残余变形小,并具有高延性及反复拉压性能。

Ⅲ级。接头抗拉强度不小于被连接钢筋屈服强度标准值的1.25倍,残余变形较小,并具有一定的延性及反复拉压性能。

2)接头的选用。钢筋机械连接接头的等级应符合设计要求,一般在结构中要求充分发挥钢筋强度和对延性要求高的部位应优先选用Ⅱ级接头;当在同一区段内必须进行100%钢筋连接时,应选用Ⅰ级接头;结构中应力较高但对延性要求不高的部位可选用Ⅲ级接头。

3)接头处钢筋的横向净距及保护层厚度要求。接头处的钢筋横向净距不得小于25 mm,保护层厚度应满足最小保护层厚度的要求,且不得小于15 mm。

4)接头位置及其数量的限制。受力钢筋采用机械连接时,其连接区段的长度与焊接连接相同,为$35d$。

a.当受拉钢筋高应力部位设置接头时,若采用Ⅲ级接头,在同一连接区段内的接头百分率不应大于25%;Ⅱ级接头的接头百分率不应大于50%;Ⅰ级接头的接头百分率可不受限制。

b.接头宜避开有抗震设防要求的框架的梁端、柱端箍筋加密区;当无法避开时,应采用Ⅰ级接头或Ⅱ级接头,且接头百分率不应大于50%。

c.受拉钢筋应力较小部位或纵向受压钢筋,接头百分率可不受限制。

d.对直接承受动力荷载的结构构件,接头百分率不应大于50%。

(2)钢筋机械连接工艺。

1)冷挤压套筒连接。冷挤压套筒连接也称挤压连接,是将两根待连接钢筋插入钢套筒,用挤压连接设备沿径向挤压钢套筒,使之产生塑性变形,依靠变形后的钢套筒与被连接钢筋纵、横肋产生的机械咬合作用使得两根钢筋成为一个整体的连接方法,如图4.18所示。

钢筋冷挤压套筒连接的工艺参数包括压接顺序、压接力和压接道数。压接的顺序一般是从中间向两端进行压接,压接力应能保证套筒与钢筋紧密咬合,压接力和压接道数还取决于钢筋直径、套筒型号及挤压机型号。

当钢筋冷挤压套管连接施工时,钢筋端部不得有弯曲、严重锈蚀和附着物;端部还应有插入套筒深度的明显标记，端头距套筒中点不得大于 10 mm；挤压后的套筒不得有肉眼可见的裂纹。

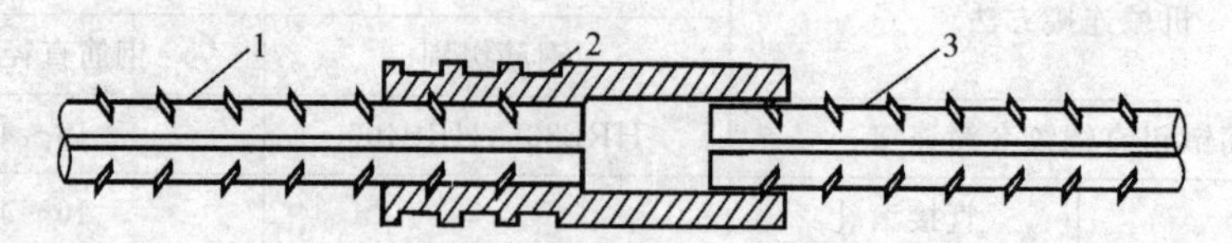

图 4.18　套管冷挤压连接

1—已挤压的钢筋；2—钢套管；3—未挤压钢筋

2）钢筋锥螺纹套筒连接。钢筋锥螺纹套筒连接是将两根钢筋端部加工成锥形外丝，通过与之配套的带锥形内丝的连接套筒将其连成一体，如图 4.19 所示。

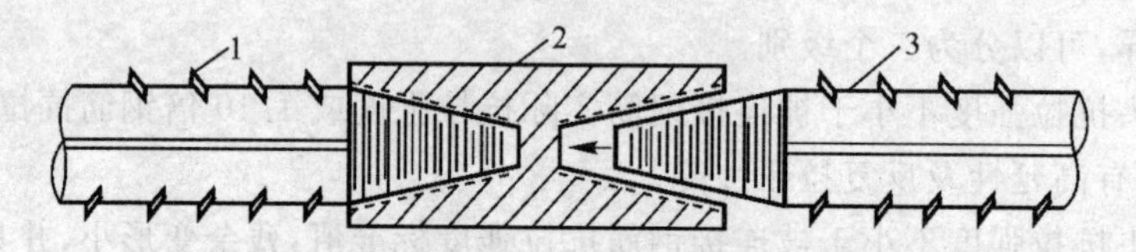

图 4.19　钢筋锥螺纹连接

1—已连接的钢筋；2—锥螺纹套筒；3—未连接钢筋

锥螺纹套筒连接用的套筒及加工好的钢筋端头，在连接前均应采用塑料保护套或封口进行保护，以防止外丝损坏或套筒内进入杂物。安装时应严格保证钢筋与连接套筒的规格相一致，并用扭力扳手对拧紧程度进行校核。其拧紧程度应满足表 4.15 的规定。

表 4.15　锥螺纹接头安装时的拧紧转矩值

钢筋直径/mm	≤16	18～20	22～25	28～32	36～40
拧紧转矩/(N·m)	100	180	240	300	360

3）钢筋直螺纹连接。与锥螺纹套筒连接相似，直螺纹套筒连接时钢筋端头的形状是直条外丝而非锥形外丝，套筒为直形内丝。按照钢筋端头直螺纹形成的方式，可以将直螺纹接头连接分为镦粗直螺纹接头、直接滚轧（压）直螺纹接头、挤压肋滚轧（压）直螺纹接头和剥肋滚轧（压）直螺纹接头四种。

镦粗直螺纹接头是通过镦粗设备，先将钢筋连接端头镦粗，再将镦粗端加工成直螺纹丝头，然后将两根已镦粗套丝的钢筋穿入同一个配套加工的连接套筒，旋紧后即成为一个连接接头。钢筋端头经镦粗后不仅直径增大使得加工后的丝头螺纹底部最小直径不小于母材直径，而且镦后的端头强度增大，因此，这种接头可与母材等强。

钢筋端头镦粗的方法有冷镦和热镦两种。采用热镦时，只有在室（棚）内才能进行镦头加工。钢筋镦粗段的长度应大于 1/2 套筒长度，该段的镦粗直径应满足套丝要求。镦粗段不得出现横向裂纹。对不合格的镦粗段应切除重新镦粗。

直接滚轧（压）直螺纹接头是将钢筋连接接头采用专用滚轧设备和工艺，通过滚丝轮直接将钢筋端头滚轧成直螺纹，并用相应的连接套筒将两根待连接钢筋连接成一体。钢筋端头在直接滚压加工过程中，由于滚丝轮的滚轧作用，使钢筋端部产生塑性变形，根据冷作硬化原理，端头强度提高，从而使得滚轧直螺纹钢筋在接头部位的强度大于钢筋母材的强度。

这种接头的特点是设备及加工简单(一次装卡即可直接完成滚轧直螺纹加工)、接头强度高、生产效率高、现场施工方便等；不足之处是螺纹加工精度差，滚丝轮磨损快、对钢筋公差的适应性差(当钢筋直径为正公差时容易出现钢筋扭转变形)。

挤压肋滚轧(压)直螺纹接头简称滚压直螺纹接头，这种方法是先用专用设备将钢筋端头待连接部位的纵肋及横肋挤压成圆柱状，然后再利用滚丝机将圆柱状的钢筋端头滚轧成直螺纹。在钢筋端部挤压肋及滚丝加工过程中，由于局部塑性变形和冷作硬化原理，钢筋端部强度得到提高，可使得接头强度不低于母材强度。这种接头的优点是具有直接滚压直螺纹的优点，同时螺纹加工精度较高，滚丝轮寿命也可延长。这种接头还具有优良的抗疲劳性能及抗低温性能；不足之处是加工螺纹时需要两种设备和两道工序，纵横肋在被挤压过程中有可能形成两层皮现象。

剥肋滚轧(压)直螺纹接头是利用专用设备先将钢筋端头待连接部位的纵、横肋剥掉，使之成为圆柱体，再利用同一台设备继续滚压成直螺纹。其原理也是利用局部塑性变形导致的冷作硬化使端部钢筋强度和硬度增大，达到母材强度。这种接头螺纹直径大小一致、加工精度好、滚丝轮寿命长，接头抗低温性能出色。

直螺纹接头在安装时可用管钳扳手拧紧，应使钢筋端头在套筒中部相互挤紧，标准型接头安装后的外露螺纹不应超过 $2p$(p 为螺距)。安装后应用扭力扳手校核拧紧转矩，拧紧转矩值应符合表 4.16 的规定。

表 4.16　直螺纹接头安装时的拧紧转矩值

钢筋直径/mm	≤16	18～20	22～25	28～32	36～40
拧紧转矩(N·m)	100	200	260	320	360

4)套筒灌浆连接。套筒灌浆连接是一种新的钢筋连接技术，其所采用的套筒结构及灌浆连接如图 4.20 所示。它是将带连接的钢筋接头从套筒两端插入套筒，再于套筒中灌入水泥基专用砂浆，利用砂浆与钢筋和套筒之间的黏结性能，将钢筋连接在一起。在使用中，也有在套筒上将一端钢筋采用直螺纹与套筒连接，而将另一端采用灌浆与套筒连接的方式。

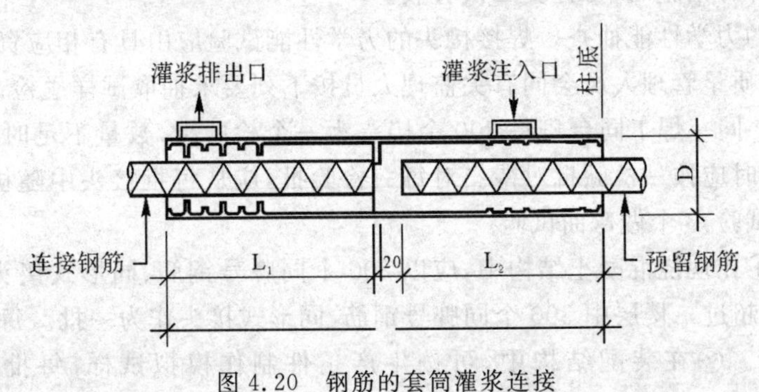

图 4.20　钢筋的套筒灌浆连接

制作套筒的材料可以为钢材或球墨铸铁，其抗拉强度和伸长率均应满足相关要求。

灌浆用的砂浆流动度应在 180～300 mm 之间；膨胀率为 0%～0.5%；砂浆 1 d 龄期的抗压强度不应小于 35 MPa，7 d 龄期抗压强度不应小于 60 MPa，28 d 龄期抗压强度不应小于85 MPa。

当采用套筒灌浆连接钢筋时，套筒和钢筋宜配套使用，连接钢筋型号可比套筒型号小一级，预留钢筋型号可比套筒型号大一级；连接钢筋和预留钢筋伸入套筒内长度的偏差应分别在±20 mm和0～10 mm范围内。

5.钢筋连接的质量控制

(1)钢筋连接质量控制的一般内容。

1)接头位置的检查。钢筋的接头宜设置在受力较小处。同一纵向受力钢筋不宜设置两个或两个以上接头。接头末端至钢筋弯起点的距离不应小于钢筋直径的10倍。

2)连接区段内接头数量的检查。各类接头数量的百分率应满足前述相应要求。

3)连接件合格证检查。电弧焊时的焊条合格证、机械连接时的套筒合格证及型式检验报告等。

4)接头区钢筋之间净距的检查。接头区钢筋之间的净距不应小于25 mm，能保证混凝土的顺利下落。

(2)绑扎连接。对绑扎连接的施工质量应从以下几个方面进行控制。

1)搭接长度检查。钢筋的搭接长度应满足要求。

2)绑扎情况。每个接头应绑扎3点。

3)接头区钢筋之间净距的检查。接头区钢筋之间净距不应小于25 mm。

(3)焊接连接。焊接连接的质量控制内容。

1)检查施焊人员的证件。从事钢筋焊接施工的焊工必须持有焊工考试合格证书，才能上岗操作。

2)在工程开工正式焊接之前，参与该项目施焊的焊工应进行现场条件下的焊接工艺试验，并经试验合格后，方可正式生产。

3)焊接接头的外观检查。焊接接头外观上的质量要求前面已有讲述。当对纵向受力钢筋焊接接头外观检查时，每一检验批中应随机抽取10%的焊接接头。若当外观质量各小项不合格数均小于或等于抽检数的10%，则该批焊接接头为合格。当某一小项不合格数超过抽检数的10%时，应对该批焊接接头该小项逐个进行复检，并剔出不合格接头；在对外观检查不合格接头采取修整或焊补措施后，可提交二次验收。

4)焊接接头的力学性能抽查。焊接接头的力学性能试验应由具有相应资质的专业检测机构进行，并由现场质量管理人员会同有关监理人员按下列要求抽取试样送检。

a.闪光对焊。同一焊工同台班每300个接头为一个检验批，数量不足时可在一周内累积计算，数量仍不足时应按一检验批对待。对每一检验批，应从每批接头中随机切取6个接头，其中3个做拉伸试验，3个做弯曲试验。

b.电弧焊。①在现浇混凝土结构中，应以300个同牌号钢筋、同形式接头作为一批；在房屋结构中，应在不超过二楼层中300个同牌号钢筋、同形式接头作为一批。每批随机切取3个接头，做拉伸试验。②在装配结构中，可按生产条件制作模拟试样，每批3个，做拉伸试验。③钢筋与钢板电弧搭接焊接头可只进行外观检查。

c.电渣压力焊。在现浇钢筋混凝土结构中，应以300个同牌号钢筋接头作为一批；在房屋结构中，应在不超过两楼层中300个同牌号钢筋接头作为一批；当不足300个接头时，仍应作为一批。每批随机切取3个接头做拉伸试验。

力学性能抽查结果若为不合格,则判定该批焊接接头为不合格;若抽查结论要求复验,应再切取 6 个试样送检以确定检验结果。

(4)机械连接。

1)钢筋机械连接时,接头加工质量控制的内容。

a. 加工钢筋接头的工人应经过专门的技术培训,且人员应相对固定。

b. 只有在工艺检验合格后才可开始正式批量加工。

关于工艺检验。对所有生产厂家的钢筋均应进行接头工艺检验。当在施工过程中更换钢筋生产厂家时,对新选厂家生产的钢筋也应进行接头工艺检验。当进行工艺检验时,对每一规格的钢筋,应切取不少于 3 根的试件送检,检测其抗拉强度和延伸率。

c. 钢筋丝头的检验。

直螺纹接头。丝头的加工公差应为 0～2.0p;并采用专用直螺纹量规进行检验,通规应能顺利旋入并达到要求的拧入长度,止规旋入不得超过 3p,如图 4.21 所示。抽检率为 10%,合格率不得小于 95%。

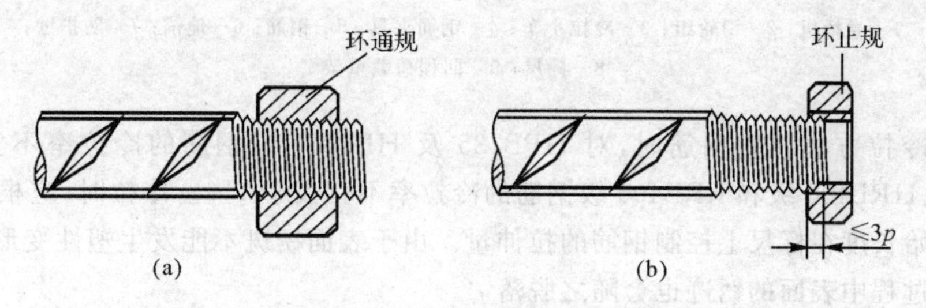

图 4.21　直螺纹接头加工质量检验

(a)通规;(b)止规

锥螺纹接头。钢筋丝头的长度应符合要求,使拧紧后的锥螺纹丝头不得相互接触,丝头的加工长度公差应达到－1.5p～－0.5p。钢筋丝头的锥度及螺距应用专用的锥螺纹量规检验,抽检数量为 10%,合格率不得小于 95%。

2)钢筋机械连接时,现场连接安装质量控制。

a. 检查接头的型式检验报告。机械连接接头应用单位应提供有效的接头型式检验报告。

b. 检查连接件合格证及套筒表面的生产批号标识,产品合格证应包括适用钢筋直径、接头性能等级、套筒类型、生产单位、生产日期,以及可追索到产品原材料力学性能和加工质量的生产批号。

c. 接头安装后应抽取 10%的接头检测其拧紧转矩,当不合格率超过 5%时,应对本批连接件的拧紧程度全部进行返工。

d. 接头的力学性能检验。对同一施工条件的同一批材料,应按每一连接形式、等级、规格,每 500 个接头作为一个检验批,不足 500 时也作为一个检验批。每个检验批应截取 3 个接头进行抗拉强度试验,抗拉强度应达到相应等级的规定。当其中有一个接头不满足相应规定时,可加倍取样复检,若仍有一个接头不满足相应规定,则判定该批次为不合格。当连续 10 个检验批抽检结果合格率达到 100%时,检验批接头数量可扩大 1 倍。

4.1.6　钢筋的加工

钢筋加工包括调直、除锈、切断、弯曲等工作。

1.钢筋的调直

以盘圆状态供货的钢筋在加工使用前必须进行调直。钢筋调直的方法通常有两种:冷拉调直和机械调直。对粗钢筋,也可采用锤直或扳直的方法。

(1)冷拉调直。冷拉调直是将钢筋的一端固定,另一端连接于滑轮组,再通过卷扬机牵引滑轮组对钢筋进行拉伸,使之产生一定的塑性变形而保持被拉直的形状。钢筋的冷拉调直工艺如图4.22所示。

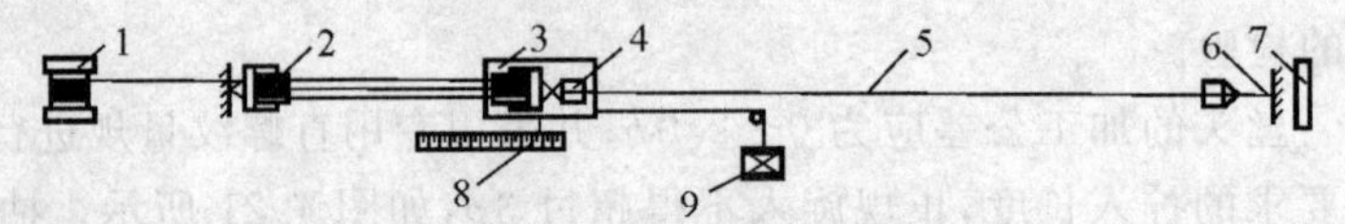

图4.22　钢筋的冷拉调直工艺

1—卷扬机;2—滑轮组;3—冷拉小车;4—钢筋夹具;5—钢筋;6—地锚;7—防护壁;8—标尺;9—回程荷载重架

当采用冷拉方法调直钢筋时,对HPB235及HPB300级钢筋的冷拉率不宜大于4%,HRB335级、HRB400级和RRB400级钢筋的冷拉率不宜大于1%。冷拉时,应根据每次欲调直钢筋的原始长度在标尺上控制钢筋的拉伸量。由于表面锈斑不能发生塑性变形,因此,钢筋在拉伸调直过程中表面的锈迹也会随之脱落。

(2)机械调直。机械调直是使用专门的钢筋调直机械,利用机械上的牵引轮使钢筋通过一组调直调制装置(通常为调直模),将其调直。如图4.23所示为数控钢筋调直切断机工作简图。机械调直的关键是要根据钢筋直径选用合适的调直模,并掌握好调直模的偏移量和压辊的压紧程度。

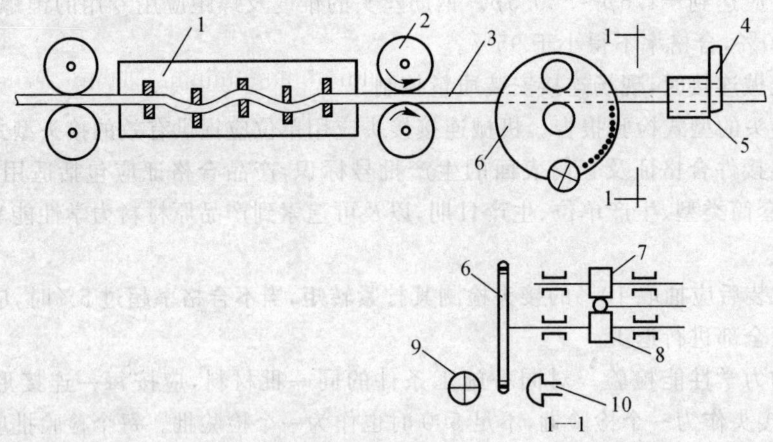

图4.23　数控钢筋调直切断机工作简图

1—调直装置;2—牵引轮;3—钢筋;4—上刀口;5—下刀口;6—光电盘;7—压轮;8—摩擦轮;9—灯泡;10—光电管

机械调直的同时也伴随着除锈作用。除此之外,一般还可附带进行钢筋的切断作业。

2. 钢筋的除锈

钢筋在加工前应保证表面洁净，否则会影响钢筋与混凝土之间的握裹力。因此，在使用之前应将其表面的油渍、漆污、铁锈等清理干净。

钢筋除锈的工艺主要有三种：一是在钢筋调直过程中除锈，适用于未加工的、处于原始盘圆状态的钢筋；二是采用电动除锈机除锈，适用于钢筋的局部锈斑；三是采用手工除锈，主要是采用钢丝刷、砂盘、喷砂、酸洗等办法除锈，适用于已安装在结构上的钢筋。

对锈蚀严重，已损及钢筋截面，以及在除锈后钢筋表面有严重凹坑的钢筋，应不用或在检测后降级使用。

钢筋在正常保管情况下时间较长时或经过雨淋不久，表面也会出现一层很薄的浮锈，这种浮锈对钢筋性能没有影响，施工中不需要去除。

3. 钢筋的切断

切断钢筋的机械有专用的钢筋切断机及手动切断器。钢筋切断机适用于大批量的钢筋切断作业；手动切断器通常用于直径小于12 mm的零星钢筋的切断。

钢筋切断作业时，应严格按照操作规程操作，避免出现安全事故。

钢筋应按下料长度进行切断，容许偏差应控制在±10 mm之内。

为减少钢筋切断时的度量误差，一般在切断机工作台上应标出尺度刻度线并设置控制断料尺寸的挡板。

4. 钢筋的弯曲成形

钢筋的弯曲成形通常采用钢筋弯曲机进行，如图4.24所示为GW40型钢筋弯曲机。这和弯曲机每次可以弯曲的钢筋数量见表4.17。弯曲机上控制钢筋弯曲直径的芯轴通常为可更换的插入式零件，应根据钢筋弯曲的角度及钢筋直径选用合理的弯曲直径。在缺少机具的情况下，也常用手摇扳手及卡盘与扳手进行钢筋的弯曲作业，如图4.25所示。当弯曲不同直径的钢筋时，可选用不同尺寸的扳手。

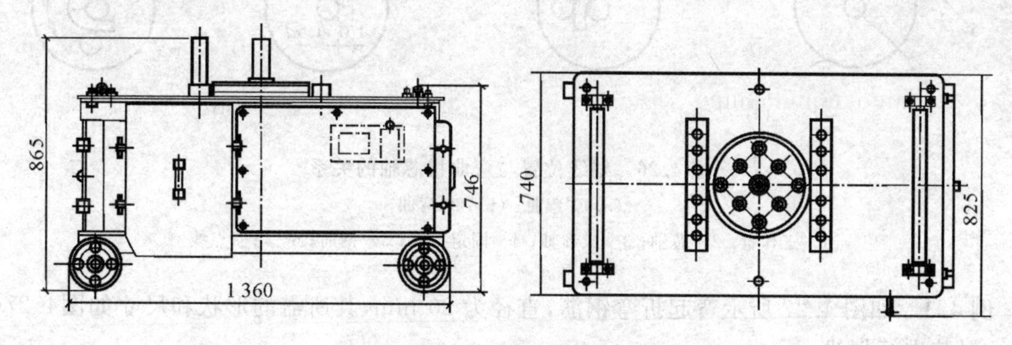

图4.24　GW40型钢筋弯曲机

表4.17　GW40型钢筋弯曲机每次钢筋弯曲根数

钢筋直径/mm	10～12	14～16	18～20	22～40
每次弯曲根数/根	4～6	3～4	2～3	1

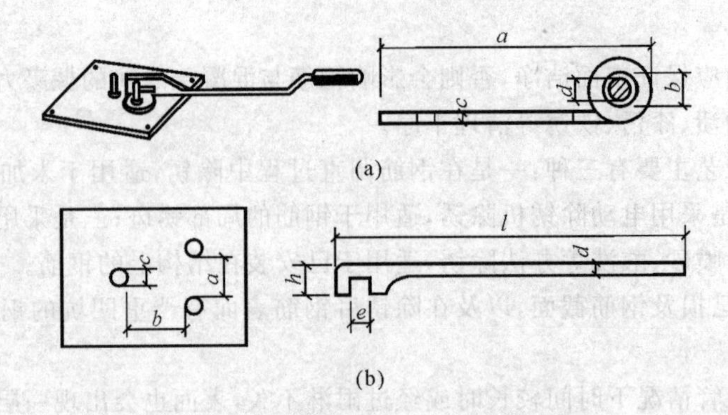

图 4.25　钢筋手动弯曲成形工具

(a)手摇扳手；(b)卡盘与扳手

钢筋在弯曲加工前，首先应在已下料的直钢筋上用石笔划出各弯曲点的位置，以便弯曲成设计要求的尺寸。划线度量时，应根据不同的弯曲角度从相邻两段长度中，各扣除其弯曲调整值的一半；带有半圆弯钩的钢筋，该段长度划线时应增加 $0.5d$。对于形状对称的钢筋，应从中间向两端进行划线；不对称钢筋，可从一端向另一端进行划线，再反过来进行复核，有出入时应重新划线。

钢筋在弯曲机上弯曲成形时，由于成形轴和芯轴同时转动，会带动钢筋向前滑移，因此，钢筋弯曲中心应与芯轴保持一定的位置关系。具体划线位置与弯曲机芯轴的关系如图 4.26 所示，即弯曲 90°弯钩时，划线位置应与芯轴内边缘齐平；弯曲 180°弯钩时，划线位置应与芯轴内边缘相距 $1.0\sim1.5d$。

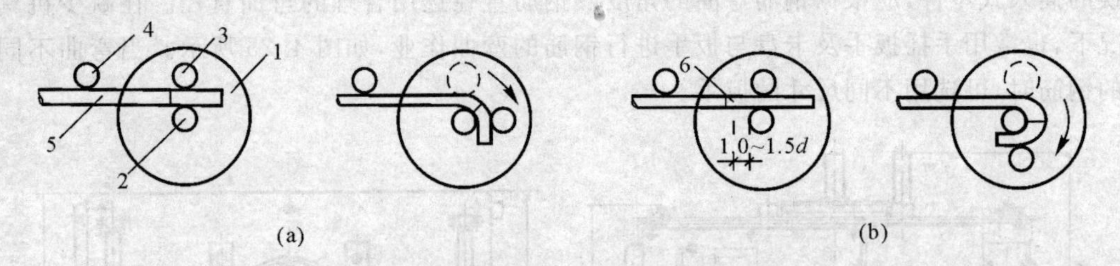

图 4.26　划线位置与弯曲机芯轴的关系

(a)90°弯曲；(b)180°弯曲

1—工作盘；2—芯轴；3—成形轴；4—固定挡铁；5—钢筋；6—弯曲点线

例 4.3　如图 4.27 所示弯起折弯钢筋，直径为 20 mm，其所需的形状和尺寸如图4.27(a)所示，对其进行划线。

解　钢筋的下料长度计算：

下料长度＝850×2＋635×2＋4 000＋6.25×20×2－0.5×20×4＝7 180 mm

下料划线的步骤如下：

(1)在钢筋的中心线划第一道线。

(2)由中线点向两侧各量：$4\ 000/2-\frac{0.5d}{2}=4\ 000/2-0.5\times\frac{20}{2}=1\ 995$ mm，划第二道线。

(3)再由刚才的划线点向外各量：$635-2\times\frac{0.5d}{2}=625$ mm，划第三道线。

(4)再由第三个划线点向外量：850－0.5d/2＋0.5d＝855 mm，划第四道线。

划线结果如图 4.27(b)所示。

对上述所划线进行复核后，再开始大批量划线作业，或按此在弯曲作业台上制作模板。

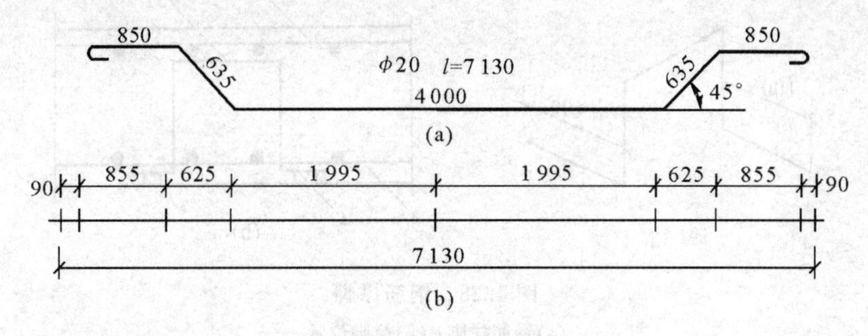

图 4.27　钢筋的下料划线

(a)弯曲钢筋的形状和尺寸；(b)钢筋划线图

4.1.7　钢筋的绑扎与安装

绑扎安装钢筋前，应先按图纸和配料单对拟吊往工作面的钢筋进行核对，做到规格、数量、形状、长度等均与配料单相符；并根据施工方案确定复杂部位钢筋的铺设顺序，协调好钢筋安装和各种管线、预埋件、预留洞口的配合关系，准备好绑扎用的工具、扎丝等。

为缩短钢筋安装周期及减少高空作业，在运输及起重条件许可的情况下，应尽量在地面完成钢筋网片、钢筋骨架等的绑扎作业，再吊往作业面进行安装。

当在作业面进行钢筋绑扎时，具体的结构构件钢筋绑扎应按照下列要求进行。

(1)基础钢筋的绑扎。基础底板钢筋的绑扎顺序：首先在垫层面上按图纸规定的底筋间距划线；分别铺设基础底板下部主次向钢筋并绑扎；再分别铺设面筋次向、主向钢筋并绑扎；最后安装墙、柱插筋及预埋件。如果有基础梁，则应在基础板底筋铺设完毕后即开始绑扎基础梁，最后铺设基础板上部钢筋。此时，基础板上部钢筋可能要穿过基础梁铺设。

关于基础底板主次向钢筋的判别，一般当有基础梁时，垂直于基础梁的钢筋为主受力筋。没有基础梁时，短向钢筋为主受力筋。在基础底板下部钢筋中，主受力筋始终在最下边。底板面筋中的情形则相反。

当绑扎底板面层和底层钢筋网片时，四周两行钢筋交叉点应每点扎牢，中间部分交叉点可相隔交错扎牢，但必须保证受力钢筋不位移。双向主筋的钢筋网，则须将全部钢筋相交点扎牢。绑扎时应注意相邻绑扎点的铁丝扣要成八字形，以免网片歪斜变形。

下层钢筋网片绑扎完成后，应按要求设置垫块，以确保混凝土保护层厚度满足规范要求。

当基础底板采用双层钢筋网时，在上层钢筋网片下面应设置钢筋撑脚(俗称马櫈筋)，以保证钢筋位置正确。

钢筋撑脚的形式与尺寸如图 4.28 所示，每隔 1 m 放置一个。其直径的选用应满足当板厚 h≤30 cm 时为 8～10 mm；当板厚 h＝30～50 cm 时为 12～14 mm；当板厚 h＞50 cm 时为16～18 mm。

底层钢筋端部的弯钩应朝上，不要倒向一边；面层钢筋端部的弯钩应朝下。

对厚片筏的上部钢筋网片，可采用钢管临时支撑体系；在上部钢筋网片绑扎完毕后，应另加一些垂直钢管通过直角扣件与上部钢筋网片的下层钢筋连接，以置换出水平钢管。在混凝土浇筑过程中，可随着混凝土浇注的进行而逐步抽出垂直钢管。

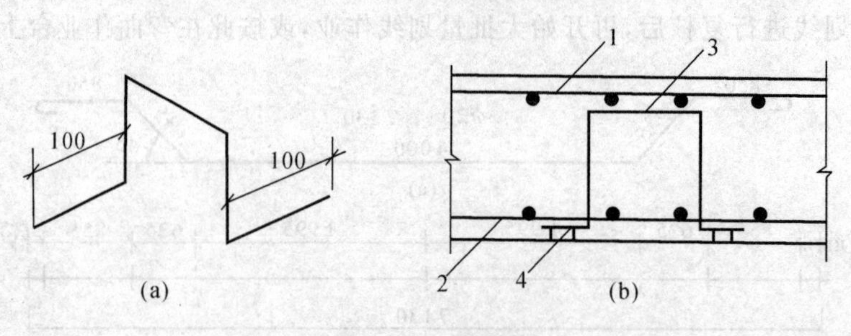

图 4.28　钢筋撑脚

(a)钢筋撑脚；(b)撑脚位置

1—上层钢筋网；2—下层钢筋网；3—撑脚；4—水泥垫块

(2)柱钢筋的绑扎。柱钢筋插入基础底板或基础梁的长度应满足设计要求，并在基础顶面下设置至少 2 道箍筋，以防止插筋偏移。下层柱的钢筋露出楼面部分，应在下层梁板混凝土浇筑前用至少 1 道柱箍将其收拢，以防止混凝土浇筑过程中引起的柱纵向钢筋偏位。当柱截面有变化时，其下层柱钢筋的露出部分，必须在绑扎梁的钢筋之前，先行收缩准确。

柱钢筋的绑扎顺序是，首先校正、调直基础插筋或下层露出的接头钢筋，按设计数量套上整根柱的箍筋，再接长柱的纵向钢筋，根据箍筋间距在纵向钢筋上划线以确定箍筋位置，再移动套好的箍筋就位绑扎。柱钢筋绑扎时应注意下列问题。

1)若纵筋为 HBP235 或 HPB300 钢筋，当采用搭接接长时，角部钢筋的弯钩应与模板成 45°(多边形柱为模板内角的平分角，圆形柱应与模板切线垂直)。

2)箍筋的接头(弯钩叠合处)应交错布置在四角纵向钢筋上；箍筋转角与纵向钢筋交叉点均应扎牢(箍筋平直部分与纵向钢筋交叉点可间隔扎牢)，绑扎箍筋时绑扣相互间应成八字形。

3)框架梁、牛腿及柱帽等钢筋，应放在柱的纵向钢筋内侧。

4)柱钢筋的绑扎，应在模板安装前进行。

5)应注意在纵向钢筋连接区域内的箍筋加密。

(3)墙体钢筋绑扎。墙体竖向钢筋插入基础底板或梁的要求与柱相似，应在基础顶面下设置不少于 2 道水平筋，插入长度应符合设计要求；伸出混凝土面部分在浇筑混凝土前应至少采用一道水平筋及拉钩定位。

墙体钢筋的绑扎顺序：先矫正调直基础插筋或下层外伸的竖向钢筋，绑扎约束构件及边缘构件、暗柱等的钢筋，然后再开始绑扎墙体钢筋。墙体钢筋绑扎前应先搭设脚手架。

绑扎墙体钢筋时应注意下列问题。

1)地下室外墙(挡土墙)的竖向钢筋通常在外侧，水平钢筋在竖向钢筋内侧；而一般剪力墙的钢筋排布正好相反。

2)绑扎时，应先每隔一定距离竖立竖向钢筋，在其上划出水平钢筋位置；再于其下部和中部各绑扎一道水平筋，在水平筋上划上竖向钢筋位置，然后绑扎竖向钢筋，最后绑扎水平钢筋，并设置拉钩和保护层垫块。

3)无论是水平筋还是竖向筋，当采用 HBP235 或 HPB300 时，其搭接弯钩应朝向剪力墙内部。

4)应当特别注意剪力墙水平钢筋在墙端部及转折处的构造要求。

(4)梁钢筋的绑扎。梁钢筋绑扎时,应注意以下问题。

1)梁钢筋绑扎与模板安装之间的配合关系。梁的高度较小时,梁的钢筋通常架空在梁顶模板上绑扎,然后再落位;当梁的高度较大(≥1.0 m)时,梁的钢筋宜在梁底模上绑扎,其两边的侧模或一边的侧模后装。

2)绑扎顺序。按设计数量整理好整根梁所需的箍筋,并在各梁的下部钢筋上划出该梁箍筋的位置。先穿主梁底部纵向钢筋,再穿次梁底部纵向钢筋,然后穿主次梁上部纵向钢筋。将主、次梁箍筋安放到设计位置,并与主筋固定,最后绑扎腰筋。

3)纵向受力钢筋采用双层排列时,两排钢筋之间应垫以直径大于等于25 mm的短钢筋,以保持其设计距离。

4)箍筋的接头(弯钩叠合处)应交错布置在两根架立钢筋上。

5)应特别注意梁端及纵向钢筋连接处的箍筋加密要求。

6)主次梁相交处,应注意次梁底部纵筋一定在主梁底部纵向钢筋之上。主梁与柱相交处,柱纵向钢筋一定在梁纵向钢筋之外。

(5)板钢筋的绑扎。楼板钢筋在绑扎时应注意以下问题。

1)楼板钢筋在绑扎前应在模板上划出钢筋位置。

2)楼板钢筋的搭接。板底通长钢筋应在支座处搭接;面筋通长钢筋应在跨中1/3范围内进行搭接。

3)绑扎完毕后,应架设跳板通道,避免踩踏钢筋。

4)应特别注意板边负筋及悬挑部位的面筋因踩踏而导致降低的现象。

5)板在与梁相交处,板的面筋应在梁的上部纵向钢筋之上。

6)其他绑扎要求与基础底板钢筋基本一致。

7)在绑扎面层钢筋之前应完成预埋于板内的电管等的布设工作。

4.2 模板工程

在混凝土结构施工中,模板的主要作用是保证混凝土浇筑凝固后所形成的混凝土构件的尺寸、位置及形状符合设计要求。模板工程是混凝土结构施工的一个非常重要组成部分,现浇混凝土结构用模板工程的造价约占钢筋混凝土工程总造价的30%,总用工量的50%。采用先进的模板技术,对提高劳动生产率、改善施工质量、降低劳动强度及工程施工成本和实现文明施工都具有十分重要的意义。

模板工程主要由模板体系和支撑体系两大部分构成。模板是与新浇筑混凝土接触,使之成型并在达到一定强度之前直接承受混凝土自重的临时模型板;支撑是保证模板体系的形状并承受模板、钢筋、混凝土自重和施工荷载的临时结构。

模板及其支架体系应满足下列基本要求。

(1)保证工程结构和构件各部分形状、尺寸和相互位置正确。

(2)具有足够的刚度、强度和稳定性,能可靠地承受新浇筑混凝土的重力和侧压力及施工荷载。

(3)构造简单,拆装方便,便于钢筋绑扎与安装、混凝土浇筑与养护等工艺要求。

(4)接缝严密,不漏浆。

4.2.1 模板的分类

模板的分类主要有下列几种方法。

1. 按照所使用的材料分类

模板按照所使用材料的不同可以分为木模板(包括木胶合板模板、竹胶合板模板,统称胶合板模板)、钢模板、钢木(竹)组合模板、塑料模板、玻璃钢模板、铝合金模板等。在国内的建筑工程施工中,多使用前三种模板,塑料模板、玻璃钢模板及铝合金模板的应用还很少。

(1)木模板。木模板通常是选用红松、白松、杉木等质量轻、不易变形的木材,事先在木工棚中加工成宽度不小于 200 mm 的木板,再将其用 25 mm×35 mm 的拼条钉成拼板。由于不同部位模板所受的荷载差异很大,因此,拼板的厚度也与模板的位置有关。一般,侧模的厚度为 20～30 mm,底模的厚度则为 40～50 mm。为保证拼板与拼条之间连接的可靠性,通常所用钉子的长度为木板厚度的 1.5～2.0 倍。拼条的间距也取决于模板的厚度及荷载的大小,由计算确定。木模板拼板的基本构造如图 4.29 所示。

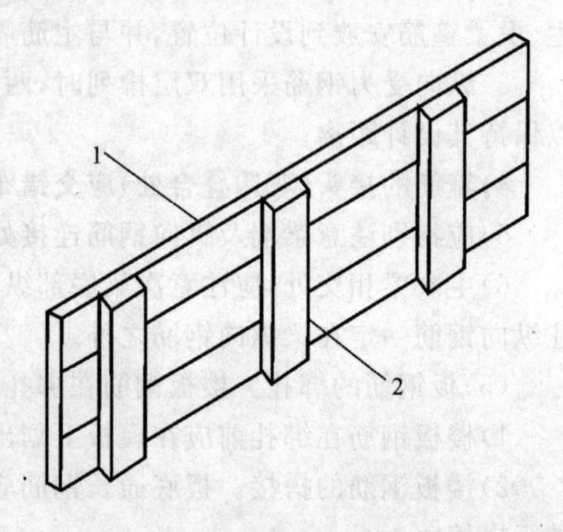

图 4.29　木模板拼板的基本构造

1—板条；2—拼条

木模板的特点是制作方便,拼装随意,通常用于外形复杂或异形的混凝土构件。由于木材的导热系数小,对混凝土冬期施工也有一定保温作用。但木模板周转次数小,消耗较大。由于木材的稀缺性,从 20 世纪 70 年代起,我国在建筑业兴起了以钢代木活动,逐渐用钢模板取代木模板,目前木模板的使用已大大减少。

木胶合板模板是由木段旋切成薄片,再用黏结剂(最常用黏结剂为酚醛树脂)胶合而成的三层或多层(通常为 5,7,9,11 层)的板状材料,通常由奇数层单板构成,相邻层单板之间的纤维方向相互垂直,最外层表板的纹理方向和胶合板的长向平行。在使用中模板的受拉方向应沿长向布置。如图 4.30 所示为胶合板模板的分层与使用。

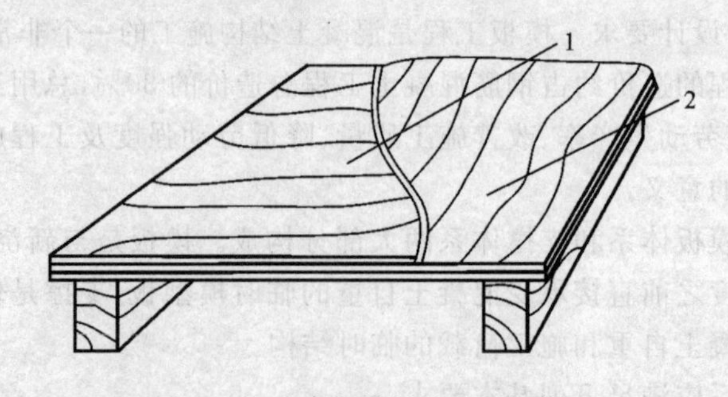

图 4.30　胶合板模板的分层与使用

1—表板；2—芯板

模板用木胶合板的幅面尺寸,一般宽度为 1 200 mm 左右,长度为 2 400 mm 左右,厚度为 12～18 mm。模板用木胶合板常用尺寸见表 4.18。为提高多层板模板材料的耐磨和耐水性能，通常还在多层板表面做酚醛树脂或瓷釉涂料覆面处理，周边涂封边胶。

表 4.18　常用模板用胶合板规格尺寸

幅面尺寸/mm				厚度
模数制		非模数制		
宽度	长度	宽度	长度	
		915	1 830	≥12～<15 mm ≥15～<18 mm ≥18～<21 mm ≥21～<24 mm
900	1 800	1 220	1 830	
1 000	2 000	915	2 135	
1 200	2 400	1 220	2 440	
		1 250	2 500	

注：其他规格由供需双方协议。

竹胶合板简称竹胶板。混凝土模板用竹胶合板，其芯板是将竹子劈成宽为 14～17 mm、厚为 3～5 mm 的竹条，再用人工或编织机编织成竹帘（称竹帘单板）；面板是将竹子劈成蔑片，由编工编成竹席，称为编席单板。也可采用薄木胶合板作为面板，这样既可利用竹材资源，又可兼有木胶合板的表面平整度。同木胶合板模板，为提高竹胶板模板表面的耐磨性和耐水性，通常在其表面也做环氧树脂或瓷釉涂料覆面处理，周边涂封边胶。

竹胶板按表面特征分为 A，B 两大类。其中，A 类竹胶板做了浸渍胶膜纸贴面处理，而 B 类则未作该处理。

竹胶板的厚度有 12 mm，15 mm，18 mm 等规格，也可经供需双方协议生产其他规格。

竹胶板模板的常用板幅尺寸见表 4.19。

表 4.19　常用模板用竹胶板规格尺寸

长度/mm	宽度/mm	长度/mm	宽度/mm
1 830	915	2 135	915
1 830	1 220	2 440	1 220
2 000	1 000		

当应用竹胶板模板时，应尽可能整张直接使用，减少裁截。

胶合板模板及竹胶板模板的使用方法与木模板基本相同，主要有两种：一种是散支散拆，主要用于平板模板，是在模板支架上按一定间距搭设方木，再于方木上铺放模板材料，用铁钉固定于方木上；另一种是根据结构构件表面形状，用方木做边楞及加固条，制作成固定形状的模板，直接安放于构件相应部位，这种方法主要用于梁、柱及墙模板的支设，详见 4.2.2 节基础模板的支设。

（2）钢模板。钢模板主要包括组合钢模板和大模板两种。

1）组合钢模板主要由钢模板、连接件和支撑件 3 部分组成。

组合钢模板主要包括平面模板、转角模板（阳角模板、阴角模板）和连接角模板，如图4.31 所示为钢平板模板，如图 4.32 所示为转角模板。

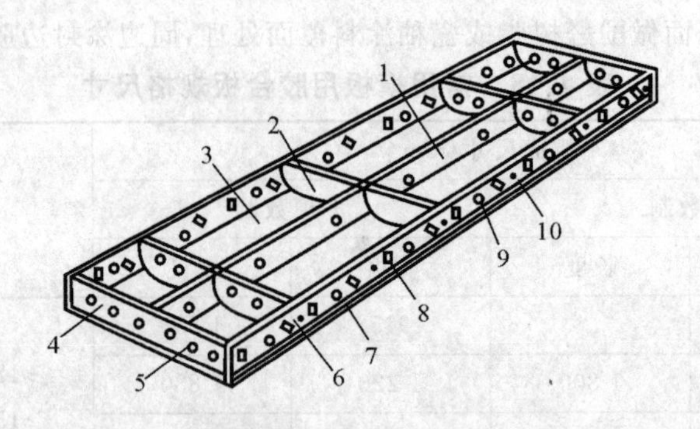

图 4.31 钢平板模板

1—中纵肋；2—中横肋；3—面板；4—横肋；5—插销孔；6—纵肋；7—凸棱；8—凸鼓；
9—U 形卡孔；10—插销孔

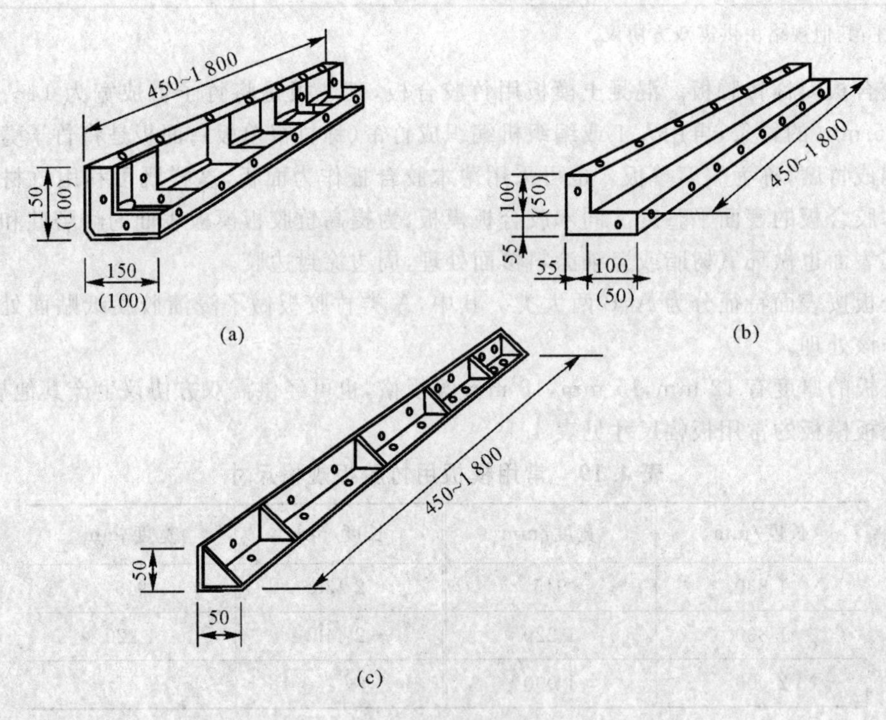

图 4.32 转角模板

(a)阴角模板；(b)阳角模板；(c)连接角模板

模板面板钢板厚度有 2.50 mm，2.75 mm 两种规格，纵横肋板及边框采用厚度为 3.0 mm 的钢带焊接而成，钢模的肋高均为 55 mm。为便于模板之间的连接，边框上都有连接孔，且无论模板长短，孔距均保持一致，以方便拼接。钢模板采用模数制设计，通用模板的宽度模数以 50 mm 进级，长度以 150 mm 进级(长度超过 900 mm 时，以 300 mm 进级)。常见模板面板的规格尺寸如表 4.20 所示。

平面钢模板、阴角模板、阳角模板及连接角模板分别用字母 P，E，Y，J 表示，在代号后面 4 位数表示模板规格，前两位是模板宽度的厘米数，后两位是长度的分米数。如 P3015 表示该模板宽为 300 mm，长为 1 500 mm。除上述常用钢模板外，还有倒棱模板、梁腋模板、柔性模板、搭接模板、双曲模板等组合钢模板部件。

表4.20　钢模板规格

名称	代号	宽度/mm	长度/mm	肋高/mm
平面模板	P	600,550,500,450,400,350,300,250,200,150,100	1 800,1 500,1 200, 900, 750,600,450	55
阴角模板	E	150×150,100×150		
阳角模板	Y	100×100,50×50		
连接角模	J	50×50		

连接件主要有U形卡、L形插销、钩头螺栓、对拉螺栓、3形扣件、蝶形扣件及紧固螺栓等。其中,U形卡用于钢模板的纵横向拼接,是将相邻模板夹紧固定的主要构件;L形插销用于增强钢模板纵向拼接的刚度,保证接缝处板面的平整;钩头螺栓用于钢模板与支撑钢楞或钢管之间的连接;对拉螺栓用于墙体、梁及柱两侧模板之间的固定;3形扣件及蝶形扣件用做钢楞与模板或钢楞之间的紧固连接,与其他配件一起将钢模板拼装连接成整体。其中,3形扣件用于钢管,而蝶形扣件用于钢楞。如图4.33所示为组合钢模板基本连接件,如图4.34所示为组合钢模板基本连接件的应用。

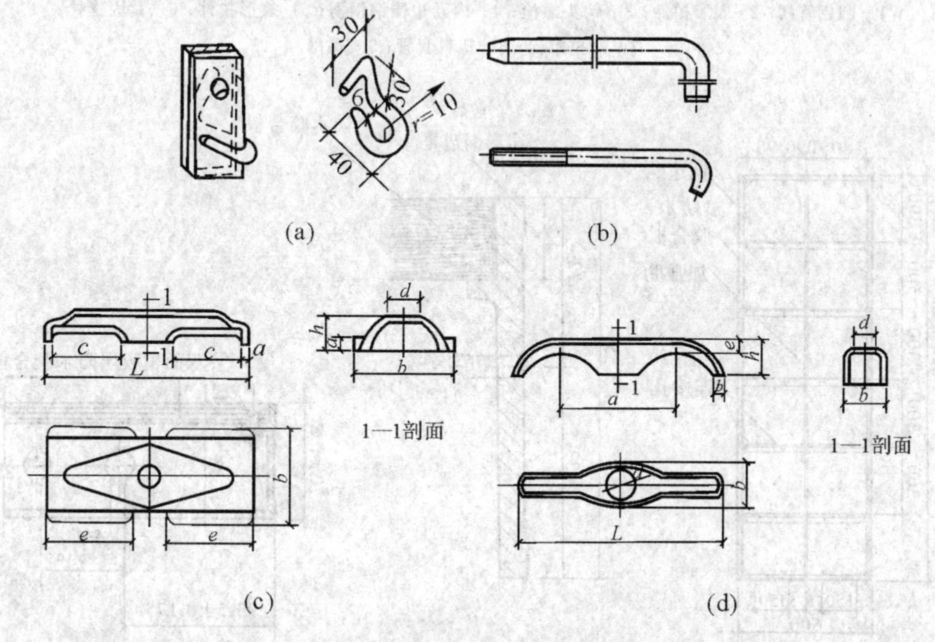

图4.33　组合钢模板基本连接件

(a)U形卡;(b)L形插销及钩头螺栓;(c)蝶形扣件;(d)3形扣件

组合钢模板的支撑件主要包括钢楞、柱箍、梁卡具、钢支架、钢支柱、早拆柱头、钢桁架、门式钢管脚手架、扣件式钢管脚手架、碗扣式钢管脚手架、方塔式支架等。所有这些支撑件均可与其他模板形式组合使用。

组合钢模板的板块尺寸适中,组装灵活,加工精度高,接缝严密,表面平整,强度和刚度好,不易变形，使用寿命长，在保养良好的情况下可周转使用100次以上，可以拼装出各种构件形状和尺寸，还可以拼装成大模板、台模等工具式模板。其缺点是一次投入大，使用过程中需要精心保养。

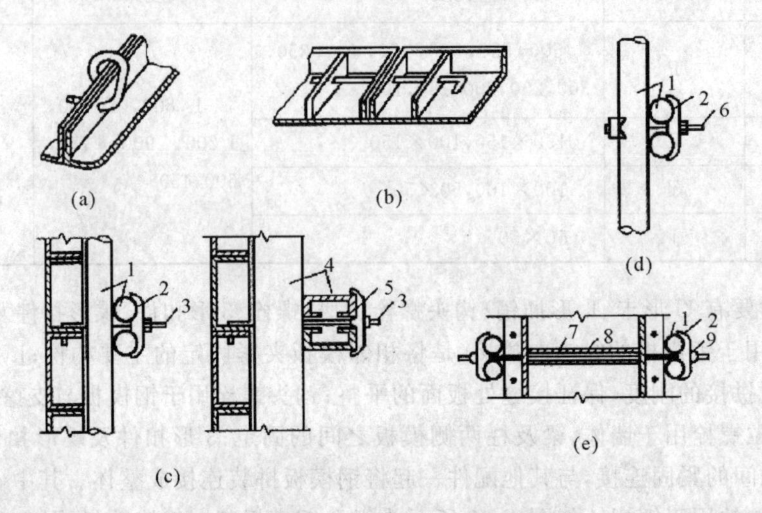

图 4.34 组合钢模板基本连接件应用

(a)U形卡连接；(b)L形插销连接；(c)钩头螺栓连接；(d)栓连接

1—圆钢管楞；2—3形扣件；3—钩头螺栓；4—内卷边槽钢钢楞；5—蝶形扣件；6—紧固螺栓；7—对拉螺栓；8—塑料套管；9—螺母

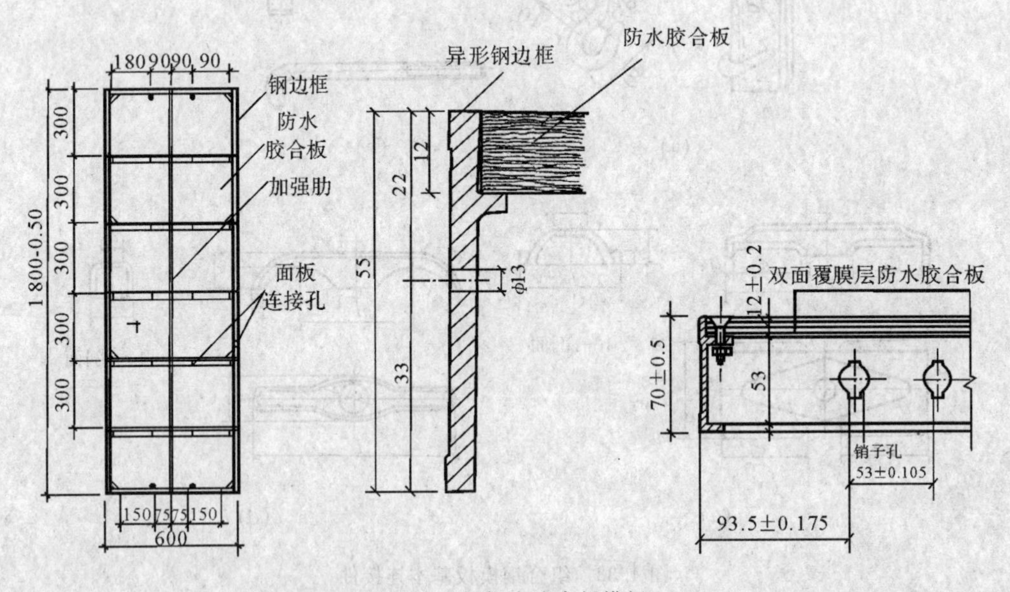

图 4.35 钢框木胶合板模板

2)钢框木(竹)胶合板模板。钢框木(竹)胶合板模板是以热轧异型钢为钢框，以木(竹)胶合板为面板，组合而成的一种组合式模板，如图 4.35 所示。作为面板的胶合板表面一般做酚醛(或性能更高的)树脂封面处理，以提高其表面的耐磨及耐水性能，胶合板的切割面(包括孔壁)应采用封边漆密封。面板通过沉头螺钉固定于钢框上，面板与钢框之间的连接有明框和暗框两种形式。明框的框边与面板表面齐平，而暗框的边框则位于面板之下。这种模板的常用模数与普通组合钢模板相同，可与组合钢模板混合使用。

由于面板采用了覆面胶合板，这种模板的自重大幅减轻(比组合钢模板轻 1/3)，因此单块模板可以较组合钢模板做得更大(最长为 2 400 mm，最宽为 1 200 mm)，因而拼装工作量小，接缝也减少，有利于提高混凝土表面质量；面板可双面使用，在受到损伤后可以用修补剂修复，周转次数可达 50 次以上；模板保温效果好，有利于混凝土工程冬期施工；其表面与混凝土之间附着力小，便于模板拆卸。

2. 按照结构构件分类

与建筑结构混凝土构件的类型相对应，模板也可分为基础模板、柱模板、墙体模板、梁模板、平板模板、楼梯模板等。其支设方法详见 4.2.2 节～4.2.5 节。

3. 按照拼装方式分类

按照拼装方式，建筑结构模板可分为两类：散支散拆模板和整装整拆模板。

散支散拆模板支设时是先搭好模板系统的支架，包括支撑架、方木或钢楞，在于其上按照预先设计，逐块铺设模板并与支架固定，完成某一构件的模板支设工作。拆除时，是先拆除支架、楞木等构件，再逐块拆除模板。这种方式通常用于楼板等平板模板或某些特殊构件(通常为重复率很低的构件)的支设。

整装整拆模板是将建筑构件的某一侧面模板做成一个整体，在支设时将其吊装到位，再经过位置调整固定即可，拆除时也是整块将其拆下吊离。这种模板通常用于墙体、梁、柱等部位。目前，平板模板采用这种方式也越来越多，常见的工具式模板如筒模、台模、飞模、钢大模板等即属于此类。实际施工中，常将木(竹)胶合板模板通过方木和钢管组合成较大的块状模板，或将组合钢模板预先拼装成较大块状，构成结构构件侧模(或其一部分)，也可形成整支整拆模板。

4.2.2　基础模板的支设

按照基础的形状，可以将其分为阶梯形独立基础、杯形基础、条形基础、带有地梁的条形基础及筏板基础等形式。不同基础形式，采用的模板材料及支设方法各不相同。常用的基础模板材料主要为组合钢模板及木模板。

1. 阶梯形基础模板

阶梯形基础模板的每一台阶由四块侧模拼装而成。

当采用木模板时，其中两块侧模板的尺寸与相应台阶侧面尺寸相等，另两块比相应侧面尺寸长 150～200 mm，用两长模板块夹住两短模板块，用木档拼成方框。上台阶侧模通过轿杠木支撑在下台阶模板上；下台阶模板四周设置斜撑及平撑。斜撑及平撑的一端顶在侧模板的木档上，另一端紧顶在木桩上，如图 4.36 所示。

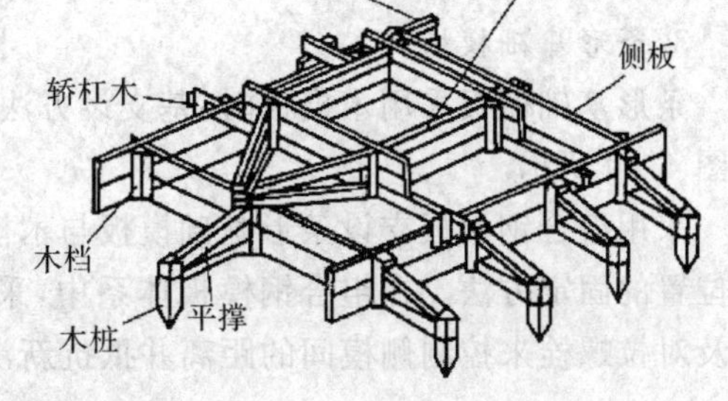

图 4.36　阶梯形独立基础木模板支设

当采用组合钢模板时，下台阶的四块侧模板长度与基础侧面长度相等，用连接角模连接成框体，上台阶两个侧模与台阶侧面长度相等,另两个侧模长度较长,应保证其能支撑在下台阶模板顶面。为保证与两块较短侧模的连接,长侧模与短侧模连接的部位应加设模板的 T 形连接件,如图 4.37 所示。

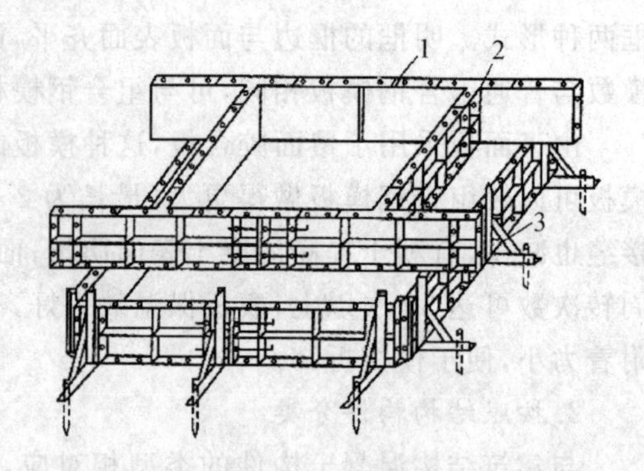

图 4.37　阶梯形独立基础组合钢模板支设

1—组合钢模板;2—T 形连接件;3—角钢三角撑

2. 杯形基础模板

杯形基础模板如图 4.38 所示,与阶梯形基础模板的区别在于杯芯模板的构造。杯芯模板有整体式和装配式两种:整体式杯芯模板是用木板和木档根据杯口尺寸钉成一个整体,为便于脱模,可在芯模上口设置吊环;装配式杯芯模有四个角模外加四块抽芯板组成,拆模时先抽去抽芯板,即可脱模。

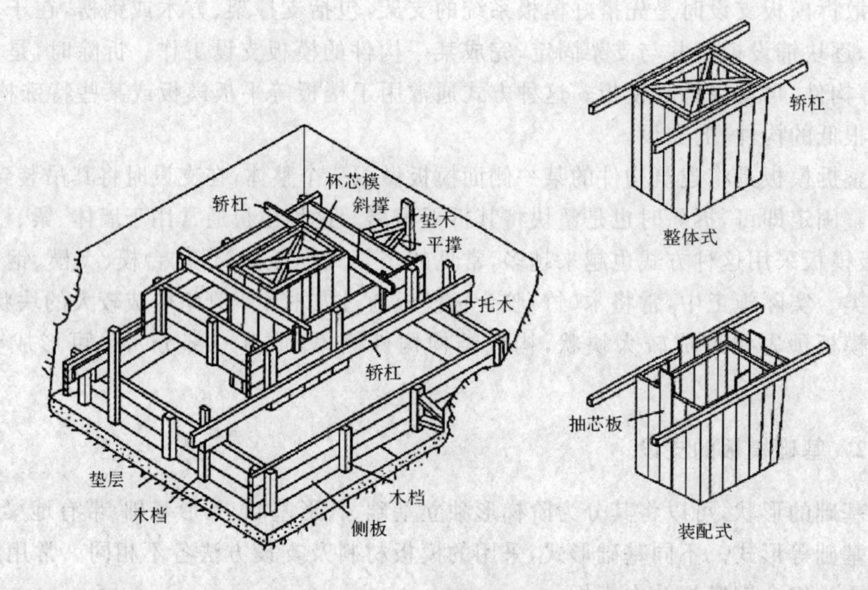

图 4.38　杯形基础模板

杯芯模的上口宽度应比柱脚宽度大 100～150 mm,下口宽度应比柱脚宽度大 40～60 mm,杯芯模的高度应比柱子插入基础杯口深度大 20～30 mm,以便安装柱子时调整柱列轴线及柱底标高。芯模一般不装底板,以方便杯口底部混凝土浇筑及振捣。

3. 条形基础模板

条形基础模板采用木模板时,基支设方法如图 4.39 所示,采用钢模板时的模板支设方法如图 4.40 所示。

采用组合钢模板支设条形基础模板与木模板的区别主要在于模板块之间的连接方式及侧模位置的固定方法。在组合钢模板体系中,采用 U 形卡及插销进行板块之间的连接,采用梁卡及对拉螺栓来控制侧模间的距离并抵抗新浇筑混凝土的侧压力。

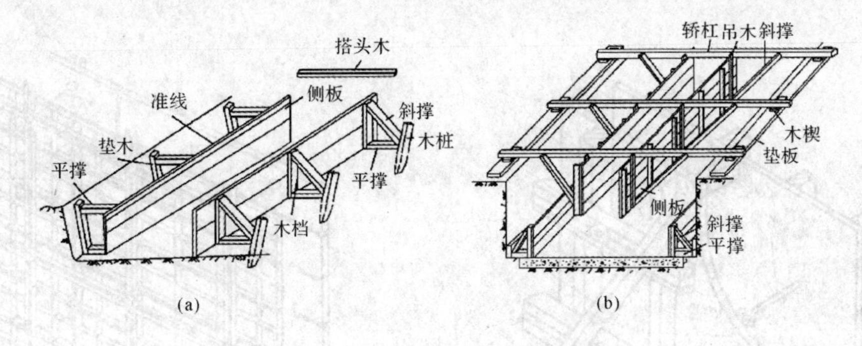

图 4.39　条形基础木模板支设

(a)条形基础模板；(b)带有地梁的条形基础模板

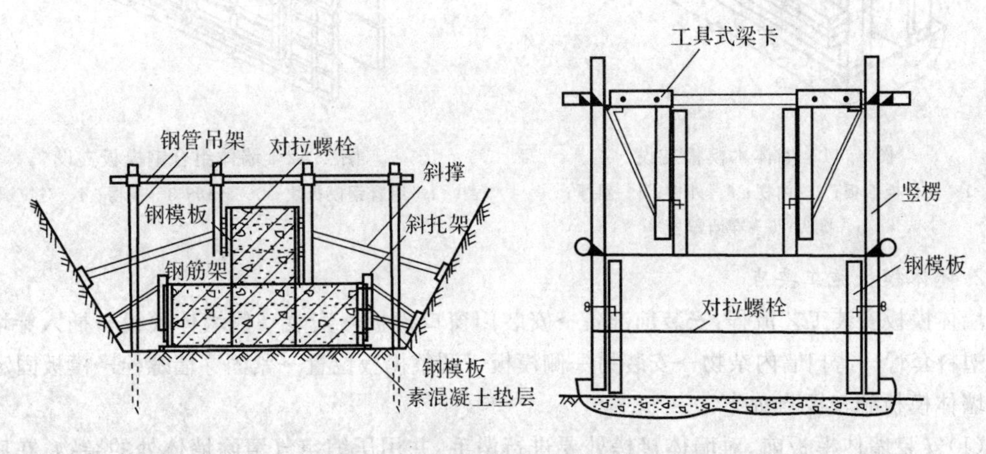

图 4.40　条形基础钢模板支设

4.2.3　墙体模板的支设

1. 墙体模板的构造

墙体模板的面板通常采用胶合板模板或组合钢模板，也有很多工程采用工具式大钢模板。墙体模板由两块侧模构成，其特点是高度大而厚度薄，模板主要承受新浇筑混凝土的侧压力作用。

当采用木(或竹)胶合板时，背部支撑由内、外楞组成，内楞通常为竖向布置，一般采用 60 mm×80 mm 木方，用以直接支撑模板面板，方木中心距为 300 mm 左右，将胶合板面板直接钉在内楞方木上；外楞采用水平布置，用以支撑内楞，通常采用 50 mm×100 mm 方木或双肢脚手架钢管，中心距 500～600 mm 左右，上、下两道距上、下口间距为 200 mm。通常在墙体钢筋绑扎好后安装与墙等厚的短钢筋节或预制小混凝土条控制模板间距，模板安装好后用穿墙螺栓将两侧模板拉结成整体，并抵抗墙体新浇筑混凝土的侧压力。穿墙螺栓大小通常采用 M14，水平间距 600 mm 左右，竖向间距与外楞相同。实际工程中，应通过计算确定上述构造数据。为保证墙体模板的垂直度及稳定性，通常设置两道斜撑。墙体木模板支设如图 4.41 所示。

当采用组合钢模板做墙体模板时，其构造方式与木胶合板模板相似，只是内、外两楞均采用双肢钢管或型钢，穿墙螺栓常采用扁钢以减少对钢模板的损坏，如图 4.42 所示。

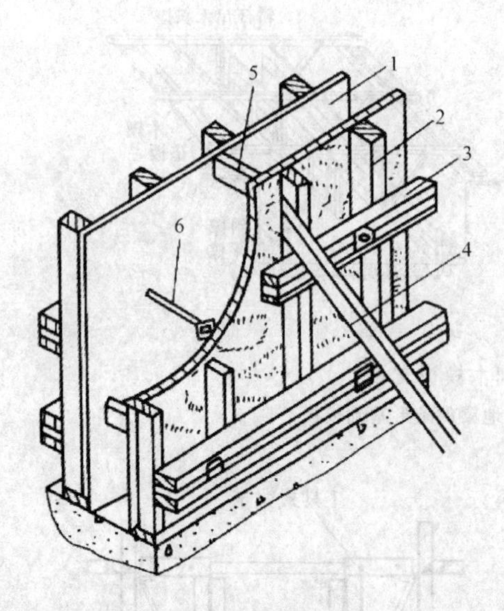

图 4.41 墙体木模板支设

1—胶合板面板；2—内楞；3—外楞；4—斜撑；5—撑头；6—穿墙螺栓

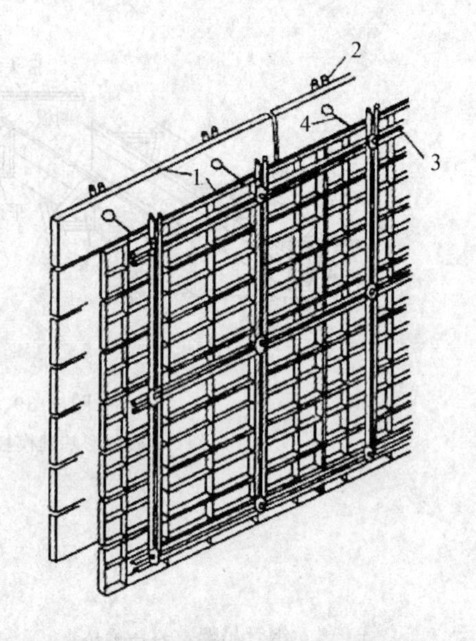

图 4.42 墙体组合钢模板支设

1—组合钢模板块；2—竖楞；3—横楞；4—对拉螺栓

2. 墙体模板施工要点

墙体模板安装工艺流程：安装前准备→安装门窗口模板→安装一侧墙体模板→插入穿墙螺栓及塑料套管→清扫墙内杂物→安装另一侧模板→调整模板位置→紧固穿墙螺栓→模板固定。

墙体模板施工要点如下。

(1)安装墙体模板前，对墙体接槎处要进行凿毛，并用压缩空气清除墙体处的杂物，在底板上根据放线粘贴海绵条，防止因漏浆造成墙体烂根。

(2)控制墙体厚度用的钢筋短节或小水泥条在模板安装前应在墙体钢筋上绑扎牢靠。

(3)封闭模板前，应对墙体上的预留孔位置及模板进行一次严格检查，避免遗漏。

(4)对于有防水要求的地下室外墙及人防临空墙，其穿墙螺栓应带止水环；对一般内墙，一般在穿墙螺栓外侧加装塑料套管，套管长度应比墙厚小 2～3 mm。拆模后，可抽出穿墙螺栓重复使用。

4.2.4 楼板模板的支设

1. 楼板模板构造

楼板模板面板一般采用整张胶合板，下铺 60 mm×80 mm 方木作为次龙骨，中心距 300 mm 左右；次龙骨下铺大龙骨(100 mm×100 mm 方木或脚手架钢管)，大龙骨直接由模板支架支撑。为调整模板表面平整度及起拱方便，通常大龙骨由安插在模板支架立管中的可调节顶托(也叫“丝杆”)支撑。当楼板跨度大于 4 m 时，应按设计要求起拱，起拱高度为跨度的 1/1 000～3/1 000。具体楼板模板构造如图 4.43 所示。

楼板模板的支架主要有定型钢支架、扣件式钢管脚手架、门式钢管脚手架体系等。当采用扣件式钢管脚手架时，一般纵距及横距应根据楼层的高度及楼板厚度确定，常采用 1.0～1.2 m左右，步距采用 1.5 m 左右。

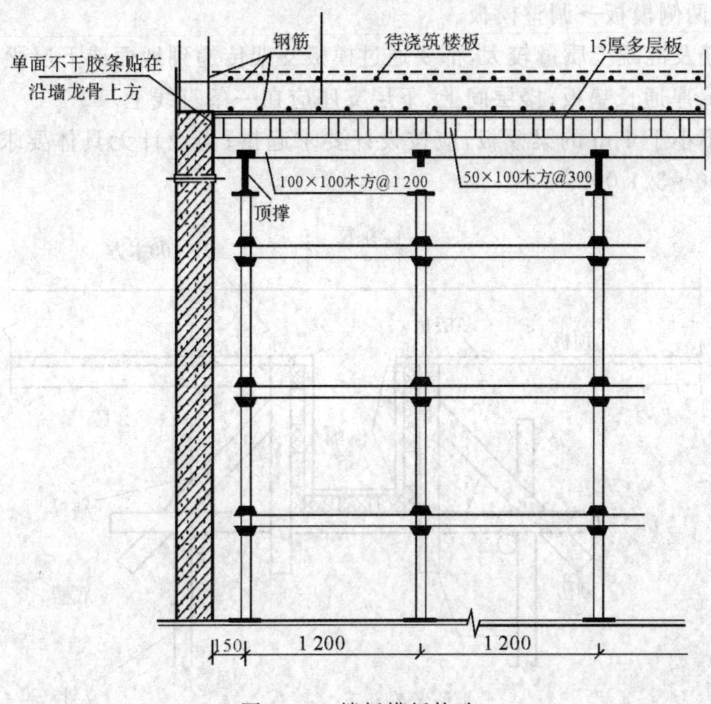

图4.43　楼板模板构造

2.楼板模板施工要点

楼板模板施工的工艺流程：搭设支架→安装顶托及主次两层龙骨→调整板底标高并起拱→铺设楼板模板。

(1)当搭设模板支架时，一般从边跨开始，第一排立杆距墙约10 cm。应在四周墙上或梁模板上弹出大小龙骨底标高线，再依照弹线高度铺设大小龙骨。小龙骨排列方向应与大龙骨垂直，最后调整龙骨标高。

(2)模板铺设一般从四周开始，在中间收口。模板与次龙骨的接触应紧密，以确保其变形稳定。每块胶合板端部应贴胶带或夹密封条，以防止漏浆。

(3)模板铺设完成后，应对模板支架的稳定情况、模板面的平整度、标高、起拱等情况进行检查，并及时对超标误差进行矫正。

4.2.5　梁、柱及楼梯模板的支设

1.梁模板的构造及施工要点

梁模板的构造如图4.44所示。梁模板通常采用胶合板作为面板，侧模采用40 mm×60 mm木方作为内楞(水平向)，间距约300 mm，采用钢管做外楞(竖向)，间距为500 mm，当梁高大于700 mm时，为抵抗较大的混凝土侧压力，通常还在梁高的中间部位设置一道M12对拉螺栓加固，水平间距约500 mm。梁底模板下铺设60 mm×80 mm木方，间距为300 mm左右。模板支架的立杆沿梁长度方向间距为1～1.2 m，垂直于梁方向间距为600～700 mm，步距为1.5 m左右。

梁模板施工的工艺流程为搭设和调整模板支架→铺设梁底模板→绑扎梁钢筋→安装保护

层垫块→安装梁两侧模板→调整模板。

(1)梁的钢筋及混凝土质量较大,都要通过模板支架传递到地面或下层梁上,因此,首层地面上应铺设 5 cm 厚通长垫板;楼层间上、下层支座应在一条直线上。

(2)对跨度不小于 4 m 的梁模板,应按设计要求起拱;当设计无具体要求时,起拱高度宜为跨度的 1/1 000～3/1 000。

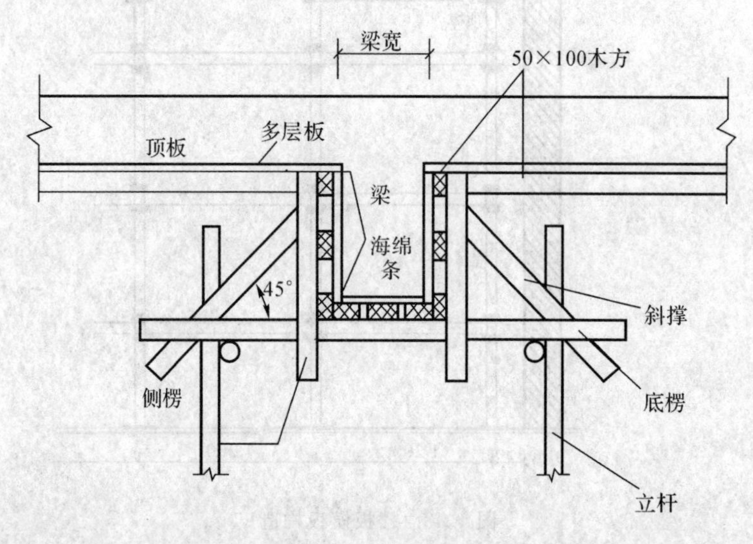

图 4.44　梁模板构造

2. 柱模板的构造及施工要点

柱模板主要由侧模、柱箍、底部固定框和清理孔四部分构成,如图 4.45 所示。

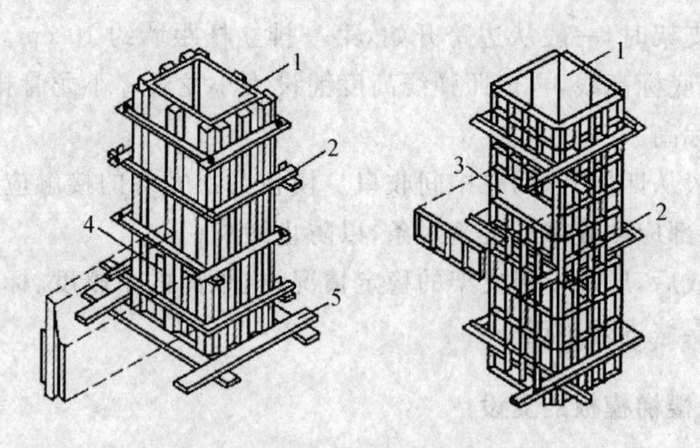

图 4.45　柱模板构造

(a)胶合板柱模板;(b)组合钢模板柱模板

1—模板;2—柱箍;3—浇注孔;4—清理孔;5—固定框

由于柱子通常截面小而高度大,在混凝土浇筑时,侧模所受混凝土侧压力很大,为避免涨模,通常在柱脚设置底部固定框,沿柱高每隔 0.5 m 设置一个柱箍。浇筑混凝土时为防止发生离析,通常每隔 2 m 高度设置一个浇筑孔。对截面大于 90 cm 的柱子,为保证柱箍不发生过大挠曲,通常还通过柱截面中部穿对拉螺栓,如图 4.46(a)(b)所示。

安装柱模板就位后,应设临时支撑或用不小于 14 号的铁丝与柱主筋绑扎临时固定,当安装第二片模板时，应在两片模板接缝处粘贴海绵条，以防止漏浆；再用连接螺栓连接好两片柱模。继续安装第三、四片柱模；再自下而上安装柱箍；最后进行柱模加固，并进行轴线及垂直度校正。

为进行柱模校正并保证在混凝土浇筑过程中不发生偏位或倾斜，通常在柱子四周用钢管、钢丝绳或原木做抛撑，抛撑的支撑点与地面的夹角不应大于45°。当进行校正时，同排柱模，按纵横方向先校正端部两根柱子，然后在上口拉通线校正中间柱。当采用梁、柱、板模板一次支设时，柱模的抛撑可以省略，只须将柱子模板与梁板模板支架的水平杆相连接即可。

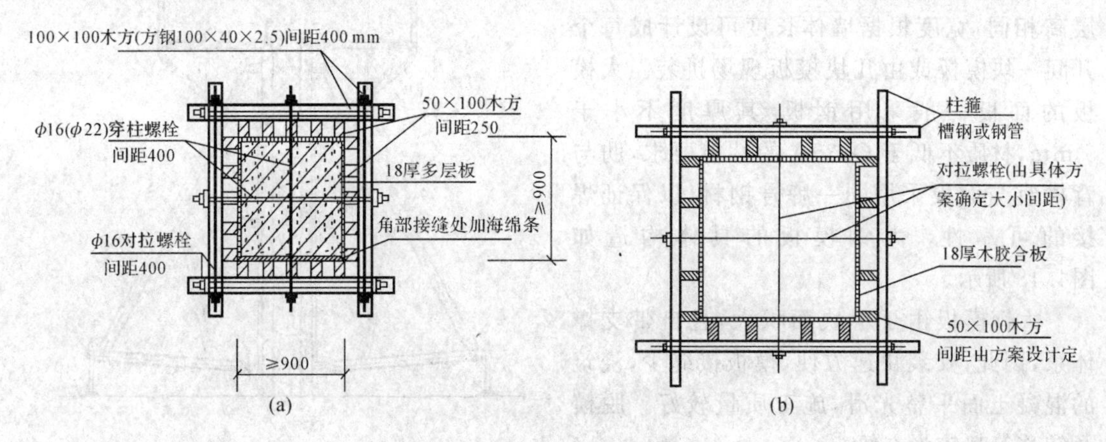

图 4.46　柱模板穿柱螺栓构造

3. 楼梯模板的构造及施工要点

楼梯模板通常用木模板制作，主要由楼梯底模板、侧模板及梯级模板三部分构成，如图4.47所示。

楼梯模板的构造较为复杂，一般在施工前先进行放样，以确定各部位尺寸。安装顺序为，一般先安装上、下休息平台梯梁模板，再在梯梁模板之间装设梯段板模板。当安装楼梯底模时，应将其两端与上、下梯梁侧模相接，坡度应符合设计要求，下面以楞木及立柱(或架管)支撑。当安装侧模时，应先在侧模板上画出梯级图，并钉上梯级模板档木。

当楼梯的一侧或两侧先施工墙体时，则可省却外帮板，直接在墙体上划线并钉上梯级档木用以支撑踏步侧板。

在建筑物标准层，也有用定型楼梯钢模板进行楼梯的浇筑，此时，梯级模板(如图4.47所示除底板模板及外帮板外的所有部分)是用钢材制作成的一个整体，且在上、下设置可调支座，使用时在支设好底模并绑扎好楼梯钢筋后，直接将钢制梯级模板吊装到位并调整好即可进行混凝土浇筑。

应注意，楼梯踏步高度应均匀一致，最下及最上一步的高度，还需考虑到地面的装修厚度。

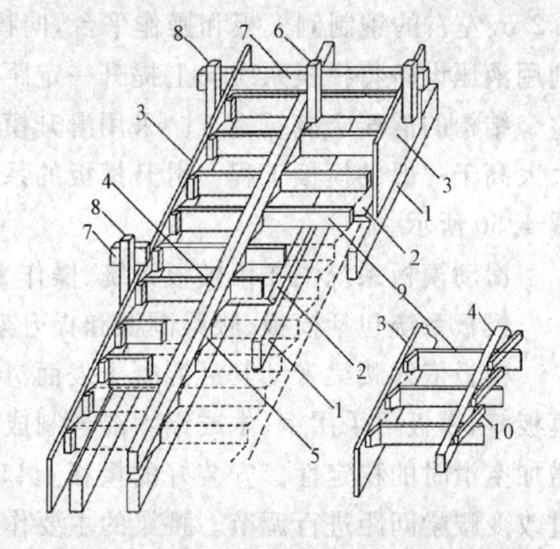

图 4.47　楼梯模板构造

1—底模楞木；2—底模；3—外帮板；4—反扶梯基；5—三角木；6—吊木；7—横楞；8—立木；9—踏步侧板；10—顶木

4.2.6 新型模板体系介绍

1.工具式大钢模板

大钢模板是一种常见的工具式模板，主要用于混凝土墙体的施工，由面板系统、支撑系统、操作平台系统等构成；一般按照具体项目建筑结构的特点委托模板制造厂家进行设计和加工。这种模板块的高度一般与建筑物墙体层高相同，宽度根据墙体长度可设计成每个开间一块模板或由几块模板现场拼装。大模板的面板一般采用钢板，其厚度不小于5 mm，材质不低于Q235A的性能要求，肋与背楞宜与面板采用同一牌号钢材，以保证焊接的可靠性。大钢模板的具体构造如图4.48所示。

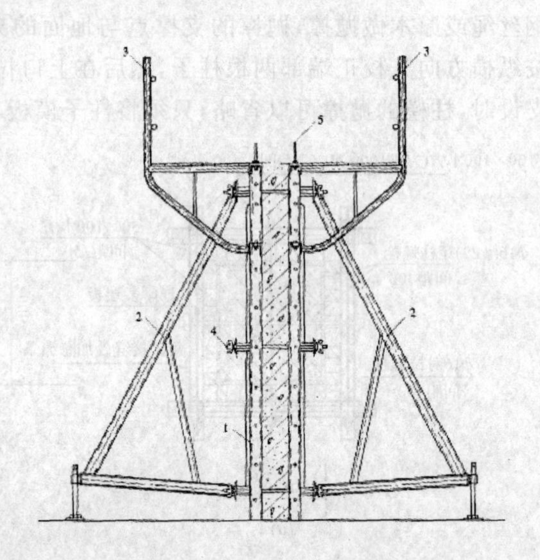

图4.48　大钢模板的具体构造

1—面板系统；2—支撑系统；3—操作平台系统；4—对拉螺栓；5—钢吊环

大钢模板由于单块面积大，且自带支撑体系，因此，安装快速方便，模板接缝少，浇筑的混凝土面平整光滑，施工质量较好。脱模及转移等都较为方便。

大模板在使用过程中要加强管理，对拆除下来的大模板应及时清理、并涂刷隔离剂，模板在堆放时应防止坍塌及变形，模板在吊装及拆除吊离时应特别注意安全。

2.滑升模板

滑升模板是在建筑物或构筑物底部，按照建筑物平面，沿其墙、柱、梁等构件周边安装高1.2 m左右的钢制侧模板和操作平台，向模板内分层浇筑混凝土，待其强度达到一定等级时，利用液压设备将模板系统向上提升一定距离，再继续浇筑下一层混凝土，如此循环往复，完成整个结构的混凝土浇筑施工。采用滑升模板施工，由于只须进行一次模板支设，故施工速度要大大高于一般的模板工程。滑升模板的系统组成如图4.49所示。滑升模板与围圈的连接如图4.50所示。

滑动模板系统主要由模板系统、操作平台、液压系统等部分构成(见图4.50)。

模板系统包括模板、腰梁围檩和提升架。

模板依靠腰梁带动其沿混凝土表面滑动。模板依其部位的不同分为内模板、外模板、堵头模板等，模板可采用钢、木或钢木混合制成，模板高度一般为0.9～1.2 m，外墙模板宜加长，以增加空滑时的稳定性。安装好的模板上口应比下口略大，单面倾斜度为0.2%～0.5%，可通过改变腰梁间距进行调节。腰梁的主要作用是使模板保持组装的平面形状，并将模板与提升架连成整体，将模板所受荷载传递给提升架。提升架是安装千斤顶并与腰梁、模板连接的主要构件，同时承受作用于模板及腰梁上的所有荷载，并将竖向荷载传递给千斤顶和支撑杆。当提升机具工作时，千斤顶通过提升架带动腰梁、模板及操作平台等一起向上滑动。

操作平台系统包括操作平台(内操作平台、外操作平台和上辅助平台)、吊脚手架(内、外吊平台）部分，是施工操作的场所。

液压提升系统主要由支撑杆、液压千斤顶、液压控制台和油路等组成，是使滑动模板向上滑动的动力装置。其中，支撑杆既是滑动模板的承重支柱，又是滑动模板向上爬升的轨道，一般采用 ϕ25 mm 圆钢制作，当采用楔块式卡具液压千斤顶时，也可用 ϕ25～ϕ28 mm 螺纹钢制作。支撑杆的连接方式有三种：丝扣连接、榫接和焊接。所使用的千斤顶为穿心式液压千斤顶，其在周期性的液压动力作用下，可沿支撑杆向上爬升。

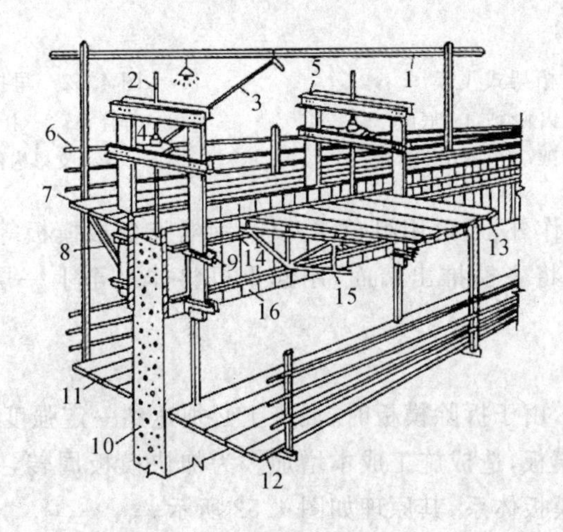

图 4.49　滑升模板系统组成

1—护栏水平杆；2—支撑杆；3—油管；4—千斤顶；5—提升架；6—栏杆；7—外平台；8—外挑架；9—围圈支托；10—混凝土墙体；11—外吊平台；12—内吊平台；13—内平台；14—围圈（腰梁）；15—桁架；16—模板

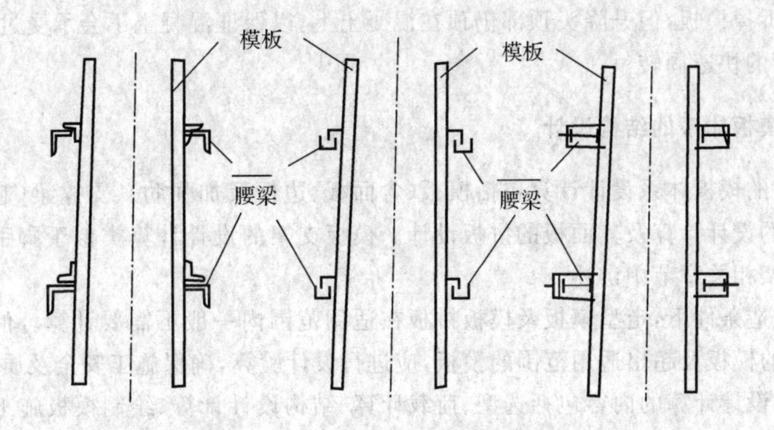

图 4.50　滑升模板与围圈的连接

3. 飞模

飞模又称台模、桌模，主要用于现浇混凝土楼板的施工，其构造如图 4.51 所示。

飞模主要由平台板、支撑系统（包括梁、支架、支撑、支腿）和其他配件（如升降和行走机构）组成。

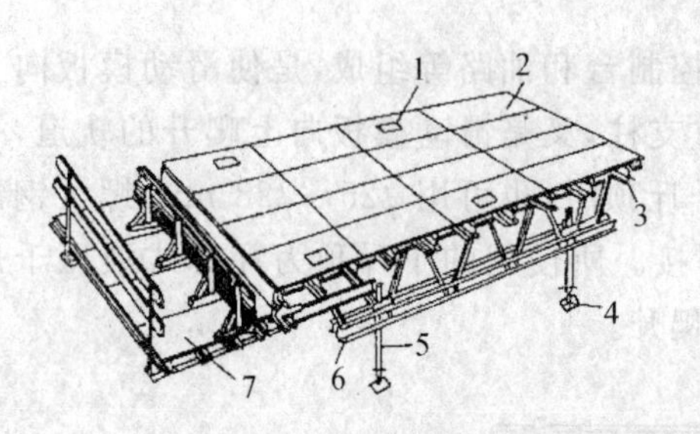

图 4.51 铝合金桁架式飞模

1—吊点；2—面板；3—铝龙骨；4—底座；
5—可调钢支腿；6—桁架；7—操作平台

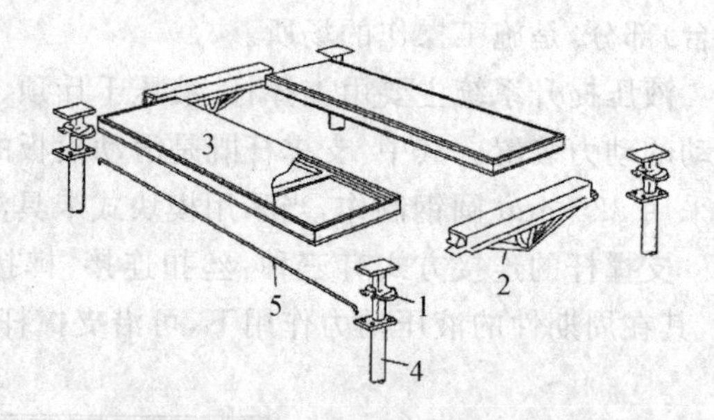

图 4.52 早拆模板体系构造

1—升降头；2—托梁；3—板块式模板；
4—普通支撑构件；5—跨度定位杆

飞模除用铝合金制作外，还可用组合钢模板、钢框胶合板模板等拼装，在楼面混凝土达到一定强度后，降落台面，将飞模推出墙面，用起重机整体吊至上一层或其他施工段即可重复使用。

4.早拆模板体系

在水平楼板施工中，由于拆除模板时，混凝土必须达到一定强度等级，为此，若要加快施工进度，必须投入大量的模板，造成施工成本增加。为加快模板周转，人们发明了早拆模板晚拆支撑的方法，简称早拆模板体系，其原理如图 4.52 所示。

早拆模板体系中最关键的部件是升降头。托梁上部的宽度与升降头顶部宽度相同，块状模板搁置在托梁两侧伸出的部位，形成平整的模板顶面。普通支撑构件可以是扣件式钢管脚手架或门式钢管脚手架，也可以是其他柱式支撑体系。拆除模板时，松动升降头，使得托梁下落，从而可以拆掉模板，但升降头顶部仍顶在混凝土上，以保证混凝土不会承受过大的荷载，从而保证了模板的快速周转。

4.2.7 模板体系的结构设计

此处所讲的模板体系设计计算包括模板(含面板、边框及加强肋)、支撑梁(起类似作用的方木及钢管)的设计计算及其面板的拼板设计。模板支架的设计计算类似于脚手架的设计计算，将在脚手架相关章节中讲述。

在常规构造条件下，定型模板及模板拼板在适用范围内一般不需要计算。但对于重要结构、特殊形式的模板及超出适用范围的模板，应进行设计验算，确保施工安全及质量。

模板体系设计计算的内容包括选型、荷载计算、结构设计计算、绘制模板施工图以及拟定制作、安装及拆除方案。在上述所有步骤中，作用于模板上的荷载计算是最为关键的问题。

模板设计计算的原则。

(1)模板体系应有足够的整体刚度和局部刚度，确保浇筑出的混凝土在整体及局部上不出现过大的挠曲。

(2)模板体系应不发生强度破坏。

(3)模板体系应不发生整体失稳。

(4)尽量轻便、经济。

很明显，以上设计计算的前提便是作用于模板上的荷载及变形容许值。

作用于模板上的荷载包括永久荷载 G 和可变荷载 Q 两类。《混凝土结构工程施工规范》GB506666 规定，计算模板和支架的承载力时，应采用荷载标准值乘以相应的荷载分项系数求得设计荷载计算梁类模板构件变形(挠度)时应采用荷载标准值。

1. 荷载标准值的确定

(1)永久荷载标准值。

1)模板及其支架的自重标准值(G_{1k})。模板及其支架的自重标准值应根据设计图纸确定。对肋形楼板及无梁楼板模板的自重标准值可按表 4.21 确定。

表 4.21　楼板模板自重标准值 G_{1k}　(kN/m²)

模板构件的名称	木模板	定型组合钢模板
平板的模板及小楞	0.30	0.60
楼板模板(包括梁的模板)	0.50	0.75
楼板模板及其支架(楼层高度为 4 m 以下)	0.75	1.10

对钢模板及其支架作用荷载的设计值可乘以系数 0.95 进行折减。当采用冷弯薄壁型钢时，荷载设计值不应折减。

2)新浇筑混凝土自重标准值(G_{2k})。对普通混凝土，可采用 24 kN/m³。

3)钢筋自重标准值(G_{3k})。钢筋自重标准值应按设计图纸计算确定。对一般梁板结构，可按每立方米混凝土含量计算：楼板为 1.1 kN/m³，梁为 1.5 kN/m³。

4)新浇混凝土作用于模板上的侧压力(G_{4k})。当采用内部振捣器时，新浇筑的混凝土作用于模板的最大侧压力标准值 G_{4k} 可按下列公式计算，并取其中的较小值，即

$$F=0.43\gamma_c t_0 \beta V^{1/4} \tag{4.5}$$

$$F=\gamma_c H \tag{4.6}$$

当式(4.5)、式(4.6)的计算结果大于式(4.7)时，则按式(4.7)计算。

式中　F——新浇筑混凝土对模板的最大侧压力(kN/m²)。

γ_c——混凝土的重力密度(kN/m³)。

V——混凝土的浇筑速度(m/h)。

t_0——新浇混凝土的初凝时间(h)，可按试验确定。当缺乏试验资料时，可采用 $t_0=200/(T+15)$(T 为混凝土温度，单位为℃)。

β——混凝土坍落度影响修正系数。当坍落度在 50～90 mm 时，取 0.85；当坍落度为 100～130 mm 时，取 0.90；坍落度大于 140 mm 时，取 1.0。

H——混凝土侧压力计算位置处至新浇混凝土顶面的总高度(m)。混凝土侧压力的计算分布图形如图 4.53 所示，图中，$h=F/\gamma_c$，h 为有效压头高度。

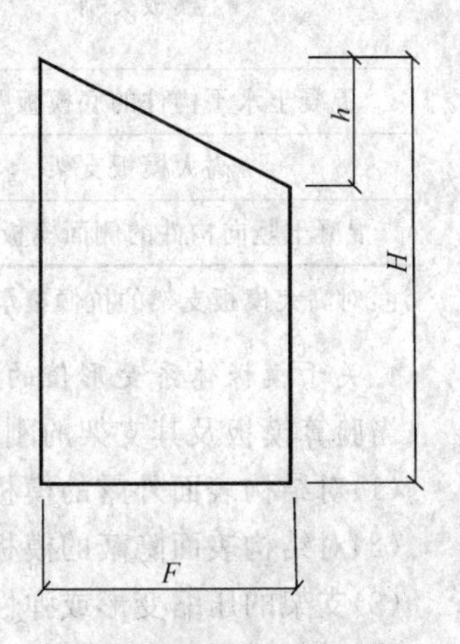

图 4.53　混凝土侧压力计算分布图形

(2)可变荷载标准值。

1)施工人员及设备荷载标准值 Q_1 可取 3.0 kN/m^2,特殊情况应按实际确定。

2)施工中的振动和泵送混凝土冲击等未预见因素产生的水平荷载标准值 Q_2,可取垂直永久荷载的 2%作为标准值,并以每延米的形式作用在模板支架顶端的水平方向上。

3)风荷载标准值 Q_3 应按现行国家标准《建筑结构荷载规范》GB50009 中的规定计算。

2. 荷载设计值

计算正常使用极限状态的变形时,应采用荷载标准值作为设计值。

计算模板及其支架结构或构件的强度、稳定性和连接强度时,应采用荷载标准值乘以荷载分项系数作为设计值。荷载的分项系数如表 4.22 所示。

表 4.22 荷载分项系数值

荷载类别		分项系数
永久荷载	模板及其支架的自重标准值(G_{1k})	1.35
	新浇筑混凝土自重标准值(G_{2k})	
	钢筋自重标准值(G_{3k})	
	新浇混凝土作用于模板上的侧压力标准值(G_{4k})	
可变荷载	施工人员及设备荷载标准值 Q_{1k}	1.4
	振捣混凝土时产生的荷载标准值 Q_{2k}	
	风荷载标准值	

3. 荷载组合

当对模板系统进行计算时,应考虑施工过程中可能出现的最不利荷载进行组合,规范规定各类模板的荷载组合计算如表 4.23 所示。

表 4.23 参与模板系统荷载效应组合的各项荷载

模板类别	参与组合的荷载项	
	计算承载能力	验算刚度
混凝土水平构件的底模板及支架	$G_1+G_2+G_3+Q_1$	$G_1+G_2+G_3$
高大模板支架	$G_1+G_2+G_3+Q_1$	$G_1+G_2+G_3$
混凝土竖向构件的侧面模板及支架	G_4+Q_3	G_4

注:对高大模板支架的抗倾覆承载力,应采用荷载组合 $G_1+G_2+G_3+Q_2$ 进行计算。

4. 关于模板体系变形值的规定

当验算模板及其支架的刚度时,最大变形值不得超过下列容许值。

(1)对结构表面外露的模板,为模板构件计算跨度的 1/400。

(2)对结构表面隐蔽的模板,为模板构件计算跨度的 1/250。

(3)支架的压缩变形或弹性挠度,为相应的结构计算跨度的 1/1 000。

模板体系的其他验算利用材料力学及结构力学知识可以很简单地进行,此处不再介绍。

4.2.8　模板的拆除

模板拆除的时间取决于模板在混凝土构件上的位置及混凝土强度。及时拆模对降低混凝土工程施工成本,加快施工进度具有重要意义。但过早拆模不仅可能对混凝土构件造成结构损伤,还可能造成结构坍塌等严重事故。

1.模板拆除的条件

构件侧模拆除时的混凝土强度应能保证其表面及棱角不受损伤。一般情况下,只要混凝土强度能够达到2.5 MPa左右,即能保证这一点。表4.24给出了不同温度下侧模拆除时间的参考数值。

表4.24　拆除侧模的时间参考表

水泥品种	混凝土强度等级	混凝土凝固的平均温度/℃					
		5	10	15	20	25	30
		混凝土达到2.5 MPa所需天数/d					
普通水泥	≥C20	3	2.5	2	1.5	1	1

底模及其支架拆除时的混凝土强度应符合设计要求;当设计无具体要求时,混凝土强度应符合表4.25的规定。

表4.25　底模拆除时的混凝土强度要求

构件类型	构件跨度/m	达到设计的棍凝土立方体抗压强度标准值的百分率/(%)
板	≤2	≥50
	>2,≤8	≥75
	>8	≥100
梁、拱、壳	≤8	≥75
	>8	≥100
悬臂构件		≥100

2.模板拆除时应注意的问题

(1)模板及其支架拆除的顺序及安全措施应严格按施工技术方案执行,拆模顺序一般与模板安装顺序相反,先支后拆、后支先拆、先拆侧模、后拆底模。

(2)拆除模板时忌猛砸猛撬,对模板及混凝土构件造成损伤;拆除下来的模板应及时运走,并及时整理、合理堆放,以便再用。

(3)拆除框架结构模板的顺序一般是,首先拆除柱模板,再拆除楼板模板、梁侧模板,最后拆除梁底模板。当拆除跨度较大的梁底模板时,应从跨中分别向两边拆除。

(4)拆除楼层板支柱时应注意:当上层楼板正在浇筑混凝土时,下一层楼板的模板支柱不得拆除,再下一层楼板模板的支柱仅可以拆除一部分。跨度为4 m及其以上的梁下支柱均应保留。使用早拆模板体系时,拆模后留设的支架立杆的间距不应大于2 m。

(5)拆模时,应注意安全,避免拆除时整块掉落的模板伤人。

4.2.9 模板安装的质量要求

(1)当安装现浇结构的上层模板及其支架时,下层楼板应具有承受上层荷载的承载能力,或加设支架;上、下层支架的立柱应对准,并铺设垫板。

(2)在涂刷模板隔离剂时,不得沾污钢筋和混凝土接槎处。

(3)模板的接缝不应漏浆;在浇筑混凝土前,木模板应浇水湿润,但模板内不应有积水。

(4)模板与混凝土的接触面应清理干净并涂刷隔离剂,但不得采用影响结构性能或妨碍装饰工程施工的隔离剂。

(5)浇筑混凝土前,模板内的杂物应清理干净。

(6)对清水混凝土工程及装饰混凝土工程,应使用能达到设计效果的模板。

(7)对跨度不小于 4 m 的现浇钢筋混凝土梁、板,其模板应按设计要求起拱;当设计无具体要求时,起拱高度宜为跨度的 1/1 000～3/1 000。

(8)现浇结构模板安装的偏差应满足表 4.26 的规定。

表 4.26 现浇结构模板安装容许偏差

项目		容许偏差/mm	检验方法
轴线位置		5	钢尺检查
底模上表面标高		±5	水准仪或拉线、钢尺检查
截面内部尺寸	基础	±10	钢尺检查
	柱、墙、梁	+4,−5	钢尺检查
层高垂直度	不大于 5 m	6	经纬仪或吊线、钢尺检查
	大于 5 m	8	经纬仪或吊线、钢尺检查
相邻两板表面高低差		2	钢尺检查
表面平整度		5	2 m 靠尺和塞尺检查

4.3 混凝土工程

混凝土是由水泥、砂、石及其他外加成分(粉煤灰、各种外加剂等)经搅拌成型后凝固而成的一种建筑材料,目前广泛应用于建筑结构施工中。混凝土的施工包括配料、拌制、运输、浇筑、养护、拆模等阶段,这些环节相互联系并相互影响,共同决定混凝土工程的最终施工质量。

4.3.1 混凝土的配料与制备

混凝土的配合比应满足建筑结构对混凝土强度的要求及施工对和易性的要求。对特殊构件及使用环境,可能还要求满足抗冻、抗腐蚀、高温、防水等要求;同时还应尽量做到合理、节约。

1.混凝土的配制强度

由于混凝土材料本身的性质,混凝土的强度分布具有一定离散性,为保证混凝土结构的强度，通常应将混凝土的配制强度比设计强度提高一个适当数值。《普通混凝土配合比设计规程》(JGJ55)规定，混凝土的配制强度一般应满足

$$f_{cu,0} \geqslant f_{cu,k} + 1.645\sigma \tag{4.7}$$

当设计强度等级大于等于C60时，配制强度应满足

$$f_{cu,0} \geqslant 1.15 f_{cu,k} \tag{4.8}$$

式中　$f_{cu,0}$——混凝土的施工配制强度(MPa)；

$f_{cu,k}$——设计的混凝土立方体抗压强度标准值(MPa)；

σ——混凝土生产单位的混凝土强度标准差(MPa)。

《普通混凝土配合比设计规程》(JGJ55)规定，对于σ，混凝土生产单位有近期的同一品种混凝土强度资料，可按下式进行统计计算：

$$\sigma = \sqrt{\frac{\sum f_{cu,i}^2 - N\mu_{fcu}^2}{N-1}} \tag{4.9}$$

式中　$f_{cu,i}$——统计周期内同一品种混凝土第i组试件强度值(MPa)；

μ_{fcu}——统计周期内同一品种混凝土N组试件强度的平均值(MPa)；

N——统计周期内(近期1～3个月)同一品种混凝土试件总组数，$N \geqslant 30$。

进行统计计算时，当混凝土强度等级小于等于C30，计算得到的$\sigma \geqslant 3.0\ \mathrm{N/mm^2}$时，按照计算结果取值；计算得到的$\sigma < 3.0\ \mathrm{N/mm^2}$时，取$3.0\ \mathrm{N/mm^2}$；对于强度等级大于C30且小于等于C60的混凝土，当计算得到的$\sigma \geqslant 4.0\ \mathrm{N/mm^2}$时，按照计算结果取值，否则取$\sigma = 4.0\ \mathrm{N/mm^2}$。

若混凝土生产单位无近期混凝土强度资料，σ可按表4.27取值。

表4.27　混凝土强度标准差σ

混凝土强度等级	≤C20	C25～C45	C50～60
$\sigma/(\mathrm{N \cdot mm^{-2}})$	4.0	5.0	6.0

2.混凝土的施工配合比

检测机构出具的配合比是实验室配合比(理论配合比)，即假定砂、石等材料处于完全干燥状态。但在施工现场，从采石场、采砂场运来的砂石不可避免地含有一定水分。现场堆放储存时，由于天气、环境等因素，含水量还会发生变化，当进行混凝土配料时对此必须予以考虑。根据现场砂、石含水量调整后的配合比，称之为施工配合比。

设实验室配合比为

$$\text{水泥}:\text{砂}:\text{石} = 1 : s : g\text{，水灰比为 } w/c \tag{4.10}$$

现场砂、石含水量分别为W_x，W_y，则施工配合比为

$$\text{水泥}:\text{砂}:\text{石} = 1 : s(1+W_x) : g(1+W_y) \tag{4.11}$$

现场配料时，水灰比w/c不变，但加水量应扣除砂、石中的含水量。

为保证混凝土的搅拌质量，对现场计量必须严格进行控制，混凝土原材料按质量计的容许偏差为水泥、外加掺合料的容许偏差为±2%；粗细骨料的容许偏差为±3%；水、外加剂溶液的容许偏差为±2%。对现场使用的计量设备应定期进行校验，骨料含水率应经常测定，雨天施工时，应增加测定次数。

例 4.4 某工程所用混凝土实验室配合比为水泥：砂：石＝1：2.3：4.27，水灰比 $w/c=0.6$，每立方米混凝土水泥用量为 300 kg，现场砂、石含水量分别为 3%及 1%，求施工配合比。如采用 250 L 搅拌机，求每拌一盘混凝土各种材料的用量。

解 施工配合比应为

$$\text{水泥}:\text{砂}:\text{石}=1:s(1+W_x):g(1+W_y)=1:2.3(1+0.03):4.27(1+0.01)=1:2.37:4.31$$

用 250 L 搅拌机每拌制一盘混凝土各种材料的用量分别为

水泥：$300\times0.25=75$ kg

砂：$75\times2.37=177.8$ kg

石：$75\times4.31=323.3$ kg

水：$75\times0.6-75\times2.3\times0.03-75\times4.27\times0.01=36.6$ kg

3.混凝土的拌制

混凝土的拌制有人工搅拌和机械搅拌两种方式。当人工搅拌时，劳动强度大，产量低，且不易搅拌均匀，因此仅用于小工程量的零星混凝土工程。一般情况下，均应采用机械拌制混凝土。

(1)混凝土搅拌机的选择。混凝土搅拌机械按其搅拌原理分为自落式混凝土搅拌机(见图 4.54(a))和强制式混凝土搅拌机(见图 4.54(b))两大类。常见的混凝土搅拌机搅拌原理如图 4.55 所示。

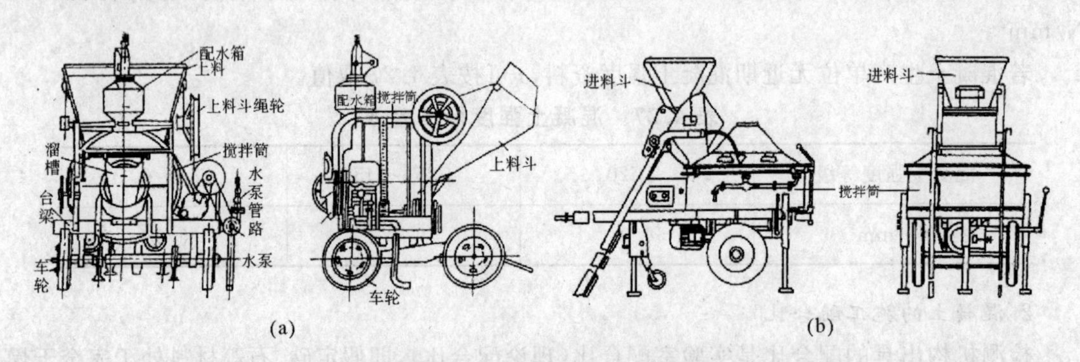

图 4.54 常见混凝土搅拌机

(a)自落式混凝土搅拌机；(b)强制式混凝土搅拌机

混凝土搅拌机主要由搅拌装置、上料装置、加水装置及卸料装置 4 部分组成。

自落式搅拌机的搅拌筒内壁焊有弧形叶片，工作时，筒体绕自身水平轴转动，叶片带动位于其间的砂石及水泥上升到一定高度，再在重力作用下自由下落而相互混合，如图 4.55(a)所示。由于下落时间、距离、落点的不同，使得物料颗粒相互穿插、翻拌、混合而达到均匀。自落式搅拌机多用以搅拌塑性混凝土和低流动性混凝土。筒体和叶片磨损较小，易于清理，但动力消耗大，效率低，搅拌时间一般为 90～120 s/盘。

强制式搅拌机的主要工作机构为一水平放置的圆盘，盘内有可转动的叶片，搅拌时，混凝土原材料在叶片的强制搅动下被剪切和旋转，在竖向和径向产生流动，在此过程中被混合均匀，其搅拌作用比自落式强烈，如图 4.55(b)所示。强制式搅拌机的卸料口位于搅拌盘底部，如密封不严容易造成搅拌过程中水泥浆流失，因此强制式搅拌机适用于搅拌干硬性混凝土。

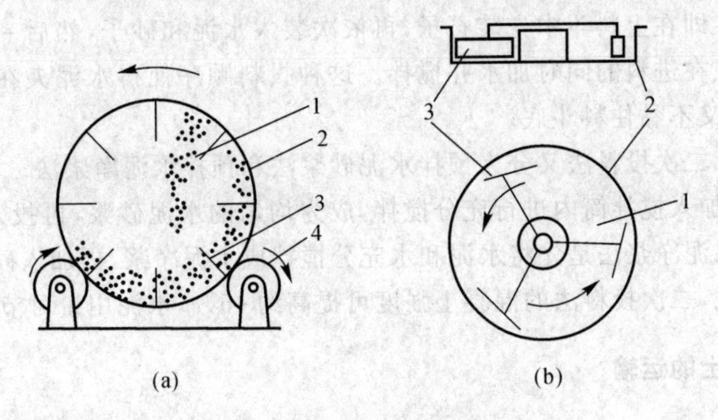

图 4.55　混凝土搅拌机搅拌原理

(a)自落式搅拌机原理；(b)强制式搅拌机原理

1—拌合料；2—搅拌筒；3—搅拌叶片；4—驱动轮

国产混凝土搅拌机以出料容量(m^3)×1 000 标定规格，有 150，200，250，350，500，750，1 000等规格种类。选择搅拌机时应根据混凝土性质、工程量及浇筑速度等要求综合考虑。

(2)搅拌制度。混凝土的搅拌制度包括 3 个方面：一次投料量、搅拌时间和投料顺序。

1)一次投料量。一次投料量也叫装料量，是在充分利用搅拌筒空间和保证混凝土搅拌质量的前提下允许一次投入料筒的砂、石及水泥的体积之和。

为使搅拌筒内装料后仍有足够的搅拌空间，装料量只能占到搅拌筒几何体积的一定百分率，称之为搅拌筒利用系数，一般为 0.22～0.40；搅拌机说明书对其搅拌筒利用系数会有明确说明。出料时，由于颗粒间相互混合，小颗粒填充了大颗粒之间的空隙，搅拌成的混凝土体积进一步减小，此时的体积称之为出料容量。出料容量与进料容量之比称做出料系数，一般为 0.60～0.70。

2)搅拌时间。从砂、石、水泥和水等原材料全部投入搅拌筒开始搅拌至开始卸出成品混凝土所经历的时间称之为搅拌时间。搅拌时间过短，会降低混凝土的和易性及强度，反之，搅拌时间过长，不仅影响生产效率，也会降低混凝土和易性并产生离析现象。因此，在施工中对混凝土搅拌时间必须予以控制。

不同搅拌机对每盘混凝土搅拌时间的规定各有不同，具体应参照说明书规定。一般情况下，混凝土的最短搅拌时间见表 4.28。

表 4.28　混凝土搅拌的最短时间

混凝土坍落度/mm	搅拌机类型	搅拌机容积/L		
		小于 250	250～500	大于 500
小于及等于 30	自落式	90	120	150
	强制式	60	90	120
大于 30	自落式	90	90	120
	强制式	60	60	90

3)投料顺序。投料顺序的确定应从减少搅拌机叶片磨损、减少拌合物与搅拌筒的黏结，以及减少水泥飞扬等方面综合考虑。常用的方法有两种：一次投料法和二次投料法。

一次投料法。即在上料斗中先装石子，再依次装入水泥和砂子，然后一次投入搅拌机，在搅拌筒中先加水或在进料的同时加水并搅拌。这种投料顺序使得水泥夹在石子和砂之间，不致水泥飞扬，同时又不黏住料斗底。

二次投料法。二次投料法又分为预拌水泥砂浆法和预拌水泥净浆法。预拌水泥砂浆法是先将水泥、砂和水加入搅拌筒内进行充分搅拌，成为均匀的水泥砂浆，再投入石子搅拌成均匀的混凝土。预拌水泥净浆法是先将水泥和水充分搅拌成水泥净浆，再加入砂石搅拌成混凝土。与一次投料法相比，二次投料法的混凝土强度可提高约15%，水泥用量可节约15%～20%。

4.3.2 混凝土的运输

混凝土运输包括从搅拌机卸料口开始至混凝土浇筑面的整个过程，可以分为地面运输、垂直运输和楼面运输3个阶段。其中，地面运输和楼面运输又统称为水平运输。为保证混凝土的浇筑质量，在运输阶段应做到以下几点。

(1)保持混凝土的均匀性，不产生离析、分层现象。

(2)以最短时间从搅拌地点将混凝土运送至浇筑地点，保证混凝土从搅拌机卸出后到浇筑完毕的延续时间不超过表4.29的规定。

表4.29 混凝土从搅拌机中卸出到浇筑完毕的延续时间

条件	混凝土强度等级	延续时间/min	
		气温≤25℃	气温>25℃
不掺外加剂	≤C30	120	90
	>C30	90	60
掺外加剂	≤C50	180	150
	>C50	150	120

(3)保证混凝土浇筑的连续进行。

1.混凝土的水平运输

当混凝土水平运输时，常采用的运输机械主要有手推车、机动翻斗车、自卸汽车、混凝土搅拌运输车等。

(1)手推车。手推车有单轮和双轮两种形式，形状小巧，操作灵活，主要用于现场搅拌混凝土时从卸料口到浇筑面包括水平和垂直的直接运输，在建筑工地广为使用。

单轮手推车车斗的容量为0.05～0.06 m^3，双轮手推车车斗容量通常为0.10～0.12 m^3。

(2)机动翻斗车。机动翻斗车(见图4.56(a))一般以柴油机为动力，车前料斗容量为0.4～0.5 m^3，载重量为1 t左右。其运输速度快，转弯半径小，能自动卸料，多用于现场搅拌时将混凝土直接从搅拌机卸料口到浇筑地面、或基坑溜槽之间的混凝土运输。

(3)自卸汽车。自卸汽车(见图4.56(b))以载重汽车为动力，在底盘上装设液压举升装置，车厢一侧可以举升和降落，以自卸货物。在混凝土运输中，自卸汽车一般用于较远距离且需求量大的混凝土水平运输。

(4)混凝土搅拌运输车。混凝土搅拌运输车(见图4.57)是在汽车底盘上安装一可反转出料的混凝土搅拌筒，在运输过程中可对混凝土进行缓慢搅拌，有效减少了混凝土的分层离析现象，具有混凝土运输和搅拌的双重功能。还可先将一定比例干料或半干料装入桶内，在距离浇筑地点约 15～20 min 时用随车自备水箱中的水加水搅拌，在远距离或高温天气可以有效减少混凝土的塌落度损失。它适用于混凝土的远距离运输(10～20 km)，广泛应用于商品混凝土的运输。

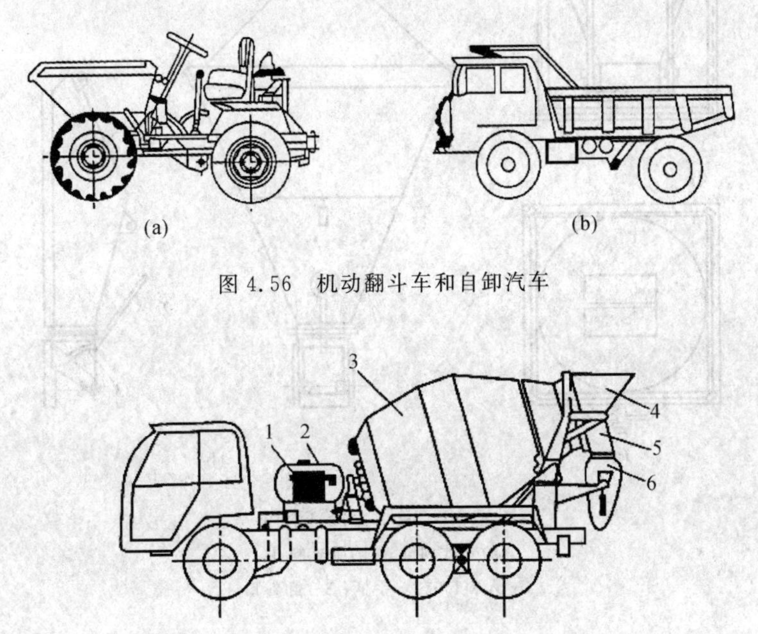

图 4.56　机动翻斗车和自卸汽车

图 4.57　混凝土搅拌运输车

1—水箱；2—外加剂箱；3—搅拌筒；4—进料斗；5—固定卸料溜槽；6—活动卸料溜槽

2.混凝土的垂直运输

混凝土垂直运输所使用的运输机械主要包括混凝土浇筑料斗、混凝土泵等。

(1)混凝土料斗。混凝土料斗的构造如图 4.58 所示。与塔式起重机配合，可完成混凝土的垂直和水平运输，将混凝土直接吊运浇筑入模。若搅拌站在塔式起重机的工作幅度之内，则可以直接完成从搅拌机卸料口到入模的整个运输过程；若搅拌站较远，则可借助小推车、自卸车甚或混凝土搅拌运输车等工具，将混凝土卸至料斗中，再由塔式起重机吊运至入模位置。

(2)混凝土泵。混凝土泵主要由泵体、输送管及布料杆组成。

1)混凝土泵体及其工作原理。最常用的混凝土泵是液压活塞式混凝土泵，它主要由料斗、液压缸和活塞、混凝土缸、阀门、Y 形管、液压系统、冲洗设备等组成，如图 4.59 所示。工作时，由混凝土搅拌运输车卸出的料进入料斗 6，在阀门操纵系统作用下，吸入阀门 7 开启的同时排出阀门 8 关闭，液压活塞 4 在液压作用下带动活塞杆 5 和活塞 2 后移，料斗内的混凝土在自重和吸力作用下进入混凝土缸 1，然后吸入阀门 7 关闭的同时排出阀门 8 开启，混凝土缸中的混凝土在活塞 2 向前的推动下通过 Y 形管。进入输送管至浇筑地点。两个混凝土缸交替进料和出料，能保证输送管连续稳定地排料。

将该混凝土泵配以柴油发电机组，并在底座上装上轮子，使用时用汽车拖至现场施工地点，也有将混凝土泵、柴油发电机集成到一辆卡车车厢上，使用时直接开到施工现场，连接好水平及竖向混凝土输送管道，即可进行混凝土输送。

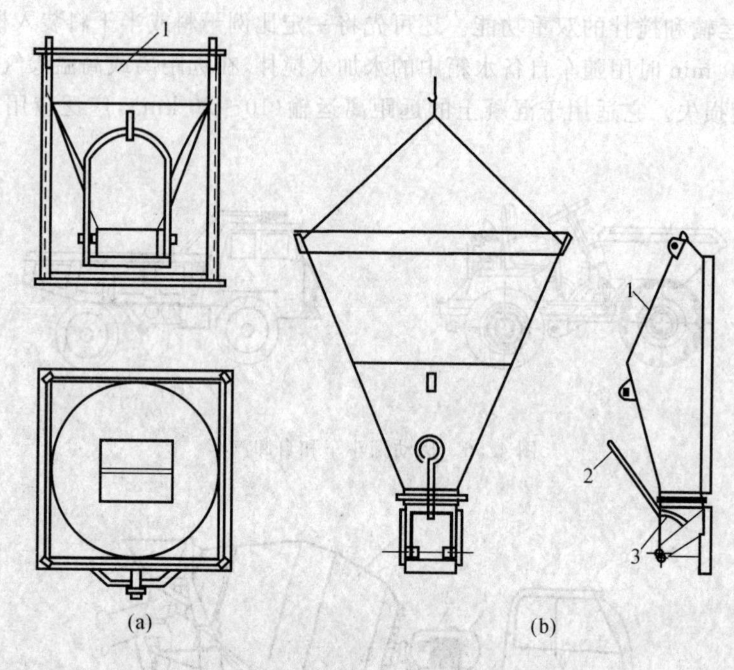

图 4.58 混凝土浇注料斗

(a)立式料斗；(b)卧式料斗

1—入料口；2—手柄；3—卸料口

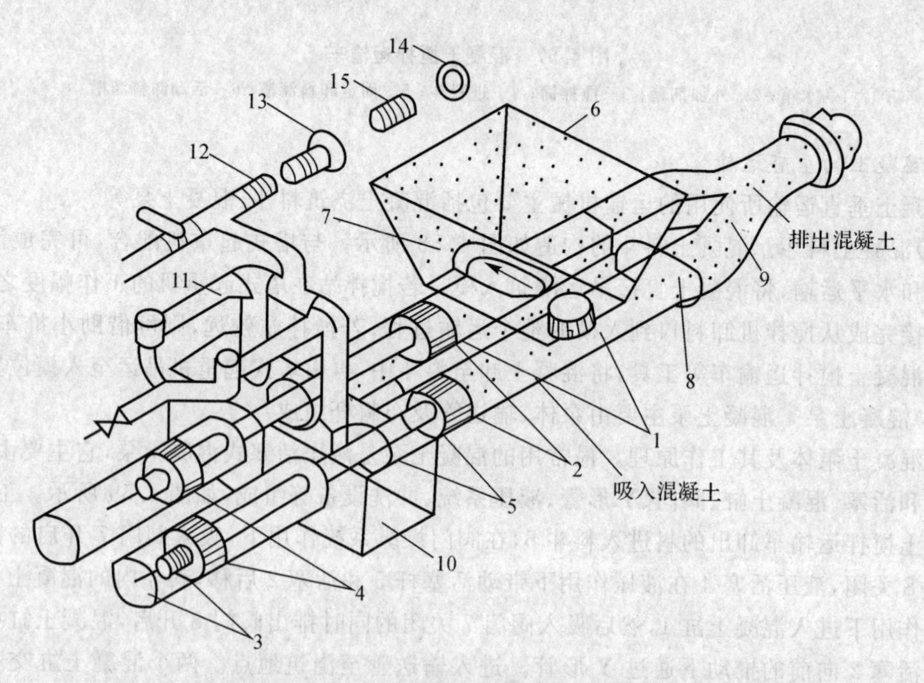

图 4.59 液压活塞式混凝土泵工作原理

1—混凝土缸；2—推压混凝土的活塞；3—液压卸；4—液压活塞；5—活塞杆；6—料斗；7—吸入阀门；8—排出阀门；9—Y形管；10—水箱；11—水洗装置换向阀；12—水洗用高压软管；13—水洗用法兰；14—海绵球；15—清洗活塞

2)混凝土输送管。混凝土输送管包括直管、弯管、锥形管、软管、管接头和截止阀等。对输送管道的要求是阻力小、耐磨损、自重轻、易装拆。

直管。常用的管径有100 mm,125 mm和150 mm 3种。管段长度有0.5 mm,1.0 mm,2.0 mm,3.0 mm和4.0 m共5种,壁厚一般为1.6～2.0 mm,为焊接钢管或无缝钢管。

弯管。弯管的弯曲角度有15°,30°,45°,60°和90°,其曲率半径有1.0,0.5和0.3 m共3种,其口径与直管相对应。

锥形管。用于不同管径的变换处,常用的有175～150 mm,150～125 mm,125～100 mm。常用锥形管的长度为1 m。

软管。装在输送管末端直接布料,其长度有5～8m,对它的要求是柔软、轻便和耐用,便于人工搬动。

管接头。用于管段之间的连接,以便快速装拆和及时处理堵管部位。

截止阀:常用的截止阀有逆止阀和制动阀。逆止阀用于竖向输送管的根部,以防止混凝土泵送暂时中断时,垂直管道内的混凝土因自重产生的逆向压力对泵的破坏,使混凝土泵得到保护和启动方便。

3)混凝土布料杆。混凝土泵体通过输送管将混凝土输送至作业面,但输送管通常是钢制的,移动困难。即使在管端连接橡胶软管,其移动范围及方便程度仍很难满足将混凝土直接入模的要求。为减轻工人劳动强度并提高劳动生产率,常借助布料杆将混凝土直接入模。

布料杆是连接在混凝土输送管尾端部的一个兼有混凝土输送和摊铺布料功能的装置,按照其支承方式,可以分为固定式和移动式两类,如图4.60所示。布料杆的水平管段可根据需要进行弯折和360°转动,以便将混凝土散布到整个覆盖范围。

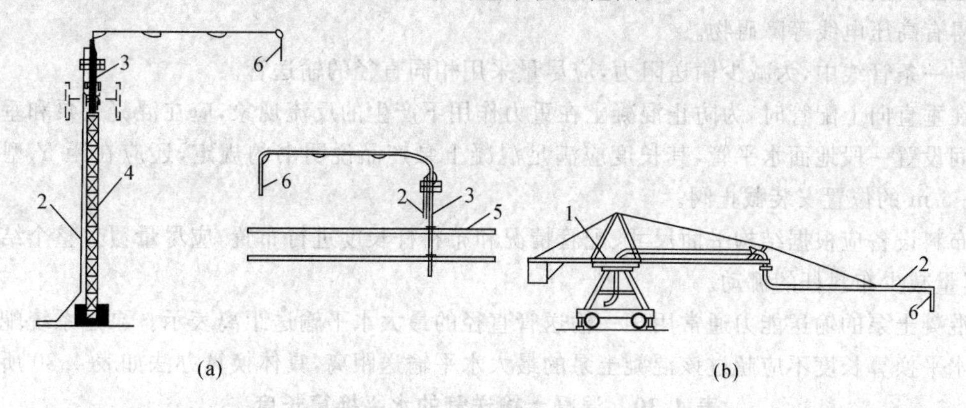

图4.60　布料杆构造

(a)固定式布料杆;(b)移动式布料杆

1—转盘;2—输送管;3—支柱;4—塔架;5—楼面;6—软管

固定式布料杆一般设置在塔架或立柱上,用塔吊进行移位。移动式布料杆底座上装有轮子,可在专门搭设的马道上移动。

(3)混凝土泵车。将混凝土泵装在汽车上,并将可折叠式布料杆也集成到该平台上即形成混凝土泵车。它可以将混凝土的输送、布料融为一体,一次将混凝土直接入模,适用于基础工程及多层建筑的施工,目前,最大的混凝土泵车其臂长可达70 m。混凝土泵车如图4.61所示。

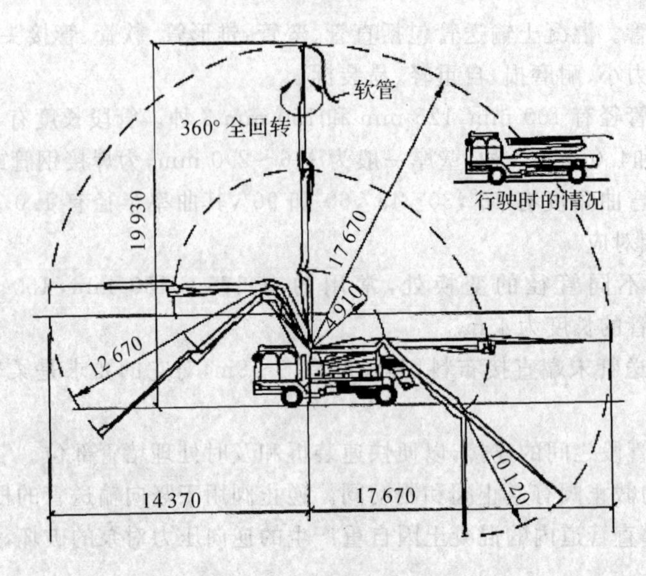

图 4.61　混凝土泵车

3. 泵送混凝土施工

(1)混凝土泵及管线的布置要求。混凝土泵的布置场地应平整坚实、道路畅通,有足够的场地,以方便混凝土搅拌输送车的供料、调车。其位置应尽量靠近浇筑地点,接近供水、排水及供电设施,以方便混凝土泵、混凝土搅拌运输车的清洗。多台混凝土泵或泵车同时浇筑时,选定的位置要使其各自承担的浇筑量接近,最好能同时浇筑完毕,避免留置施工缝。在作业范围内不得有高压电线等障碍物。

同一条管线中,为减少输送阻力,应尽量采用相同直径的输送管。

在垂直向上配管时,为防止混凝土在重力作用下产生的反流现象,应在混凝土泵和垂直管道之间设置一段地面水平管,其长度应满足混凝土泵产品说明书的规定,还应在距 Y 型出料口 3～6 m 的位置安装截止阀。

布料设备应根据结构平面尺寸、配管情况和布料杆长度进行布置,应尽量覆盖整个结构平面,尽量减少布料杆的挪动。

混凝土泵的输送能力通常用某一输送管直径的最大水平输送距离表示。泵送系统配管的整体水平换算长度不应超过该混凝土泵的最大水平输送距离,具体换算办法如表 4.30 所示。

表 4.30　混凝土输送管的水平换算长度

类别	单位	规格	水平换算长度/m
向上垂直管	每米	100 mm	3
		125 mm	4
		150 mm	5
锥形管	每根	175～150 mm	4
		150～125 mm	8
		125～100 mm	16

续 表

类别	单位	规格	水平换算长度/m
弯管	每根	90°R=0.5 m	12
		R=1.0 m	9
软管	每根	5～8 m	20

注:①R为曲率半径。②弯管的弯曲角度小于90°时,需将表列数值乘以该角度与90°的比值。③向下垂直管,其水平换算长度等于其自身长度。④斜向配管时,根据其水平及垂直投影长度,分别按水平、垂直配管计算。

(2)对原材料及配合比的要求。泵送混凝土时,粗骨料被包裹在砂浆中,砂浆直接与管壁接触起到的润滑作用,混凝土拌合物在泵的推力下,沿输送管流动。混凝土在输送管内的流动能力称为可泵性。影响混凝土可泵性的主要因素有粗细骨料、水泥用量、水灰比及外加剂等因素。

1)粗骨料。配制泵送混凝土时,应优先选用卵石,当粗骨料最大粒径为25 mm时,输送管最小内径应达到125 mm;当粗骨料最大粒径为40 mm时,输送管最小内径应达到150 mm。一般,粗骨料的最大粒径与输送管内径之比应满足表4.31的要求。

表4.31 粗骨料的最大粒径与输送管径之比

石子品种	泵送高度/m	粗骨料的最大粒径与输送管径之比
碎石	<50	≤1∶3.0
	50～100	≤1∶4.0
	>100	≤1∶5.0
卵石	<50	≤1∶2.5
	50～100	≤1∶3.0
	>100	≤1∶4.0

2)细骨料。宜采用中砂,细度模数为2.5～3.2,通过0.315 mm筛孔的砂不少于15%;砂率宜控制在38%～45%。

3)水泥用量。过小的水泥用量使泵送混凝土容易产生离析,造成堵管。最小水泥用量视管径和输送距离而定,一般每1 m^{3}混凝土中水泥用量不宜小于300 kg。

4)掺合料。泵送混凝土中常用的掺合料为粉煤灰,它能使泵送混凝土的流动性显著增加,且能减少混凝土拌合物的泌水和干缩,大大改善混凝土的泵送性能。当泵送混凝土中水泥用量较少或细骨料中通过0.315 mm筛孔的颗粒小于15%时,通常采用粉煤灰作为掺合料。对于大体积混凝土结构,掺加一定数量的粉煤灰还可以降低水泥的水化热,有利于控制温度裂缝的产生。粉煤灰的品质应符合国家现行有关标准的规定。

5)水灰比。水灰比对泵送混凝土的流动性能有较大影响,泵送混凝土的水灰比通常控制在0.5～0.6左右。

6)外加剂。泵送混凝土中的外加剂,主要有泵送剂、减水剂和引气剂,对于大体积混凝土结构，为防止产生收缩裂缝，还可掺入适宜的膨胀剂。减水剂的主要作用是在不增加用水量的条件下增大混凝土的流动性，以便于泵送；引气剂的主要作用是在拌合物中形成众多的细小气泡，可起到润滑作用，便于泵送。外加剂的掺加量应视具体情况确定。

(3)混凝土的泵送施工。混凝土泵与输送管连通后应按所用混凝土泵使用说明书的规定进行全面检查，符合要求后方能开机进行空运转。混凝土泵启动后，应先泵送适量水以湿润混凝土泵料斗、活塞及输送管的内壁等直接与混凝土接触部位。经泵送水检查确认混凝土泵和输送管中无异物后，应采用泵送水泥浆、1∶2水泥砂浆或与混凝土内除粗骨料外的其他成分相同配合比的水泥砂浆润滑混凝土泵和输送管内壁。润滑用的水泥浆或水泥砂浆少量可用于湿润结构施工缝，其余应收集后运出。

混凝土泵送应连续进行，如必须中断时，其中断时间不得超过混凝土从搅拌机卸出至浇筑完毕所允许的延续时间。泵送中途若停歇时间超过20 min、管道又较长时，应每隔5 min开泵一次，泵送少量混凝土，管道较短时，可采用每隔5 min正反转2～3行程，使管内混凝土蠕动，防止泌水离析，当长时间停泵(超过45 min)、气温高、混凝土坍落度小时可能造成塞管，宜将混凝土从泵和输送管中清除。

泵送时应先远后近，在浇筑过程中逐渐拆管。在高温季节泵送，宜用湿的草袋覆盖管道进行降温，以降低入模温度。

当输送管被堵塞时应采取下列方法排除：①重复进行反泵和正泵逐步吸出混凝土至料斗中，重新搅拌后泵送；用木槌敲击等方法查明堵塞部位，将混凝土击松后，重复进行反泵和正泵，排除堵塞。当上述两种方法无效时，应在混凝土卸压后拆除堵塞部位的输送管，排出混凝土堵塞物后方可接管。重新泵送前，应先排除管内空气后，方可拧紧接头。

泵送将结束时，应合理估算混凝土管道内和料斗内储存的混凝土量及浇捣现场所需的混凝土量(ϕ150 mm径管每100 m有1.75 m^3的混凝土量)。

当排除堵塞、重新泵送或清洗混凝土泵时，布料设备的出口应朝安全方向，以防堵塞物或废浆高速飞出伤人。

泵送完毕，应立即清洗混凝土泵、布料器和管道，管道拆卸后按不同规格分类堆放。

4.3.3 混凝土的浇筑与振捣

混凝土浇筑是将混凝土拌合料浇筑到已绑扎好钢筋，并按设计的构件尺寸及形状支设好的模板内，经过振捣，使其具有良好的密实性，再经过养护达到设计强度的过程。混凝土经振捣养护后应做到内实外光、尺寸准确、表面平整、钢筋及预埋件位置符合设计要求，新旧混凝土结合良好。

1. 混凝土浇筑前的准备工作

混凝土浇筑施工前，应根据工程对象、结构特点，结合具体施工条件，编制混凝土浇筑施工方案。

对浇筑至规定部位的混凝土材料需求量进行核实确认，以免停工待料。

为了防备临时停水停电，事先应在浇筑地点储备一定数量的原材料(如砂、石、水泥、水等)、发电设备、人工拌合捣固工具等，以防出现意外的施工缝。

对搅拌机、运输车、料斗、串筒、振动器等机具设备进行检查和试运转，做到数量充足、运行可靠。

注意天气预报，根据工程需要和季节施工特点，准备好抽水设备及防雨、防暑、防寒等物资。

做好模板、支架的检查验收及钢筋和其他预埋件的隐蔽验收工作，清理模板内的垃圾、木片、刨花、锯屑、泥土和钢筋上的油污等杂物。

对木模板进行浇水湿润，但应避免积水。

检查安全设施、劳动力配备是否妥当，能否满足浇筑速度的要求。

2.混凝土浇筑的一般要求

(1)入模前混凝土的检查。在混凝土入模前，应检查混凝土是否有初凝和离析现象，如有，应采用强力搅拌后才能入模。

(2)浇筑过程中混凝土自由下落高度的控制。为避免混凝土浇筑过程中因自由下落高度过大造成的混凝土离析，应对其自由下落高度进行控制，一般不应超过 2 m；在竖向结构(如墙、柱)中，由于通常钢筋对混凝土自由下落的阻滞作用，当骨料粒径大于 25 mm 时，下落高度不应超过 3 m，否则，不应超过 6 m。当由于结构设计原因无法满足时，应采用串筒、溜槽等方式降低混凝土的下落速度。溜槽一般用木板制作，外包铁皮，使用时其倾角一般不超过 30°；串筒一般采用铁皮制作，每节长 0.7 m 左右，用钩环连接，内设缓冲挡板，如图 4.62 所示。

(3)浇筑层厚度的控制。为使混凝土振捣密实，浇筑混凝土时，应从低处到高处分层浇筑、分层振捣。每层的浇筑厚度应根据振捣方法及工具确定。表 4.32 给出了不同振捣方式时混凝土浇筑层厚度的最大分层。

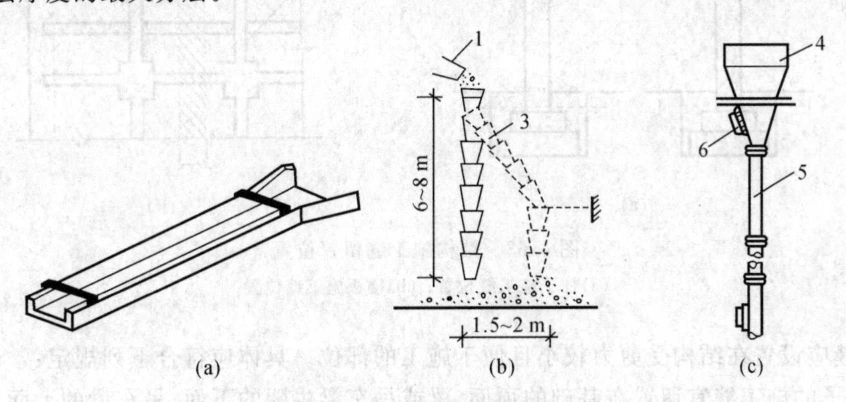

图 4.62　溜槽与串筒

(a)溜槽；(b)串筒；(c)振动串筒

1—溜槽；2—挡板；3—串筒；4—漏斗；5—接管；6—振动器

表 4.32　混凝土浇筑层的最大分层厚度　(mm)

捣实混凝土的方法	浇筑层的厚度
插入式振捣	振捣器作用部分长度的 1.25 倍
表面振动	200
附着振动器	根据设置方式，通过试验确定

(4)混凝土浇筑的最大间歇时间。浇筑混凝土应连续进行，如必须间歇时，其间歇时间宜缩短，并应在前层混凝土初凝之前，将次层混凝土浇筑完毕。为保证不同层混凝土之间的结合

强度，混凝土运输、浇筑及间歇的全部时间不得超过表 4.33 的规定，否则必须设置施工缝。

表 4.33　混凝土运输、浇筑和间隙的时间 (min)

条件	混凝土强度等级	气温/℃	
		≤25	>25
不掺外加剂	≤C30	210	180
	>C30	180	150
掺外加剂	≤C50	270	240
	>C50	240	210

3.混凝土浇筑施工缝的留置与处理

由于施工技术和施工组织上的原因，不能连续将结构整体浇筑完成，并且间歇的时间预计将超出表 4.33 规定的时间时，应选定适当的部位设置施工缝。

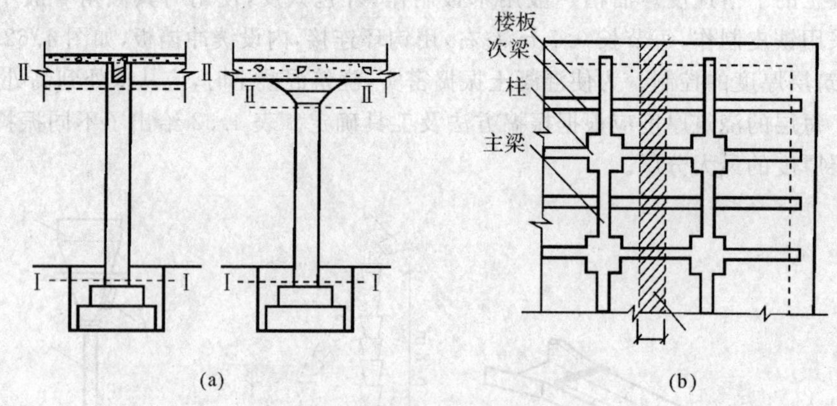

图 4.63　结构施工缝留置位置

(a)柱子施工缝位置；(b)楼板施工缝位置

施工缝应设置在结构受剪力较小且便于施工的部位。具体应符合下列规定：

(1)柱子的施工缝宜留置在基础的顶面、梁或吊车梁牛腿的下面、吊车梁的上面、无梁楼板柱帽的下面(见图 4.63(a))。

(2)和板连成整体的大断面梁，留置在板底面以下 20～30 mm 处。当板下有梁托时，留在梁托下部。

(3)单向板，留置在平行于板的短边的任何位置。

(4)有主次梁的楼板，宜顺着次梁方向浇筑，施工缝应留置在次梁跨度的中间三分之一范围内(见图 4.63(b))。

(5)墙，留置在门洞口过梁跨中 1/3 范围内，也可留在纵横墙的交接处。

(6)楼梯的施工缝宜留置在楼梯长度中间的 1/3 范围内。

在施工缝处继续浇筑混凝土前，为避免因振捣而损坏已浇筑的混凝土，必须待其抗压强度大于 1.2 N/mm^2之后才可继续进行。继续浇筑前，应清除施工缝表面的垃圾、水泥薄膜、表面上松动砂石和软弱混凝土层，并加以凿毛，再用水充分湿润并冲洗干净，但不得有积水。浇筑时，水平施工缝宜先铺上一层 10～15 mm 厚与混凝土内的砂浆成分相同的水泥砂浆，即可继续浇筑混凝土。施工缝处的混凝土应仔细捣实，使新旧混凝土结合紧密。

4. 后浇带浇筑施工

后浇带是为在现浇钢筋混凝土结构施工过程中，克服由于温度、沉降及收缩而可能产生的有害裂缝而设置的临时施工缝。该缝须根据设计要求保留一段时间后再浇筑，将整个结构连成整体。

后浇带留置的位置应符合设计要求。

后浇带的保留时间应按设计要求确定，若设计无要求时，一般至少保留 28 d 以上。

后浇带的宽度应考虑到施工方便，并避免应力集中。一般宽度为 700～1 000 mm。后浇带内的钢筋应完好保存。常见后浇带的构造如图 4.64 所示，在有防水要求的部位，后浇带在浇筑前还应在两个交界面上加装止水条或采取其他止水措施。

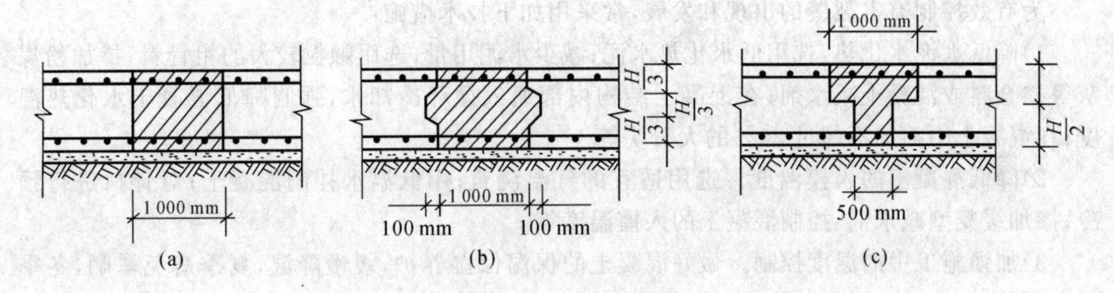

图 4.64　混凝土后浇带构造

(a)平接式；(b)企口式；(c)台阶式

后浇带混凝土浇筑前，应将两侧界面上的混凝土表面按照施工缝的要求进行处理。浇筑后浇带混凝土应采用微膨胀或无收缩水泥，也可采用普通水泥加入相应的外加剂拌制。后浇带混凝土的强度等级应比原结构提高一级，并保持至少 15 d 的湿润养护。

5. 框架及剪力墙结构混凝土浇筑

多层框架应按层分段施工，水平方向以结构平面的伸缩缝为分段，垂直方向按结构层次分层。在每层中先浇筑柱，再浇筑梁、板。

柱子混凝土浇筑宜在梁板模板安装后，钢筋未绑扎前进行，可以利用梁板模板稳定柱模并作为浇筑柱混凝土操作平台。

当梁板与墙柱混凝土一次浇筑时，应先浇筑柱或墙，且柱或墙应该连续浇筑到顶。墙柱浇筑完毕后，应停歇 1～2 h，使混凝土获得初步沉实，待有一定强度以后，再浇筑梁板混凝土。梁和板应同时浇筑混凝土，较大尺寸的梁(梁的高度大于 1 m)可单独浇筑，施工缝可留在距板底面以下 2～3 cm 处。

在混凝土浇筑过程中，要保证混凝土保护层厚度及钢筋位置的正确性。不得踩踏钢筋，不得移动预埋件和预留孔洞的原来位置，如发现偏差和位移，应及时校正。要特别重视竖向结构的保护层和板、雨篷结构负弯矩部分钢筋的位置。

墙、柱混凝土浇筑前应采用水泥砂浆堵塞模板与底板混凝土之间的缝隙，防止因漏浆而造成的墙、柱烂根现象。

浇筑墙、柱时，底部应先填 5～10 cm 厚水泥砂浆，其成分与浇筑混凝土内砂浆成分相同，以免底部产生蜂窝现象。

剪力墙浇筑应采取长条流水作业，分段浇筑，均匀上升。洞口浇筑混凝土时，应使洞口两侧混凝土高度大体一致。振捣时，振捣棒应距洞边 30 cm 以上，从两侧同时振捣，以防止洞口变形。

混凝土柱及墙体浇筑振捣完毕后，应及时将上口甩出的钢筋加以整理，用木抹按标高线将柱及墙表面混凝土找平。

6.大体积混凝土浇筑

大体积混凝土是指混凝土结构物实体最小几何尺寸不小于 1 m 的大体量混凝土，或预计会因混凝土中凝胶材料水化引起的温度变化和收缩而导致有害裂缝产生的混凝土。

(1)大体积混凝土温度裂缝控制措施。大体积混凝土施工时的主要困难是体量过大，凝结过程中混凝土中心部位的水化热不能及时消散，导致混凝土内外温差过大，或外部由于约束作用不能随内部同步膨胀或收缩，从而产生由于内外部膨胀和收缩不同步而产生的结构裂缝。

为有效控制有害裂缝的出现和发展，常采用如下技术措施：

1)降低水泥水化热：选用低水化热水泥；减少水泥用量；选用颗粒较大的粗骨料；掺加粉煤灰等掺合料或混凝土减水剂；在混凝土结构内部通入循环冷却水，强制降低混凝土水化热温度；在混凝土中掺加不超过 20%的大石块等。

2)降低混凝土的入模温度。选用适宜的气温浇筑；用低温水拌制混凝土；对骨料进行预冷；掺加缓凝型减水剂、控制混凝土的入模温度等。

3)加强施工中的温度控制。做好混凝土的保温保湿养护，缓慢降温，夏季避免暴晒，冬季保温覆盖；加强温度监测与管理；及时回填等。

4)改善约束条件，削减温度应力。采取分层分块浇筑；合理设置水平和垂直施工缝，或在适当部位设置施工后浇带；在大体积混凝土结构基层设置滑动层等。

5)提高混凝土抗拉强度。

(2)大体积混凝土的浇筑方法。大体积混凝土浇筑前，应做好施工准备和施工方案编制工作，并严格按施工方案进行施工。

1)大体积混凝土浇筑施工准备。大体积混凝土施工前的准备工作除按一般混凝土浇筑进行材料、机械、施工现场等准备外，还应根据其特点做好相关准备工作：根据设计要求及现场条件确定混凝土配合比；编制好大体积混凝土施工方案，尤其是测温、降温方法及混凝土浇筑方案，必要时可进行专家论证；做好劳动力配置及混凝土等的供应组织工作；准备好相应的降温、养护设备和专门材料，例如冰块、冰水箱、真空吸水设备、测温设备、保温材料等。

2)大体积混凝土的浇筑方案。根据大体积混凝土的整体性要求、结构大小、钢筋疏密、混凝土供应等具体情况，可选用如下 3 种混凝土浇筑方案。

a.全面分层浇筑。如图 4.65(a)所示，在整个模板内，将结构分成若干个厚度相等的浇筑层，每层的浇筑面积即是结构的平面面积。混凝土浇筑从短边开始，沿结构长边方向进行，第一层全部浇筑完毕后再回头浇筑第二层。第二层混凝土应在第一层混凝土初凝之前全部浇筑并振捣完毕。采用这种方案时，结构的平面尺寸不宜过大，且对混凝土供应及振捣的速度应有一定要求。

b.斜面分层。如图 4.65(b)所示，当采用斜面分层方案时，混凝土一次浇筑到浇筑区顶部，由混凝土的自然流动而形成斜面，振捣工作从浇筑层下部开始随混凝土浇筑而逐渐上移。斜面分层方案多用于长度较大的结构。

c.分段分层。如图 4.65(c)所示，这种方案适用于厚度不太大而面积或长度较大的结构。

浇筑混凝土时将结构沿长边分成若干段，浇筑工作从底层开始，当第一层混凝土浇筑一定长度后便回过头来浇筑第二层，如此向上形成阶梯形。

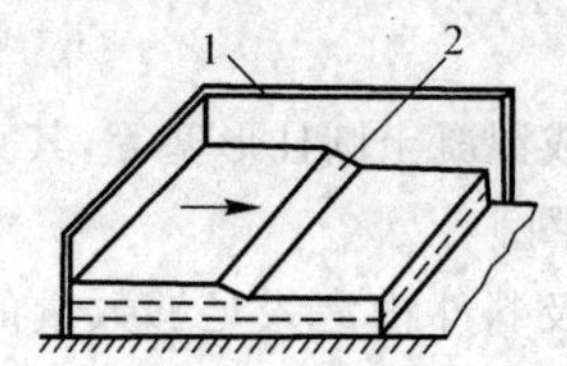

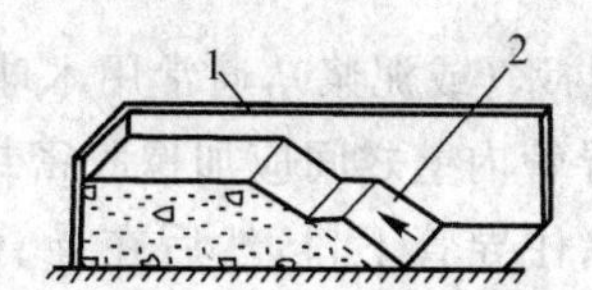

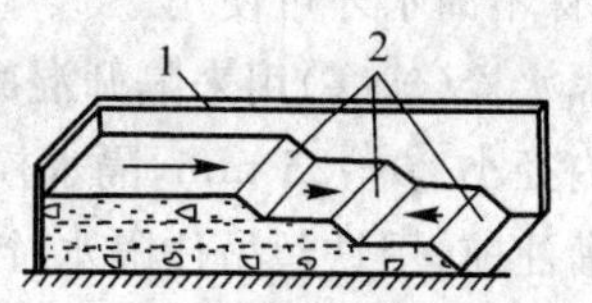

图 4.65　大体积混凝土浇筑方案

(a)全面分层；(b)斜面分层；(c)分段分层

1—模板；2—新浇混凝土

当对上述 3 种浇筑方案进行选择时，主要考虑混凝土的供应能力。为保证混凝土浇筑工作的连续进行，避免留下施工缝，应在下一层混凝土初凝之前将上一层混凝土浇筑振捣完毕，因此，在组织施工时应计算每小时所需的混凝土数量(即浇筑强度)，即

$$V = BLH/(t_2 - t_1) \tag{4.12}$$

式中　V——每小时混凝土浇筑量(m^3/h)；

B,L,H——浇筑层的宽度、长度和厚度(m)；

t_2——混凝土的初凝时间(h)；

t_1——混凝土的运输时间(h)。

大体积混凝土浇筑时，宜采用二次振捣工艺，并对浇筑面应及时进行二次摸压处理。

7. 水下混凝土浇筑

水下混凝土浇筑常用于深基础、灌注桩、沉井及地下连续墙等工程的施工过程。水下混凝土浇筑时，关键的问题是保证水和泥浆不混入混凝土内，水泥浆不被带走，同时混凝土能借助压力挤压密实。水下浇筑混凝土最常用的方法是导管法，如图 4.66 所示。

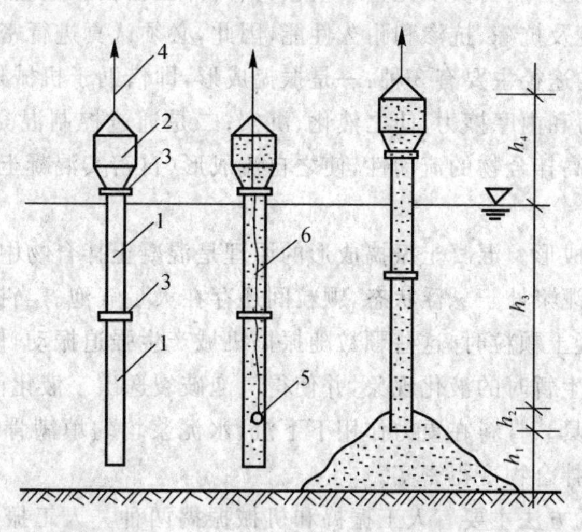

图 4.66　水下浇筑混凝土原理

1—钢导管；2—漏斗；3—密封接头；4—吊索；5—球塞；6—铁丝或绳子

水下混凝土浇筑用的导管一般用无缝钢管制作，直径为200～300 mm。每节长度有1 m，2 m，3 m等3种规格，每节导管之间用法兰盘连接，使用前应进行试拼装，并进行封闭水压试验，确保不漏水才可使用。

隔水栓（球塞）用来隔开混凝土与水（或泥浆），通常用木球或混凝土圆柱形塞等，其直径比导管内径小20～25 mm，隔水栓与导管内壁之间应加橡胶密封圈。

灌注前，用铁丝吊住隔水栓并堵住导管下口，然后在导管及料斗内灌入足够数量的混凝土，再将导管插入水下，使其下口距浇筑底面的距离约300 mm，剪断铁丝，混凝土在重力作用下流出导管，并将导管下口埋入混凝土中。此后，一面均衡地浇筑混凝土，一面缓慢地提起导管，应保证整个浇筑过程中导管下口始终被埋入混凝土表面下一定距离。埋深越大，则挤压作用越大，混凝土也越密实，但也越不易浇筑。导管埋入混凝土的最小深度如表4.34所示。这样最先浇筑的混凝土始终处于最外层，与水或泥浆接触，且随混凝土的不断挤入而不断上升，故水和泥浆不会混入混凝土内部。一般情况下，每根导管灌注的范围以4 m×4 m为限，面积过大时，应同时插入多根导管，而不应将导管水平移动以扩大浇筑范围。浇筑完毕后，应清除与水或泥浆接触的表面混凝土层，其厚度在清水中至少为0.2 m，在泥浆中时至少为0.4 m。该层混凝土因水泥浆流失及可能的泥浆混入会变得比较疏松。

表4.34　导管埋入混凝土中的最小深度　(m)

混凝土水下浇筑深度	导管埋入最小深度	混凝土水下浇筑深度	导管埋入最小深度
≤10	0.8	15～20	1.3
10～15	1.1	>20	1.5

8.混凝土的振捣

混凝土被浇筑入模后，由于骨料颗粒间的摩擦力和水泥浆的黏结力，以及颗粒间大量自由水的存在，混凝土并不能自然密实填充整个模板，其内部也会存在大量的水、气泡和空洞，这将严重影响混凝土的强度及抗冻、抗渗和耐久性能，因此，必须认真进行密实成形。

混凝土密实成形的途径主要有3种：一是振捣成形，即借助于机械外力（如机械振动）来克服拌合物之间的黏聚力和内摩擦力，使之液化、沉实；二是通过控制混凝土配合比并添加外加剂（如高效减水剂），提高拌合物的流动性，使之自流成形（自密实混凝土）。下面着重介绍前一种方法。

(1)混凝土的振捣成形。混凝土振捣成形的原理是混凝土拌合物中的颗粒，依靠相互间的摩阻力、黏聚力等在水泥浆处于悬浮状态，颗粒间还存在大量气泡。当振动机械以一定的频率将振动能量传递给混凝土颗粒时，这些颗粒随振捣机械产生强迫振动，使得颗粒间的黏聚力及摩擦阻力大大降低，产生暂时的液化现象，并使得气泡破裂逸出。液化使得拌合物流动性大大增加，能够充满整个模具。骨料在重力作用下下沉，水泥浆均匀填满骨料间的空隙，游离水被挤压上升，使得混凝土拌合物变得密实。

混凝土振捣成形的方法主要有人工振捣和机械振捣两种。人工振捣劳动强度大、振捣效果差，一般很少采用；机械振捣是目前混凝土工程施工的主要方法。

混凝土机械振捣所用的振捣装置主要有4种：内部振动器（振捣棒）、表面振动器、附着式振动器和振动台，如图4.67所示。

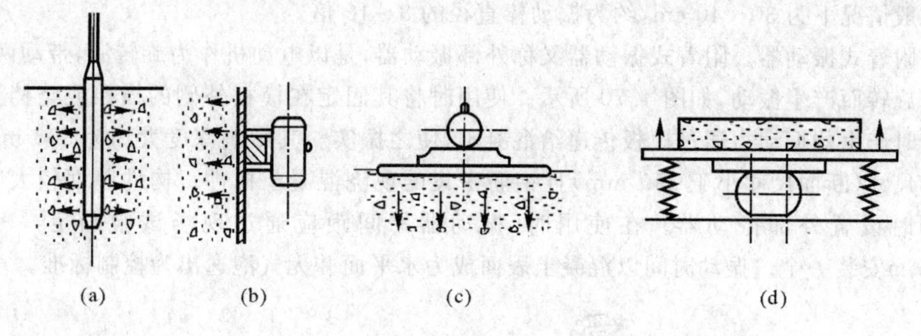

图 4.67　混凝土振捣机械

(a)内部振动器；(b)附着式振动器；(c)表面振动器；(d)振动台

1)内部振动器。内部振动器又称插入式振动器，简称振捣棒，多用于梁、柱、墙、厚板和基础等结构构件的混凝土浇筑，如图 4.68 所示。其核心部件振捣头是一空心圆柱体，内部装有偏心振子，在电动机带动下高速转动而使振捣头产生振动。按照其激振原理，内部振动器有偏心式和行星滚锥式两种，如图 4.69 所示。一般说来，行星滚锥式激振频率高，振捣效果较好。

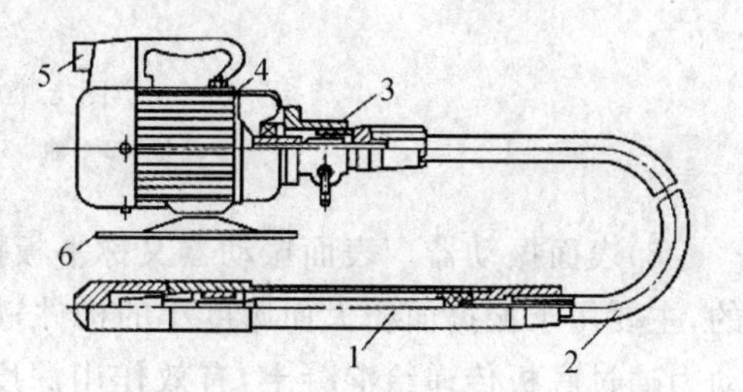

图 4.68　插入式振动器

1—振动棒；2—软轴；3—防逆装置；4—电动机；5—电器开关；6—底座

采用插入式振动器振捣混凝土时，应做到以下几点：

a. 应垂直插入，振动棒应插入下层混凝土 50～100 mm，以促使上、下两层混凝土结合成整体。

b. 使用时应做到快插慢拔，快插是为了防止表面混凝土先振实而下面的气泡不易排出；慢拔是使混凝土能填满振捣棒抽出时造成的孔洞。

c. 振捣器插入混凝土后应上、下抽动，幅度为 50～100 mm，以保证混凝土密实。

d. 在每一插点处振捣棒的振捣时间一般为 20～30 s，用高频振捣器时一般为 10 s 左右。振捣时间过短不易捣实，过长则可能造成混凝土离析。适宜的振捣时间应满足混凝土不再显著下沉；表面不再出现气泡；混凝土表面呈水平面并出现水泥浆。

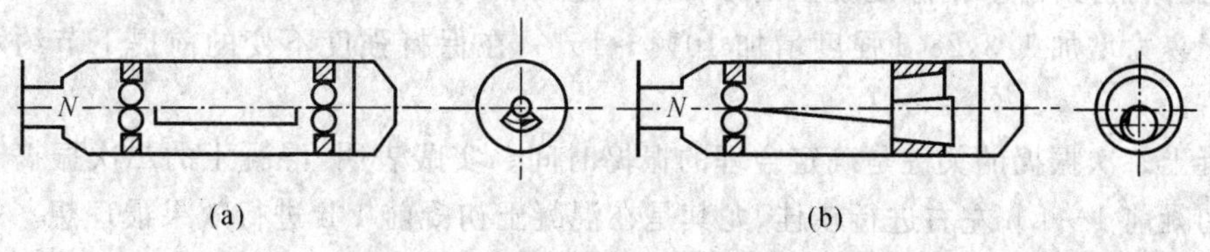

图 4.69　插入式振动器激振原理

(a)偏心轴式；(b)行星滚锥式

e. 插点的分布方式可以是行列式或梅花式两种。采用行列式布置时，插点间距不宜大于振捣器作用半径的 1.4 倍；采用梅花式布置时，不宜大于振捣器作用半径的 1.7 倍。振捣器与模板的距离不应大于其作用半径的 0.5 倍并应避免碰撞钢筋、模板、预埋件等。振动器的作用半径一般情况下为 30～40 cm，约为振动棒直径的 8～10 倍。

2）附着式振动器。附着式振动器又称外部振动器，是以电动机作为旋转源，带动两个偏心块高速旋转而产生振动，如图 4.70 所示。使用时将其固定在模板外侧的横档或竖档上，偏心块旋转时产生的振动力通过模板传递给混凝土，使之振实。其影响深度大约为 300 mm，主要用于小尺寸（断面尺寸小于 250 mm）且钢筋密集的现浇混凝土构件。构件厚度较大时，需在两侧同时设置外部振动器。在使用时，振动器的间距应通过现场试验确定，一般每隔 1～1.5 m安装一个。振动时间以混凝土表面成为水平面并无气泡逸出为控制标准。

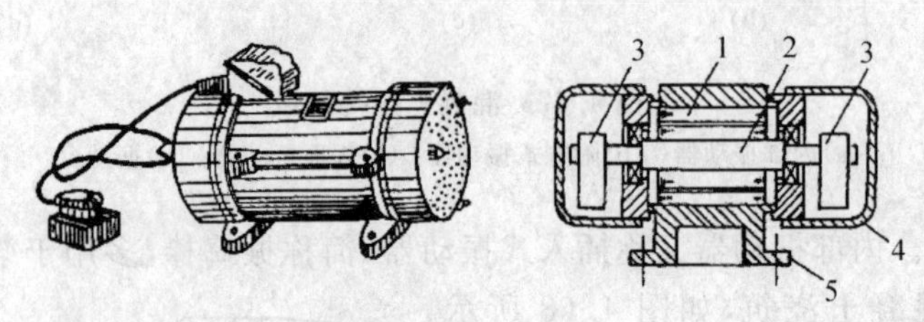

图 4.70　附着式振动器

1—电动机；2—轴；3—偏心块；4—防护罩；5—底座

3）表面振动器。表面振动器又称平板振动器，是将附着式振动器安装在一块平板上而成的，主要用于振捣面积大而厚度小的构件，如楼板、地坪、预制板等。振捣时由偏心块产生的振动力通过底板传递给混凝土，有效作用深度一般为 200 mm。振捣时每一位置上的振动时间为 25～40 s，以混凝土表面出现浮浆为准。振点间的移动间距应保证与已振实部分搭接 30～50 mm。

4）振动台。振动台是一个支撑在弹性支座上的工作平台，平台下面安装有带偏心块的电动机，电动机转动时带动偏心块产生的振动使得工作台产生强迫振动，从而使工作平台上的混凝土得以振实。振动台主要用于预制构件的生产或实验室制备混凝土试件。

对楼板结构混凝土，在振捣完成后还应对混凝土表面进行两次抹压：初凝前进行一次，终凝前再进行一次，以消除混凝土表面的收缩裂缝。

9.混凝土的二次振捣工艺

混凝土的二次振捣，是指在混凝土浇筑后的适当时间，重新对混凝土进行振捣。混凝土的二次振捣可以提高混凝土强度，或在保证强度的前提下节约水泥的用量，还可以增加混凝土的密实度，提高抗渗性能，消除混凝土由于沉陷产生的裂纹和细缝。有关实验表明，二次振捣，可使钢筋握裹力增加 1/3，28 d 强度增加 10％～15％，在保持强度不变的前提下节约水泥用量 15％左右。

混凝土二次振捣的关键是确定合理的振捣时间。实践表明，混凝土的二次振捣时间应在混凝土初凝前 1～4 h 左右进行较佳，尤其是在混凝土初凝前 1 h 进行效果最理想。如果距离初次振捣时间间隔过短，则效果不明显；如果时间间隔过长，特别是在混凝土初凝后，超出了重塑时间范围，则会破坏混凝土结构，影响混凝土质量。施工经验表明，以混凝土坍落度达到 30～50 mm 时作为进行混凝土二次振捣的时间，效果较好。此时，将运行着的振动棒以其自重插入混凝土中进行振捣，混凝土仍可恢复塑性，当振动棒小心地拔出后，混凝土能自行闭合，而不会留下孔穴。

二次振捣的原理如下：

(1)一次振捣时,混凝土在振捣作用下趋于液化,流动性增大而成形,但在振捣成形及其随后的静停过程中,粗骨料在自重作用下仍有下沉,水分和气泡上升,这种物理现象会一直持续到混凝土失去塑性(初凝之前止),其结果会造成粗细颗粒上、下分布不均匀的现象,使得下部的密实度大于上部,粗骨料周围细骨料的分布也不均匀。间隔一定时间进行的二次振捣,可以使本来已经接近凝结的混凝土经振捣液化,重新恢复塑性,此时的混凝土拌和物内已存在大量晶体和胶凝物,黏滞阻力及抗剪强度较大,骨料和水分相对运动的程度很小,振捣均匀后的骨料分布状态能在凝结过程中很好保持。

(2)一次振捣后,水泥颗粒周围的水化物溶液很快达到饱和状态,进而析出以水化硅酸钙凝胶为主的半渗透膜层,包裹在水泥颗粒表面,一定程度上阻止了外部水分向内的渗透以及内部水分向外的扩散,减缓了水泥的水化速度。此时若给以二次振捣,可以人为加速膜层破裂,使得外部低浓度的溶液能够再次进入,与尚未水化的水泥核接触,加速水化反应的速度。

(3)一次振捣后,在随后的静停时间内,粗骨料的自重下沉,使得钢筋下部形成充水区;同时,由于混凝土中水分和气泡的上升,水泥浆体与钢筋之间也会出现微小间隙或是薄水膜,造成钢筋抗拔力的下降。二次振捣,使得粗骨料和钢筋周围的水膜和微孔被黏稠的浆体所填充,增加了水泥石同粗骨料以及钢筋界面间的强度。

10. 混凝土真空吸水作业

一般混凝土浇筑时,为了增大流动性,拌合物的用水量都大大超过了水泥水化所需的用水量,这些多余的游离水在混凝土硬化后成为毛细孔,影响混凝土的强度和耐久性。真空吸水技术是在混凝土经振捣成形后将吸水设备的吸盘覆盖在已成形的混凝土表面上,利用真空吸水设备形成负压,将混凝土中的水和气泡吸出。通过真空吸水处理,使得混凝土结构致密,可有效提高混凝土的表面结构强度,防止表面收缩裂缝的出现,提高混凝土强度和耐磨性、抗冻性。真空吸水设备如图 4.71 所示。

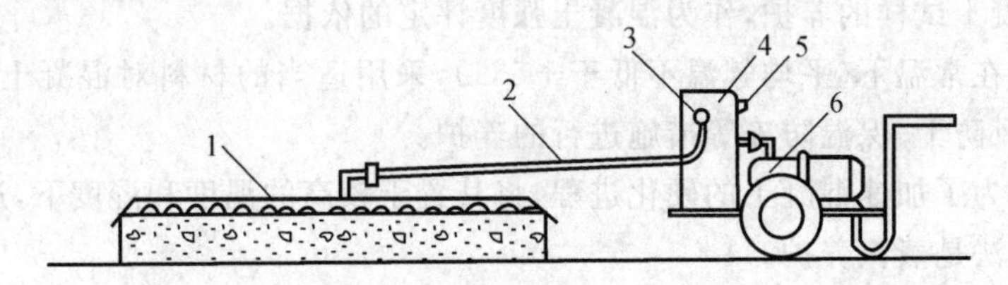

图 4.71　混凝土真空吸水设备

1—柔性吸盘；2—软管；3—吸水进口；4—集水箱；5—真空表；6—真空泵

真空吸水设备由真空泵、集水箱、软管、真空腔、滤网等构成;一般,真空泵、集水箱、吸水器等安装在可移动的手推车上。常用的柔性吸盘是用柔性橡胶作为垫层密封材料,用粒状或网状塑料网格制成骨架或真空腔,密封材料四周与新浇筑混凝土紧密贴合。如图 4.72 所示,柔性吸盘有 3 m×5 m,4 m×6 m 等规格,可方便地卷起和铺设。在吸盘所覆盖范围内,还需铺设一层透水性良好,且具有一定强度的纤维织物作为滤网,以阻止水泥等细小颗粒通过,保证吸盘正常工作。

真空吸水作业时,真空度应达到 65～80 kPa,具体的真空度与混凝土厚度有关(见表 4.35)。吸水时间一般为 15 min 左右,待混凝土表面明显抽干,手指压下无指痕时,即完成吸水。收起吸水设备后,应再采用抹光机提浆并压抹平整,即可进入养护阶段。

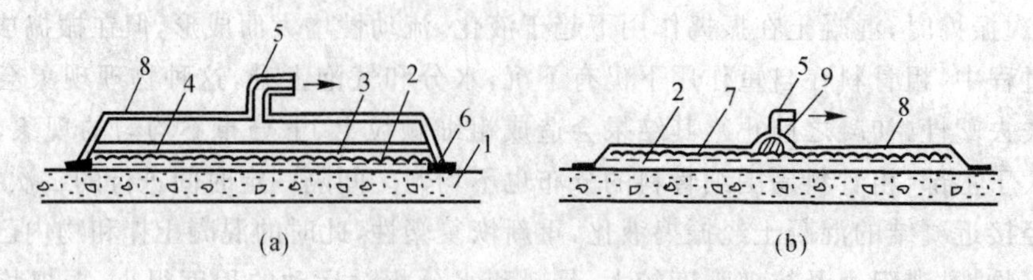

图 4.72　柔性吸盘构造

1—混凝土拌合物；2—滤布；3—滤网；4—带孔薄钢板；5—吸水接头；
6—橡胶密封垫；7—骨架层；8—密封层；9—吸水通道

表 4.35　混凝土厚度与真空度的关系

混凝土厚度/cm	5～10	10～15	15～25
真空度/kPa	60～66.7	66.7～73.3	73.3～86.7

4.3.4　混凝土的养护

混凝土在浇筑后强度形成的过程，实际上是水泥水化及水泥石形成的过程，这个过程的实现需要一定的温度和湿度。混凝土的养护，就是为其提供必要的温度和湿度。混凝土养护的好坏，对混凝土质量影响极大。养护不良的混凝土，会造成表面酥松、开裂，强度严重不足，甚至会造成工程事故。

混凝土的养护方法可以分为 3 种：标准养护、自然养护和加热养护。

标准养护是将混凝土处于温度为(20±3)℃，相对湿度为 90％以上的潮湿环境中进行养护，主要用于混凝土试样的养护，作为混凝土强度评定的依据。

自然养护是在常温下(平均气温不低于＋5℃)，采用适当的材料对混凝土进行覆盖，并进行浇水湿润、防风防干、保温防冻等措施进行的养护。

加热养护是为了加速混凝土的硬化进程，将其置于较高的温度和湿度下，进行养护。加热养护最常用的办法是蒸汽养护。

1. 自然养护

当在平均气温高于＋5℃的条件下进行自然养护时，其覆盖和保湿方式主要有覆盖洒水养护和喷洒塑料薄膜养生液两种方式。

洒水养护是混凝土养护最常采用的方式。其做法是用保温及吸水能力较强的材料如草帘、芦席、麻袋、锯末等将混凝土覆盖，经常洒水使其保持湿润。覆盖浇水养护应满足以下条件。

(1)覆盖浇水养护应在混凝土浇筑完毕后的 12 h 内进行。

(2)混凝土的浇水养护时间。对采用硅酸盐水泥、普通硅酸盐水泥或矿渣硅酸盐水泥拌制的混凝土，不得少于 7 d；对采用缓凝型外加剂、矿物掺合料或有抗渗性要求的混凝土，不得少于 14 d。当采用其他品种水泥时，混凝土的养护应根据所采用水泥的技术性能确定。

(3)浇水次数应能保持混凝土处于湿润状态。混凝土的养护用水宜与拌制水相同。当日平均气温低于 5℃时，不得浇水。

(4)在混凝土强度达到 1.2 N/mm² 以前,不得上人踩踏或在其上安装模板及支架;混凝土在自然保湿养护下强度达到 1.2 MPa 的时间可按表 4.36 所示估计。

表 4.36　混凝土强度达到 1.2 MPa 的时间估计　(h)

水泥品种	外界温度/℃			
	1～5	5～10	10～15	15 以上
硅酸盐水泥 普通硅酸盐水泥	46 h	36 h	26 h	20 h
矿渣硅酸盐水泥 火山灰硅酸盐水泥 粉煤灰硅酸盐水泥	60 h	38 h	28 h	22 h

注:掺加矿物掺和料的混凝土可适当增加时间。

自然养护的另一种方式是采用塑料布覆盖养护。塑料布不透水、不透气,保温效果好,能保证混凝土在不失水的情况下得到充分养护。这种养护方法的优点是不必浇水,操作方便,塑料布能重复使用。采用塑料布覆盖养护的混凝土,其敞露的表面应全部覆盖严密,并应保持塑料布内有凝结水。

喷洒塑料薄膜养生液养护法是将塑料溶液喷洒在混凝土表面上,待溶剂挥发后,即会在混凝土表面形成一层塑料薄膜,使混凝土与空气隔绝,密闭其中的水分不再被蒸发,保证混凝土中的水泥在自身水分作用下完成水化,这种方法适用于不易洒水养护的高耸构筑物、大面积混凝土结构如场道工程等,也可用于缺水地区的混凝土施工养护。

2. 加热养护

(1)蒸汽养护。蒸汽养护是将混凝土构件放在充满蒸汽的养护室内,使混凝土在高温高湿条件下迅速达到强度要求。蒸汽养护室的常用形式有坑式、折线型隧道式和立式 3 种,如图 4.73 及 4.74 所示。

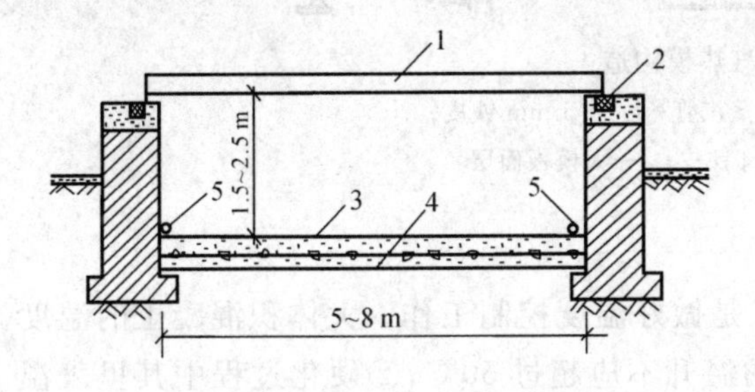

图 4.73　坑式混凝土蒸汽养护室

1—坑盖；2—水封；3—混凝土地面；4—地面基层；5—蒸汽管

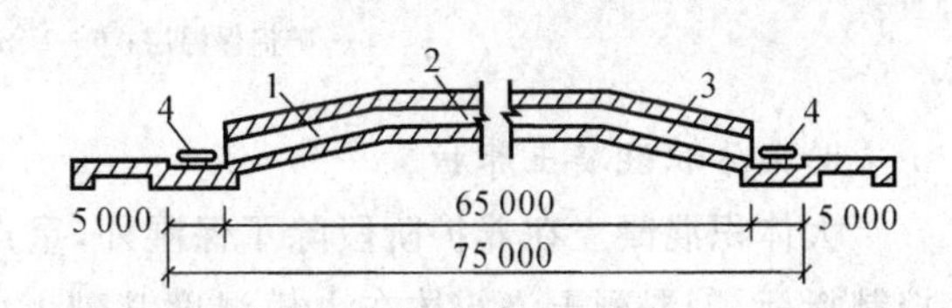

图 4.74　折线型隧道式蒸汽养护室

1—升温区；2—恒温区；3—降温区；4—运模车

混凝土蒸汽养护过程分为静停、升温、恒温和降温四个阶段。

静停阶段。静停阶段是将浇筑成型的混凝土在升温前先在室温下先放置一段时间,主要是使得混凝土先在自身水化热作用下完成部分硬化,以增强混凝土对升温阶段结构破坏作用的抵抗能力,这个过程一般需 2～6 h。

升温阶段。在该阶段将混凝土的原始温度上升到恒定温度。若温度上升过快,会使混凝土表面因内外温差过大而产生裂缝，因而必须控制升温速度，一般为10～25℃/h。

恒温阶段。温度上升到一定数值后，保持其不变，混凝土在高温及潮湿环境下强度高速增长。恒温的温度应随水泥品种不同而异，普通水泥的养护温度一般不超过80℃，矿渣水泥、火山灰水泥可提高到85～90℃；恒温加热阶段应保持90%～100%的相对湿度。恒温时间一般为5～8 h。

降温阶段。降温阶段即混凝土由高温状态降至常温状态的过程，在该阶段混凝土已经硬化，如降温过快，混凝土会产生表面裂缝，因此对降温速度应加以控制。一般情况下，构件厚度在10cm左右时，降温速度不大于20～30℃/h。

为了避免由于温度骤降而引起混凝土构件开裂，还应控制出槽的构件温度与室外温度的温差。一般情况下，构件表面与室外温差不得大于20℃。

(2)热模养护。热模养护是蒸汽养护的另一种形式，这种方法是将蒸汽通在模板内，热量通过模板与刚成型的混凝土进行热交换，如图4.75所示。此法养护用气少，加热均匀，既可用于预制构件又可用于现浇结构。采用该方法时，模板一般为空腔式或排管式，并采用热拌混凝土，以省去静停时间，可缩短混凝土养护周期。为提高保温效果，减少热量损失，可在模板背面加设保温层。

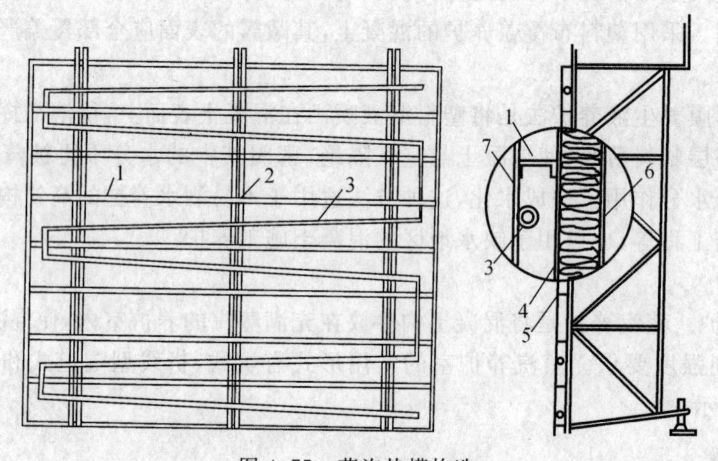

图4.75 蒸汽热模构造

1—模板横肋；2—竖肋；3—蒸汽管；4—0.5 mm铁皮；
5—矿棉保温层；6—1 mm铁皮；7—大模板面层

3.大体积混凝土养护

大体积混凝土在养护阶段除了保湿外，重点是做好温度控制工作。大体积混凝土的温度控制指标：①混凝土浇筑体在入模温度基础上的温升不应超过50℃；②硬化过程中其里表温差(不含混凝土收缩的当量温差)不宜大于25℃；③降温过程中的降温速率不宜大于2.0℃/d；④混凝土浇筑体表面与大气温差不宜大于20℃。

为保证大体积混凝土在养护阶段能达到上述温控指标，应采取如下措施。

(1)派专人负责保温养护工作，同时做好测试记录。

(2)养护的持续时间不小于14 d，应经常检查塑料薄膜或养护剂涂层的完整情况，保持混凝土表面湿润。

(3)保温覆盖层应逐层拆除，直到表面温度与环境温差小于20℃时才可全部拆除。

(4)在养护过程中，应对混凝土浇筑体的里表温差和降温速率进行现场监测，当实测结果不满足温控指标时，应及时调整保温养护措施。

4.3.5　混凝土的质量检查

按照《混凝土结构工程施工质量验收规范》GB50204，混凝土的质量检查主要包括下列几个方面。

1. 施工过程中的质量检查

混凝土在施工过程中的质量检查主要包括下列内容。

(1)首次使用的混凝土配合比，应对其工作性能及强度应进行开盘鉴定，检查其塌落度，并至少留置一组标准养护试件做强度试验，以验证配合比。

(2)每个工作班拌制前，应测定砂、石的含水量，并据此对实验室配合比进行调整。

(3)每个台班应至少对原材料的称量情况进行一次检查，其误差应满足表4.37的规定。

表4.37　原材料每盘称量的容许偏差

材料名称	容许偏差
水泥、掺合料	±2%
粗、细骨料	±3%
水、外加剂	±2%

(4)检查所有施工缝、后浇带的留置情况。

(5)随时检查混凝土的养护情况。

(6)随时检查混凝土从搅拌机卸出至浇筑完成的时间。

2. 混凝土抗压强度试样的留置情况检查

(1)混凝土试样的留置数量。留置的混凝土试样是评定结构混凝土强度的基本依据。应严格按下列规定留置混凝土试样，以备检测。

(1)每拌制100盘且不超过100 m^3的同配合比的混凝土，取样不得少于1次。

(2)每工作班拌制的同一配合比的混凝土不足100盘时，取样不得少于1次。

(3)当一次连续浇筑超过1 000 m^3时，同一配合比的混凝土每200 m^3取样不得少于1次。

(4)每一楼层、同一配合比的混凝土，取样不得少于1次。

每次取样应至少留置一组标准养护试样，同条件养护试样的留置组数应根据被检验结构或构件施工阶段混凝土强度的实际需要确定。

对有抗渗要求的混凝土结构，同一工程、同一配合比的混凝土，取样不应少于1次，留置组数可根据实际需要确定。

检测混凝土强度用的试样的标准尺寸为150 mm×150 mm×150 mm，混凝土试样的最小尺寸取决于其粗骨料粒径。当采用其他尺寸的混凝土试样时，应按表4.38所示进行换算。

表4.38　混凝土试样的尺寸及强度的尺寸换算系数

骨料最大粒径/mm	试件尺寸/mm	强度的尺寸换算系数
≤31.5	100×100×100	0.95
≤40	150×150×150	1.00
≤63	200×200×200	1.05

3.混凝土强度的评定

当进行混凝土试样抗压强度试验时，每组试样的混凝土强度代表值按下面的规定记取：

(1)取3个试样强度的算术平均值。

(2)当3个试样强度中的最大值或最小值与中间值之差超过中间值的15%时，取中间值。

(3)当3个试样强度中的最大值和最小值与中间值之差均超过15%时，该组试样不应作为强度评定的依据。

根据混凝土试样的抗压强度检测报告，评定施工现场混凝土构件强度的方法主要取决于相同配合比同强度等级试样的组数。

(1)统计方法。当样本容量不小于10组时，其强度应满足下列条件：

$$m_{f_{cu}} \geqslant f_{cu,k} + \lambda_1 S_{f_{cu}} \tag{4.13}$$

$$f_{cu,min} \geqslant \lambda_2 f_{cu,k} \tag{4.14}$$

同一检验批混凝土立方体抗压强度的标准差为

$$S_{f_{cu}} = \sqrt{\frac{\sum f_{cu,i}^2 - n m_{f_{cu}}^2}{n-1}} \tag{4.15}$$

式中 $f_{cu,i}$——统计样本中，第 i 组混凝土试样抗压强度的代表值；

$f_{cu,k}$——混凝土立方体抗压强度标准值(N/mm²)；

$m_{f_{cu}}$——同一验收批混凝土立方体抗压强度的平均值(N/mm²)，精确到0.01 N/mm²；

$S_{f_{cu}}$——同一验收批混凝土立方体抗压强度的标准差(N/mm²)，精确到0.01(N/mm²)，当 $S_{f_{cu}}$ 计算值小于2.5 N/mm²时，应取2.5 N/mm²；

λ_1，λ_2——混凝土强度的统计法合格评定系数，按表4.39所列查取；

$f_{cu,min}$——同一验收批混凝土立方体抗压强度的最小值(N/mm²)，精确到0.01 N/mm²；

n——本期内样本容量。

表4.39 混凝土强度的统计法合格评定系数

试件组数	10～14	15～19	≥20
λ_1	1.15	1.05	0.95
λ_2	0.90	0.85	

(2)非统计方法评定。当用于评定的样本容量小于10组时，可采用非统计方法评定，此时，混凝土试样强度应同时满足

$$m_{f_{cu}} \geqslant \lambda_3 f_{cu,k} \tag{4.16}$$

$$f_{cu,min} \geqslant \lambda_4 f_{cu,k} \tag{4.17}$$

式中，λ_3，λ_4 为混凝土强度的非统计法合格评定系数，可按表4.40取用。

表4.40 混凝土强度的非统计法合格评定系数

混凝土强度等级	<C60	≥C60
λ_3	1.15	1.10
λ_4	0.95	

4. 混凝土工程的质量缺陷及其处理

混凝土工程的质量缺陷包括外观缺陷、尺寸及位置偏差及强度不足3种类型。

(1)混凝土工程外观缺陷。

1)现浇结构混凝土外观缺陷的分类如表4.41所示。

表4.41 现浇结构外观质量缺陷

序号	名称	现象	严重缺陷	一般缺陷
1	露筋	构件内钢筋未被混凝土包裹而外露	纵向受力钢筋有露筋	其他钢筋有少量露筋
2	蜂窝	混凝土表面缺少水泥砂浆而形成石子外露	构件主要受力部位有蜂窝	其他部位有少量蜂窝
3	孔洞	混凝土中孔穴深度和长度均超过保护层厚度	构件主要受力部位有孔洞	其他部位有少量孔洞
4	夹渣	混凝土中夹有杂物且深度超过保护层厚度	构件主要受力部位有夹渣	其他部位有少量夹渣
5	疏松	混凝土中局部不密实	构件主要受力部位有疏松	其他部位有少量疏松
6	裂缝	缝隙从混凝土表面延伸至混凝土内部	构件主要受力部位有影响结构性能或使用功能的裂缝	其他部位有少量不影响结构性能或使用功能的裂缝
7	连接部位缺陷	构件连接处混凝土缺陷及连接钢筋、连接件松动	连接部位有影响结构传力性能的缺陷	连接部位有基本不影响结构传力性能的缺陷
8	外形缺陷	缺棱掉角、棱角不直、翘曲不平、飞边凸肋等	清水混凝土构件有影响使用功能或装饰效果的外形缺陷	其他混凝土构件有不影响使用功能的外形缺陷
9	外表缺陷	构件表面麻面、掉皮、起砂、沾污等	具有重要装饰效果的清水混凝土表面有外表缺陷	其他混凝土构件有不影响使用功能的外表缺陷

混凝土结构不应有严重缺陷，不宜有一般缺陷。对存在的缺陷，应由施工单位提出处理方案，经监理(建设)单位认可后方可进行处理，对经处理的部位，应重新进行验收。

2)外观缺陷形成的原因及其处理。

a. 露筋。产生的原因主要有浇筑时混凝土保护层垫块位移或缺失，导致钢筋紧贴模板表面、拆模时模板表面黏连混凝土、拆模时缺棱掉角等。处理方法是将外露钢筋上的混凝土残渣及铁锈刷洗干净，在表面用1∶2水泥砂浆将露筋处抹平。露筋处暴露较深时，应采用比原配合比高一级的细石混凝土填补，并仔细养护。

b. 蜂窝。产生的原因主要有混凝土浇筑时发生离析、材料配合比不对(浆少、石子多)、振捣不足、模板严重漏浆等。处理办法是凿去蜂窝处的松散颗粒并洗刷干净，再用比原配合比高一级的细石混凝土填塞，并仔细捣实。对较深的蜂窝，如清除困难，可在表面用砂浆或混凝土封闭后用压浆管进行压浆处理。

c.孔洞。形成的原因主要有混凝土严重离析，又未进行振捣，或钢筋过密，混凝土下落受阻。修补方法是将周围松散的混凝土凿除，用压力水冲洗干净，并充分湿润后用比原配合比高一级的微膨胀细石混凝土仔细浇灌、捣实。

d.裂缝。裂缝产生的原因可能有混凝土收缩、混凝土早期受载等于原因，形状上也各式各样，宽度和深度也各不相同。对表面裂缝，可将开裂处凿除后用水泥砂浆找平；对开裂较大的裂缝，可将其凿成八字凹槽，冲刷干净后用 1:2 水泥砂浆填补；对贯穿性裂缝，可采用环氧树脂灌缝；开裂特别严重时，应考虑采用其他加固措施，如灌封与碳纤维布加固相结合等措施。

(2)混凝土构件的尺寸及位置偏差。现浇混凝土结构构件尺寸及位置偏差的类型及容许值如表 4.42 所示。

表 4.42　现浇结构尺寸容许偏差和检验方法

项　目			容许偏差/mm	检验方法
轴线位置	基础		15	钢尺检查
	独立基础		10	
	墙、柱、梁		8	
	剪力墙		5	
垂直度	层高	≤5 m	8	经纬仪或吊线、钢尺检查
		>5 m	10	经纬仪或吊线、钢尺检查
	全高(*H*)		*H*/1 000 且≤30	经纬仪、钢尺检查
标高	层高		±10	水准仪或拉线、钢尺检查
	全高		±30	
截面尺寸			+8,-5	钢尺检查
电梯井	井筒长、宽对定位中心线		+25,0	钢尺检查
	井筒全高(*H*)垂直度		*H*/1 000 且≤30	经纬仪、钢尺检查
表面平整度			8	2 m 靠尺和塞尺检查
预埋设施中心线位置	预埋件		10	钢尺检查
	预埋螺栓		5	
	预埋管		5	
预留洞中心线位置			15	钢尺检查

现浇结构不应有影响结构性能和使用功能的尺寸偏差。对超过容许偏差且影响结构性能和安装、使用功能的部位，应由施工单位提出技术处理方案，经监理(建设)单位认可后进行处理。对处理的部位应重新进行验收。

(3)混凝土强度不足。造成混凝土强度不足的原因主要有以下方面。

1)配合比设计不正确。

2)混凝土制备过程中任意增加用水量、原材料称量不准、水泥失效或用错、搅拌时间不足等。

3)现场浇筑过程中出现振捣不实或过振、混凝土离析、运输及浇筑消耗时间超过混凝土初凝时间。

4)未按规范要求的方法及频率对混凝土进行养护。

5)混凝土试样制作及养护不规范,留置的试样数量不足、缺失或失去代表性。

对于混凝土强度不足的处理,应严格按照《建筑工程施工质量统一验收标准》GB50300 的规定,邀请有资质的检测单位对实体结构进行检测,根据检测结论分别作如下处理。

1)经检测鉴定能够达到设计要求的检验批,应予以验收。

2)经检测鉴定达不到设计要求,但经原设计单位核算认可能够满足结构安全和使用功能的检验批,可予以验收。

3)经检测不能满足 1)、2)两点,应进行返工,或按设计要求进行加固,并应重新进行验收。

4)经返修或加固处理的分项、分部工程,虽然改变外形尺寸,但仍能满足安全使用要求的,可按技术处理方案和协商文件进行验收。

5)经过返修或加固处理仍不能满足安全使用要求的分部工程、单位(子单位)工程,严禁验收。

4.4 混凝土的冬期施工

根据《建筑工程冬期施工规程》JGJ104 标准规定,冬期施工是指室外平均气温连续 5 天低于+5℃时的建筑工程施工。在该温度下,需要对土方、砌体、钢筋、混凝土及装饰工程等的施工采取一些特殊措施,以保证施工质量,俗称"冬期施工措施"。混凝土工程是冬期施工的一个重点和难点。

4.4.1 混凝土工程冬期施工原理

混凝土的凝结硬化是水泥与水发生水化作用的结果。水化作用的速度在合适的湿度条件下主要取决于环境温度。环境温度越高,水泥水化作用越迅速,混凝土强度上升也就越快。当温度降低时,混凝土硬化速度就会降低,强度上升也就变慢。当温度低于 0℃时,混凝土中的水分结冰,水化作用停止,强度也就停止上升。同时,由于混凝土中的游离水结冰而体积膨胀约 10%左右,这种冰晶应力会使得强度很低的混凝土微结构发生破坏,对混凝土与钢筋之间的握裹力影响更加明显。在春天解冻后,尽管因尚未水化的水泥颗粒继续水化导致混凝土强度会继续上升,但由于混凝土微结构已发生不可恢复的破坏,将造成混凝土构件出现酥松开裂、强度降低等冻害。

但若在混凝土浇筑后保持一定时间的正温,使混凝土的强度上升到一定数值,此时若再受冻,混凝土中的游离水含量已被水泥水化消耗掉一部分,同时混凝土微结构对冰晶膨胀的抵抗能力也大大增强,则对混凝土构件强度的影响就会大大降低。

混凝土允许受冻而不致使其各项性能遭到损害的最低强度称为混凝土的受冻临界强度。混凝土的受冻临界强度与水泥品种、混凝土强度等级及水灰比等因素有关。《建筑工程冬期施工规程》JBJ104 规定,混凝土在冬期施工时的临界强度应满足:普通混凝土采用硅酸盐水泥或普通硅酸盐水泥配制时,应为设计混凝土强度等级值的 30%;采用矿渣硅酸盐水泥、复合硅酸盐水泥、火山灰质硅酸盐水泥配制的混凝土，应为设计混凝土强度等级值的40%。对有抗渗要求的混凝土，不宜小于设计混凝土强度等级值的5%，有抗冻耐久性要求时，不宜小于设计混凝土强度等级值的70%。

冬期施工时，为确保混凝土在遭冻结前达到临界强度，通常采取下列措施：

(1)早期增强。采取一些措施，尽快提高混凝土的早期强度。这些措施包括使用早强水泥、掺加早强剂、提高混凝土的入模温度、采取某些保温养护措施等。

(2)改善混凝土内部结构。即采取措施降低混凝土内部空隙，以减少游离水存在的空间。这些措施包括改善混凝土粗细骨料的级配以增加混凝土的密实度、采用真空吸水工艺以排除多余的游离水、掺用减水型引气剂以减少水灰比等。

(3)降低游离水的冰点。该措施主要是通过掺加混凝土防冻剂(如氯盐)，将水的冰点降低到0℃以下。

4.4.2 混凝土冬期施工工艺

混凝土的冬期施工工艺主要包括混凝土的材料及搅拌制作、混凝土的运输与浇筑、保温养护措施及选用外加剂等4个方面。

1.混凝土的材料及搅拌制作

(1)水泥的选择。混凝土冬期施工应优先选用早期强度增长快、水化热高的硅酸盐水泥和普通硅酸盐水泥，水泥标号不应低于32.5级，最小水泥用量不应少于280 kg/m^3，水灰比不应大于0.55。采用蒸汽养护时，宜优先使用矿渣硅酸盐水泥。

(2)原材料的加热。

1)拌制混凝土所用骨料应清洁，不得含有冰、雪、冻块及其他易冻裂物质。

2)水泥不得直接加热，使用前宜运入暖棚内存放。

3)混凝土原材料加热宜采用加热水的方法，当加热水仍不能满足要求时，可再对骨料进行加热。水、骨料加热的最高温度不应超过表4.43的规定。当水和骨料的温度仍不能满足热工计算要求时，可提高水温到100℃。但水泥不得直接加热，且不得与80℃以上的水直接接触。

表4.43 拌和水及骨料加热最高温度 (℃)

水泥强度等级	拌和水	骨料
强度等级小于42.5的普通硅酸盐水泥、矿渣硅酸盐水泥	80	60
强度等级大于等于42.5的硅酸盐水泥、普通硅酸盐水泥	60	40

(3)搅拌混凝土的最短时间如表4.44所示。

表4.44 搅拌混凝土的最短时间 (s)

混凝土坍落度/mm	搅拌机容积/L		
	<250	250～650	>650
≤80	90 s	135 s	180 s
>80	90 s	90 s	135 s

注：当采用自落式搅拌机时，应较上表搅拌时间延长30～60 s；采用预拌混凝土时，应较常温下预拌混凝土搅拌时间延长15～30 s。

2.外加剂的选用

(1)当采用非加热养护法施工时,宜优先选用含引气成分的外加剂,含气量宜控制在3%～5%。

(2)当掺用含有钾、钠离子的防冻剂时,不得选用活性骨料,或骨料中不得含有活性成分。

(3)掺用氯盐类防冻剂时,氯盐掺量不得大于水泥质量的1%。掺用氯盐的混凝土应振捣密实,且不宜采用蒸汽养护。

下列情况下,不得掺用氯盐类防冻剂。

1)排出大量蒸汽的车间、澡堂、洗衣房和经常处于空气相对湿度大于80%的房间,以及有顶盖的钢筋混凝土蓄水池等在高湿度空气环境中使用的结构。

2)处于水位升降部位的结构。

3)露天结构或经常受雨、水淋的结构。

4)有镀锌钢材或铝铁相接触部位的结构,和有外露钢筋、预埋件而无防护措施的结构。

5)与含有酸、碱或硫酸盐等侵蚀介质相接触的结构。

6)使用过程中经常处于环境温度为60℃以上的结构。

7)使用冷拉钢筋或冷拔低碳钢丝的结构。

8)薄壁结构,中级和重级工作制吊车梁、屋架、落锤或锻锤基础结构。

9)电解车间和直接靠近直流电源的结构。

10)直接靠近高压电源(发电站、变电所)的结构。

11)预应力混凝土结构。

(4)当拌制混凝土的防冻剂为粉剂时,可按要求掺量直接撒在水泥上面和水泥同时投入。当防冻剂为液体时,应先配制成规定浓度溶液。各溶液应分别置于明显标志的容器内,不得混淆。每班使用的外加剂溶液应一次配成。

3.混凝土的运输与浇筑

混凝土运输与输送机具应进行保温或具有加热装置。在浇筑前应对泵送混凝土的泵管进行保温,并用与施工混凝土同配比砂浆进行预热。

混凝土浇筑前,应清除模板和钢筋上的冰雪和污垢。

冬期施工中不得在强冻胀性地基土上浇筑混凝土,当在弱冻胀性地基土上浇筑混凝土时,地基土不得受冻。当在冻土地基上浇筑混凝土时,混凝土受冻临界强度应满足前述要求。

大体积混凝土分层浇筑时,已浇筑层的混凝土在未被上一层混凝土覆盖前,温度不应低于2℃。采用加热养护时养护前的温度也不得低于2℃。

4.混凝土的养护

冬期施工期间进行混凝土养护时,模板外和混凝土表面覆盖的保温层,不应采用潮湿状态的材料,也不应将保温材料直接铺盖在潮湿的混凝土表面上。新浇混凝土表面应先铺一层塑料薄膜。

冬期施工期间混凝土的养护,可根据施工现场实际条件及混凝土构件的具体要求,采用蓄热法、蒸汽养护法、电加热养护法、暖棚养护法、负温养护法等方法对混凝土进行养护。

(1)蓄热法及综合蓄热法。蓄热法是利用原材料预热所获得的热量及水泥水化所产生的热量,通过适当的保温措施,以延缓混凝土的冷却速度,使得其温度在降到0℃前达到抗冻临界强度的方法。

蓄热法施工具有简单、不需外加热源、节能、费用低廉等优点，在冬期施工中应考虑优先选用。适用于室外最低温度不低于-15℃时，地面以下的工程，或表面系数M(结构或构件的表面积与其体积之比)不大于5 m^{-1}的结构。

采用蓄热法时应进行热工计算，根据混凝土的入模温度、水泥水化热产生的热量、透过模板及覆盖层散发的热量之间的关系，通过计算对其分别进行调整，使混凝土在冷却到0℃前达到受冻临界强度。

综合蓄热法是在蓄热法的基础上再选用具有减水、引气等性能的早强型复合外加剂，使混凝土温度降到0℃前达到受冻临界强度。

当采用蓄热法及综合蓄热法时，对混凝土的边、棱角部位的保温厚度应加大到平面部位的2～3倍，在养护期间还应采取防风及防失水方面的措施。

(2)蒸汽养护法。蒸汽养护法是用低压(≤70 kPa)饱和水蒸汽对新浇筑的混凝土结构进行养护，使其保持一定的温度和湿度，加快混凝土的凝结硬化。该方法适用面广，但需要锅炉等设备，能源消耗大，费用较高。

在现浇混凝土结构中，根据蒸汽加热方式的差异，蒸汽养护的方法可分为棚罩法、蒸汽套法、热模法和构件内部通蒸汽等方法。各方法的特点、及适用范围见表4.45。

表4.45 混凝土蒸汽养护法及其适用范围

方 法	简 述	特 点	适用范围
棚罩法	用帆布或其他罩子扣罩，内部通蒸汽养护混凝土	设施灵活，施工简便，费用较小，但耗汽量大，温度不宜均匀	预制梁、板、地下基础、沟道等
蒸汽套法	制作密封保温外套，分段送汽养护混凝土	温度能适当控制，加热效果取决于保温构造，设施复杂	现浇梁、板、框架结构，墙、柱等
热模法	模板外侧配置蒸汽管，加热模板养护	加热均匀、温度易控制，养护时间短，设备费用大	墙、柱及框架架构
内部通蒸汽法	结构内部留孔道，通蒸汽加热养护	节省蒸汽，费用较低，入汽端易过热，需处理冷凝水	预制梁、柱、桁架，现浇梁、柱、框架单梁

采用蒸汽养护混凝土时，应注意下列问题。

1)可掺入早强剂或非引气型减水剂。

2)采用普通硅酸盐水泥时最高养护温度不超过80℃，采用矿渣硅酸盐水泥时可提高到85℃。但采用内部通汽法时，最高加热温度不应超过60℃。

3)升温和降温速度不得超过表4.46所示规定。

表4.46 蒸汽加热养护混凝土升温和降温速度

结构表面系数/m^{-1}	升温速度/(℃·h^{-1})	降温速度/(℃·h^{-1})
≥6	15	10
<6	10	5

4)蒸汽喷出时喷嘴与混凝土外露面的距离不得小于 30 cm。

(3)电加热法。电加热法是将电能转换为热能,对混凝土进行养护。其方法有电极法、电热毯法、工频涡流法、线圈感应法等。工程中常用的方法主要是电极法和电热毯法。

电极法是指浇筑混凝土时,在混凝土中插入电极,通以 50～110 V 交流电,利用混凝土做导体,将电能转换为热能,实现对混凝土的养护。常用电极加热法养护混凝土的适用范围如表 4.47 所示。

表 4.47　电极加热法养护混凝土的适用范围

分类		常用电极规格	设置方法	适用范围
内部电极	棒形电极	直径 6～12 mm 的钢筋短棒	混凝土浇筑后,将电极穿过模板或在混凝土表面插入混凝土体内	梁、柱、厚度大于 15 cm 的板、墙及设备基础
	弦形电极	直径 6～12 mm 的钢筋长2～2.5 m	在浇筑混凝土前,将电极装入其位置与结构纵向平行地方。电极两端完成直角,由模板孔引出	含筋较少的墙、柱、梁,大型柱基础以及厚度大于 20 cm 单侧配筋的板
表面电极		直径 6 mm 钢筋或厚 1～2 mm、宽 30～60 mm 的扁钢	电极固定在模板内侧,或装在混凝土的外表面	条形基础、墙及保护层大于 5 cm 的大体积结构和地面等

采用电极加热时,应采取可靠的安全措施防止触电事故的发生。

1)在现场应设置安全围栏,以防止无关人员进入。

2)对电极应进行固定,电极距钢筋应保持一定距离,否则应采取可靠的绝缘措施。

3)在混凝土浇筑及覆盖完毕,电路接好并经检查合格后方可合闸送电。

4)当结构工程量较大,需边浇筑边通电时,应将钢筋接地线。

为保证养护质量,还应注意到下列问题。

1)电极加热法应使用交流电,不得使用直流电。电极的形式、尺寸、数量及配置应能保证混凝土各部位加热均匀。在电极附近的辐射半径方向每隔 10 mm 距离的温度差不得超过 1℃,且应加热到设计混凝土强度标准值的 50%。

2)在加热养护过程中混凝土表面不应出现干燥脱水,应随时向混凝土上表面晒水以保持湿润,洒水应在断电后进行。

3)采用电热法养护时,混凝土的最高温度应满足表 4.48 所示的规定。

表 4.48　电加热法养护混凝土的温度

水泥强度等级	结构表面系数 M/m^{-1}		
	<10	10～15	>15
32.5	70℃	50℃	45℃
42.5	40℃	40℃	35℃

注:采用红外线辐射加热时,其辐射表面温度可采用 70～90℃。

电热毯法是将电阻丝安装在四层玻璃纤维布中,用通电时电阻丝产生的热量对混凝土进行养护。每块电热毯的几何尺寸应根据混凝土表面或模板外侧与龙骨组成的区格大小确定。

电热毯的电压宜为60～80 V,每块功率宜为75～100 W。

电热毯应在模板周边的各区格连续布毯,中间区格可间隔布毯,并应与对面模板错开。电热毯外侧应设置耐热保温材料(如岩棉板等)。

电热毯养护的通电持续时间应根据气温及养护温度确定,可采取分段、间断或连续通电养护工序。

(4)暖棚法。暖棚法养护是在建筑物或构件周围搭设大棚,通过人工加热使棚内保持正温,混凝土的浇筑与养护均在棚内进行。其优点是,施工操作与常温相同,劳动条件较好,不易发生冻害;其缺点是暖棚搭设需要消耗大量人力和材料,供热也需大量能源,费用较高。一般用于地下结构和混凝土量比较集中的结构工程。

采用暖棚法养护时,应注意下列问题。

1)暖棚内应选择具有代表性位置布置测温点,各测点温度不得低于5℃。在离地面500 mm高度处必须设点,每昼夜测温不应少于4次。

2)养护期间应测量棚内湿度,混凝土不得有失水现象,否则应及时采取增湿措施或在混凝土表面洒水养护。

3)出入口应设专人管理,以防止棚内温度下降或引起风口处混凝土受冻。

4)应将烟或燃烧气体排至棚外,以防止烟气中毒和着火。

4.4.3 冬期施工时混凝土工程的质量控制

冬期施工时,混凝土工程的质量控制除了常温条件下的质量控制项目外,还应注意下列问题。

(1)编制专门的《混凝土工程冬期施工方案》,对材料选用、搅拌、运输及浇捣、养护各环节进行详细的规划。

(2)检查外加剂质量及掺量。对外加剂进行抽样检验,合格后方可使用。

(3)根据施工方案确定的参数检查水、骨料、外加剂溶液和混凝土出罐、浇筑、起始养护时的温度。

(4)检查混凝土从入模到拆除保温层或保温模板期间的温度。

施工期间的测温范围及次数应满足表4.49所列的规定。

表4.49 施工期间的测温项目与次数

测温项目	测温次数
室外气温	测量最高、最低气温
环境温度	每昼夜不少于4次
搅拌机棚温度	每一工作班不少于4次
水、水泥、砂、石及外加剂溶液温度	每一工作班不少于4次
混凝土出罐、浇筑、入模温度	每一工作班不少于4次

养护期间的测温次数应满足以下要求。

(1)当采用蓄热法或综合蓄热法时,在达到受冻临界强度之前应每隔6 h测量1～2次。

(2)当采用负温养护法时,在达到受冻临界强度之前应每隔2 h测量一次。

(3)当采用加热法时，升温和降温阶段应每隔 1 h 测量一次，恒温阶段每隔 2 h 测量一次。

在混凝土达到要求强度后，模板和保温层应冷却到 5℃后方可拆除。拆模时若混凝土与环境温差值大于 20℃时，应及时覆盖混凝土表面，以使其缓慢冷却。

冬期施工期间，除正常留置混凝土强度试样外，尚应增加不少于二组的同条件养护试样。

4.4.4　冬期施工时混凝土工程的热工计算

冬期施工时，控制混凝土的温度无疑具有非常重要的意义。通常，混凝土的温度控制点包括卸料口出机温度、运输到浇筑地点的温度、入模温度、振捣完成温度等。具体的计算方法如下。

1. 混凝土拌合物的温度计算

混凝土拌合温度取决于各类原材料的温度及其比热容，可按式(4.18)进行计算：

$$T_0=[0.92(m_{ce}T_{ce}+m_{sa}T_{sa}+m_gT_g)+4.2T_w(m_w-w_{sa}m_{sa}-w_gm_g)+c_1(w_{sa}m_{sa}T_{sa}+w_gm_gT_g)-c_2(w_{sa}m_{sa}+w_gm_g)]\div[4.2m_w+0.9(m_{ce}+m_{sa}+m_g)] \tag{4.18}$$

式中　T_0——混凝土拌合物温度(℃)；

m_w,m_{ce},m_{sa},m_g——分别为水、水泥、砂子、石子用量(kg)；

T_w,T_{ce},T_{sa},T_g——分别为水、水泥、砂子、石子的温度(℃)；

w_{sa},w_g——分别为砂子、石子的含水率(%)；

c_1,c_2——分别为水、冰的比热容(kJ/kg·K)，当骨料温度大于 0℃时，$c_1=4.2$，$c_2=0$；当骨料温度小于或等于 0℃时，$c_1=2.1$，$c_2=335$。

考虑到实际搅拌机棚的温度及混凝土卸出搅拌机时与室外进行的热量交换，混凝土的出机温度可按式(4.19)计算：

$$T_1=T_0-0.16(T_0-T_i) \tag{4.19}$$

式中　T_1——混凝土拌合物出机温度(℃)；

T_i——搅拌机棚内温度(℃)。

2. 混凝土运输到浇筑地点时的温度计算

混凝土拌合物采用装卸式运输工具运输到浇筑地点时的温度宜按式(4.20)计算：

$$T_2=T_1-(\alpha t_1+0.032n)(T_1-T_a) \tag{4.20}$$

式中　T_2——混凝土拌合物运输到浇筑时温度(℃)；

T_a——混凝土拌合物运输时的室外环境温度(℃)；

t_1——混凝土拌合物自运输到浇筑时的时间(h)；

n——混凝土拌合物运转次数；

α——温度损失系数(h^{-1})；

当用混凝土搅拌车输送时，$\alpha=0.25$；

当用敞开式大型自卸汽车时，$\alpha=0.20$；

当用敞开式小型自卸汽车时，$\alpha=0.30$；

当用封闭式自卸汽车时，$\alpha=0.1$；

当用手推车时，$\alpha=0.50$。

3.混凝土经泵管输送入模时的温度计算

混凝土拌合物采用钢制泵管输送到模板内时温度的进一步降低宜按式(4.21)计算：

$$T_{降}=4\omega\times\frac{3.6}{0.04+d_{保}/k_{保}}\times(T_2-T_a)\times t\times\frac{d_\omega}{c_c\rho_c d} \tag{4.21}$$

$$\Delta T=T_C-T_a$$

式中 T_C——混凝土在泵管内的温度(℃)；

T_a——泵管外的气温(℃)；

$d_{保}$——泵管外保温层厚度(m)；

$k_{保}$——泵管外保温材料导热系数(W/m·K)；

t——混凝土在泵管内停留时间(min)；

d——混凝土泵管内径(m)；

ω——透风系数；

d_ω——混凝土泵管外径(含保温材料)(m)。

4.混凝土浇筑过程中散热引起的温差计算

混凝土在浇筑过程中散热引起的温降宜按式(4.22)计算：

$$\Delta T_3=9\times10^{-4}\times M\times t_j\times\theta\times(T_3-T_a) \tag{4.22}$$

式中 t_j——混凝土浇筑延续时间(min)；

M——结构表面系数；

θ——结构形式系数，对楼板，$\theta=1$；对墙、梁和柱，$\theta=0.5$；

T_3——混凝土开始浇筑时的温度；

T_a——浇筑时的气温。

考虑模板和钢筋的吸热影响，混凝土浇筑成形完成时的温度宜用式(4.23)计算：

$$T_3=\frac{c_c m_c T_2+c_f m_f T_f+c_s m_s T_s}{c_c m_c+c_f m_f+c_s m_s} \tag{4.23}$$

式中 T_3——考虑模板和钢筋吸热影响，混凝土成形完成时的温度(℃)；

c_c,c_f,c_s——混凝土、模板、钢筋的比热容(kJ/kg·K)；

m_c——每立方米混凝土的质量(kg)；

m_f,m_s——每立方米混凝土相接触的模板、钢筋质量(kg)；

T_f,T_s——模板、钢筋的温度，未预热时可采用当时的环境温度(℃)。

习 题

1.按照混凝土结构的现场生产方式，如何对其进行分类？

2.现浇混凝土结构施工的基本程序？

3.混凝土工程常用钢筋如何进行分类？其外观形状有哪些？

4.如何对钢筋进行进场抽样检验？

5.钢筋进场后应如何进行存放？

6.钢筋的下料长度如何计算？

7.如何进行钢筋代换？

8. 钢筋搭接连接时，如何进行绑扎？

9. 钢筋搭接连接时，搭接长度、搭接数量、位置是如何规定的？

10. 钢筋焊接连接时，焊接方法有哪些？ 各适用于哪些情形？

11. 钢筋进行搭接焊或帮条焊时，其焊缝长度为多少？

12. 钢筋机械连接的方式有哪些？ 对同一连接区段接头的数量有何规定？

13. 为保证钢筋焊接及机械连接的施工质量，在施工前、施工中及施工后应采取哪些措施？

14. 钢筋冷拉调直时，规定的拉伸率是多少？ 弯曲加工时，弯曲直径是多少？

15. 如何进行基础、柱、梁、板、墙体钢筋的绑扎安装？

16. 对模板及其支架的一般要求有哪些？

17. 建筑施工中常用的模板类型有哪些？

18. 作用于模板上的荷载有哪些？

19. 如何进行基础、柱、墙体、楼板、梁模板的支设？

20. 哪些情况下梁板模板应起拱？ 起拱数值是多少？

21. 模板拆除的条件是什么？

22. 如何确定混凝土的现场施工配合比？

23. 搅拌混凝土时，砂、石、水、水泥的投料顺序应如何？

24. 对混凝土运输有哪些要求？

25. 如何将混凝土从地面输送到作业面模板中？

26. 混凝土浇筑时，对分层浇筑厚度、自由下落高度、间歇时间有哪些规定，不能满足时应采取哪些措施？

27. 混凝土浇筑时如何留置施工缝？

28. 叙述大体积混凝土浇筑、水下混凝土浇筑的施工方法。

29. 如何进行混凝土振捣？

30. 混凝土浇筑后应如何进行养护？ 养护时间为多长？

31. 如何进行混凝土的试样留置及强度统计？

32. 混凝土的质量缺陷有哪些类型？ 各应如何进行处理？

33. 混凝土冬期施工时，应注意哪些问题？

34. 计算如图 4.76 所示钢筋的下料长度，并进行下料划线。

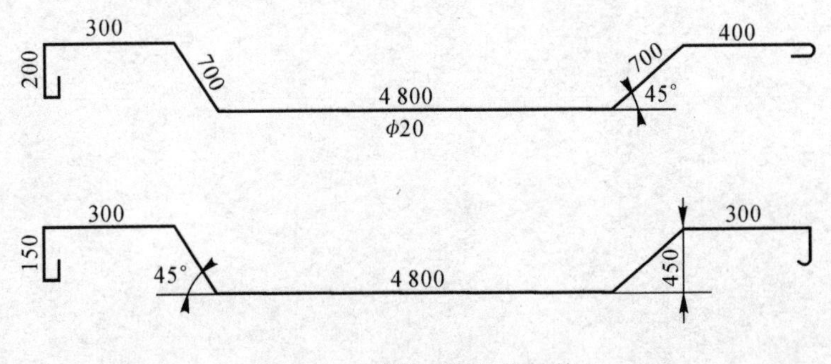

图 4.76　钢筋下料长度计算

35. 某钢筋混凝土梁设计主筋为 5 根 HRB335ϕ25 mm 钢筋，现施工现场无此钢筋，仅有 HRB335 的 ϕ28 mm 及 ϕ20 mm。已知梁宽为 300 mm，应如何进行代换？

36. 某混凝土实验室配合比为水泥：砂：石＝1：2.12：4.37，$w/c=0.62$，每立方米混凝土水泥用量为 290 kg，现场实测砂含水率为 4%，石子含水量为 1%。

试求：(1)混凝土的施工配合比。

(2)当采用出料容积为 0.30 m^3 的混凝土搅拌机搅拌时，每罐混凝土的砂、石、水、水泥各为多少？

37. 某设备基础的长、宽、高分别为 20 m、8 m、3 m，要求连续浇筑混凝土，搅拌站设有 3 台 400 L 混凝土搅拌机，实际生产率为 5 m^3/h，若混凝土运输时间为 24 min，初凝时间为 2 h，每层混凝土厚度为 300 mm，试确定：

(1)混凝土浇筑方案。

(2)每小时混凝土的浇筑量。

(3)完成整个浇筑所需的时间。

第5章 预应力混凝土工程

预应力混凝土是在结构承受荷载前，在结构或构件的受拉区域通过对钢筋施加一定的预拉应力，预先在混凝土中产生压应力。在构件承受拉应力时，该预压应力能抵消一部分拉应力，从而能推迟混凝土裂缝出现和限制结构裂缝开展、提高结构或构件的抗裂性能和刚度。

与普通混凝土构件相比，预应力混凝土能更好地发挥高强度钢筋的抗拉性能和混凝土的抗压性能，提高构件的刚度、抗裂性和耐久性，可有效减小构件截面尺寸，混凝土节约率达到20%～40%，钢材节约率达40%～50%。但预应力混凝土结构施工工艺比较复杂，操作要求较高，需要专门的设备。目前在大跨度桥梁工程中已广为应用，在房屋建筑工程中主要用于一些大跨度的梁、楼板等构件中。

5.1 预应力混凝土施工用材料

预应力混凝土施工所用的材料主要包括预应力钢筋及混凝土，所使用的机具与一般混凝土工程的差异主要是张拉设备。

5.1.1 预应力混凝土用钢筋

预应力混凝土结构中的钢筋可分为预应力筋和非预应力筋。非预应力筋主要用于结构中的非受拉区域，如预应力梁中受压区的纵向钢筋及箍筋等；预应力筋主要用于结构中的受拉区域，是本节介绍的重点。

为保证预应力结构的使用功能，预应力混凝土用钢筋应满足如下要求。

(1)高强度。只有足够高的强度才能保证钢筋在预先张拉阶段及使用阶段有足够的强度储备。

(2)具有一定塑性。一般情况下，高强度钢材的塑性性能较差，为保证结构在破坏前有一定的塑性变形，对预应力钢筋的塑性性能要求是必需的。

(3)良好的黏结性能。在有黏结预应力结构中，钢筋与混凝土之间的黏结性能是保证将预应力钢筋的拉应力传递给混凝土的关键。

(4)低松弛。一般钢筋在承受较大的受拉变形后，随着时间的推移，会因钢筋蠕变而发生应力松弛。为保证预应力构件在长期使用中钢筋及混凝土中的应力水平，预应力钢筋必须具有一定的低松弛性能。

(5)耐腐蚀。对无黏结预应力混凝土，预应力钢筋在孔道中长期与空气接触，为保证结构安全，钢筋必须具有较好的耐腐蚀能力。

常用的预应力筋主要有螺纹钢筋、钢棒、钢丝和钢绞线4种。

1.预应力混凝土用螺纹钢筋

预应力混凝土用螺纹钢筋是一种由光圆钢筋热轧成带有不连续梯形外螺纹的直条钢筋，

通常采用精轧方法制作，无纵向肋，且钢筋两侧螺纹在同一螺旋线上。这种钢筋在任意截面处，均可用带有匹配形状内螺纹的连接器进行连接或拧上特制的螺母进行锚固，如图 5.1 所示。

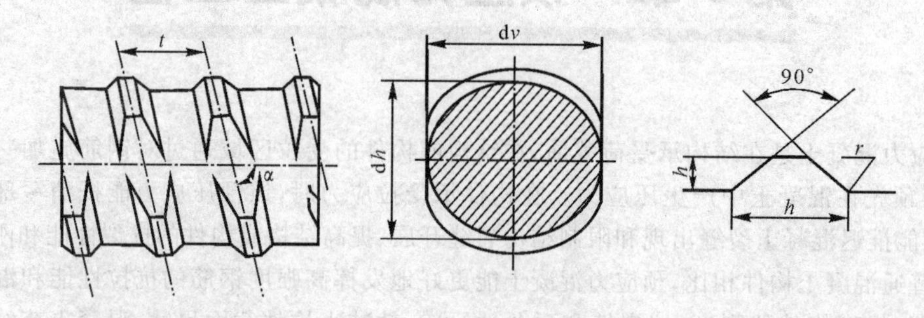

图 5.1　预应力用螺纹钢筋

螺纹钢筋的公称直径有 18，25，32，40，50 mm 5 种规格，钢筋强度级别有 PSB785，PSB830，PSB930，PSB1080 等 4 个等级。其中 PSB 是预应力、螺纹以及钢筋对应英文：Prestressing，Screw，Bar 首位字母的缩写；后面的数值是该螺纹钢筋的屈服强度值，单位为 MPa。

预应力螺纹钢筋以热轧状态、轧后余热处理状态或热处理状态按直条交货。交货时钢筋按强度级别进行端头涂色，PSB785 不涂色、PSB830 涂白色、PSB930 涂黄色、PSB1080 涂红色。

螺纹钢筋可以用螺旋形连接器沿钢筋长度方向与任何其他长度钢筋相连接。连接器及锚具通常由成品钢筋生产厂配套供应。

2. 预应力混凝土用钢棒

预应力混凝土用钢棒是对低合金钢热轧圆盘条经冷加工（或不经冷加工），再进行淬火和回火处理而得。按照钢棒的外形，可以分为光圆、螺旋槽、螺旋肋、带肋等几种外形。

旋转槽钢棒（见图 5.2）是在光圆钢筋表面刻有旋转螺纹状的槽，按横截面上槽的数量，有 3 条螺纹旋转槽和六条螺纹旋转槽之分，其公称直径有 7.1 mm，9 mm，10.7 mm 及 12.6 mm 4 种。

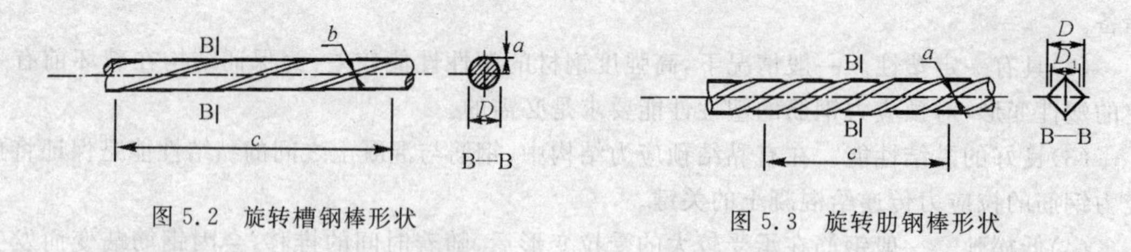

图 5.2　旋转槽钢棒形状

图 5.3　旋转肋钢棒形状

螺旋肋钢棒（见图 5.3）是在光圆钢棒表面上带有四条凸起的螺旋状肋，其公称直径有 6 mm，7 mm，8 mm，10 mm，12 mm，14 mm 等规格。

带肋钢棒的外形与热轧带肋钢筋相似，有带纵肋和无纵肋之分，其公称直径有 6 mm，8 mm，10 mm，12 mm，14 mm，16 mm 等规格。其抗拉强度有 1 080 MPa，1 230 MPa，1 420 MPa及 1 570 MPa 4 个等级。供货方式可以为盘圆或直条状。

3. 预应力混凝土用钢丝

预应力混凝土用钢丝包括冷拉钢丝、消除应力钢丝、螺旋肋钢丝、刻痕钢丝等 4 种形式。

冷拉钢丝是用盘条通过拔丝模或轧辊冷加工而成的，截面形状为光圆，以盘卷形式供货。其公称直径为 3～12 m，分为 10 个规格。按照其抗拉强度，共有 1 470 MPa，1 570 MPa，1 670 MPa，1 770 MPa 等强度等级

消除应力钢丝是冷拉钢丝按下述一次性连续处理方法之一生产的钢丝。

(1)在塑性变形下进行短时热处理，得到低松弛钢丝。

(2)钢丝通过矫直工序后在适当温度下进行短时热处理，得到普通松弛钢丝。

消除应力钢丝的抗拉强度与其直径有关，直径为 5 mm 以下的有 1 470 MPa，1 570 MPa，1 670 MPa，1 770 MPa，1 860 MPa 等 5 个强度等级，直径为 6.0 mm，6.5 mm，7.0 mm 只有上述前 4 个强度等级，直径 8.0 mm，9.0 mm 只有前两个强度等级，直径为 10 mm 以上只有第一个强度等级。

刻痕钢丝是用冷轧或冷拔方法使钢丝表面产生沿长度方向周期变化的凹痕或凸纹。钢丝表面凹痕或凸纹可增加与混凝土的握裹力。这种钢丝常用于先张法预应力混凝土构件。其形状如图 5.4 所示。三面刻痕钢丝的公称直径规格同冷拉光圆钢丝，一般以消除应力状态供货。直径为 5 mm 以下的有 5 个强度等级，直径为 5 mm 以上有 4 个强度等级。

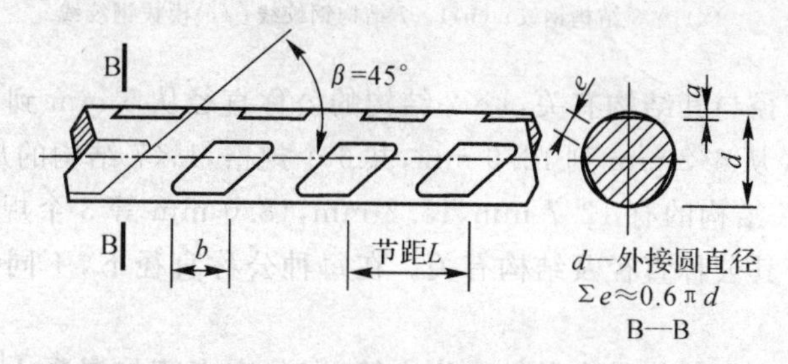

图 5.4　三面刻痕钢丝

螺旋肋钢丝是将热轧盘条通过专用拔丝模用冷拔方法使钢丝表面沿长度方向上产生规则间隔的肋条的钢丝，钢丝表面的螺旋肋可增加其与混凝土的握裹力。这种钢丝可用于先张法预应力混凝土构件。其形状同旋转肋钢棒，其公称直径从 4 mm～10 mm 共有 9 个规格。一般也以消除应力状态供货，其强度等级与消除应力钢丝相同。

4. 钢绞线

钢绞线一般由多根冷拉光圆钢丝或刻痕钢丝在绞线机上成螺旋形绞合，并经消除应力回火处理而成。钢绞线承载力大，柔性好，施工方便，在预应力混凝土结构中应用广泛。按照组成钢绞线的钢丝的形状，可以将钢绞线分为以下几种。

标准型钢绞线。它是由冷拉光圆钢丝捻制而成的钢绞线，一般均为低松弛钢绞线。

刻痕钢绞线。它是由刻痕钢丝捻制成的钢绞线，可增加钢纹线与混凝土的握裹力。

模拔型钢绞线。它是捻制后再经拔丝模冷拔而成的钢绞线。这种钢绞线内的钢丝在模拔时被压扁，各根钢丝之间成为面接触，使钢绞线的密度提高约 18%。当截面面积相同时，该钢绞线的外径较小，可减少孔道直径；在相同直径的孔道内，可使钢绞线的数量增加，而且它与锚具的接触面较大，易于锚固。

钢绞线按照其结构，可以分为 5 类：

用两根钢丝捻制的钢绞线 1×2。

用 3 根钢丝捻制的钢绞线 1×3。

用 3 根刻痕钢丝捻制的钢绞线 1×3I。

用 7 根钢丝捻制的标准型钢绞线 1×7。

用 7 根钢丝捻制又经模拔的钢绞线(1×7)C。

其形状如图 5.5 所示。

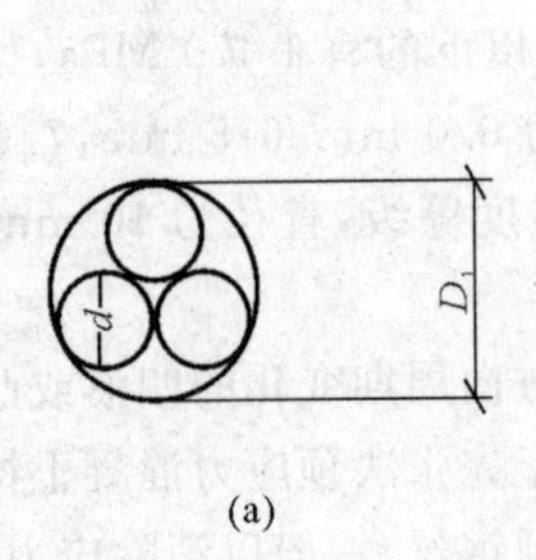

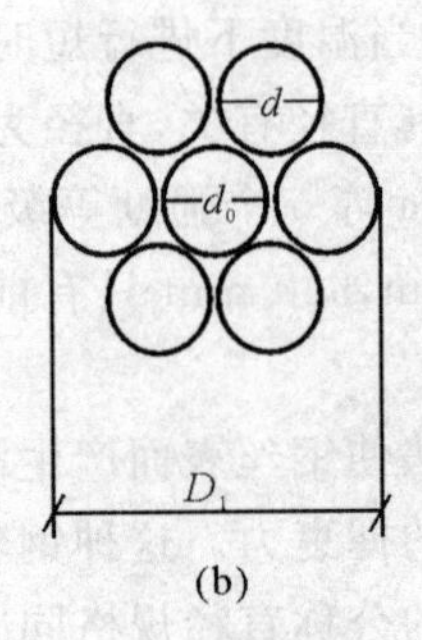

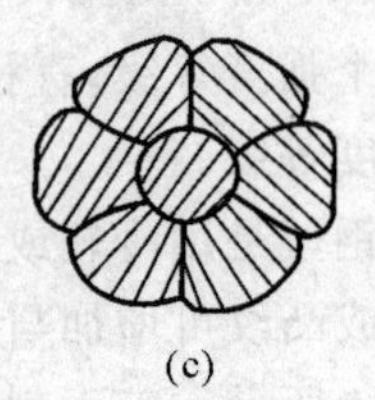

(a)　　(b)　　(c)

图 5.5　钢绞线截面

(a)1×3 结构钢铰；(b)1×7 结构钢绞线；(c)模拔钢绞线

钢绞线的公称直径与其结构有关，1×2 结构的公称直径从 5 mm 到 12 mm，共 5 个规格；1×3 结构的公称直径从 6.2 mm 到 12.9 mm，共 6 个规格，1×7 结构的从 9.5 mm 到 18 mm，也有 6 个规格，1×7C 结构的有 12.7 mm，15.2 mm，18.0 mm 等 3 个规格。

钢绞线的强度与其公称直径及结构有关。在每种公称直径下，不同结构会有若干个强度等级。

以上所述的预应力钢筋均是有黏结预应力筋，即预应力筋与混凝土之间存在紧密的黏结作用，常用于先张法预应力混凝土结构施工中，或后张法孔道灌浆的预应力混凝土结构施工。

无黏结预应力筋是在有黏结预应力筋表面涂防腐润滑油脂并包塑料护套，它与被施加预应力的混凝土构件之间可保持相对滑动，主要用于后张无黏结预应力混凝土结构的施工，也可用于暴露或腐蚀环境中的体外索、拉索等。

5.预应力混凝土用钢筋的选用

预应力筋应根据结构受力特点、环境条件、防腐要求、与混凝土黏结状态、施工方法等不同要求选用。在后张法预应力混凝土结构中，宜选用高强度低松弛钢绞线；在先张法预应力混凝土构件中，宜采用刻痕钢丝、螺旋肋钢丝和钢绞线等；对直线预应力筋或拉杆，也可采用精轧螺纹钢筋或钢棒。在体外索、拉索及其他环境条件恶劣的工程中，宜采用镀锌钢丝、镀锌钢绞线、不锈钢绞线和环氧涂层钢绞线，也可采用无黏结钢绞线和高强纤维筋。在无黏结预应力混凝土构件中，应采用无黏结钢绞线。

预应力筋的品种、直径和强度等级应按设计要求选用。当需要代换时，必须进行专门计算，并经设计单位审核同意。

5.1.2　预应力混凝土用混凝土

在预应力混凝土结构中，混凝土在承受结构荷载之前要先承受预应力钢筋传来的预压力，以抵消使用阶段承受的部分拉应力。为保证达到预应力混凝土结构的设计目的，所选用的混凝土材料应该具有下列特性。

(1)低收缩、低徐变。具有该特性的混凝土,不仅可以有效减少使用阶段的预应力损失,而且还可以减少结构整体的徐变变形。

(2)快硬、早强。只有具备该特性,才能尽早施加预应力,加快施工进度,提高设备及模板利用率。

(3)高强度。一方面可以有效减小构件的截面尺寸;另一方面,高强度混凝土的弹性模量较高,在荷载作用下的变形较小,因而在施加预应力后其损失也会较小。在预应力混凝结构中,一般要求混凝土强度等级不得低于C30,对于梁及其他构件不应低于C40。当采用钢绞线、钢丝热处理钢筋、高强纤维筋作预应力筋时,混凝土强度等级不宜低于C40。目前,在一些重要的预应力混凝土结构中,已开始使用C50～C60的高强混凝土。

5.2 先张法施工

先张法是指在台座或钢模上先进行预应力筋张拉并用夹具临时固定,再浇筑混凝土,待混凝土达到一定强度后,依规定的方式放松预应力筋,通过预应力筋与混凝土之间的黏结握裹关系将预应力筋所承受的拉应力部分转换为混凝土压应力的方法。该方法主要用于预制预应力混凝土构件的生产,其原理如图5.6所示。

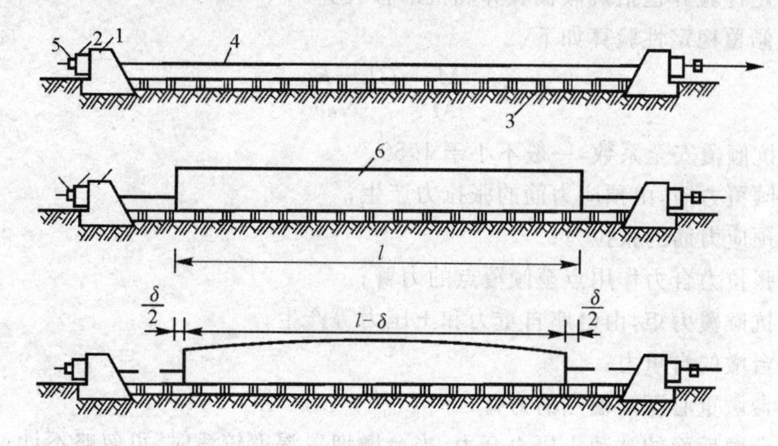

图5.6 先张法生产工艺原理

1—台座;2—横梁;3—台面;4—预应力筋;5—夹具;6—构件

5.2.1 先张法施工用机具

先张法施工时所用的机具主要有台座、夹具和张拉设备。

1.台座

当采用先张法进行预应力混凝土构件施工时,由于台座的主要作用是承受预应力筋的全部张拉力,因此,台座应有足够的强度、刚度和稳定性。

台座按构造形式可分为墩式和槽式两类。选用时根据构件种类、张拉吨位和施工条件确定。

(1)墩式台座。墩式台座的形状如图5.7所示,主要由台墩、台面和钢横梁构成。常用的墩式台座为台座和台面共同受力,主要用于生产一些中小型构件,如屋架、空心板、平板等。其尺寸主要由场地条件、构件类型和产量要求等因素综合确定。

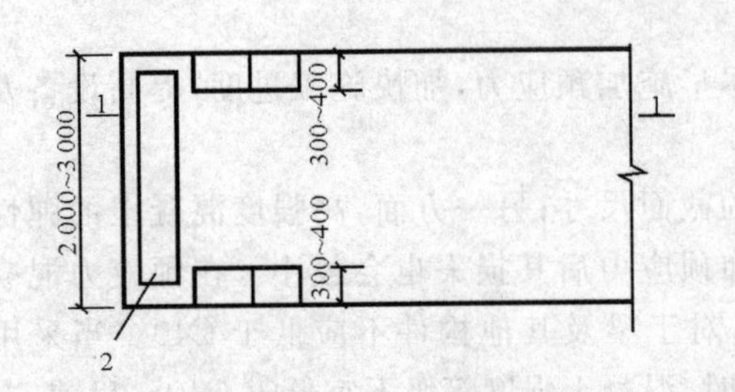

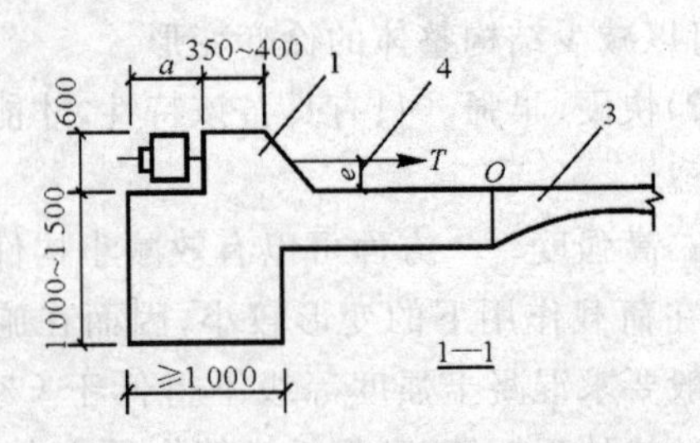

图 5.7 墩式台座

1—台墩；2—钢横梁；3—台面；4—预应力筋

台座的长度 L，一般为 100～150 m，主要由一条生产线生产的构件数量、构件间的间距及台座横梁到第一个构件间的距离决定。台座的宽度主要取决于构件的布筋宽度、张拉与浇筑混凝土是否方便，一般不大于 3 m。

1）台墩。台墩一般由现浇钢筋混凝土制作而成。台墩的作用是将钢横梁承受的预应力张拉过程中产生的反力传递给地基。台墩应具有足够的强度、刚度和稳定性。

台墩的稳定性验算包括抗倾覆验算和抗滑移验算。

台墩的抗倾覆稳定性验算如下：

$$K=\frac{M_1}{M}=\frac{GL+E_pe_2}{Ne_1}$$

式中 K——抗倾覆安全系数，一般不小于 1.50；

M——倾覆力矩，由预应力筋的张拉力产生；

N——预应力筋的张拉力；

e_1——张拉力合力作用点至倾覆点的力臂；

M_1——抗倾覆力矩，由台座自重力和土压力等产生；

G——台墩的自重力；

L——台墩重心至倾覆点的力臂；

E_p——台墩后面的被动土压力合力，当台墩埋置深度较浅时，可忽略不计；

e_2——被动土压力合力至倾覆点的力臂。

台墩与台面共同工作时，考虑到台面表面在倾覆时产生的应力集中及表面抹灰质量等因素，一般在计算时将倾覆点位置往混凝土台面下移 4～5 cm，如图 5.8 所示。

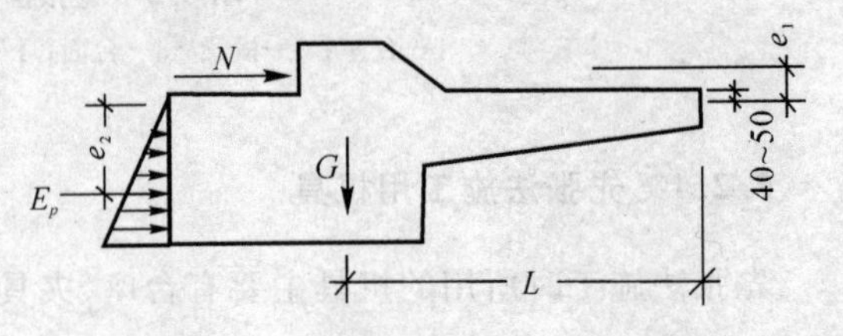

图 5.8 台墩稳定性验算计算模型

台墩的抗滑移验算如下：

$$K_c=\frac{N_1}{N}$$

式中 K_c——抗滑移安全系数，一般不小于 1.30；

N_1——抗滑移力，对独立台墩，由侧壁土压力和底部摩阻力等组成；对与台面共同工作的台墩，可不做抗滑移计算，而应验算台面的承载力。

2)台面。台面通常是在夯实的碎石垫层上浇筑6～10 cm的混凝土而成的,其水平承载力计算如下:

$$P=\frac{\varphi A f_c}{K_1 K_2}$$

式中　φ——轴心受压纵向弯曲系数,取$\varphi=1$;

A——台面截面面积;

f_c——混凝土轴心抗压强度设计值;

K_1——超载系数,取1.25;

K_2——考虑台面截面不均匀和其他影响因素的附加安全系数,取1.5。

台墩的牛腿和延伸部分,分别按钢筋混凝土结构的牛腿和偏心受压构件计算。

台墩横梁的挠度不应大于2 mm,并不得产生翘曲。预应力筋的定位板必须安装准确,其挠度不大于1 mm。

台面伸缩缝可根据当地温差和经验设置,一般每10 m设置一条,也可采用预应力混凝土滑动台面,不留伸缩缝。

(2)槽式台座。槽式台座(见图5.9)通常由钢筋混凝土压杆、上下横梁组成,可以承受较大的张拉力和张拉力矩,一般用于生产张拉力较大的构件,还可作为蒸汽养护槽进行混凝土构件的蒸汽养护。

槽式台座顶面一般与地面相平,在施工现场还可利用已预制好的钢筋混凝土柱、桩等构件装配成简易槽式台座。其长度一般不大于76 m,宽度随构件外形及制作方式而定,一般不小于1 m。

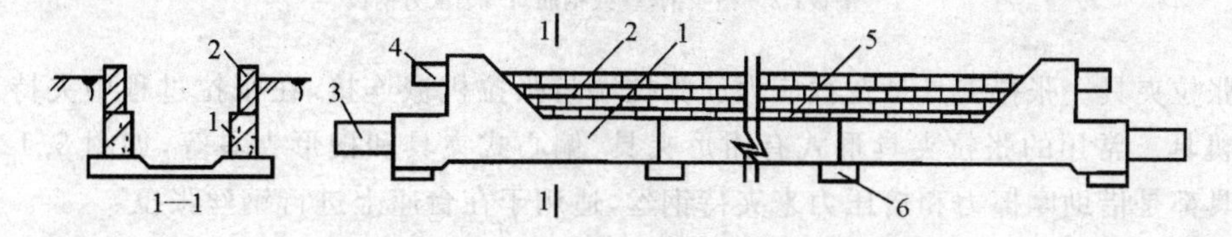

图5.9　槽式台座

1—钢筋混凝土柱;2—砖墙;3—下横梁;4—上横梁;5—传力柱;6—柱垫

槽式台座也须进行强度和稳定性计算。端柱和传力柱的强度按钢筋混凝土结构偏心受压构件计算。槽式台座端柱抗倾覆力矩由端柱、横梁自重力及部分张拉力组成。

2. 夹具

夹具是先张法施工中用于预应力筋张拉和临时锚固的工具。根据夹具的作用和设置位置,可以将夹具分为张拉夹具和锚固夹具。张拉夹具用于张拉预应力筋的张拉端,锚具夹具用于在张拉及浇筑混凝土后,混凝土强度达到放张要求之前将预应力筋临时锚固在台座上。构件制作完成后,这些夹具都可以取下重复使用。

对夹具的要求是安全可靠、加工尺寸准确;使用中不发生变形或滑移,预应力损失小,构造简单、加工方便;拆卸方便、适用性、通用性强。

先张法施工中所用的预应力筋主要有钢丝和钢筋,所使用的夹具根据所夹持对象的不同分为钢丝夹具和钢筋夹具。

(1)钢丝夹具。

1)锚固夹具。常用的钢丝锚固夹具有圆锥齿板式、圆锥三槽式、楔形夹板式及墩头夹具。前3种属于锥销式夹具,锚固时应将齿板或锥销打入套筒,借助摩擦力将钢丝锚固,如图5.10所示。墩头夹具用于预应力筋固定端的锚固,是将预应力筋端部热镦或冷镦,通过承力板进行锚固,如图5.11所示。

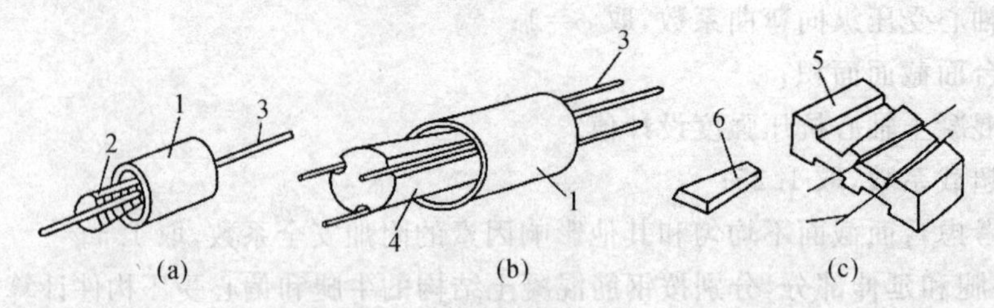

图5.10 钢丝锚固夹具

(a)圆锥齿板式;(b)圆锥三槽式;(c)楔形夹板式

1—套筒;2—齿板;3—钢丝;4—锥塞;5—锚板;6—楔块

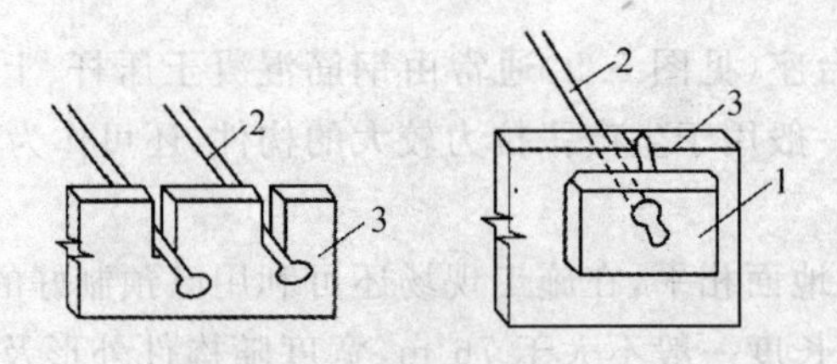

图5.11 固定板镦头夹具

1—垫板;2—钝头钢丝(或钢筋);3—承力钢板

2)张拉夹具。张拉夹具是在预应力筋张拉端与张拉机械连接,在张拉过程中夹持预应力钢筋的机具。常用的张拉夹具形式有钳形夹具、偏心式夹具和楔形夹具等,如图5.12所示。这些夹具都是借助摩擦力和挤压力来夹持钢丝,适用于在台座上进行钢丝张拉。

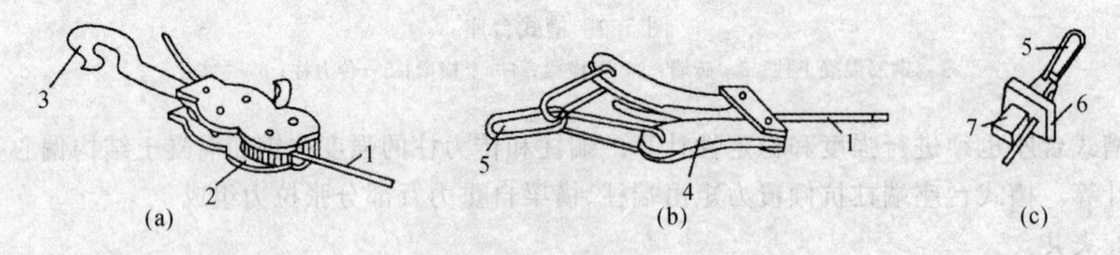

图5.12 钢丝张拉夹具

(a)钳式夹具;(b)偏心式夹具;(c)楔形夹具

1—钢丝;2—夹钳;3—挂钩;4—偏心齿板;5—拉环;6—锚板;7—楔块

(2)钢筋夹具及连接器。钢筋的固定端可采用螺丝端杆锚具(详见后张法施工)、镦头锚具、和销片夹具等。张拉端可用连接器与螺丝端杆锚具连接或采用压销式夹具进行张拉。

销片夹具(见图5.13)由圆套筒和销片组成,套筒内壁呈圆锥形,与销片角度吻合,销片有两片式和三片式,钢筋夹在小片之间的凹槽内,凹槽内有齿纹,以增大销片与钢筋之间的摩擦力。

压销式夹具如图5.14所示,两块楔形夹片上各有一半圆形凹槽,槽内有齿纹。楔紧或敲退楔形压销，即可加紧或松开钢筋。

钢筋连接器用以连接长线张拉台面上的预应力筋或将预应力筋与螺丝端杆连接(见图5.15)。这种连接器由两个半圆形套筒用连接钢筋焊接而成，使用时，将镦头钢筋放在两个套筒之间，套上钢圈箍紧即可。

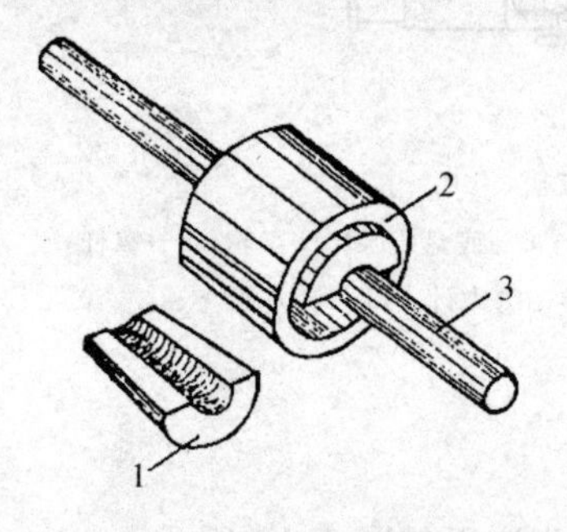

图5.13　销片夹具

1—销片；2—套筒；3—钢筋

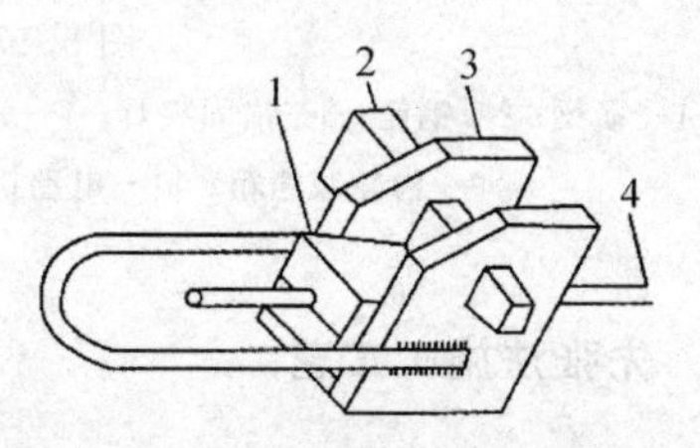

图5.14　压销式夹具

1—楔形夹片；2—压销；3—夹具外壳；4—钢筋

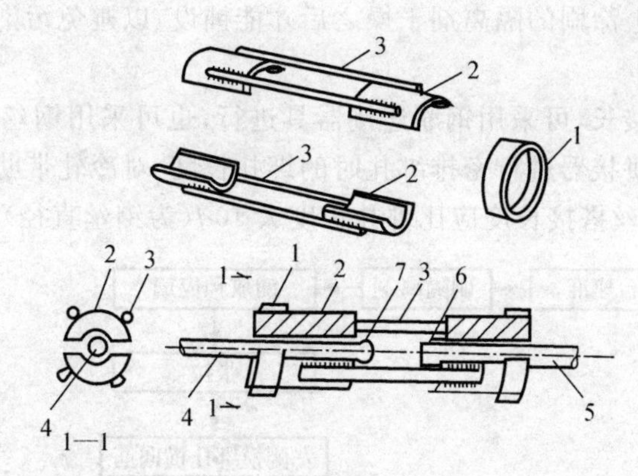

图5.15　套筒式钢筋连接器

1—钢筋；2—半圆形套筒；3—连接钢筋；4—预应力筋；5—工具式螺杆(或预应力筋)；6—螺母；7—镦头

3.张拉设备

张拉设备是对预应力筋施加预应力的机具，要求其简单可靠、能准确控制张拉力。常用的张拉机具有拉杆式千斤顶、台座式千斤顶、电动螺杆张拉机等。

油压千斤顶张拉力大，可一次张拉单根或多根预应力筋。如图5.16所示为油压千斤顶一次张拉多根预应力筋时所用的张拉装置。

电动螺杆张拉机(见图5.17)一般用于张拉单根钢筋，工作时顶杆支撑到横梁上，用张拉机具夹紧预应力筋，开动电动机带动螺杆旋转右移，对预应力筋进行张拉。其特点是运行稳定，螺杆自锁性能好、张拉速度快、行程大，且张拉机具小巧，可放在小推车上，移动灵活。

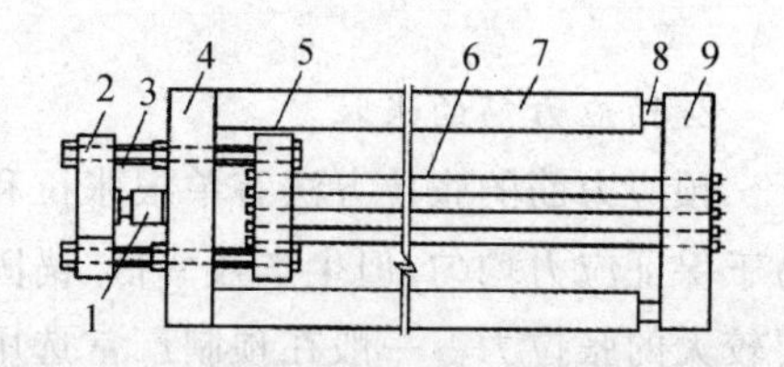

图5.16　油压千斤顶张拉装置

1—千斤顶；2,5—拉力架横梁；3—大螺纹顶杆；4—前横梁；6—预应力筋；7—台座；8—放张装置；9—后横梁

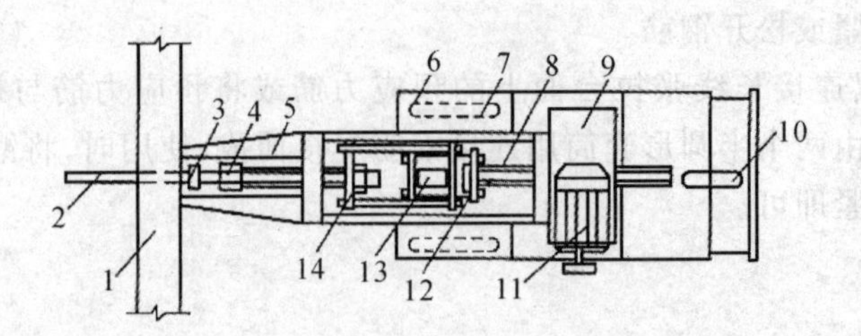

图 5.17 电动螺杆张拉机

1—横梁；2—钢筋；3—锚固夹具；4—张拉夹具；5—顶杆；6—底盘；7,10—车轮；8—螺杆；9—齿轮减速箱；11—电动机；12—承力架；13—测力计；14—拉力架

5.2.2 先张法施工工艺

当采用先张法进行预应力混凝土施工时，其主要工艺流程如图 5.18 所示。

1.预应力筋的铺设

预应力筋应在台面上涂刷的隔离剂干燥之后才能铺设，以避免污染钢筋，降低钢筋与混凝土之间的黏结力。

铺设钢筋时若需要接长，可采用钢筋连接器具进行，也可采用钢丝拼接器用 20～22 号铁丝密排绑扎。采用钢丝拼接器进行密排绑扎时的绑扎长度：对冷轧带肋钢筋不应小 $45d$；对刻痕钢丝不应小于 $80d$，钢丝搭接长度应比绑扎长度大 $10d$（为钢丝直径）。

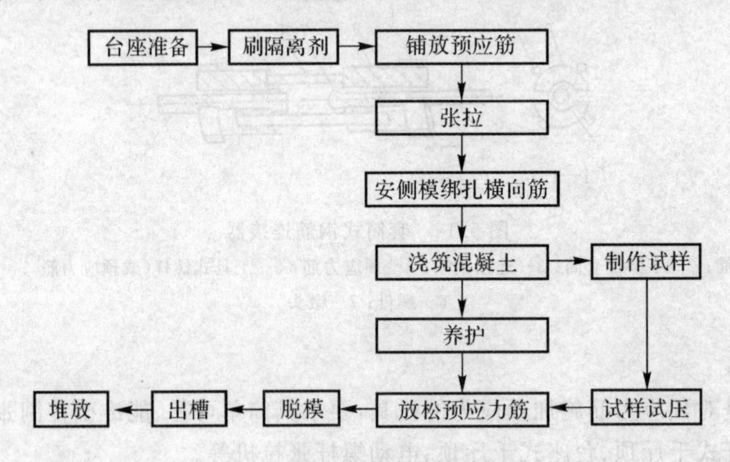

图 5.18 先张法施工工艺图

2.预应力筋的张拉

预应力筋的张拉方法有单根张拉和多根成组张拉两种方法。单根张拉的设备构造简单，易于保证应力均匀，但生产效率低、锚固困难；成组张拉能提高生产效率，但设备构造复杂，需要较大的张拉力。一般在预制厂常选用成组张拉方法，而在施工现场则多采用单根张拉。

预应力筋张拉是预应力混凝土施工的关键工序，为确保施工质量，在张拉中应严格控制张拉应力和张拉程序，并对预应力值进行校核。

(1)张拉控制应力。预应力筋的张拉控制应力应符合设计要求。张拉应力太低，在混凝土中不能建立有效的预压应力，对混凝土构件的开裂不能起到有效地遏制作用，也不能充分利用混凝土的抗压强度和钢筋的抗拉强度；反之，预拉应力过高，混凝土构件受拉区的开裂荷载与破坏荷载接近，破坏前无明显征兆。在施工中，预应力筋张拉时的控制应力不得超过表5.1所示的规定，且不应小于$0.4f_{ptk}$。

表5.1 预应力筋张拉控制应力限值

预应力筋种类	张拉控制应力限值
钢丝、钢绞线、中强度预应力钢丝	$0.75f_{ptk}$
预应力螺纹钢筋	$0.85f_{ptk}$

注：f_{ptk}——预应力筋抗拉强度标准值。

(2)张拉程序。预应力的张拉程序通常有两种：一次张拉和两次张拉。

一次张拉即一次将预应力筋张拉至设计控制应力，即

$$0 \rightarrow 103\%\sigma_{con}$$

其中，超出的3%是为了弥补应力松弛引起的应力损失。

二次张拉是先将预应力筋张拉至控制应力的105%，持荷2 min，再放松至控制应力，即

$$0 \rightarrow 105\%\sigma_{con} \rightarrow \sigma_{con}$$

二次张拉的原理是钢筋中应力的松弛损失与应力的大小及其持续时间有关，一般在荷载施加后的第1 min内，可完成损失总值的50%，24 h可完成80%。超张拉5%并持荷2 min的目的就是为了将应力松弛损失减少50%以上。

(3)预应力值的校核。预应力值的校核一般采用伸长值进行。施工时应控制实测伸长值和理论伸长值的差值与理论伸长值之比在±6%之间，否则，应暂停张拉，查明原因并采取措施后才能继续施工。

张拉完毕并经预应力校核后，应对预应力筋进行锚固。锚固时，张拉端预应力筋的回缩量不得超过设计规定。

3.混凝土浇筑

为减少预应力混凝土构件的预应力损失，所使用的混凝土应具有收缩和徐变小的特点。为此应严格控制混凝土的用水量和水泥用量，并采用良好的骨料级配。混凝土浇筑时应一次完成，不允许留施工缝。混凝土必须振捣密实，特别是在构件端部，以保证预应力筋和混凝土之间的黏结强度。

混凝土振捣时，振动器不应碰撞预应力筋。

采用叠层法进行预应力构件生产时，应待下层构件的混凝土强度达到8～10 MPa时，方可进行上层构件混凝土浇筑。

4.预应力筋的放张

预应力筋放张时，混凝土强度必须达到设计要求。设计无要求时，不得低于混凝土设计强度的75%，且不低于30 MPa。

应根据构件的类型和配筋情况选择预应力筋放张的顺序和方法，否则有可能造成预制构件开裂、翘曲或预应力筋断裂。如果设计未作明确规定，放张的顺序应符合下列规定。

(1)轴心受预压构件(如拉杆、桩等)，所有预应力筋应同时放张。

(2)偏心受预压构件(如梁等)，应先同时放张预压力较小区域的预应力筋，再同时放张预压力较大区域的预应力筋。

(3)如不能满足规定(1)、规定(2)两项要求时,应分阶段、对称、交错地放张。

预应力筋放张的方法。

预应力筋的放张应缓慢进行,防止冲击。对配筋不多的中小型预应力混凝土构件,可采用剪切、锯割或加热熔断等方法逐根进行放张,对配筋较多或预应力值较大的构件,应同时放张。同时放张时多采用楔块或砂箱等放张工具。

用楔块放张时,楔块装置(见图 5.19)放置在台座与横梁之间。预应力筋放张时,旋转手柄使螺杆向上运动,带动楔块向上移动,钢垫块间距变小,横梁向台座方向移动,从而同时放张预应力筋。楔块放张用于张拉力不大于 300 kN 的情况,楔块装置经专门设计,也可用于张拉力较大处。

用砂箱放张时,砂箱由钢制的套箱和活塞组成(见图 5.20),内装石英砂或铁砂。砂箱放置在台座与横梁之间。预应力筋张拉时,箱内砂被压实,承受横梁反力。预应力筋放张时,将出砂口打开,砂慢慢流出,从而使整批预应力筋徐徐放张。砂箱中的砂应采用干砂,选用适宜的级配,防止出现砂压碎引起的流不出现象或空隙率变化,使预应力损失增大。采用两台砂箱时,放张速度应力求一致,以免构件受扭损伤。

采用砂箱放张,能控制放张速度,工作可靠,使用方便,可用于张拉力大于 1 000 kN 的情况。

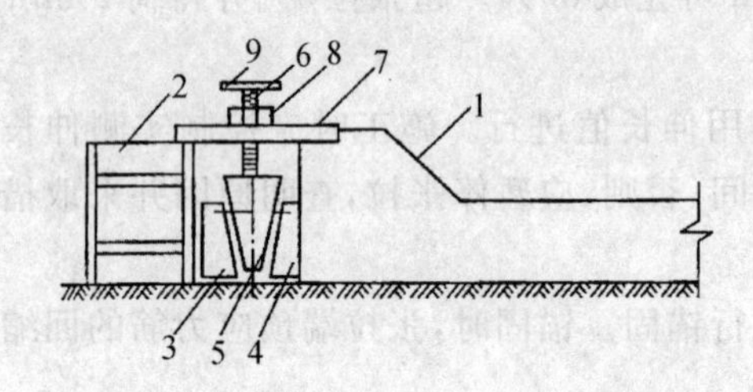

图 5.19 楔块放张装置

1—台座;2—横梁;3,4—钢垫块;5—钢楔块;6—螺杆;7—承力板;8—螺母;9—手柄

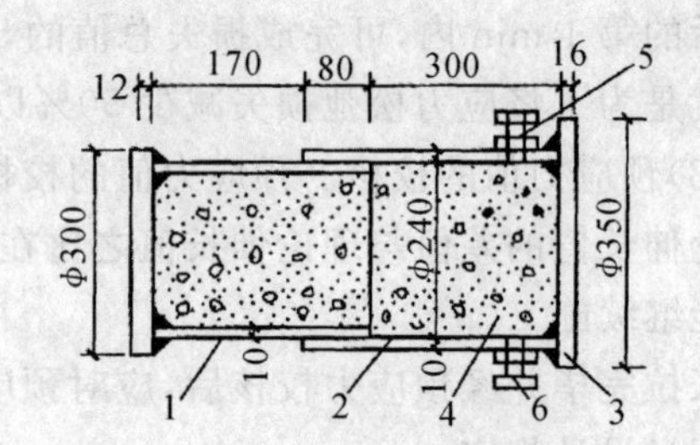

图 5.20 砂箱放张装置

1—活塞套箱;2—外套箱;3—套箱底板;4—砂;5—进砂口;6—出砂口

5.3 后张法施工

后张法预应力混凝土工程是在浇筑混凝土构件时,在放置预应力筋的位置先预留孔道,待混凝土达到一定强度,将预应力筋穿入孔道中,并按设计要求的张拉控制应力进行张拉,然后用锚具将预应力筋锚固在构件上,最后进行孔道灌浆。张拉力通过锚具传递给混凝土构件,使混凝土产生预压力,如图 5.21 所示。

通过孔道灌浆,使预应力筋与混凝土相互黏结,减轻了预应力传递对锚具的依赖,可以提高预应力筋锚固的可靠性与耐久性,这种方法也常称之为有黏结预应力施工。

无黏结预应力混凝土的施工方法是在预应力筋的表面刷涂料并包一层塑料布(管),然后如同普通钢筋一样铺放在安装好的模板中,浇筑混凝土,待混凝土强度达到一定数值后进行预应力筋的张拉和锚固。其特点是不需要预留孔道和灌浆,施工简单方便,张拉时摩擦力较小,预应力筋可弯曲成曲线形状。

后张法的特点是预应力筋直接在构件上进行张拉，不需要固定的台座设备，不受施工地点限制，适用于施工现场大型预应力构件制作。后张法施工中，锚具是预应力构件的一个组成部分，将永久留在构件上，称做工作锚具，不能重复使用。

后张法施工常用的预应力筋有单根钢筋、钢筋束、钢绞线束等。

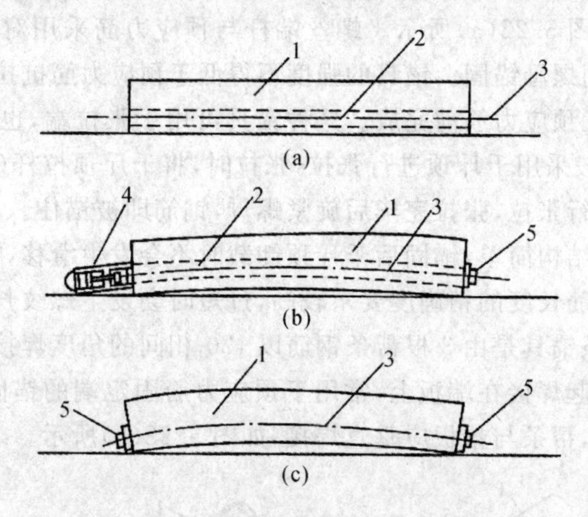

图 5.21　后张法生产工艺原理

(a)混凝土构件制作；(b)预应力筋张拉；(c)预应力筋张拉与孔道灌浆

1—混凝土构件；2—孔道；3—预应力筋；4—张拉机具；5—锚具

5.3.1　锚具

在后张法施工中，锚具的形式主要取决于张拉机械、预应力筋的形式及固定端锚具的位置，可根据表 5.2 所示选用。

表 5.2　后张法锚具形式选用表

<table>
<tr><th rowspan="3">预应力筋品种</th><th colspan="3">选用锚具形式</th></tr>
<tr><th rowspan="2">张拉端</th><th colspan="2">固定端</th></tr>
<tr><th>安装在结构之外</th><th>安装在结构之内</th></tr>
<tr><td rowspan="2">钢绞线及钢绞线束</td><td rowspan="2">夹片锚具</td><td>夹片锚具</td><td>压花锚具</td></tr>
<tr><td>挤压锚具</td><td>挤压锚具</td></tr>
<tr><td rowspan="4">钢丝束</td><td>夹片锚具</td><td>夹片锚具</td><td>挤压锚具</td></tr>
<tr><td rowspan="3">锥形螺杆锚具</td><td>镦头锚具</td><td>镦头锚具</td></tr>
<tr><td>挤压锚具</td><td></td></tr>
<tr><td>钢质锥形锚具</td><td></td></tr>
<tr><td rowspan="3">精轧螺纹钢筋</td><td rowspan="3">螺丝端杆锚具</td><td>螺丝端杆锚具</td><td rowspan="3"></td></tr>
<tr><td>帮条锚具</td></tr>
<tr><td>镦头锚具</td></tr>
</table>

1. 单根粗钢筋锚具

如表 5.2 所示，当选用粗钢筋做预应力筋时，张拉端一般采用螺丝端杆锚具，固定端采用帮条锚具或镦头锚具。

(1)螺丝端杆锚具。螺丝端杆锚具适用于锚固直径不大于 36 mm 的钢筋，主要由螺丝端杆、螺母及垫板组成，如图 5.22(a)所示。螺丝端杆与预应力筋采用对焊方式连接，用张拉设备张拉螺丝端杆，然后用螺母锚固。锚具的强度不得低于预应力筋抗拉强度实测值；锚具与预应力筋的焊接，应在加工预应力筋前完成。这种锚具可用于张拉端，也可用于固定端，锚具长度一般为 320 mm。一般采用千斤顶进行张拉，张拉时，将千斤顶拉杆(端部带有内螺纹)拧紧在螺丝端杆的螺纹上进行张拉，张拉完毕后旋紧螺母，钢筋即被锚住。

这种锚具的优点是结构简单，锚固后千斤顶卸载时不会发生滑移，在需要时还可进行二次张拉。缺点是对预应力筋长度的精确度要求较高，过短时会发生螺纹长度不够的情况。

(2)帮条锚具。帮条锚具是由 3 根帮条钢筋以 120°相间的角度焊接在预应力筋上，并将其在端部连同预应力筋一起焊接在端板上，常用于预应力筋固定端的锚固。帮条钢筋应采用与预应力筋同级别的钢筋，帮条与垫板应垂直焊接，如图 5.22(b)所示。

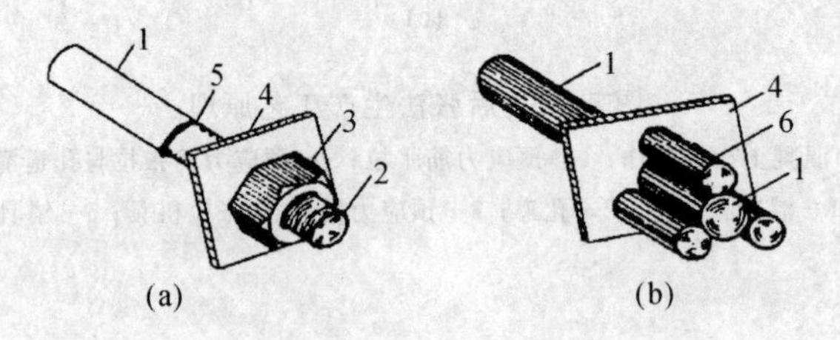

图 5.22　单根粗钢筋锚具

(a)螺丝端杆锚具；(b)帮条锚具

1—预应力筋；2—螺丝端杆；3—螺母；4—垫板；5—对焊接头；6—帮条钢筋

2. 钢筋(钢绞线)束锚具

钢筋束或钢绞线束用做预应力筋时，其固定端一般采用镦头锚具，张拉端多采用夹片锚具。

(1)JM 型锚具。JM 型锚具是典型的夹片式锚具，现有 10 多个型号，分别适用于光圆钢筋束、螺纹钢筋束和钢绞线束。JM12 型锚具可用于锚固 3～6 根直径为 12 mm 的钢筋或钢绞线；JM15 型锚具则可用于锚固直径为 15 mm 的钢筋或钢绞线束。JM12 型锚具主要由锚环和夹片组成，其构造如图 5.23 所示。

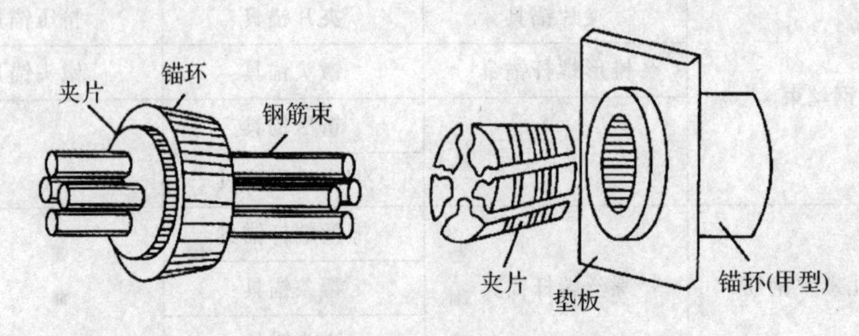

图 5.23　JM12 型锚具

(2)XM 和 QM 型锚具。XM 型锚具是在一块多孔的锚板上利用每个锥形孔装一副夹片夹持一根钢绞线的楔紧式锚具。其优点是任何一根钢绞线锚固失效，都不会引起整束锚固筋失效。并且每束锚固筋的根数不受限制。XM 型锚具锚板上的铆孔沿圆周排列，夹片采用三片式，按 120°均分开缝。如图 5.24 所示。

QM 型与 XM 型相似，将夹片改为两片式，并在背部开有一条弹性槽，以提高锚固性能。

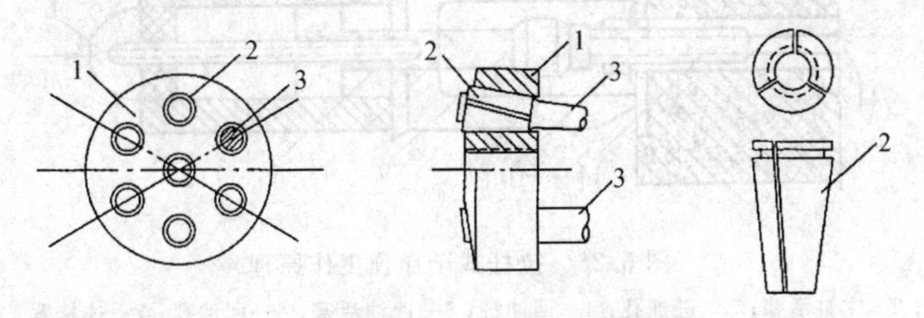

图 5.24　XM 型夹具

1—锚板；2—夹片；3—预应力筋

(3)钢质锥形锚塞。钢质锥形锚塞由锚环和锚塞构成，钢丝束位于锚环和锚塞之间，锚环与锚塞的锥度一致，锚塞顶紧后利用钢丝与锚环、锚塞之间的摩擦力将钢丝束锚固，如图 5.25 所示。

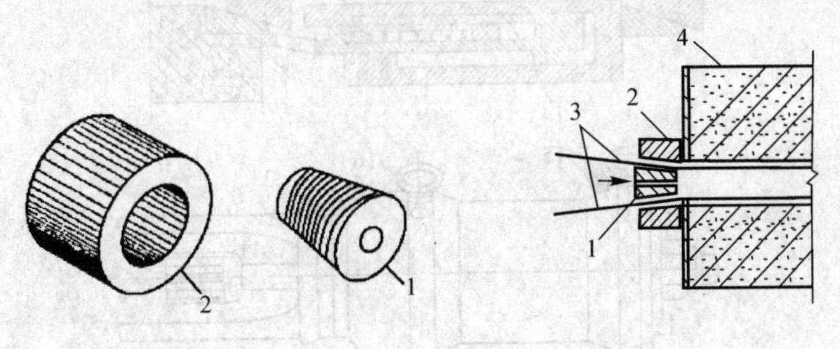

图 5.25　钢质锥形锚具

1—锚塞；2—锚环；3—钢丝束；4—混凝土构件

5.3.2　张拉机具

后张法使用的张拉设备主要是千斤顶，其形式主要有拉杆式千斤顶、锥锚式千斤顶和穿心式千斤顶 3 种。

(1)拉杆式千斤顶。拉杆式千斤顶主要由主油缸、主缸活塞、回油缸、回油活塞、连接器、穿力架、活塞拉杆等组成，是一种单作用式千斤顶，如图 5.26 所示。适用于张拉带螺丝端杆锚具、锥形螺杆锚具、钢丝镦头锚具等锚具形式的预应力筋。

拉杆式千斤顶的工作原理是当高压液油从进油孔 3 进入主油缸 1 时，推动主缸活塞后移而张拉预应力筋，张拉完毕后用螺母锚固在构件后端部，再由回油孔 6 进油，使主活塞恢复到原位。

(2)穿心式千斤顶。穿心式千斤顶是一种利用双液缸张拉预应力筋和顶压锚具的双作用千斤顶。适用于张拉带需要顶压的锚具(如 JM 型、XM 型)的钢筋束或钢绞线束；配上撑脚与拉杆后，也可用于张拉带螺杆锚具和镦头锚具的预应力筋。常见的 YC—60 型穿心式千斤顶工作原理如图 5.27 所示。

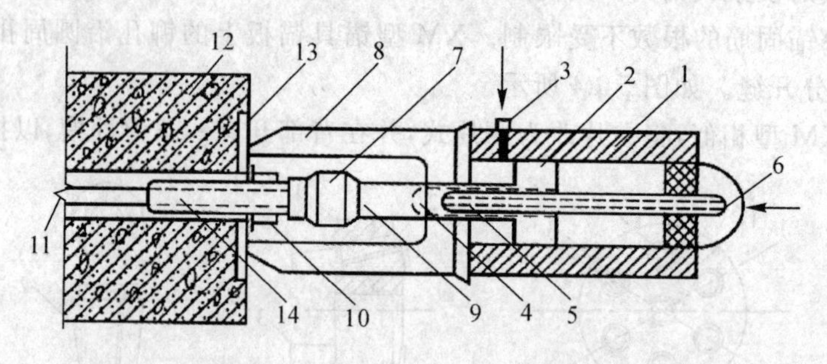

图 5.26　拉杆式千斤顶工作原理

1—主油缸；2—主缸活塞；3—进油孔；4—回油缸；5—回油活塞；6—回油孔；7—连接器；8—传力架；9—拉杆；10—螺母；11—预应力筋；12—混凝土构件；13—预埋铁板；14—螺丝端杆

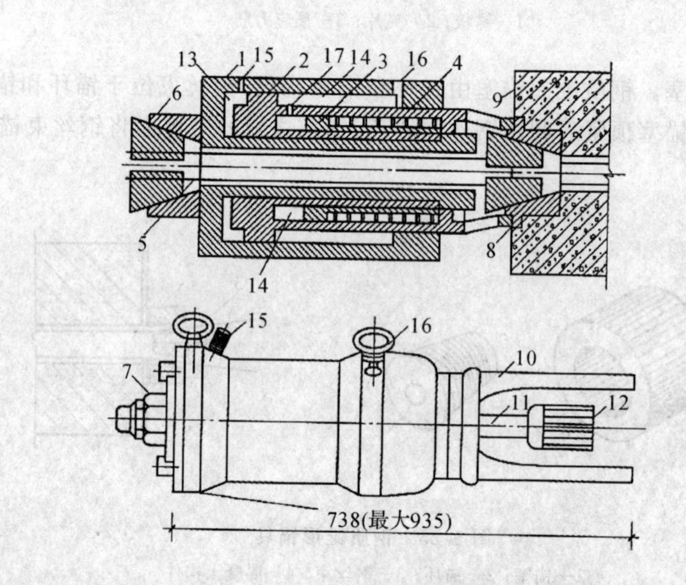

图 5.27　YC—60 型穿心式千斤顶工作原理

1—张拉油缸；2—顶压油缸(张拉活塞)；3—顶压活塞；4—弹簧；5—预应力筋；6—工具锚；7—螺母；8—锚环；9—构件；10—撑脚；11—张拉杆；12—连接器；13—张拉工作油室；14—张拉回程油室；15—张拉缸油嘴；16—顶压缸油嘴；17—油孔

张拉设备的标定。用千斤顶进行预应力筋张拉时，预应力是通过油泵上油压表的读数来控制的，压力表的读数表示千斤顶张拉油缸活塞单位面积的油压力。但由于活塞同油缸之间存在摩擦力，实际张拉力往往比读取值为小，为保证预应力筋张拉力的准确性，必须采用标定方法直接测定千斤顶实际张拉力与读数之间的关系，供施工使用。一般标定期限不得超过半年，标定精度应符合相关标准的规定。

5.3.3　预应力筋的制作

1. 单根预应力粗钢筋

单根预应力粗钢筋的制作，一般包括配料、对焊、冷拉等工序。计算钢筋的下料长度时应考虑钢材品种、锚具形式、焊接接头的压缩量、钢筋的冷拉率、弹性回缩、张拉伸长值和孔道长度等因素。配料时应根据钢筋的品种测定冷拉率，当一批钢筋中冷拉率变化较大时，应尽可能将冷拉率相近的钢筋对焊在一起，以保证钢筋变形的均匀性。

锚具与预应力筋的基本组合形式有 3 种：两端都用螺丝端杆锚具；一端用螺丝端杆锚具，另一端用帮条锚具；一端用螺丝端杆锚具，另一端用镦头锚具。计算简图如图 5.28 所示。

以两端都采用螺丝端杆锚具为例，其下料长度计算如下：

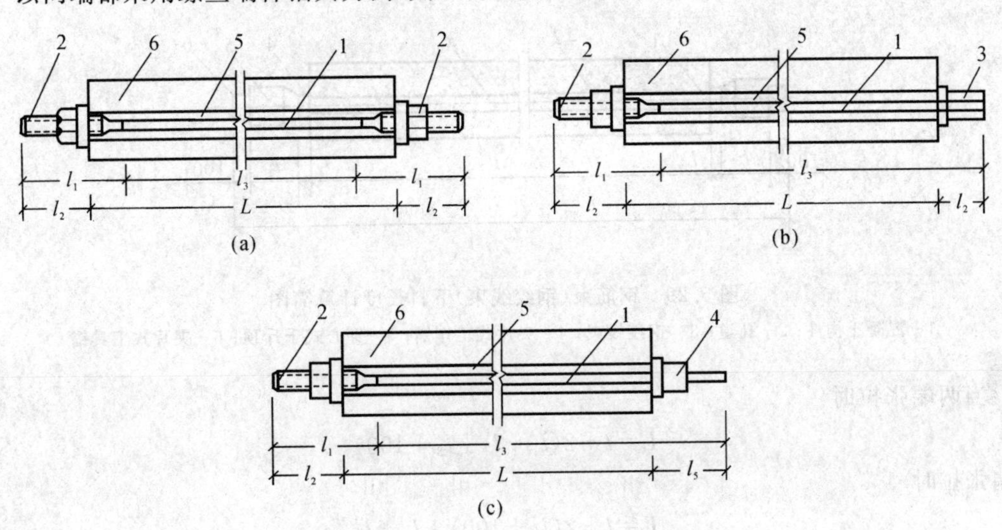

图 5.28　锚具与预应力筋的组合形式

(a)两端采用螺丝端杆锚具；(b)一端螺丝端杆锚具，另一端帮条锚具；(c)一端螺丝端杆锚具，一端镦头锚具

1—预应力筋；2—螺丝端杆锚具；3—帮条锚具；4—镦头锚具；5—孔道；6—混凝土构件

如图 5.28(a)所示，预应力筋的拉伸后长度为

$$L+2l_2=l_3+2l_1$$

于是

$$l_3=L+2l_2-2l_1$$

所以，下料长度

$$l=\frac{L+2l_2-2l_1}{1+\delta-\delta_1}+nd_0$$

式中　l——预应力筋中钢筋下料长度；

L——构件孔道长度；

l_1——螺丝端杆长度；

l_2——螺丝端杆外露长度；

δ——钢筋的试验冷拉率；

δ_1——钢筋冷拉的弹性回弹率；

n——钢筋与钢筋、钢筋与螺丝端杆的对焊接头总数；

d_0——每个对焊接头的压缩量，一般取 1 倍钢筋直径。

计算中，一般，螺丝端杆外露在孔道外的长度，可取 120～150 mm；帮条锚具外露长度可取 70～80 mm；镦头锚具外露长度可取 50 mm。

2.钢筋束(钢绞线束)的制作与下料

钢筋束与单根钢筋的区别主要是钢筋束中的单根钢筋一般直径较小,供料状态为盘圆,长度较大,一般不需要对焊接长。对钢筋束或钢绞线束进行编束的做法是,先将钢筋或钢绞线理顺,再用铅丝每隔 1.0 m 左右绑扎一道,形成束状,其作用是防止在穿筋时发生扭结。

钢筋束的下料计算原理与单根钢筋基本相同,只是钢筋束的下料长度除受到锚具形式的影响外,还受到张拉机械的影响,计算简图如图 5.29 所示。

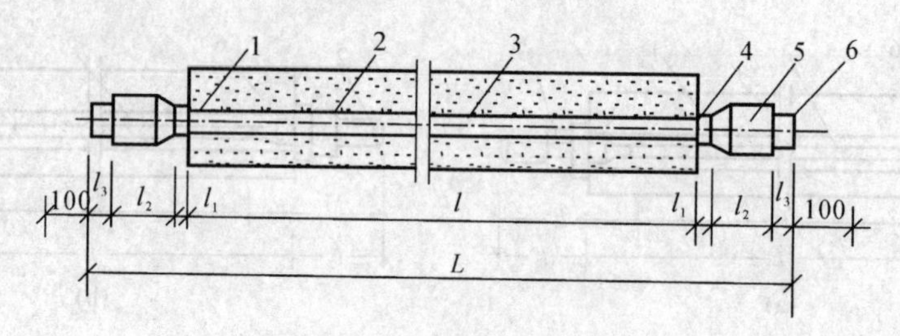

图 5.29　钢筋束(钢绞线束)下料长度计算简图

1—混凝土构件;2—孔道;3—钢绞线束;4—夹片式工作锚;5—穿心式千斤顶;6—夹片式工具锚

当两端张拉时

$$L=l+2(l_1+l_2+l_3+100)$$

一端张拉时

$$L=l+2(l_1+100)+l_2+l_3$$

式中　l——构件的孔道长度(mm);

l_1——夹片式工作锚厚度(mm);

l_2——穿心式千斤顶长度(mm);

l_3——夹片式工具锚厚度(mm);

100——钢筋束或钢绞线束的外伸长度(mm)。

5.3.4　后张法施工工艺

采用后张法进行预应力混凝土施工时,首先应制作构件,并预留孔道;待混凝土强度达到规定数值后,于孔道内穿放预应力筋,进行张拉并锚固;最后进行孔道灌浆,封端。具体的施工工艺流程如图 5.30 所示。

1.孔道留设

预应力筋孔道形状有直线、曲线和折线 3 种形式。预留时,其位置及形状应符合设计图纸要求。

预留孔道的直径应根据预应力筋根数、曲线孔道形状和长度、穿筋难易程度等因素确定。孔道内径应比预应力筋与连接器外径大 10～15 mm,孔道面积宜为预应力筋净面积的 3～4 倍。

孔道留设的方法主要有钢管抽芯法、胶管抽芯法和预埋波纹管法。

(1)钢管抽芯法。钢管抽芯法是当制作预应力混凝土构件时,在预应力筋的位置处,预先将钢管埋设在模板内,在混凝土浇筑过程中及浇筑后,每隔一定时间慢慢转动钢管,使之不与混凝土黏结,待混凝土初凝后、终凝前将钢管抽出,形成孔道。

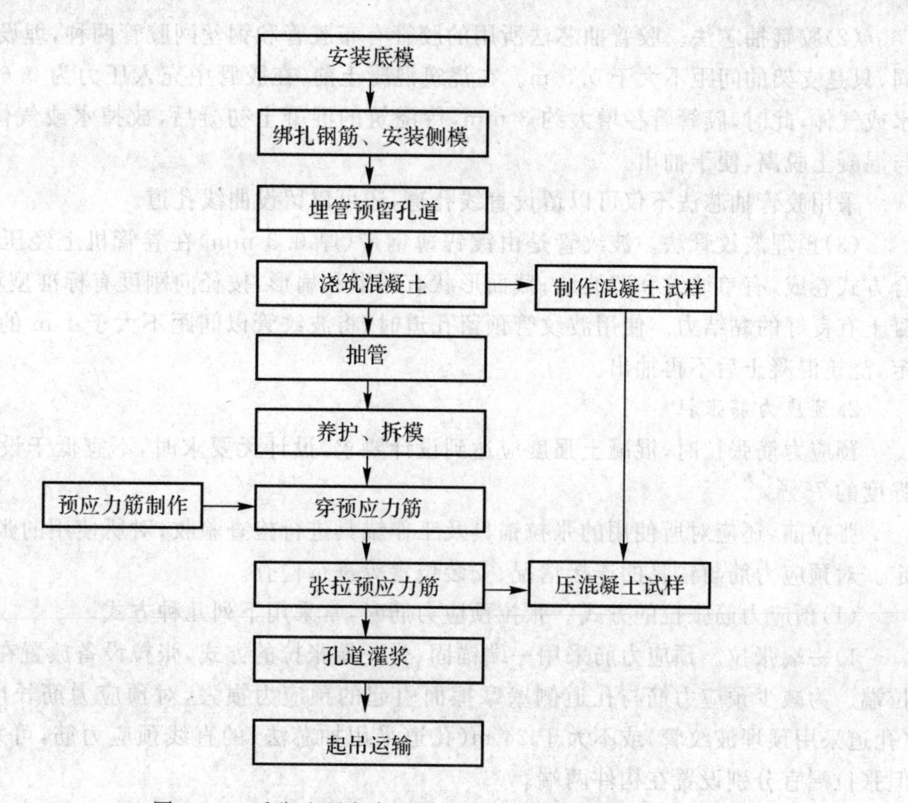

图 5.30　后张法预应力混凝土施工工艺流程

采用钢管抽芯法预留孔道时,所用的钢管应平直光滑,安放位置应准确。为此,可采用间距不大于 1 m 的钢筋井字架固定位置。当构件较长时,可采用两根钢管,中间用内插套管连接,钢管在内插套上的旋转方向应相反,如图 5.31 所示。

抽管的时间与水泥品种、气温和养护条件有关。抽管时以手指按压在混凝土表面上不出现指纹为宜。抽管过早,会出现塌孔,过晚则抽管困难,甚至抽不出来。抽管后应做好孔道的清理工作,以防止穿筋困难。

预留孔道的同时,还应在设计位置预留灌浆孔和排气孔,孔距一般不大于 12 m,孔径为 20 mm,可采用木塞或铁皮管预留埋设。

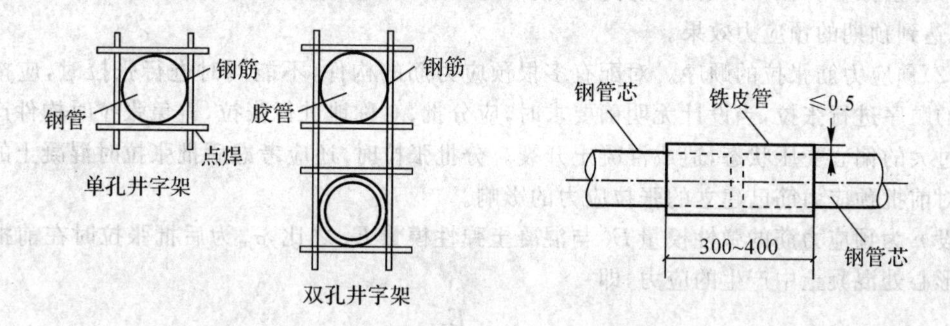

图 5.31　钢管的固定与连接方法

(2)胶管抽芯法。胶管抽芯法所用的胶管有布胶管和钢丝网胶管两种,埋设方法与钢管相同,只是支架的间距不大于0.5 m。在浇筑混凝土前,在胶管中充入压力为0.6～0.8 MPa的水或气体,此时,胶管管径增大约3 mm,待浇筑的混凝土初凝后,放掉水或气体,管径收缩而与混凝土脱离,便于抽出。

采用胶管抽芯法不仅可以留设直线孔道,还可以留设曲线孔道。

(3)预埋波纹管法。波纹管是由镀锌薄钢带(厚0.3 mm)在卷管机上经压波后以螺旋咬合方式卷成,有单波纹和双波纹;截面形状有圆形和扁形,按径向刚度有标准型和增强型,与混凝土有良好的黏结力。使用波纹管预留孔道时,将波纹管以间距不大于1 m的井字架定位固定,浇筑混凝土后不再抽出。

2.预应力筋张拉

预应力筋张拉时,混凝土强度应达到设计要求,设计无要求时,不宜低于设计混凝土标准强度的75%。

张拉前,还应对所使用的张拉锚具及工作锚具进行检查验收;对所使用的张拉设备进行标定。对预应力筋与锚具的连接情况、安装位置等进行检查。

(1)预应力筋张拉的方式。张拉预应力筋时,常采用下列几种方式。

1)一端张拉。预应力筋采用一端锚固、另一端张拉的方式,张拉设备放置在预应力筋的张拉端。为减少预应力筋与孔道侧壁摩擦而引起的预应力损失,对预应力筋长度不大于30 m(孔道采用预埋波纹管)或不大于24 m(孔道采用抽芯法)的直线预应力筋,可采用一端张拉,但张拉端宜分别设置在构件两端。

2)两端张拉。当不能满足上述要求时,可在预应力筋两端分别安装张拉设备,同时进行张拉。当设备不足或由于张拉顺序安排的关系,也可以先在一端张拉完成后,再移至另一端进行张拉。

3)分批张拉。对配有多束预应力筋的构件或结构可采用分批张拉的方式。由于后批张拉所产生的预应力会使混凝土产生弹性压缩,从而使前批张拉的预应力筋产生预应力损失,因此先批张拉的预应力筋应加上该弹性压缩损失值。

4)分段张拉。在多跨连续梁、板施工中,通常需要对预应力筋进行分段张拉。在第一段混凝土浇筑及预应力筋张拉锚固后,第二段预应力筋常利用锚头连接器与第一段预应力筋进行连接,以形成连续的预应力筋。

5)补偿张拉。在早期的预应力损失基本完成后,再进行一次张拉,对该预应力损失进行补偿,以达到预期的预应力效果。

(2)预应力筋张拉的顺序。对配有多根预应力筋的构件,不能同时进行张拉时,应按设计要求的顺序进行张拉,当设计无明确要求时,应分批、对称地进行张拉,避免张拉时构件产生扭转或过大的偏心受压状态,造成混凝土开裂。分批张拉时,还应考虑后批张拉时混凝土的弹性压缩对前批预应力筋已建立的张拉应力的影响。

设n为预应力筋的弹性模量E_s与混凝土弹性模量E_c之比,σ_{pc}为后批张拉时在前批预应力筋形心处混凝土中产生的应力,即

$$n=\frac{E_s}{E_c}$$

$$\sigma_{pc}=\frac{(\sigma_{con}-\sigma_1)A_p}{A_n}$$

式中　σ_{con}——张拉控制应力；

σ_1——预应力筋的第一批应力损失值；

A_p——第二批张拉的预应力筋的截面面积；

A_n——构件混凝土净截面面积。

于是，第一批预应力筋的预应力损失值 $\Delta\sigma$ 为

$$\Delta\sigma=\frac{\sigma_{pc}}{E_c}E_s=\frac{E_s(\sigma_{con}-\sigma_1)A_p}{E_cA_n}$$

(3)张拉程序。后张法中，预应力筋的张拉程序与一般先张法相同，此处不再赘述。

3. 孔道灌浆

在预应力筋张拉完成后，应尽快进行孔道灌浆，以防止预应力筋锈蚀，并使预应力筋与混凝土有效黏结，增加结构的整体性、抗裂性和耐久性。

孔道灌浆采用的水泥宜选用标号不低于 42.5 的普通硅酸盐水泥，孔道较大时，可在水泥浆中掺入适量细砂，水泥浆应有较好的流动性和较小的干缩性，水灰比一般不应大于 0.4；泌水率不应大于 1%，泌水应在 24 h 内全部被水泥浆吸收。为减小水泥浆在凝固过程中的干缩现象，可掺入水泥用量 0.05‰～0.1‰的铝粉或 0.20%的木质素磺酸钙或其他减水剂，但不得掺入对预应力筋有腐蚀作用的外加剂。

灌浆所采用的设备主要为灌浆泵，配合灌浆嘴使用，灌浆嘴上必须有阀门，以节约水泥浆和保证安全。

灌浆前应全面检查构件孔道及灌浆孔、泌水孔、排气孔是否畅通。对抽拔管成孔，可采用压力水冲洗孔道。对预埋管成孔，必要时可采用压缩空气清孔；还应对锚具夹片空隙和其他可能产生的漏浆处采用高强度水泥浆或结构胶等进行封堵。在封堵材料的抗压强度大于 10 MPa 时方可灌浆。灌浆顺序宜先灌下层孔道，后灌上层孔道。灌浆工作应缓慢均匀地进行，不得中断，并应排气通畅，在孔道两端冒出浓浆并封闭排气孔后，宜再继续加压至 0.5～0.7 MPa，稳压 2 min 后再封闭灌浆孔。

5.4　无黏结预应力混凝土施工

无黏结预应力是指预应力构件中的预应力筋与混凝土之间没有黏结力，预应力筋所承受的张拉力完全靠构件两端的锚具传递给构件。做法是在预应力筋表面刷上涂料并包裹塑料布(管)后，如同普通钢筋一样先铺设在安装好的模板内，浇筑混凝土，在混凝土强度达到设计要求后再进行预应力筋张拉并锚固。这种预应力工艺是借助两端的锚具传递预应力给混凝土，不需要预留孔道并灌浆，施工简单，张拉时摩阻力小。无黏结预应力筋易弯曲成曲线形状，适用于曲线配筋的混凝土结构。

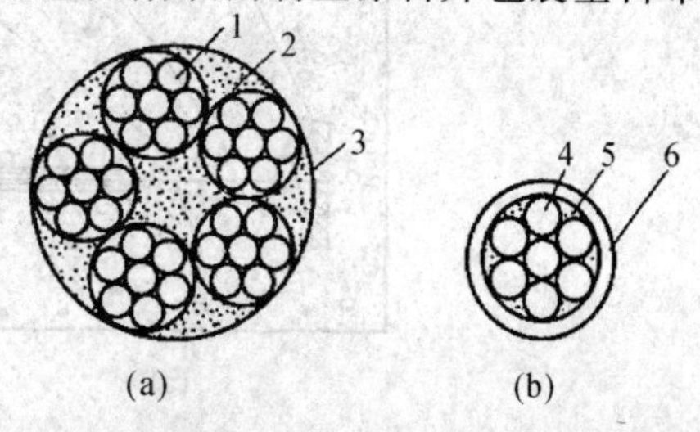

图 5.32　无黏结预应力筋截面

(a)钢绞线束；(b)钢丝束或单根钢绞线束

1—钢绞线；2—沥青涂料；3—塑料布外包皮；4—钢丝；5—油脂涂料；6—塑料管

5.4.1　预应力筋

无黏结预应力筋主要由预应力钢材(钢绞线束)、涂料层、外包层等组成，如图 5.32 所示。

涂料层的主要材料是防腐沥青和防腐油脂，其作用是隔离预应力筋和混凝土，防止预应力筋的锈蚀，减少张拉时的预应力损失。对涂料的要求是，在－20～70℃温度范围内不流淌、不裂缝变脆并有一定韧性；在使用期内化学稳定性好能；对周围材料，如混凝土、钢材和外包材料无侵蚀作用；不透水、不吸湿、防水性好；防腐性能好。

外包层的制作材料应采用聚乙烯，严禁使用聚氯乙烯。在－20～70℃温度范围内低温不脆化、高温化学稳定性好，有足够的韧性和抗破损性能，对周围材料如混凝土、钢材、无侵蚀作用，防水性好。

5.4.2 锚具

在无黏结预应力结构中，预应力筋所产生的预应力是通过锚具传递给混凝土的，外荷载引起的预应力束内力的变化将全部反映在锚具上。其所承受的荷载不但比有黏结预应力构件大，而且是重复荷载，因此，对无黏结预应力结构中的锚具理应有更高的要求。

当选用无黏结预应力锚具时，应根据预应力筋的品种、张拉力值及工程的环境类别综合进行。对常用的单根钢绞线预应力筋，张拉端宜采用夹片锚具，即圆套筒式或垫板连体式夹片锚具；内埋式固定端宜采用挤压锚具或经预紧的垫板连体式夹片锚具。如图 5.33 及图 5.34 所示。

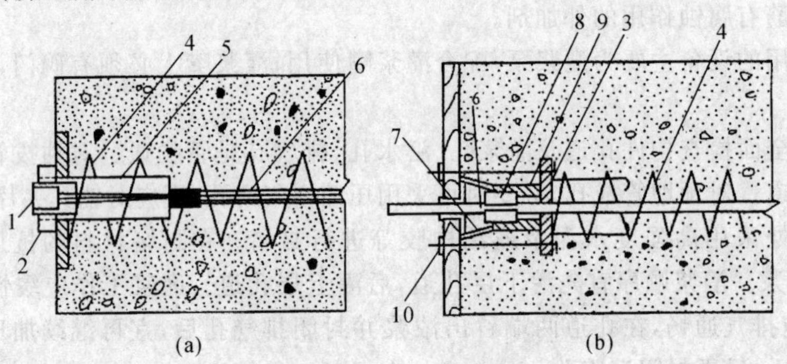

图 5.33 张拉端锚具

(a)镦头锚具；(b)夹片式锚具

1，9—锚杯；2—螺母；3—承压板；4—螺旋筋；5—塑料护套；6—预应力筋；7—穴模；8—夹片；10—固定螺母

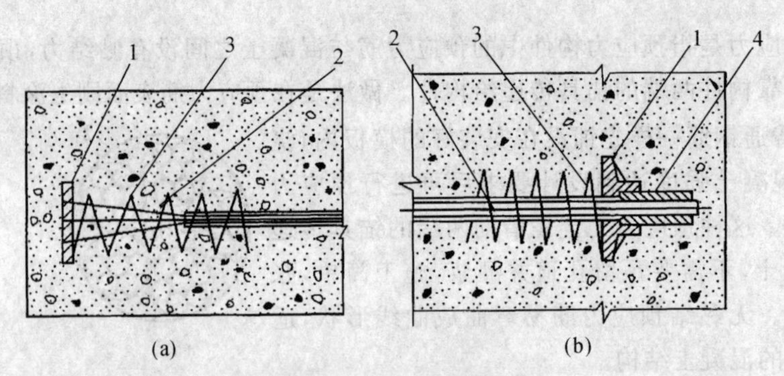

图 5.34 内埋式固定端锚具

(a)镦头锚具；(b)挤压锚具

1—锚板；2—预应力筋；3—螺旋筋；4—挤压锚具

5.4.3　预应力筋的铺设及锚具的安装

1.预应力筋的铺设

无黏结预应力筋在铺设前,应对其规格尺寸和数量进行检查,并对其端部的组装配件进行逐根检查确认。对护套轻微破损处,可采用外包防水聚乙烯胶带进行修补,每圈胶带搭接宽度不应小于胶带宽度的1/2,缠绕层数不应少于2层,缠绕长度应超过破损长度30 mm,严重破损的应予以报废。按设计规定的预应力筋位置进行张拉端端部模板预留孔编号和钻孔,并将张拉端承压板可靠地固定在端部模板上,保持张拉作用线与承压板面相垂直。

当铺放无黏结预应力筋时,应遵守下列要求。

(1)可采用与普通钢筋相同的绑扎方法,铺放前应通过计算确定无黏结预应力筋的位置,其竖向高度宜采用支撑钢筋控制,亦可与其他钢筋绑扎。支撑钢筋的间距和规格应满足:由2～4根无黏结预应力筋组成的集束预应力筋,支撑钢筋的直径不宜小于10 mm,由5根或更多无黏结预应力筋组成的集束预应力筋,其直径不宜小于12 mm,间距均不宜大于1.0 m;用于支撑平板中单根无黏结预应力筋的支撑钢筋,间距不宜大于2.0 m。支撑钢筋可采用HPB235级钢筋或HRB335级钢筋。

(2)无黏结预应力筋的位置宜保持顺直。

(3)铺放双向配置的无黏结预应力筋时,应比较各交叉点纵横两根预应力筋的标高,先铺放标高较低的无黏结预应力筋,标高较高的次之。宜避免两个方向的无黏结预应力筋相互穿插铺放。

(4)敷设的各种管线不应将无黏结预应力筋的竖向位置抬高或压低。

(5)当采取集团束配置多根无黏结预应力筋时,各根筋应保持平行走向,防止相互扭绞;束与束之间的水平净间距不宜小于50 mm,各束至构件边缘的净间距不宜小于40 mm。

2.锚具的安装

张拉端和固定端锚具系统的安装,应符合下列规定。

(1)张拉端。无黏结预应力筋的外露长度应根据张拉机具所需的长度确定,曲线筋或折线筋末端的切线应与承压板相垂直,曲线段的起始点至张拉锚固点应有不小于300 mm的直线段。当安装带有穴模或其他预先埋入混凝土中的张拉端锚具时,各部件之间不应有缝隙。

(2)固定端。将组装好的固定端锚具按设计要求的位置绑扎牢固,内埋式固定端垫板不得重叠,锚具与垫板应贴紧。

(3)张拉端和固定端均应按设计要求配置螺旋筋或钢筋网片,螺旋筋和网片均应紧靠承压板或连体锚板,并保证与无黏结预应力筋对中和固定可靠。

5.4.4　预应力筋的张拉

无黏结预应力筋的张拉设备与普通后张法的张拉设备相同。

当无黏结预应力筋设计为纵向受力钢筋时,侧模可在张拉前拆除,但下部支撑体系应在张拉工作完成后拆除,提前拆除部分应根据计算进行支撑。

无黏结预应力筋的张拉控制应力不宜超过$0.75f_{ptk}$,并应符合设计要求。当需提高张拉控制应力值时,不应大于钢绞线抗拉强度标准值的80%。当施工需要超张拉时,无黏结预应力筋的张拉程序宜为从应力为零开始张拉至1.03倍预应力筋的张拉控制应力σ_{con}并锚固。此时，最大张拉应力不应大于钢绞线抗拉强度标准值的80%。

无黏结预应力筋张拉过程中应避免预应力筋断裂或滑脱，当发生断裂或滑脱时，其数量不应超过结构同一截面无黏结预应力筋总根数的3%，且每束无黏结预应力筋中不得有超过1根钢丝断裂；对于多跨双向连续板，其同一截面应按每跨计算。

5.4.5 锚头端部的处理

在无黏结预应力筋张拉完毕后，应及时对锚固区进行保护。

当锚具采用凹进混凝土表面布置时，宜先切除外露的无黏结预应力筋的多余长度，在夹片及无黏结预应力筋端头外露部分应涂专用防腐油脂或环氧树脂，并罩帽盖进行封闭，该防护帽与锚具应可靠连接；然后应采用后浇微膨胀混凝土或专用密封砂浆进行封闭。

锚固区也可用后浇的钢筋混凝土外包圈梁进行封闭，但外包圈梁不宜突出在外墙面以外。当锚具凸出混凝土表面布置时，锚具的混凝土保护层厚度不应小于50 mm；外露预应力筋的混凝土保护层厚度要求：处于室内正常环境时，不应小于30 mm；处于易受腐蚀环境时，不应小于50 mm。对不能使用混凝土或砂浆包裹层的部位，应对无黏结预应力筋的锚具全部涂以与无黏结预应力筋涂料层相同的防腐油脂，并用具有可靠防腐和防火性能的保护罩将锚具全部密闭。

对处于易腐蚀环境条件下锚固系统，应采用连续封闭的防腐蚀措施。

(1)锚固端进行全封闭防水设计。

(2)预应力筋与锚具部件的连接及其他部件间的连接，应采用密封装置或采取封闭措施，使无黏结预应力锚固系统处于全封闭保护状态。

(3)若设计对无黏结预应力筋与锚具系统有电绝缘防腐蚀要求，则可采用塑料等绝缘材料对锚具系统进行表面处理，以形成整体电绝缘。

习　题

1. 什么是预应力混凝土，有哪些特点？
2. 预应力混凝土用钢筋应具备哪些特点？有哪些类型？预应力混凝土应具备哪些特征？
3. 先张法的张拉设备有哪几种，常用夹具有哪些？
4. 简述先张法的施工程序。
5. 如何计算预应力筋的下料长度？
6. 简述后张法的施工工艺过程。
7. 后张法施工时的锚具有哪些类型？应如何选用？
8. 后张法施工时，孔道留设有哪些方法？各有何特点？
9. 后张法进行预应力筋张拉时，对混凝土的强度有何要求？
10. 分批张拉时，如何考虑后张拉批对先张拉批造成的预应力损失？
11. 孔道灌浆时对灌浆材料有哪些要求？
12. 什么是无黏结预应力混凝土？与一般预应力混凝土相比有何特点？
13. 无黏结预应力混凝土施工时，锚具应如何选择？如何对锚头进行处理？
14. JM型锚具与XM型锚具有何异同？

15. 混凝土施加预应力有哪些方法？简述先张法、后张法的施工特点及适用范围。

16. 某先张法生产的混凝土构件，混凝土与强度等级为C40，预应力钢丝直径为5 mm，其极限抗拉强度 $f_{ptk}=1\ 570\ N/mm^2$，单根张拉，若超张拉系数为1.05。

(1)确定张拉程序及张拉控制应力。

(2)计算张拉力并选择张拉机具。

(3)计算预应力放张时，混凝土应达到的强度。

17. 某预应力混凝土构件，孔道长20 000 mm，预应力筋采用 $2\phi^T 25$，$f_{pyk}=785\ N/mm^2$，冷拉率为4%，弹性回缩率为0.5%，每根预应力筋均采用3根钢筋对焊，每个对焊接头的压缩长度为25 mm。计算：

(1)当两端用螺丝端杆锚具时，预应力筋的下料长度(螺丝端杆长320 mm，外露120 mm)。

(2)一端为螺丝端杆锚具，另一端采用帮条锚具时预应力筋的下料长度(帮条长50 mm，衬板厚15 mm)。(应考虑预应力筋与螺丝端杆锚具的对焊接头。)

第6章 结构安装工程

结构安装工程是将建筑结构的部分构件在工厂或现场预制成型,然后用起重机械在施工现场将其起吊并安装至设计位置,形成装配式结构。按照吊装构件的类型,结构安装工程可分为混凝土结构安装工程和钢结构安装工程。

起重机械是进行结构安装施工的主导因素,应根据构件尺寸及质量、安装高度及位置等因素综合选定。构件在吊装过程中受力复杂,必要时还应对其进行强度、稳定性等验算。在安装过程中,起重机械大多为高处作业,应注意采取适当的安全措施。

6.1 起重机械与设备

结构安装工程中使用的起重机械主要包括桅杆式起重机、自行杆式起重机和塔式起重机三大类。

6.1.1 桅杆式起重机

桅杆式起重机是用木材或金属材料制作的起重设备,具有制作简单、装拆方便、起重质量大(可达 100 t 以上)、受地形影响小等优点,常用于大型起重机械不能进入的场地的构件及设备的起吊安装工程。但桅杆式起重机服务半径小、移动困难,在使用时需要设置较多的缆风绳,故一般仅用于安装工程量集中、构件质量大、安装高度大以及现场狭窄的多层装配式或单层工业厂房构件的安装。

桅杆式起重机可分为独脚拔杆、人字拔杆、悬臂拔杆和牵缆式桅杆起重机等。

1. 独脚拔杆

独脚拔杆由拔杆、起重滑轮组、卷扬机、缆风绳和锚等部分组成,如图 6.1 所示。

独脚拔杆的特点是只能举升重物,而不能将其水平移动;使用时拔杆应保持一定的倾角($\beta \leqslant 10°$),使吊装的构件不致碰到拔杆顶部,底部设置的拖子是为了便于移动拔杆。拔杆的稳定性主要依靠缆风绳维持,其一端固定在拔杆顶部,另一端固定在地面上的锚定上,缆风绳一般为6~12 根,与地面夹角为 30°~45°。角度过大会对拔杆产生过大的压力。

木拔杆通常用梢径为 200~320 mm 的圆木制作,起重高度一般在 15 m 以内,起重量在 10 t 以下;钢管拔杆一般用直径为 159~426 mm 的无缝钢管制作,起重高度在 20 m 以内,起重质量一般不超过 30 t。格构式拔杆的起重高度可达 70~80 m,起重质量可达 100 t 以上。

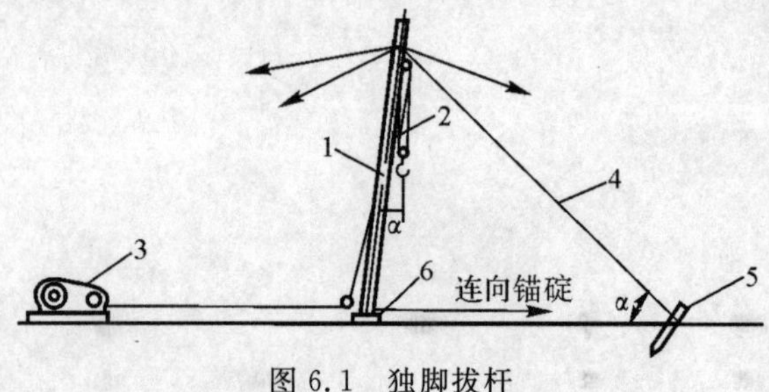

图 6.1 独脚拔杆

1—拔杆;2—起重滑轮组;3—卷扬机;4—缆风绳;5—锚定;6—拖子

2.人字拔杆

人字拔杆是由两根原木或钢管或格构式截面构件在顶部相交成 20°～30°，用钢丝绳绑扎或铁件铰接而成，顶部交叉处悬挂滑轮组，底部设有拉杆或拉绳，以平衡拔杆本身的水平推力。下端两脚的距离约为高度的 1/3～1/2。其特点是侧向稳定性好，缆风绳较少。但构件起吊后活动范围小，一般仅用于安装重型柱等构件。

人字拔杆的构造如图 6.2 所示。

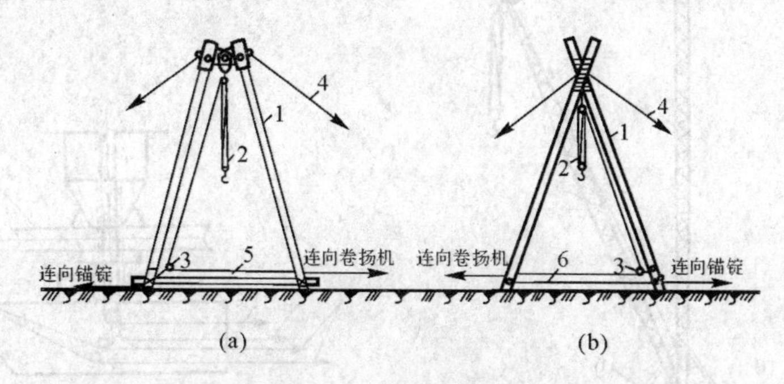

图 6.2　人字拔杆构造

(a)顶部铁件铰接；(b)顶部钢丝绳绑扎

1—拔杆；2—起重滑轮组；3—导向滑轮；4—缆风绳；5—拉杆；6—拉绳

3.悬臂拔杆

悬臂拔杆(见图 6.3)是在独脚拔杆中部或 2/3 高度处装上一根起重臂而成的，起重臂可以回转和起伏，可以固定在某一位置，也可以根据需要沿拔杆升降。悬臂拔杆的特点是有较大的起重高度和起重半径，起重臂可以左右摆动，使用方便，但起重量较小，一般多用于轻型构件的安装。

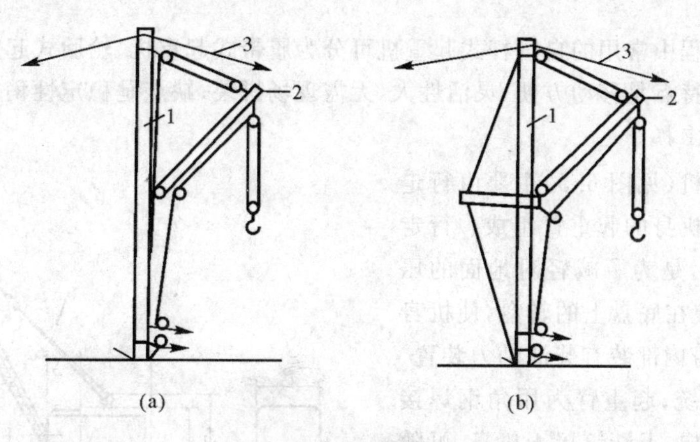

图 6.3　悬臂拔杆

(a)一般形式；(b)带加劲杆

1—拔杆；2—起重臂；3—缆风绳

4.牵缆式拔杆

牵缆式拔杆是在独脚拔杆的下端装上一根可以回转的起重臂而成的，如图 6.4 所示。整个机身可以 360°回转，具有较大的起重半径和起重量，灵活性较好。牵缆式拔杆的拔杆和起重臂若采用无缝钢管，其起重质量在 10 t 左右，起重高度可达 25 m，多用于一般工业厂房的结构安装；若采用格构式构件，起重质量可达 60 t，起重高度可达 80 m。其缺点是要设置较多的缆风绳。

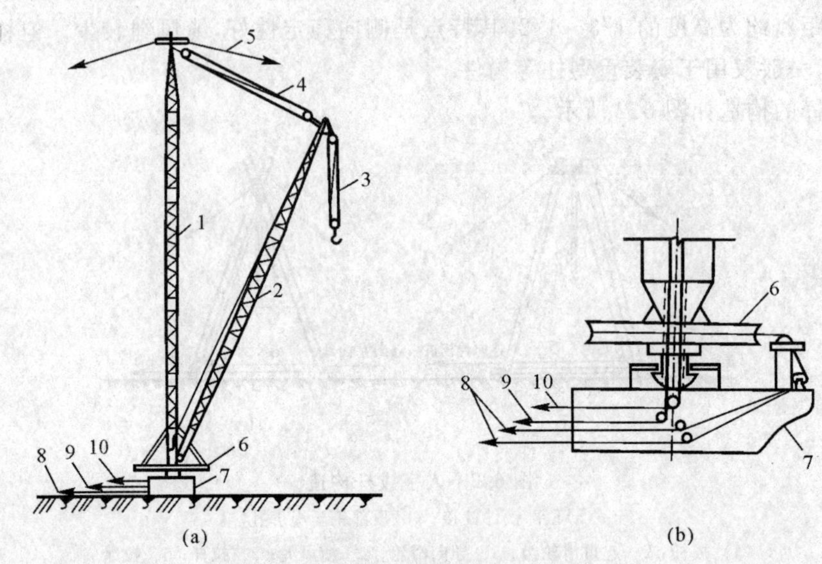

图 6.4 牵缆式拔杆

(a)全貌图；(b)底座

1—拔杆；2—起重臂；3—起重滑轮组；4—变幅滑轮组；5—缆风绳；6—回转盘；7—底座；8—回转索；9—起重索；10—变幅索

6.1.2 自行杆式起重机

结构安装工程中常用的自行杆式起重机可分为履带式起重机、轮胎式起重机、汽车式起重机 3 种。其共同特点是移动方便、灵活性大，无需现场拼装；缺点是稳定性稍差。

1. 履带式起重机

履带式起重机(见图 6.5)主要由行走机构、回转机构、机身的起重臂组成。行走机构采用履带式，是为了减轻对地面的压力；回转机构为装在底盘上的转盘，使机身可 360°回转；机身内部装有柴油动力装置、卷扬机及操纵系统；起重臂为用角钢焊接而成的格构式结构，下端铰接于机身，可随机身回转，顶端设有两套滑轮组，分别用于起重及变幅；起重臂可分节制作并接长。

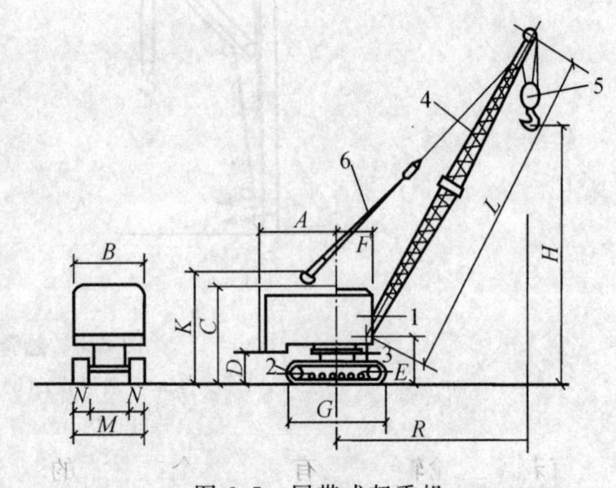

图 6.5 履带式起重机

1—机身；2—履带；3—回转机构；4—起重杆；5—起重滑轮组；6—变幅滑轮组

履带式起重机操作灵活、行驶方便，对场地条件要求不高，可负载行走；但其稳定性较差，行走时对路面破坏较大，常用于单层厂房的结构吊装。

若去掉吊臂，换上其他装置，该设备还可以做拖拉机、挖掘机使用。

履带式起重机的主要技术性能指标包括 3 个参数：起重量 Q、起重半径 R 和起重高度 H。起重量一般不包括吊钩及滑轮组重量，起重半径是指回转中心至吊钩的水平距离，起重高度是指起重吊钩中心至停机面的距离。在起重臂长度一定条件下，这 3 个参数间以对回转中心的力矩平衡为条件相互制约。随着起重臂仰角的增大，起重量和起重高度增大，但起重半径减小；当起重臂长度增大时，起重半径和起重高度增加，但起重量减小。如图 6.6 所示给出了常见的 w_1-100 型履带式起重机的工作性能曲线。

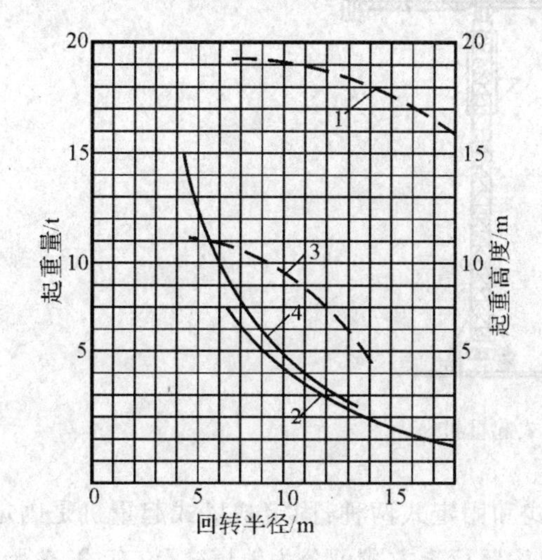

图 6.6　w_1-100 型履带式起重机工作性能曲线

1—起重臂长 23 m 时的起重高度曲线；2—起重臂长 23 m 时的起重量曲线；3—起重臂长 13 m 时的起重高度曲线；2—起重臂长 13 m 时的起重量曲线

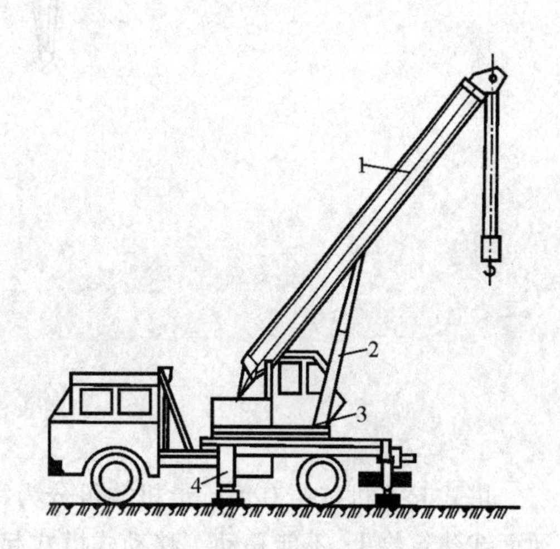

图 6.7　汽车式起重机

1—可伸缩起重臂；2—变幅液压千斤顶；3—可回转的起重平台；4—可伸缩支腿

2. 汽车式起重机

汽车式起重机（见图 6.7）是将起重机构安装在通用或专用汽车底盘上的全回转式起重机。该起重机的动力由汽车发动机供给，行驶时的驾驶室与起重操纵室分开设置。这种起重机具有汽车的行驶通行性能，机动性强，对路面的损坏很小；但起重时必须架设支腿，以分散压力并增加稳定性，因此不能负荷行驶，也不能在松软或泥泞的地面上工作。汽车式起重机常用于构件运输装卸作业和结构吊装作业。

目前，常用的汽车式起重机多为液压操作，起重臂长度可伸缩。常见的汽车式起重机最大起重质量从 5～40 t，从德国引进的 GMT 型汽车式起重机最大起重质量可达 120 t，最大起重高度可达 75 m。随着我国工业的发展，大型汽车起重机也在蓬勃发展着，如三一重工研制的 QY100 型汽车起重机，其最大起重质量为 130 t，起重高度可达 70 m。

3. 轮胎式起重机

轮胎式起重机在构造上与履带式起重机相似，只是其行走装置用轮胎代替了履带。底盘下装有若干根轮轴，配备有 4～10 个或更多的轮胎，同时设有可伸缩支腿。轮胎式起重机的特点与汽车式起重机相同，常采用液压传动。目前国内常见的轮胎式起重机有 QL3 系列，常用于一般工业厂房的安装工程。

6.1.3 塔式起重机

塔式起重机简称塔吊(见图 6.8),其塔身和起重臂均采用格构式结构,塔身直立,起重臂安装在塔身顶部且可以 360°回转。按照行走机构、变幅方式、回转机构的位置等可分为若干类型,广泛应用于多层及高层民用建筑主体结构施工及多层工业厂房的结构安装工程施工。

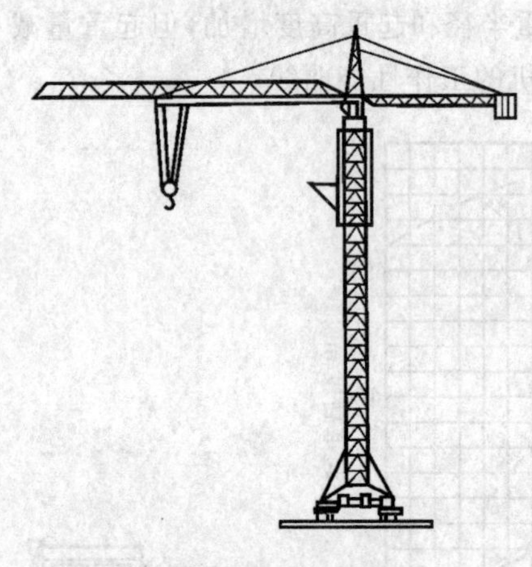

图 6.8 塔式起重机

塔式起重机按照有无行走机构可分为移动式和固定式两种:固定式塔式起重机是固定在地面或建筑物上,不能移动。移动式塔式起重机按照行走方式可分为轨道式、汽车式、轮胎式、履带式等。

塔式起重机按照回转机构的位置可分为上回转(塔顶)式和下回转(塔身)式。下回转式回转机构位于塔身下部,重心低、结构简单,但操作人员视线差,使用较少。

塔式起重机按照变幅方式分为水平臂架小车变幅和动臂变幅两种。水平臂架小车变幅是利用在水平臂架上运动的小车实现起重半径的变化;动臂变幅是利用起重臂倾角的变化实现起重半径变化,前者使用较多。

1. 轨道式塔式起重机

轨道式塔式起重机的底座安装在预先铺设的轨道上,可沿轨道负载移动,起重高度可通过增减塔身标准节进行调整。由于这种塔吊需铺设轨道,装拆、转移费工费时,故台班费较高,由于必须靠支撑在轨道上的两点来维持整体平衡,故通常起重质量较小。

2. 爬升式塔式起重机

爬升式塔式起重机一般安装在建筑物内部的电梯井或特别设置的结构上,借助爬升机构随建筑物的升高而向上爬升。与一般固定式塔吊相比,这种塔吊的塔身基座随建筑物而爬升,塔身上多了一个套架。一般每施工 1～2 层楼爬升 1 次。爬升过程如图 6.9 所示。

爬升时,先松开套架与结构及塔身的连接,开动升降机构将套架提升至两层楼高时停止;摇出套架四周的活动支腿并用地脚螺栓固定,用液压千斤顶连接套架与塔身结构;再松开塔身底座的地脚螺栓,收回底座活动支腿,开动爬升机构将塔身及底座提升两层楼高停止,摇出底座四周的活动支腿,并用预埋在建筑结构上的地脚螺栓固定;至此爬升结束。

爬升时塔吊机身体型小、质量小、安装简单、不占用建筑物外围空间,适用于施工现场狭窄的高层建筑结构施工及安装工程。

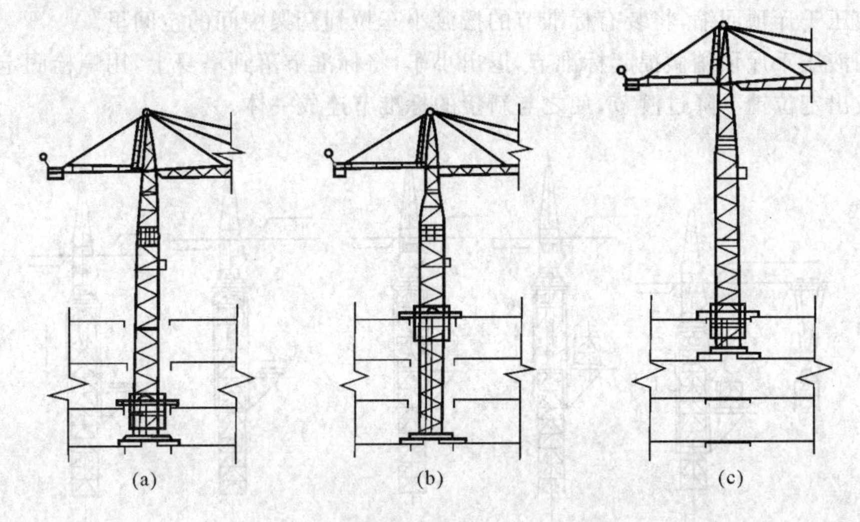

图 6.9　爬升式塔吊的爬升过程

(a)准备提升；(b)提升套架；(c)提升塔身

3. 附着式塔式起重机

附着式塔式起重机的塔身坐落在建筑物近旁的混凝土基座上，可借助顶升系统将塔身自行接高。为保证塔身稳定性，通常每隔 20 m 左右将塔身与建筑物相连，如图 6.10 所示。这种塔吊可升高度大、起重质量较大、稳定性好，常用于高层建筑的施工。

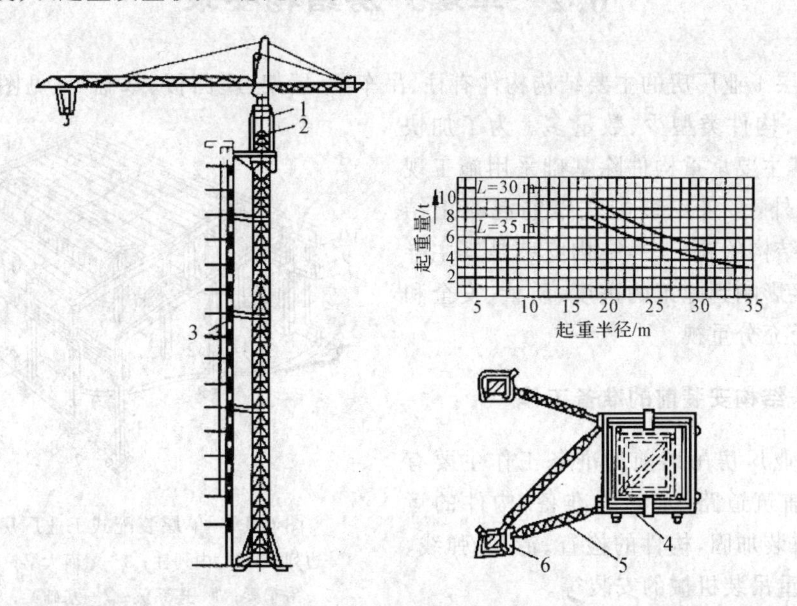

图 6.10　某附着式塔式起重机

1—液压千斤顶；2—顶升套架；3—附着装置；4—塔身套箱；5—撑杆；6—柱套箱

附着式塔式起重机的顶升接高过程如图 6.11 所示。

(1)将标准节吊到摆渡小车上，将过渡节与塔身标准节之间的螺栓松开。

(2)开动液压千斤顶,将塔顶及套架顶升超过一个标准节的高度,用定位销将套架固定。

(3)液压千斤顶回缩,将装有标准节的摆渡小车拉到套架中间的空间里。

(4)用液压千斤顶稍微提起标准节,退出小车,将标准节落到塔身上,用螺栓固定。

(5)拔出定位销下降过渡节,使之与新接的标准节连成一体。

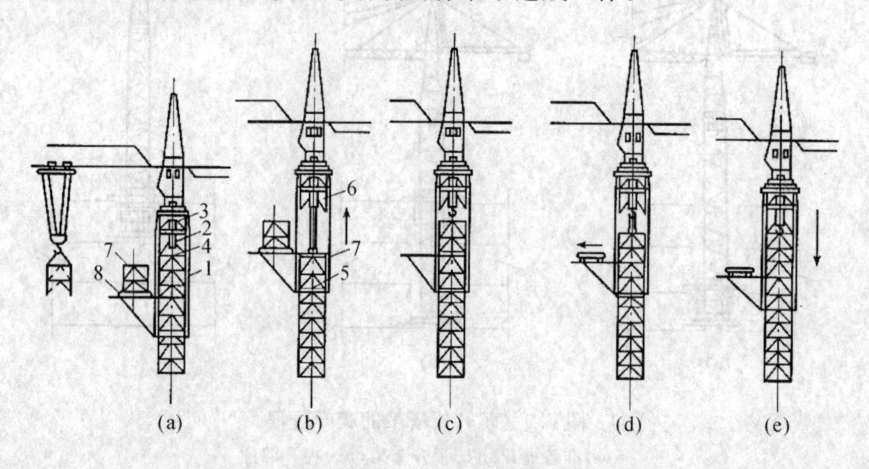

图 6.11 附着式塔式起重机的顶升接高过程

1—顶升套架;2—液压千斤顶;3—支承座;4—顶升横梁;5—定位销;6—过渡节;7—标准节;8—摆渡小车

6.2 单层厂房结构安装

构成单层工业厂房的主要结构构件有柱、吊车梁、屋架、屋面板、基础等(见图 6.12);其特点是面积大、构件类型少、数量多。为了加快施工进度,其主要承重构件除基础采用施工现场原位现浇外,多采用装配式钢筋混凝土结构。在这种结构的施工中,结构安装是其主导工程,它直接影响到施工的进度、质量、安全和成本,应给予充分重视。

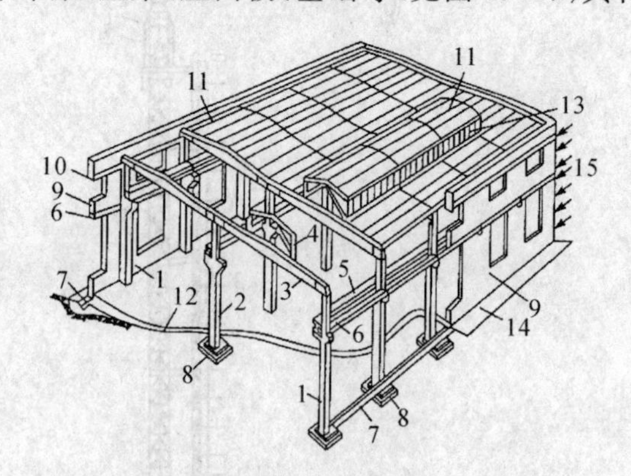

图 6.12 单层装配式工业厂房构造

1—边列柱;2—中列柱;3—屋面大梁;4—天窗架;5—吊车梁;6—连系梁;7—基础梁;8—基础;9—外墙;10—圈梁;11—屋面板;12—地面;13—天窗扇;14—散水;15—风荷载

6.2.1 结构安装前的准备工作

单层工业厂房吊装前的准备工作主要有场地清理,铺筑道路,基础的准备,构件的运输、堆放和拼装加固,构件的检查、清理、弹线、编号以及起重吊装机械的安装等。

1. 场地清理与道路铺筑

在装配式钢筋混凝土结构的单层厂房中,通常其基础形式多采用现浇杯形独立基础,为此常需要进行基坑开挖及地基处理。在地基处理及混凝土基础浇筑完成后,应及时完成基坑及室内土方回填,并平整好室内外场地,保证被安装构件的堆放、摆放及吊装机械的通行。

结构安装时还可能用到一些电动机械，如卷扬机、混凝土振捣机械、照明等，此外肯定还需要施工用水，在场地准备阶段也应随之完成。

由于运输构件的车辆通常质量、长度均较大，对通行的道路要求较高，为保证构件能安全运抵现场，运输道路应平整坚实，有足够宽度和转弯半径，使车辆及构件能顺利通过。载重汽车的单行道宽度不得小于 3.5 m，拖车的单行道宽度不得小于 4 m，双行道宽度不得小于 6 m；采用单行道时，要有适当的会车点。载重汽车的转弯半径不得小于 10 m，半拖式拖车的转弯半径不宜小于 15 m，全拖式拖车的转弯半径不宜小于 20 m。

2. 基础的准备

用于进行结构安装的杯形基础在混凝土浇筑施工时应严格做到下面几点。

(1)基础定位轴线必须准确。

(2)杯口尺寸必须准确。

(3)考虑到预制柱的施工误差，杯底浇筑后的标高应比设计标高低 50 mm，以便于调整柱子牛腿面的标高。

在结构吊装前，还应完成下列工作。

(1)基础弹线。在基础杯口的上面、内壁及底面弹出建筑物的纵横定位轴线(杯底弹线在抹找平层后进行)，作为柱对位、校正的依据；并在杯口内壁弹出供抹杯底找平层使用的标高线，如图 6.13 所示。

该标高的确定方法是，测出杯底原有标高，再测量出拟吊入该基础的柱的柱底面至牛腿面的实际长度，根据安装后牛腿面的设计标高可以计算出柱底的实际安装标高。如测出杯底标高为－1.20 m，牛腿面设计标高是＋7.80 m，预制柱牛腿面至柱脚的实际长度是 8.95 m，则杯底的实际安装高程应该是 7.80－8.95＝－1.15 m。

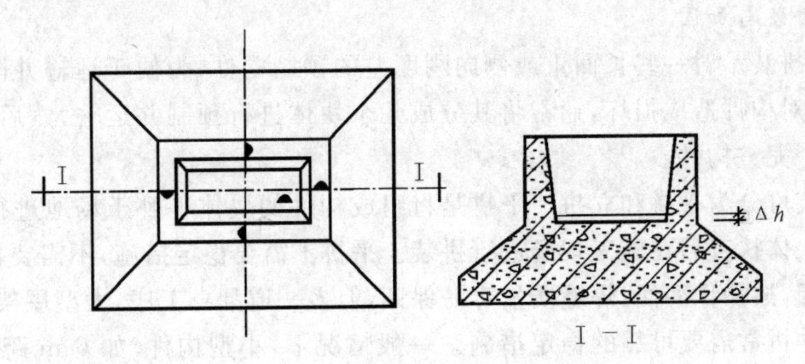

图 6.13　基础弹线与杯底标高的调整

(2)抹杯底找平层。根据柱子牛腿面到柱脚的实际长度和上面所述的标高线，用 1∶2 水泥砂浆或细石混凝土抹杯底，调整其标高，使柱安装后各牛腿面的标高基本一致。

3. 构件的运输与堆放

钢筋混凝土预制构件一般采用载重汽车或平板拖车进行运输，如图 6.14 所示，运输时应注意。

(1)混凝土强度如无设计要求，不应低于设计强度标准值的 75%，屋架和薄壁构件应达到 100%。

(2)构件的支垫位置和支垫方法应符合设计要求或按实际受力情况确定。

对钢筋混凝土屋架和钢筋混凝土柱子等构件，应根据起吊位置、支垫位置及方法，验算构件在最不利截面处的抗裂度，如有可能出现裂缝，应进行加固处理。

(3)构件在运输时要固定牢靠，以防在运输中途倾倒，或在道路转弯时车速过高被甩出。对于屋架等重心较高、支撑面较窄的构件，应用支架固定。

(4)根据吊装顺序，先吊先运，保证配套供应。

预制构件在专用堆场堆置时，应按构件类型分段分垛堆放，堆垛各层间用 100 mm×100 mm的长方木或 100 mm×100 mm×200 mm 的木垫块垫牢，且各层垫块必须在同一条垂直线上。同时要按吊装和运输的先后顺序堆放，并标明构件所在的工程名称、构件型号、尺寸及所在工程部位的轴线编号。

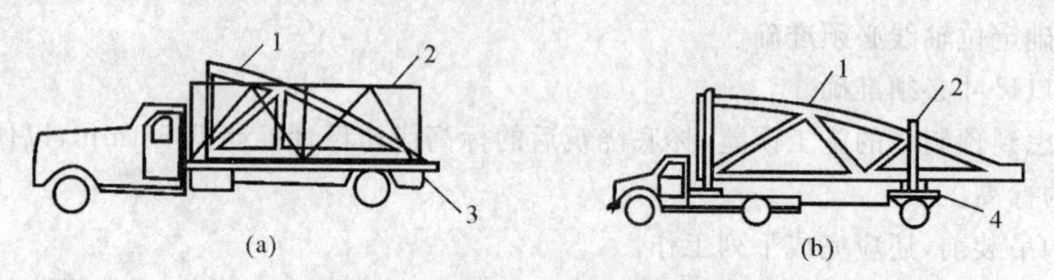

图 6.14　载重汽车运屋架块体

(a)普通汽车运输；(b)汽车后挂"小炮车"运输

1—屋架；2—钢运输架；3—垫木；4—转盘

施工现场堆放场场地应平整坚实，排水良好，避免因地面不均匀下沉而造成构件倾倒破坏；构件进场应按结构构件吊装平面布置图所示位置堆放，以免二次倒运；构件应按设计的受力情况搁置在垫木或支架上。

4. 构件的拼装与加固

(1)构件的拼装。对一些长而重或侧向刚度差的预制构件，为便于运输并防止在装卸、扶直、运输过程中对构件造成损坏，通常将其分成几个块体进行预制并运输，然后在施工现场再将其拼装成一个完整构件。

构件的拼装可分为平拼和立拼。平拼是将组成构件的块体平卧于场地进行拼装；立拼是将组成构件的块体扶直后在施工现场进行拼装。平拼不需要稳定措施，不需要任何脚手架，焊接大部分是平焊，故操作简便，焊缝质量容易保证，但多一道翻身工序，大型屋架在翻身中容易损坏或变形。立拼常需要可靠的稳定措施。一般情况下，小型构件，如 6 m 跨度的天窗架和跨度在 18 m 以内的桁架采用平拼；大型构件，如跨度为 9 m 的天窗架和跨度在 18 m 以上的桁架则采用立拼，如图 6.15 所示。

(2)构件的加固。预制构件当翻身扶直、吊装、运输时，由于其受力状态与实际使用中的受力状态不同，可能造成构件开裂损坏，因此，应按照验算结果考虑对预制构件进行临时加固。加固方法主要是临时用钢带在敏感部位固定槽钢、钢管等大刚度杆件，以提高预制构件的刚度。

5. 构件的检查

为保证结构安装的顺利进行，在吊装前还应对构件进行一次全面的检查和清理。

(1)检查构件的型号是否与设计相符。

(2)检查构件的强度是否达到设计要求。

(3)检查构件的外观质量:尺寸偏差、变形、裂缝、损伤等是否能满足规范要求。

(4)清除构件预埋铁件及混凝土连接面上的污物;保证构件焊接及连接质量。

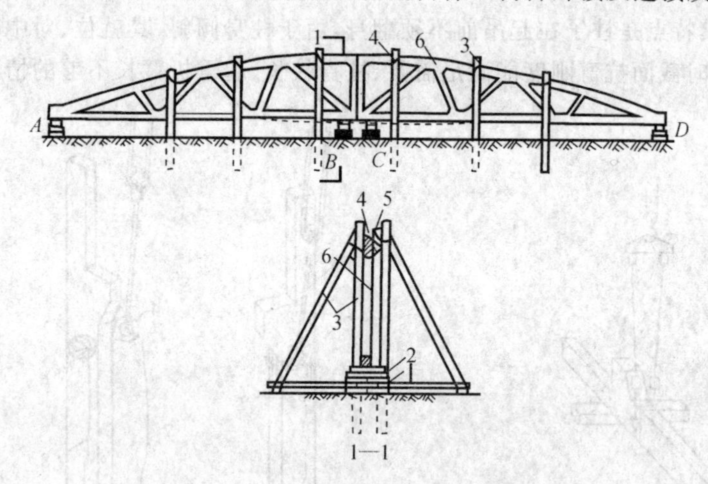

图6.15　预应力混凝土屋架的拼装

1—砖砌支垫;2—方木或钢筋混凝土垫块;3—三角架;4—8号铅丝;5—木楔;6—屋架块体

6.构件的弹线与编号

吊装前,应在构件表面弹出吊装准线,作为构件对位、矫正的依据。对各类构件弹线的要求如下。

(1)柱子。在柱身三面弹出中心线(可弹两小面、一个大面),对工字形柱除在矩形截面部分弹出中心线外,为便于观察及避免视差,还需要在翼缘部分弹一条与中心线平行的线。

(2)屋架。屋架上弦顶面上应弹出几何中心线,并将中心线延至屋架两端下部,再从跨度中央向两端分别弹出天窗架、屋面板的安装定位线。

(3)吊车梁。在吊车梁的两端及顶面弹出安装中心线。

在对构件进行弹线的同时,还应按设计图纸对其进行编号,编号应写在构件的明显部位,对上、下或左、右不易辨别的构件,还应在相应位置特别标明。

6.2.2　构件吊装工艺

单层工业厂房需要吊装的构件包括柱、吊车梁、屋架、屋面板、天窗架等,吊装施工过程包括绑扎、吊升对位、临时固定、校正和最后固定等工作。

1.柱子的吊装

按照柱子起吊后柱身所处的状态,柱子的吊装可以分为直吊法和斜吊法,按柱子在吊装过程中的运动特征,可以分为旋转法和滑行法。不同吊装方法,柱子的绑扎方式也不同。

(1)柱子的绑扎。柱的绑扎位置和绑扎点数,应根据柱的形状、断面、长度、配筋部位和起重机性能等情况确定。自重13t以下的中、小型柱,大多绑扎一点;重型或配筋少而细长的柱子,则需绑扎多点。有牛腿的柱,一点绑扎时,常选在牛腿以下。工字形断面柱的绑扎点应选在矩形断面处,否则,应在绑扎位置用方木加固翼缘;双肢柱的绑扎点应选在平腹杆处。

1)直吊绑扎法。直吊绑扎的方法如图6.16所示。顾名思义,采用这种绑扎方法时,柱子在起吊后处于直立状态,其优点是容易对位。

当柱子平放、宽面抗弯强度不足时，吊装前须将柱子翻身，由平放转为侧立，再绑扎起吊。

2)斜吊绑扎法。斜吊绑扎的方法如图 6.17 所示。当采用这种绑扎方法时，柱子在起吊后处于倾斜状态，其特点是柱子在起吊前不须翻身，由于柱身倾斜，其就位、对中较为困难。一般用于柱平卧起吊时截面抗弯刚度能满足需要、柱身较长、起重机臂长不够的情形。

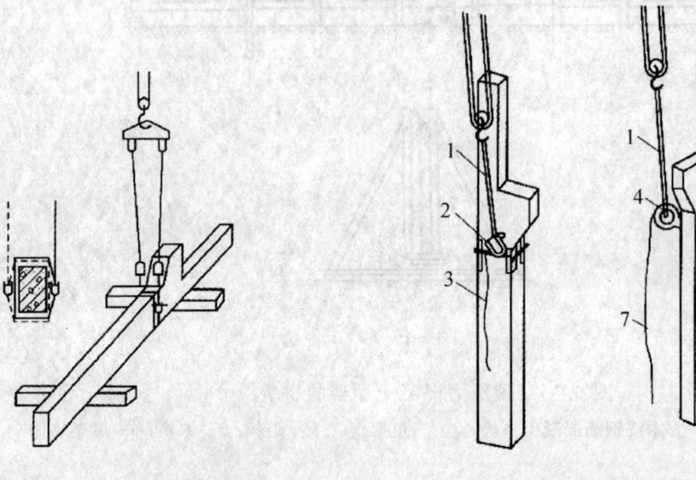

图 6.16　直吊绑扎法

图 6.17　斜吊绑扎法

1—吊索；2—活络卡扣；3—卡扣插销拉绳；4—柱销；
5—垫圈；6—插销；7—柱销拉绳；8—插销拉绳

(2)柱子的吊升。柱子的吊升方法取决于柱子的质量、长度和现场条件。一般多采用单机起吊，对重型柱也可采用双机或多机抬吊。

1)单机吊装旋转法。单机吊装旋转法是在柱子吊升过程中，起重机边收吊钩边回转，在此过程中，柱子绕柱脚旋转成直立状态，然后吊离地面，略微旋转起重臂将柱子插入基础杯口中，如图 6.18 所示。

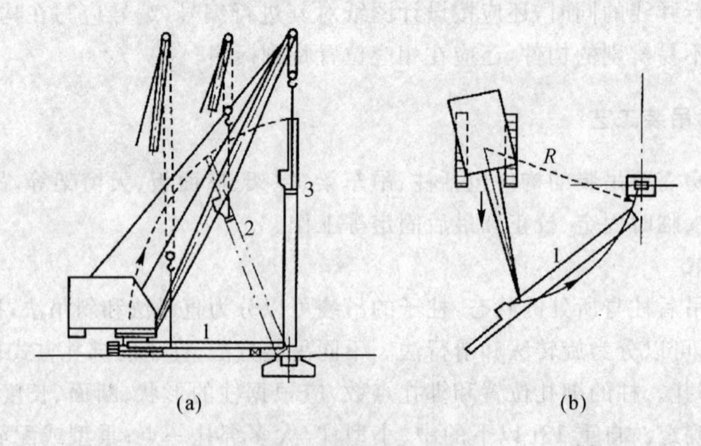

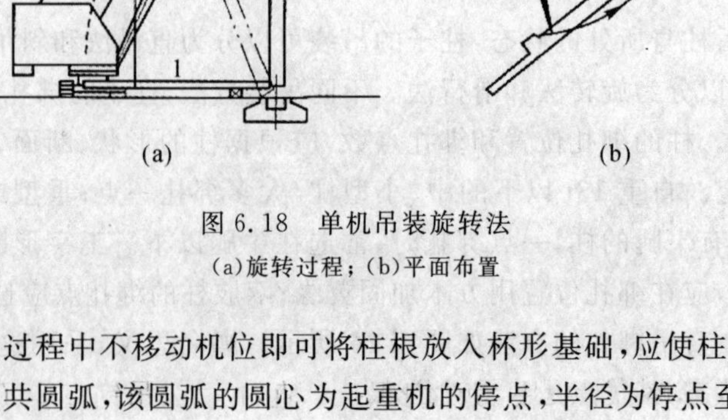

图 6.18　单机吊装旋转法

(a)旋转过程；(b)平面布置

为了在旋转起吊过程中不移动机位即可将柱根放入杯形基础，应使柱的绑扎点、柱脚中心和基础杯口中心 3 点共圆弧，该圆弧的圆心为起重机的停点，半径为停点至绑扎点的距离。若施工现场受条件限制不可能实现3点共弧时，可采用绑扎点与基础中心或柱脚与基础中心两点共弧的布置方式。

2)单机吊装滑行法。单机吊装滑行法是在起吊过程中，起重臂不动，仅起重钩上升，将柱子吊离地面，稍转动起重臂将柱子插入杯口。在起吊过程中，柱脚沿地面滑行至杯口附近。为此，宜将绑扎点布置在基础附近，并使绑扎点和基础杯口中心点位于同一圆弧上，如图6.19所示。这种方法的优点是在起吊过程中不需转动起重臂即可将柱子吊装就位，操作简单；缺点是在柱子滑动过程中易受到震动，为此，可在柱脚下设置托板，并铺设滑行道。

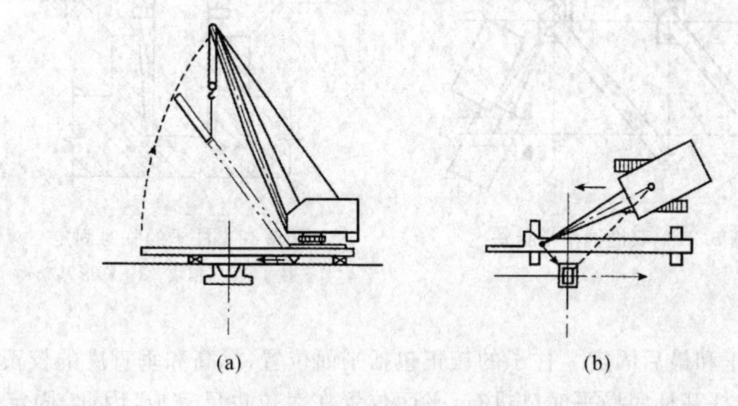

图6.19　单机吊装滑行法

(a)滑行过程；(b)平面布置

3)双机抬吊旋转法。双机抬吊旋转法适用于一台起重机因起重能力而不能完成起吊的情形。此时，一般采用两点绑扎，两机各吊一绑扎点，双机并立在杯口的同一侧。起吊时，两机先同时升钩，使柱离地一定高度，再同时向杯口方向旋转，起重下绑扎点处的起重机只旋转不升钩，上绑扎点处起重机边旋转边升钩，直至柱竖直在杯口上方，两机同时落钩，将柱插入杯口，如图6.20所示。

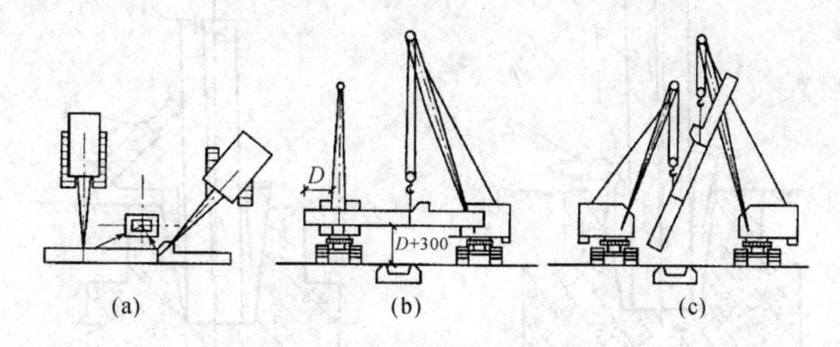

图6.20　双机抬吊旋转法

4)双机抬吊滑行法。双机抬吊滑行法采用一点绑扎，两台起重机的吊钩同在该点起吊，吊点宜靠近基础，起吊时仅同步提升吊钩，不旋转吊臂。为保证两台吊机同步工作，应尽量选用同一型号的吊机，如图6.21所示。

(3)柱子的对位和临时固定。柱脚插入杯口后，在柱底离杯底30～50 mm时先悬空对位，然后用8个楔块从柱子的四边插入杯口，每边各放两块，用撬棍拨动柱脚，使柱的吊装准线对准杯口顶面的吊装准线，略打紧楔块，使柱身保持垂直，再放松吊钩将柱沉至杯底，复查吊装准线，然后打紧楔块，将柱临时固定，起重机即可脱钩，如图 6.22 所示。

当柱子较高或其上牛腿较大，紧靠柱脚处的楔块不能保证临时固定的稳定性时，可采用斜撑或缆风绳等措施以加强其稳定性。

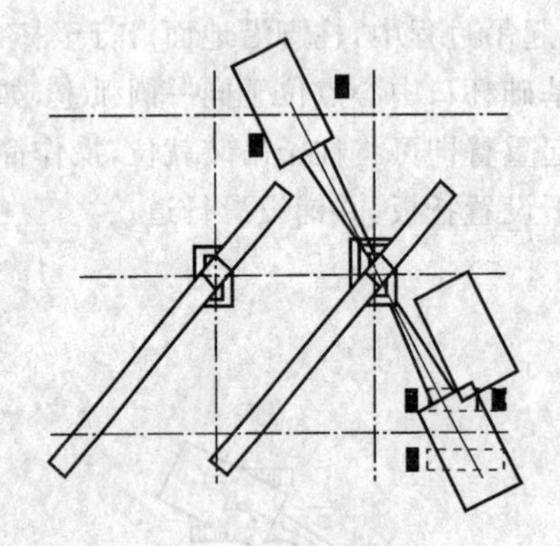

图 6.21　双机抬吊滑行法

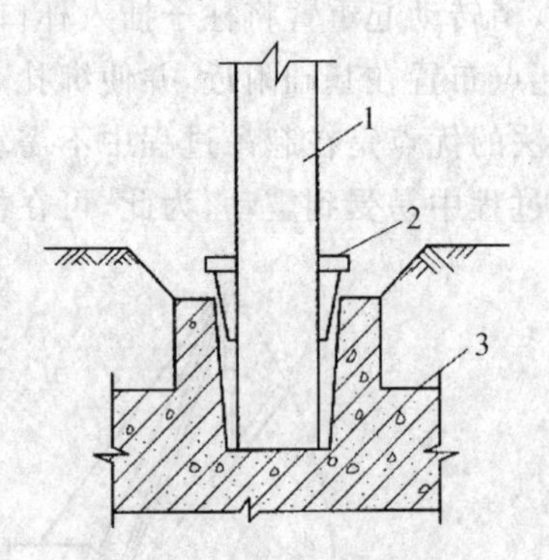

图 6.22　柱子的临时固定

1—柱子；2—楔块；3—杯形基础

(4)柱子的校正和最后固定。柱子的校正包括平面位置、标高和垂直度的校正。

标高的校正在柱基杯底操平时已进行，平面位置在对位也已完成，因此，固定前的校正主要是垂直度的校正。

柱子垂直度的检查是用两台经纬仪从柱子的相邻两面观察柱子的安装中心线是否垂直，其偏差应在允许范围以内，否则应进行校正。偏差较小且柱子较轻时，可采用打紧或放松楔块的方法进行；如偏差较大，可用螺旋千斤顶校正。若柱顶设有缆风绳，也可用缆风绳校正，如图 6.23 所示。

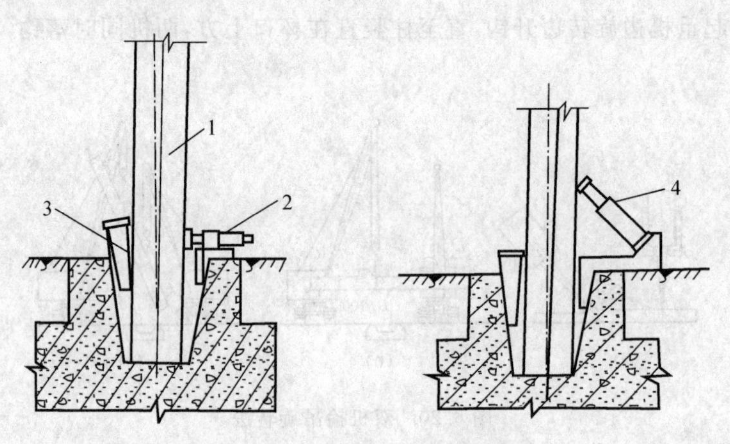

图 6.23　柱子垂直度校正

1—柱子；2—螺旋千斤顶；3—楔块；4—千斤顶

垂直度校正完毕后，应将所有楔块依次对称均匀打紧，在柱脚与杯口的空隙中浇筑比柱身混凝土强度等级高一级的细石混凝土。浇筑前，应将杯口内的木屑、垃圾清理干净，并用水湿润柱脚和杯口壁。混凝土应分两次浇筑，第一次浇筑至楔块底部，待其强度达到设计强度的30%时，拔去楔块，再将杯口混凝土灌满。当使用混凝土楔块时，可一次浇筑至基础顶面。应待固定柱子的混凝土强度达到设计强度的70%以上时，方可开始上部结构安装。

2.吊车梁的吊装

吊车梁的形状有T型、组合型等。

吊车梁在吊装时通常采用两点对称绑扎，起吊时吊钩对准重心，起吊后构件应保持水平。吊车梁就位时应缓慢落钩，尽量一次对准中轴线，避免用撬杠在垂直于轴线方向撬动吊车梁，而使柱身偏斜。

吊车梁在吊装后须校正其标高、平面位置和垂直度。

吊车梁的标高主要取决于牛腿标高，若稍有误差，可待安装轨道时再调整。

吊车梁的垂直度一般采用垂球检查法。当不满足要求时，可在支座处加斜垫铁进行纠正。

吊车梁平面位置的校正主要有通线法和仪器放线法。

通线法是根据柱子的定位轴线用经纬仪将吊车梁的中线放到某一跨4个角的吊车梁上，并用钢尺校正好轨距，然后在这4根已校正的吊车梁端上做垫块，并根据吊车梁的定位轴线拉钢丝通线，同时悬挂重物拉紧，以此检查同轴线上其他梁段的平面位置，如图6.24所示。

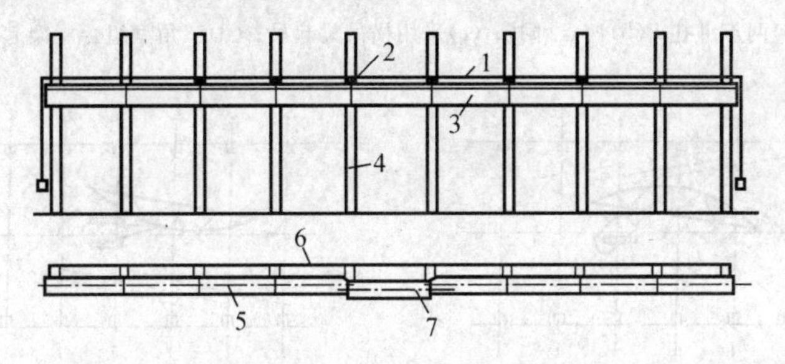

图6.24　通线法校正吊车梁的平面位置

1—钢丝；2—垫块；3—吊车梁；4—柱子；5—吊车梁设计中线；

6—柱子设计轴线；7—偏离中心线的吊车梁

仪器放线法是用经纬仪在各柱的侧面放一条与吊车梁中线等距离的校正基准线，并作出标志，以此来逐根校正各吊车梁段的位置。

吊车梁在校正完毕后应立即将梁与柱子上的预埋件用连接钢板焊牢固，并在吊车梁与柱的空隙处支模，浇筑细石混凝土固定。

3.屋架的吊装

屋架通常是在现场平卧叠浇，也可以在预制场预制，然后用车运到现场。

屋架吊装的工作包括绑扎、扶直排放、吊升、就位、临时固定、校正和最后固定。

(1)屋架的绑扎。屋架在扶直前应先根据其平面外刚度的大小进行加固，若是成部件形式运来的，还应进行现场拼装。

当屋架跨度小于或等于18 m时，一般采用两点绑扎；当跨度大于18 m时，则采用4点绑扎；当跨度大于30 m时，应考虑采用横吊梁。绑扎时，吊索与水平线的夹角不应小于45°，以免屋架上弦承受过大压力，如图6.25所示。

(2)屋架的扶直。根据起重机与屋架的相对位置，扶直方法有正向扶直和反向扶直两种，如图6.26所示。

正向扶直。起重机位于屋架下弦一侧，扶直时屋架以下弦为轴缓缓转至直立状态。

反向扶直。起重机位于屋架上弦一侧，扶直时屋架仍以下弦为轴缓缓转至直立状态。

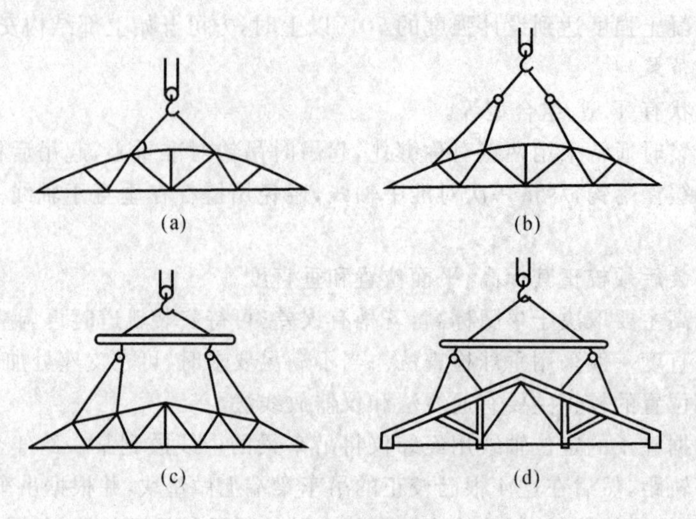

图 6.25 屋架的绑扎

(a)两点绑扎；(b)四点绑扎；(c)采用横吊梁起吊；(d)三角型组合屋架起吊

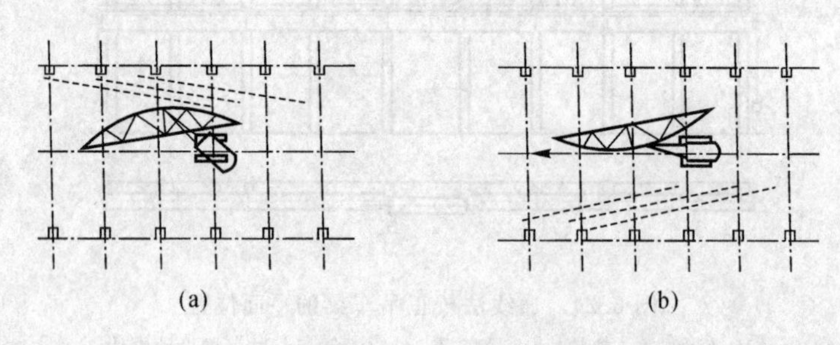

图 6.26 屋架的扶直

(a)正向扶直；(b)反向扶直

正向扶直时，起重机一边升钩一边升臂，而方向扶直则是一边升钩一边降低起重臂。由于起重臂升起操作比降低容易，施工中多采用正向扶直方法。

(3)屋架的吊升、对位与临时固定。屋架起吊前，应在屋架上弦自中央向两边分别弹出天窗架、屋面板的安装位置线，并在屋架下弦两端弹出屋架中线。同时，还应在柱顶上弹出屋架安装中线及定位轴线。若安装中线与定位轴线位置偏差过大，还应进行纠正。

吊升时，先将屋架吊起约 300 mm，然后将其转移至吊装位置下方，再将屋架缓缓提升至柱顶上方约 300 mm，然后将其缓慢降至柱顶，进行对位。

对位后，应立即进行临时固定，固定稳妥后方可摘取吊钩，如图 6.27 所示。

第一榀屋架就位后，一般在其两侧各设置两

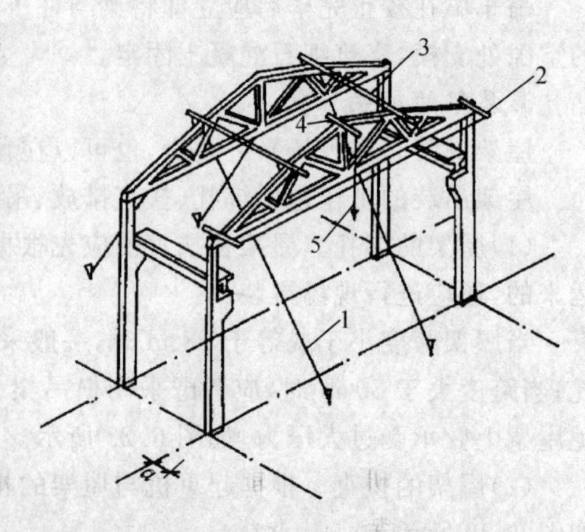

图 6.27 屋架的临时固定

1—缆风绳；2,4—横杆；3—矫正器；5—吊锤道缆风绳做临时固定，并用缆风绳调整好屋架的垂直度。

第二榀及以后各榀屋架，可用屋架校正器做临时固定和校正。

屋架经对位、临时固定并进行垂直度校正后应立即用电焊焊牢做最后固定。

6.2.3　构件吊装方案设计

在进行结构吊装前，应编制结构吊装方案，其主要内容有起重机的选择、结构吊装方法、起重机的开行路线、构件的平面布置等。

1. 起重机的选择

起重机是结构吊装施工中的核心主导机械，它决定着结构吊装方案中的其他因素，例如构件的吊装方法、起重机开行路线与停机点位置、构件平面布置等。

起重机的选择主要包括起重机类型及工作参数的选择、起重机数量的确定、起重机的稳定性验算等内容。

(1)起重机类型的选择。起重机的类型取决于厂房跨度、构件质量、尺寸、安装高度及施工现场条件等因素。一般，中小型厂房的吊装多采用自行杆式起重机，如履带式起重机等。对高度及跨度均较大且构件质量较大的重型厂房，可选用大型自行式杆式起重机，也可选用塔式起重机。在缺乏自行式杆式起重机以及自行杆式起重机难以到达的地方，可采用拔杆吊装。

(2)起重机工作参数的选择。起重机的工作参数包括起重质量、起重高度、起重半径等因素。

1)起重量。起重机的起重质量 Q 为

$$Q \geqslant Q_1 + Q_2 \tag{6.1}$$

式中　Q_1——构件质量(t)；

Q_2——索具质量(t)。

2)起重高度。起重机的起重高度应满足所安装构件的高度要求(见图 6.28)。

$$H \geqslant h_1 + h_2 + h_3 + h_4 \tag{6.2}$$

式中　H——起重机的起重高度(m)，从停机面至吊钩的垂直距离；

h_1——安装支座表面高度(m)，从停机面算起；

h_2——安装间隙(m)，视具体情况而定，但一般不小于 0.2 m；

h_3——绑扎点距构件吊起后底面的距离(m)；

h_4——索具高度(m)，自绑扎点至吊钩面，不小于 1 m。

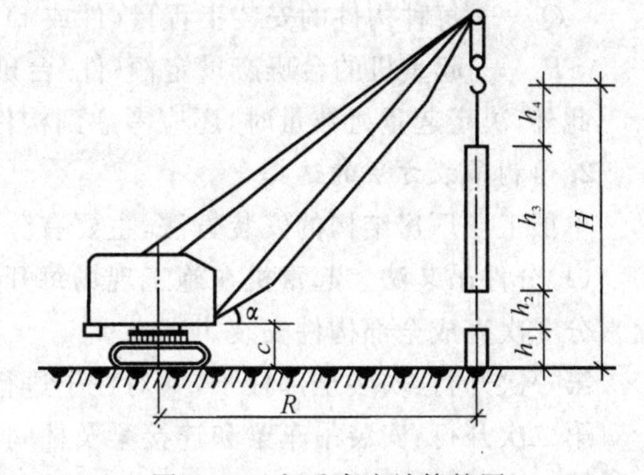

图 6.28　起重高度计算简图

3)起重半径。对一般中小型构件，当场地条件较好，已知起重质量 Q 和起重高度 H 后，即可根据起重机技术性能表或起重曲线选定起重机的型号和需用的起重臂长度。

对某些安装就位条件差的中重型构件，起重机不能直接开到构件吊装位置附近，吊装时还应计算起重半径 R，再根据 Q，H，R 3 个参数查阅起重机的性能曲线或性能表来选择起重机的型号。

当起重机的起重臂须跨过已安装好的构件去吊装构件时(如跨过屋架或天窗架吊装屋面板),为了不使起重臂与已安装好的构件相碰,还需根据起重半径选择起重臂的长度。起重臂最小长度的确定方法有数解法和图解法两种,一般采用数解法,如图 6.29 所示。

用数解法求解起重臂的最小长度时,有

$$L=l_1+l_2=\frac{h}{\sin\alpha}+\frac{a+g}{\cos\alpha} \tag{6.3}$$

式中 h——起重臂下转盘至吊装构件支座顶面的高度(m);

a——起重机吊钩须跨过已安装好的构件的水平距离(m);

g——起重臂轴线与已安装好构件的水平距离(m),至少取 1 m;

α——起重臂仰角(°)。

为了获得最小臂长,可对该式进行微分,令 $\frac{dL}{d\alpha}=0$,可得到

$$\alpha=\arctan\sqrt[3]{\frac{h}{a+g}} \tag{6.4}$$

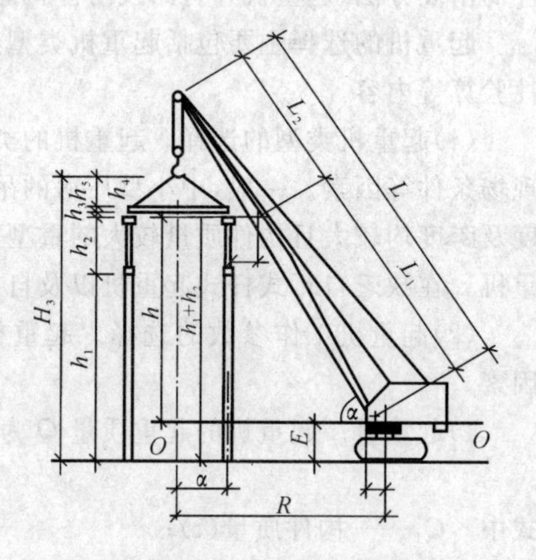

图 6.29 确定吊车臂长的数解法

将求得到 α 代入式(6.3),即可得到最小臂长。

(3)起重机数量的确定。起重机的数量应根据工程量、工期和起重机的台班产量确定,即

$$N=\frac{1}{TCK}\sum\frac{Q_i}{P_i} \tag{6.5}$$

式中 N——起重机台数;

T——工期(d);

C——每天工作班数;

K——时间利用系数,一般取 0.8~0.9;

Q_i——每种构件的安装工程量(件或 t);

P_i——起重机的台班产量定额(件/台班或 t/台班)。

此外,决定起重机数量时,还应考虑到构件运输、拼装工作的需要。

2.结构吊装方法的选择

单层工业厂房结构的安装方法,主要有分件吊装法、节间吊装法和综合吊装法。

(1)分件吊装法。起重机在施工现场每开行一次只吊装一种或几种构件,如图 6.30 所示,通常分 3 次完成全部构件安装。

第一次开行:安装全部柱子,并对柱子进行校正和最后固定;

第二次开行:安装吊车梁和连接梁及柱间支撑等;

第三次开行:分节间吊装屋架、天窗架、屋面板及屋面支撑等。

这种吊装方法的优点是每次只安装同类型构件,施工内容单一,不需更换索具,安装速度快,能充分发挥起重机的工作能力;其缺点是不能及时形成稳定的承载体系。

(2)节间吊装法。起重机在现场内的一次开行中,分节间吊装完各种类型的全部构件或大部分构件,如图 6.31 所示。开始吊装 4~6 根柱子,立即进行校正和最后固定,然后吊装该节间内的吊车梁、连系梁、屋架、屋面板等构件;依次循环直到完成整个厂房结构吊装。

节间吊装法的优点是:起重机只需一次开行,行走路线短;一次完成该节间全部构件安装,

可及早按节间为下道工序创造工作面。主要缺点是：要求选用起重质量较大的起重机，其起重臂长度要一次满足吊装全部各种构件的要求；各类构件均须运至现场堆放，吊装索具更换频繁，管理工作复杂。一般只有采用桅杆式起重机时才考虑采用这种方法。

(3)综合吊装法。一部分构件采用分件吊装法吊装，另一部分构件则采用节间吊装法吊装的方法。一般，采用分件吊装法吊装柱、柱间支撑、吊车梁等构件；采用节间吊装法吊装屋盖的全部构件。

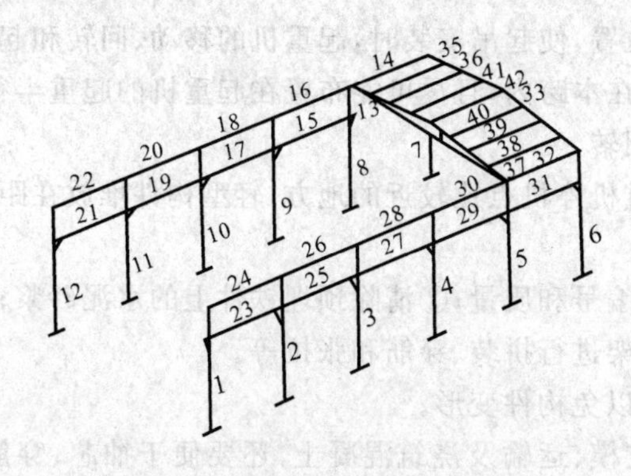

图 6.30 分件吊装法的吊装顺序

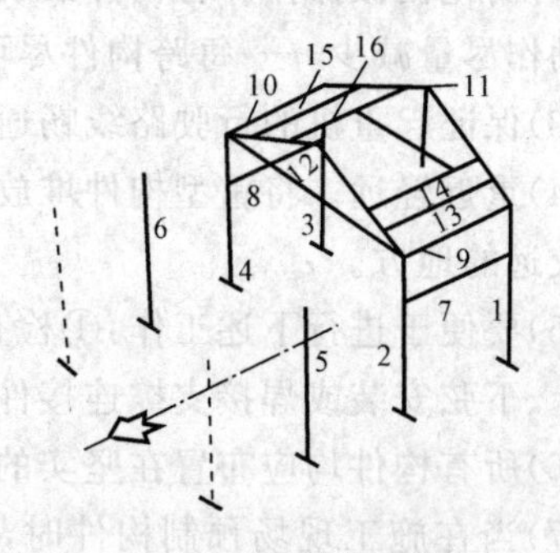

图 6.31 综合吊装时的吊装顺序

3. 起重机的开行路线和停机位置

起重机的开行路线及停机位置与起重机的性能、构件尺寸及质量、构件平面摆放、构件的供应方式以及吊装方法等因素有关。

吊装屋架、屋面板等屋面构件时，起重机宜跨中开行；吊装柱子时，则视跨度大小、构件尺寸、质量及起重机性能，可沿跨中开行或跨边开行，如图 6.32 所示。

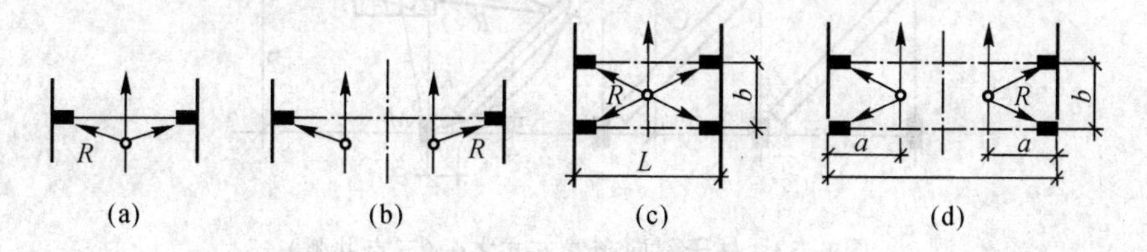

图 6.32 起重机吊装时的开行路线及停机位

图中 R——起重机的起重半径(m)；

L——厂房跨度(m)；

b——柱的间距(m)；

a——起重机的开行路线到跨边轴线的距离(m)。

当 $R \geqslant L/2$ 时，起重机可沿跨中开行，每个停机位置可吊装两根柱，如图 6.32(a)所示；

当 $R \geqslant \sqrt{\frac{L^2}{2}+\frac{b^2}{2}}$ 时，每个停机位置可吊装四根柱，如图 6.32(c)所示；

当 $R < L/2$ 时，起重机须沿跨边开行，每个停机位置吊装 1～2 根柱，如图 6.32(b)(d)所示。

当柱子摆放在跨外时(多跨厂房结构)，起重机一般沿跨外开行，停机位与跨边开行相似。

4. 构件的平面摆放

构件在场地内的摆放方式对吊装施工的效率影响很大，主要与起重机性能、构件吊装方法、构件制作方法等众多因素有关，应在确定起重机型号及吊装方法后结合现场情况具体确定。

构件摆放的原则如下。

(1)满足吊装顺序的要求。

(2)简化机械操作。将构件摆放在适当位置，使起吊安装时，起重机的移动、回转和起落吊杆等动作尽量减少——每跨构件尽可能布置在本跨内，且尽可能布置在起重机的起重半径内。

(3)保证起重机的行驶路线畅通和安全回转。

(4)重近轻远。将重型构件堆放在距起重机停机点比较近的地方，轻型构件堆放在距停机点比较远的地方。

(5)要便于进行下述工作：①检查构件的编号和质量；②清除预埋铁件上的水泥砂浆；③在屋架上、下弦安装或焊接支撑连接件；④对屋架进行拼装、穿筋和张拉等。

(6)所有构件均应布置在坚实的地基上，以免构件变形。

(7)当在施工现场预制构件时，要便于支模、运输及浇筑混凝土，还要便于抽芯、穿筋、张拉等。

下面，具体介绍几种结构构件的现场摆放。

(1)柱子的摆放。柱子的现场摆放有斜向摆放和纵向摆放两种方式。

1)斜向摆放。当柱以旋转法起吊时，应按 3 点共弧斜向布置，其步骤如下(见图 6.33)。

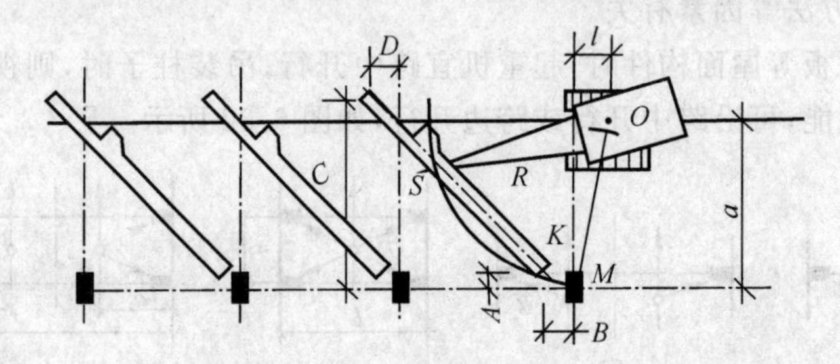

图 6.33　柱子斜向布置方式之一(三点共弧)

首先，确定起重机开行路线与柱基轴线的距离 a，其值不得大于起重半径 R，也不宜太靠近坑边，以免引起起重机失稳。这样，可以在图上画出起重机的开行路线。

其次，确定起重机的停机位置。以柱基中心 M 为圆心，起重半径 R 为半径，画弧与开行路线交于 O 点，O 点即为吊装该柱时的停机点。再以 O 为圆心，R 为半径画弧，在该圆弧上选择靠近柱基的一点 K 为柱脚的中心位置。又以 K 为圆心，以柱脚到起吊点的距离为半径画弧，该弧与以 O 为圆心，以 R 为半径画出的弧交于 S 点，该点即为吊点位置。以 K，S 为基础，即可以做出该柱的模板图。

当受现场条件限制，无法做到 3 点共弧时，也可按两点共弧进行摆放。如图 6.34 所示，将柱脚与柱基放在起重半径为 R 的圆弧上，而将吊点放在起重半径 R 之外。吊装时先用较大的起重半径 R' 吊起柱子，并升起起重臂，当起重半径由 R' 变为 R 时，停升起重臂，按旋转法吊装柱子。

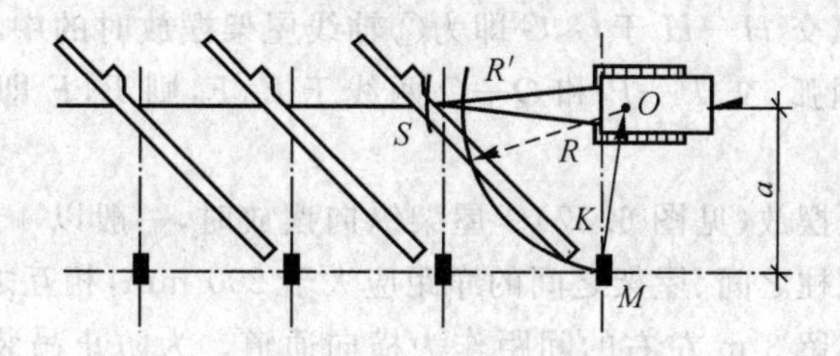

图6.34　柱子斜向摆放方式之一(两点共弧)

2)纵向摆放。当柱子采用滑行法吊装时,常采用柱基与吊点两点共弧,吊点靠近基础,柱子可以纵向摆放,如图6.35所示。

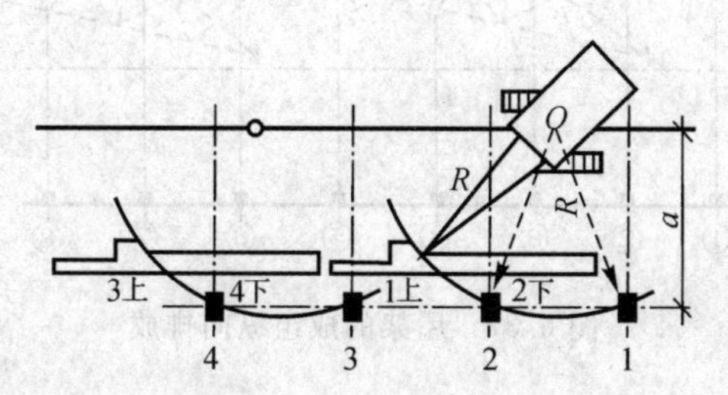

图6.35　柱子的纵向摆放

(2)屋架的摆放。屋架的摆放方式有两种:靠柱边斜向摆放、靠柱边成组纵向摆放。

1)屋架的斜向摆放。斜向摆放主要用于跨度及重量较大的屋架,其摆放位置可按下列步骤确定。

a.确定起重机开行路线及停机位置。如图6.36所示,起重机在吊装屋架时一般沿跨中开行,据此可在图上画出开行路线。然后以欲吊装的某轴线(如②轴线)的屋架安装就位后的中点为圆心,以起重半径R为半径,画弧交开行路线于O_2,O_2即为吊装②轴线屋架的停机位置。

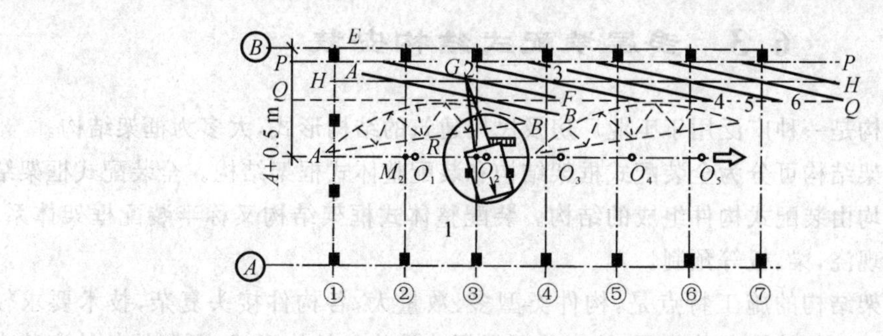

图6.36　屋架的斜向摆放

b.确定屋架的摆放范围。屋架一般靠柱边摆放,并以柱作为支撑,距柱不得小于200 mm。这样,可以定出屋架摆放的外边线$P—P$。起重机回转时不得碰到屋架,因此,以距开行路线$A+0.5$ m(A为起重机尾部至其回转中心的距离)做一平行于开行路线的直线$Q—Q$。P,Q两线之间即为屋架的摆放范围。

c.确定屋架的摆放位置。作直线$P—P$和$Q—Q$间距离的平分线$H—H$,以停机点O_2为圆心，以 R 为半径，画弧交 $H—H$ 于 G，G 即为②轴线屋架摆放时的中心。以 G 为圆心，以屋架长度的一半为半径画弧，交 $P—P$ 和 $Q—Q$ 两线于 E，F，则 E，F 即是②轴线屋架的排放位置。

2)屋架的成组纵向摆放(见图 6.37)。屋架纵向摆放时，一般以 4～5 榀为一组靠柱边顺轴线纵向摆放。屋架与柱之间、屋架之间的净距应大于 200 mm，相互之间用铅丝及支撑拉紧撑牢。每组屋架之间应留 3 m 左右的间距作为横向通道。为防止吊装时与已装好的屋架相互碰撞，每组屋架摆放的中心应位于该组屋架倒数第二榀吊装轴线之后约 2 m 处。

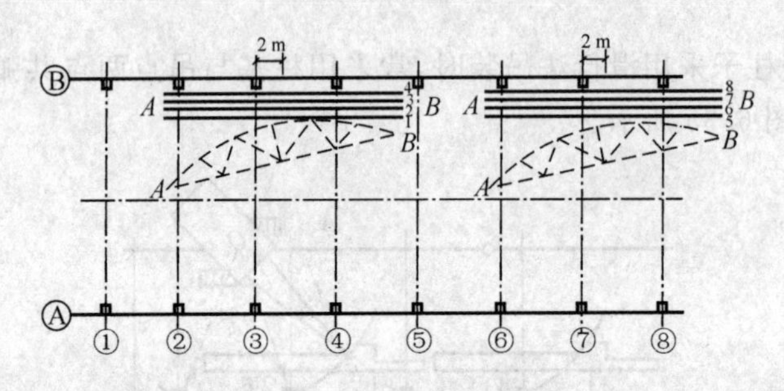

图 6.37　屋架的成组纵向排放

(3)吊车梁、连接梁、屋面板现场摆放。一般情况下，运输困难的柱、屋架等构件通常在现场预制，而吊车梁、屋面板、连接梁等构件则在构件厂预制，然后由运输车辆运至现场。这些构件应按施工组织设计中规定的位置，按吊装顺序及编号进行摆放或堆放，梁式构件叠放通常为 2～3 层，屋面板不超过 6～8 层。

吊车梁、连接梁一般摆放于其吊装位置的柱列线附近，跨内、跨外均可，当条件允许时，也可直接由运输车辆上吊装至设计的结构部位——随运随吊。

当屋面板摆放于跨内时，应向后退 3～4 个节间，排放于跨外时，应向后退 1～2 个节间，视现场条件也可采用随吊随运的方法。

6.3　多层装配式结构安装

多层装配式结构是一种广泛用于工业厂房及民用建筑的结构形式，大多为框架结构。

多层装配式框架结构可分为全装配式框架结构和装配整体式框架结构。全装配式框架结构是指柱、梁、板等均由装配式构件组成的结构。装配整体式框架结构又称半装配框架体系，其主要特点是柱子现浇，梁、板等预制。

多层装配式框架结构的施工特点是，构件类型多、数量大，各构件接头复杂，技术要求较高。其施工的主导工程是结构安装工程，施工前要根据建筑物的结构形式、预制构件的安装高度、构件的质量、吊装数量、机械设备条件及现场环境等因素制定合理的方案，着重解决起重机的选择与布置、结构吊装方法与吊装顺序、构件平面布置、构件吊装工艺等问题。

6.3.1　起重机械的选择与布置

1.起重机械的选择

目前，用于多层房屋结构吊装的常用起重机械有履带式起重机、汽车式起重机、轮胎式起重机及塔式起重机等。起重机的选择主要考虑下列因素：结构高度、结构类型、建筑物的平面形状及尺寸、构件的尺寸及质量等。

一般5层以下的民用建筑，以及高度在18 m以下的工业厂房，可选用履带式起重机或轮胎式起重机；多层厂房和10层以下的民用建筑多采用轨道式塔式起重机或轻型塔式起重机；高层建筑(10层以上)可采用爬升式或附着式塔式起重机。

2.起重机械的布置

起重机械的布置方案主要考虑建筑物的平面形状、构件的质量、起重机性能及施工现场地形等因素。通常塔式起重机的布置方式有跨外单侧布置、跨外双侧(环形)布置、跨内单行布置、跨内环形布置4种。其布置方式如图6.38所示。

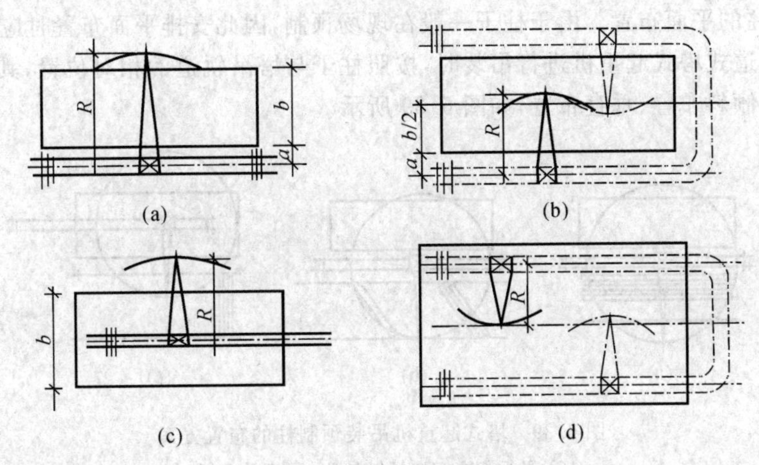

图6.38　塔式起重机的布置

(a)跨外单侧布置；(b)跨外环形布置；(c)跨内单行布置；(d)跨内环形布置

R—起重半径(m)；b—建筑物宽度(m)；a—起重机轨道中心线至建筑物外表距离(m)，一般为3～5 m

各种布置方式的适用范围如表6.1所示。

表6.1　塔式起重机的布置与适用

布置方式		起重半径 R	适用范围
跨外	单侧	$R \geqslant b+a$	房屋宽度较小(15 m左右)、构件质量较轻(20 kN左右)
	环形	$R \geqslant b/2+a$	建筑物宽度较大($b \geqslant 17$ m)、构件较重、起重机不能满足最远端构件的吊装要求
跨内	单行	可能 $R \leqslant b$	施工场地狭窄，起重机不能布置在建筑物外侧或布置在建筑物外侧时不能满足构件的吊装要求
	环形	可能 $R \leqslant b/2$	构件较重，跨内单行布置时不能满足构件的吊装要求，同时起重机又不可能跨外环形布置

6.3.2　构件的平面布置和堆放

多层装配式框架结构涉及大量的结构构件，这些构件中，除柱一般在现场预制外，其他构件大多在预制场生产，再运至现场堆放。由于构件数量、种类均较多，解决好构件的平面布置及堆放，对提高生产效率有重要意义。

1.预制构件平面布置的原则

(1)所有构件尽可能布置在起重机的起重半径范围之内，避免二次搬运。

(2)重型构件应尽量布置在靠近起重机处，中小型构件依次向外布置。

(3)构件布置的地点应与其安装位置相配合，尽量减少起重机的移动和变幅。

(4)构件在现场叠层预制时，应满足吊装顺序的要求，先吊装的下层结构构件应放置在上层制作。

2.预制构件平面布置的方法

(1)预制柱的平面布置。由于柱子一般在现场预制，因此安排平面布置时应优先考虑。

当使用轨道式塔式起重机进行吊装时，按照柱子与塔吊轨道的相对位置，其布置方式有3种：平行布置、倾斜布置、垂直布置，如图6.39所示。

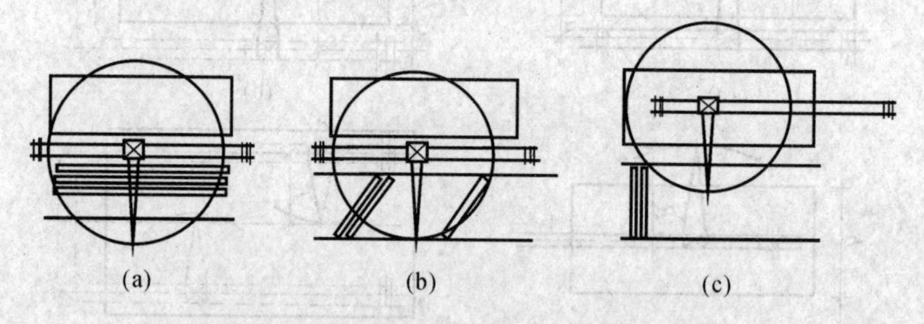

图6.39　塔式起重机吊装预制柱的布置方案

(a)平行布置；(b)倾斜布置；(c)垂直布置

平行布置时可以将几层柱通长预制，这样可减少柱子的长度误差；倾斜布置时可以旋转起吊，适用于较长的柱；起重机在跨内开行时，垂直布置可以使柱的吊点在起吊半径之内。

当采用履带式起重机跨内开行进行吊装时，一般使用综合吊装方案将各层构件一次吊装到顶，柱子多斜向布置在中跨基础旁，分两层叠浇，如图6.40所示。

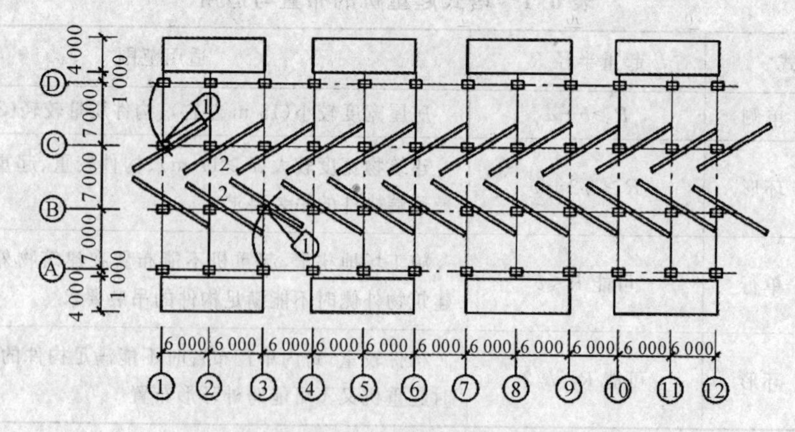

图6.40　履带式起重机跨内开行柱子布置

1—履带式起重机；2—柱子预制场地

当使用自升式塔式起重机吊装时，较重的构件(如柱子)通常需要二次搬运至距塔吊较近的位置。

(2)其他构件的平面布置。其他构件，如梁、楼板等，由于质量较小，大多是在预制场制作后运至现场堆放。这些构件在照顾到重型构件的前提下，也应尽量堆放在其安装位置附近，以减少起重机械的移动。有时候，甚至用运输车辆将其拉入跨内，直接从车辆上进行吊装。

6.3.3　构件吊装方法与吊装顺序

与单层厂房结构安装类似，多层装配式框架结构的吊装方法也有两种：分件吊装法和综合吊装法。

1. 分件吊装法

(1)分层分段流水吊装法。将多层房屋的每一层划分为若干个施工段，起重机在每一施工段内按柱、梁、板的顺序分次进行安装，直到该段内所有构件安装完毕，再转到下一段。待一层所有构件安装完毕并最后固定后再进行上一层结构安装。采用这种方法，吊车移动次数最少。

如图 6.41 所示是塔式起重机采用分层分段法吊装一框架结构的示意图。塔式起重机首先按顺序吊装施工段Ⅰ内所有的柱，在吊装的同时，即可完成对已吊装柱的校正、焊接、接头灌浆等工作；该施工段内柱子吊装完毕后，再依次对该施工段内的梁、板完成上述工作；这样即完成了该施工段一层结构的吊装。移动塔式起重机，依次对施工段Ⅱ，Ⅲ，Ⅳ进行同样的安装，即可完成整个结构某一施工层的安装。

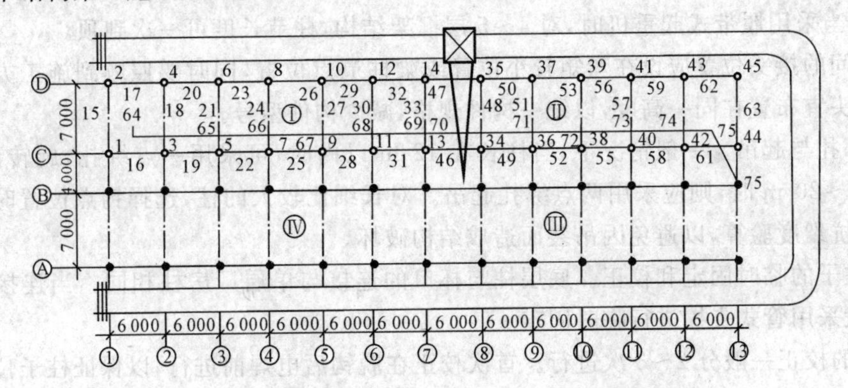

图 6.41　塔式起重机分层分段法吊装一框架结构示意图

1,2,3—构件吊装顺序，Ⅰ,Ⅱ,Ⅲ,Ⅳ为施工段编号

(2)分层大流水吊装法。以房屋的每一施工层为一流水段，分别对柱、梁、板进行流水吊装作业。

2. 综合吊装法

综合吊装法按照吊装流水方式的不同，可分为分层综合吊装法和竖向综合吊装法。

(1)分层综合吊装法。将多层房屋划分成若干施工层，起重机在每一施工层只开行一次，在此过程中，先安装第一个节间的所有柱、梁、板等所有构件，再依次安装完第二、第三等其他节间的柱、梁、板构件，形成一个完整的结构层；再安装上一层各节间的构件，如图 6.42(a)所示。

(2)竖向综合安装法。从底层直到顶层把一个或几个节间的所有构件全部安装完毕后，再依次安装其他相邻节间的各层构件，如图 6.42(b)所示。

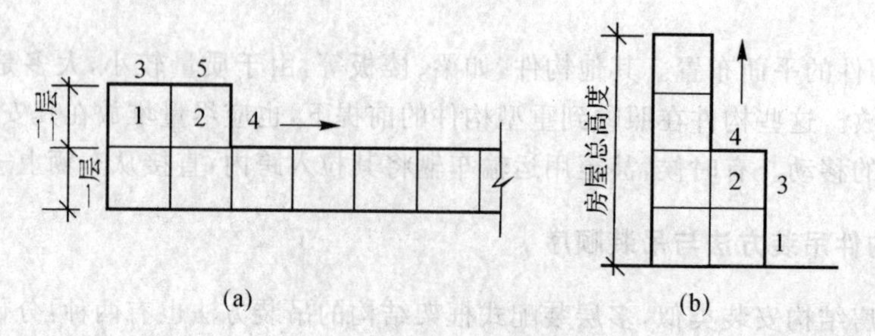

图 6.42　综合安装法

(a)分层综合安装法；(b)竖向综合安装法

(图中 1,2,3,…为安装顺序)

6.3.4　结构吊装工艺

多层装配式框架结构安装主要包括柱的吊装、墙板结构构件吊装、梁柱接头浇筑等。

1.柱的吊装

在装配式框架结构中，为了便于构件预制和吊装，各层柱的截面形状尽量保持不变，而以改变配筋或混凝土强度等级来适应荷载的变化。柱的长度一般为 1～2 层楼高为一节，也可 3～4层楼高为一节，这主要取决于起重机的选择。当采用塔式起重机时，通常柱节高度为 1～2 层楼高；当采用履带式起重机时，对 4～5 层框架结构，柱节长度可一次到顶。

柱段间的接头位置应设在弯矩较小位置或梁柱节点位置，同时要照顾到施工方便。每层楼的柱接头宜布置在同一高度，以统一构件规格，减少构件型号。

(1)绑扎与起吊。一般情况下，当柱长在 12 m 以内时，可采用一点绑扎，旋转法起吊；当柱长在 14～20 m 时，则应采用两点绑扎起吊。对长细比较大的柱，选择钓点位置时应进行吊点应力及抗裂度验算，以避免因吊装而造成结构破坏。

(2)柱子的临时固定和校正。底层柱与杯口的连接与单层厂房柱相同。当连接上下两节柱时，一般采用管式支撑进行临时固定。

柱子的校正一般分 2～3 次进行。首次校正在脱钩后电焊前进行，以保证柱子位置的正确性。第二、三次校正分别在电焊后及梁和楼板吊装后，分别消除柱钢筋焊接及梁柱钢筋焊接因受热和收缩不匀而引起的偏差。校正时，应先校正垂直度偏差，再矫正水平位置偏差。柱子垂直度偏差的允许值为柱高的 1/1 000，且不大于 15 mm；水平位移偏差的允许值为±5 mm。

对多层框架的长柱，阳光照射引起的温差对柱子的垂直度会有影响，使柱子产生弯曲。对此应采取适当措施进行控制，如：①在无强烈阳光的时段(早晨、晚间、阴天)进行校正；②在同一根轴线上选择第一根柱子在无温差影响时进行校正，其他柱可以此为标准进行校正。

(3)柱子的接头。在多层装配式框架结构中，上、下柱节之间的接头形式有榫式、插入式、浆锚式等 3 种，如图 6.43 所示。

榫式接头是将上柱下端制作成榫头，承受施工荷载，上、下柱外露钢筋采用坡口焊焊接，并配置规定数量的箍筋，浇筑混凝土后形成整体。

插入式柱头是在上柱下端制作榫头，下柱上端制作杯口，上柱榫头插入下柱杯口后用水泥砂浆填实后形成整体。

浆锚式接头上、下柱之间的连接方式与静压桩时桩的接长方式相同。

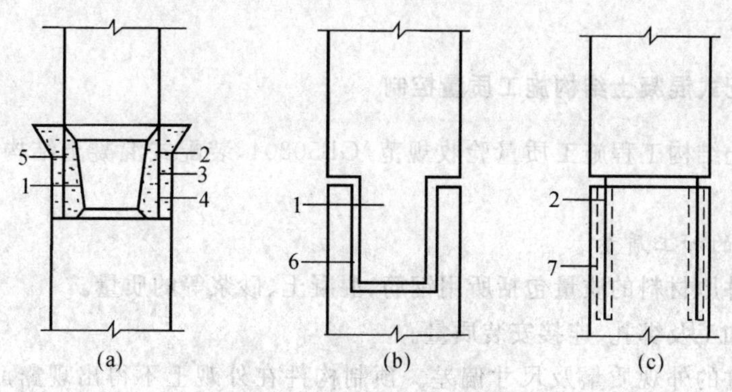

图 6.43　柱节之间的接头形式

(a)榫式接头；(b)插入式接头；(c)浆锚式接头

1—榫头；2,4—上、下外伸钢筋；3—剖口焊；5—后浇混凝土接头；6—下柱杯口；7—下柱预留孔

2. 梁柱接头施工

装配式框架结构梁的吊装相对比较简单，关键问题在于梁柱接头的施工。

梁柱接头常用的形式有明牛腿式刚性接头、齿槽式接头、现浇整体式接头等。

(1)明牛腿接头。明牛腿接头有两种做法(见图 6.44(a))，其一是当预制梁和柱时，在接头部位预埋钢板，吊装中将梁直接搁在柱牛腿上，用连接钢板进行坡口焊接，再用细石混凝土灌缝；其二是在梁两端部外伸钢筋，在柱的相应部位预埋钢筋，安装时将梁的外伸钢筋与柱的预埋钢筋焊接，然后在接头处浇筑混凝土。

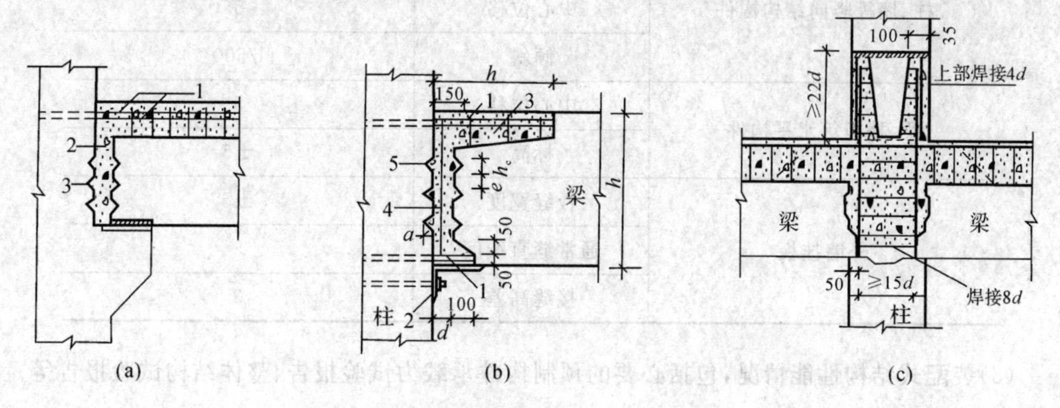

图 6.44　多层装配式框架结构梁、柱接头形式

(a)明牛腿式梁柱接头；(b)齿槽式梁柱接头；(c)现浇整体式接头

1—坡口焊；2—后浇细石混凝土；3—齿槽；1—坡口焊；2—临时牛腿；3—后浇细石混凝土；

4—附加钢筋；5—齿槽

(2)齿槽式接头。这种接头方式在梁与柱的接头处设置齿槽，以传递梁端剪力，在梁柱接头处设置角钢作为临时牛腿，用来支撑梁，如图 6.44(b)所示。

(3)现浇整体式接头。现浇整体式接头的构造如图 6.44(c)所示。柱为每层一节，梁搁在柱上，梁底钢筋按锚固长度要求上弯或焊接，将节点核心区加上箍筋后即可浇筑混凝土，先浇筑至楼板面高度，待强度达到设计要求时，再吊装上节柱，上柱下端同榫式柱接头，第二次浇筑至榫式接头上部。

6.3.5 装配式混凝土结构施工质量控制

按照《混凝土结构工程施工质量验收规范》GB50204，装配式混凝土结构施工质量主要包括如下方面。

1.预制构件的加工质量

(1)预制构件原材料的质量包括所用钢筋、混凝土、砂浆等的质量。

(2)钢筋的加工及绑扎、连接安装质量。

(3)预制构件的外观质量及尺寸偏差。预制构件在外观上不得出现露筋、蜂窝、麻面、硬伤、掉角、饰面空鼓、起砂、起皮、裂缝等缺陷；预制构件的外观尺寸、翘曲，以及预埋件的偏位均不应超出规范规定。

2.预制构件装配施工质量

(1)预制构件之间及预制构件与结构之间连接情况，包括钢筋之间的连接情况、接头及拼缝处灌注混凝土的施工质量等应满足规范及设计要求。

(2)构件安装的偏位情况，应满足表6.2所列的规定。

表6.2 装配施工的容许偏差要求

检查项目		容许偏差/mm
柱、墙等竖向结构构件	标高	±5
	中心位移	5
	倾斜	l/500
梁、楼板等水平构件	中心位移	5
	标高	±5
外墙挂板	板缝宽度	±5
	通常缝直线度	5
	接缝高差	3

(3)装配式结构性能情况，包括必要的预制构件承载力试验报告、整体结构试验报告等。

6.4 钢结构安装

钢结构建筑由于其自重轻、安装容易、施工周期短、抗震性能好、环境污染小等特点，近年来被广泛应用于高层、超高层及大跨空间结构建筑中。

6.4.1 钢结构材料

1.建筑用结构钢的分类

钢材按用途可分为结构钢、工具钢和特殊钢(如不锈钢等)。结构钢又分为建筑用钢和机械用钢。按冶炼方法，主要有平炉钢和转炉钢；按脱氧方法钢材又可以分为沸腾钢(代号 F)、半镇静钢(代号 b)、镇静钢(代号 Z)和特殊镇静钢(代号 TZ)。其中沸腾钢脱氧较差、镇静钢脱氧充分，半镇静钢介于二者之间。按成型方法，钢材又可分为轧制钢(热轧及冷轧)、锻钢和铸钢。按化学成分，钢材又可以分为碳素钢和合金钢。

建筑结构用钢主要是碳素结构钢、低合金高强度结构钢等。

(1)普通碳素结构钢。普通碳素结构钢按其屈服强度分为 5 个牌号，分别为 Q195，Q215，Q235，Q255，Q275。钢结构中最常用的牌号为 Q235 钢。钢的牌号由代表屈服点的字母 Q、屈服点数值、质量等级符号、脱氧方法符号等 4 个部分按顺序组成。

如：Q235AF

其中　Q——钢材屈服点汉语拼音的首位字母；

235——钢材屈服强度，235 N/mm^2；

A——钢材质量等级符号，共分为 A，B，C，D 4 个等级，A 为最低等级，D 为最高等级；

F——脱氧方法符号，表示沸腾钢。

(2)低合金结构钢。在普通碳素结构钢中添加少量的一种或多种合金元素所成的低合金钢，可以显著提高钢材的强度、耐磨性、耐腐蚀性、低温冲击韧性等性能。按其屈服强度，低合金钢有 Q295，Q345，Q390，Q420，Q460。其质量等级分为 A，B，C，D，E 5 个等级；一般均为镇静钢。

(3)优质碳素结构钢。优质碳素结构钢分为优质钢、高级优质钢 A 和特级优质钢 E 3 个质量等级。优质钢的牌号多以含碳质量分数表示，如牌号 45 的优质钢其含碳质量分数为 0.004 2～0.005 0；也有的牌号后面加 Mn，F，如 10F，40Mn 钢等。优质钢硫、磷的质量分数都不超过 0.000 35。

优质碳素结构钢在建筑工程中应用较少，在高强度螺栓中有应用，如螺栓、螺母和垫圈有的即采用牌号 45，35 的优质碳素结构钢。

2.钢材的规格

建筑钢结构所使用的钢材包括热轧成型的钢板、型钢，以及冷弯或冷压成型的薄壁型钢 4 种。

(1)热轧钢板。热轧钢板按厚度分为厚钢板(厚 5.4～60 mm)、薄钢板(厚 0.35～4 mm)。钢板的表示方法为钢板横断面符号“—”后加“厚×宽×长”(单位：mm)，如：—10×800×2 400。

(2)热轧型钢。热轧型钢包括角钢、工字钢、槽钢和钢管等。其断面形状如图 6.45 所示。

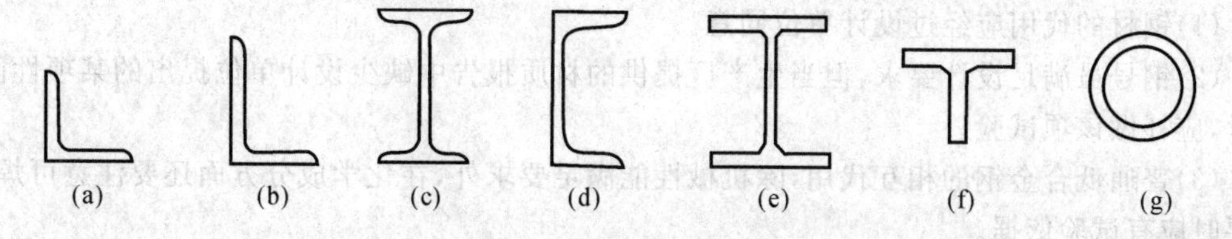

图 6.45　热轧型钢的形状

1)角钢分为等边角钢不等边角钢。

等边角钢用角钢符号“∟”加“边宽×厚度”表示，如：∟ 100×8，单位为 mm。

不等边角钢类似，用角钢符号加“长边宽×短边宽×厚度”表示，如∟ 100×80×8，单位为 mm。

2）工字钢分为普通工字钢和轻型工字钢。工字钢用号数表示其截面形状，如 18 号表示其截面高度为 18 cm。20 号以上的工字钢每种号数有 3 种腹板厚度，分别为 a，b，c 3 类。a 类较薄。

3）H 型钢与工字钢相比，其翼缘内、外两侧平行，便于和其他结构连接。按照翼缘宽度，H 型钢可分为宽翼缘 H 型钢（HW，翼缘宽度 B 与截面高度 H 相等）、中等翼缘 H 型钢（HM，$B=(1/2\sim2/3)H$）、窄翼缘 H 型钢（HN，$B=(1/3\sim1/2)H$）。各种型钢均可剖分成两个等截面的 T 形型钢供应，代号分别为 TW，TM，TN。H 型钢的规格表示为：“高度 H×宽度 B×腹板厚度 t_1×翼缘厚度 t_2”，单位均为 mm，如 HM340×250×9×14。

4）槽钢以其截面符号“[”加“截面高度数值（cm）＋腹板厚度符号”表示。如[28a，表示该槽钢截面高度 28 cm，腹板厚度 7.5 mm。

5）钢管分为无缝钢管和焊接钢管，用符号 ϕ 加“外径×壁厚”表示，单位为 mm。如：ϕ400×16。

3. 钢材的堆放

钢材可露天堆放，也可存放在有顶棚的仓库内，无论采用哪种方式，均应减少钢材的变形和锈蚀，节约用地，同时还应提取方便。

（1）对堆放场地的要求。露天堆放时，堆放场地要平整，并高于周围地面，四周有排水沟。对截面为凹凸形状的型钢，堆放时尽量使钢材截面的背面向上或向外，以免积雪、积水。

当堆放在有顶棚的仓库内时，可直接堆放在地坪上（下垫楞木），对小钢材亦可堆放在架子上，堆与堆之间应留出走道。

（2）堆放方法

1）堆放时每隔 5～6 层放置楞木，其间距以不在钢材中引起明显的弯曲变形为宜。楞木应上、下对齐，并放置在同一垂直平面内。

2）为增加堆放钢材的稳定性，可使钢材互相勾连，或采取其他措施。一般情况下，钢材堆放高度不应大于其宽度。

3）钢材端部应固定标牌和编号，标牌应表明钢材的规格、钢号、数量和材质验收证明书号，并在钢材端部根据其钢号涂以不同颜色的油漆，作为标识。

4. 钢材的代用原则

在钢结构构件制作过程中，经常出现某种设计规定的钢材供应不足，制作安装单位希望用其他型号的钢材代用的情况。对此应满足以下原则。

（1）钢材的代用应经过设计单位同意。

（2）钢号虽满足设计要求，但当生产厂提供的材质报告中缺少设计单位提出的某项性能要求时，应补做该项试验。

（3）普通低合金钢的相互代用，除机械性能满足要求外，在化学成分方面还要注意可焊性，必要时应有试验依据。

（4）当钢材性能满足设计要求，而钢号质量低于设计要求时，一般不允许代用。

6.4.2 钢结构构件的加工

钢结构构件的加工制作是钢结构工程施工安装的第一步，对保证施工安装质量及安装的顺利进行有着至关重要的意义。

1. 放样与号料

(1)放样。放样是指按照施工图将零部件的实际形状以 1∶1 的比例从图纸准确地放制到样板和样杆上,并注明图号、零件号、数量等。经过仔细核对后的样板、样杆通常作为构件加工中下料、弯制、铣、刨、制孔等的依据。

放样用的钢卷尺应经有授权的计量单位计量,且附有偏差卡片,使用时应按偏差卡片的记录数值对误差进行校正。

样板一般用 0.50～0.75 mm 的铁皮或塑料板制作,样杆一般用钢带或扁铁制作,当长度较短时也可用木尺杆。

考虑到钢板切割时会不可避免的向两边侵蚀,焊接时会产生收缩,加工时会产生误差等因素,样板应注意预放适当的切割裕量、焊接收缩裕量和加工裕量等,其数值在一般的钢结构安装手册有介绍。

(2)号料。号料亦称做划线,即根据样板提供的尺寸、数量在钢材上画出切割、铣、刨边、钻孔、弯曲等位置,并标出零部件的工艺编号。

号料时应注意下列问题。

1)号料的原材料必须摆平放稳,不宜过大弯曲。

2)当钢板长度不足需要焊接接长时,应在焊接和校正后再画线。

3)号料后零部件在切割前应进行严格的自检和专检,确保各部位几何尺寸符合设计要求。

2. 切割与校正

(1)切割。钢材切割常用的方法有机械切割、气割、等离子切割等。

一般情况下,厚度在 12～16 mm 以下的钢板,其线性切割常采用剪切;气割多用于带曲线的零部件及厚度较大的钢板;等离子切割主要用于熔点较高的不锈钢材及有色金属,如铜、铝等。

气割是以氧气和燃料(常用乙炔、丙烷及液化气等气体)燃烧时产生的高温熔化钢材,以高压氧气流进行吹扫,造成割缝,使金属按照要求的形状和尺寸被切割成零部件。气割对低碳钢、中碳钢和普通低合金钢均可采用,但熔点高于火焰温度或难以氧化的材料(如不锈钢)则不宜采用。

氧气切割会引起钢材产生淬硬倾向,会增加边缘加工的困难。

带锯、砂轮锯切割。

带锯机用于切断型钢、圆钢、方钢等,其效率高,切断面质量较好。

砂轮锯适用于锯切薄壁型钢,如方管、圆管、Z 和 C 形断面的薄壁型钢等。切口光滑,毛刺较薄,容易消除。常用于切割厚度为 1～3 mm 的钢板,厚度较大时不经济。

无齿锯切割是依靠高速摩擦而将工件熔化,形成切口。无齿锯下料生产效率高,切割边整洁,边缘毛刺易于铲除。缺点是噪声较大。无齿锯属热熔切割,在切割区会有淬硬倾向。淬硬深度对淬火钢材约为 1.5～2.0 mm。

冲剪切割是利用机械上、下刀片相对运动时产生的剪切力切断金属,但当钢板较厚时,冲剪困难且切割面不易保持平直。用这种切割方法时,在钢材边缘 2～3 mm 范围内由于剧烈的变形会产生严重的冷作硬化,使得钢材脆性增大,在用于重要结构时,硬化部分应予以刨削除掉。

无论采用何种切割方式,应做到以下两点。

1)钢材切割后,不得有分层,断面上不得有裂纹,应清除切口处的毛刺、熔渣和飞溅物。

2)钢材的切割裕量一般应按设计要求确定。

(2)校正。钢材由于运输、存放、吊运等原因常会产生翘曲变形;在加工过程中,由于操作或工艺原因如焊接、气割、剪切等也会引起变形。为了保证钢材及其零部件的加工、安装质量,必须在钢材号料前、零部件组装前等对其进行校正。矫正可分为矫直(消除材料或构件的弯曲)、矫平(消除材料或构件的翘曲或凹凸不平)和矫形(对构件的几何形状进行整形)。校正的方法主要有机械矫正、手工矫正和热矫正。

机械矫正分为专用机械矫正和半自动机械校正,如图 6.46 所示。

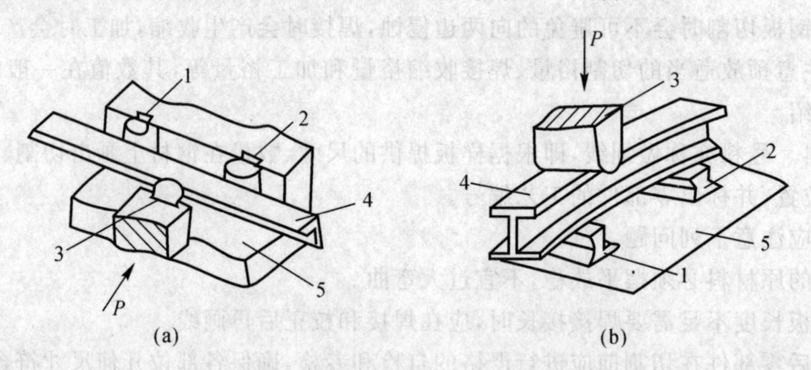

图 6.46　型钢的机械矫正

(a)矫正角钢;(b)矫正工字钢

1,2—支承;3—推撑;4—型钢;5—平台

专用机械矫正是利用撑直机、压力机等专用机械对型钢进行矫正;半自动机械矫正则是利用便携式移动螺旋千斤顶等小型机械进行矫正。

手工矫正是利用榔头、扳手借助一定的加工平台利用人力对钢材的变形进行矫正。

热矫正是利用局部火焰加热的方法对翘曲进行矫正。其原理是金属当受到局部加热时,该部分将产生膨胀,但由于周围未受热部分不会膨胀,限制了受热部分的变形,使其在受热状态下产生塑性压缩。当金属冷却时,该受热部分将产生弹性收缩,这种收缩将带动原来的翘曲恢复到平直状态。

热矫正火焰的温度不应超过 900℃,对厚度较大的钢板,加热后不得采用冷水冷却,对低合金钢必须缓慢冷却。

3.边缘加工与制孔

(1)边缘加工。在钢结构制作中,为保证焊缝质量和工艺性焊透及装配的准确性,经常需要将钢板边缘刨成或铲成坡口,还需将边缘刨直或铣平。通常需要进行边缘加工的部位:①吊车梁冀缘板、支座、支承面等图纸有要求的加工面;②焊接坡口;③尺寸要求严格的加劲板、隔板、腹板和有孔眼的节点板等。

常用的边缘加工方法有铲边、刨边、铣边、切割等。对加工质量要求不高且工作量不大的常采用铲边,铲边的方法有手工和机械两种。刨边常使用刨边机,由刨刀来切削板材边缘。铣边比刨边机功效高、能耗少、质量优。切割有碳弧气刨、半自动和自动气割机、坡口机等方法。

(2)制孔。钢结构上的孔洞多为螺栓孔,其形状大多为圆形或长圆形;此外可能还有气孔、灌浆孔、人孔、手孔、管道孔等。一般，螺栓孔直径在12～30 mm之间，手孔、管道孔较大，人孔直径可达400 mm以上。

钢结构制作中，常用的制孔方法有钻孔、冲孔、铰孔、扩孔等4种方法。

钻孔能用于任何规格的钢板及型钢，其原理是切削，对孔壁材料损伤较小，制孔精度较高。钻孔有人工钻孔和钻床钻孔，前者由人工直接用手枪或手提式电钻钻孔，多用于直径较小、板料较薄的孔，亦可采用由两人操作的压杆钻孔，不受工件位置及大小的限制；后者用台式或立式摇臂式钻床，施钻方便、精度较高。

冲孔是在冲床上进行的，一般只适用于较薄的钢板或型钢。由于冲孔时在孔的周边产生严重的加工硬化，孔壁质量较差、孔口下塌，在钢结构构件中应用较少。

铰孔是使用铰刀对已粗加工的孔进行精加工，以降低孔的粗糙度，提高孔的精度。铰刀有圆柱形和圆锥形两种，铰孔时常用液体冷却。

扩孔是将已有的孔眼扩大到需要的直径。它主要用于构件的拼装和安装。如叠层连接板孔，常先把零件钻孔成比设计小3 mm的孔，待整体组装后再进行扩孔，以保证孔眼一致；也可用于钻直径较大（直径大于30 mm）的孔，先钻成小孔，后扩成大孔，以减小钻端阻力，提高功效。

6.4.3　钢构件的组装与连接

1. 钢构件的组装

钢构件的组装是指将加工好的零部件按照施工图的要求拼装成单个构件。各部分构件的大小应根据道路及运输条件、现场条件、安装机械设备能力、结构受力条件等综合确定。

(1)构件组装的基本要求。

1)应按照工艺规定的组装次序进行，当有隐蔽焊缝时，必须先予施焊，经检验合格方可覆盖。当复杂部位不易施焊时，亦须按工艺规定分别先后拼装和施焊。

2)组装前，连接表面及焊缝两边30～50 mm范围内的铁锈、毛刺、污垢等必须清除干净；

3)为减少变形，尽量采取小件组焊，经矫正后再大件组装。胎具及装出的首件必须经过严格检验，方可大批进行装配工作。

4)拼装好的构件应立即用油漆在明显部位编号，写明图号、构件号和件数，以便查对。

(2)构件组装的分类可按照钢构件的特性及组装程度，分为部件组装、组装、预总装。

部件组装是装配最小单元的组合，一般由2个或3个以上的零件按照施工图的要求装配成半成品的部件结构。

组装也称拼装，是将零件或半成品按照施工图的要求装配成独立的成品构件。

预总装是根据施工总图的要求将相关两个以上的成品构件在工厂制作场地上按照其空间位置总装起来，以反映各构件的装配节点，保证安装质量。目前，预总装广泛应用于高强螺栓连接的钢结构构件中。

2. 钢构件的连接

建筑钢结构构件的连接方法主要有焊接和螺栓连接。

(1)焊接连接。焊接连接是目前钢结构最主要的连接方法，其优点是施工方便、构造简单、节约钢材、生产效率高。但焊接会在焊件中产生不均匀的高温和冷却区，从而引起残余变形，使材质变脆、使钢结构的抗疲劳强度降低。

1)焊接方法。在钢结构焊接中,应用最为广泛的是焊条电弧焊、自动埋弧焊和二氧化碳电弧焊。

焊条电弧焊是最为普遍的焊接方法,它由电焊机、导线、焊钳、焊条及焊件组成的电路,打火引弧后,在涂有焊药的焊条端与焊件间产生电弧使焊条熔化,滴落在被焊弧形成的焊件熔池中,与焊件熔化部分形成焊缝。焊药形成的熔渣及气体在焊接中对融化的金属形成保护层。其优点是设备简单、适用性强、操作灵活;缺点是生产效率低、劳动条件差对操作者的技术水平要求高。如图 6.47 所示为手工电弧焊原理图。

自动埋弧焊的主要设备是自动电焊机,可以沿轨道按照预先选定的速度移动。通电后,焊丝与焊件之间产生电弧,使焊丝及焊剂熔化,随着焊机的移动,焊丝及焊剂会不断由焊机落到焊缝表面,下落的焊剂将电弧埋在下面,熔化后的焊剂浮在熔化的金属表面形成保护层,隔断金属与外界的接触。自动埋弧焊的焊缝质量均匀、塑性好、冲击韧性高,焊缝缺陷较易控制,适于焊接大而直的焊缝。如图 6.48 所示为自动(半自动)埋弧焊原理图。

二氧化碳保护焊是以二氧化碳气体作为保护气体的焊接方法。其优点是电弧热集中、焊接变形小、焊缝质量高,适合于自动化、半自动化作业。

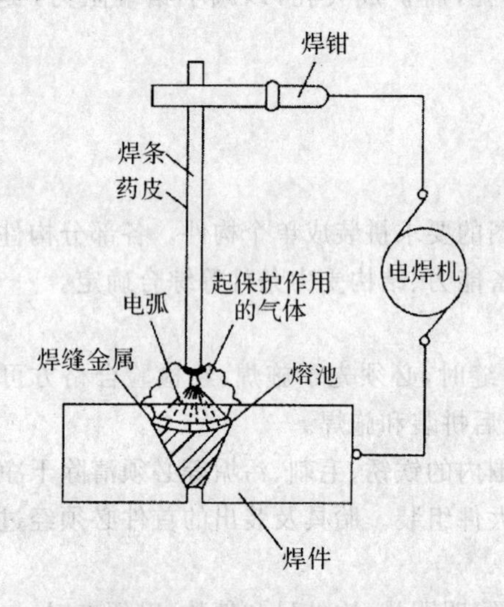

图 6.47　手工电弧焊原理图

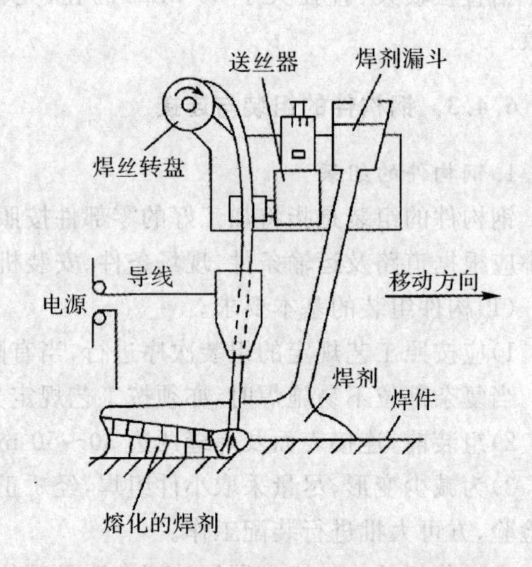

图 6.48　自动(半自动)埋弧焊原理图

2)焊接接头的形式。按焊接连接时构件间的相对位置可分为对接、搭接、T 形连接和角接 4 种形式。在这些连接中,所采用的焊缝有对接焊缝和角焊缝两种,如图 6.49 所示。

(2)螺栓连接。螺栓连接可分为普通螺栓连接和高强螺栓连接两种。普通螺栓用 Q235 钢制成,用普通扳手拧紧;高强螺栓是用高强度钢材经热处理后制成,安装时用指针式转矩扳手,将螺栓拧紧到使其内部产生预拉力,将被连接构件强力夹紧。螺栓连接的优点是安装方便、工艺简单、施工效率和质量容易得到保证,方便拆装;缺点是由于要在被连接件上制孔,对构件截面有削弱,且实现连接时需要有连接件,使得用钢量增加,构造较繁杂。

1)普通螺栓连接。普通螺栓连接一般用于需要拆装的连接中,在承受拉力的连接和不太重要的连接中也广泛应用。

普通螺栓按其加工精度分为 A,B,C 3 个等级。

A,B 级螺栓又叫精制普通螺栓,其表面光滑、尺寸准确,螺栓与孔径相差 0.3～0.5 mm。

这种螺栓连接整体性好，可用于承受较大剪力和拉力的结构部件，但由于制造成本高，安装困难，在钢结构中使用较少。

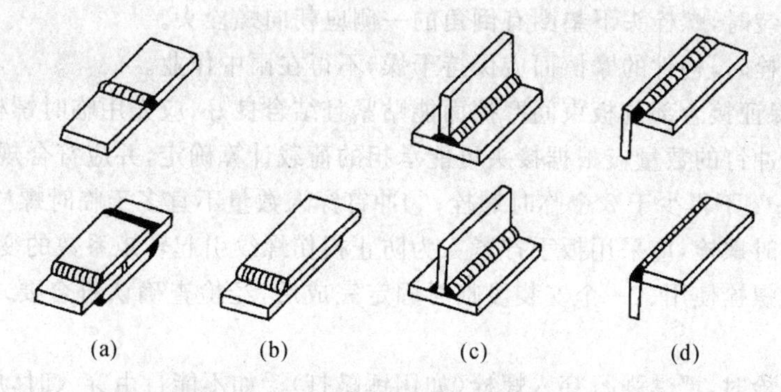

图 6.49　各种焊接接头

(a)对接接头；(b)搭接接头；(c)T 形连接接头；(d)角接接头

C 级普通螺栓表面粗糙，孔径比螺栓直径大 1.0～2.0 mm。由于制作成本低、安装及拆卸方便，在钢结构中应用广泛。但由于制作和安装精度不高，整体性不好，在传递剪力时变形较大，一般用于承受拉力的次要结构和安装时的临时连接。

普通螺栓的代号用大写字母 M 和螺栓公称直径的毫米数表示，常用的有 M16，M20，M24 等。

2)高强螺栓连接。高强螺栓连接按照其传力原理分为摩擦型和承压型两种。

摩擦型螺栓连接依靠连接板间的摩擦力来传递剪力，并以摩擦力将被克服、板间产生相对滑动趋势作为连接的承载力极限状态。这种连接变形小、强度储备大，主要用于直接承受动力荷载的重要钢结构连接中。

承压型螺栓连接依靠连接板件间的摩擦力和螺栓杆的抗剪来传递剪力，以螺栓杆被剪断或栓孔被压坏作为连接的承载力极限状态。这种连接变形大、强度储备小，一旦破坏后果严重，主要用于承受静力荷载或间接承受动力荷载的钢结构连接中。

普通螺栓的性能等级分为 4.6 级、4.8 级、5.6 级和 8.8 级；高强螺栓的性能等级分为 8.8 级和 10.9 级。其中，小数点前的数字表示螺栓材质的抗拉强度的 1%，小数点后面的数字表示该螺栓材料的屈强比。高强螺栓和与之配套的螺母、垫圈总称为高强螺栓连接副。

3)螺栓连接的施工。

a.普通螺栓的装配要求。在螺栓头和螺母下面应放置平垫圈，以增大承压面积。每个螺栓的一端不得垫两个及以上的垫圈，不得用大螺母代替垫圈。对工字钢、槽钢类型钢应尽量使用斜垫圈，使螺母和螺栓头部的支承面垂直于螺杆。承受动荷载或重要部位的螺栓连接，应按设计要求放置弹簧垫圈，弹簧垫圈必须设置在螺母一侧。

螺栓拧紧后，外露丝扣不应少于 2 扣。

设计有防松动要求时，应采用有防松装置的螺母(双螺母)或弹簧垫圈，或采取其他防松措施(如将螺栓外露丝扣打毛、点焊螺栓与螺母)。

双头螺栓的轴心线必须与工件垂直，通常用角尺进行检验。

拧紧成组的螺母时，必须按一定的顺序，分次序逐步拧紧(一般分 3 次拧紧)，一般从中心开始，对称施拧。否则会使零件或螺杆松紧不一致，甚至变形。

b.高强螺栓的装配要求。高强度螺栓连接前，应对连接副实物和摩擦面进行检验和复验,合格后方可安装。

高强螺栓连接副组装时,螺母带圆台面的一侧应朝向垫圈有倒角的一侧。大六角头高强度螺栓连接副组装时,螺栓头下垫圈有倒角的一侧应朝向螺栓头。

安装高强螺栓时,构件的摩擦面应保持干燥,不得在雨中作业。

施工时,为保证接合部位板束间摩擦面能贴紧且结合良好,应先用临时螺栓或冲钉进行定位。定位螺栓和冲钉的数量应根据接头可能承担的荷载计算确定,并应符合规定:①不得少于安装总数的 1/3;②不得少于 2 个临时螺栓;③冲钉穿入数量不宜多于临时螺栓的 30%。

固定用的临时螺栓,应采用扳手拧紧。为防止损伤螺纹引起转矩系数的变化,严禁把高强度螺栓作为临时螺栓使用。一个安装段临时固定完成后,经检查确认符合要求时方可安装高强度螺栓。

安装高强螺栓时,严禁强行穿入螺栓(如用锤敲打)。如不能自由穿入时,应用铰刀进行修孔,修整后最大直径应小于螺栓直径的 1.2 倍。修孔时,为了防止铁屑落入板叠缝中,铰孔应四周螺栓全部拧紧,使板叠密贴后再进行。严禁气割扩孔。

高强螺栓的紧固一般分两次进行(初拧和终拧),对大型节点,应分三次(初拧、复拧和终拧)进行。每次拧紧后应作不同标记,以便于识别,避免重拧或漏拧。高强度大六角头螺栓连接副在终拧完成 1 h 后、48 h 内应进行终拧转矩检查,扭剪型高强螺栓连接副终拧后应以尾部梅花头被拧掉为合格。

高强螺栓连接的防松动措施有增大摩擦力、机械防松和不可拆 3 大类。增大摩擦力的方法包括安装弹簧垫圈和使用双螺母;机械防松措施是利用止动零件阻止螺母与螺栓的相对转动,常用的有开口销与槽型螺母、止退垫圈与圆螺母、止动垫圈与螺母等;不可拆防松动措施是利用点焊、点铆等方法将螺母固定在螺栓杆或被连接件上,或把螺栓固定在被连接件上。

6.4.4 建筑钢结构安装

用钢材制作建筑构件,具有结构质轻高强、抗震性能好等优点,可建造大跨度(9～40 m)、大柱距(4～15 m)的房屋;所有构件可在工厂制作,施工周期短;与混凝土结构相比,自重减轻 70%～80%,用钢量仅为 20～30 kg/m²。由于连接上的便利性,用钢材做建筑结构时,常先将其按设计加工制作成各类构件,再采用吊装机械进行起吊安装成建筑结构。随着我国经济实力的提升,钢结构厂房、多层及高层钢结构写字楼、住宅等项目正逐年增加。

钢结构建筑安装的工作内容与混凝土结构基本相同,但由于钢材本身的特点,其结构安装与混凝土结构在操作上又有一些差异,此处仅对差异之处进行介绍。

1. 基础的准备

钢柱通常采用地脚螺栓固定在基础上。为保证地脚螺栓位置的准确性,施工时通常用角钢和钢板做固定架,将地脚螺栓安置在与基础模板分开的固定架上,在需要露出的螺纹部分涂上黄油,并用保护套套好,然后才浇筑基础混凝土。

为保证基础顶面标高符合设计要求,基础混凝土的浇筑有两种方法。

(1)一次浇筑法。将柱脚基础混凝土一次浇筑到设计标高。为保证支撑面标高准确,首先将混凝土浇筑到比设计高程低 2～3 cm 处,在设计高程处设角钢或槽钢制导架,以此为依据,用细石混凝土精确找平至设计标高。这种方法可避免柱脚混凝土的二次浇注,但对钢柱的制作尺寸要求较高,如图 6.50 所示。

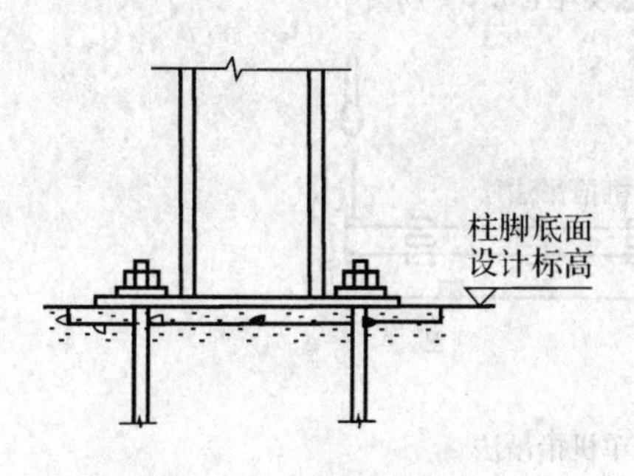

图 6.50　钢柱基础的一次浇筑

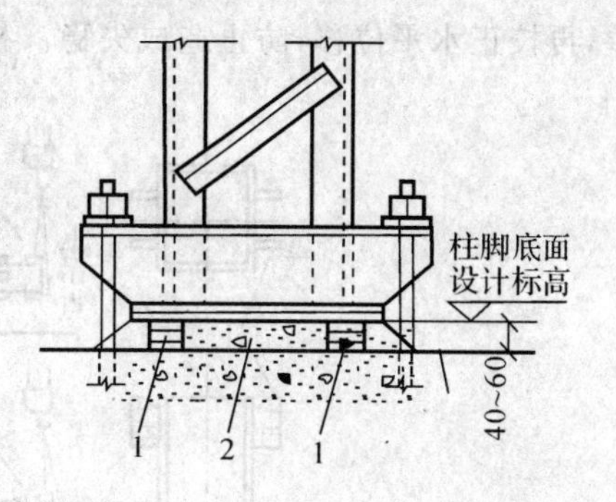

图 6.51　钢柱基础的二次浇筑

1—钢垫板；2—柱子安装后浇筑的细石混凝土

(2)二次浇筑法。将柱脚支撑面混凝土分两次浇筑到设计标高。第一次将混凝土浇筑到比设计标高低 4～6 cm 处，待混凝土达到一定强度后用钢垫板精确矫正其标高，然后吊装柱。当钢柱校正后，再于柱脚处浇筑细石混凝土。二次浇注法容易矫正钢柱标高，重型钢柱多采用此法。一般，钢垫板叠放数量不宜多于 3 块，如图 6.51 所示。

2. 钢柱与钢梁的吊装、校正连接

(1)钢柱的安装与校正。钢结构所使用的钢柱多为宽翼缘工字型截面或箱形截面，为减少连接节点和充分利用起重机的起重能力，一般将钢柱制作成每 3～4 层一节，节与节之间多采用坡口焊连接，如图 6.52(a)所示。钢柱的吊点应设在吊耳处(制作时预先设置，吊装完成后割去)，如图 6.53 所示。为便于施工登高及柱梁节点的焊接和螺栓紧固连接，在吊装前预先在柱上挂好操作吊篮、爬梯等。

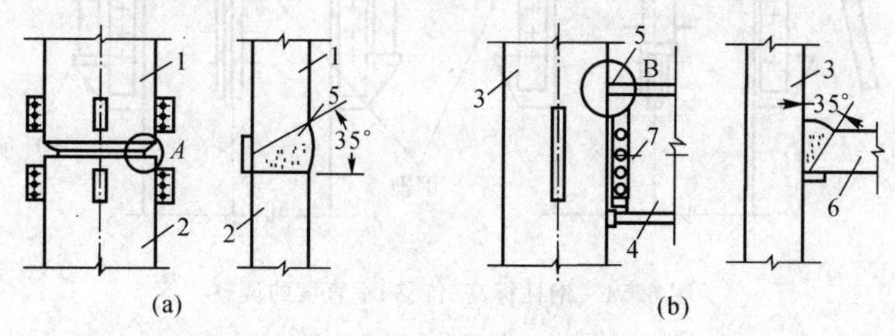

图 6.52　上、下柱节之间，柱与梁之间的连接构造

(a)上、下节柱之间的连接；(b)梁与柱之间的连接

1—上节钢柱；2—下节钢柱；3—柱；4—主梁；5—焊缝；6—主梁翼板；7—高强螺栓

单机吊装时，应在柱根垫以垫木；以回转法起吊时，严禁柱根拖地，以防止柱根在起吊过程中变形，影响与基础或下面一节钢柱的连接。

对质量较大或较长的钢柱，为防止钢柱根部在起吊过程中变形，现场多采用双机抬吊。主机吊在钢柱上部，辅机吊在钢柱根部，待柱子离地一定高度(约 2 m 左右)后，辅机停止起钩，主机继续起钩和回转，直至把柱子吊直后，再将辅机松钩。

为确保钢柱的垂直度、标高及水平位置满足设计要求，安装时一般应在起重机脱钩后电焊前、焊完后及梁、板安装后进行 3 次校正。校正的顺序一般为先调整标高，再调整轴线位移，最后调整垂直度。当柱子的垂直度和水平位置均出现偏差时，如垂直度偏差较大，应先矫正垂直度偏差，再校正水平位移，防止造成失稳。校正方法如图 6.54 所示。

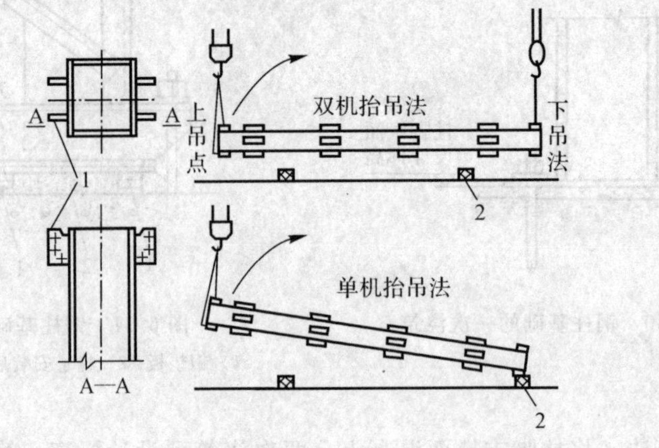

图 6.53　钢柱的吊装

1—耳板；2—垫木

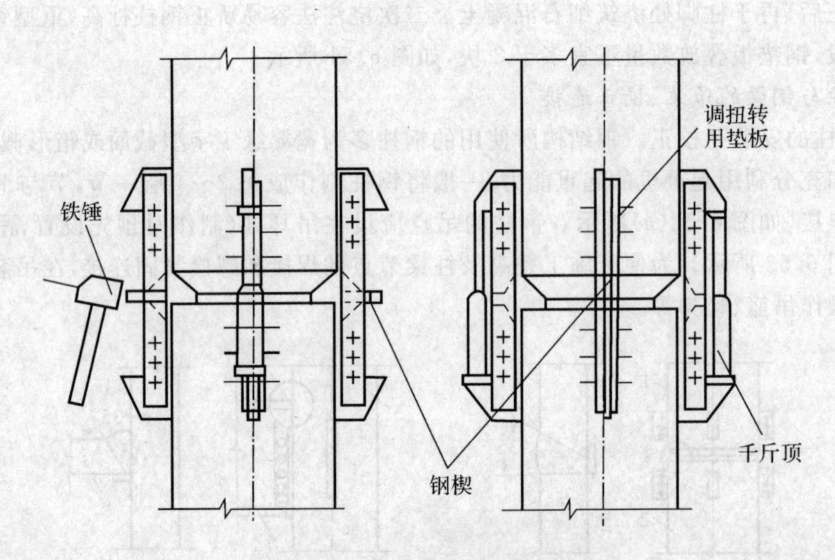

图 6.54　钢柱标高、位移、垂直度的调整

1)标高调整。首层柱标高的调整同一般厂房柱。对高层钢结构，一般采用相对标高安装，设计标高复核的方法。上节钢柱吊立就位后，在上、下柱的两个耳板处合上连接板，穿入高强螺栓(不加紧)，用起重机起吊、撬杠微撬等方法调整上、下柱之间的间隙。量取上柱柱根标高线与下柱柱头标高线之间的距离以控制柱顶标高，符合要求后在上、下耳板间隙中打入钢楔以限制上柱下落。若钢柱制造误差超过 5 mm，应分次调整。

2)位移调整。当下柱出现位置偏差时，在上节柱的底部就位时，可对准下节柱中心线和设计中心线的中点，而上节柱的顶部仍应以设计中心线为准，以此类推。调整时，可在上柱和下柱耳板的不同侧面加入一定厚度的垫板，然后微微夹紧柱头临时接头的连接板。钢柱的位移偏差超过 3 mm 时应分次调整。校正钢柱位移时应注意防止钢柱扭转。

3)垂直度调整。用两台经纬仪在相互垂直的两个位置投点，进行垂直度观测。调整时，在钢柱偏斜朝向的一侧锤击钢楔或微微顶升千斤顶，在保证单节钢柱垂直度的前提下，将柱顶轴线位移尽量校正至零，再拧紧上下柱临时接头的大六角高强度螺栓至额定转矩。

(2)钢梁的安装与校正。钢梁的吊装，宜采用专用吊具，两点绑扎吊装，如图6.55所示。吊装过程中必须保证钢梁处于水平状态。一机同时起吊多跟钢梁时的绑扎要牢固可靠，且利于逐一安装。同一列柱，应先从中跨开始对称向两边扩展；同一跨钢梁，应先安装上层梁，再安装中下层梁。

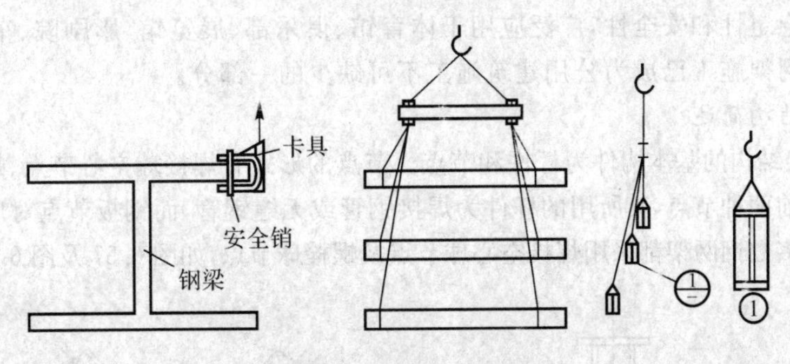

图6.55　钢梁的吊装

(3)构件之间的连接。通常，主梁与钢柱之间的连接为上、下翼缘用坡口焊，而腹板则采用高强螺栓，如图6.52(b)；次梁与主梁之间多是在腹板处采用高强螺栓连接，也有些还在上、下翼缘处进行坡口焊接。

在安装主梁过程中，必须跟踪测量、校正柱与柱之间的距离，并预留安装余量，特别是节点焊接的收缩量，以控制结构变形和消除附加应力。

一节柱的各层梁安装好后，应先焊接上层主梁，再依次焊接下层主梁、中层主梁，最后进行上柱与下柱之间的焊接。

柱与梁之间的焊接应在柱的两侧对称同时进行；上、下柱之间对接焊接时，也应有两人在两侧对称同时进行，以减少焊接变形和残余应力。

每天安装的构件应构成空间稳定体系，确保安装质量和结构安全。

3.楼层板的安装施工

在多层及高层钢结构建筑中，多采用压型钢板与混凝土的组合楼板作为楼层板。其常用构造如图6.56所示。

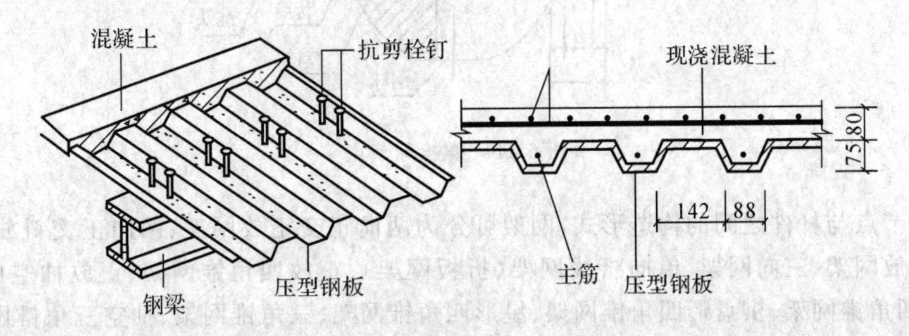

图6.56　压型钢板组合楼板构造

在这种组合楼板中，压型钢板既是现浇混凝土楼板的底模板，不仅起到受拉钢筋的作用，而且还是钢结构安装时的施工平台。压型钢板肋间的空间还可作为楼层电管的敷设空间。

安装压型钢板时，应严格按设计的排板图进行排布，钢板的侧边之间采用咬口钳压合，再用点焊将整片板的侧边与钢梁固定，最后采用栓钉将压型钢板与梁固定。

6.4.5 钢网架吊装施工

网架结构是一种新型的结构形式，具有跨度大、覆盖面广、结构轻、用料经济等特点，还具有良好的结构稳定性和安全性，广泛应用于体育馆、俱乐部、展览馆、影剧院、车站候车大厅等公共建筑。钢网架施工已成为公用建筑施工不可缺少的一部分。

1.钢网架结构简述

组成钢网架结构的基本构件为杆件和节点。节点的形式有焊接球空心节点、螺旋球节点及钢板节点，对应于前两种节点，其所用的杆件为焊接钢管或无缝钢管，而钢板节点对应的杆件则为角钢。近年来，大多数钢网架都采用焊接空心球节点及螺栓球节点，如图 6.57 及图 6.58 所示。

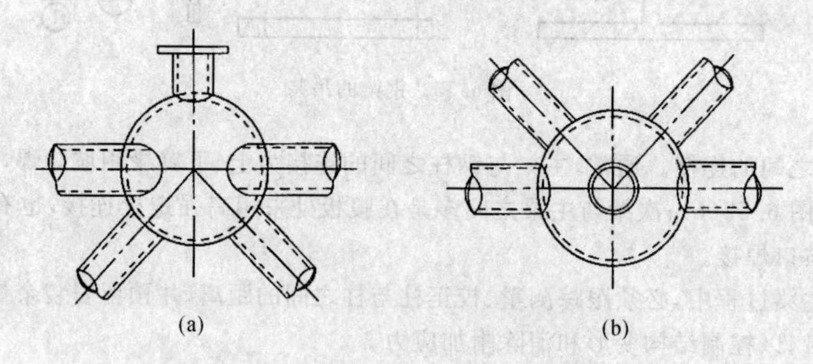

图 6.57 焊接空心球网架节点

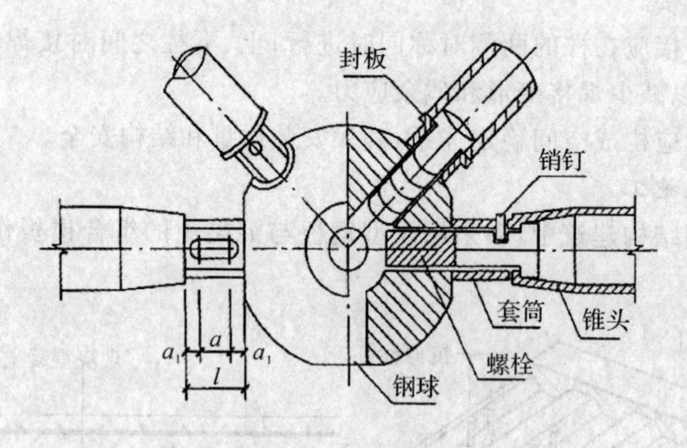

图 6.58 螺栓球节点

按照节点与杆件之间的构造形式，网架可分为两向正交正放网架、两向正交斜放网架、两向斜交斜放网架、三向网架、单向折线网架(折板网架)、正放四角锥网架、正放抽空四角锥网架、斜放四角锥网架、棋盘形四角锥网架、星形四角锥网架、三角锥网架、抽空三角锥网架等 12 种形式。

2.钢网架的拼装

拼装是钢网架安装的第一步，其施工质量的好坏直接影响到网架的受力状况。

(1)拼装前的技术准备。

1)拼装前应编制拼装工程施工组织设计或施工方案,作为拼装工作的指导依据;编制好拼装工艺,做好技术交底工作。

2)拼装过程中使用的计量器具如钢尺、经纬仪、水准仪等应经过计量检验合格,并在有效期内。

3)做好原材料(节点球、杆件、高强螺栓等)进场验收工作。

4)拼装前杆件尺寸、坡口角度,以及焊缝间隙应符合规定。

5)做好小拼、中拼、总拼的试拼工作,检查无误后,才可正式进行拼装。

6)拼装焊工必须有焊接考试合格证,有相应焊接材料和焊接工作的资质证明。

(2)焊接球网架的拼装。为保证焊接球网架高空拼装节点的吻合和减少积累误差,一般在地面进行小拼单元的拼装。在将网架划分为小拼单元时,应尽量将所有节点都焊接在小拼单元上,网架总拼时仅连接杆件,如图6.59所示。

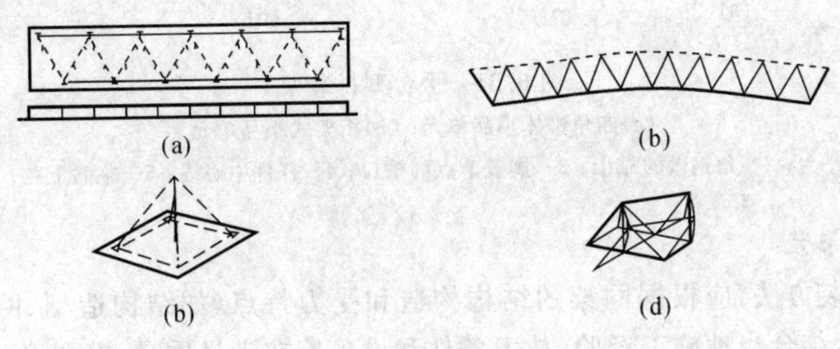

图6.59 焊接球网架小拼单元的形式

(a)平面桁架形小拼单元;(b)正锥体形小拼单元;(c)对称折角网架小拼单元;
(d)斜放四角锥网架锥体形小拼单元

小拼单元应在专门制作的拼装架上焊接,以确保几何尺寸的准确性。锥体形小拼单元通常在转动型模架上进行拼装(见图6.60)。平面桁架形小拼单元通常在平台型拼装台上进行拼装(见图6.61)。

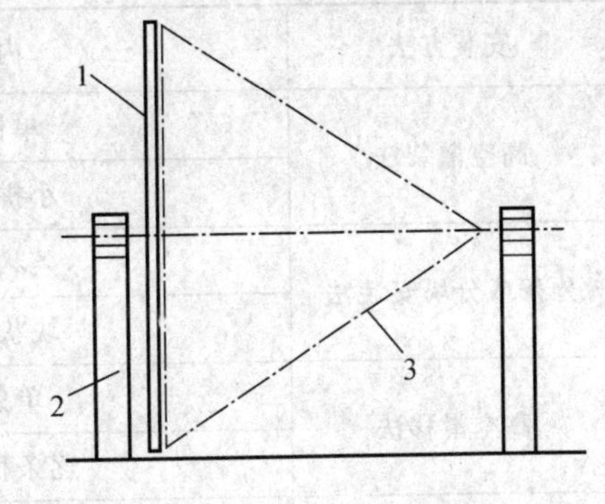

图6.60 转动型模架

1—模架;2—支架;3—锥体网架单元杆件

为使焊接球节点网架在总拼过程中具有较少的焊接应力和便于尺寸调整,一般采用从中间向两边或从中间向四周发展的拼装方法;总拼过程中严禁形成封闭圈。在杆件焊接时,一般先焊接下弦杆件,使下弦杆件收缩而造成网架略向上拱,然后焊接腹杆及上弦。

拼装完成后,应及时对焊缝进行外观检验、超声波检验及防腐处理。

(3)螺栓球节点网架的拼装。螺栓球节点网架拼装时,一般是先拼下弦,将下弦的标高和轴线调整好后,拧紧全部螺栓,起定位作用;再连接腹杆,腹杆螺栓不宜拧紧,但必须使其与下弦连接端的螺栓吃上劲,否则,在周围螺栓都拧紧后,该螺栓可能偏歪(因锥头或封板的孔较大),那时将无法拧紧。

连接上弦时,开始不能拧紧。当分条拼装时,每安装好三行上弦球,即可对前两行进行调整校正；然后，固定第一排锥体的两端支座，同时将第一排锥体的螺栓拧紧。循环调整其余各行。

在整个网架拼装完成后，必须进行一次全面检查，确保所有螺栓拧紧。

当采用高强螺栓连接时，拧紧螺栓后，应用油腻子将所有接缝处填嵌严密，并应进行防腐处理。当网架用螺栓球节点连接时在拧紧螺栓后应将多余的螺孔封口，并应用油腻子将所有接缝处填嵌严密，补刷防腐漆两道。

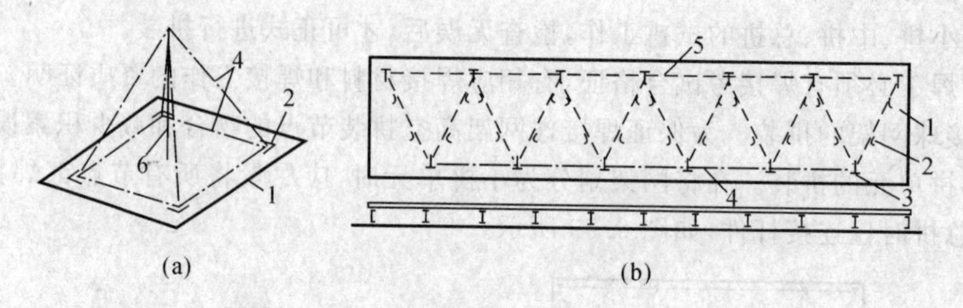

图 6.61　平台型拼装架

(a)四角锥体小品单元；(b)桁架式小品单元

1—拼装平台；2—角钢做的靠山；3—搁置节点的槽口；4—杆件中心线；5—临时上弦；6—标杆

3. 钢网架的吊装

钢网架的吊装方法，应根据网架的结构构造和受力特点（如结构造型、网架刚度、支撑形式、支座构造等），结合当地施工经验、技术条件和设备等在满足质量、安全、经济等因素的条件下，因地制宜综合确定。

常用的网架吊装方法有 6 种：高空散装法、分条分块安装法、高空滑移法、整体吊装法、整体提升法和整体顶升法等。各方法的做法和适用范围见表 6.3。

表 6.3　钢网架的安装方法及适用范围

安装方法	内　容	适用范围
高空散装法	单杆件拼装	螺栓连接节点的各类型网架
	小拼单元拼装	
分条或分块安装法	条状单元组装	两向正交、正放四角锥、正放抽空四角锥等网架
	块状单元组装	
高空滑移法	单条滑移法	正放四角锥、正放抽空四角锥、两向正交正放等网架
	逐条积累滑移法	
整体吊装法	单机、多机吊装	各种类型网架
	单根、多根拔杆吊装	
整体提升法	利用结构提升	周边支撑及多点支撑网架
	利用拔杆提升	
整体顶升法	利用网架柱作为顶升时的支撑结构	支点较少的多点支撑网架
	在支点处或附近设置临时顶升支架	

注：凡表中未注明网架的连接节点构造，各类连接节点网架均适用。

(1)高空散装法。高空散装是指将运输到现场的运输单元(平面桁架或锥体)或散件,用起重机械吊装到高空对位拼装成整体结构的方法。该方法适用于螺栓球节点或高强螺栓连接节点的网架结构,不宜用于焊接球网架的拼装。使用该法不需大型起重设备,对场地要求不高,但须搭设高空拼装平台,占用大量支架材料,高空作业多。

用于网架散装的拼装平台既作为拼装时的工作平台,又是网架在最终就位前的承力架,因此,为保证网架拼装过程中网架本身的变形及施工安全,对其沉降变形及稳定性应严格控制。这种支架通常采用扣件及脚手架钢管进行搭设,搭设时应严格按照扣件式钢管脚手架相关技术规程规定的计算方法进行设计计算和施工。

网架拼装总的顺序是从建筑物一端开始,向另一端以两个三角形同时推进,待两个三角形相交后,则按人字形逐榀向前推进,最后在另一端正中合拢。每榀块体的安装顺序:在开始的两个三角形部分,由中间开始分别向两边拼装,两个三角形相交后,则由交点开始同时向两边拼装,如图6.62所示。

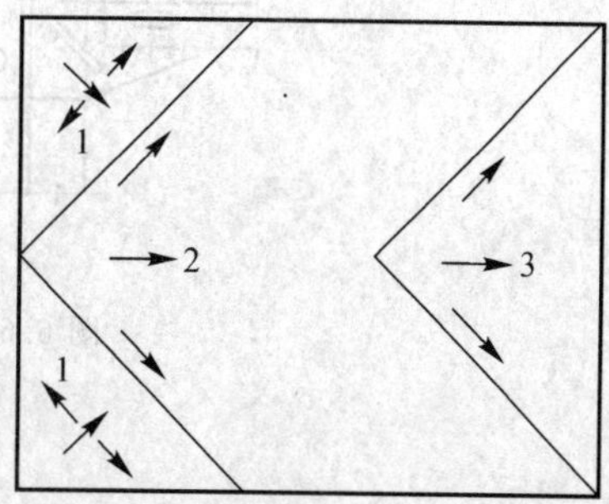

图6.62 钢网架高空散装顺序

网架拼装平台应在网架拼装成整体并检查合格后才能拆除。拆除时应从中央逐圈向外分批进行,每圈下降速度必须一致,避免个别支点集中受力,造成拆除困难。

(2)分条或分块安装法。为适应起重机械的起重能力和减少高空拼装工作量,将网架划分成若干个单元,在地面拼装成条状或块状,用起重机械垂直吊升或提升到设计位置上,拼装成整体网架结构。这种网架安装方法称之为分条分块安装法。这种方法经常与其他安装方法如高空散装法、高空滑移法等结合使用。

在这种安装过程中,一般将整个网架沿长跨方向分割为若干个区段,每个区段的宽度是1~3个网格,长度为网架的短跨或1/2短跨。对正放类网架而言,分割成的条块单元自身仍能形成稳定体系;而斜放类网架在分割成条块单元后则不能形成稳定体系,在单元周边需用临时杆件进行加固后才可吊装。

考虑到单元组装时的连接问题,常用的条状单元划分方法主要有3种:

1)网架单元相互紧靠,可将下弦双角钢分开在2个单元上——多用于正放四角锥网架(见图6.63)。

2)网架单元相互紧靠,单元间上弦用剖分时的安装节点连接——多用于斜放四角锥网架(见图6.64)。

3)单元之间空一个节间,该节间在网架单元吊装后再在高空拼装——多用于双向正交正放等网架(见图6.65)。

块状单元大多是两邻边或一边有支撑,一角点或两角点要增设临时顶撑予以支撑。这些块状单元在地面制作后,应模拟高空支撑条件拆除地面支墩后观察其施工挠度,必要时应进行调整。

拼装支架通常用钢管由扣件连接而成,可以做成活动架,亦可为满堂架。

条状单元在合拢前应先将其顶高,使其中间挠度与网架形成整体后该处的挠度相同。顶高的方法可用钢管下设千斤顶的办法。

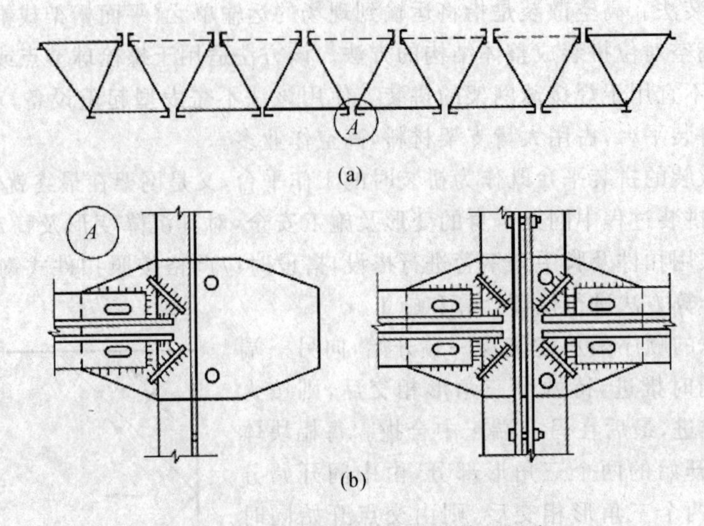

图 6.63　正放四角锥网架条状单元划分

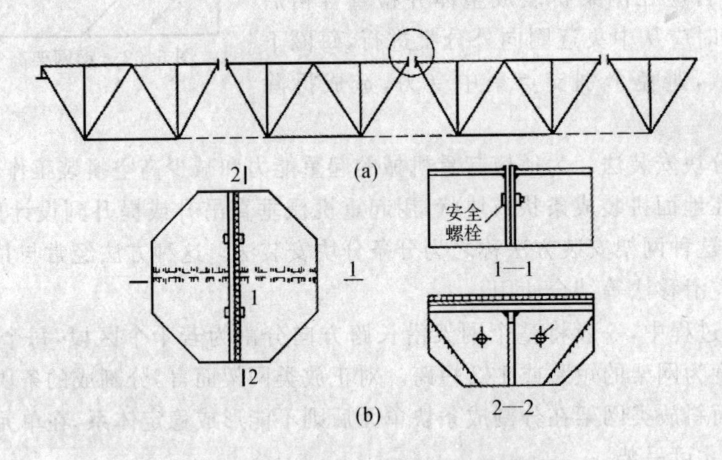

图 6.64　斜放四角锥网架条状单元划分

(a)网架条状单元；(b)剖分式安装节点

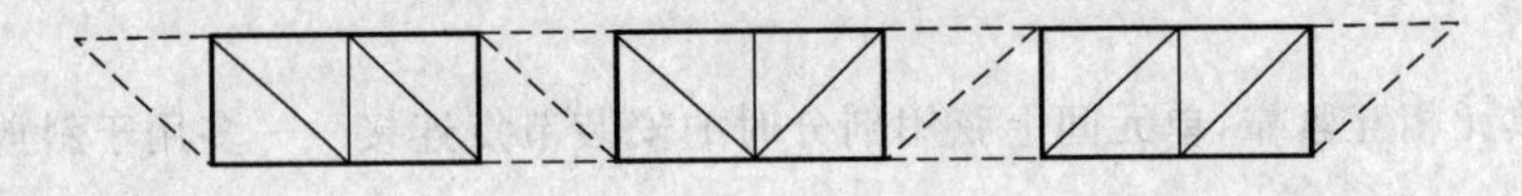

图 6.65　双向正交正放网架条状单元划分

(实线部分为条状单元，虚线部分为在高空后拼杆件)

(3)高空滑移法。网架高空滑移法安装是指将网架条状单元组合体在建筑物上空进行水平滑移对位总拼的一种施工方法。主要用于网架支撑结构为周边承重墙或柱上有现浇钢筋混凝土圈梁等的情况。

采用该法时，网架的条状单元在设于建筑物一端的高空拼装台或地面上进行拼装，再将其吊放到滑移轨道上，用牵引设备通过滑轮组将拼装好的网架向前滑移一定距离，然后再在拼装台上拼装第二个拼装单元，并将其与已拼装好的第一个单元连接好后再一起向前滑移一段距离，如此逐段拼装并不断向前滑移，直至整个网架拼装完毕并滑移至就位位置。

高空滑移的方式有两类：按条滑移方式和逐条积累滑移法。

1)按条滑移方式。将条状单元一条一条从一端滑移至另一端就位安装，各条之间分别在高空再行连接，即逐条滑移逐条连成整体，如图 6.66(a)所示。

2)逐条积累滑移法。先将条状单元滑移一定距离，在连接上第二条单元后两条一起再向前滑移一段距离(宽度同前)，再接上第三条，……如此循环操作直至接上最后一条单元为止，如图 6.66(b)所示。

滑移时的牵引机构如图 6.67 所示。

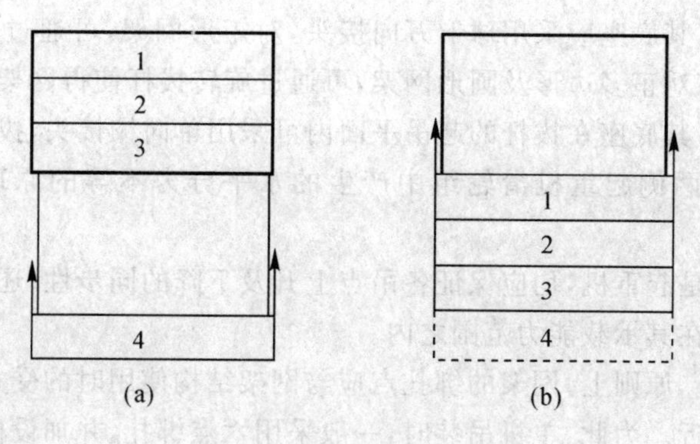

图 6.66　高空滑移法示意图

(a)单条滑移法；(b)逐条积累滑移法

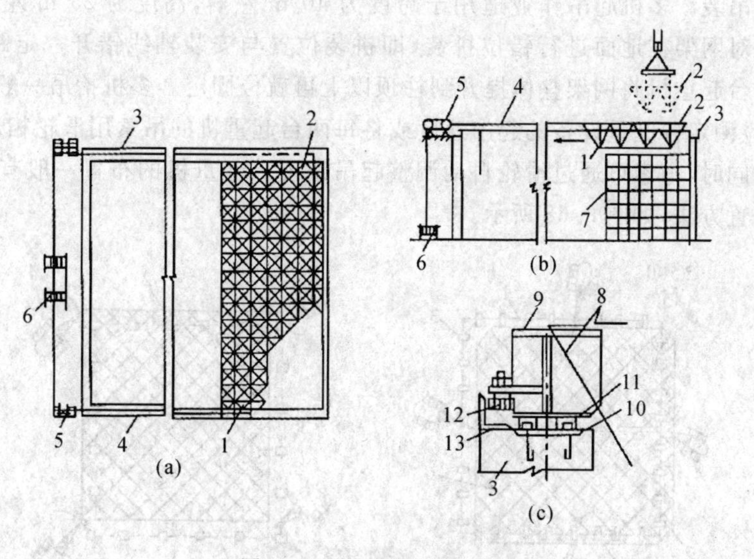

图 6.67　滑移法安装网架

(a)滑移平面图；(b)网架滑移安装；(c)支座构造

1—网架；2—网架分块单元；3—天沟梁；4—牵引线；5—滑轮组；6—卷扬机；7—拼装平台；8—网架杆件；9—网架支座；10—预埋铁件；11—滑移轨道；12—导轮；13—导轨

滑移用的轨道，对中小型网架，可用圆钢、扁铁、角钢及小型槽钢制作，对大型网架，可用工字钢、槽钢等制作，滑轨可用焊接或螺栓固定在梁上。作为滑移时的安全保险装置，可以在滑移轨道内侧设置导向轮和导向轨。

与分条或分块安装法相同，高空滑移法单条的挠度与整个网架的挠度也可能不同，因此，在分条连接前，应调整该条的挠度使之与整个网架的设计挠度相同。

(4)整体吊装法。整体吊装法是将网架在地面上完成总拼，然后用起重设备将其整体提升到设计位置就位固定。该方法不需搭设高空拼装平台，高空作业量小，但框架梁等某些构件的施工需待网架安装完成后才能进行，平行施工受到一定限制。

1)整体吊装对设备的要求。整体吊装时可采用单根或多根拔杆起吊，也可采用一台或多台起重机起吊就位。

采用单根拔杆时，其底座应采用球形万向接头，对矩形网架，可通过调整揽风绳使拔杆吊着网架进行平移就位；对正多边形及圆形网架，可通过旋转拔杆使得网架转动就位。

采用多根拔杆时，其底座在拔杆的起吊平面内可采用单向铰接头，拔杆必须垂直安装。吊装时可利用每根拔杆两侧起重机滑轮组中产生的水平分力不等的原理来推动网架移动或转动。

无论采用拔杆还是起重机，均应保证各吊点上升及下降的同步性；还应保证所有吊索及起重设备所承受的荷载在其承载能力范围之内。

2)网架片的绑扎。原则上，网架的绑扎点应与网架结构使用时的受力状态接近，且各起重设备的负荷应尽量接近。为此，单机吊装时，一般采用六点绑扎，并加设横梁，以降低起吊高度和对网架杆件产生的较大轴力。双机抬吊时，可采取在支座处两点起吊或四点起吊，另加2幅辅助吊索的做法。

3)网架的吊装。多机起吊作业适用于跨度为40 m左右，高度为25 m左右的中小型网架。安装前先对网架在地面进行错位拼装(即拼装位置与安装轴线错开一定距离，以避开柱子)，然后用多台起重机将网架整体提升到柱顶以上再就位固定。多机抬吊一般采用4台起重设备，吊装前应测定各起重设备的起吊速度或将每两台起重机的吊索用滑轮相连，当两台起重机起吊速度不同时，吊索可通过滑轮自动调整起吊速度。起重机的布置一般有四侧抬吊或两侧抬吊两种布置方法，如图6.68所示。

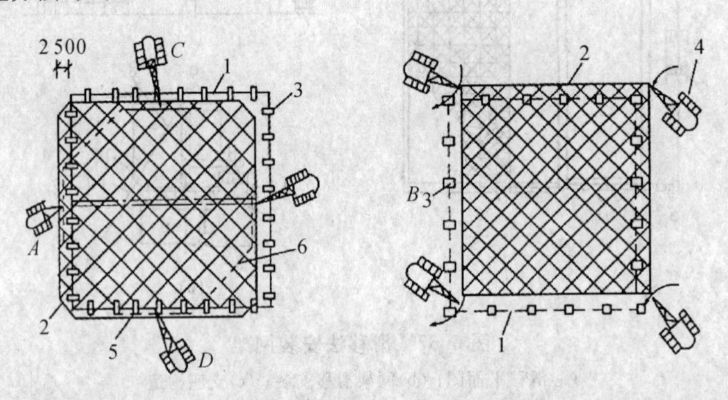

图6.68　4机抬吊网架安装

1—网架安装位置；2—网架拼装位置；3—柱；4—履带式起重机；5—吊点；6—串通吊索

独脚拔杆吊升法是多机抬吊的另一种形式。它利用多根独脚拔杆将地面错位拼装的网架吊升过柱顶，进行空中移位后落位固定。采用这种方法时，拔杆应在网架拼装前竖立。

(5)整体提升法。整体提升法通常有两种做法:滑模提升法和电动螺杆提升法。

1)滑模提升法。滑模提升法安装网架,是指先在地面一定高度正位拼装网架,然后利用框架柱或剪力墙的滑模施工装置随着墙柱混凝土浇筑时的升高,将网架随滑模提升到设计位置。该方法适用于跨度为 30～40 m 的中小型网架,施工时不需吊装设备,直接利用网架做滑模操作平台,施工简便安全,但网架随滑模上升速度较慢。其原理如图 6.69 所示。

网架提升到设计位置后,通常将混凝土连系梁与柱头一起浇筑混凝土,以增强体系的稳定性。

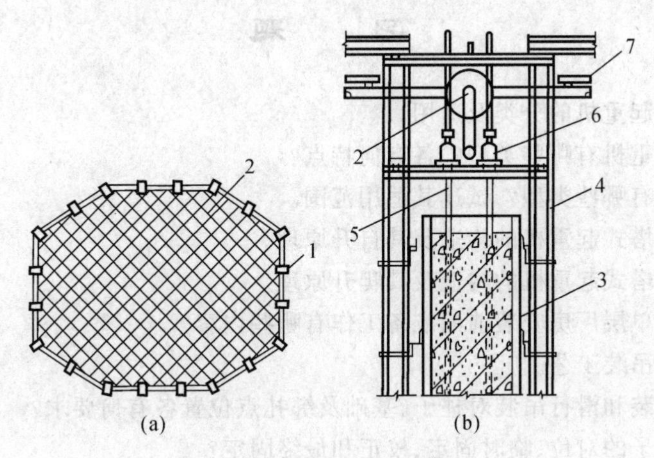

图 6.69　网架的滑模法整体提升

(a)滑模平面; (b)滑模装置

1—柱; 2—网架; 3—滑动模板; 4—提升架; 5—支承杆; 6—液压千斤顶; 7—操作平台(被提升网架)

2)电动螺杆提升法(升板机提升法)。电动螺杆提升法是指将网架结构在地面就位拼装成整体后,利用安装在柱顶横梁上的电动螺旋提升机(升板机)将网架垂直提升到设计标高以上,安装支撑托梁后,落位固定,如图 6.70 所示。主要适用于跨度为 50～70 m,高度为 4 m 以上,质量较大的大中型周边支撑网架。

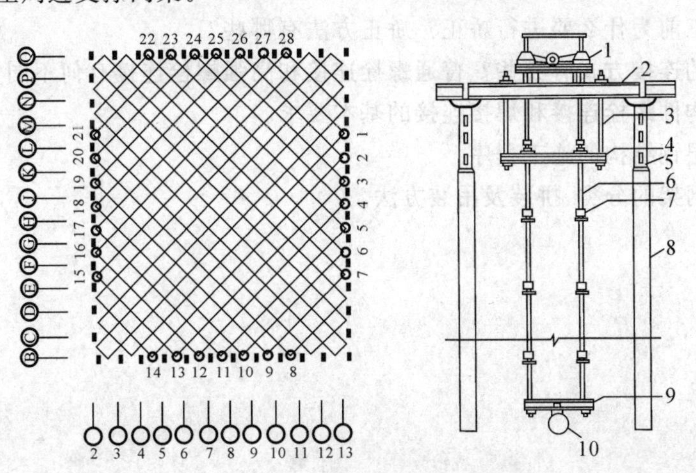

图 6.70　电动螺杆提升法

○—吊点位置; 1—提升机; 2—上横梁; 3—螺杆; 4—下横梁; 5—短钢柱;

6—吊杆; 7—接头; 8—框架柱; 9—横吊梁; 10—支座钢球

该方法不需要大型起重设备，机具和安装工艺简单，提升平稳，同步性好，功效高，施工安全；但需较多提升机和临时支撑用的柱顶短钢柱、钢梁，准备工作量大。

在提升过程中，提升机每提升一节吊杆，用U型卡塞入下横梁上部与吊杆上端的支撑法兰之间，卡住吊杆，卸去上节吊杆，将提升螺杆下降，与下一节吊杆接好，再继续提升，如此循环往复，直到网架升至托梁以上。然后把预先放置在柱顶牛腿的托梁移至中间就位，再将网架下降于托梁上即可。

习　　题

1. 试述桅杆式起重机的分类及适用。
2. 自行杆式起重机有哪些类型？各有何特点？
3. 塔式起重机有哪些类型？试述其适用范围。
4. 简述附着式塔式起重机的构造及其自升原理。
5. 简述爬升式塔式起重机的构造及其爬升原理。
6. 单层装配式单层厂房安装前的准备工作有哪些内容？
7. 简述柱子的吊装工艺。
8. 单机旋转吊装和滑行吊装对柱子、基础及绑扎点位置各有何要求？
9. 如何进行柱子的对位、临时固定、校正和最终固定？
10. 简述吊车梁的吊装及校正工艺。
11. 屋架吊装时应如何进行绑扎？
12. 简述单层厂房结构吊装方法。
13. 多层装配式结构预制构件平面布置的方法有哪些？
14. 简述多层装配式结构构件吊装的方法及顺序。
15. 简述多层装配式结构梁、柱吊装施工工艺。
16. 钢构件的加工包括哪些内容？
17. 钢材加工前为什么要进行矫正？矫正方法有哪些？
18. 钢构件的连接方式有哪些？普通螺栓连接和高强螺栓连接有何不同？
19. 简述钢构件螺栓连接和焊接连接的基本要求。
20. 简述高层钢结构的施工程序。
21. 简述钢网架的分类、拼装及吊装方法。

第7章 脚手架与模板支架工程

脚手架是为建筑施工的上料、堆料、施工作业及安全防护等而搭设的临时设施；模板支架是用脚手架构件搭设的用以支撑模板的临时结构。

脚手架按所使用的材料形式，可以分为木(竹)脚手架、扣件式钢管脚手架、碗扣式钢管脚手架和门式钢管脚手架；按照搭设位置可分为里脚手架和外脚手架；按照脚手架与地面之间的关系，可分为落地式脚手架和悬挑式脚手架；按照是否可以移动可分为固定式脚手架和升降式脚手架；按照其承载功能又可以分为作业架和围护架。对脚手架的要求是，工作面应能满足工人的操作、材料堆放、运输、安全维护需求，结构要有足够的强度、刚度和稳定性，装拆简便，便于周转。

模板支架通常使用脚手架材料进行搭设，其形式取决于脚手架构件的类型。对模板支架的要求是能够保证模板体系在承受钢筋、新浇筑混凝土、施工人员及设备荷载时的稳定性，要有足够的强度和刚度，用以保证混凝土构件的形状，装拆简便，方便周转使用。

脚手架和模板支架的性能(构造形式、装拆速度、安全可靠性、周转率、经济合理性等)直接影响到建筑工程的施工效率、施工质量和施工安全，在建筑工程施工中占有特别重要的地位。

7.1 扣件式钢管脚手架

扣件式钢管脚手架是目前国内建筑业使用最为广泛的脚手架类型，其主要特点是构造灵活、搭设方便、基本构配件通用性强，适用面广，同时还是其他几种钢管脚手架几乎不可或缺的加固用构件，深受建筑施工业界的欢迎。

7.1.1 扣件式钢管脚手架构配件

扣件式钢管脚手架常用的构配件主要有钢管、扣件、脚手板和底座。

1.钢管

钢管是脚手架的主要承力构件。扣件式钢管脚手架所用钢管主要为焊接钢管，其质量应符合现行国家标准《碳素结构钢》(GB/T 700)中Q235－A级钢的规定。目前，使用中的钢管规格主要有两种：$\phi48\times3.5$和$\phi51\times3$，其中绝大部分钢管为$\phi48\times3.5$，后一种钢管已被淘汰。新的《扣件式钢管脚手架安全技术规范》(JGJ130—2011)要求的钢管规格为$\phi48.3\times3.6$。为方便施工，通常每根钢管的质量不应大于25.8 kg，为此，钢管在用做横向水平杆时，其长度一般不大于2.2 m，用做其他杆件时不大于6.5 m。

对新钢管的质量要求主要包括如下几个方面。

(1)应有质量合格证、检验报告。

(2)钢管表面应平整，不应有裂缝、结疤、分层、错位、硬弯、毛刺、压痕和深的划道。

(3)钢管的容许偏差:外径为 0.5 mm,壁厚为 0.36 mm。

(4)钢管表面应涂防锈漆。

对旧钢管,应每年检查一次钢管的锈蚀深度,锈蚀深度达到 0.36mm 时不得使用;钢管的弯曲不应超过规定值。

在任何情况下,不同规格的钢管不得混用。

2. 扣件

扣件是连接钢管形成扣件式钢管脚手架的连接件。扣件的形式主要有直角扣件、旋转扣件和对接扣件,如图 7.1 所示。

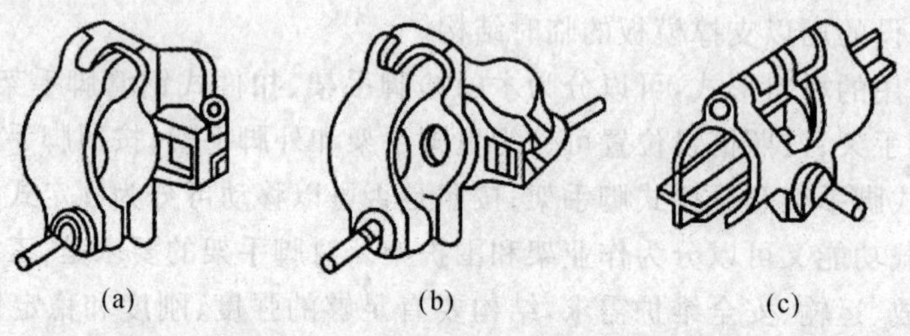

图 7.1 扣件式钢管脚手架扣件形式

(a)直角扣件;(b)旋转扣件;(c)对接扣件

直角扣件用于将两根钢管连接成相互垂直的形状;旋转扣件则可将两根钢管呈任意角度连接;对接扣件用于钢管的接长。

扣件的材质通常为可锻铸铁,对扣件的质量要求包括以下内容:

(1)新扣件必须有生产许可证、法定检测单位的检测报告和产品质量合格证。

(2)旧扣件使用前应进行质量检查,有裂缝、变形的严禁使用,出现滑丝的螺栓必须更换。

(3)扣件在螺栓拧紧力矩达 65 N·m 时不得发生破坏。

(4)扣件必须进行防锈处理。

3. 脚手板

制作脚手板常用的材料包括钢、木和竹。

钢脚手板主要是冲压成形的脚手板(见图 7.2)。制作木脚手板所用的木料通常为松木或楠木,板的厚度不应小于 50 mm,宽度不小于 200 mm,且两端应各设置两道直径为 4 mm 的镀锌钢丝箍,也可以做成钢框木脚手板。竹脚手板所用的竹类通常有毛竹或楠竹,多以竹笆板或竹串片板的形式应用,如图 7.3 所示。

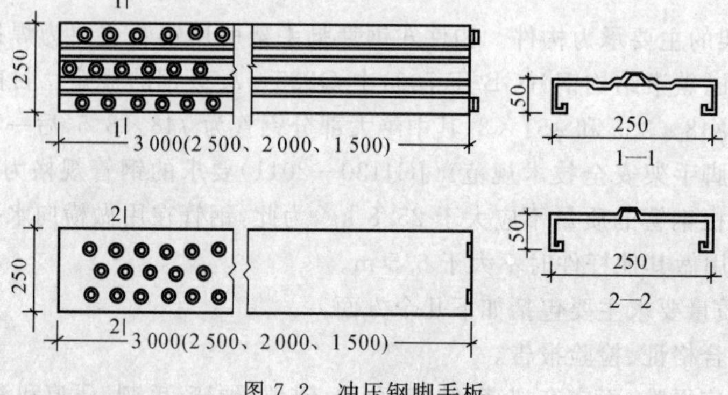

图 7.2 冲压钢脚手板

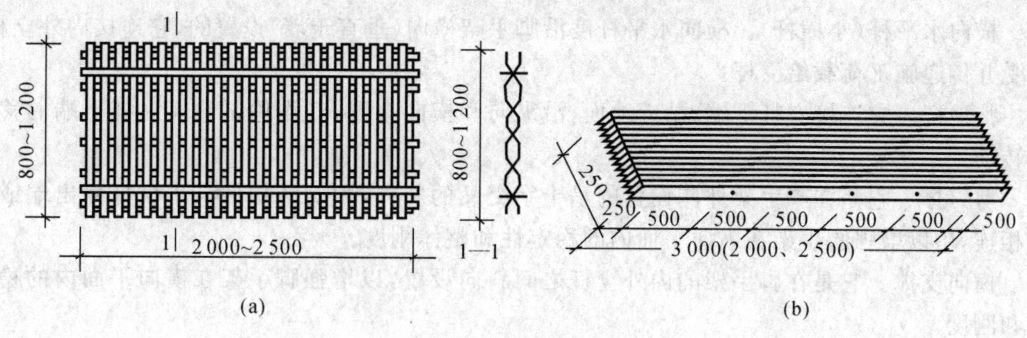

图7.3　竹脚手板

(a)竹笆片脚手板；(b)竹串片脚手板

4.底座

底座的主要作用是分散立杆传到地面的荷载，其形式主要有垫木和钢制底座两种。

用木材做垫板时，其宽度应不小于200 mm，厚度不小于50 mm，长度不小于两跨；用钢做垫板时，也可用槽钢做垫板。

钢制底座一般采用厚8 mm、边长为150～200 mm的钢板，上焊150 mm高的钢管或粗钢筋制成，使用时可以将底座上的粗钢筋插入脚手架立杆的孔内或用垫板上焊接的钢管套住立杆根部。钢制底座的形式如图7.4所示。

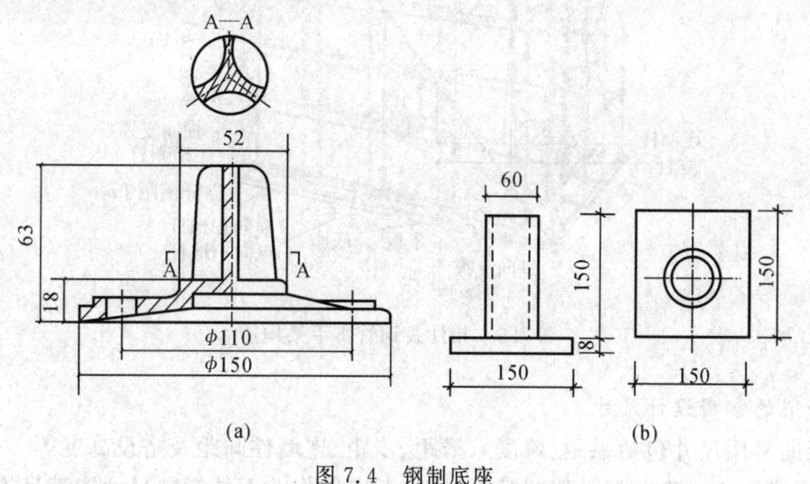

图7.4　钢制底座

(a)标准底座；(b)钢制底座

7.1.2　扣件式钢管脚手架构造

1.脚手架中的主要杆件

扣件式钢管脚手架主要由立杆、纵向水平杆、横向水平杆、剪刀撑、横向支撑、连墙件、护栏、扫地杆等构成，如图7.5所示。

各构件的主要作用。

立杆。立杆主要承受脚手架自重和施工荷载，是脚手架最主要的杆件。

纵向水平杆(大横杆)。纵向水平杆是沿脚手架纵向(平行于墙)设置的。它连接各立杆，承受并传递施工荷载给立杆。

横向水平杆(小横杆)。横向水平杆度沿脚手架横向(垂直于墙)设置的,它连接内外立杆,承受并传递施工荷载给立杆。

扫地杆。它连接立杆下端,贴近地面,沿纵向和横向布置,其作用是约束立杆下端的移动和转动。

剪刀撑。它是在脚手架外侧设置的呈十字交叉的斜杆,用旋转扣件与小横杆伸出端或立杆相连,用以增强脚手架在纵向平面内的稳定性和整体刚度。

横向支撑。它是在脚手架的内外立杆之间斜向设置,以增强脚手架在横向平面内的稳定性和刚度。

连墙件。它是连接脚手架架体和建筑结构,确保脚手架不致向外侧倾覆。

主节点。它是立杆与纵、横向水平杆的交叉点。在该节点附近至少有两个直角扣件。

在单排脚手架情形,内侧立杆、内侧纵向水平杆等杆件均被省略,小横杆直接支撑在正在施工的墙体上(墙上留洞即为脚手眼)。由于单排脚手架承载能力低,稳定性差,且脚手架眼的处理困难,目前在使用中已基本上被淘汰。

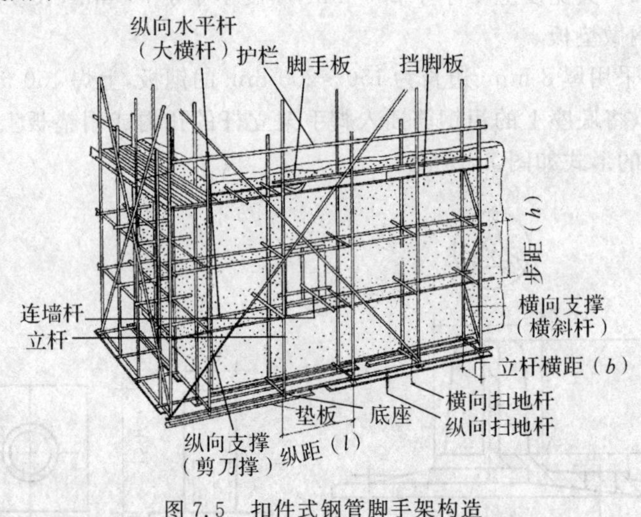

图 7.5　扣件式钢管脚手架构造

2.脚手架的常用设计尺寸

脚手架的常用尺寸包括纵距(跨度)、横距、步距、连墙件间距及搭设高度等。

(1)立杆横距 l_b。确定脚手架的横距时,应考虑使作业面的横向尺寸能满足施工作业人员操作、材料堆放及运输等要求。对双排脚手架,结构施工时,立杆横距 l_b 一般为 1.05~1.55 m,内侧立杆距墙 350~500 mm,小横杆里端距墙 100~150 mm;在装修施工时,立杆横距一般为 0.80~1.55 m,内侧立杆距墙 350~500 mm,小横杆里端距墙 150~200 mm。

(2)立杆纵距(跨度)l_a。无论是单排脚手架还是双排脚手架,立杆的纵距 l_a 一般均取 1.0~2.0 m,最大不超过 2.0 m。其数值取决于脚手架的搭设高度,一般,脚手架越高,跨度越小。常用跨度区间为 1.4~1.8 m。

(3)脚手架步距。选择脚手架的步距应根据下面几个因素确定。

1)底层步距。考虑到地面作业人员能安全顺利穿越脚手架,底层的步距应大一些,一般为 1.6~1.8 m,最大不超过 2.0 m。

2)其他层步距。其他层步距主要根据施工内容确定。结构施工时,步距一般为 1.2~

1.6 m；装修施工时，步距一般不超过 1.8 m。当步距超过一定范围时，将严重影响施工效率和脚手架安全。

(4)脚手架的搭设高度 H。对落地式脚手架，单排脚手架的搭设高度一般不超过 24 m，双排脚手架的搭设高度一般不超过 50 m。当落地式脚手架的搭设高度超过 50 m 时，下部立杆常采用如下加固措施：

1)脚手架下部采用双立杆(高度一般不低于 5～6 m)，上部采用单立杆。

2)分段组装布置，即将脚手架下部纵距减半，如图 7.6 所示。

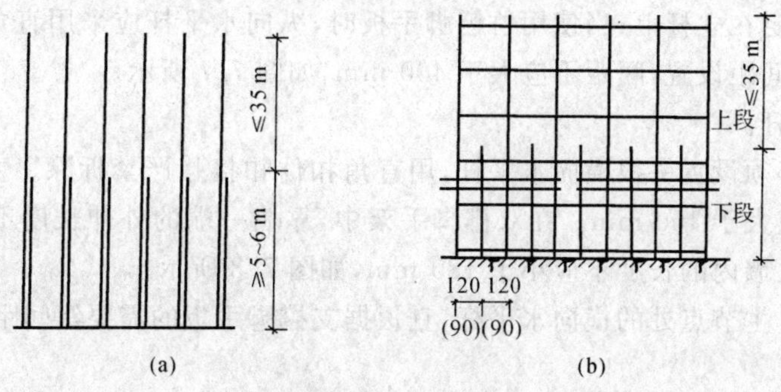

图 7.6　超高脚手架下部立杆的加强方式

(a)双立杆布置；(b)跨度减半布置

《建筑施工扣件式钢管脚手架安全技术规范》根据大量的试验结果和工程实践经验，规定了脚手架的常用设计尺寸如表 7.1 所示。

表 7.1　常用敞开式双排脚手架的设计尺寸

连墙件设置	立杆横距 l_b/m	步距 h/m	下列荷载时的立杆纵距 l_a/m				脚手架容许搭设高度 H/m
			2+0.35 kN/m²	2+2+2×0.35 kN/m²	3+0.35 kN/m²	3+2+2×0.35 kN/m²	
二步三跨	1.05	1.5	2.0	1.5	1.5	1.5	50
		1.80	1.8	1.5	1.5	1.5	32
	1.30	1.5	1.8	1.5	1.5	1.5	50
		1.80	1.8	1.2	1.5	1.2	30
	1.55	1.5	1.8	1.5	1.5	1.5	38
		1.80	1.8	1.2	1.5	1.2	22
三步三跨	1.05	1.5	2.0	1.5	1.5	1.5	43
		1.80	1.8	1.2	1.5	1.2	24
	1.30	1.5	1.8	1.5	1.5	1.2	30
		1.80	1.8	1.2	1.5	1.2	17

注：1. 表中所示 2+2+2×0.35(kN/m²)，包括下列荷载：

2+2(kN/m²)是二层装修作业层施工荷载标准值；

2×0.35(kN/m²)包括二层作业层脚手板自重荷载标准值；

2. 作业层横向水平杆间距，应按不大于 $l_a/2$ 设置。

3.扣件式钢管脚手架搭设的基本要求

(1)纵向水平杆。

1)纵向水平杆宜设置在立杆内侧,其长度不宜小于3跨。

2)纵向水平杆的接长宜采用对接扣件连接,也可采用搭接。搭接长度不应小于1 m,应等间距设置3个旋转扣件固定,端部扣件盖板边缘至搭接纵向水平杆杆端的距离不应小于100 mm。

3)当使用冲压钢脚手板、木脚手板、竹串片脚手板时,纵向水平杆应作为横向水平杆的支座,用直角扣件固定在立杆上;当使用竹笆脚手板时,纵向水平杆应采用直角扣件固定在横向水平杆上,并应等间距设置,间距不应大于400 mm,如图7.7所示。

(2)横向水平杆。

1)主节点处必须设置一根横向水平杆,用直角扣件扣接且严禁拆除。主节点处两个直角扣件的中心距不应大于150 mm。在双排脚手架中,靠墙一端的外伸长度不大于500 mm;单排脚手架一端插入墙内的长度不应小于180 mm,如图7.8所示。

2)作业层上非主节点处的横向水平杆,宜根据支撑脚手板的需要等间距设置,最大间距不应大于纵距的1/2。

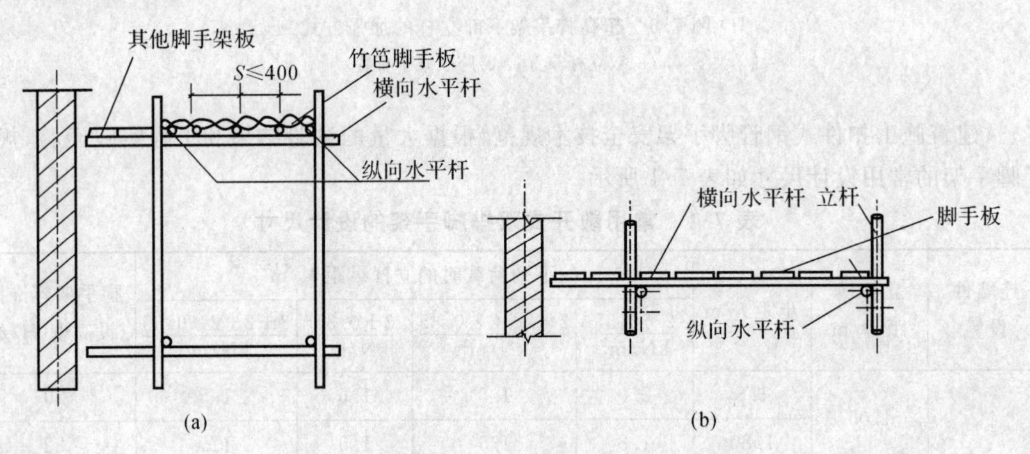

图7.7 脚手板铺设方法

(a)竹笆脚手板铺设方法;(b)竹串片脚手板铺设方法

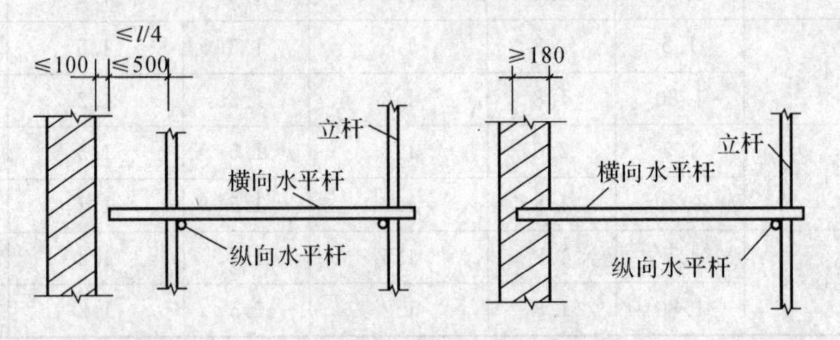

图7.8 脚手架小横杆构造

(3)脚手板。

1)作业层脚手板应铺满、铺稳,离开墙面120～150 mm;

2)每块冲压钢脚手板、木脚手板、竹串片脚手板，均应设置 3 根横向水平杆作为支撑。当脚手板长度小于 2 m 时，可采用两根横向水平杆支撑，但应将脚手板两端与其可靠固定，严防倾翻。此 3 种脚手板的铺设可采用对接平铺(见图 7.9(a))，亦可采用搭接铺设(见图 7.9(b))。当脚手板对接平铺时，接头处必须设两根横向水平杆，脚手板外伸长度应取 130～150 mm，两块脚手板外伸长度的和不应大于 300 mm；脚手板搭接铺设时，接头必须支在横向水平杆上，搭接长度应大于 200 mm，其伸出横向水平杆的长度不应小于 100 mm。

3)竹笆脚手板应按其主竹筋垂直于纵向水平杆方向铺设，且采用对接平铺，4 个角应用直径为 1.2 mm 的镀锌钢丝固定在纵向水平杆上。

4)作业层端部脚手板探头长度应取 150 mm，其板长两端均应与支撑杆可靠固定。

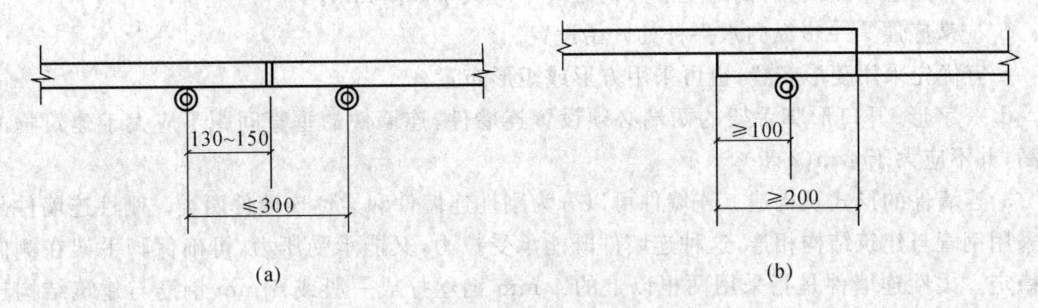

图 7.9　脚手板的对接与搭接要求

(4)立杆。

1)每根立杆底部应设置底座或垫板。

2)脚手架立杆根部必须设置纵、横向扫地杆，如图 7.10 所示。

3)立杆接长除顶层顶步可采用搭接外，其余各层各步接头必须采用对接扣件连接。相邻立杆的接头位置应不在同一步内；同一步内相距最近的两个接头之间的高差应大于 500 mm。

4)立杆顶端宜高出女儿墙上皮 1 m，高出檐口上皮 1.5 m。

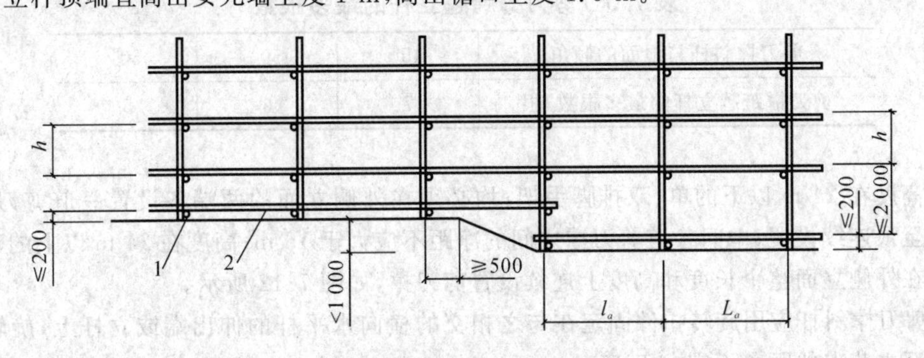

图 7.10　脚手架扫地杆构造

1—横向扫地杆；2—纵向扫地杆

(5)连墙件。

1)连墙件的数量。

a. 连墙件的数量应满足脚手架稳定性计算和抵抗风荷载及平面外变形计算所要求的数量。

b. 连墙件的数量还应满足表 7.2 所示关于连墙件布置的最大间距的要求。

表 7.2 连墙件布置的最大间距

脚手架高度		竖向间距 h/m	水平间距 l_a/m	每根连墙件覆盖面积/m²
双排落地	≤50 m	3	3	≤40
双排悬挑	50 m	2	3	≤27
单排	≤24 m	3	3	≤40

注：h 为步距；l_a 为纵距。

2)连墙件的布置。布置连墙件时，应注意以下问题。

a. 宜靠近主节点设置，偏离主节点的距离不应大于 300 mm。

b. 应从底层第一步纵向水平杆处开始设置。

c. 宜优先采用菱形布置，也可采用方形或矩形布置。

d. 一字形、开口形脚手架的两端必须设置连墙件，连墙件的垂直间距不应大于建筑物的层高，并不应大于 4 m(2 步)。

3)连墙件的形式及构造。连墙件可以分为刚性连墙件和柔性连墙件两类。刚性连墙件是指采用钢管与建筑结构相连，这种连墙件既能承受拉力，又能承受压力，可确保脚手架在侧向的稳定。柔性连墙件是指采用两根以上的 4 mm 钢丝拧成一股或 6 mm 钢筋与建筑结构连接，这种连墙件只能承受拉力而不能承受压力，为保证脚手架的侧向稳定，还应附加顶撑以承受压力。

连墙件与各类建筑构件的连接方式如图 7.11 所示。

(6)剪刀撑与斜向横撑。

1)剪刀撑的构造要求。

a. 每道剪刀撑宽度不应小于 4 跨，且不应小于 6 m，斜杆与地面的倾角宜为 45°～60°；每道剪刀撑跨越立杆的根数宜按表 7.3 所示的规定确定。

表 7.3 剪刀撑跨越立杆的最多根数

剪刀撑斜杆与地面的倾角	45°	50°	60°
剪刀撑跨越立杆的最多根数/根	7	6	5

b. 高度在 24 m 以下的单、双排脚手架，均必须在外侧立面的两端各设置一道剪刀撑，并应由底至顶连续设置；中间各道剪刀撑之间的净距不应大于 15 m；高度在 24 m 以上的双排脚手架应在外侧立面整个长度和高度上连续设置剪刀撑，如图 7.12 所示。

c. 剪刀撑斜杆应用旋转扣件固定在与之相交的横向水平杆的伸出端或立杆上，旋转扣件中心线至主节点的距离不宜大于 150 mm。

2)横向斜撑的构造要求。

a. 横向斜撑应在同一节间，由底至顶层呈“之”字形连续布置，斜杆宜采用旋转扣件固定在与之相交的横向水平杆的伸出端上，旋转扣件中心线至主节点的距离不宜大于 150 mm。

b. 一字形、开口形双排脚手架的两端均必须设置横向斜撑，中间宜每隔 6 跨设置一道。

c. 高度在 24 m 以下的封闭型双排脚手架可不设横向斜撑，高度在 24 m 以上的封闭型脚手架，除拐角应设置横向斜撑外，中间应每隔 6 跨设置一道。

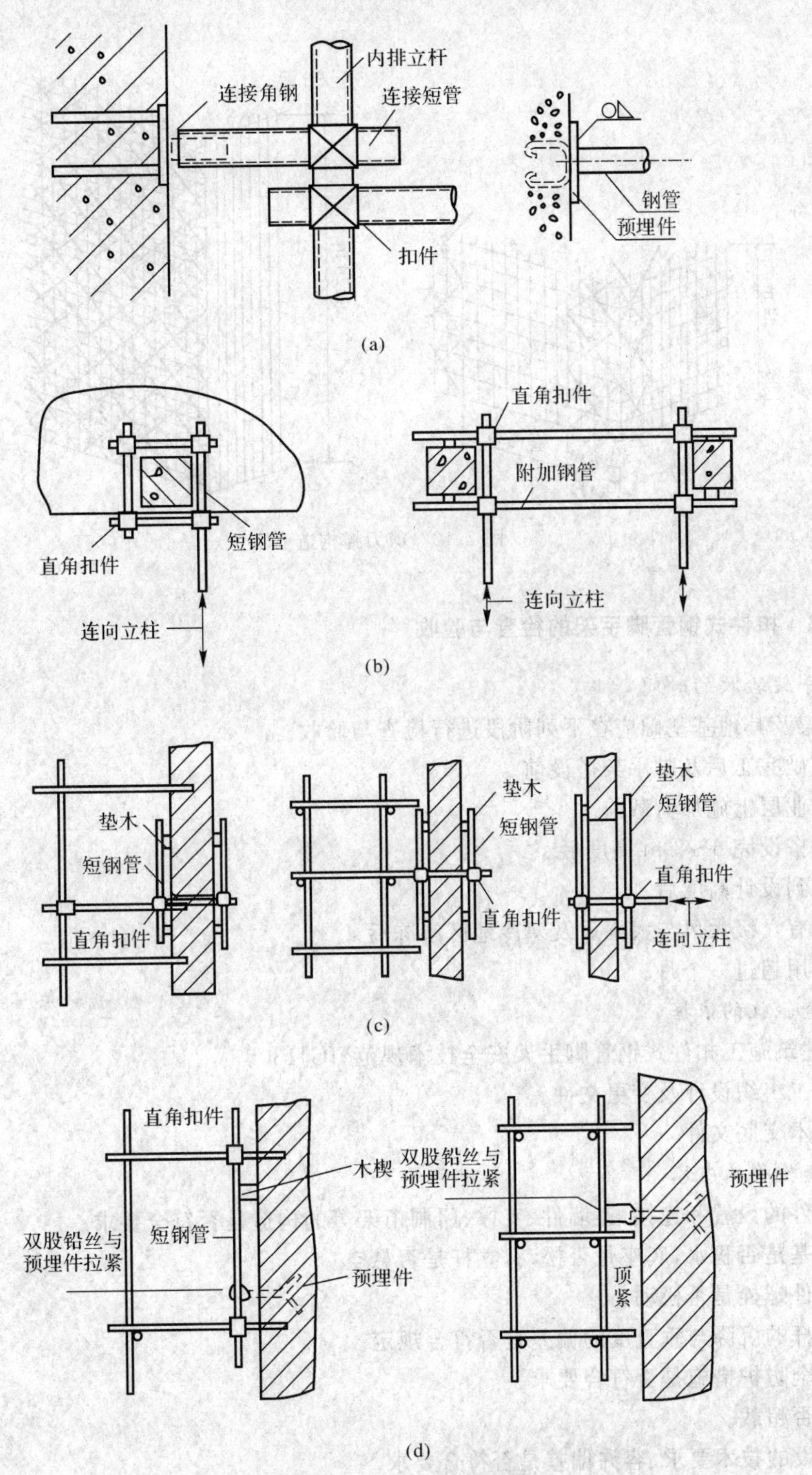

图 7.11　剪刀撑与各类构件的连接

(a)刚性连墙件与预埋件焊接；(b)刚性连墙件与柱或梁连接；

(c)刚性连墙件与墙连接；(d)柔性连墙件与墙连接

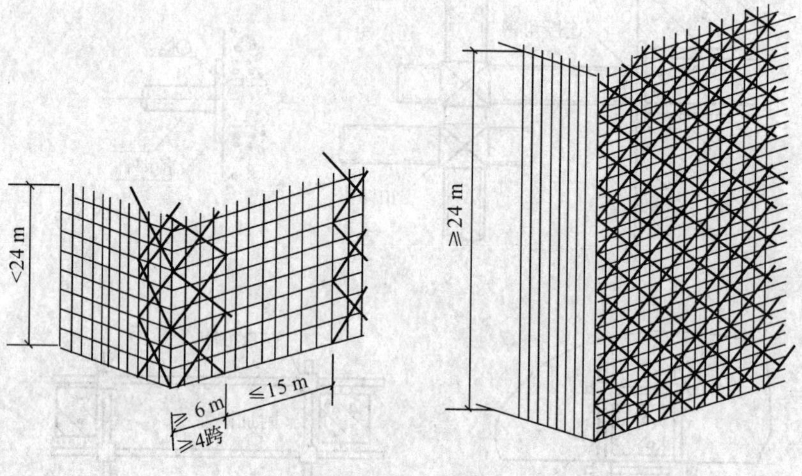

图 7.12 剪刀撑构造

7.1.3 扣件式钢管脚手架的检查与验收

1.脚手架验收的时间

脚手架及其地基基础应在下列阶段进行检查与验收。

(1)基础完工后及脚手架搭设前。

(2)作业层上施加荷载前。

(3)每搭设完 6～8 m 高度后。

(4)达到设计高度后。

(5)遇有六级大风与大雨后及寒冷地区解冻后。

(6)停用超过一个月。

2.检查验收的依据

(1)《建筑施工扣件式钢管脚手架安全技术规范》JGJ130。

(2)施工组织设计及变更文件。

(3)技术交底文件。

3.检查验收的内容

(1)杆件的设置和连接,连墙件、支撑、门洞桁架等的构造是否符合要求。

(2)地基是否积水,底座是否松动,立杆是否悬空。

(3)扣件螺栓是否松动。

(4)立杆的沉降与垂直度的偏差是否符合规定。

(5)安全防护措施是否符合要求。

(6)是否超载。

(7)搭设的技术要求、容许偏差是否符合要求。

(8)扣件的拧紧程度抽查是否符合要求。

7.2　门式钢管脚手架

门式钢管脚手架是20世纪80年代由国外引进的一种脚手架，主要由门架、交叉支撑、连接棒、挂扣式脚手板或水平架、锁臂等构件组成，再设置水平加固杆、剪刀撑、扫地杆、封口杆、底座等。其组成如图7.13所示。

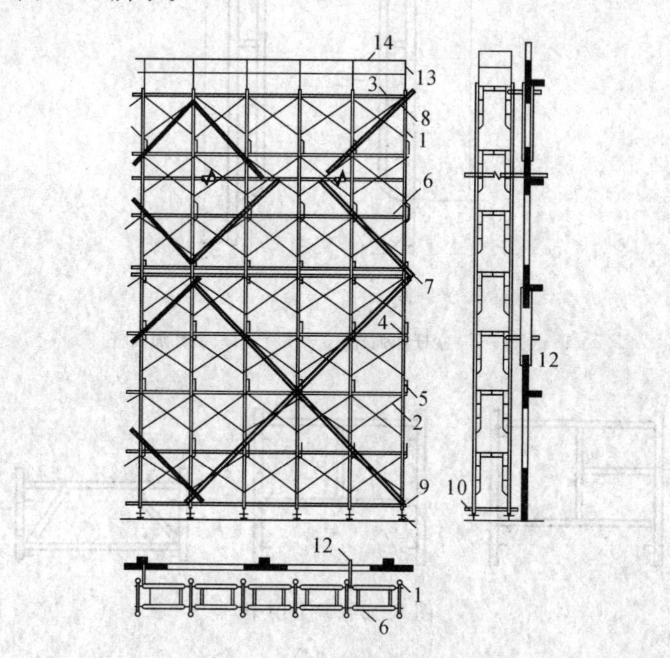

图7.13　门式钢管脚手架的组成

1—门架；2—交叉支撑；3—脚手板；4—连接棒；5—锁臂；6—水平架；7—水平加固杆
8—剪刀撑；9—扫地杆；10—封口杆；11—底座；12—连墙件；13—栏杆；14—扶手

相对于扣件式钢管脚手架，门式脚手架有如下优点。

(1)几何尺寸标准化，结构合理、承载力高。

(2)连接简单、搭拆方便，施工效率高。

(3)易于堆放和运输。

7.2.1　门式钢管脚手架的主要构配件

(1)门架。门架是门式钢管脚手架的主要构件，由立杆、横杆及加强杆等焊接而成。门架有多种形式，典型的门架如图7.14所示。其中，主受力杆件立杆、横杆所采用的钢管有两种规格：$\phi48\times3.5$和$\phi42\times2.5$，加强杆钢管均为$\phi26.8\times2.5$。

常用门架的宽度为1.2 m，高度有3种：1.9 m，1.7 m和1.5 m。窄形门架的宽度只有0.6 m或0.8 m，高度为1.7 m，主要用于装修和抹灰作业。

调节门架主要用于调节门架的竖向高度，如图7.15所示，其高度有1.5 m，1.2 m，0.9 m，0.6 m，0.4 m等。其它部件如图7.16所示。

(2)水平架。水平架是在非作业层上代替脚手板挂扣在门架横杆上的水平框架，架端有卡扣，可与门架横杆自锚连接，以增大门架平面外的刚度。

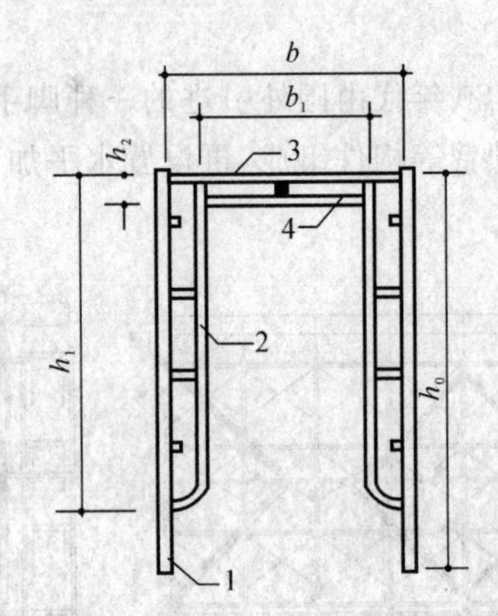

图 7.14　门架

1—立杆；2—立杆加强杆；3—横杆；4—横杆加强杆

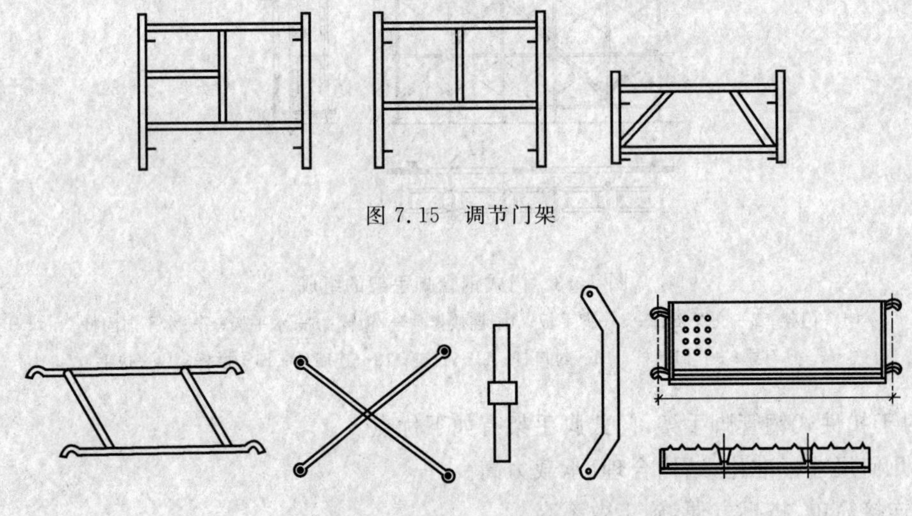

图 7.15　调节门架

图 7.16　门式脚手架的其他部件

(a)水平架；(b)交叉支撑；(c)连接棒；(d)锁臂；(e)挂扣式脚手板

(3)交叉支撑。交叉支撑是每两榀门架纵向连接的交叉拉杆，靠两端的销孔与门架连接。其主要作用是增加脚手架平面内的稳定性。

(4)挂扣式脚手板。作为作业层的脚手板，同时起水平架的作用。

(5)连接棒。它是连接上、下两榀门架的连接件。

(6)锁臂。销臂是对连接棒的连接起加强作用。

其他部件与扣件式钢管脚手架相同。

门式钢管脚手架的基本结构如图 7.17 所示。

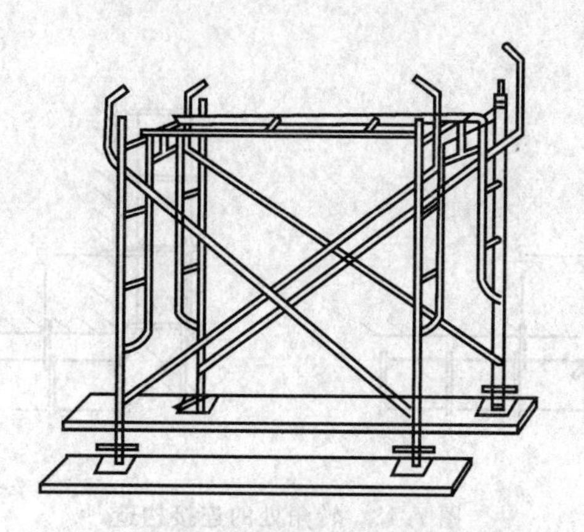

图 7.17　门式钢管脚手架的基本构造

7.2.2　门式钢管脚手架的构造

1. 门架及构配件的构造要求

在搭设门式钢管脚手架时应注意以下问题。

(1)不同规格的门架因宽度、高度及杆件直径不同,不得混用;不配套的门架与配件不得混用。

(2)在脚手架的操作层上应连续满铺与门架配套的挂扣式脚手板,并扣紧挡板,防止脚手板脱落和松动。

(3)门架的内外两侧均应设置交叉支撑并应与门架立杆上的锁销锁牢。

(4)上、下榀门架的组装必须设置连接棒及锁臂。

(5)底部门架的立杆下端宜设置底座或可调托座。当设置可调托座时,调节螺杆的伸出长度不应大于 200 mm。

2. 加固件构造

(1)剪刀撑设置。

1)脚手架高度超过 24 m 时,应在脚手架外侧连续设置;否则,应在转角、两端及中间以不超过 15 m 的间隔从底到顶设置剪刀撑。

2)剪刀撑应采用扣件与门架立杆扣紧。

3)剪刀撑的设置方法与扣件式钢管脚手架基本相同。

(2)水平加固杆设置。水平加固杆应采用扣件与门架的立杆扣紧。在下列位置应设置水平加固杆。

1)顶层、连墙件设置层。

2)当每步铺设挂扣式脚手板时,每 4 步设置一道,并在连墙件设置层设置。

3)搭设高度大于 40 m 时,应每步设置;小于 40 m 时,每两步设置一道。

4)在脚手架的转角处、开口形架体两端的两个跨距内,每步设置一道。

3. 转角处门架的连接

转角处门架的连接构造有两种方式,如图 7.18 所示。

无论采用哪种方式连接,脚手架内外两侧均应步步设置连接杆,以使脚手架在建筑物周围形成闭合结构。

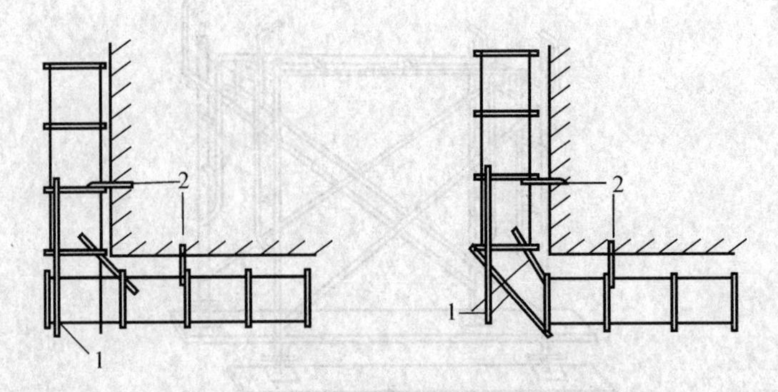

图 7.18　转角处的连接构造

1—水平连接杆；2—连墙杆

4.连墙件间距

连墙件一般竖向每隔三步、水平向每隔 4 跨设置一个，具体应满足表 7.4 所列的规定。

表 7.4　连墙件竖向、水平间距

脚手架搭设高度/m	连墙件间距/m		每根连墙件覆盖面积/m^2
	竖向	水平方向	
≤40	$3h$	$3l$	≤40
>40	$2h$	$3l$	≤27

在脚手架的转角处、不闭合(一字形、槽形)脚手架的两端应增设连墙件，其竖向间距不应大于层高，且不大于 4 m。

7.3　碗扣式钢管脚手架

碗扣式钢管脚手架是采用定型钢管杆件和碗扣式接头连接的一种承插式钢管脚手架。这种脚手架具有以下特点：①接头结构合理，连接不用螺栓；②安装拆除方便；③杆件长度模数化；④连接可靠、承载力高；⑤无零配件，不存在配件丢失；⑥整个安装过程只需一把榔头等。这种脚手架广泛应用于桥涵、房屋、隧道等工程施工。

7.3.1　基本杆件及其连接

碗扣式钢管脚手架是以规格为 $\phi48\times3.5$，Q235A 级焊接钢管为主要承力构件，其核心部件是连接各杆件的带齿的碗扣接口，它由上碗扣、下碗扣、上碗扣限位销、横杆接头和斜杆接头组成，其构造如图 7.19 所示。

(1)立杆。碗扣式钢管脚手架的立杆长度有 1 200 mm，1 800 mm，2 400 mm 及3 000 mm 4 种规格，在立杆上，每隔 0.6m 安装一套碗扣接头，顶端焊接有立杆连接管。下碗扣及限位销均焊接在立杆钢管上，上碗扣对应地套在钢管上。当上碗扣的销槽对准焊接在钢管上的限位销时即能上下移动。

(2)横杆。横杆是在钢管的两端各焊接一个横杆接头而成的。横杆的长度有 300 mm，600 mm，900 mm，1 200 mm，1 500 mm，1 800 mm 等规格，安装时可根据实际需要选定。

横杆与立杆连接时，只需将横杆的接头插入立杆上的下碗扣内，再将上碗扣沿限位销扣下，并顺时针旋转，靠上碗扣螺旋面使之与限位销顶紧，从而将横杆与立杆牢固地连接在一起，形成框架结构。

当每个下碗扣内同时安装 1～4 个横杆时，上碗扣均能锁紧。横杆之间可以在水平面内相互垂直，也可以成任意角度。

(3)斜杆。斜杆是在钢管的两端铆接斜杆接头而成的，同横杆接头一样可装在下碗扣内，形成斜杆节点。斜杆可绕斜杆接头上下转动。

斜杆的长度规格与上述立杆和横杆组合时所形成矩形框架的对角线长度相对应，共有 8 个规格。

斜杆也可用扣件式钢管脚手架的扣件和钢管代替。

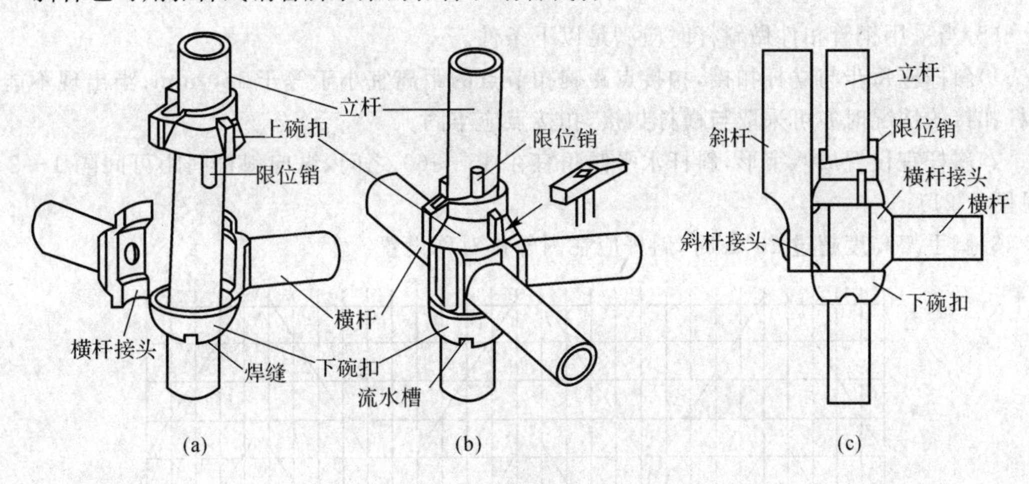

图 7.19　碗扣式钢管脚手架节点构造

(a)组装前；(b)组装后；(c)斜杆节点

7.3.2　碗扣式钢管脚手架的基本构造

碗扣式钢管脚手架由立杆、横杆及斜杆组成的节点在结构设计及计算中应视为铰接点。结构的构造设计应保证整体结构形成几何不变体系。

在搭设双排式外架时，应满足如下构造：

(1)当立杆步距宜选用 1.8m，横距宜选用 1.2m，立杆纵向间距可选择不同规格的系列尺寸。

(2)当双排外脚手架拐角为直角时，宜采用横杆直接组架；拐角为非直角时，可采用钢管扣件组架。

(3)脚手架首层立杆应采用不同的长度交错布置，底部横杆(扫地杆)严禁拆除，立杆应配置可调底座。

(4)斜杆设置应满足以下要求。

1)脚手架拐角处及端部必须设置竖向通高斜杆。

2)当脚手架高度小于等于 20 m 时,每隔 5 跨设置一组竖向通高斜杆,如图 7.20 所示;当脚手架高度大于 20 m 时,每隔 3 跨设置一组竖向通高斜杆。斜杆必须对称设置。

3)斜杆临时拆除时,应调整斜杆位置,并严格控制同时拆除的根数。

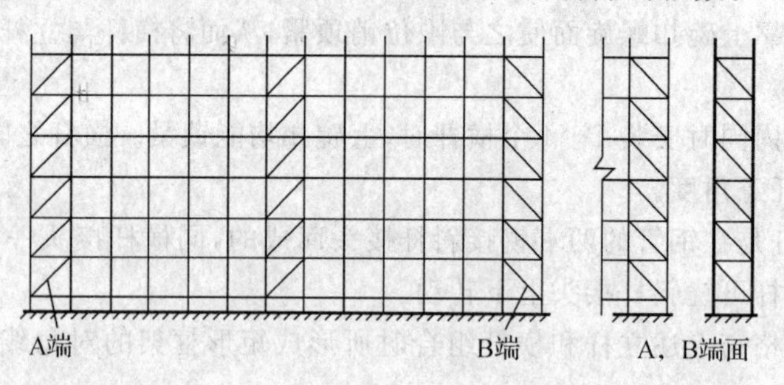

图 7.20　碗扣式脚手架的斜杆布置

(5)当采用钢管扣件做斜杆时应满足以下条件。

1)斜杆应每步与立杆扣接,扣接点距碗扣节点的距离宜小于等于 150 mm;当出现不能与立杆扣接的情况时亦可采取与横杆扣接,扣接点应牢固。

2)斜杆宜设置成八字形,斜杆水平倾角宜在 45°～60°之间,纵向斜杆间距可间隔 1～2 跨(见图 7.21);

3)脚手架高度超过 20 m 时,斜杆应在内外排对称设置。

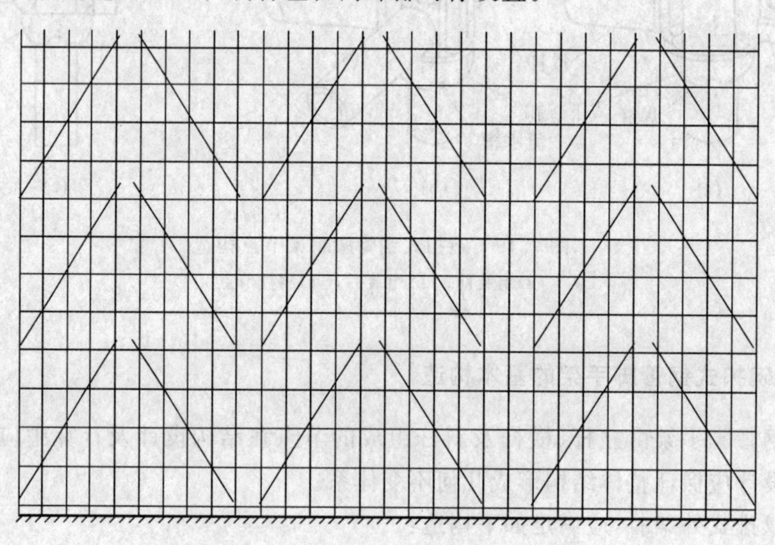

图 7.21　碗扣式脚手架钢管扣件斜杆设置

(6)连墙杆设置。

1)每层连墙杆应在同一平面内,水平间距应不大于 4 跨。

2)连墙杆应设置在有廊道横杆的碗扣节点处,采用钢管扣件做连墙杆时,连墙杆应采用直角扣件与立杆连接,连接点距碗扣节点距离应小于等于 150 mm;

3)连墙杆必须采用可承受拉、压荷载的刚性结构。

4)当脚手架高度超过 20 m 时,上部 20 m 以下的连墙杆水平处必须设置水平斜杆。

7.4 附着式升降脚手架

附着式升降脚手架简称爬架是一种专门用于高层建筑施工的外脚手架，一般由架体结构、支架、提升(爬升)系统等组成。其主要特点是搭设一定高度的不落地附墙脚手架，在主体施工阶段，随着建筑物的升高，以建筑结构主体为支撑点，利用提升设备沿建筑物外侧向上移动；在装修阶段，随着外墙装修的进行，又可以沿外墙逐渐下落。其优点是不必翻架子，免除了脚手架的拆装工序(一次组装可一直用到施工完毕)，且不受建筑物高度的限制。近年来，附着式升降脚手架在高层建筑施工中的应用越来越广泛。

附着式升降脚手架按照其升降方式可分为很多种，如套框(管)式、互爬式、导轨式、套轨式、挑轨式、吊套式、吊轨式等；其提升设备包括手动葫芦、电动葫芦、卷扬机和液压设备等。

7.4.1 几种常见的附着升降式脚手架

1. 套框式爬架

套框式爬架适用于建筑物外侧为墙体的结构。其结构及爬升原理如图7.22所示。

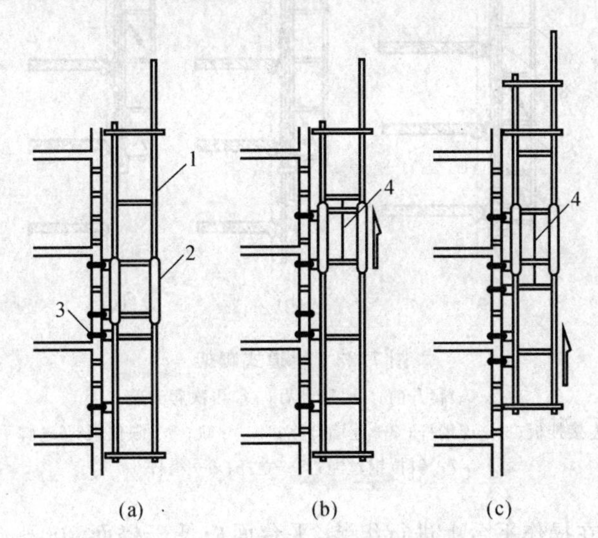

图7.22 套框式爬架及爬升原理

(a)爬升前位置；(b)活动架爬升(半个楼层高)；(c)固定架爬升(半个楼层高)

1—固定架；2—活动架；3—附墙螺栓；4—倒链

套框式爬架由相互嵌套的两个脚手架框(活动框和固定框)组成，其中，固定框的杆件采用普通的ϕ45 mm×3.5 mm脚手架钢管制作，可采用扣件连接。活动框则采用规格为ϕ63.5×4钢管焊接而成，固定框的一步立杆嵌套在活动框的立杆钢管内。

固定框和活动框均需在地面制作并沿建筑物墙体一次组装完成，其高度通常为3～4个建筑物层高。

在正常使用状态下，固定框及活动框均通过穿墙螺栓或导轨支座固定在建筑物主体结构上，以保证脚手架的稳定性。爬升时，将倒链挂在固定框的顶端并用吊钩挂住活动框，拆除活动框与建筑物墙体间的连接，以固定框顶端为支点，将其一次提升半个楼层高度后，将活动框固定于墙上。然后，移动倒链挂点位置，将其挂于已被固定的活动框顶部，用其再提升固定框半个楼层高度，这样依次往复进行，直到将脚手架提升至施工方案设计的位置。

在套框式爬架中，固定框及活动框的杆件及连接节点的强度均须进行验算，还应对连墙螺栓、倒链等进行验算。

2. 导轨式爬架

当建筑物外侧没有墙体时（框剪结构），可以以楼层梁为支座支设导轨，再利用导轨作为脚手架滑升时的轨道及倒链的吊挂点。其滑升原理如图 7.23 所示。

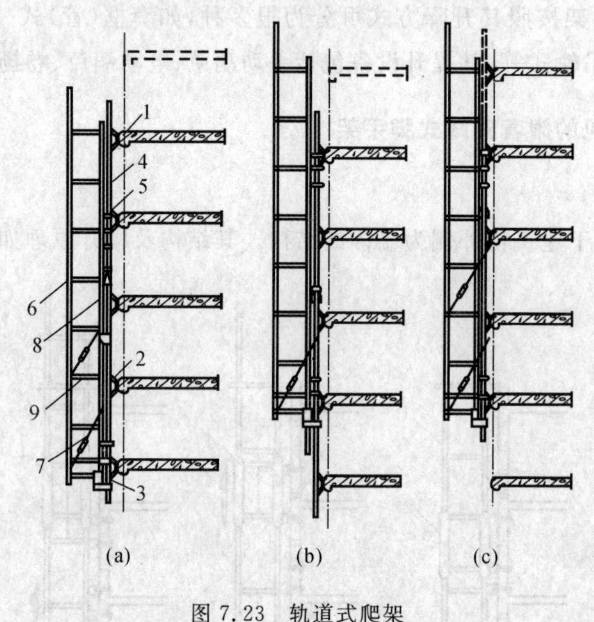

图 7.23　轨道式爬架

(a)爬升前；(b)爬升后；(c)再次爬升前

1—连接挂板；2—连墙杆；3—连墙杆座；4—导轨；5—限位锁；6—脚手架；7—斜拉钢丝绳；8—立杆；9—横杆

导轨式爬架一般在操作平台上进行组装，平台面应低于楼面 300～400 mm，架体的下部为桁架结构，上部可采用碗扣式或扣件式钢管脚手架，搭设方式与常规脚手架基本相同。与导轨对应的横向承力框架（主框架）也为桁架或刚架结构，在外侧立面沿全高设置剪刀撑。

为保证脚手架沿导轨顺利上下滑动，在脚手架的每榀主框架和导轨之间沿高度方向至少安装两个导轮组。导轨的垂直度可通过连墙挂板与导轨之间的连墙支座杆的长度来调节。提升脚手架用的滑轮组上端固定在上部导轨支座或提升挑梁上，下端与架体相连。每次提升完毕后，应采用钢丝绳将架体与连墙挂板（支座）拉结，以确保安全，如图 7.23～图 7.25 所示。通常这种脚手架可以搭设成整体升降式，也可以搭设成分片升降式。

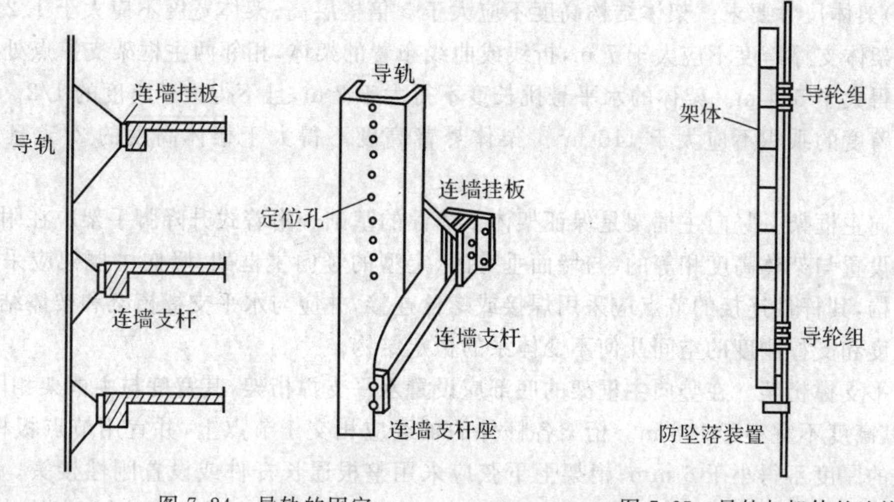

图 7.24　导轨的固定　　图 7.25　导轨与架体的连接

3. 互升降式脚手架

互升降式脚手架将架体分为甲、乙两种单元(见图 7.26)，在工作状态，这两种单元等高平行地用穿墙螺栓或钢丝绳固定在墙体或导轨支座上，单元之间无相对运动。需要升降时，乙类单元仍不动，作为甲类单元提升的倒链挂点，用倒链对甲类单元进行升降。升降完成后，固定甲类单元，再以相同的方式升降乙类单元。

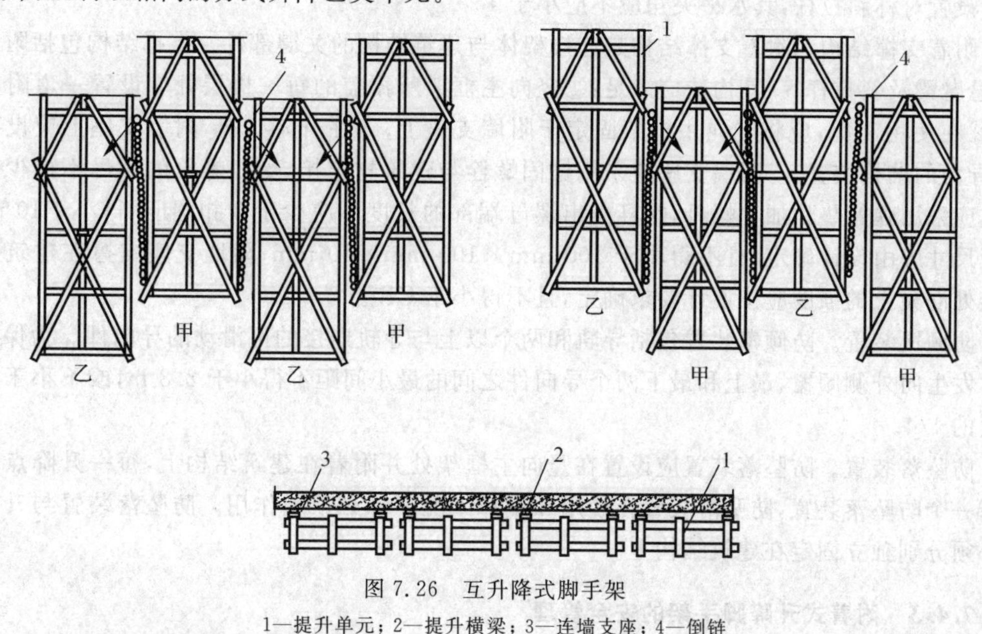

图 7.26　互升降式脚手架

1—提升单元；2—提升横梁；3—连墙支座；4—倒链

7.4.2　附着升降式脚手架的构造

附着升降式脚手架主要由竖向主框架、水平支撑桁架、升降装置、附着支撑结构、防倾装置、防坠装置组成。

(1)架体尺寸要求。架体结构高度不应大于5倍楼层高;架体宽度不应大于1.2 m。直线布置的架体支撑跨度不应大于7 m,折线或曲线布置的架体,相邻两主框架支撑点处架体外侧距离不得大于5.4 m。架体的水平悬挑长度不得大于2 m,且不得大于跨度的1/2。架体全高与支撑跨度的乘积不应大于110 m^2。架体悬臂高度不得大于架体高度的2/5,且不得大于6 m。

竖向主框架。竖向主框架是保证架体整体性的基础。附着式升降脚手架应在附着支撑结构部位设置与架体高度相等的、与墙面垂直的、定型的竖向主框架,竖向主框架应采用桁架或刚架结构,其杆件连接的节点应采用焊接或螺栓连接,并应与水平支撑桁架和架体结构构成有足够强度和支撑刚度的空间几何不变体系的稳定结构。

水平支撑桁架。在竖向主框架的底部应设置水平支撑桁架,其宽度与主框架相同,平行于墙面,其高度不宜小于1.8 m。桁架各杆件的轴线应相交于节点上,并宜用节点板构造连接,节点板的厚度不得小于6 mm;桁架上下弦应采用整根通长杆件或设置刚性接头。腹杆上下弦连接应采用焊接或螺栓连接;桁架与主框架连接处的斜腹杆宜设计成拉杆;架体构架的立杆底端应放置在上弦节点各轴线的交汇处。内外两片水平桁架的上弦和下弦之间应设置水平支撑杆件,各节点必应采用焊接或螺栓连接。

剪刀撑设置。同落地式扣件架,附着式升降脚手架架体外立面应沿全高连续设置剪刀撑,并应将竖向主框架、水平支撑桁架和架体连成一体,剪刀撑的水平夹角应为45°～60°;应与所覆盖架体构架上每个主节点的立杆或横向水平杆伸出端扣紧;悬挑端应以竖向主框架为中心成对设置对称斜拉杆,其水平夹角应不应小于45°。

附着支撑结构。附着支撑结构是连接架体与建筑结构的关键部件。支撑结构包括附墙支座、悬臂梁及斜拉杆等,其构造应满足:①竖向主框架所覆盖的每一楼层处应设置一道附墙支座;②在使用工况,应将竖向主框架固定于附墙支座上;③在升降工况,附墙支座上应设有防倾、导向的结构装置;④附墙支座应采用锚固螺栓与建筑物连接,受拉螺栓的螺母不得少于两个或应采用弹簧垫片加单螺母,螺杆露出螺母端部的长度不应少于3扣,且不得小于10 mm,垫板尺寸应由设计确定,且不得小于100 mm×100 mm×10 mm;附墙支座支撑在建筑物上连接处混凝土的强度应按设计要求确定,且不得小于C10。

防倾覆装置。防倾覆装置包括导轨和两个以上与导轨连接的可滑动的导向件。为保证架体不发生向外侧倾覆,最上和最下两个导向件之间的最小间距不得小于2.8 m,或不小于架体高度的1/4。

防坠落装置。防坠落装置应设置在竖向主框架处并附着在建筑结构上,每一升降点不得少于一个防坠落装置,防坠落装置在使用和升降工况下都必须起作用。防坠落装置与升降设备必须分别独立固定在建筑结构上。

7.4.3 附着式升降脚手架的安全管理

1.加工制作

1)附着式升降脚手架构配件的制作必须具有完整的设计图纸、工艺文件、产品标准和产品质量检验规则。

2)对附着支撑结构、防倾防坠落装置等关键部件的加工件要有可追溯性标识,加工件必须进行100%检验。

2. 安装与使用

1)使用前，应编制“附着升降式脚手架专项施工组织设计”。

2)施工人员必须经过专项培训，并进行安全技术交底。

3)升降作业时，严禁操作人员停留在架体上，特殊情况确实需要上人的，必须采取有效安全防护措施。

4)应设置安全警戒线。正在升降的脚手架下部严禁有人进入，并设专人负责监护。

5)采用附着式升降脚手架时，总承包单位应取得相应资质。

7.5　悬挑式外脚手架

悬挑式外脚手架是利用由建筑结构外边缘向外伸出的悬挑结构来支撑的外脚手架，其关键是悬挑支撑结构，它必须具有足够的强度、刚度和稳定性，并能将脚手架荷载传递给建筑物主体结构。

7.5.1　悬挑式脚手架的分类

根据支撑方式可以将悬挑式外脚手架分为两大类：支撑杆式悬挑外脚手架和挑梁式外脚手架。

1. 支撑杆式悬挑外脚手架

如图 7.27 所示，支撑杆式悬挑外脚手架是利用脚手架架体下端的斜向支撑杆承担架体荷载，并将其传递给建筑物主体结构。按照其传力特点，可以分为单纯的下撑式和下撑上拉式。

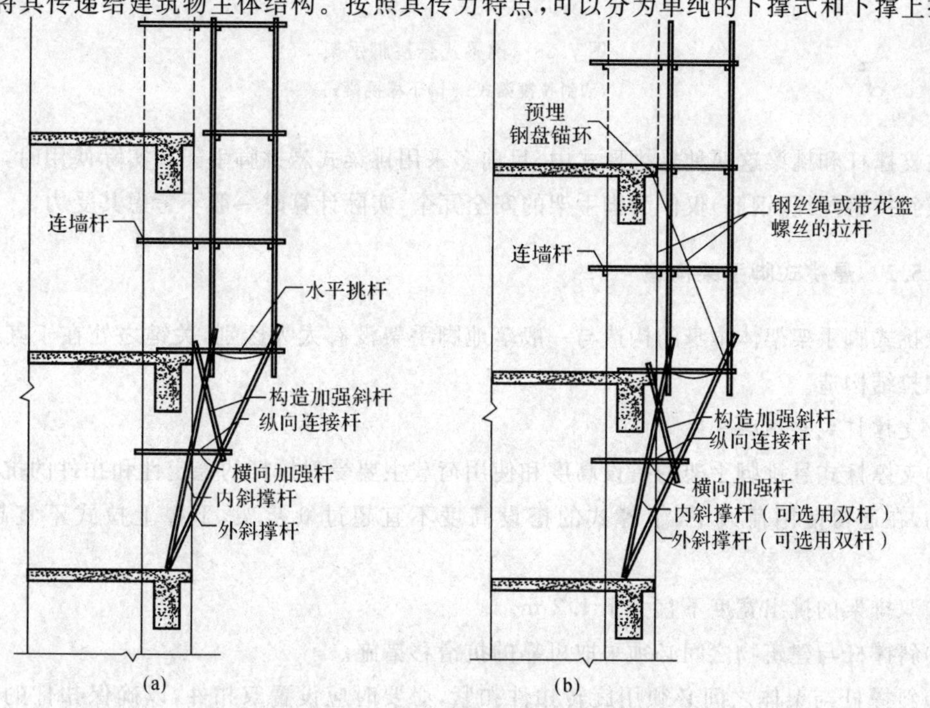

图 7.27　支撑杆式悬挑外脚手架

(a)下撑式；(b)下撑上拉式

2. 挑梁式外脚手架

挑梁式外脚手架是利用固定在建筑物上的型钢悬挑梁作为脚手架底部支撑点，脚手架的荷载通过挑梁传递给建筑主体结构。型钢挑梁一般选用槽钢、工字钢等。根据挑梁长度及脚手架的搭设高度，可以将挑梁式悬挑脚手架分为单挑梁式、斜拉挑梁式、下撑挑梁式，如图7.28所示。

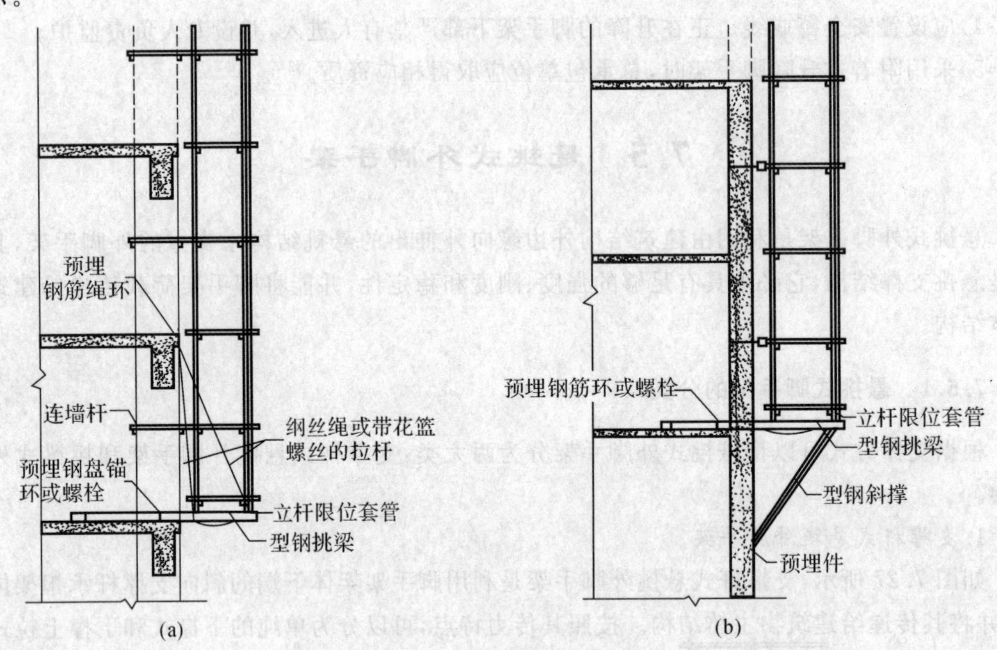

图 7.28　挑梁式悬挑脚手架

(a)斜拉挑梁式；(b)下撑挑梁式

在支撑杆和挑梁这两种悬挑形式中，目前多采用挑梁式悬挑脚手架。实际使用时，其下撑钢管或斜拉钢丝绳（钢筋）仅作为脚手架的安全冗余，实际计算时一般不考虑其受力。

7.5.2　悬挑式脚手架构造

悬挑式脚手架架体本身的构造与一般落地脚手架没有太大区别，关键之处在于其底部的支撑和拉结构造。

1. 支撑杆式悬挑脚手架

1)支撑杆式悬挑脚手架的搭设高度和使用荷载主要受斜撑杆的稳定性和扣件的抗滑移强度制约，在通常使用荷载下，下撑式的搭设高度不宜超过 6 步架，下撑上拉式不宜超过 10 步架。

2)双排架的挑出宽度不宜大于 1.2 m。

3)斜撑杆与建筑物之间必须采取可靠的抗滑移措施。

4)斜撑杆与架体之间必须用旋转扣件扣紧，必要时应设置双扣件，以确保扣件的抗滑移要求。

5)架体采用拉杆或钢丝绳与结构连接时，拉杆之间的纵向间距不应大于 3 倍立杆间距。

2.挑梁式悬挑脚手架构造

1)单挑梁式脚手架的搭设高度不宜超过20m,有下撑或斜拉的挑梁式脚手架搭设高度不应超过30 m。

2)挑梁多选用工字钢或槽钢,其规格型号、固端和悬挑尺寸的选用应根据脚手架荷载经计算确定。当采用“工”字形截面的型钢时,其截面高度不应小于160 mm。

3)悬挑梁及其拉撑构件与建筑物之间的连接强度应经过验算。锚固于楼面结构的悬挑钢梁尾端宜设置两道U形钢筋锚环或U形螺栓,其相邻间距宜取150～200 mm。固定悬挑钢梁的锚环钢筋直径与U形螺栓的直径应按设计确定,应不小于16 mm。

4)当型钢挑梁支撑于建筑物梁板结构上时,悬挑梁的固端长度不应小于1.5倍外挑长度。

5)脚手架立杆底部与悬挑结构应连接牢固,不得滑动,外排立杆距挑梁端部不得小于100 mm。立杆定位件宜采用直径36mm、壁厚≥3 mm的钢管制作,高度宜不小于100 mm。

7.5.3 挑梁式悬挑脚手架的计算内容

挑梁式悬挑脚手架是目前建筑施工中应用最为广泛的悬挑脚手架,此处对其设计计算原理做简略介绍。

1.无连梁的挑梁式外脚手架计算

无连梁的挑梁式外挑脚手架是在每跨的立杆底下设置一根挑梁。其计算简图及力学模型如图7.29所示。

脚手架需要计算的内容如图7.29(a)中所示。

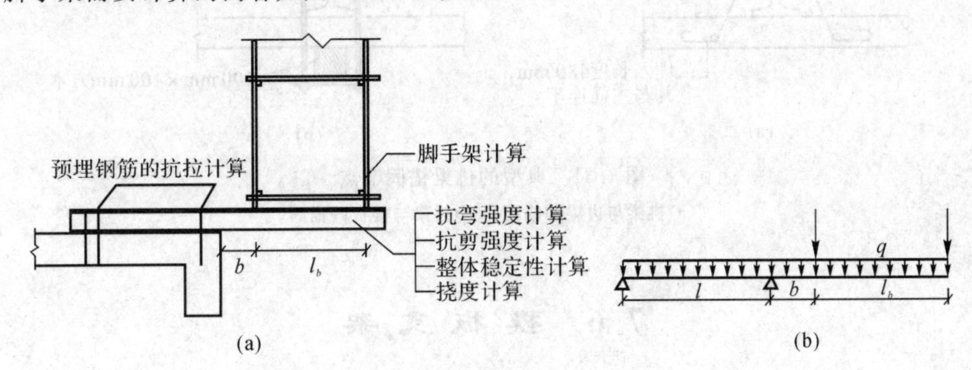

图7.29 无连梁的挑梁式外挑脚手架

(a)无连梁的挑梁式悬挑脚手架计算简图;(b)对应的力学模型

2.带连梁的悬挑脚手架计算

这种脚手架是在其底部设置两根纵向连梁,搁置于挑梁之上,脚手架立杆则立于这两根连梁上。这时,除了脚手架本身及挑梁的计算外,还应对连梁的相关项目进行计算。计算内容及其简图如图7.30所示。

挑梁与主体结构的常见连接构造如图7.31所示。

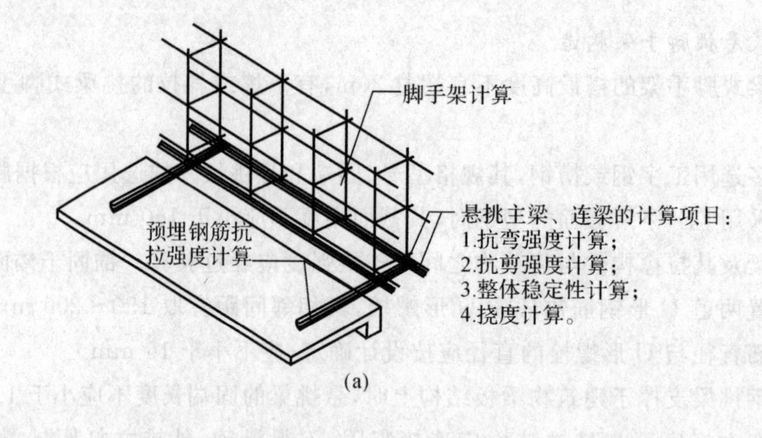

(a)

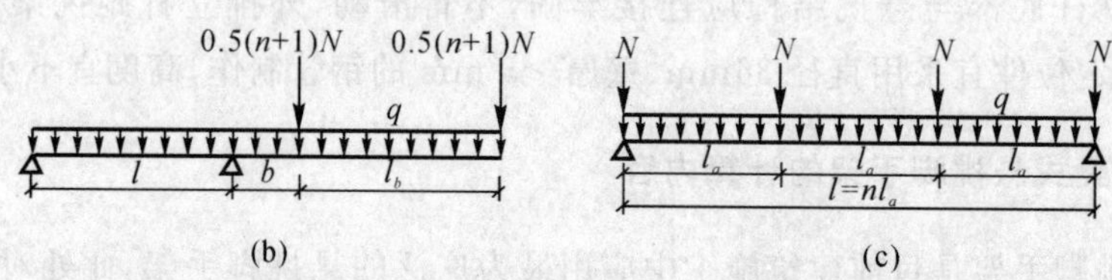

(b) (c)

图 7.30　带连梁的悬挑脚手架计算

(a)计算简图；(b)挑梁计算简图；(c)连梁计算简图

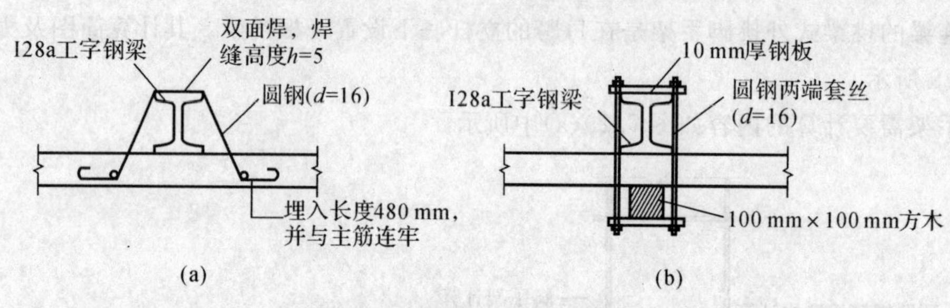

(a) (b)

图 7.31　典型的挑梁锚固节点

(a)挑梁与边梁的锚固；(b)挑梁与楼板的锚固

7.6　模板支架

从受力角度看，建筑施工用模板可以分为两类：竖向构件模板（墙、柱）和水平向构件模板（梁、板）。其对应的模板支架也可以做相应分类。竖向构件的模板支架问题相对比较简单，而水平向模板构件的支架不仅影响结构的施工质量，还影响到施工安全。本节仅对水平向结构（如梁、板）的模板支架问题进行讨论。

7.6.1　水平构件模板支架的分类

水平构件的模板支架可以按所使用的材料、模板支架高度和模板支架的结构构造进行分类。

1. 按照支架材料划分类

按照所使用的材料，水平构件模板支架可以按表 7.5 所列的方法进行分类。

表7.5　模板支架按材料分类

分　类	说　明		
竹、木支架	采用楠竹、木杆作为支架材料		
金属支架	铝合金支架		
	钢支架	型钢支架	按钢结构设计计算
		钢管脚手架支架	按脚手架结构设计计算

2.按模板支架高度分类

按照模板支架的高度,可以将其分为两类:当高度 $H<5$ m时,为一般模板支架;当高度 $H\geqslant5$ m时,为高模板支架。

目前,国家法规对高模板支架的支设有严格的法律规定:对一般的高支架模板,应编制专项施工方案报批;对支架高度 $H\geqslant8$ m的模板支架工程,还应组织专门的专家论证。

3.按支架的结构构造分类

按照模板支架的结构构造,可以分为柱式支架、脚手架式支架和钢结构支架。

(1)柱式支架。以独立立柱(方木、可调钢管支柱、劲性钢管支柱、格构柱等)承载,以水平拉结杆件和斜支杆件保证其整体稳定性的支架。

(2)脚手架式支架。按照脚手架的构造方式搭设的支架,如扣件式钢管支架、门式钢管支架、碗扣式钢管支架等。

(3)钢结构支架。采用型钢构件,按钢结构规范设计的支架。

在以上模板支架方式中,目前,国内以脚手架钢管搭设的模板支架最为常用,本节分别对其进行介绍。

7.6.2　扣件式钢管模板支架

1.扣件式钢管模板支架构造的一般要求

模板支架立杆的底座、扫地杆设置、纵横向水平杆、最大步距、接长等要求同脚手架。

对满堂支架,还应满足下列要求。

(1)支架四边与中间每隔四排支架立杆应设置一道纵向剪刀撑,由底至顶连续设置。

(2)高于4 m的模板支架,其两端与中间每隔4排立杆从顶层开始向下每隔2步设置一道水平剪刀撑。

(3)上层支架立柱应对准下层支架立柱,并应在立柱底铺设垫板。

(4)梁和板的立柱,纵横向间距应相等或成倍数。

(5)当层高为8～20 m时,在最顶一个步距两水平拉杆中间应加设一道水平拉杆;当层高大于20 m时,在最顶两个步距水平拉杆中间应分别增加一道水平拉杆。所有水平拉杆的端部均应与四周建筑物顶紧顶牢,无处可顶时,应于水平拉杆端部和中部沿竖向设置连续式剪刀撑。

2.支架顶部构造

当用扣件和钢管搭设模板支架时,在钢管与模板的接触处一般有两种构造方式。

(1)在各立杆顶部插入可调高度的顶托,再在托座上放置双跟钢管作为主楞,于其上放置方木作为次楞,用次楞直接支撑模板。由于模板荷载是直接通过可调顶托传递给立杆的,这种结构可用于模板荷载较大的情形，且模板高程及平整度容易调整。

(2)以立杆顶部设置水平向钢管直接作为主楞，于其上放置方木支撑模板。这种结构由于模板荷载通过方木传递给钢管，再由钢管通过扣件的抗滑力传递给立杆，因此对扣件的抗滑力要求较高，一般用于荷载不太大的模板支撑。采用这种方法支模时，模板的标高和平整度很难调整。

扣件式钢管模板支架顶部构造如图 7.32 所示。

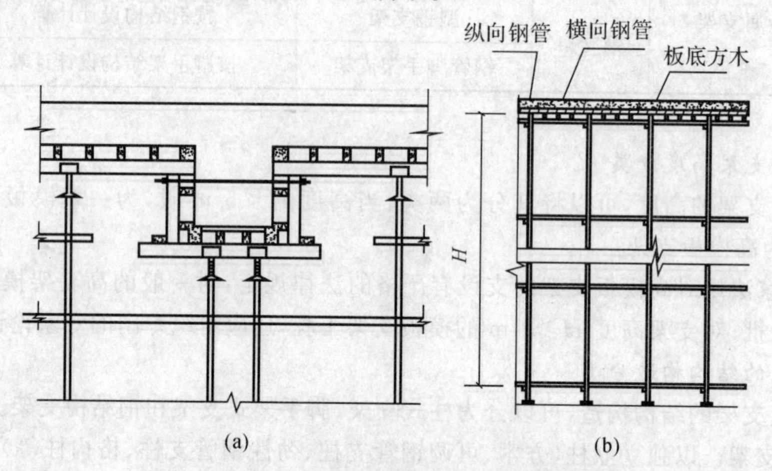

图 7.32　扣件式钢管模板支架顶部构造

(a)立杆顶部插可调托座；(b)水平钢管直接支撑方木

当立杆顶部采用可调托座方式时，托座螺杆的伸出高度不应大于 20 cm，托座顶部距支架最高处水平横杆的间距不应大于 30 cm。

3. 梁底支架构造

一般而言，现浇混凝土结构梁由于其截面尺寸较大，模板支架所受荷载也较重。梁底支架的构造方式取决于其所受的荷载。通常，梁底支架与板底支架采用联合设置的方式，只是根据梁截面大小的不同在梁底部位将立杆适当加密，并专门设置竖向剪刀撑等，如图 7.33 所示。无论如何，梁底支架必须以梁轴线为中心、两侧对称布置。

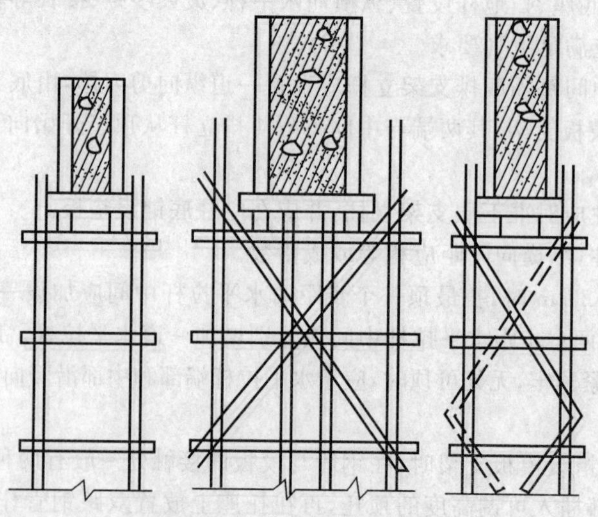

图 7.33　常用梁底支架构造

7.6.3 门式钢管模板支架

1.门式钢管模板支架的一般构造

(1)垫板、底座的要求同扣件式钢管脚手架。

(2)模板支架高度调整宜以采用可调顶托为主。

(3)门架的跨距和间距应根据实际荷载经设计确定,间距不宜大于1.2 m。

(4)应在满堂模板支架的周边顶层、底层及中间每5列、5排连续设置水平加固杆,并应采用扣件与门架立杆扣牢。当楼板模板支架较高时(大于10 m),应在满堂脚手架外侧周边和内部每隔15 m间距设置一道剪刀撑,宽度不应大于4个跨距或间距,斜杆与地面倾角宜为45°～60°。

(5)顶部操作层应采用挂扣式脚手板满铺。

2.用于梁底支架时的构造

门架用于梁模板支撑时,可采用平行或垂直于梁轴线的布置方式。垂直于梁轴线布置时门架两侧应设置交叉支撑(见图7.34(a));平行于梁轴线设置时,两门架应采用交叉支撑或梁底模小楞连接牢固(见图7.34(b));当梁荷载较大时,可采用图7.35所示的布置方式。

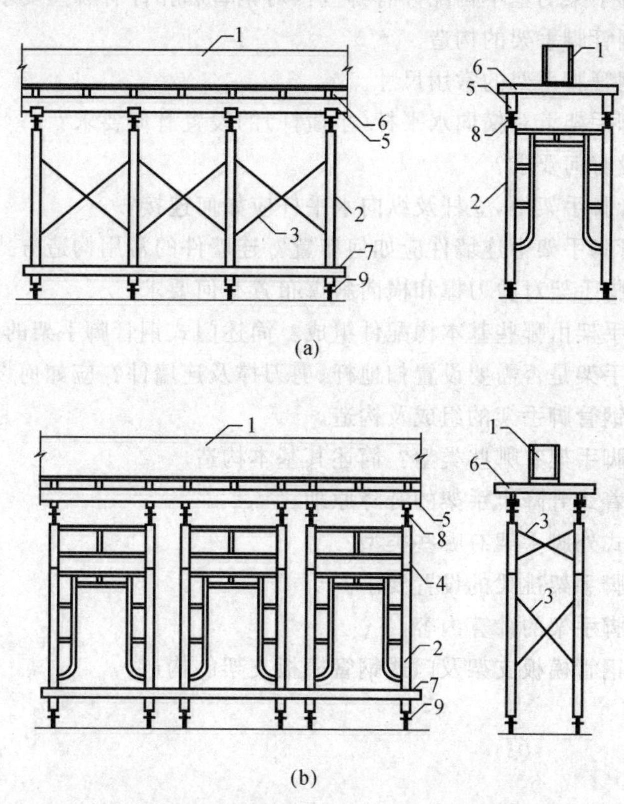

图7.34 门架用于梁底模板支架的一般布置方式

(a)门架垂直于梁轴线布置;(b)门架平行于梁轴线布置

1—混凝土梁;2—门架;3—交叉支撑;4—调节架;5—托梁;

6—小楞;7—扫地杆;8—可调托座;9—可调底座

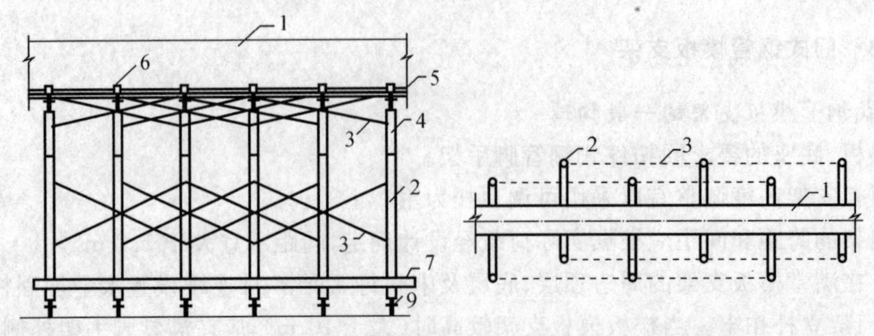

图 7.35 门架用于荷载较大的梁底模板支架时的构造

习 题

1.脚手架按所用材料可以分为哪几类？按搭设方式又可以分为哪几类？

2.什么是模板支架？与脚手架相比，有何特点？

3.扣件式钢管脚手架的基本构配件有哪些？对钢管和扣件有哪些要求？

4.简述落地式钢管脚手架的构造。

5.简述扣件式钢管脚手架的常用尺寸。

6.扣件式钢管脚手架上对横向水平杆(小横杆)的设置有何要求？

7.脚手板的铺设有何要求？

8.在扣件式钢管脚手架中，立杆及纵向水平杆应如何连接？

9.在扣件式钢管脚手架中连墙件应如何布置？连墙件的常用构造方式有哪些？

10.扣件式钢管脚手架对剪刀撑和横向斜撑布置有何要求？

11.门式钢管脚手架由哪些基本构配件组成？简述门式钢管脚手架的基本构造。

12.门式钢管脚手架是否需要设置扫地杆、剪刀撑及连墙件？应如何设置？

13.简述碗扣式钢管脚手架的组成及构造。

14.附着式升降脚手架有哪些类型？简述其基本构造。

15.简述各类附着式升降脚手架的升降原理。

16.常见的悬挑式外脚手架有哪些类型？

17.简述悬挑式脚手架挑梁的设置要求。

18.简述悬挑式脚手架的计算内容。

19.简述扣件式钢管模板支架及门式钢管模板支架的构造。

第8章　防水工程

防水工程包括屋面防水、厨房卫生间和地下防水三大部分。屋面防水主要是防止雨雪对屋面的间歇性渗透作用；地下室防水主要是防止地下水对建筑物(构筑物)经常性的渗透作用；厨卫防水则是保证厨卫在正常使用状态下不向下层渗漏。防水工程是建筑工程施工的一个重要组成部分，其施工质量直接关系到建(构)筑物的使用功能。目前，我国相关法规规定，从事防水工程施工的人员必须经过培训，并取得相应上岗证书，防水工程的最短保修期是5年。厨房及卫生间防水所用材料及施工方法与屋面防水和地下工程防水基本相同，且施工环境相对简单，因此本章仅介绍屋面防水和地下工程防水。

8.1　屋面防水工程

8.1.1　屋面防水概述

按照建筑物的重要性，屋面防水分为4个级别；根据不同级别的防水要求，屋面防水可以分为多道防水和一道防水。按照每道防水所采用的防水材料，可分为卷材防水屋面、涂膜防水屋面、瓦屋面、金属板材屋面、刚性混凝土防水屋面等，如表8.1所列。

表8.1　屋面防水等级和设防要求

项目	屋面防水等级			
	Ⅰ	Ⅱ	Ⅲ	Ⅳ
建筑物类别	特别重要或对防水有特殊要求的建筑	重要的建筑和高层建筑	一般的建筑	非永久性的建筑
防水层合理使用年限	25年	15年	10年	5年
防水层选用材料	宜选用合成高分子防水卷材、高聚物改性沥青防水卷材、金属板材、合成高分子防水涂料、细石混凝土等材料	宜选用高聚物改性沥青防水卷材、合成高分子防水卷材、金属板材、合成高分子防水涂料、高聚物改性沥青防水涂料、细石混凝土、平瓦、油毡瓦等材料	宜选用三毡四油沥青防水卷材、高聚物改性沥青防水卷材、合成高分子防水卷材、金属板材、高聚物改性沥青防水涂料、合成高分子防水涂料、细石混凝土、平瓦、油毡瓦等材料	可选用二毡三油沥青防水卷材、高聚物改性沥青防水涂料等材料
设防要求	三道或三道以上防水设防	二道防水设防	一道防水设防	一道防水设防

在每个防水等级下，对各种防水材料的厚度要求如表 8.2 所列。

表 8.2　防水层厚度选用规定

屋面防水等级	Ⅰ	Ⅱ	Ⅲ	Ⅳ
合成高分子防水卷材	≥1.5 mm	≥1.2 mm	≥1.2 mm	—
高聚物改性沥青防水卷材	≥3 mm	≥3 mm	≥4 mm	—
沥青防水卷材	—	—	三毡四油	二毡三油
高聚物改性沥青防水涂料	—	≥3 mm	≥3 mm	≥2 mm
合成高分子防水涂料	≥1.5 mm	≥1.5 mm	≥2 mm	—
细石混凝土	≥40 mm	≥40 mm	≥40 mm	—

8.1.2　卷材防水屋面

卷材防水屋面是采用黏结胶将防水卷材粘贴于屋面防水基层，或将带底面黏结胶的卷材进行热熔或冷粘贴于屋面防水基层而起到防水作用。其典型构造如图 8.1 所示，具体构造层次，应根据设计要求而定。

1.卷材防水屋面常用材料

(1)防水卷材。屋面防水工程中，常用的防水卷材主要有合成高分子防水卷材、高聚物改性沥青防水卷材和沥青防水卷材。

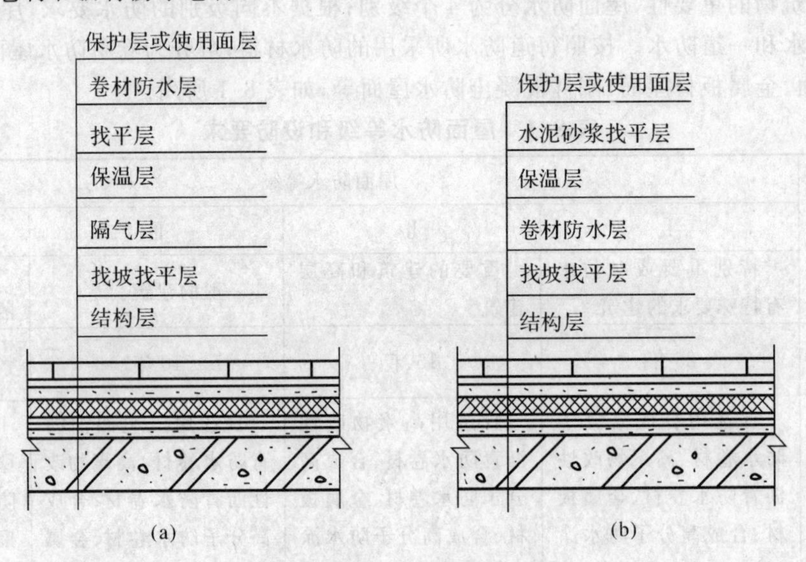

图 8.1　卷材防水屋面构造

(a)正置式屋面；(b)倒置式屋面

1)沥青防水卷材(油毡)。沥青防水卷材是以原纸、织物、纤维毡、塑料膜等为胎基，浸涂石油沥青，用矿物料或塑料膜作为隔离材料制成的防水卷材。铺贴施工时常采用热熔沥青作为黏结剂，因此，在施工时需熬制沥青，会造成环境污染，目前已被限制使用。

2)高聚物改性沥青防水卷材。高聚物改性沥青防水卷材是以纤维织物或纤维毡为胎基，以高聚物改性石油沥青为涂盖层,用细砂、矿物粉料或塑料膜为隔离材料制成的防水卷材。目前使用较广的主要有SBS,APP等,具有高温不流淌、低温不脆裂、抗拉强度高、延伸率大等特点。

3)合成高分子防水卷材。这种材料是以合成橡胶、合成树脂或两者混为基料,加入适当的助剂和填料,经混炼压延或挤出等工序加工而成的防水卷材。目前使用较广的主要有三元乙丙、氯化聚乙烯等。其特点是拉伸强度高、断裂伸长率大、抗撕裂强度高、可冷施工等,是较高档的防水材料。

(2)基层处理剂。基层处理剂是为了增强防水材料与基层之间的黏结力,在防水层施工前,预先涂刷在基层上的稀质涂料。常用的基层处理剂有冷底子油及与高聚物改性沥青卷材和合成高分子卷材相配套的底胶。

1)冷底子油。冷底子油通常由10号或30号石油沥青溶解于柴油、汽油、二甲苯或甲苯等溶剂中而制成,涂刷在水泥砂浆、混凝土基层或金属配件上,冷底子油具有很强的渗透性,能渗入基层,在基层表面形成一层胶质薄膜,能提高沥青胶与基层之间的黏结力。

常用的冷底子油有慢挥发性(10号或30号石油沥青:轻柴油或煤油=4:6(质量比))、快挥发性(同前,质量比为5:5)及速干性(石油沥青:汽油=3:7)3种。

2)卷材基层处理剂。卷材基层处理剂常用于高聚物改性沥青和合成高分子卷材的基层处理,一般采用合成高分子材料进行改性,基本上由卷材生产厂家配套供应或指定。

2.卷材防水屋面的施工

(1)基层处理。用做卷材防水屋面的基层也叫找平层,常采用水泥砂浆、细石混凝土或沥青混凝土制作。水泥砂浆找平层常用于一般混凝土结构层上;细石混凝土刚性好、强度高,适用于基层较松软的保温层上或结构层刚度差的装配式结构上做找平层;在多雨或低温时混凝土和砂浆无法施工和养护,才采用沥青砂浆。

找平层应平整坚实,当采用水泥砂浆或细石混凝土做找平层时,应在其收水后二次压光,并充分养护。水泥砂浆、细石混凝土找平层应平整、压光,不得有酥松、起砂、起皮现象,沥青砂浆找平层不得有拌和不匀、蜂窝现象。找平层与屋面突出物(如女儿墙、排气管水落口、天沟、檐口等部位)的交接处,应做成圆弧过渡。对沥青防水卷材,过渡圆弧的半径为100~150 mm;对高聚物改性沥青及合成高分子防水卷材,过渡圆弧半径分别为50 mm和20 mm,找平层厚度通常为15~30 mm。为防止找平层开裂,应设置分格缝,缝宽为5~20 mm,缝中宜嵌密封材料。分格缝兼作保温层排汽道时,可适当加宽,并应与保温层连通。当采用水泥砂浆或细石混凝土时,分隔缝间距不宜大于6 m;采用沥青砂浆时,不宜大于4 m。

在沥青基防水卷材施工前,找平层表面应达到干燥状态,为此,可将1m^{2}卷材平坦地干铺在找平层上,静置3~4 h后掀开检查,找平层覆盖部位与卷材上未见水印即可认为干燥。还应对找平层表面进行清扫,以确保其干净、无灰尘。清理完成后应立即喷、涂基层处理剂。基层处理剂应与所使用的卷材相容,处理剂的喷涂应均匀一致,对屋面节点、转角、周边等处应先用毛刷涂刷。处理剂凝固干燥后才可进行卷材施工。

(2)卷材铺贴。

1)卷材施工对气温的要求。屋面防水层严禁在雨天、雪天和五级风及其以上时施工。施工时的环境温度应满足表8.3所列的规定。

表 8.3　屋面保温层和防水层施工环境气温要求

项目	施工环境温度
黏结保温层	热沥青不低于－10℃；水泥砂浆不低于 5℃
沥青防水卷材	不低于 5℃
高聚物改性沥青防水卷材	冷黏法不低于 5℃；热熔法不低于－10℃
合成高分子防水卷材	冷黏法不低于 5℃；热风焊接法不低于－10℃

2)卷材铺贴的方向。当防水卷材施工时，卷材的铺贴方向应根据屋面坡度和屋面是否有振动来确定。当屋面坡度小于 3%时，卷材宜平行于屋脊铺贴；当屋面坡度在 3%～15%时，卷材可平行或垂直于屋脊铺贴；当屋面坡度大于 15%或屋面受震动时，沥青防水卷材应垂直于屋脊铺贴，高聚物改性沥青防水卷材和合成高分子防水卷材可平行或垂直屋脊铺贴。当屋面坡度大于 25%时，卷材宜垂直于屋脊方向铺贴，并应采取固定措施，固定点还应密封。当采用多道防水时，上下层卷材不得相互垂直铺贴。

3)铺贴的顺序。所有阴阳角及排水比较集中部位(如屋面与水落口连接处，檐口、天沟、檐沟、屋面转角处、板端缝等)是使用过程中最容易发生漏水的部位，为此，在大面积防水施工前，常先在这些部位增做一层防水附加层，然后由屋面的最低标高处向上施工。

当铺贴天沟、檐沟卷材时，宜顺天沟、檐口方向，以减少搭接。

铺贴多跨和有高低跨的屋面时，应按先高跨后低跨、先远后近的顺序进行，以减少对已铺贴卷材的损坏。

当大面积屋面施工时，为提高工效和加强管理，可根据面积大小、屋面形状、施工工艺顺序、人员数量等因素划分流水施工段。施工段的界线宜设在屋脊、天沟、变形缝等处。

4)搭接方法及宽度要求。铺贴卷材搭接时，上、下层及相邻两幅卷材纵、横向搭接缝应错开。上、下两层之间的纵向搭接缝应错开 1/3～1/2 幅宽，同层相邻两幅卷材的横向搭接缝应错开不小于 1 500 mm。平行于屋脊的搭接缝应顺流水方向搭接；垂直于屋脊的搭接缝应顺年最大频率风向(主导风向)搭接。

在天沟与屋面的连接处，接缝宜留在屋面或天沟侧面，不宜留在沟底。

各种卷材的搭接宽度要求如表 8.4 所示。沥青油毡的搭接宽度如图 8.2 所示。

表 8.4　各种防水卷材的搭接宽度要求

铺贴方法 / 卷材种类		短边搭接宽度/mm		长边搭接宽度/mm	
		满粘法	空铺、点粘、条粘法	满粘法	空铺、点粘、条粘法
沥青防水卷材		100	150	70	100
高聚物改性沥青防水卷材		80	100	80	100
合成高分子防水卷材	胶黏剂	80	100	80	100
	胶黏带	50	60	50	60
	单焊缝	60，有效焊接宽度不小于 25			
	双焊缝	80，有效焊接宽度为 10×2＋空腔宽			

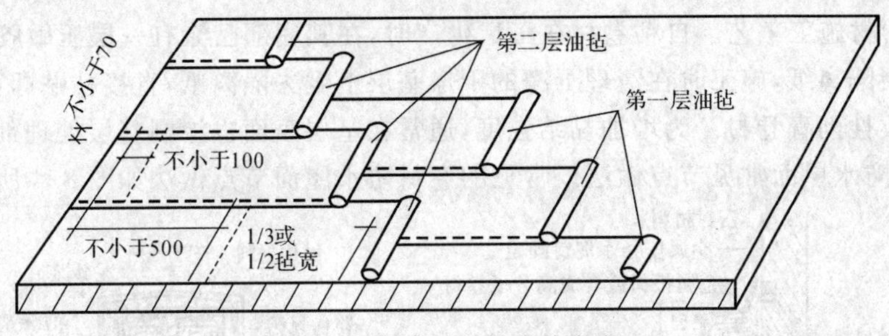

图 8.2 沥青油毡的搭接宽度

5)卷材粘贴的方式。卷材与基层的黏结方法可分为满粘法、条粘法、点粘法和空铺法。通常都采用满粘法,而条粘、点粘和空铺法更适合于防水层上有重物覆盖或基层变形较大的情形。

空铺法。铺贴卷材防水层时,卷材与基层仅在四周一定宽度内黏结,其余部分采取不黏结的施工方法。

条粘法。铺贴卷材时,卷材与基层黏结面不少于两条,每条宽度不小于 150 mm。

点粘法。铺贴卷材时,卷材与基层采用点状黏结,每平方米黏结不少于 5 点,每点面积为 100 mm×100 mm。

无论采用哪种粘贴方法,施工时距屋面周边 800 mm 内的防水卷材与基层之间及防水卷材的长短边搭接处均应满粘,以保证防水层四周与基层黏结牢固,卷材搭接严密。

排气屋面的粘贴方法如图 8.3 所示。

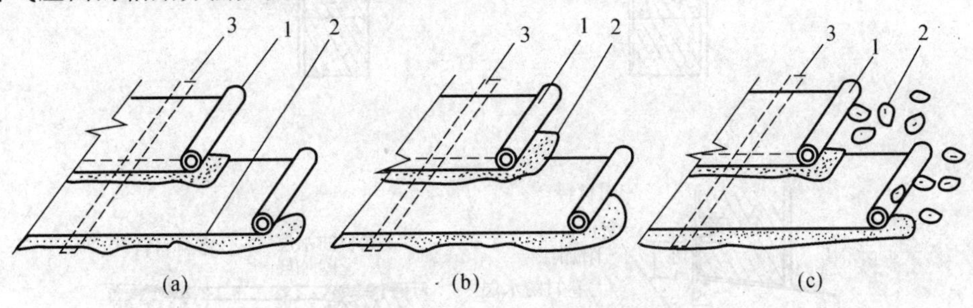

图 8.3 排气屋面的粘贴方法

(a)空铺法; (b)条粘法; (c)点粘法

1—卷材; 2—黏结料; 3—附加卷材条

6)卷材粘贴的方法。防水卷材粘贴的方法主要有冷粘法、热粘法和自粘法 3 种。

a.冷粘法施工工艺。冷粘法施工是指在常温下采用胶黏剂进行卷材与基层、卷材与卷材之间黏结的方法。一般合成高分子卷材采用与之配套的胶黏剂、胶黏带进行粘贴施工,聚合物改性沥青采用冷马蹄脂粘贴施工。

冷粘法施工的顺序是涂刷胶黏剂→卷材铺贴→搭接缝粘贴。

该方法在常温下施工,不须加热或明火,方便安全。但对某些胶黏剂要求基层干燥,胶黏剂中的溶剂充分挥发后才能粘贴。

b.热粘法施工工艺。热粘法是用火焰加热熔化热熔型防水卷材(如 SBS,APP 等)的表层热熔胶进行粘贴。施工时应注意均匀加热,使沥青呈光亮即可,不可过分加热,避免烤焦或烧穿卷材。热熔后应立即铺贴,排除卷材底下的空气,并滚压黏结牢固。

c. 自粘卷材施工工艺。自粘卷材在工厂生产时，在其底部已涂有一层压敏胶黏剂，胶黏剂表面敷有一层隔离纸，施工时在清理干净的干燥基层上剥去隔离纸，直接粘贴即可。这种卷材多为高聚物改性沥青卷材。为增加黏结强度，通常在基层表面也涂刷基层处理剂。

(3)卷材防水屋面常见节点做法。常见的卷材防水屋面节点做法如图 8.4 所示。

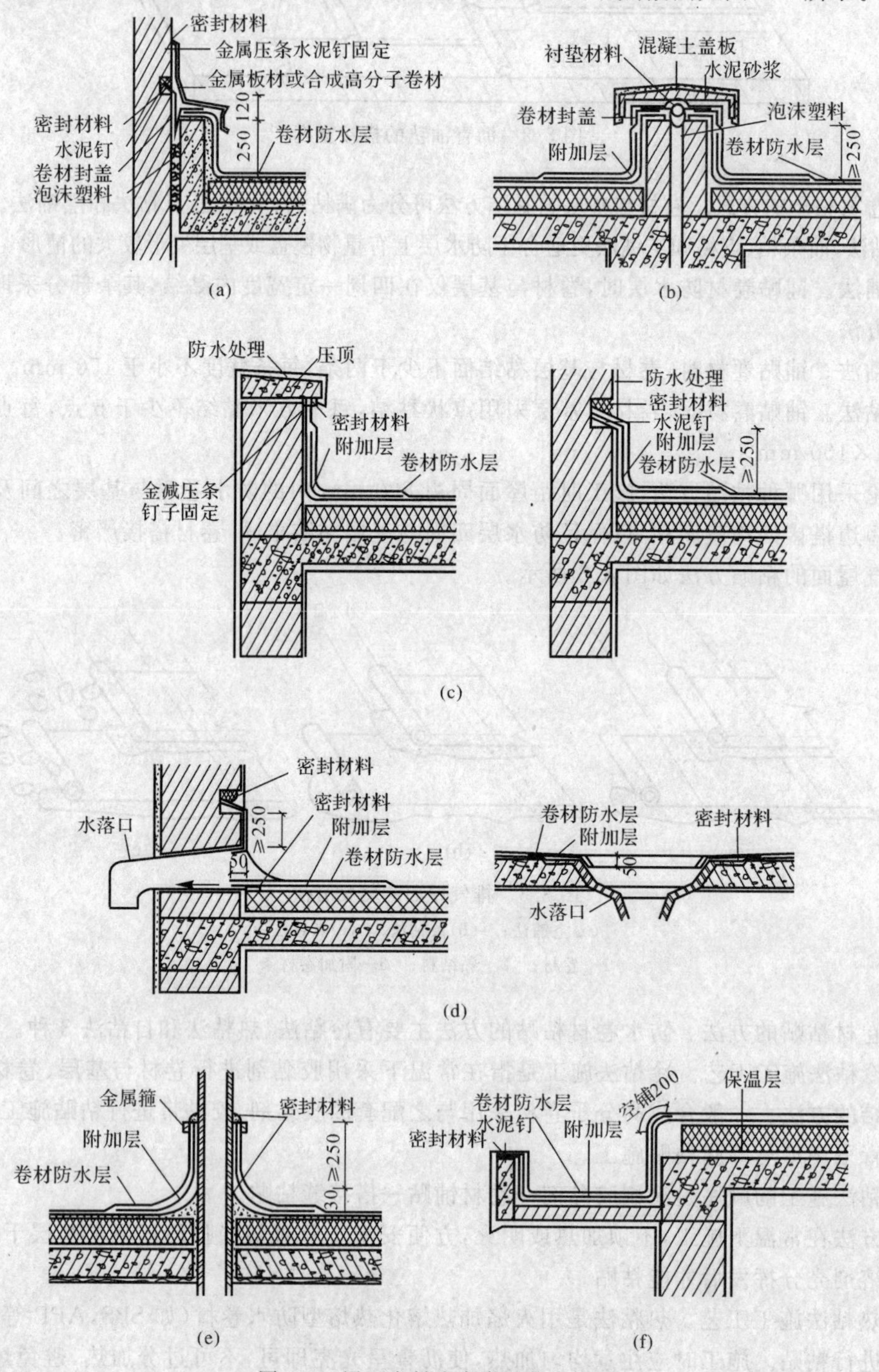

图 8.4　屋面卷材防水常见节点构造

(a)高低屋面变形缝；(b)屋面变形缝；(c)屋面泛水；(d)屋面落水口；(e)伸出屋面的管道；(f)屋面檐沟

3.卷材防水屋面施工质量要求

按照《屋面工程施工质量验收验收规范》GB50207,对卷材防水屋面施工质量的要求主要包括以下方面。

(1)对找平层的要求。

1)所使用的材料及其厚度应符合设计要求。

2)排水坡度,尤其是天沟、檐沟等部位,应符合设计。

3)基层与突出屋面结构(女儿墙、山墙、天窗壁、变形缝、烟囱等)的交接处和基层的转角处,找平层均应做成圆弧形,圆弧半径应符合要求。内部排水的水落口周围,找平层应做成略低的凹坑。

4)找平层的分格缝设置应符合要求。

5)水泥砂浆、细石混凝土找平层应平整、压光,不得有酥松、起砂、起皮现象;沥青砂浆找平层不得有拌和不匀、蜂窝现象。

(2)对卷材施工的要求。

1)卷材应符合设计要求,并有合格证,经现场抽检合格。

2)所使用的基层处理剂、接缝胶黏剂、密封材料等配套材料应与铺贴的卷材材料性能相容。

3)铺贴前,基层表面应洁净,对高聚物改性沥青防水卷材还应做到干燥。

4)铺贴的方向应满足规范要求。

5)铺贴时,卷材的搭接宽度、上下层错缝等应满足规范要求。

6)搭接缝应黏(焊)结牢固,密封严密,不得有皱褶、翘边和鼓泡等缺陷;防水层的收头应与基层黏结并固定牢固,缝口封严,不得翘边。

7)防水层在天沟、檐沟、檐口、水落口、泛水、变形缝和伸出屋面管道的防水构造,必须符合设计要求。

8)卷材防水屋面应经过24h蓄水试验,不得有渗漏或积水现象。

8.1.3　涂膜防水屋面

涂膜防水屋面是将防水涂料(如高聚物改性沥青、合成高分子、聚合物水泥等)涂布在结构表面上,形成屋面防水层的防水做法。涂膜防水可以单独使用,也可与其他防水卷材组成多道屋面防水。

1.涂膜防水屋面的常用材料

在涂膜防水屋面工程中,常用的防水材料包括防水涂料、密封材料及胎体增强材料3类。按成膜物质的主要成分,常用的防水涂料可分为沥青基防水涂料、高聚物改性沥青防水涂料、合成高分子防水涂料;常用的密封材料主要包括改性沥青密封材料及合成高分子密封材料。常用的胎体增强材料主要有化纤无纺布、玻璃纤维网格布。下面仅对防水涂料做简单介绍。

(1)沥青基防水涂料。沥青基防水涂料是以沥青为基料配制而成的水乳型或溶剂型防水涂料。在水乳型防水涂料中,石油沥青被乳化剂分散成1～6 μm的细小颗粒均匀分布于水介质中,涂刷在板面上,水分蒸发后,沥青颗粒重新凝聚成膜,形成稳定、良好的防水层。在溶剂型防水涂料中，石油沥青则被溶解于有机溶剂中，涂刷后因溶剂挥发而在板面形成防水膜。

沥青基防水涂料通常为冷施工防水涂料。

(2)高聚物改性沥青防水涂料。高聚物改性沥青防水涂料是以沥青为基料，用合成高分子聚合物(橡胶)进行改性配制而成的水乳型、溶剂型或热熔型防水涂料。常用的品种有氯丁橡胶改性沥青涂料、丁基橡胶改性沥青涂料、丁苯橡胶改性沥青涂料、SBS改性沥青涂料和APP改性沥青涂料等。与沥青基防水涂料相比，高聚物改性沥青防水涂料在柔韧性、抗裂性、强度、耐高低温性能、使用寿命等方面均有较大改善。

(3)合成高分子防水涂料。合成高分子防水涂料是以合成橡胶或合成树脂为主要成膜物质配制而成的水乳型或溶剂型防水涂料。根据成膜机理分为反应固化型、挥发固化型和聚合物水泥防水涂料3类。常用的品种有丙烯酸防水涂料、聚氨酯防水涂料、硅橡胶防水涂料、聚合物水泥防水涂料等。合成高分子防水涂料有较高的强度和延伸率，优良的柔韧性、耐高低温性能、耐久性和防水能力。

2.涂膜防水屋面的施工

(1)找平层表面清理、修整。涂膜防水屋面的找平层通常采用40 mm厚加微膨胀剂细石混凝土，强度等级不低于C20，其他要求与卷材防水基本一致。基层的干燥程度根据涂料的特性决定：对溶剂型涂料，基层必须干燥；一些水乳型涂料允许在潮湿基层上施工，但基层必须无明水；基层的具体干燥程度，应根据材料生产厂家的要求而定。

(2)喷涂基层处理剂(底涂料)。基层处理剂必须与所使用的防水涂料相容。

涂刷基层处理剂时应用刷子用力薄涂，将涂料基层处理剂尽量刷进基层表面的毛细孔中，并将基层表面可能留有的少量灰尘等无机杂质，像填充料一样混入基层处理剂中，使之与基层牢固结合。

(3)特殊部位附加增强处理。涂膜防水层施工前，应先对水落口、天沟、檐沟、泛水、伸出屋面管道根部等节点部位进行增强处理，其做法是涂刷加铺胎体增强材料的涂料。

(4)涂布防水涂料。防水涂料的涂布方法有刮涂、刷涂及喷涂3种方法。对厚质涂料宜采用铁抹子或胶皮板刮涂施工；对薄质涂料一般采用棕刷、长柄刷、圆滚刷等进行人工涂布，也可采用机械喷涂。

刮涂施工是将涂料分散倒在屋面基层上，用刮板来回刮涂，使其厚薄均匀，不露底、无气泡、表面平整。

刷涂施工时，一般采用蘸刷法，先涂立面，后涂平面。对平面涂刷，也可采用边倒涂料边用刷子刷匀的方法。涂刷时不能将气泡裹进涂层中，如遇气泡应立即消除。涂刷应按事先试验确定的遍数进行，严禁一遍涂刷过厚。后一遍涂料涂布时，应确保前一遍涂层达到干燥，并应清除涂层上的灰尘、杂质，修补好前一遍涂层的缺陷(如气泡、露底、漏刷、胎体增强材料皱褶、翘边、杂物混入等)。

涂料涂布应分条进行，每条的宽度应与胎体增强材料宽度相一致，以避免操作人员踩踏刚涂好的涂层。

(5)铺设胎体增强材料。胎体增强材料可采用湿铺法或干铺法铺贴。

湿铺法是在已干燥的涂层上，用刷子或刮板将涂料涂布均匀，然后将成卷的胎体增强材料平放在刚刚涂布的涂料上，逐渐推滚铺贴，并随即用滚刷滚压1遍，使全部布眼浸满涂料，达到两者良好结合的目的。

干铺法是在上道涂层干燥后，一边干铺胎体增强材料，一边在已展平的表面上用刮板均匀满刮一道涂料。也可将胎体增强材料按要求在已干燥的涂层上展平后，用涂料将边缘部位点粘贴固定，然后再在上面满刮一道涂料，使涂料浸入网眼渗透到已固化的涂膜上。

胎体增强材料铺设后，应严格检查表面是否有皱褶、翘边、空鼓、露白或搭接不足等现象，否则应及时修补。胎体长边搭接宽度不应小于50 mm，短边搭接宽度不应小于70 mm。

当采用两层胎体增强材料时，上下层不得相互垂直铺设，搭接缝应错开，其间距不应小于幅宽的1/3。

当屋面坡度小于15%时，胎体增强材料可平行屋脊铺设；当屋面坡度大于15%时，胎体增强材料应垂直于屋脊铺设。

(6)收头处理。为防止收头部位出现翘边现象，所有收头均应用密封材料压边或用防水涂料多遍涂刷，用密封材料压边的宽度不得小于10 mm。收头处的胎体增强材料应裁剪整齐，如有凹槽时应压入凹槽内。

3.涂膜防水屋面的施工质量要求

(1)检查防水涂料和胎体增强材料的出厂合格证、质量检验报告和现场抽样复验报告，应符合设计要求。

(2)涂膜防水层在天沟、檐沟、檐口、水落口、泛水、变形缝和伸出屋面管道的防水构造，应符合设计要求。

(3)进行屋面24h蓄水试验，涂膜防水层不得有渗漏或积水现象。

(4)检测涂膜防水层的厚度，平均厚度应符合设计要求，最小厚度不应小于设计厚度的80%。

(5)涂膜防水层与基层应黏结牢固，表面平整，涂刷均匀，无流淌、皱褶、鼓泡、露胎体和翘边等缺陷。

8.2　地下防水工程

地下防水工程主要解决埋藏于地下的建(构)筑物的防水问题。这类结构可能常年处于地下水的包围之中，结构上的任何透水缺陷都可能导致渗漏，直接影响到其使用功能。

进行地下防水工程施工时，应采取必要的降水措施，保持地下水位稳定在基底0.5 m以下，以保证防水基层基本干燥和不承受地下水压力，直至防水工程施工全部完成。

地下工程常用的防水方法主要有3种：采用防水混凝土结构、在地下结构表面附加防水层、采用防水加排水的方法。其中，防水加排水是通过地下结构外部或内部设置盲沟、渗水沟等方法结合结构防水措施将可能渗入地下结构的地下水排走，达到防水目的。本节，主要介绍前面两种方法。

根据地下工程防水要求的严格程度，《地下防水工程施工质量验收规范》GB50208将地下防水工程分为4级，如表8.5所列。对不同防水等级，在设计上常采用不同的防水做法。

表 8.5　地下工程防水等级

防水等级	标　准
一级	不允许渗水，结构表面无湿渍
二级	不允许漏水，结构表面可有少量湿渍。 工业与民用建筑：总湿渍面积不应大于总防水面积（包括顶板、墙面、地面）的 1/1 000；任意 100 m^2 防水面积上的湿渍不超过 1 处，单个湿渍的最大面积不大于 0.1 m^2。 其他地下工程：总湿渍面积不应大于总防水面积的 2/1 000；任意 100 m^2 防水面积上的湿渍不超过 3 处，单个湿渍的最大面积不大于 0.2 m^2
三级	有少量漏水点，不得有线流和漏泥砂。 任意 100 m^2 防水面积上的漏水点数不超过 7 处，单个漏水点的最大漏水量不大于2.5 L/d，单个湿渍的最大面积不大于 0.3 m^2
四级	有漏水点，不得有线流和漏泥砂。 整个工程平均漏水量不大于 2 L/(m^2·d)；任意 100 m^2 防水面积的平均漏水量不大于 4 L/(m^2·d)

8.2.1　防水混凝土结构施工

防水混凝土是通过调整混凝土的配合比或掺加外加剂等方法，来提高混凝土本身的密实性和抗渗性，使其达到一定防水能力。防水混凝土具有取材容易、施工简便、耐久性好、造价低等优点，在地下工程中有着广泛应用。

1. 防水混凝土材料

(1)对材料基本成分的要求。配置防水混凝土时，对水泥、砂石等材料的要求如下。

1)水泥。水泥品种应按设计要求选用，其强度等级不应低于 32.5 级。

水泥选用的原则：

a. 在不受侵蚀性介质和冻融作用的条件下，宜采用普通硅酸盐水泥、硅酸盐水泥、火山灰质硅酸盐水泥、粉煤灰硅酸盐水泥；若选用矿渣硅酸盐水泥，则必须掺用高效减水剂。

b. 在受侵蚀性介质作用的条件下，应按介质的性质选用相应的水泥。例如：在受硫酸盐侵蚀性介质作用的条件下，可采用火山灰质硅酸盐水泥、粉煤灰硅酸盐水泥，或抗硫酸盐硅酸盐水泥。

c. 在受冻融作用的条件下，应优先选用普通硅酸盐水泥，不宜采用火山灰质硅酸盐水泥和粉煤灰硅酸盐水泥。

2)砂石。碎石或卵石的粒径宜为 5～40 mm，含泥质量不得大于 1.0%，泥块含量不得大于 0.5%；宜用中粗砂，含泥量不得大于 3.0%，泥块含量不得大于 1.0%。

3)掺和料。粉煤灰的级别不应低于二级，掺量不宜大于 20%；硅粉掺量不应大于 3%，其他掺和料的掺量应通过试验确定。

4)外加剂。防水混凝土中掺加的各种引气剂、减水剂、防水剂、膨胀剂等外加剂的技术性能，应达到国家或行业标准一等品及以上的质量要求。

(2)防水混凝土配合比。防水混凝土的配合比设计时，试配要求的抗渗水压值应比设计值提高 0.2 MPa；胶凝材料用量不得少于 320 kg/m^3，其中水泥用量不得少于 260 kg/m^3；砂率宜为 35%～45%，灰砂比宜为 1∶1.5～1∶2.5；水灰比不得大于 0.50；普通防水混凝土坍落度不宜大于 50 mm，泵送时入泵坍落度宜为 120～160 mm。

2.防水混凝土的施工

(1)模板工程施工。防水混凝土对模板工程的要求主要有以下方面。

1)模板应平整,且拼缝严密不漏浆。

2)结构内的钢筋或绑扎钢丝不得接触模板。

3)当固定模板用的螺栓必须穿过混凝土结构时,可采用工具式螺栓、螺栓加堵头、螺栓上加焊止水环等做法,如图8.5所示。通常,止水环厚度为5 mm,边长为80~100 mm。

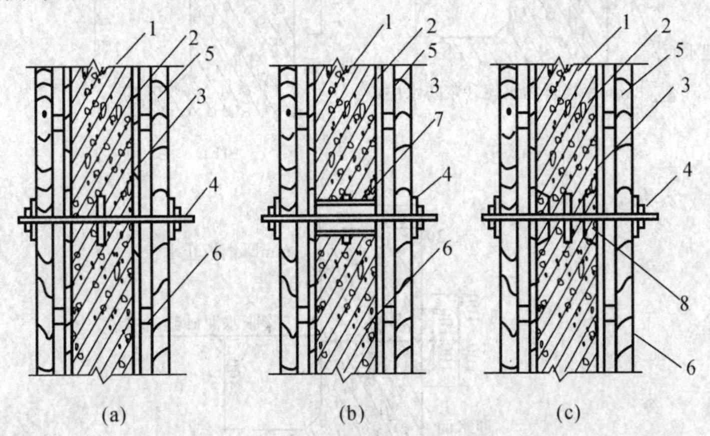

图8.5 穿墙螺栓止水措施

(a)螺栓加焊止水环;(b)套管加焊止水环;(c)螺栓加堵头

1—地下结构;2—模板;3—止水环;4—螺栓;5—水平加劲肋;6—竖向加劲肋;

7—预埋套管;8—堵头(拆模后将螺栓沿凹坑底部割去,再用膨胀水泥砂浆封堵)

(2)钢筋工程施工。地下结构由于环境潮湿,裸露的钢筋极易产生锈蚀,长期的锈蚀则可能影响结构安全。因此在钢筋工程施工中,应注意下列问题。

1)绑扎钢筋时,迎水面钢筋保护层厚度不应小于50 mm。应以相同配合比的细石混凝土或水泥砂浆制成垫块,将钢筋垫起,以保证保护层厚度,严禁以垫铁或钢筋头垫钢筋,或将钢筋用铁钉及钢丝直接固定在模板上。

2)钢筋应绑扎牢固,避免因碰撞、振动使绑扣松散、钢筋移位,造成露筋。

3)钢筋及绑扎钢丝均不得接触模板。

(3)防水混凝土工程施工。防水混凝土工程施工时,应注意下列问题。

1)施工缝的留设与处理。防水混凝土应连续浇筑,尽量不留或少留施工缝。必须留设施工缝时,应满足:①水平施工缝不应留在剪力与弯矩最大处或底板与侧墙交界处,应留在高出底板表面不小于300 mm的墙体上;②垂直施工缝应避开地下水和裂隙水较多的地段,并宜与变形缝相结合。地下室顶板、拱板与墙体的施工缝,应留在拱板、顶板与墙交接处之下150~300 mm处。

施工缝是防水混凝土的薄弱部位,通常应采用止水加强措施。常用的措施如图8.6所示。

施工缝处再次浇筑混凝土前,应用水冲洗干净表面存留的杂物和尘土、细砂,否则将形成隔离层并成为渗水通道,并凿除松散的表层,再铺30~50 mm厚的1∶1水泥砂浆或者刷涂界面剂,然后及时浇筑混凝土。

2)变形缝止水构造。地下工程施工中的变形缝主要是沉降缝和后浇带。这两个部位是地下工程防水施工很重要的施工环节。

变形缝常用防水施工构造如图 8.7 所示。

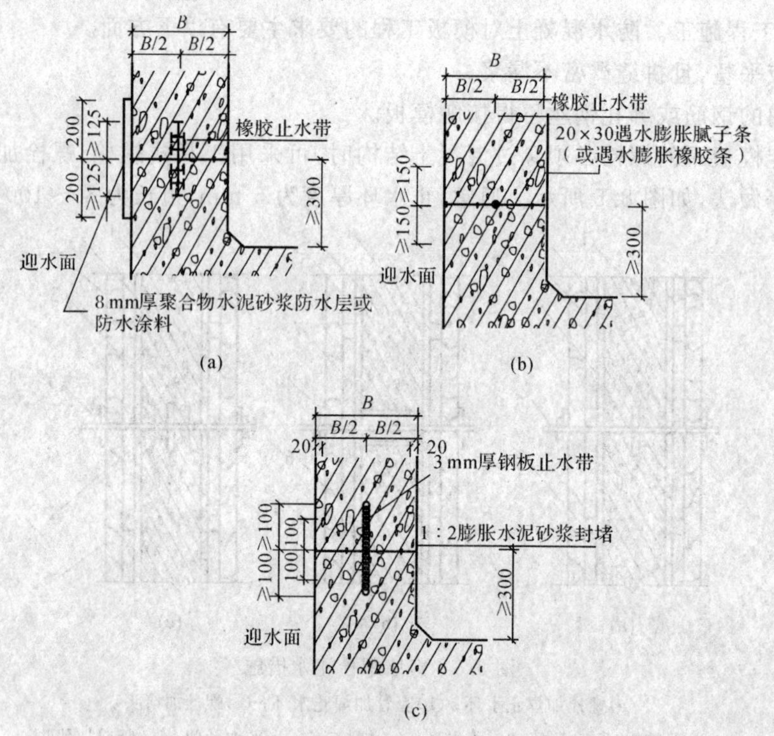

图 8.6　防水混凝土水平施工缝构造

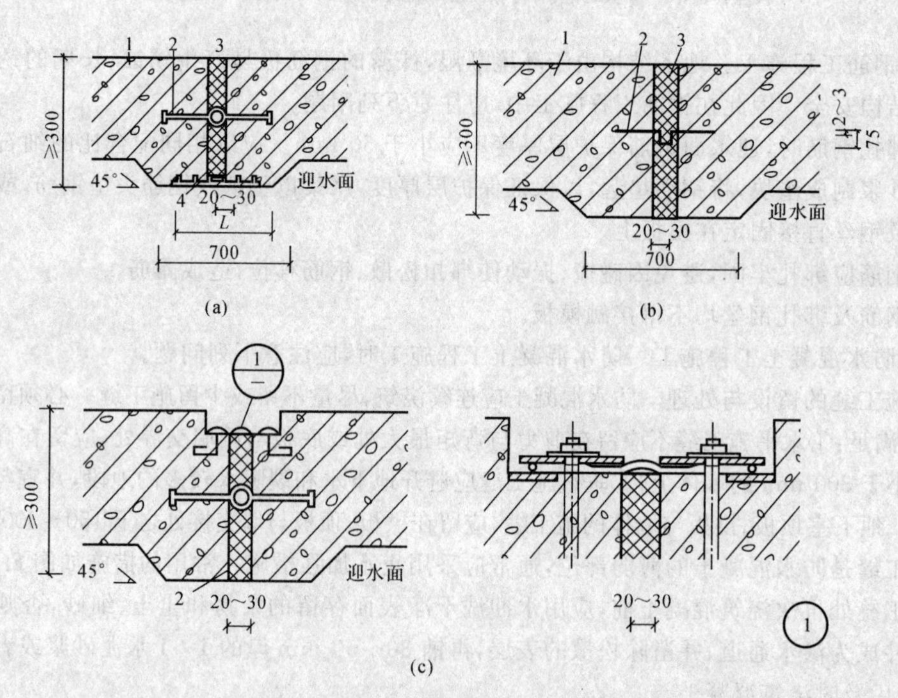

图 8.7　变形缝止水构造

(a)中埋式止水带与外贴防水层复合使用；(b)中埋式金属止水带；(c)中埋式止水带与可卸式止水带复合使用

1—混凝土结构；2—中埋式止水带或金属止水带；3—填缝材料；4—外贴防水层

后浇带的典型防水构造如图8.8所示。

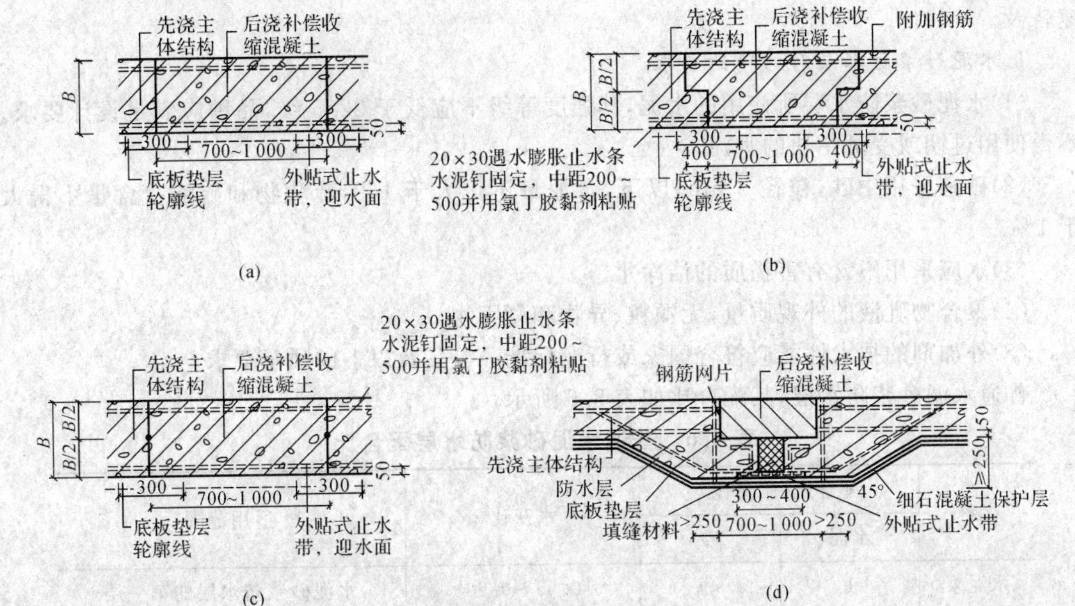

图8.8　后浇带常用止水构造

3)混凝土的养护。养护对防水混凝土抗渗性能影响极大，一般在混凝土进入终凝(浇筑后4～6 h)即应覆盖，浇水湿润养护不少于14 d。

冬期施工中，防水混凝土不宜用电热法养护，也不宜采用蒸汽养护。蒸汽养护会使混凝土内部毛细孔在蒸汽压力下扩张，导致混凝土抗渗性能下降。

4)加强浇筑过程中混凝土的振捣，避免漏振、欠振和超振。在钢筋密集不易进行混凝土振捣的情况下，应采用自密实高性能混凝土浇筑。

3.防水混凝土施工的质量要求

防水混凝土施工应满足以下要求。

(1)混凝土的原材料、配合比、塌落度应符合设计要求。

(2)混凝土强度及抗渗压力应满足设计要求。

(3)混凝土中的变形缝、施工缝、后浇带、穿墙套管、埋设件等的设置及构造应符合设计要求，且不得渗漏。

(4)混凝土表面不得有露筋、蜂窝等缺陷。

(5)结构表面的裂缝不得大于0.2 mm，且不得贯穿。

8.2.2　水泥砂浆防水层

水泥砂浆防水属于刚性防水，具有高强度、抗穿刺等特点。常用的水泥砂浆包括普通水泥砂浆、聚合物水泥砂浆和掺外加剂或掺和料的水泥砂浆。

普通水泥砂浆防水是采用纯水泥浆、水泥砂浆交替抹压多层，将各层残留的毛细孔相互堵塞，使水分子不能透过，以达到防水目的。聚合物水泥砂浆及掺加外加剂的水泥砂浆则是通过在水泥砂浆中掺加其他材料以堵塞水泥砂浆的微孔和毛细管，提高水泥砂浆的水密性而达到防水目的。由于聚合物水泥砂浆及掺加外加剂的水泥砂浆防水施工相对简单，近年来得到迅速普及。

1.水泥砂浆防水层对材料的要求

(1)水泥砂浆防水层所使用的水泥，其强度等级不应低于 32.5 级，品种应满足设计要求。不得使用过期或受潮结块的水泥。

(2)砂宜采用中砂，粒径 3 mm 以下，含泥量不得大于 1%，硫化物和硫酸盐含量不得大于 1%。

(3)水应采用不含有害物质的洁净水。

(4)聚合物乳液的外观质量，无颗粒、异物和凝固物。

(5)外加剂的技术性能应符合国家或行业标准一等品及以上的质量要求。

普通水泥砂浆防水层，其配合比如表 8.6 所示。

表 8.6　普通水泥砂浆防水层配合比

名称	配合比(质量比)		水灰比	适用范围
	水泥	砂		
水泥浆	1		0.55～0.60	水泥砂浆防水层的第一层
水泥浆	1		0.37～0.40	水泥砂浆防水层的第三、五层
水泥砂浆	1	1.5～2.0	0.40～0.50	水泥砂浆防水层的第二、四层

聚合物水泥砂浆及掺加外加剂或其他掺加料的水泥砂浆的配合比，应根据材料使用说明或相关标准图集的规定采用。

2.水泥砂浆防水层设计

普通水泥砂浆防水常采用四层或五层做法，从基底开始，分层交替涂抹素水泥浆和砂浆，总厚度为 15 mm 左右。

聚合物水泥砂浆防水根据需要可采用单层做法或双层做法。当采用单层做法时，防水层厚度为 6～8 mm；双层做法时，防水层总厚度为 10～12 mm。

掺外加剂、掺和料的水泥砂浆防水层也多采用多层做法，防水层厚度为 18～20 mm。

水泥砂浆防水层可用于结构的迎水面或背水面。

3.水泥砂浆防水层的施工

此处，仅介绍普通水泥砂浆防水层施工技术，其他水泥砂浆防水层施工与此类似。

(1)施工环境要求。水泥砂浆防水层不得在雨天及 5 级以上的大风中施工。冬季施工时，气温不得低于 5℃，且基层表面温度应保持在 0℃以上。夏季不应在 35℃以上或烈日照射下施工。

(2)防水基层处理。基层表面应平整、坚实、粗糙、清洁，并应充分湿润，无积水。新浇混凝土拆模后应立即用钢丝刷将混凝土表面扫毛，并用水冲刷干净。基层表面的凹凸不平、蜂窝孔洞及裂缝等，均应根据不同情况分别进行处理。

对超过 1 cm 的棱角及凹凸不平处，应剔成慢坡形；对混凝土表面的蜂窝孔洞，应将松散不牢的石子除掉；混凝土结构的施工缝或裂缝要沿缝剔成八字形凹槽。经过上述处理后，再将清理过的表面浇水清洗干净，然后用素灰和水泥砂浆交替抹到与基层面相平。

对所有阴阳角处，应采用1∶1.25水泥砂浆做成圆角，以方便各防水层形成封闭整体。

(3)水泥砂浆防水层施工方法。水泥砂浆防水层可采用分层铺抹或喷射的方法施工，最后一层应提浆压光。

防水层的第一层是素灰层，厚2 mm。施工时先抹一道1 mm厚素灰，用铁抹子往返用力刮抹，使素灰填实基层表面的孔隙。随即在其表面再抹一道厚1 mm的素灰层。

防水层的第二层是水泥砂浆层，厚4～5 mm，在素灰层初凝时抹上，以增加两层之间的黏结并堵塞其中的微孔。

防水层的第三、四层重复第一、二层的施工方法。

防水层的第五层为水泥浆，厚1 mm，应在第四层水泥砂浆用钢抹抹压两遍后，用毛刷均匀涂刷，并随第四层一道压光。

水泥砂浆防水层施工时，各层均应连续进行，尽量不留荐。若必须留茬时，应留成阶梯形坡茬，接茬要依照层次顺序进行，层层搭接紧密。接茬距阴阳角处不得小于200 mm。

水泥防水砂浆施工缝留置如图8.9所示。

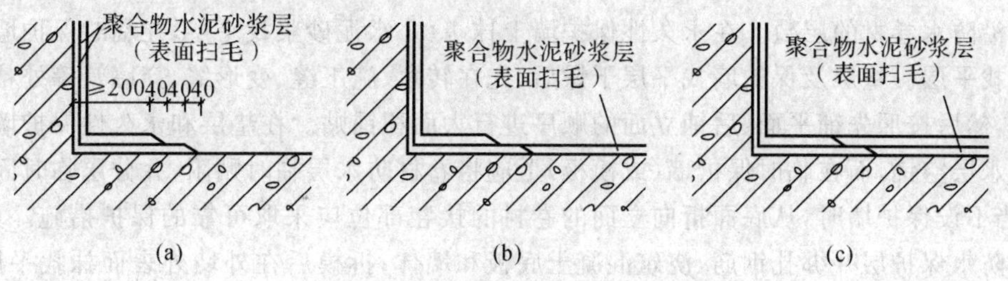

图8.9　水泥防水砂浆施工缝留置

(a)甩茬；(b)一层接茬；(c)二层接茬

4.水泥砂浆防水层的施工质量要求

(1)水泥砂浆防水层所使用的原材料及配合比应符合设计要求。

(2)各层之间必须结合牢固，不得出现空鼓现象。

(3)水泥砂浆防水层表面应密实、平整，不得出现裂纹、起砂、麻面；阴阳角处应做成圆弧形。

(4)接茬位置应正确。

(5)平均厚度应符合设计要求。

8.2.3　卷材防水层

用于地下工程防水的卷材包括高聚物改性沥青防水卷材和合成高分子防水卷材两大类。防水卷材一般铺贴于地下结构的迎水面上，借助土压力将其与结构压紧，并与地下建筑结构一起承受地下水的渗透侵蚀作用。

1.卷材防水层的施工环境要求

(1)卷材防水层的基层应牢固，基层表面应洁净、平整，不得有空鼓、松动、起砂和脱皮现象；基层阴阳角处应做成圆弧形。

(2)严禁在雨天、雪天，以及五级风以上的条件下施工。冷黏法施工温度不宜低于＋5℃；热熔法施工温度不宜低于－10℃。

(3)卷材防水层所用基层处理剂、胶黏剂、密封材料等配套材料，均应与铺贴的卷材材料性能相容。

(4)铺贴防水卷材前，基层表面应做到干净、干燥，在基面上涂刷基层处理剂；当基面较潮湿时，应涂刷湿固化型胶黏剂或潮湿界面隔离剂。对阴阳角应做成圆弧或45°坡角。

(5)施工人员必须持有防水专业上岗证书。

2. 卷材防水层的施工方法

按照防水层与地下结构的施工顺序，可以将卷材防水层的施工方法分为两类：外防外贴法和外防内贴法。

(1)外防外贴法。外防外贴法是在地下结构墙体混凝土施工完毕后，再于其外表面铺贴防水卷材，最后做墙面防水保护层的方法。

外防外贴法的施工要点如下：先浇筑地下结构底板的混凝土垫层；在垫层上放出底板边线；沿该边线外侧砌筑永久性保护墙，墙下铺一层干油毡，墙的高度不小于需防水结构底板厚度再加 300 mm；在永久性保护墙上用石灰砂浆接砌临时保护墙，墙高为 $150(n+1)$ mm，n 为底板边沿防水卷材的层数。在永久性保护墙上抹 1∶3 水泥砂浆找平层，在临时保护墙上抹石灰砂浆找平层。垫层及保护墙找平层干燥后，先在转角、施工缝、变形缝、穿墙管等处粘贴卷材附加层，然后按照先铺平面、后铺立面的顺序进行大面积铺贴。在垫层和永久性保护墙上应将卷材防水层空铺，而在临时保护墙(或模板)上应将卷材防水层临时贴附，并分层临时固定在其顶端；当不设保护墙时，从底面折向立面的卷材的接茬部位应采取可靠的保护措施。然后，做筏板底防水保护层并绑扎钢筋，浇筑混凝土底板和墙体；拆模后在外墙外表面抹找平层；在地下结构顶板施工完成后，即可铺贴立面卷材。铺贴立面卷材时，应先拆掉临时保护墙，将接茬部位的各层卷材揭开，并将其表面清理干净，如卷材有局部损伤，应及时进行修补。卷材接茬的搭接长度，高聚物改性沥青卷材为 150 mm，合成高分子卷材为 100 mm。当使用两层卷材时，卷材应错搓接缝，上层卷材应盖过下层卷材，如图 8.10 所示。

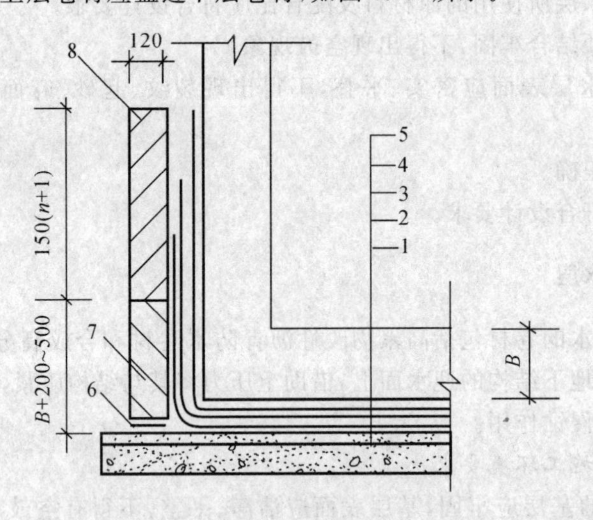

图 8.10　外防外贴法

1—垫层；2—找平层；3—卷材防水层；4—保护层；
5—地下结构；6—油毡；7—永久保护墙；8—临时保护墙

(2)外防内贴法。外防内贴法的施工顺序是，在混凝土底板垫层做好后，先在筏板四周砌筑铺贴卷材的永久性保护墙，墙体的高度应达到整个墙体防水设计高度。在垫层和墙上做水泥砂浆找平层，待找平层干燥后，先在转角处做卷材附加层，然后大面积铺贴。铺贴完后，按设计要求做防水保护层，然后放线、绑扎底板钢筋、浇筑底板混凝土，再绑扎外墙钢筋及浇筑外墙体混凝土，如图8.11所示。

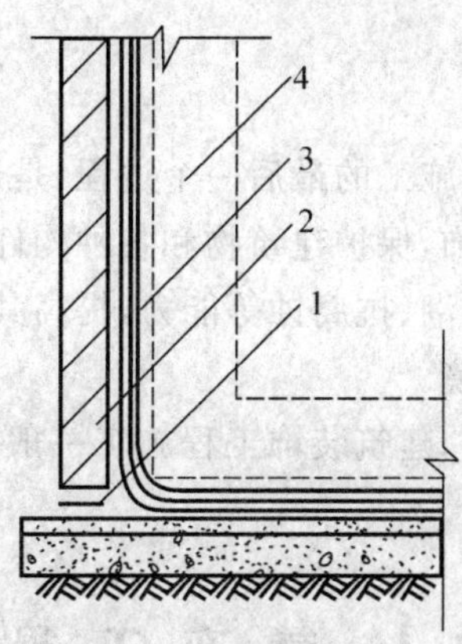

图8.11　外防内贴法

1—平铺油毡；2—砖保护层；3—防水卷材；4—待施工的地下结构

3.卷材防水的施工质量要求

(1)所用卷材及主要配套材料必须有合格证，并经抽检合格。

(2)在转角、变形缝、穿墙管等处的做法须符合设计要求。

(3)卷材防水的基层应洁净、平整，不得起砂、空鼓、松动；阴阳角处应做成圆弧形。

(4)卷材搭接处应黏(焊)结牢固、密封严密。

习　题

1.建筑防水主要包括哪些部位？对施工人员有哪些要求？

2.简述卷材防水屋面的构造。

3.卷材防水屋面施工时，对基层有何要求？如何检查基层是否干燥？

4.卷材防水屋面施工时，对卷材铺贴的方向及顺序有何要求？卷材应如何搭接？

5.卷材粘贴有哪些方式？如何选用？

6.试述卷材防水在屋面女儿墙、变形缝、缘沟、伸出屋面管道、落水口等处的构造。

7.涂膜防水屋面常用的防水涂料有哪些？各有何特点？

8.简述涂膜防水屋面的施工程序。

9.涂膜防水中胎体增强材料为多层时，应如何铺设？

10.简述防水混凝土施工时模板拉杆、施工缝、变形缝的防水措施。

11.简述水泥砂浆防水层的施工工艺。

12.什么是外防外贴法和外防内贴法？简述其施工工艺。

第9章　建筑装饰工程

建筑装饰装修工程是建筑工程施工的最后一个过程，是选用适当的材料，通过一定的工艺措施对建筑物的内、外表面进行修饰，保护建筑物和各种构件免受外界风、霜、雨、雪、大气的侵蚀，增强构件的保温、隔热、隔音、防潮、抗腐蚀等能力，提高其耐久性，延长建筑物的使用寿命，为使用者创造良好的生活、工作环境。

根据所使用的材料和施工工艺，建筑装饰工程施工一般包括抹灰工程、饰面工程、门窗工程、吊顶工程等。

9.1　抹灰工程

抹灰是将各种灰浆（水泥砂浆、石灰砂浆、混合砂浆、聚合物砂浆、麻刀灰、纸筋灰、石膏灰等）涂抹到建筑结构表面，对建筑物起到装饰、保护作用。

按照工程部位，抹灰工程可以分为外墙抹灰、内墙抹灰、顶棚抹灰、地面抹灰等，按照使用的材料和装饰效果可分为一般抹灰和装饰抹灰。

9.1.1　一般抹灰

1. 一般抹灰的组成

一般抹灰按其施工质量要求，可分为普通抹灰和高级抹灰。

为保证抹灰层与基底、抹灰层之间黏结牢固，同时保证抹灰层的平整度，避免空鼓、开裂，实现抹灰的装饰目的，抹灰应分层进行。一般抹灰由底层、中层和面层3层组成，如图9.1所示。

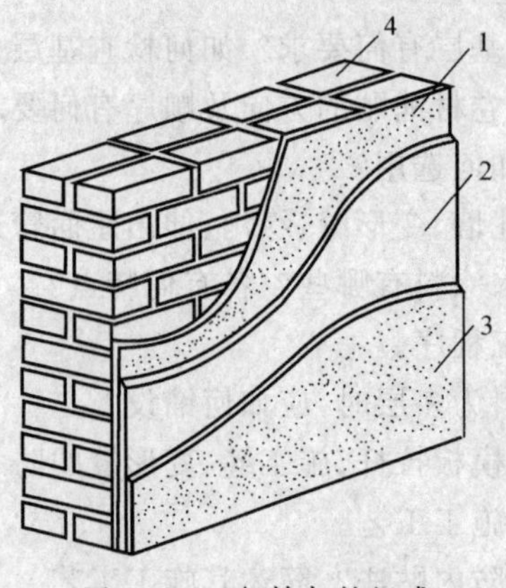

图9.1　一般抹灰的组成

1—底层；2—中层；3—面层；4—基底

底层。底层的主要作用是与基底黏结,并初步找平。底层抹灰所使用的材料随基底而异。以常见的砖墙为例,室内墙面一般采用石灰砂浆或水泥混合砂浆,室外墙面、门窗洞口外侧壁、屋檐、勒脚、压檐墙等部位及湿度较大的房间和车间常采用水泥砂浆或水泥混合砂浆。对加气混凝土砌块,常采用水泥混合砂浆、聚合物水泥砂浆或掺增稠粉的水泥砂浆。底层抹灰的厚度一般为5～7 mm。

中层。中层主要起找平作用,厚度一般为7～9 mm,所使用的材料与底层基本相同。根据施工质量要求,中层抹灰可以一次做成,也可以分几遍完成。

面层。面层主要起装饰作用,所使用的材料随设计。室内一般采用麻刀灰、纸筋灰或粉刷石膏;高级墙面用石膏灰。室外常用水泥砂浆、水刷石、干黏石等。

面层厚度随所使用的材料而异。对麻刀石灰罩面,厚度一般不大于3 mm;纸筋石灰或石灰膏,厚度不大于2 mm;水泥砂浆和装饰面层,一般不大于10 mm。

抹灰的总厚度不得超过35 mm,否则应采取加强措施。

按照抹灰的施工质量要求,一般抹灰可以分为普通抹灰和高级抹灰两种。

普通抹灰一般一层底层、一层中层和一层面层三遍成活(或一层底层、一层面层两遍成活),要求做到表面光滑、洁净,接茬平整、线角顺直清晰。

高级抹灰通常为一层底层、数层中层和一层面层,多遍成活。要求做到表面光滑、洁净,颜色均匀、无抹纹、分格缝和灰线应清晰美观。

2.一般抹灰施工

(1)施工顺序的确定。确定抹灰工程施工顺序的目的是为了保护成品、提高施工效率。一般抹灰工程的施工顺序为先室外后室内、先上面后下面、先顶棚再墙面最后地面。

先室外后室内可以减少室外抹灰对室内的污染及损坏;先上面后下面可以减少上面施工对下部成品的污染,在高层建筑施工中,当采用立体流水作业时,应采取可靠的防护措施,对下部已完成工作进行保护。

(2)材料的准备。一般抹灰工程常使用的材料包括水泥、砂、石灰、石膏、纸筋灰、麻刀石灰等材料;这些材料在施工现场按照设计要求进行调配,制成灰膏用于施工,除水泥和砂外其中最为常用的是石灰。

块状生石灰在熟化后应过孔径不大于3 mm的筛子,并储存于沉淀池中,熟化时间一般不少于15 d,用于罩面时,不应少于30 d。使用时不得含有未熟化颗粒,已冻结风化的石灰膏不得使用。罩面时若采用磨细生石灰粉,其熟化期不应少于3 d。

(3)一般抹灰工程施工工艺。一般抹灰工程施工程序包括基底处理、做灰饼、标筋、做阳角护角、抹灰等程序。

1)基底处理。为保证抹灰砂浆与基底之间的牢固黏结,防止空鼓现象产生,在抹灰前,必须对基底进行处理。对基底表面的凹凸不平及孔洞、裂隙、松动等部位,应采用1∶3水泥砂浆分层压实补平;对特别光滑的表面,应剔毛或甩加胶的水泥浆(凝固后应加强养护);对表面的尘土、污垢、油渍等应打磨清洗干净。不同材料基体交界处表面的抹灰,应采取防止开裂的加强措施。当采用加强网时,加强网与各基体的搭接宽度不应小于100 mm,如图9.2所示。

抹灰前,应先对基层进行浇水湿润,以避免因基底材料过分吸收砂浆中的水分而造成的空鼓现象。

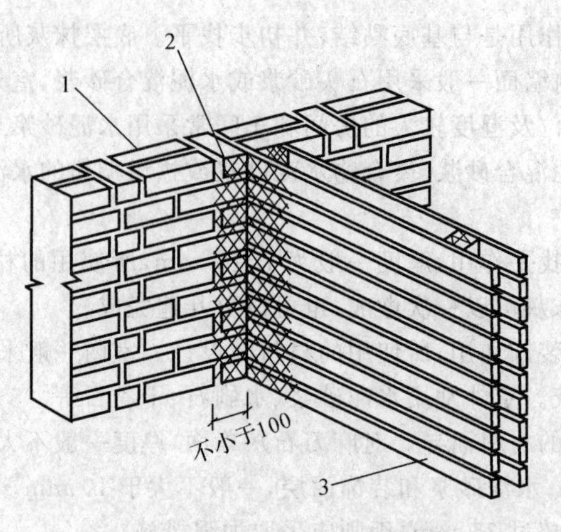

图 9.2　不同基底交界处的加强措施

1—砖墙；2—加强网；3—板条墙

2)设置灰饼、冲筋。设置灰饼前,先用托线板检查墙面的平整及垂直程度,大致决定抹灰厚度,再在墙的上角距顶棚约 200 mm 的两端各做一个标准灰饼,材料与抹灰砂浆相同,遇有门窗口垛角处要补做灰饼,灰饼大小约 5 cm 见方,厚度以墙面平整垂直决定。然后根据这两个灰饼用托线板或线坠挂垂直做墙面下角两个标准灰饼(其位置一般在踢脚线上口),厚度以垂直为准。待灰饼凝固后,用钉子钉在左右灰饼附近墙缝里,拴上小线挂通线,根据小线位置每隔 1.2～1.5 m 加做若干标准灰饼。待灰饼稍干后,在上下灰饼之间抹宽约 10 cm 的砂浆冲筋,用木杠刮平,厚度与灰饼相平,冲筋的数量根据墙面长度确定,如图 9.3 所示。

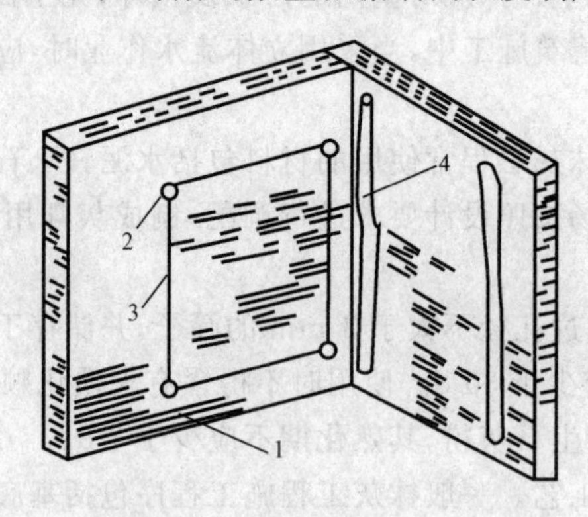

图 9.3　设置灰饼和冲筋

1—基层；2—灰饼；3—挂线；4—冲筋

3)做护角。室内墙面、柱面和门窗洞口处的阳角应做护角,做法应符合设计要求。设计无要求时,应采用 1∶2 水泥砂浆做暗护角,高度不小于 2 m,每侧宽度不小于 50 mm;护角面与抹灰面齐平。

4)抹底层灰。当标筋强度达到一定数值,刮尺操作不致损坏时,即可开始抹底层灰。

抹灰前,应提前一天对基层进行浇水湿润。对标筋较厚处,应分层进行抹灰。底层砂浆抹灰厚度要略低于标筋,用铁抹子将砂浆抹在墙面上,并用力压实,最后用木抹搓毛。

5)抹中层灰。待底层灰干至6～7成后,即可抹中层灰。中层灰的厚度以标筋为准,并使其稍高于标筋,然后用刮杠由下往上刮平,最后用木抹搓平。局部低凹处,应用砂浆填补搓平。中层抹灰后即应检查抹灰面的平整度和垂直度、阴阳角的方正和顺直等,对发现的问题及时进行处理。

6)抹面层灰。中层抹灰干后,即可抹面层灰。面层灰应按设计要求进行,一般采用铁抹分两遍压实收光。

室外抹灰常采用水泥砂浆罩面,施工时按外架高度竖向每步架做一个灰饼,步架间做标筋。由于外墙面积大,为了不留衔接茬,同时防止抹灰层开裂,一般应设置分格条。分格条应在底层抹灰后安装,留茬应位于分格条处。

外墙窗台、窗楣、雨棚、阳台、压顶等的上面应做成斜坡状,以方便雨水流动;下面应设置滴水线或滴水槽。滴水槽的深度和宽度均不应小于10 mm,并应整齐一致,如图9.4所示。

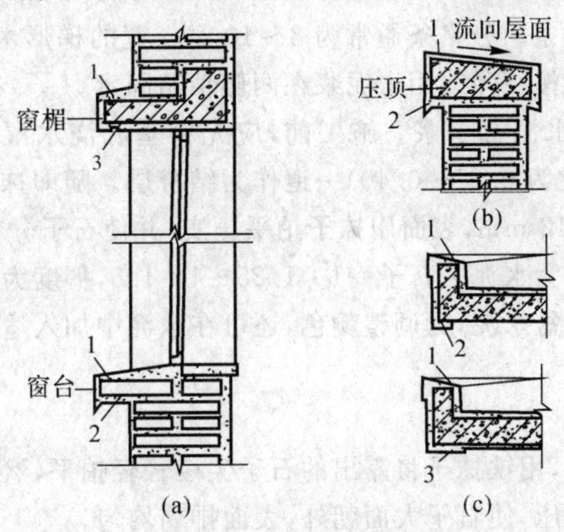

图9.4　外墙抹灰细部做法

1—流水坡度;2—滴水线;3—滴水槽

3.一般抹灰工程的质量要求

抹灰工程的施工质量,除了对上述材料、不同基底材料交界处的加强网、护角、分格条、滴水线等要求外,主要是控制抹灰层与基底之间不得出现空鼓、脱层、开裂、面层爆灰等现象,此外,对抹灰面的平整度、垂直度等应按表9.1的要求进行控制。

表9.1　一般抹灰工程的容许偏差

项　次	项　目	容许偏差/mm		检验方法
		普通抹灰	高级抹灰	
1	立面垂直度	4	3	用2 m垂直检测尺检查
2	表面平整度	4	3	用2 m靠尺和塞尺检查
3	阴阳角方正	4	3	用直角检测尺检查
4	分格条(缝)直线度	4	3	拉5 m线不足5 m拉通线用钢直尺检查
5	墙裙勒脚上口直线度	4	3	拉5 m线不足5 m拉通线用钢直尺检查

9.1.2 装饰抹灰

装饰抹灰的底层灰和中层灰施工与一般抹灰相同，只是在面层中加入各种颜料、石粒料等，使建筑物外表面具备特定的色调。近年来不断出现各种新的装饰抹灰方法。常用的装饰抹灰包括水刷石、干黏石、水磨石、斩假石、假面砖等。

1.装饰抹灰施工

(1)水刷石。水刷石主要用于外墙面装饰，其底层和中层抹灰做法同一般抹灰。水刷石的施工工艺流程为底层或中层抹灰验收→弹线分格、黏分格条→刷结合层、抹面层水泥石子浆→冲洗→起分格条、整修→养护。

1)弹线、黏分格条。墙面的分格弹线应符合设计要求。设置分格条的目的是为了防止面层大面积抹灰收缩而造成的开裂。建筑物外墙面一般做水平分格，门窗洞口上下水平线及肋脚线部位一般均设置分格条。分格条通常为 8～10 mm 宽的梯形木条，也可用粘贴后不再取出的塑料条。分格条一般按照弹线用水泥浆在两侧粘贴固定。

2)刷结合层、抹面层水泥石子浆。施工前，应先将基底浇水湿润，然后在基层上涂刷加108 胶的素水泥浆(水灰比为 0.37～0.40)一道作为结合层。随即抹上拌和均匀的石子浆。水泥石子浆面层厚度为 8～12 mm，表面用抹子拍平压实，并使石子分布均匀。

面层石子浆的配合比为水泥∶石子＝1∶1.25～1∶1.5，稠度为 5～7 cm。所用水泥为普通硅酸盐水泥或白色硅酸盐水泥，为调整颜色，还可在水泥中加入适量颜料。所用石子通常为彩色豆石或色石渣。

3)冲洗、水刷。

待水泥石子浆收水后，用铁抹子将露出的石子尖棱轻轻拍平，然后用鬃刷蘸水刷去表面浮浆，再次拍平压光，再刷再压，使石子大面朝外，表面排列均匀。

待水泥石子浆凝结至手指按上去无痕或刷子刷上去不掉粒时，即可进行水刷。水刷的次序应由上而下，喷淋头离墙面 10～20 mm，边喷水边用刷子刷面层，直到石子露出灰浆面 1～2 mm为宜。最后用清水冲洗一遍，使水刷石面干净。若面层石子上沾有冲洗不掉的水泥，可用 5%稀盐酸溶液洗刷，最后用清水冲干净。

4)起分格条、勾缝。待水泥石子浆面层完全结硬后，即可起出分格木条，再用掺加颜料的水泥砂浆(细砂)勾缝。

(2)干黏石。干黏石是在水泥砂浆基层上直接干黏装饰石子。其效果同水刷石，但造价更低、施工速度更快。其缺点是不如水刷石坚固耐用。

干黏石一般在抹灰的底层或中层上进行，其施工工艺流程为中层抹灰验收→粘贴分格条→抹黏结层→甩石粒、拍压→养护。

1)抹石子黏结层。

石子黏结层通常采用 1∶2～1∶2.5 水泥砂浆，掺加适量胶黏剂。黏结层的厚度随石子大小而异。当石子为小八厘(4 mm)时，厚度为 4 mm，中八厘(6 mm)时，厚度为 6 mm。

2)甩石子、拍压。黏结层完成后即可开始往其上甩石子。黏石子的方法是一手拿装石子的托盘，一手拿木拍铲石子往黏结层上甩，并用托盘接住掉下来的石子。应注意甩撒均匀，用力适度，使石子均匀嵌入黏结层中。

对黏上的石子随即用铁抹将其拍入黏结层内 1/2 粒径，并将凸出部位轻轻赶平。拍压时要用力适当,用力过大会造成灰浆外溢,影响表面美观;用力过小则石子黏结不牢。

目前,也有用喷枪进行干黏石的施工作业。施工时,将石子装入专用喷枪的料斗内,通入压缩空气,喷石子时,喷头距墙面距离为 30～40 cm,气压为 0.6～0.8 MPa。

(3)水磨石。水磨石常用于建筑楼地面工程,也可用于建筑物墙面。

水磨石面层是在中层抹灰的基础上镶嵌分格条,在于其中抹带有颜色的水泥石子浆并抹压找平,待其凝固到一定程度后用磨石机将抹灰表面磨至光滑为止。

具体的施工工艺如下。

1)弹线、粘贴分格条。水磨石施工中,分格条常用铜、铝、玻璃等材料。分格条粘贴方法同水刷石,镶嵌后不再取出。

2)刷结合层、抹面层水泥石子浆。水泥石子浆应摊铺平整,并略高出分格条,用铁抹拍平,再用铁滚筒滚压密实,然后进行养护。

3)研磨面层。待水泥石子浆凝固至一定程度,即可开磨。开磨前应先进行试磨,以试磨时不掉粒为准,否则应修补后继续养护。具体的开磨时间可参阅有关施工手册。

水磨石面层的磨光遍数通常不小于 3 遍。

头遍采用 50～70 号油石,边磨边加水冲洗,同时用 2 m 靠尺检查平整度,要求达到磨透、磨平、磨匀,无花纹道子,全部分格嵌条外露。然后,用同色水泥浆进行满涂,以填补面层表面的细小孔隙和凹痕,孔眼大或脱落的石粒应用石粒补齐或嵌补,进行适当养护(常温需养护 2～3 d)。第二遍采用 90～120 号油石,要求磨到表面光滑为止,其他同头遍。第三遍用 180～240 号油石,要求达到磨至表面石子粒径显露,平整光滑,无砂眼细孔。用水冲洗后晾干,涂抹草酸溶液(热水与草酸的质量比为 1∶0.35,熔化冷却后使用)并清洗干净。当为高级水磨石面层时,在第三遍磨光后,经满浆、养护,继续进行第四、第五遍磨光,油石则采用 240～300 号,以满足使用要求。

4)打蜡保护。为防止成品水磨石面层渗入其他污物,在用草酸清洗后应及时打蜡保护。

(4)斩假石。斩假石又称剁斧石,是在水泥砂浆基层上涂抹水泥石子浆,待其硬化后在表面上进行斩琢加工,使其外表类似于天然花岗岩、玄武岩、条青石等,常用于公共建筑的外墙、园林建筑等。

斩假石的施工要点:弹线、粘贴分格条、抹水泥石子浆等与水刷石相同。对水泥石子浆面层应加强养护,待其凝固至试剁不掉石粒时即可开始斩剁。斩剁前,应用粉线弹出控制线,以免剁纹跑斜。斩剁时,应保持墙面湿润,并从上而下进行,斩剁的纹路应均匀,方向及深度应一致,一般斩剁两遍成活。最后起出分格条,并清扫干净斩假石表面。

(5)假面砖。假面砖又称为模仿砖,是近年来兴起的具有外墙面砖装饰效果的彩色砂浆薄抹灰工艺,主要用于有外保温的建筑墙体的外墙装饰工程。

假面砖施工的程序主要包括排砖、粘贴纸胶带、门窗交界处保护、彩色砂浆搅拌、抹灰等程序。

假面砖的排砖要求同一般外墙面砖。

做假面砖时粘贴的纸胶带主要在面砖之间起分隔缝作用,其形状为框状,仅在面砖之间的分隔缝处有胶带纸存在,面砖部位则为空格。

彩色砂浆一般采用专用搅拌机进行搅拌,一定要做到砂浆颜色均匀,否则将严重影响装饰效果;还应严格控制砂浆的稠度,保证抹灰不发生流坠现象。

假面砖面层砂浆的施工一般分两遍进行，第一遍为仿砖饰面砂浆底料，第二遍为面料。底料的批涂厚度为以盖住底层为准；为保证仿砖饰面砂浆底料的充分干燥，施工时应尽量将一个施工段的底料一次施涂完成，然后再施工仿砖饰面砂浆面料。抹灰时，面料砂浆每施工一小段即应撕去粘贴的分格纸胶带，时间过长则不易撕下；撕纸胶带时应注意不要破坏仿砖的边角。

模仿砖饰面砂浆面料的厚度约为 2 mm，其干燥时间一般约为 24 h。

模仿砖工程分段施工时，应以分格缝、墙的阴角处或落水管等为分界线。以免因施工时间不同，产生明显的衔接痕迹及色差。

施工时，阳角部位应两面一次成型，避免在阳角处留下缝隙。

模仿砖在施工后不宜进行修补，否则肯定会出现色差，影响装饰效果。

施工前应特别注意天气状况，表面太潮或近日有雨时，务必延期施工；施工时墙体温度应在 5℃以上，空气湿度应小于 80％，否则不应进行模仿砖施工。

2. 装饰抹灰工程的施工质量要求

装饰抹灰工程的施工质量要求主要包括下面几点。

(1)抹灰的实体质量。它包括基底清理、材料、不同基底材料交界处的加强措施、无空鼓、脱层、开裂等要求均与一般抹灰相同。

(2)表面观感质量。水刷石及干黏石表面应石粒清晰、分布均匀、紧密平整、色泽一致、无掉粒和接茬痕迹；斩假石表面剁纹应均匀顺直、深浅一致、无漏剁，阳角处应横剁并留出宽窄一致的不剁边条，棱角应无损坏；假面砖表面应平整、沟纹清晰、留缝整齐、色泽一致，无掉角、脱皮、起砂等缺陷。分隔缝(条)宽度和深度均匀、表面平整光滑，棱角整齐；有排水要求的部位应做好滴水线或滴水槽。

(3)立面垂直度、表面平整度、阳角方正、分隔条及墙裙上口的直线度等容许偏差项目的偏差应在允许范围内。

9.2 饰面板(砖)工程

饰面板(砖)工程是指将块料面层镶贴或安装于墙柱表面，形成表面装饰层。块材面料可以分为饰面砖和饰面板两大类。

常见的饰面砖有釉面瓷砖、陶瓷锦砖、外墙面砖等。

常见的饰面板则包括：①大理石、花岗岩等天然石材；②预制水磨石、人造大理石等人造饰面板以及金属饰面板(如彩色涂层钢板、镜面不锈钢板、铝合金板、铝塑板等)。

小的块料面层常采用镶贴法，较大的块料面层则常采用挂贴法或干挂法进行施工。

9.2.1 粘贴法施工工艺

粘贴法施工是指用水泥砂浆、聚合物水泥浆或强力胶等黏结材料，将饰面板(砖)块材黏结在基层表面形成装饰面层的做法。该方法施工简便、成本低，是饰面板(砖)施工中的常用做法，适用于地面、内外墙面施工。

1. 内墙面砖铺贴

室内贴面砖主要是采用瓷砖和釉面砖铺贴在经常接触水的墙面，如厨房、卫生间、浴室等房间。瓷砖和釉面砖表面光滑，易于清洗，耐酸隔潮，能起到美观和保护墙体的作用。室内面砖通常在一般抹灰的中层抹灰上进行，其施工顺序一般为基层处理→弹分格线→选择面砖→做标志块→浸砖、贴砖→勾缝擦洗等。

(1)弹线分格。弹线分格是在基层抹灰上用墨线弹出饰面砖分格线，作为粘贴时的控制标准。一般是在基层抹灰达到 6～7 成干时，按照设计要求，结合釉面砖的规格进行弹线和排砖。排砖的方式主要有直缝和错缝两种。排砖时应注意下列问题。

1)排砖一般从阳角开始，把不成整块的砖排在阴角部位或次要部位；每面墙不应有两列非整砖，且非整砖的宽度不应小于整砖的 1/3。

2)墙面有其他固定装饰物时，应尽量以装饰物为中心向两边对称排砖，如图 9.5 所示。在边角、洞口部位出现非整砖时，也应注意对称和美观。

3)竖向排砖时，顶部应采用整块砖，一般从顶棚、吊顶龙骨或设计高度往下排，最下面一层砖的高度应大于半块砖，否则应重新调整排砖。

弹线前，应根据镶贴面墙的长宽尺寸，将纵、横方向面砖的皮数，画在皮数杆上，作为随时检查的标准。弹线时，竖向分格控制线的间距一般为 1m 左右，水平分格控制线的间距一般为 5～10 块砖。

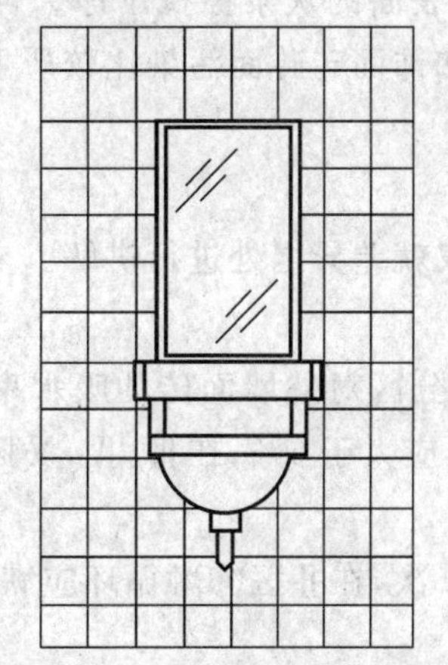

图 9.5　墙面有饰物时排砖方法

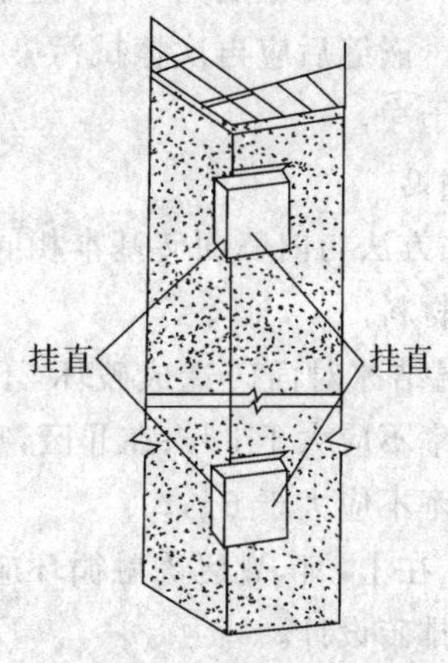

图 9.6　墙面阳角处双面挂直

(2)选砖。粘贴施工前，应根据工程要求及面砖的质量情况将面砖按 1 mm 差距分选成 2～3个规格，将不同规格的面砖用于不同房间。分选的同时还应逐块检查砖的平整度，将严重不平整的面砖剔除出来。

(3)做标志块。标志块也叫标准点，是将废面砖片粘贴在基层砂浆上，作为粘贴时控制面砖平整度(粘贴厚度)和挂线的依据。标志块粘贴的位置在阳角处如图 9.6 所示，在平面上一般占据弹线交叉点的一个角。标志块间距一般为 1～1.5 m。

当粘贴标志块时，以砖棱角作为基准线，上下标志块之间用靠尺找好垂直，横向标志块之间用靠尺找平。在阳角处，还应同时对标志块的表面找垂直，以保证阳角的双面垂直。

标志块一般采用 1∶2 水泥砂浆粘贴。

(4)做垫尺、贴面砖。面砖在铺贴前一般均需要进行浸砖，以防止粘贴时过分吸水造成砂浆黏结不牢。浸砖一般应提前 1 d 进行，时间不小于 2 h，取出后阴干至表面无水膜再进行粘贴。

铺贴面砖常用 1∶2 水泥砂浆，也可采用混合砂浆(水泥∶石灰膏∶砂＝1∶0.1∶2.5)进行。砂浆的厚度一般为6～10 mm。

根据墙面分格弹线最下一皮砖的下口标高，垫一根直靠尺，作为第一行面砖水平控制的依据。第一排砖的下口应坐在直靠尺上进行镶贴。面砖宜从阳角处开始镶贴，并由下往上进行。面砖背面的砂浆用量以铺贴后刚好满浆为止，贴于墙面的釉面砖应用力按压，并用铲刀木柄轻轻敲击，使釉面砖紧密粘于墙面，再用靠尺按标志块将其校正平直。铺贴完整行的釉面砖后，再用长靠尺横向校正一次。对高于标志块的应轻轻敲击，将多余灰浆挤出，使其平齐；若低于标志块（即亏灰）时，应取下釉面砖，重新抹满刀灰再铺贴。不得在砖口处塞灰，否则会产生空鼓。然后依次按上法往上铺贴，铺贴时应保持与相邻釉面砖的平整。如遇釉面砖的规格尺寸或几何形状不等时，应在铺贴时随时调整，以保证缝隙宽窄一致。

对墙面上预留的孔洞，应按孔洞的位置和大小形状，在面砖上用陶瓷铅笔划好，然后用切砖刀或胡桃钳裁切。

在阳角部位，应将面砖边缘打磨成45°，以方便接缝。

一面墙不应一次铺贴到顶，以防止塌落。

(5)勾缝擦洗。饰面砖镶贴完毕后，应用棉纱将表面的灰浆擦拭干净。再用白水泥（或白水泥＋颜料）嵌缝。嵌缝后应再次擦拭污染部位。如饰面砖砖面污染比较严重，可用稀盐酸刷洗，并用清水冲洗干净。

2. 外墙面砖铺贴

外墙面砖铺贴方法与内墙面砖基本相同，此处仅就差异之处进行讲解。

(1)外墙面砖材料。

1)为防止低温结冰对面砖造成破坏，不同气候分区对外墙面砖的吸水率有不同要求：在Ⅰ，Ⅵ，Ⅶ区，吸水率不应大于3％；在Ⅱ区，吸水率不应大于6％；在Ⅲ，Ⅳ，Ⅴ区，冰冻期一个月以上的地区，吸水率不应大于6％。

2)抗冻性能。在Ⅰ，Ⅵ，Ⅶ区冻融循环应满足50次，在Ⅱ区冻融循环应满足40次。

(2)外墙面砖排砖设计。

1)伸缩缝留设。外墙饰面砖粘贴应设置伸缩缝，宽度可根据当地的实际经验确定。竖直向伸缩缝可设在洞口两侧或与横墙、柱对应的部位，水平向伸缩缝可设在洞口上、下或与楼层对应处。伸缩缝应采用柔性防水材料嵌缝。

2)面砖接缝的宽度不应小于5 mm，不得采用密缝。缝深不宜大于3 mm。可以采用平缝。

3)对窗台、檐口、装饰线、雨篷、阳台和落水口等墙面凹凸部位，应采用防水和排水构造。如图9.7所示。在水平阳角处，顶面排水坡度不应小于3％，且应采用顶面面砖压立面面砖，立面最低一排面砖压底平面面砖等做法，并应设置滴水构造。

(3)外墙面砖粘贴施工。面砖粘贴时，应满足下列环境条件。

1)施工中的日最低气温应在0℃以上，否则，必须有可靠的防冻措施。当高于35℃时，应有遮阳设施。

2)基层含水率宜为15％～25％。

3)门窗洞、脚手眼、阳台和落水管预埋件等应提前处理完毕。

面砖粘贴宜自上至下进行，粘贴层厚度宜为4～8 mm。非整砖宽度不应小于整砖的1/3。

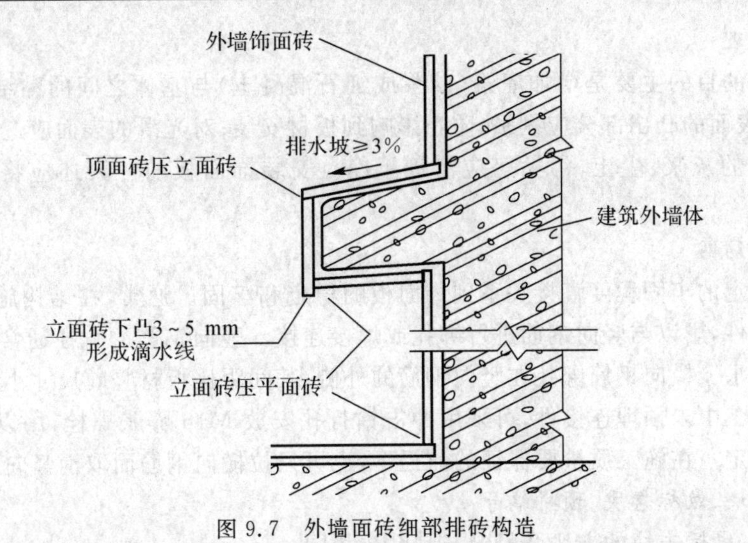

图 9.7　外墙面砖细部排砖构造

9.2.2　挂贴法施工工艺

挂贴法是在装饰面的基层上固定钢筋网，在板材的上下缘处钻孔或开绑扎槽，用铜丝或不锈钢丝将饰面块材(通常是较大块的石材或其他人工饰面材料)绑扎固定到钢筋网上，再向基体和饰面板之间的缝隙中灌入细石混凝土或砂浆(见图 9.8)。在这种做法中，板材的自重是通过铜丝及板材与细石混凝土之间的黏结力传递给基层上的钢筋网和结构的，大大提高了装饰板材的稳定性，适用于规格较大的大理石、花岗岩板材饰面的施工。

为防止水泥砂浆在水化过程中产生的氢氧化钙从石材表面析出，产生所谓“泛碱”现象，在施工前应在石材背面涂刷“防碱背涂剂”，进行防泛碱处理。

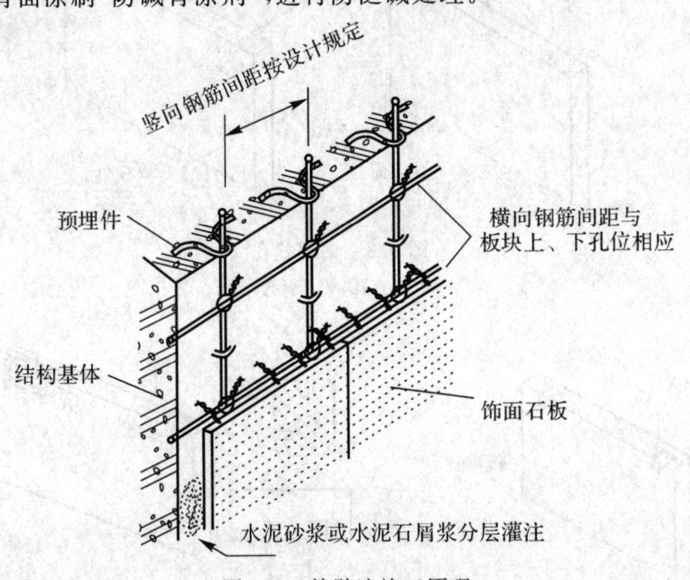

图 9.8　挂贴法施工原理

挂贴法施工的基本工艺流程主要包括基层处理→绑扎钢筋网→弹线分块、预拼编号→石板钻孔、开槽及绑扎铜丝→饰面板安装→临时固定→板后灌浆→清理余浆、板块嵌缝。

1. 基层处理

基层处理的目的主要是增加灌浆(砂浆或细石混凝土)与基体之间的黏结力。基层清理中,对混凝土表面的凸出部分应剔平,防止影响到板材安装;对光滑的表面应进行凿毛处理;对基层表面黏结的灰浆、尘土、污垢等应清理干净。安装饰面板前一天还应将基体充分浇水湿润。

2. 绑扎钢筋网

钢筋网固定的牢固程度直接关系到饰面板的稳定和牢固。通常,在结构施工阶段应在墙体上预埋连接件,用以与竖向钢筋进行绑扎或焊接连接。竖向钢筋的直径通常为 8 mm,间距应满足设计要求。横向钢筋绑扎在竖向钢筋的外侧,其间距比板材竖向尺寸小 20～30 mm。

若结构施工中未预埋连接件,可采用冲击钻打孔安放 M16 膨胀螺栓,用以固定铁件进行竖向钢筋的固定。在施工质量要保证的前提下,也可只拉横向钢筋而取消竖向钢筋。

3. 弹线分块、做标志块、预拼编号

弹线分块、做标志块的方法及目的与粘贴法相同。

预拼编号主要是为了保证石材安装后花纹一致、纹理通顺、接缝严密。应按照设计要求在平地上预排、试拼,进行选色、拼花和尺寸校正,并对阴阳角的对接边进行磨边等处理,最后根据预拼顺序对每块石材进行编号,以方便安装。

4. 钻孔、开槽

板块上、下边缘用于绑扎的孔直径一般为 5 mm,孔深 15～20 mm,一般距板材两端$L/4$～$L/3$,有直孔和斜孔两种形式,如图 9.9 所示。也可采用开槽的方法来绑扎铜丝,如图 9.10 所示。

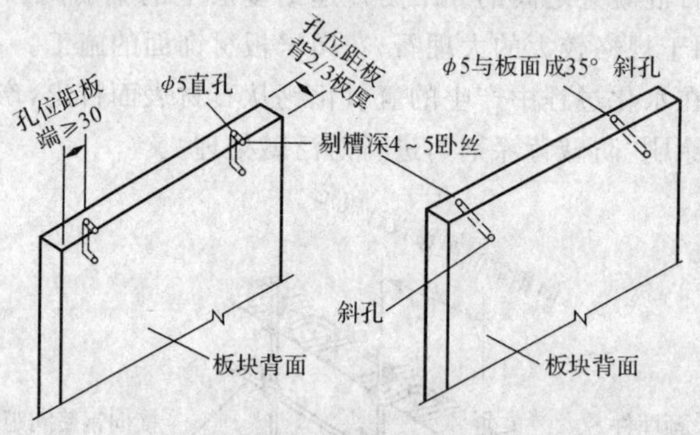

图 9.9 钻绑扎孔

(a)直孔;(b)斜孔

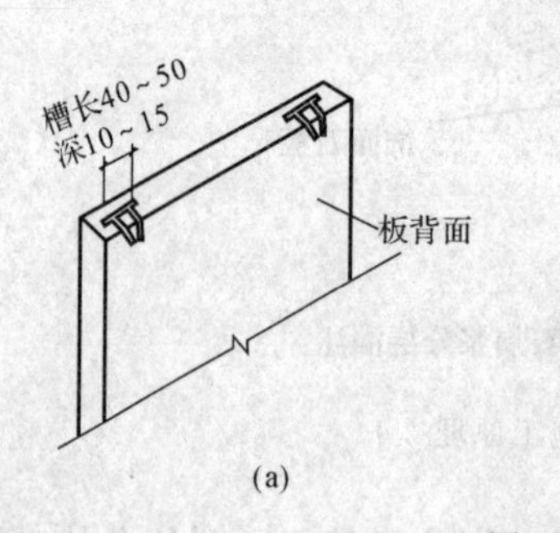

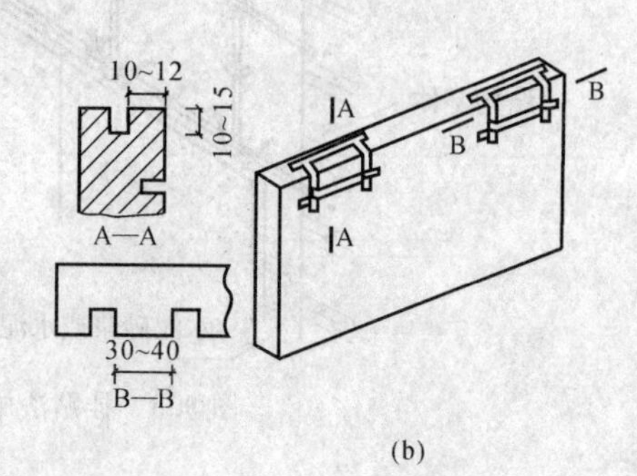

图 9.10 开绑扎槽

(a)三道槽;(b)四道槽

5. 饰面板安装

饰面板安装一般自下而上进行，每层板从中间或一端开始。安装时，整理好铜丝，将板材就位，并将板材上口略向后仰，单手伸入板材后将下部铜丝扎紧，然后扶正板材，再将上部铜丝扎紧，并用木楔在背后塞紧垫稳，随即检查表面平整度和上口的平直度，发现问题时，上口可用木楔调整板面平整度，下口可加垫铁皮或铅条调整板块高度。

6. 板后灌浆

灌浆前，应浇水将饰面板背面和基体表面润湿，再分层灌注砂浆，每层灌注高度为150 mm，且不得大于板块高度的1/3，用钢筋棒插捣密实，待初凝后，应检查板面位置，如发现移动错位应拆除重新安装，若无移动，方可灌注上层砂浆，第三次灌浆高度至饰面板水平接缝以下50～100 mm处即可。

9.2.3 干挂法施工工艺

干挂法是利用高强螺栓和耐腐蚀、强度高的金属挂件，将饰面板直接或通过金属龙骨固定于建筑物外表，形成饰面围护结构的做法。在这种做法中，饰面板的自重荷载通过金属挂件直接（或通过龙骨、立柱）传递给主体结构。这种做法具有抗震性能好、操作简单、施工速度快、质量易于保证和不受气候影响等优点，板材与结构之间的空腔可填入保温材料，用做外墙保温，是目前大理石、花岗岩墙面装饰的常用做法。

干挂的具体方法根据其连接件的不同可有多种做法。最常见的有销针式做法、板销式做法、金属钢架式做法，如图9.11所示。

干挂销针式做法是在石材面板的上、下端面打孔，插入直径为5 mm或6 mm，长度为20～30 mm的不锈钢销针，将石材饰面板通过舌板和连接件固定在结构表面。销针安装的方式有一次连接和二次连接两种。在一次连接中，舌板和连接件合二为一；而在二次连接中两者是分开的，更有利于板面平整度的调整，如图9.11(a)所示。

干挂板销式做法是将销针式中的销针改为厚度不小于3 mm的不锈钢板，施工时将其插入石板上下端的预开槽内，用以固定石板，如图9.11(b)所示。

金属钢架式做法是先在建筑结构立面上安装竖向金属立柱（通常为方钢或槽钢），于立柱上焊接角钢作为连接件，通过舌板将饰面石材挂在角钢上，如图9.11(c)所示。

在上述三种方法中，销针式和板销式要求主体结构外墙应为混凝土墙面，否则，固定连接件的膨胀螺栓不能提供足够的拉结力。而在金属钢架式中，立柱无论如何都可以做到以混凝土为固定点，其适用面更为广泛。

干挂法的施工工艺通常包括基层修整→弹线→板材打孔（开槽）→固定连接件→安装板材→调整固定→嵌缝→清理等过程。

在上述各步骤中，大部与挂贴法相同，主要差异在安装和嵌缝两个环节。

安装时，应在石材饰面板上下端的槽或孔内注满黏胶剂，插入销针或板销后应及时调整板材的平整度和垂直度，最后拧紧调节螺栓。

嵌缝时应使用专用的耐候硅酮胶，在雨天或石材表面较潮湿时不宜进行嵌缝。若接缝较深，可先在接缝底部填入发泡聚乙烯圆棒条，再注入专用石材耐候胶。

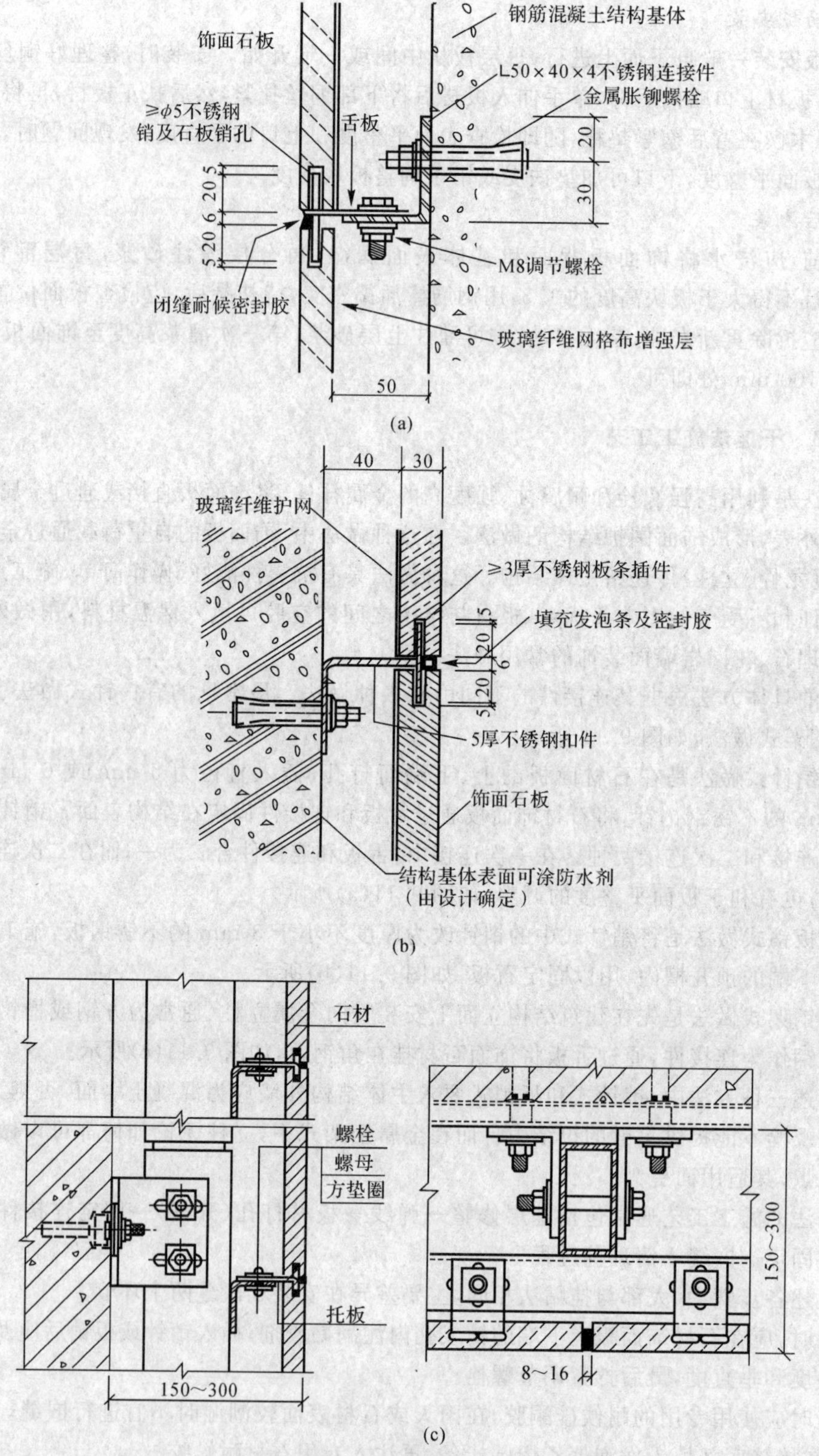

图 9.11　干挂石材饰面板常用节点做法

(a)干挂销针式做法；(b)干挂板销式做法；(c)金属钢架式做法

9.2.4　饰面板(砖)工程的施工质量要求

饰面板工程的施工质量要求包括以下几方面。

(1)所用的各种材料应满足设计要求。设计要求包括面板(砖)的规格、颜色、品种、性能;黏结用的砂浆、胶黏剂;挂面板用的龙骨、预埋件及连接件等。

(2)做好基层处理、预埋件、龙骨等项目的隐蔽验收。

(3)满黏法施工时,应无空鼓、裂缝,黏结强度符合设计要求。

(4)饰面砖(板)表面应平整、洁净、色泽一致、无裂痕和缺损;阴阳角处搭接方式、非整砖使用部位应符合设计要求;有排水要求的部位应做滴水线(槽),滴水线(槽)应顺直、流水坡向应正确。

(5)立面垂直度、平面平整度、阴阳角方正度、接缝平直度等均应满足规范要求。

9.3　吊 顶 工 程

吊顶是室内装饰的一个重要组成部分,具有保温、隔热、隔声和吸音作用,同时也是安装照明、通风空调、通信、防火、报警管线等设备的隐蔽层。

吊顶有直接式顶棚和悬吊式顶棚两大类,直接式顶棚按施工方法和所用材料可以分为直接刷(喷)浆顶棚、直接抹灰顶棚、直接粘贴式顶棚(用胶黏剂粘贴装饰面层);悬吊式顶棚按结构形式可分为活动式装配吊顶(饰面板直接搁置在 T 型铝合金或轻钢龙骨上,龙骨表面外露或半外露)、隐蔽式装配吊顶(龙骨表面不外露,饰面板通过螺钉等连接材料固定在龙骨上)、金属装饰板吊顶、开敞式吊顶和整体式吊顶(灰板条吊顶)等。悬吊式吊顶是目前应用最为广泛的吊顶形式,它主要由吊杆、龙骨和饰面板三部分构成。典型的吊顶构造如图 9.12 所示。

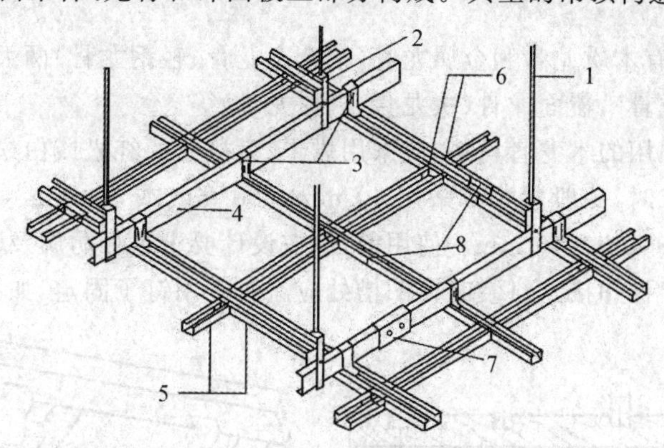

图 9.12　U 形龙骨吊顶构造

1—吊杆;2—吊件;3—挂件;4—承载龙骨(主龙骨);5—覆面龙骨(次龙骨、横撑龙骨)
6—挂插件;7—承载龙骨接长连接件;8—覆面龙骨接长连接件

9.3.1　吊顶工程常用材料

1. 吊杆

吊杆是吊顶工程中连接顶棚结构(楼板、梁或屋架)和吊顶龙骨的构件,常采用方木

ϕ6 mm，ϕ8 mm 钢筋或 25 mm×3 mm 扁钢、10～8 号镀锌铁丝等材料制作，其规格和性能应满足承载力要求。吊杆常采用膨胀螺栓、射钉、预埋铁件等方法与建筑结构连接，常见的吊杆安装方法如图 9.13 所示。

当在预制空心楼板顶棚底面采用膨胀螺栓或射钉固定吊杆时，吊点必须设置在已灌实的楼板板缝处。

吊杆安装前应进行防腐、防火处理。

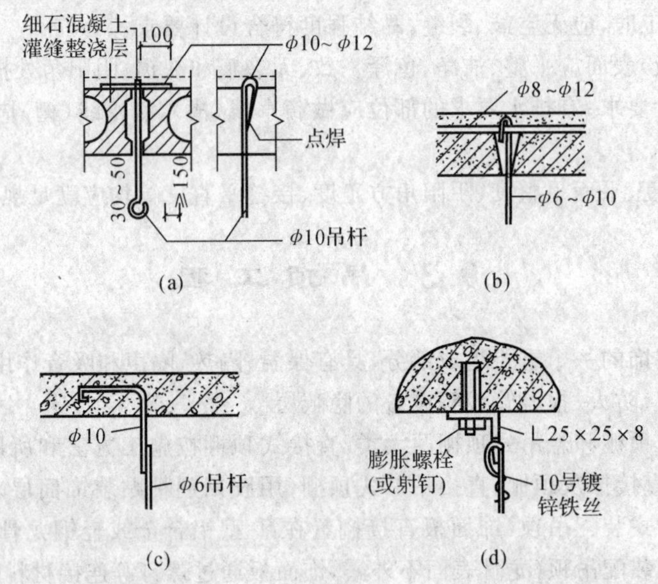

图 9.13　常用吊杆固定方法

2. 龙骨

吊顶用龙骨主要有木质龙骨和金属龙骨（铝合金龙骨、轻钢龙骨）两大类，按其受力情况可以分为承载龙骨（主龙骨）、覆面龙骨（次龙骨、横撑龙骨）等。

(1)木龙骨。吊顶用的木龙骨材料，应采用烘干、无扭曲的红松或白松，其规格应符合设计要求，设计无具体要求时，一般主龙骨采用 40 mm×60 mm 或 50 mm×80 mm，次龙骨采用 50 mm×50 mm 或 40 mm×40 mm。使用前，应按设计要求进行防腐及防火处理。木龙骨的拼装一般采用咬口（半榫扣接），拼装时在凹槽处应涂胶并用钉子固定，如图 9.14 所示。

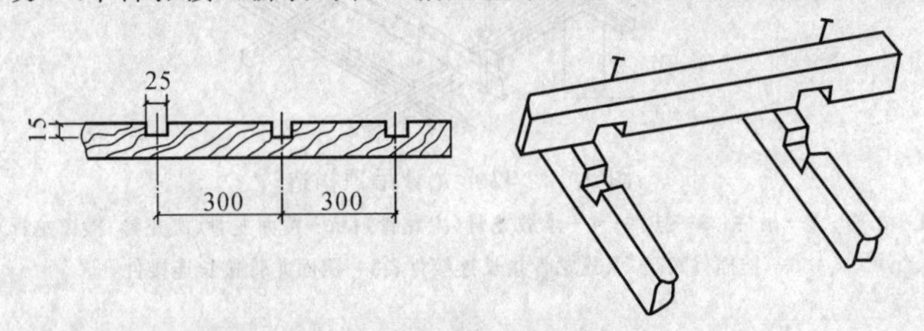

图 9.14　木龙骨的拼接

木龙骨常用于隐蔽式装配吊顶的施工。

(2)金属龙骨。金属龙骨主要包括轻钢龙骨和铝合金龙骨两类。

金属龙骨按其断面形状可以分为 U 形、T 形、H 形、L 形、V 形、C 形等形状，对应于每种形状，都有与之配套的承载龙骨、覆面龙骨及其连接配件。如图 9.12 所示为 U 形龙骨吊顶构造；如图 9.15～图 9.17 所示分别给出了 T 形龙骨、H 形龙骨、V 形龙骨的吊顶连接构造。

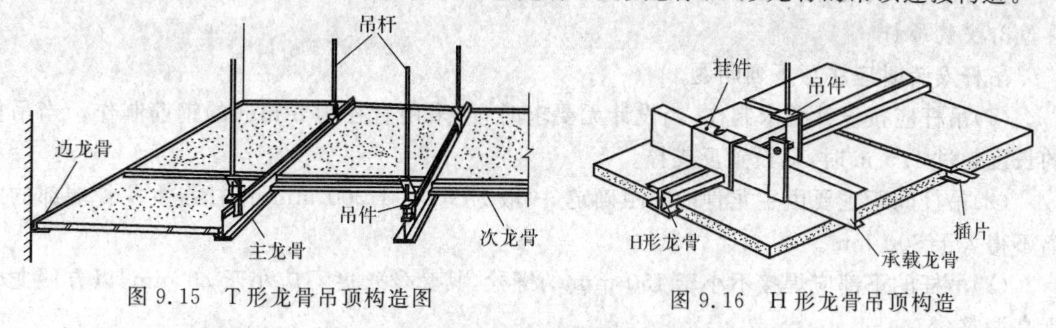

图 9.15　T 形龙骨吊顶构造图　　图 9.16　H 形龙骨吊顶构造

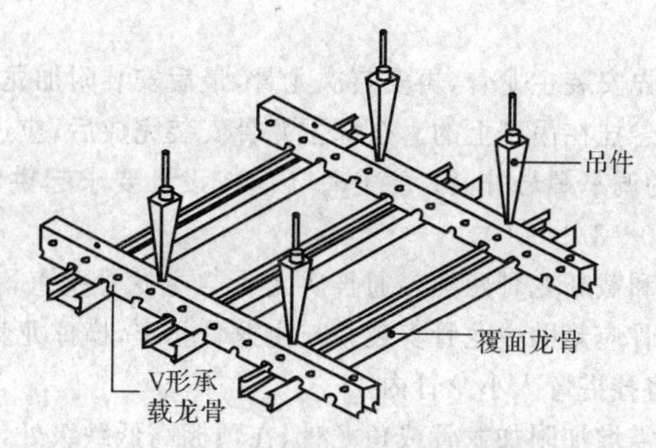

图 9.17　V 形龙骨吊顶构造

各种形状龙骨及其配件的尺寸、厚度均应满足相应相关标准。

3. 面板

在装饰吊顶工程中，所用面板按材质主要有人造木质板（胶合板、纤维板等）、装饰吸声板（包括矿棉吸声板、钙塑吸声板、纤维装饰吸声板）、石膏板、塑料板（包括聚氯乙烯塑料装饰板、塑料贴面复合装饰板）、铝合金板（包括铝合金压型板、天花扣板）。按安装方式可分为明装面板和暗装面板。各类面板均具有不同规格及性能，具体选用时应根据设计要求及价格等确定。

9.3.2　吊顶工程施工

吊顶工程的施工工艺包括施工准备→放线→安装吊杆→安装主龙骨→安装覆面龙骨→安装饰面板等步骤。

1. 施工准备

在施工准备阶段应采购好吊顶所需的各种吊杆材料、龙骨及配件、面板等，还应对吊杆所用的钢筋进行防锈处理，对木龙骨、木质面板进行防腐、防火处理，同时应熟悉施工图纸。

2. 放线

放线的内容包括标高线、造型位置线、吊点布置线、龙骨布置线、大中型灯位布置线等。放线的作用不仅是确定施工位置，而且还能检查吊顶以上的管道等对吊顶的影响。

在弹放标高位置线前，应先在室内房间四周墙上放出 0.5 m 基准线，再以此为基准确定吊顶各台阶的标高。

放造型位置线时，一般应先确定房间中心，再以此为基准将设计造型按照先高后低的顺序弹放于顶板上。弹放时，应注意累积误差的调整。

各种吊杆、大型灯具固定件等的位置，也应在顶板上弹出。

3. 安装吊杆

吊杆安装时应注意下列问题。

(1)吊杆应按设计要求制作，当设计无要求时，可采用直径为 8 mm 的钢筋制作。当吊杆的长度超过 1.5 m 时，应设置反支撑。

(2)吊杆间距主要由主龙骨的间距确定，一般为 900～1 200 mm，吊杆与主龙骨端部的距离不得大于 300 mm。

(3)吊杆的下部应焊接不小于 150 mm 的螺栓，其套丝长度不应小于 30 mm，以方便龙骨标高调整。

4. 安装龙骨

龙骨的安装顺序是先安装主龙骨，再安装次龙骨，最后安装附加龙骨、角龙骨和连接龙骨。

主龙骨是利用吊件悬挂在吊杆上的。全部主龙骨安装完成后，应进行调直、调平和定位工作，完成后应将吊杆上的调平螺母拧紧。主龙骨还应按设计要求起拱(设计无要求时，一般为房间短向跨度的 1/1 000～3/1 000)。

次龙骨有通长龙骨和截断龙骨两类。通长次龙骨与主龙骨垂直，截断龙骨(横撑龙骨)与通长次龙骨垂直。次龙骨应紧贴主龙骨安装并与主龙骨扣牢，横撑龙骨的端头应插入支托，扣在次龙骨上，并用手钳将挂搭弯入小龙骨内。

在柱子周边通常还需增加附加龙骨或角龙骨，在顶棚高低跌级处，还应增加连接龙骨。

5. 安装饰面板

饰面板的安装方法取决于饰面板所用材料及所选龙骨。一般有搁置法、钉固法、嵌入法、胶结粘贴法和卡固法。

(1)搁置法是将饰面板直接搁置在 T 型龙骨组成的格框内。

(2)嵌入法是将面板加工成企口暗缝，将其与 T 型龙骨的两翼相契合，常用于石膏面板的安装。

(3)钉固法是将饰面板用钉、自攻螺丝等固定在龙骨上。这种方法主要用于钙塑泡沫板、石膏板、矿棉板等饰面板的安装。

(4)粘贴法是将饰面板用胶黏剂直接粘贴到龙骨上。钙塑泡沫板、石膏板、矿棉板等饰面板可采用此法安装。

(5)卡固法是利用面板直接卡固在龙骨的卡槽中，多用于铝合金面板。

9.3.3 吊顶工程的质量要求

吊顶工程的质量要求主要包括。

(1)吊杆、龙骨的材质、规格、安装间距及连接方式应符合设计要求，金属吊杆、龙骨应经过表面防腐处理，木吊杆、龙骨应进行防腐、防火处理。

(2)饰面材料的材质、品种、规格、图案和颜色应符合设计要求。

(3)吊杆、龙骨和饰面材料的安装必须牢固。

(4)饰面材料表面应洁净、色泽一致，不得有翘曲、裂缝及缺损，压条应平直、宽窄一致。

(5)饰面板的表面平整度、表面高低差、接缝直线度应满足规范要求。

9.4 涂饰工程

涂饰工程是将涂料涂饰于建筑物室内或室外表面,使之与建筑物表面严密结合,对建筑物表面形成一完整的保护膜,起到美化装饰、防潮、防霉、阻燃、保温等作用。

建筑涂料集保护、装饰和改善建筑结构性能于一身,在建筑工程中正发挥越来越大的作用。

9.4.1 涂饰工程材料

1.建筑涂料

(1)涂料的组成。建筑涂料的成分包括主要成膜物质、次要成膜物质和辅助成膜物质三部分。

1)主要成膜物质。主要成膜物质即涂料中的固着剂、胶黏剂,包括各种天然动植物油脂、矿物油、天然树脂、人造树脂,如桐油、松香、动物胶、沥青、酚醛树脂、环氧树脂、合成橡胶等。主要成膜物质是形成工程涂膜的基础,决定着涂膜的性能,如使得涂膜具有光泽、硬度、柔韧性、耐候性等。

2)次要成膜物质。次要成膜物质即涂料中所添加的颜料成分,包括着色颜料、体质颜料和防锈颜料。着色颜料包括无机颜料和有机颜料,能使涂膜呈现各种颜色,具有遮盖力,增强机械性能,耐候性、防锈蚀性等。常用的着色颜料包括锑黄、银红、铁兰、石墨、炭黑等。体质颜料用来增强涂层厚度,提高耐磨性和机械强度,常用的体质颜料包括碱土金属盐类,如碳酸钙、石膏,硅酸盐类如滑石粉、云母粉,镁、铝轻金属化合物如碳酸镁、氧化镁、氢氧化铝。防锈颜料可使涂膜具有防锈能力,延长结构使用寿命,包括物理防锈颜料和化学防锈颜料,前者如石墨,氧化锌、碱性氧化铝,后者如红丹、锌粉、铝粉等。

3)辅助成膜物质。辅助成膜物质包括各种助剂和溶剂。助剂可改善涂料的分散效果,促使涂料干燥、固化及改善涂膜性能,包括催干剂、固化剂、增塑剂、防霉剂、杀虫剂等。溶剂的作用是将涂料溶解或稀释成液体状态,方便涂饰施工和干燥固化,如松香水、汽油、煤油、苯、丙酮、乙醇等。

(2)建筑涂料的分类。涂料的品种繁多,按装饰部位的不同有外墙涂料、内墙涂料、地板涂料等;按成膜物质又可分为无机涂料、有机涂料和复合性涂料,其中有机涂料又可分为水溶性涂料、乳液涂料和溶剂型涂料等;按涂层质感又可分为薄质涂料、厚质涂料、复层涂料和多彩涂料等。

2.腻子

腻子是用于填补待涂饰表面缺陷(凹坑、裂缝、孔洞等)的半固体状或浆状涂料,它是由大量体质颜料和黏结剂调制而成的,有时也加入着色颜料和催干剂等。常用的腻子大致可分为水性腻子、油性腻子、漆基腻子三类。

(1)水性腻子。水性腻子是以胶料(如乳胶、皮胶等)为黏结剂,以水为溶剂,调和体质颜料如熟石灰(老粉)、石膏粉、滑石粉等,再加配某些颜料调制而成。这种腻子易调配,干燥快,易打磨,但不耐水、硬度差,不能用于金属制品表面。

(2)油性腻子。油性腻子是以清油或桐油为黏结剂,加有机溶剂、体质颜料调配而成的膏状物,有时还加有着色颜料。这种腻子附着力强、干燥快、耐水,干燥后较难打磨。

(3)漆基腻子。漆基腻子是以各种漆基加体质颜料及溶剂等调配而成的,一般与涂料相配套,常用于木材、金属等表面,可以与涂料配套购买,也可自行调配。

在建筑装饰工程中,要求腻子具有一定的塑性和易涂性,干燥后应坚固,并与面层涂料的性能相配套。常用腻子的配合比(质量比)为:

1)用于混凝土、抹灰表面的腻子。

普通内墙:白乳胶∶滑石粉或大白粉∶2%羟甲基纤维素溶液=1∶5∶3.5。

外墙、厨房、厕所、浴室用:白乳胶∶水泥∶水=1∶5∶1。

2)木材表面的石膏腻子。

石膏粉∶熟桐油∶水=20∶7∶50。

3)金属表面的腻子。

石膏粉∶熟桐油∶油性腻子或醇酸腻子∶底漆∶水=20∶5∶10∶7∶45。

9.4.2 涂饰工程施工工艺

涂饰工程施工的基本工艺过程包括基层处理→打底子→刮腻子→磨光→涂刷涂料等。

1.涂饰工程施工的环境条件要求

涂饰工程施工时,应满足下列环境条件。

(1)当混凝土或抹灰基层涂刷溶剂型涂料时,含水率不得大于8%,涂刷乳液型涂料时,含水率不得大于10%;木材基层的含水率不得大于12%。

(2)水性涂料涂饰工程施工的环境温度应在5~35℃之间,

(3)施工现场应具有通风换气条件,并注意防尘。

2.基层处理

基层处理的内容包括以下几方面:

对混凝土或抹灰表面。清除基层表面的酥松、脱皮、灰尘、油污、油漆、广告等杂物脏迹、起壳、粉化、泥土等,保证基层表面坚固,并涂刷界面剂。对泛碱、析盐的基层表面应先用3%草酸溶液进行清洗,再用清水冲洗干净,或采用耐碱底漆满刷一遍。修补好基层表面的缺棱掉角处。

木材表面。清理掉表面的灰尘污垢,并用腻子将木材表面的缝隙、毛刺填补磨光。

金属表面。应将灰尘、油渍、锈斑、焊渣、毛刺等清理干净。

3.打底子

打底子的目的是使被涂饰表面能均匀吸收涂料,以保证面层色泽均匀一致。它主要用于金属表面和木材表面。

对金属表面,一般是满刷一遍防锈漆。

对木材表面,打底具有使表面均匀吸收涂料并封闭表面使之少受外界水分、油污沾染的作用。刷混色涂料时,常采用清油打底;刷清漆时,常采用润水粉或润油粉,以填充木纹,使表面平滑并着色。

4.刮腻子、磨光

刮腻子的作用是使被涂饰表面平整。腻子应按基层、使用环境及涂料性质配套使用,应具有塑性和易涂性，干燥后应坚固。

刮腻子时，应先局部刮腻子，进行找平，再满刮腻子。一般应每刮一遍，待其干燥后用砂纸打磨一遍。头遍要求平整，二、三遍要求光滑。刮腻子的遍数取决于涂饰工程的质量等级要求，最多为三遍。

5. 施涂涂料

涂料常用的施涂方法有刷涂、喷涂、滚涂、抹涂等。

(1)刷涂。刷涂是人工用排笔、鬃刷等工具，蘸上涂料直接涂刷于被涂物表面。涂刷应均匀、平滑一致，每次涂刷的方向、长度也应一致。应做到不流、不挂、不皱、不漏。涂刷一般不少于两道，应在前一道涂料干燥后再涂刷下一道。

(2)滚涂。滚涂是采用涂料滚子蘸上少许涂料，在被涂物表面施加轻微压力上下来回滚动，将涂料涂刷于被涂物表面。滚涂时应避免扭曲蛇行。对边角不易滚到处，一般应先用排笔或鬃刷刷涂。

(3)喷涂。喷涂是用压缩空气通过喷涂机将涂料成雾状喷出，分散沉积在物件表面上。喷涂施工时，应根据涂料的种类确定喷涂压力、喷嘴口径及其与物体表面的距离等施工参数。

当喷涂施工时，喷嘴中心线必须与墙、顶棚垂直，喷枪与墙、顶棚应有规律地平行移动，运动速度应一致。喷涂作业应连续进行，不得漏喷、流淌。室内喷涂一般应先喷涂顶棚，后喷涂墙面，两遍成活，时间间隔约 2 h；外墙喷涂一般为两到三遍，作业分段线应设在水落管、接缝等处。

喷涂施工时，对可能受到污染的门窗框及其他不喷涂的部位等应采取严格的遮盖措施。

(4)抹涂。抹涂是先在基层上刷涂或滚涂 1～2 道底层涂料，待其干燥后，用不锈钢抹子将涂料抹到已涂刷的底层涂料上的，一般抹 1～2 遍(总厚度 2～3 mm)，间隔 1h 后，再用不锈钢抹子压平。

(5)刮涂。使用刮板将涂料均匀地批刮于被涂物表面，形成厚度为 1～2 mm 厚的涂层。这种方法多用于地面等较厚涂层的施工。

9.4.3 涂饰工程质量要求

涂饰工程的质量要求主要包括如下几个方面。

(1)所用材料如涂料、腻子、水泥、大白粉、石膏粉等均应有合格证明文件；

(2)基层含水量的控制。混凝土或抹灰基层涂刷溶剂型涂料时，含水率不得大于 8%，涂刷乳液型涂料时，含水率不得大于 10%，木材基层的含水率不得大于 12%。

(3)基层腻子应平整、坚实、牢固、无粉化、起皮和裂缝；厨房、卫生间墙面必须使用耐水腻子。

(4)涂饰应均匀、黏结牢固、不得漏涂、透底、起皮、掉粉或反锈。

(5)涂料表面的质量要求。

1)水性涂料。主要包括颜色、泛碱、咬色、流坠、疙瘩等。

颜色。无论哪个等级的涂饰工程，均应做到应均匀一致。

泛碱、咬色。对普通涂饰，允许少量轻微；对高级涂饰，不允许出现。

流坠、疙瘩。对普通涂饰，允许少量轻微；对高级涂饰，不允许出现。

2)溶剂型涂料。主要包括颜色、光泽、光滑、刷纹、裹棱、流坠、皱皮等；对色漆，还包括分色线平直度;对清漆,还包括木纹等要求。

颜色。应均匀一致

光泽、光滑。对普通涂饰,光泽应基本均匀、表面应光滑无挡手感;对高级涂饰,光泽应均匀一致,表面应光滑。

刷纹。对色漆,普通涂饰,刷纹应通顺,高级涂饰应无刷纹;对清漆,应无刷纹。

裹棱、流坠、皱皮。对普通涂饰,明显处不允许出现;对高级涂饰,不允许出现。

色漆分色线平直度。普通涂饰为 2 mm,高级涂饰为 1 mm。

清漆木纹。应棕眼刮平,木纹清楚。

9.5 门窗工程

建筑工程常用的门窗类型有木门窗、塑料门窗、铝合金门窗等。这些门窗一般都是在工厂进行加工拼装,再运至现场进行安装的。

9.5.1 木门窗

在目前的建筑工程中,木窗的使用已经越来越少,木门仍是建筑门窗工程最常用的构件。

木门的安装有立口(先立门窗框)和后塞口(后塞门窗框)两种方法。

(1)先立门窗框法。它是在墙体砌筑到门窗洞口地面标高时,在门窗位置立门窗框,并用临时支撑撑牢,在砌筑两边砖墙时,墙内在垂直方向每隔 0.5~0.7 m 砌筑一块木砖。立框时,应注意按图纸核对好门窗框的平面位置、标高、安装方式(里平、外平、居中)、门窗开启方向等。墙体砌筑完成后,用 100 mm 钉子,砸扁钉帽,每个木砖用两个钉子将门窗框固定于木砖上,钉帽应卧于门窗框内 2 mm 深,每边固定不应少于 2 处。

先立框法在后续施工中,由于运输用小车须经常从门洞经过,可能碰坏门框,这种方法已经不再推荐使用。

(2)后塞口法。它是在砌筑时先预留门窗洞口,然后将门窗框装进去。门窗洞口尺寸应比门窗框尺寸门边大 2cm。洞口预埋木砖的数量同上。安装时先用木楔将门窗框临时固定,经校正无误后,再用钉子固定。

应当注意,当墙体为砌体时,应在砌筑时预留门窗框走头(门窗框上、下两框伸出洞口外的部分)的缺口,在安装调整到位后封闭该缺口。当门窗框采用燕尾榫时,可以不留走头。

门框安装后,该门洞不得再作为运料通道使用。必须使用时,应在离地 500~800 mm 间钉镶护口,用铁皮或木条保护,在油漆前再起掉。

门窗上小五金应采用木螺丝固定,不得采用钉子代替,安装时应采用锤打入 1/3,然后拧入。门窗扇合页一般位于门窗上、下端立梃高度的 1/10 处,并应避开上、下冒头。门窗拉手应位于门窗高度中点以下,窗拉手距地面以 1.5~1.6m 为宜,门拉手距地面 0.8~1.1m 为宜。不宜在中冒头与立梃的结合处安装门锁。

9.5.2 铝合金门窗

常见的铝合金门窗按照其开启方式可以分为平开式和推拉式,按照门窗框铝型材的宽度,可以分为 50 系列、55 系列、60 系列等若干个系列。传统的铝合金框料及扇料内、外表面是连在一起的，为了节能，近年来推广使用的断热铝合金将内、外表面用隔热材料如硬质塑料等连接起来。

铝合金门窗一般均采用后塞口法进行安装（见图 9.18），安装时室内、外抹灰应已经基本完成。安装前，应对门窗框采取可靠的保护措施，确保其他装饰施工如抹灰、涂料等不会污染及损坏铝合金窗框。

（1）安装放线。安装时的水平控制线一般以室内 50 线为基准，垂直线应由最高层窗顶用线坠将窗边线往下引，在每层窗洞处做好标记。要求安装好的所有门窗在水平及垂直方向均做到整齐一致。

（2）为防止铝合金门窗框与砂浆接触而产生电化学反应导致的腐蚀现象，应对门窗框两侧与水泥砂浆接触的部位涂刷防腐材料，如橡胶型防腐涂料或聚丙烯树脂，也可粘贴塑料薄膜。

（3）门窗框的固定。按照门窗框边线的放线位置，将门窗框立于洞口的相应部位（外平、居中或里平），用木楔临时固定，经检查符合要求后，再将固定用的金属片与墙体上预埋的水泥砖用射钉或膨胀螺栓相连。固定片的厚度不应小于 1.5 mm，宽度不应小于 20 mm，应经过镀锌处理。固定片的位置应从距门窗框角部 150 mm 处开始，间距不得大于 500 mm，对称布置；在墙体上对应位置应埋设有水泥砖。不得使用射钉将固定铝合金门窗直接固定砌体材料上。

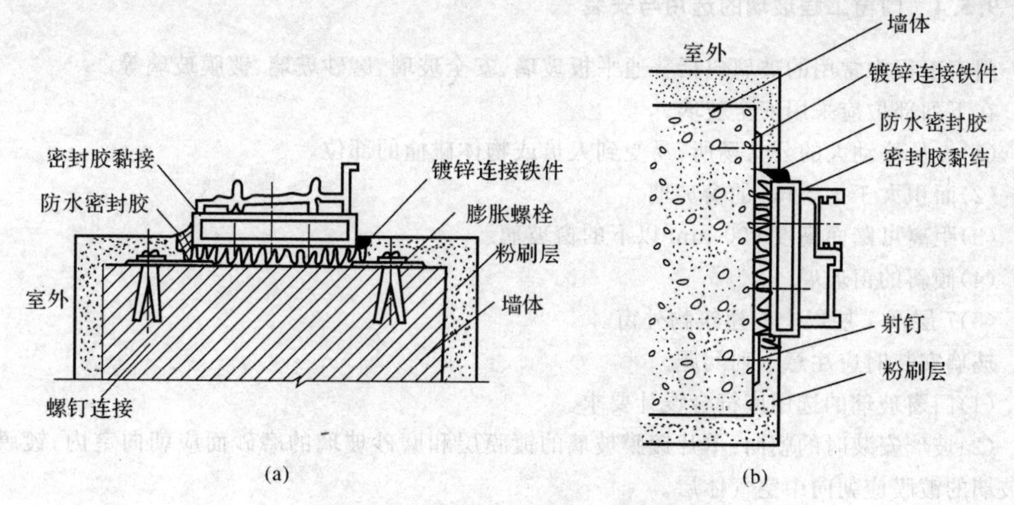

图 9.18　铝合金门窗框与墙体的连接

（a）与普通砖墙的连接；（b）与混凝土墙体的连接

由于铝合金的导电性能，在安装门窗框时，还应按设计要求做好防雷接地的连接工作。门窗框与建筑物主体结构防雷装置连接的导体应采用直径不小于 8 mm 的圆钢或截面积不小于 48 mm^2、厚度不小于 4 mm 的扁钢，连接时的焊接长度不小于 100 mm。

（4）填缝。门窗框外侧与墙体间的缝隙，可采用柔性材料如矿棉、玻璃棉毡条或聚氨酯泡沫填充，边口用水泥砂浆封闭时应预留 5～8 mm（宽和深）槽口，再注入密封胶做密封处理；也可以采用水泥砂浆填塞，砂浆与框的接触面应满涂防腐涂料，在抹灰表面也应预留槽口注入防水密封胶，如图 9.18 所示。

（5）成品保护。铝合金门窗在施工过程中，不得随意撕掉表面的保护胶带或薄膜，严禁在铝合金门窗上搁置重物（如脚手板、架管、灰桶）等，不得碰撞刮伤或污染表面，一旦污染应立即用软布沾水清洗干净，对表面污染严重或划痕较多的部位应进行喷漆处理。

9.5.3 塑料门窗

塑料门窗是以聚氯乙烯塑料为主要原料，轻质碳酸钙为填料，添加适量改性剂，经挤压成型制成各种空腹门窗型材。由于塑料材质较软，刚度差，一般在空腹内加嵌型钢或铝合金型材，故也常称之为塑钢门窗。

塑料门窗的施工工艺与铝合金门窗基本相同，下面仅就不同之处做一说明。

(1)塑钢门窗钢衬的厚度一般不应小于 1.2 mm。

(2)由于塑钢门窗的温度变形较大，框与墙体间的缝隙一般应采用聚氨酯发泡胶进行填充。

(3)塑料门窗的存放要求。

1)门窗应存放在清洁平整的地方，且应避免日晒雨淋。门窗应立放，与地面所成倾角不应小于 70°，下部应放置垫木，不得与腐蚀性物质接触。

2)储存门窗的环境温度应低于 50℃，与热源的距离不应小于 1 m。当存放门窗的环境温度低于 5℃时，安装前应将门窗移至室内，在不低于 15℃的环境下放置 24 h。

9.5.4 门窗工程玻璃的选用与安装

门窗工程中常用的玻璃包括普通平板玻璃、安全玻璃、磨砂玻璃、镀膜玻璃等。

在下列部位应采用安全玻璃。

(1)人员流动大的公共场所，易受到人员或物体碰撞的部位。

(2)面积大于 1.5 m^2 的窗玻璃。

(3)距离可踏面高度 900 mm 以下的窗玻璃.

(4)倾斜的窗玻璃.

(5)7 层及 7 层以上的建筑物外窗。

玻璃安装时应注意下列问题。

(1)门窗玻璃的选用应符合设计要求。

(2)玻璃安装时的朝向：单片镀膜玻璃的镀膜层和磨砂玻璃的磨砂面应朝向室内；镀膜中空玻璃的镀膜应朝向中空气体层。

(3)安装好的玻璃四周不得直接接触型材，应在四周分别垫以定位垫块或承重垫块，承重垫块的硬度应为邵氏硬度 70～90(A)，一般采用硬橡胶或塑料，不得采用硫化再生橡胶、木片或其他吸水性材料。垫块长度为 80～100 mm，宽度应大于玻璃 2 mm 以上，厚度不小于 3 mm。定位垫块长度一般不小于 25 mm，应能吸收温度变化产生的变形。竖框上的垫块，应用胶固定。

9.5.5 门窗工程的质量要求

门窗工程的质量要求主要包括如下几个方面。

(1)门窗框的固定点位置及数量、固定方式、连接件质量等应满足要求。

(2)所采用的框料规格及壁厚应满足要求，对塑钢门窗，钢衬的形状和厚度应满足要求。

(3)门窗框与墙体间缝隙间的填充及密封应满足要求。

(4)门窗应有合格证书，且应经气密、水密及抗风压 3 项性能检测。

(5)门窗应闭合严密,开闭灵活。

(6)玻璃的品种及安装朝向应符合设计及规范要求。

(7)门窗安装的位置及偏差应符合要求。

习　　题

1. 什么是建筑装饰施工？对建筑物有什么意义？
2. 抹灰工程如何分类？
3. 一般抹灰包括哪几层？抹灰总厚度不得超过多少？
4. 抹灰工程对生石灰的消解熟化有哪些要求？
5. 简述一般抹灰的施工工艺。
6. 一般抹灰在质量要求方面包括哪些内容？
7. 简述水刷石、干黏石的施工工艺。
8. 简述水磨石的施工工艺。
9. 简述内墙面砖粘贴工艺。
10. 简述外墙面砖粘贴工艺。
11. 简述干挂石材施工工艺。
12. 简述后塞口法木门窗施工工艺。
13. 简述铝合金门窗及塑钢门窗施工工艺。
14. 门窗玻璃选用及安装时应注意哪些问题？
15. 对门窗工程施工质量有哪些要求？

第10章　流水施工原理

流水施工是借用工业生产中流水线生产的概念组织建筑施工的一种施工组织方法。在工厂的工业生产中，生产工人站在流水线旁，流水线将需要加工或安装的产品送到工人面前，每个工人只完成自己负责部分的加工或安装，再由流水线将该产品下移至另一个工人面前继续下一个部件的加工或安装，直到最后生产出成品。在这种流水线生产中，生产者是固定的，劳动对象在生产者面前流转。在建筑工程施工中，建筑物（劳动对象）是不动的，每个分项工程的生产者则围绕着建筑物的不同部位流转施工，直到整个建筑施工完成。这和流水线作业极为相似，故称之为流水施工。

10.1　流水施工的基本概念

10.1.1　建筑施工的基本组织方式

任何一个建筑工程都是由许多施工过程（工序）组成的，每一个施工过程都可以由一个或几个专业的施工班组来完成。如何安排这些班组的施工顺序，做到经济、快速，是建筑施工组织需要解决的一个基本问题。通常，可采用的施工组织方式有三种：依次施工（顺序施工）组织方式、平行施工组织方式和流水施工组织方式，下面通过例题对这三种组织方式进行比较分析。

例10.1　某小区有4栋相同的砖混结构住宅的基础工程施工，可划分为基槽挖土、混凝土垫层、砖砌基础、土方回填4个施工过程，每个施工过程安排一个专业施工队，一班制作业，其中，每栋楼挖土施工队由16人组成，2d完成；垫层施工队由30人组成，1d完成；砌筑施工队由20人组成，3d完成，回填土施工队由10人组成，1d完成。

解　(1)依次施工组织方式。依次施工时，将工程对象分解成若干个施工过程，按照逻辑顺序，前一个施工过程完成后再开始后一个施工过程，前一施工段完成后，再开始后一个施工段的施工，这是一种最基本的施工组织方式。

本例中，依次施工即4个专业施工队先分别在第一栋楼完成挖土、混凝土垫层、砌砖基础、回填等施工，待第一栋楼的基础施工完成后再依次用相同的方式完成第二、第三及第四栋楼基础工程的施工。当采用这种施工组织方式时，施工进度及劳动力需求情况如图10.1所示。

(2)平行施工组织方式。平行施工组织是将全部工程任务的各施工段同时开工、同时完工。

本例中，即对每栋楼分别组织4个专业施工队（共16个专业队），同时在4栋楼依次进行开挖、垫层浇筑、砌筑基础、土方回填等工作。在这种组织方式下，工程进度及劳动力需求情况如图10.2所示。

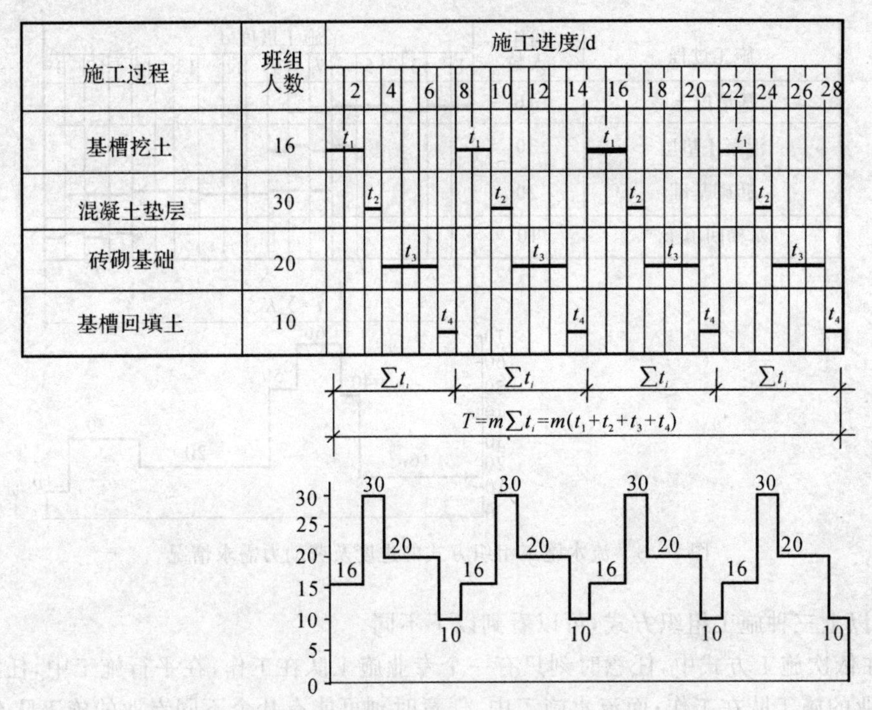

图 10.1　依次施工组织方式的进度及劳动力需求情况

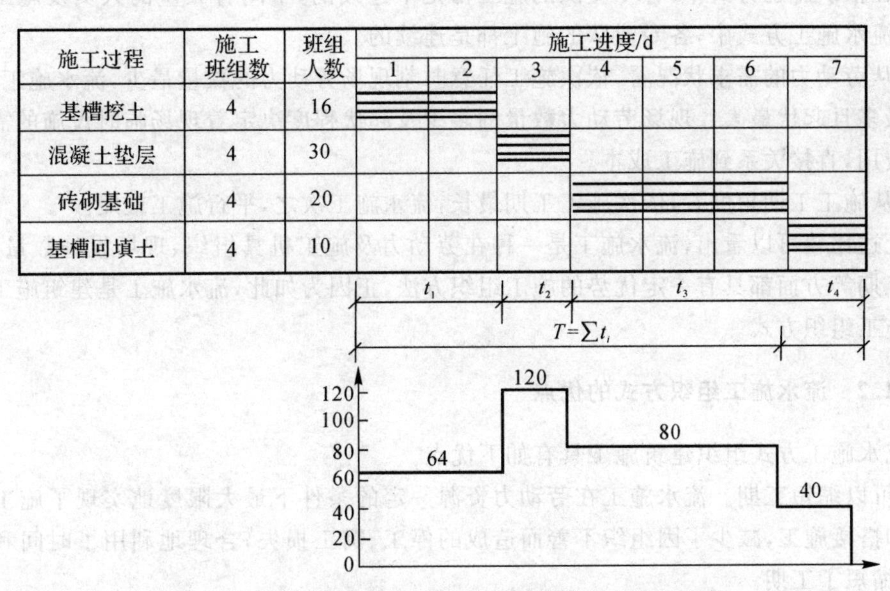

图 10.2　平行施工组织方式的进度及劳动力需求情况

(3)流水施工组织方式。流水施工组织是将所有施工过程按一定的时间间隔依次投入施工,各施工过程均陆续开工、陆续竣工,各专业施工队保持连续均衡施工,不同的施工过程尽可能平行搭接施工。

本例中,共组织 4 个专业施工队,每个专业施工队一旦开始进场工作即在 4 栋楼上连续完成本工种的相应施工任务,在这种组织方式下,工程进度及劳动力需求情况如图 10.3 所示。

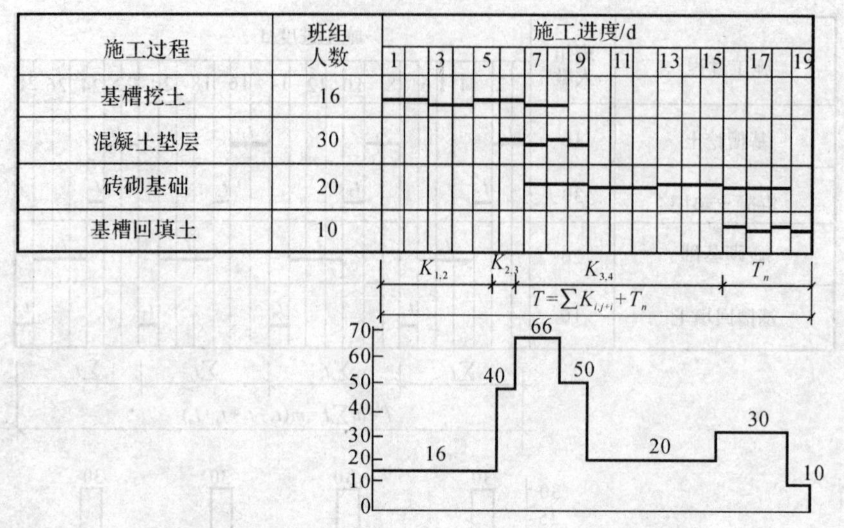

图 10.3　流水施工组织方式的进度及劳动力需求情况

比较以上三种施工组织方式，可以看到以下不同。

(1)在依次施工方式中，任意时刻只有一个专业施工队在工作；在平行施工中，任意时刻有4个同专业的施工队在工作；而流水施工中，任意时刻可能有几个不同专业的施工队在工作。

(2)在依次施工方式中，各专业队的施工都是不连续的，中间有大量的人员及施工机具窝工现象；流水施工方式中，各专业队的施工都是连续的。

(3)从劳动力的需求状况看，依次施工任意时刻现场劳动力的数量最少，流水施工次之，平行施工最多且起伏最大。现场劳动力数量的多少及起伏程度决定着现场临时设施的需要量及进出场费用，直接关系到施工成本。

(4)从施工工期角度看，依次施工工期最长，流水施工次之，平行施工最短。

从上述比较可以看出，流水施工是一种在劳动力及施工机具组织、现场设施数量、进出场费用及工期等方面都具有一定优势的施工组织方法，正因为如此，流水施工是建筑施工中应用最广的施工组织方式。

10.1.2　流水施工组织方式的优点

用流水施工方式组织建筑施工具有如下优点。

(1)可以缩短工期。流水施工在劳动力资源一定的条件下最大限度地实现了施工过程间的衔接和搭接施工，减少了因组织不善而造成的停工、窝工损失，合理地利用了时间和现场空间，有效缩短了工期。

(2)实现了均衡而有节奏的施工。“均衡”是指在不同时间段的资源数量变化较小；“有节奏”是指工人的作业时间连续而有规律。劳动力、物资及机械消耗的平稳均衡有利于材料、机械及劳动力供应的计划、采购工作，也减少了停工和窝工损失。

(3)有利于提高劳动生产率，保证工程质量。这种施工组织方式要求按专业工种建立专业施工队，实行生产专业化，有利于提高工人的劳动熟练程度，有利于改进操作方法和施工机具，因此也有利于提高劳动生产率和施工质量。

10.2　流水施工参数

在组织流水施工中，用以表达流水施工过程分解、流水段划分、专业施工队组织、施工过程间的搭接、各流水段上的作业时间等方面的参数，统称为流水施工参数。这些参数按性质可以分为三类：工艺参数、空间参数和时间参数。

10.2.1　工艺参数

工艺参数是指当组织流水施工时，用来表达施工工艺开展顺序及其特征的参数，包括施工过程数和流水强度两个指标。

1. 施工过程数 n

施工过程数(n)是指流水施工中施工过程的数量。

如例 10.1 中的砖混结构基础工程施工，其施工过程数 $n=4$，包括土方开挖、垫层施工、砖基础砌筑和土方回填。

在组织流水施工中，施工过程的划分数目要适当，以便于施工组织。施工过程数量过大，则专业划分过细，需要的专业施工队数量就很多，相应地，需要划分的流水段也就相应很多，达不到好的流水效果；若施工过程数太少，则每一个施工过程包含的施工内容太多，达不到施工队伍专业化的目的，也不利于施工效率和质量的提高。

在流水施工组织中，专业施工队的数量用 N 表示。一般情况下，每一个专业队只完成一个施工过程，即 $n=N$。

2. 流水强度 V_i

流水强度 V_i 即专业施工队在单位时间内完成施工过程 i 的工程量，它取决于投入该施工过程的劳动力数量和机械数量及其效率。

人工施工过程的流水强度为

$$V_i = R_i S_i \tag{10.1}$$

式中　R_i—— 承担施工过程 i 的专业施工队的人数；

S_i—— 承担施工过程 i 的专业施工队人均劳动生产率(产量定额)。

机械施工过程的流水强度为

$$V_i = \sum R_i S_i$$

式中　R_i—— 承担施工过程 i 的某种施工机械台数；

S_i—— 承担施工过程 i 的某种施工机械的产量定额。

10.2.2　空间参数

空间参数是用以表达流水施工在空间布置上所处状态的参数，包括工作面、施工段数和施工层数 3 个指标。

1. 工作面

工作面是指当组织流水施工时，某专业工种每个工人或每台机械所占有的活动空间，它可根据该工种的计划产量定额和安全施工技术规程要求确定。过大的工作面表明劳动力或施工机械数量不足,过小的工作面会影响到施工安全及每个工人或每台机械效率的发挥。每个工人或机械正常工作时所需的作业面一般可根据相关安全规范确定,常见数据如表10.1所示。

表10.1 常见工种所需的工作面参考数据

工作项目	每个技工的工作面	工作项目	每个技工的工作面
砌740砖基础	4.2 m	现浇混凝土梁	3.20 m^3
砌240砖墙	8.5 m	现浇混凝土楼板	5 m^2
砌120砖墙	11 m	外墙抹灰	16 m^2
砌填充墙	6 m	内墙抹灰	18.5 m^2
浇筑混凝土墙、柱基础	8 m^3(机拌、机捣)	屋面卷材防水	18.5 m^2
现浇混凝土柱	2.45 m^3	门窗安装	11 m^2

2.施工段 m

当组织流水施工时,通常将施工项目在平面上划分为若干个区段,这些施工段落称为施工段,其数目以 m 表示。在10.1.1节的实例中,基础工程施工被划分为4个施工段。当划分施工段时,应遵循以下原则。

(1)各施工段的工程量应大致相等,其相差幅度不宜超过10%~15%。

(2)施工段大小应满足专业工种对工作面的要求。

(3)施工段数目要满足合理流水施工组织要求,即 $m \geqslant n$。

(4)施工段分界线应尽可能与结构自然界线相吻合,如温度缝、沉降缝或单元界线等处。

3.施工层

施工层是当组织流水施工时,为满足专业工种对操作高度的要求,将施工项目在竖向上划分为若干个作业层,这些作业层均称为施工层。施工层可能是自然楼层,也可能不是。如砌砖墙施工层高为1.5 m,而抹灰及涂料工程的施工层多以自然楼层为准。

10.2.3 时间参数

时间参数是描述当组织流水施工时,各施工过程在时间排列上所处状态的参数,包括流水节拍、流水步距、平行搭接时间、间歇时间、流水施工工期等5个参数。

1.流水节拍

流水节拍是一个专业施工队在某施工段的工作持续时间,通常用 t_i 表示,即

$$t_i = \frac{Q_i}{S_i R_i N} \tag{10.2}$$

式中 t_i—— 某施工过程在某施工段上的流水节拍;

Q_i—— 某施工过程在某施工段上的工程量;

S_i—— 某专业工种或机械的产量定额;

R_i—— 某专业工作队的人数或机械台数;

N—— 某专业工作队的每日工作班数。

当确定流水节拍时,应注意下列问题:

(1)专业施工队人数或机械数量应符合最小劳动组合人数或机械数量,否则将不能充分发

挥劳动力或机械的施工效率。

(2)应考虑材料及构配件的现场供应能力。

(3)应首先考虑主要的、工程量大的施工过程(主导施工过程)的节拍,再确定其他施工过程的节拍。

(4)节拍值一般取整数,必要时可保留0.5d或台班。

2.流水步距

流水步距是在保证一旦某专业施工队进入现场,即应在各施工段连续完成其专业施工的条件下相邻两个专业施工队相继进入第一个施工段开始施工的间隔时间,用符号 $K_{i,i+1}$ 表示。

每一施工项目有 $(n-1)$ 个流水步距。

流水步距的大小直接影响着工期,一般,流水步距越大,工期越长,反之则越短。流水步距还与相邻两施工过程的流水节拍、施工工艺要求、施工段数目等因素有关。

当确定流水步距时,通常要满足以下原则。

(1)应满足相邻两个专业工作队在施工顺序上的制约关系。

(2)应保证相邻两个专业工作队在各个施工段上都能够连续作业。

(3)应使相邻两个专业工作队,在开工时间上实现最大限度、合理地搭接。

确定流水步距最常用的方法是累加数列法(潘特考夫斯基法)。

潘特考夫斯基法也称"最大差法",可以表达为"相邻两施工过程各自流水节拍的累加数列错位相减取其最大差"。

具体计算步骤如下。

(1)将每个施工过程在各施工段的流水节拍逐段累加,求出累加数列。

(2)根据施工顺序,对所求得的相邻两累加数列,错位相减。

(3)在错位相减结果所得数列中,取数值最大者即为相邻两施工过程的步距。

例10.2 某施工项目有A,B,C,D 4个施工过程,每个施工过程由一个专业施工队完成,在平面上划分为4个施工段,每个施工过程在各施工段上的流水节拍如表10.2所示,试确定相邻两专业施工队之间的流水节拍。

表10.2 某工程流水节拍

施工过程 \ 施工段	Ⅰ	Ⅱ	Ⅲ	Ⅳ
A	4	2	3	2
B	3	4	3	4
C	3	2	2	3
D	2	2	1	2

解 (1)求各施工过程的流水节拍累加数列,即

A:4,6,9,11

B:3,7,10,14

C:3,5,7,10

D:2,4,5,7

(2)错位相减取大值，即

A 与 B：

$$
\begin{array}{rrrrrr}
 & 4, & 6, & 9, & 11 & \\
-) & & 3, & 7, & 10, & 14 \\
\hline
 & 4, & 3, & 2, & 1, & -14
\end{array}
$$

B 与 C：

$$
\begin{array}{rrrrrr}
 & 3, & 7, & 10, & 14 & \\
-) & & 3, & 5, & 7, & 10 \\
\hline
 & 3, & 4, & 5, & 7, & -10
\end{array}
$$

C 与 D：

$$
\begin{array}{rrrrrr}
 & 3, & 5, & 7, & 10 & \\
-) & & 2, & 4, & 5, & 7 \\
\hline
 & 3, & 3, & 5, & 5, & -7
\end{array}
$$

(3)确定流水步距，即

因流水步距等于错位相减所得结果中的最大值，所以

$$K_{AB}=\max\{4,3,2,1,-14\}=4\ d$$

$$K_{BC}=\max\{3,4,5,7,-10\}=7\ d$$

$$K_{CD}=\max\{3,3,3,5,-7\}=5\ d$$

3. 技术间歇和组织间歇时间

当组织流水施工时，有些施工过程完成后，后续施工过程不能立即投入施工，必须设置一定的间歇时间，即技术间歇和组织间歇。由施工对象的工艺性质决定的间歇，统称为技术间歇时间，如浇筑混凝土构件后的养护时间、抹灰层和油漆层之间的硬化干燥时间等；由施工组织原因造成的间歇时间，统称为组织间歇，如施工机械的转移时间等。技术间歇和组织间歇时间之和用 $Z_{i,j+1}$ 表示。

4. 平行搭接时间

当组织流水施工时，为了缩短工期，一些施工段在工作面允许的前提下，当前一专业施工队仅完成部分任务并尚未撤出该施工段时，后一专业施工队即提前进入，两者在该施工段上平行施工。这个平行搭接的时间称为平行搭接时间，并用 $C_{i,i+1}$ 表示。

5. 工期

工期是指完成一项工程施工任务所需的时间，即

$$T=\sum K_{i,i+1}+T_n+\sum Z_{i,i+1}-\sum C_{i,i+1} \tag{10.3}$$

式中 T —— 流水施工中各流水步距之和；

$\sum K_{i,i+1}$ —— 流水施工中最后一个施工过程的持续时间；

T_n —— 流水施工中技术间歇和组织间歇之和；

$\sum Z_{i,i+1}$ —— 流水施工中所有平行搭接时间之和。

10.3 流水施工的组织方式

按组织流水施工时的节拍及步距特征，流水施工可以分为两大类：节奏(拍)性流水施工和非节

奏(拍)性流水施工。其中,节奏性流水施工又可以分为等节奏流水施工和非等节奏流水施工。

10.3.1　等节拍流水施工

等节拍流水也称之为全等节拍流水施工或固定节拍流水,是指当组织流水施工时,所有施工过程在各施工段上的流水节拍都彼此相等,是一种最简单的流水施工组织方式。

1. 等节拍流水施工的特点

根据等节拍流水施工的定义,可以看到这种流水施工组织方式具有下列特点:①所有施工过程在各施工段上的流水节拍都等于同一个常数;②此时,相邻两施工过程间的流水步距也彼此相等,且等于流水节拍;③每个专业施工队都能够连续作业,施工段没有空闲。

2. 等节拍流水施工的组织步骤

等节拍流水施工通常按下列步骤进行组织。

(1)确定施工起点流向,划分施工段。

(2)分解施工过程,确定施工顺序,组织专业队并确定相应的劳动组合。

(3)按等节拍要求确定流水节拍。

(4)确定流水步距。

(5)计算流水施工总工期。

(6)绘制流水施工水平指示图表。

3. 等节拍流水施工主要参数的确定

(1) 施工段数目(m) 的确定。无层间关系时,施工段数目 m 按划分的基本要求确定即可。有层间关系时,为保证各专业施工队连续施工,应取 $m \geqslant n$。此时,每层施工段空闲数为 $m-n$,一个空闲施工段的时间为 t,则每层的空闲时间为

$$(m-n)t=(m-n)K$$

有层间关系时,若一个楼层内各施工过程间的技术、组织间歇时间之和为 $\sum Z_1$,楼层间的技术、组织间歇时间为 Z_2,则保证各专业施工队连续施工的最小施工段数为

$$(m-n)K=\sum Z_1+Z_2$$

$$m=n+\frac{\sum Z_1}{K}+\frac{Z_2}{K} \tag{10.4}$$

式中　m —— 每层施工段数;

n —— 施工过程数,或专业施工队数量;

$\sum Z_1$—— 每层内各施工过程间技术、组织间歇时间之和;

Z_2 —— 楼层间技术、组织间歇时间;

K —— 流水步距。

(2) 流水施工工期的计算。流水施工工期的计算可采用式(10.3) 进行计算。在等节拍流水施工中,有

$$\sum K_{i,i+1}=(n-1)t$$

所以

$$T=(n-1)t+mt+\sum Z_{i,i+1}-\sum C_{i,i+1}$$

$$T=(m+n-1)t+\sum Z_{i,i+1}-\sum C_{i,i+1} \tag{10.5}$$

式中 T —— 流水施工总工期；

m —— 施工段数；

n —— 施工过程数或专业施工队数量；

t —— 流水节拍；

$\sum Z_{i,i+1}$ —— 相邻两施工过程之间的技术、组织间歇时间；

$\sum C_{i,i+1}$ —— 相邻两施工过程之间的搭接时间。

例 10.3 某单项工程划分为 A,B,C 3 个施工过程、3 个施工段，各施工过程在各段上的流水节拍均为 2 d，试组织流水施工。

解 (1) 确定流水步距。本题为等节拍流水，由其特征知：

$$K=t=2\ \text{d}$$

(2) 计算工期。

$$T=(m+n-1)t=(3+3-1)\times 2=10\ \text{d}$$

(3) 绘制流水施工横道图如图 10.4 所示。

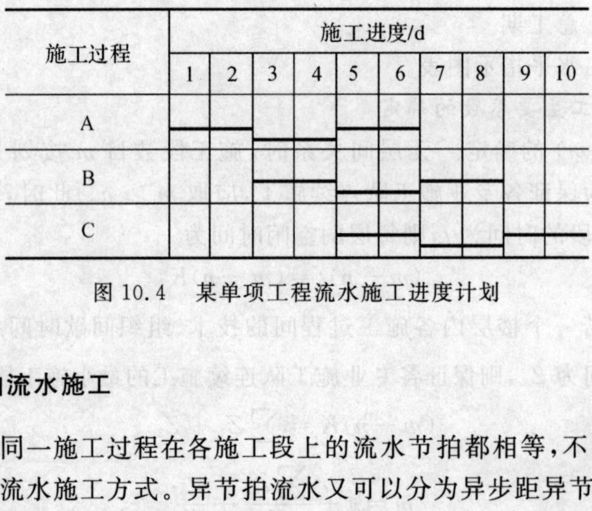

施工过程	施工进度/d									
	1	2	3	4	5	6	7	8	9	10
A										
B										
C										

图 10.4 某单项工程流水施工进度计划

10.3.2 异节拍流水施工

异节拍流水是指同一施工过程在各施工段上的流水节拍都相等，不同施工过程之间的流水节拍不一定相等的流水施工方式。异节拍流水又可以分为异步距异节拍和等步距异节拍两种组织方式。

1. 异步距异节拍流水施工

(1) 异步距异节拍流水施工的特征。

1) 同一施工过程流水节拍相等，不同施工过程流水节拍不一定相等。

2) 各施工过程之间的流水步距不一定相等。

3) 专业施工队数目等于施工过程数目。

(2) 异步距异节拍流水施工主要参数的确定。

1) 流水步距的确定，即

$$K_{i,i+1}=\begin{cases} t_i & (\text{当 } t_i \leqslant t_{i+1}) \\ mt_i-(m-1)t_{i+1} & (\text{当 } t_i > t_{i+1}) \end{cases} \tag{10.6}$$

式中 t_i —— 第 i 个施工过程的流水节拍；

t_{i+1} —— 第 $i+1$ 个施工过程的流水节拍。

也可以采用前述潘特考夫斯基法确定。

2) 流水施工工期的确定，即

$$T=\sum K_{i,i+1}+mt_n+\sum Z_{i,i+1}-\sum C_{i,i+1} \tag{10.7}$$

式中，t_n 为最后一个施工过程的流水节拍。

(3) 异步距异节拍流水施工的组织。组织异步距异节拍流水施工的基本要求是各施工队尽可能依次在各施工段上及其之间连续施工，允许在有些施工段之间出现空闲；不允许多个施工专业队在同一施工段交叉作业，更不允许发生工艺颠倒现象。

例 10.4　某工程划分为 A,B,C,D 4 个施工过程，分 3 个施工段组织施工，各施工过程的流水节拍分别为 $t_A=3$ d，$t_B=4$ d，$t_C=5$ d，$t_D=3$ d；施工过程 B 完成后有 2 d 技术间歇时间，施工过程 D 与 C 搭接 1 d。试求各施工过程之间的流水步距及该工程的工期，并绘制施工进度计划。

解　(1) 确定流水步距。根据式(10.6)，各流水步距计算如下：

因为 $t_A<t_B$；所以 $K_{A,B}=t_A=3$ d；

因为 $t_B<t_C$；所以 $K_{B,C}=t_B=4$ d

因为 $t_C>t_D$；所以 $K_{C,D}=mt_C-(m-1)t_D=3\times5-(3-1)\times3=9$ d。

(2) 计算流水工期。

$$T=\sum K_{i,i+1}+mt_n+\sum Z_{i,i+1}-\sum C_{i,i+1}=(3+4+9)+3\times3+2-1=26\text{ d}$$

(3) 绘制流水施工进度计划表如图 10.5 所示。

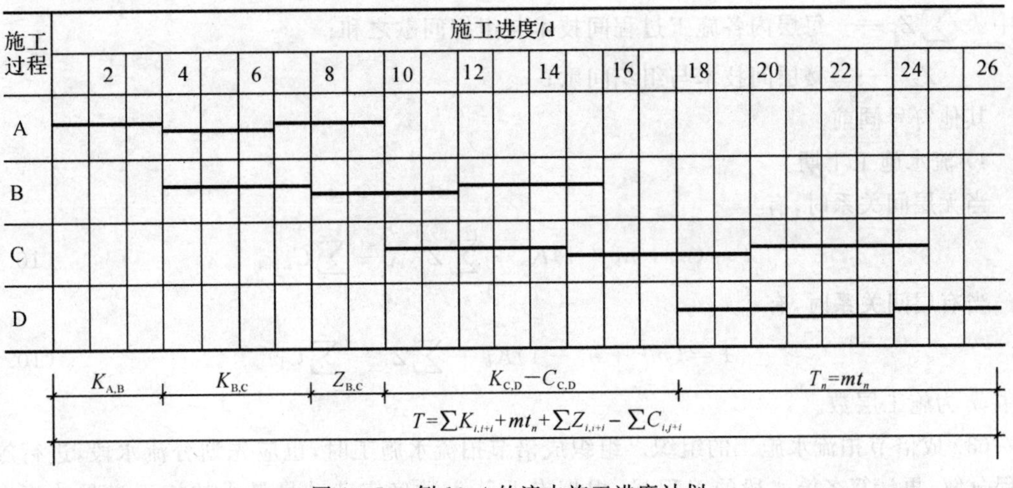

施工过程　施工进度/d

2　4　6　8　10　12　14　16　18　20　22　24　26

A

B

C

D

$K_{A,B}$　$K_{B,C}$　$Z_{B,C}$　$K_{C,D}-C_{C,D}$　$T_n=mt_n$

$T=\sum K_{i,i+1}+mt_n+\sum Z_{i,i+1}-\sum C_{i,i+1}$

图 10.5　例 10.4 的流水施工进度计划

2. 成倍节拍流水施工

成倍节拍流水，是指同一施工过程在各流水段上的节拍相等，不同施工过程之间的流水节拍不完全相等，但其之间存在一个最大公约数。即其他施工过程的流水节拍都是某一施工过程流水节拍的整倍数。该问题可以简化为按最大公约数的倍数组建每个施工过程的施工队数量，以形成类似于等节拍流水的等步距异节拍流水施工方式。

(1) 成倍节拍流水施工的特征

1) 同一施工过程流水节拍相等，不同施工过程流水节拍之间存在整倍数或公约数关系。

2）流水步距彼此相等，且等于流水节拍的最大公约数。

3）各专业施工队都能够保证连续作业，施工段没有空闲。

4）施工队数目(n_1）大于施工过程数 n，即 $n_1 > n$。

(2）成倍节拍流水施工主要参数的确定。

1）流水步距为

$$K_{i,i+1} = K_b \tag{10.8}$$

2）每个施工过程的施工队数目为

$$b_i = \frac{t_i}{K_b} \tag{10.9}$$

$$n_1 = \sum b_i \tag{10.10}$$

式中　b_i —— 施工过程 i 所需的专业施工队数目；

n_1 —— 专业施工队总数目；

K_b —— 各施工过程流水节拍的最大公约数。

3）施工段数目 m 的确定。

当无层间关系时，按划分施工段的基本要求进行划分；当有层间关系时，每层的最少施工段数目应满足：

$$m = n_1 + \frac{\sum Z_1}{K_b} + \frac{Z_2}{K_b} \tag{10.11}$$

式中　$\sum Z_1$ —— 每层内各施工过程间技术与组织间歇之和；

Z_2 —— 楼层间技术与组织间歇；

其他符号同前。

4）流水施工工期。

当无层间关系时，有

$$T = (m + n_1 - 1)K_b + \sum Z_{i,i+1} - \sum C_{i,i+1} \tag{10.12}$$

当有层间关系时，有

$$T = (mr + n_1 - 1)K_b + \sum Z_1 - \sum C_1 \tag{10.13}$$

式中，r 为施工层数。

(3）成倍节拍流水施工的组织。组织成倍节拍流水施工时，也应先划分流水段，进行施工过程分解，再计算各流水段的工程量，根据专业队人数确定劳动量最小的施工过程的流水节拍，用调整劳动力人数或其他技术组织手段等方法，使其他施工过程的流水节拍与最小流水节拍成倍数关系。

这种组织方法比较适用于线形工程，如道路、管道等，也可用于房屋建筑工程。

例 10.5　某工程由 A，B，C 3 个施工过程组成，分 6 段施工，流水节拍分别为 $t_A = 6d$，$t_B = 4d$，$t_C = 2d$。试组织成倍节拍流水施工，并绘制流水施工进度表。

解　(1）确定流水步距为

$$K = K_b = 2d$$

(2）确定每个施工过程所需的施工队数目：

$$b_A = \frac{t_A}{K_b} = \frac{6}{2} = 3 \text{ 个}$$

$$b_B = \frac{t_B}{K_b} = \frac{4}{2} = 2 \text{ 个}$$

$$b_C = \frac{t_C}{K_b} = \frac{2}{2} = 3 \text{ 个}$$

施工队总数为

$$n_1 = \sum b_i = 3 + 2 + 1 = 6 \text{ 个}$$

(3) 计算工期。

$$T = (m + n_2 - 1)K_b + \sum Z_{i,i+1} - \sum C_{i,i+1} = (6 + 6 - 1) \times 2 = 2\text{d}$$

(4) 绘制流水施工进度表如图 10.6 所示。

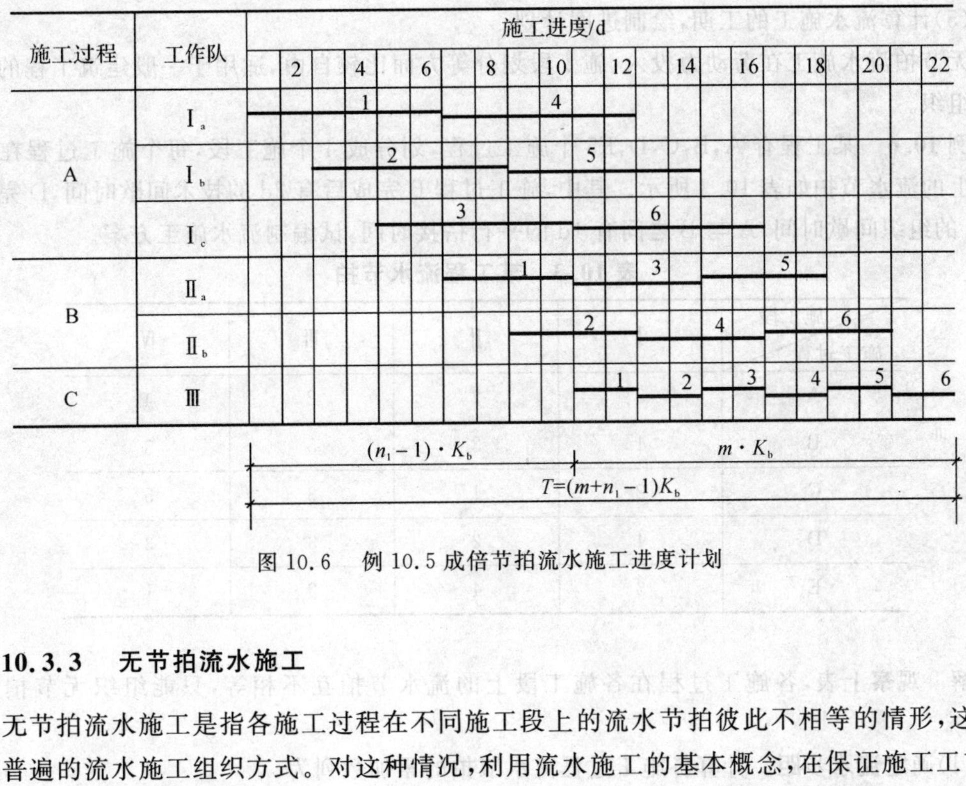

施工过程	工作队	施工进度/d										
		2	4	6	8	10	12	14	16	18	20	22
A	I_a		1			4						
	I_b			2			5					
	I_c				3			6				
B	II_a					1		3		5		
	II_b						2		4		6	
C	Ⅲ						1	2	3	4	5	6

$(n_1 - 1) \cdot K_b$　　$m \cdot K_b$

$T = (m + n_1 - 1)K_b$

图 10.6　例 10.5 成倍节拍流水施工进度计划

10.3.3　无节拍流水施工

无节拍流水施工是指各施工过程在不同施工段上的流水节拍彼此不相等的情形，这是一种最普遍的流水施工组织方式。对这种情况，利用流水施工的基本概念，在保证施工工艺、满足施工顺序要求的前提下，按照一定的计算方法，合理确定相邻专业施工队之间的流水步距，使各专业施工队都能连续工作。

1. 无节拍流水施工的特征

(1) 各施工过程在各流水段上的流水节拍通常不相等。

(2) 各施工过程之间的流水步距通常彼此不等。

(3) 各专业施工队能够在各施工段上连续工作。

(4) 专业施工队数目 n_1 等于施工过程数 n，即 $n_1 = n$。

2. 无节拍流水施工参数的确定

(1) 流水步距的确定。无节拍流水施工的步距通常采用潘特考夫斯基法。

(2) 流水施工工期。为

$$T=\sum K_{i,i+1}+\sum t_n+\sum Z_{i,i+1}-\sum C_{i,i+1} \tag{10.14}$$

式中 $\sum K_{i,i+1}$ —— 流水步距之和；

$\sum t_n$ —— 最后一个施工过程在各施工段上的流水节拍之和。

3. 无节拍流水施工的组织

当组织无节拍流水施工时，通常采用下列步骤。

(1)确定施工起点及流向，进行施工过程分解。

(2)确定施工顺序，划分施工段。

(3)组织专业施工队，计算各施工过程在各施工段上的流水节拍。

(4)确定相邻专业施工队在各施工段上的流水步距。

(5)计算流水施工的工期，绘制进度计划。

无节拍流水施工在劳动力投入、施工段划分等方面比较自由，适用于一般建筑工程的流水施工组织。

例 10.6 某工程有 A,B,C,D,E5 个施工过程，划分成 4 个施工段，每个施工过程在各施工段上的流水节拍如表 10.3 所示。其中，施工过程 B 完成后有 2d 的技术间歇时间，D 完成后有 1d 的组织间歇时间，A 与 B 之间有 1d 的平行搭接时间，试编制流水施工方案。

表 10.3 某工程流水节拍

施工段 施工过程	Ⅰ	Ⅱ	Ⅲ	Ⅳ
A	3	2	2	4
B	1	3	5	3
C	2	1	3	5
D	4	2	3	3
E	3	4	2	1

解 观察上表，各施工过程在各施工段上的流水节拍互不相等，只能组织无节拍流水施工。

(1)确定流水步距。计算各施工过程流水节拍的累加数列为

A:3,5,7,11

B:1,4,9,12

C:2,3,6,11

D:4,6,9,12

E:3,7,9,10

错位相减，得到相邻施工过程间的流水步距。

1)$K_{A,B}$

　　　　3，5，7，11
－）　　1，4，9，12
　　　　3，4，3，2，－12

所以 $K_{A,B}=4d$

2)$K_{B,C}$

　　　　1，4，9，12
－）　　2，3，6，11
　　　　1，2，6，6，－11

所以 $K_{B,C}=6d$

3)$K_{C,D}$

　　　　2，3，6，11
－）　　4，6，9，12
　　　　2，－1，0，2，－12

所以 $K_{C,D}=2d$

4)$K_{D,E}$

　　　　4，6，9，12
－）　　3，7，9，10
　　　　4，3，2，3，－10

所以 $K_{D,E}=4d$

(2)确定流水工期为为

$$T=\sum K_{i,i+1}+\sum t_n+\sum Z_{i,i+1}-\sum C_{i,i+1}=$$
$$(4+6+2+4)+(3+4+2+1)+2+1-1=28d$$

(3)绘制流水施工进度计划如图 10.7 所示。

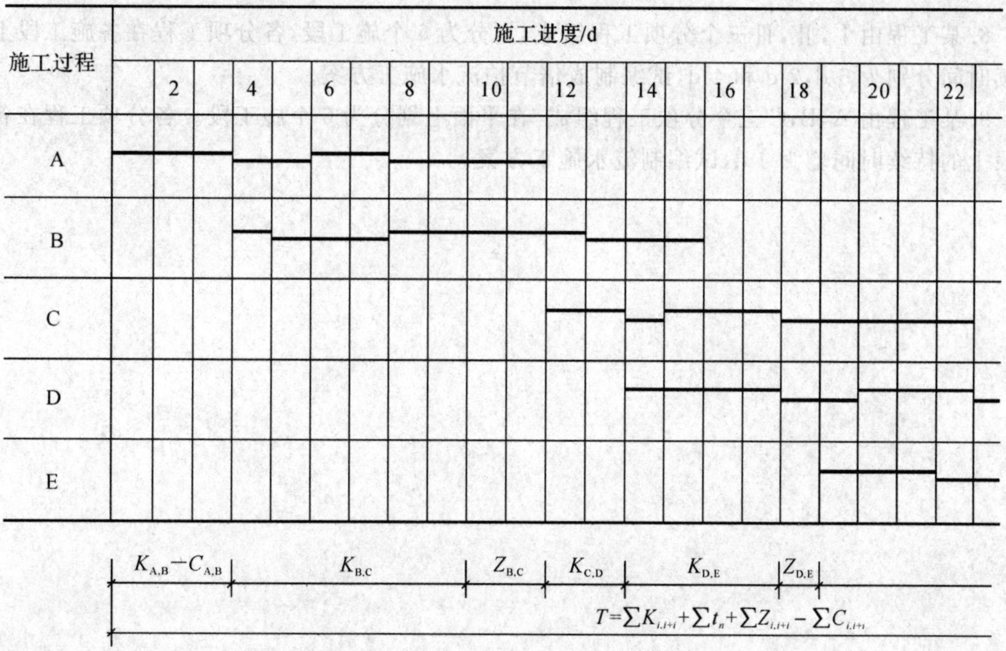

施工过程	施工进度/d
	2　4　6　8　10　12　14　16　18　20　22
A	
B	
C	
D	
E	

$K_{A,B}-C_{A,B}$　$K_{B,C}$　$Z_{B,C}$　$K_{C,D}$　$K_{D,E}$　$Z_{D,E}$

$T=\sum K_{i,i+i}+\sum t_n+\sum Z_{i,i+i}-\sum C_{i,i+1}$

图 10.7　例 10.6 流水施工进度图

习　题

1.建筑施工的基本组织方式有哪些？各有何特点？流水施工组织方式有哪些优点？

2.流水施工参数包括哪些？

3.当确定流水步距时，应满足哪些要求？简述确定流水步距的潘特考夫斯基法。

4.如何计算流水施工的工期？

5.简述等节拍流水施工的组织方法。

6.试说明成倍节拍流水与等节拍流水的异同。

7.某施工项目由4个分项工程组成，在平面上共有6个施工段，各分项工程在各施工段上的持续时间如表10.4所示。在分项工程Ⅱ完成后，其分项工程有2d技术间歇时间；在分项工程Ⅲ完成后，有1d组织间歇时间。试组织该工程的流水施工。

表10.4　各分项工程施工持续时间表

分项工程名称	持续时间/d					
	①	②	③	④	⑤	⑥
Ⅰ	3	2	3	4	2	3
Ⅱ	3	4	2	3	3	2
Ⅲ	4	2	3	2	4	2
Ⅳ	3	3	2	3	2	4

8.某工程由Ⅰ，Ⅱ，Ⅲ三个分项工程组成，划分为6个施工段，各分项工程在各施工段上的持续时间分别为6 d,2 d和4 d,试编制成倍节拍流水施工方案。

9.某工程由A,B,C三个分项工程组成，在平面上划分为6个施工段。各分项工程在各流水段上的持续时间均为4 d,试编制流水施工方案。

第 11 章　网络计划技术

在流水施工原理中介绍的用横道图(Gantt 图)表示工程进度计划的方法产生于 19 世纪中叶的美国。该方法简单、明了、易于掌握,便于检查和计算资源需求状况,因而在工程中得到广泛应用。然而,这种方法也有诸多缺点:①不能准确地反映出各项工作之间相互制约、相互依赖关系;②不能反映出工作之间主次区分;③难以对计划进行准确评价;④不能用计算机进行管理等。

20 世纪 50 年代,随着计算机技术的发展,国外出现了一种新的计划管理技术——网络图技术。这种技术能反映整个项目的工作流程,计划内各工作之间的相互关系和进度,通过计算,还可以找出关键工作线路及各项工作的机动时间,便于对整个项目管理过程进行优化;同时可利用计算反馈的各种信息,对计划进行有效的管理和控制。在这种技术出现的初期,我国著名数学家华罗庚即将其介绍到国内,称之为"统筹法",即通盘考虑、统一规划的意思,极大地促进了我国工程项目管理技术的进步。目前,网络计划技术已经是工程项目管理不可或缺的一部分。

11.1　双代号网络图

双代号网络图是以箭线表示工作,以节点表示工作之间的连接点,并以箭线和两端的节点编号表示一项工作的网络图。

11.1.1　双代号网络图的组成

双代号网络图由工作、节点和线路 3 部分组成。

1. 工作

在双代号网络图中,一条箭线和其两端的节点表示一项工作。工作名称写在箭线的上边,持续时间写在箭线的下边,箭线的尾部节点表示工作的开始,箭头节点表示工作的结束。由于一项工作需要由箭尾和箭头两个节点代号表示,故称之为双代号网络图,如图 11.1 所示。

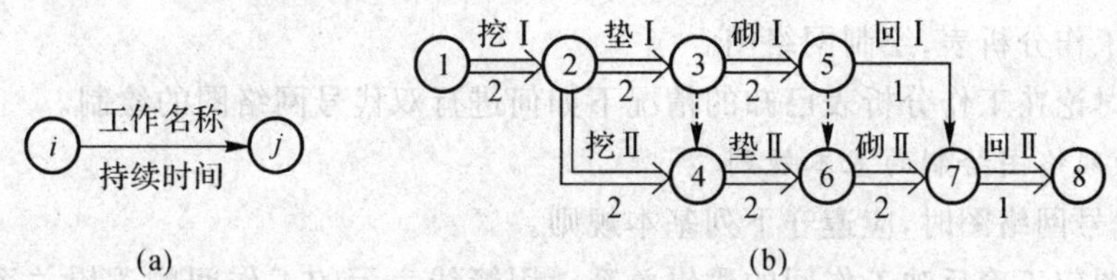

图 11.1　双代号网络图

(a)工作的表示方法;(b)双代号网络图

在双代号网络图中，可以将工作分为两类：实工作和虚工作。

实工作包括既消耗资源又消耗时间的工作（例如绑扎钢筋、浇筑混凝土、支设模板等）和只消耗时间不消耗资源的工作（例如油漆的干燥）。这类工作是实际存在的，用实箭线表示。

虚工作是既不消耗时间也不消耗资源的工作。虚工作仅用于表示前后两个工作之间的逻辑关系，用虚箭线表示。如图 11.1(b)中的节点③④之间的工作。

在双代号网络图中，工作之间的关系有 3 种：紧前工作、紧后工作和平行工作。排在本工作之前，且结束节点与本工作开始节点相重合的工作称之为本工作的紧前工作，排在本工作之后，且开始节点与本工作结束节点相重合的工作称为本工作的紧后工作。与本工作可以同时开始的工作称之为本工作的平行工作。如图 11.1(b)中，以工作垫Ⅰ为本工作，则挖Ⅰ为本工作的紧前工作，砌Ⅰ为本工作的紧后工作，挖Ⅱ为本工作的平行工作。

在双代号网络图中，一项工作应只有唯一的一条箭线和相应的一对节点编号，箭尾的节点编号应小于箭头的节点编号。

2. 节点

在双代号网络图中，节点表示工作间的逻辑关系。节点的含义包括以下内容。

(1)节点表示紧前工作结束和紧后工作开始的瞬间，不占用时间，也不消耗资源。

(2)箭尾节点表示该工作的开始，箭头节点表示该工作的结束。

(3)根据节点在网络图中的位置，可以分为起始节点、终点节点和中间节点。起始节点表示网络图的开始，如图 11.1(b)中的节点①，终点节点表示网络图的结束，如节点⑧。其他节点都是中间节点。

3. 线路

在网络图中，从起始节点开始，沿箭线方向顺序经过一系列节点，最后到达终节点的通路称为线路。线路上各工作持续时间之和称之为该线路的长度。网络图中最长的线路称为关键线路，位于该线路上的工作称为关键工作。关键工作无任何机动时间，其任何延误都将导致工程延误。关键工作通常用双箭线表示，以突出其重要性。

一个网络图中，关键线路可能不止一条。

11.1.2 双代号网络图的绘制

双代号网络图的绘制一般要经过如下几个步骤。

(1)任务分解：将一个工程划分为若干项逻辑相连的工作。

(2)确定各工作间的逻辑关系。

(3)根据资源及现场情况，确定每项工作的持续时间，制定工作分析表（逻辑关系表）。

(4)根据工作分析表，绘制网络图。

此处，仅讨论在工作分析表已知的情况下如何进行双代号网络图的绘制。

1. 双代号网络图绘制的基本规则

绘制双代号网络图时，应遵守下列基本规则。

(1)网络图应正确反映工作间的逻辑关系。用箭线表示的工作间的逻辑关系应与逻辑关系表中所列相一致。

双代号网络图中，常见的工作间的逻辑关系的表达方法如表 11.1 所示。

表 11.1　双代号网络图中常见逻辑关系的表示方法

序号	工作间的逻辑关系	网络图表示方法	序号	工作间的逻辑关系	网络图表示方法
1	A 完成后进行 B		6	A,B 完成后,C,D 才能开始	
2	A,B,C 三项工作同时开始		7	A 完成后,C,D 才能开始;A,B 完成后,D 才能开始	
3	A,B,C 三项工作同时结束		8	A,B 完成后,C 才能开始;B,D 完成后,E 才能开始	
4	A 完成后 B,C 才能开始		9	A,B,C 完成后,D 才能开始;B,C 完成后 E 才能开始	
5	A,B 完成后 C 才能开始		10	A,B 两个工作分三个施工段平行施工	

(2)网络图中严禁出现循环回路。一旦出现循环回路,工作间的逻辑关系将出现矛盾,如图 11.2 所示。

(3)节点之间严禁出现带双箭头或无箭头的箭线,如图 11.3 所示。

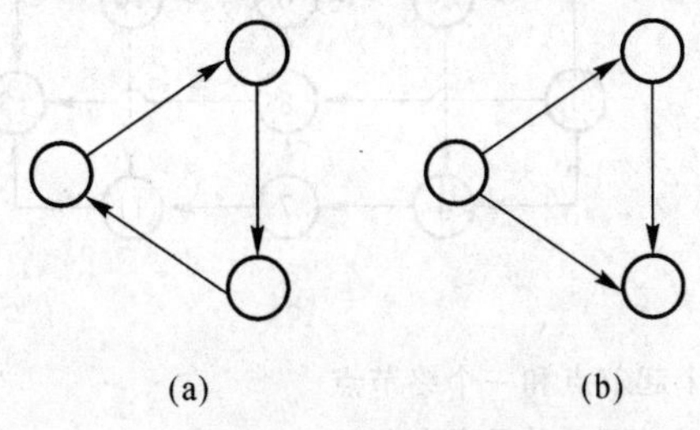

图 11.2　双代号网络图中的循环回路

(a)不正确;(b)正确

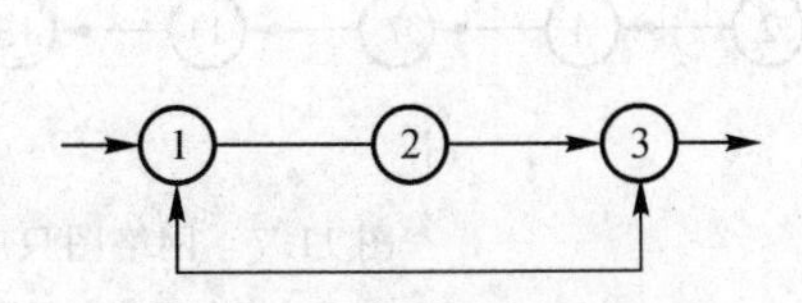

图 11.3　双箭头和无箭头工作

(4)在双代号网络图中,严禁出现没有箭头节点或没有箭尾节点的箭线;严禁在箭线中间引入或引出箭线,如图 11.3、图 11.4 所示。

(5)当双代号网络图的某些节点有多条外向箭线或多条内向箭线时,可使用母线法绘图,如图 11.5 所示。

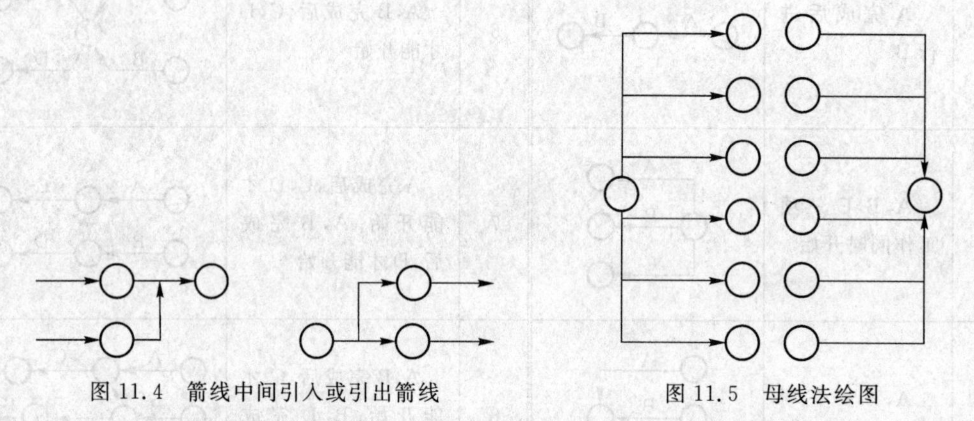

图 11.4　箭线中间引入或引出箭线

图 11.5　母线法绘图

(6)绘制网络图时,箭线不宜交叉。当交叉不可避免时,可采用过桥法或指向法绘图(见图 11.6)。

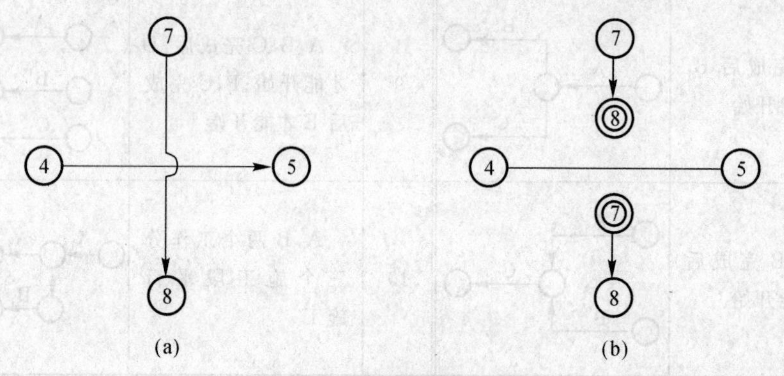

图 11.6　箭线交叉时的处理

(a)过桥法;(b)指向法

(7)一个网络图只允许有一个起节点和一个终节点,其他节点均应是中间节点(见图 11.7)。

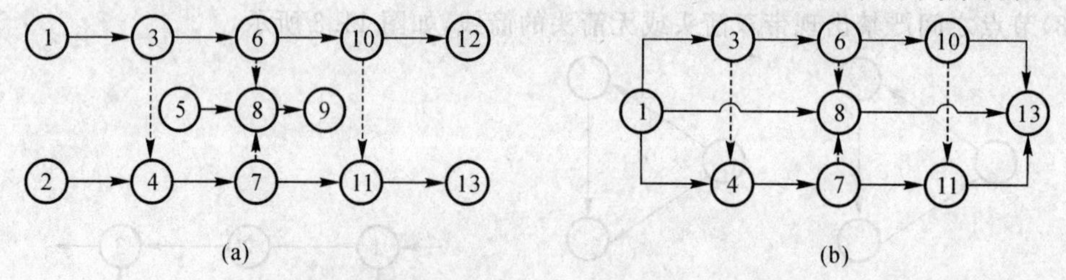

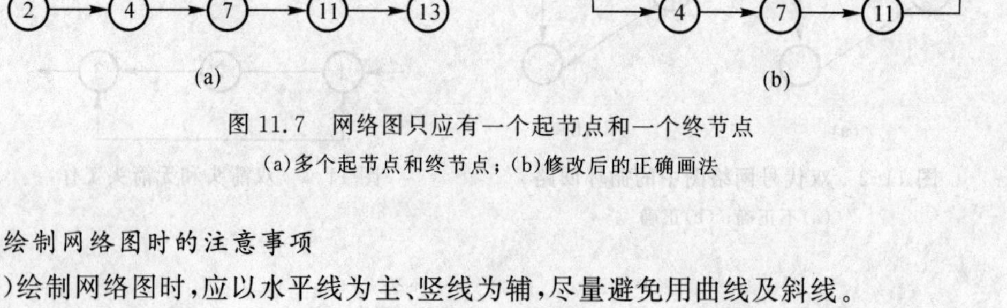

图 11.7　网络图只应有一个起节点和一个终节点

(a)多个起节点和终节点;(b)修改后的正确画法

2.绘制网络图时的注意事项

(1)绘制网络图时,应以水平线为主、竖线为辅,尽量避免用曲线及斜线。

(2)图面应简洁、清晰,尽量避免多余的虚箭线及节点(见图 11.8)。

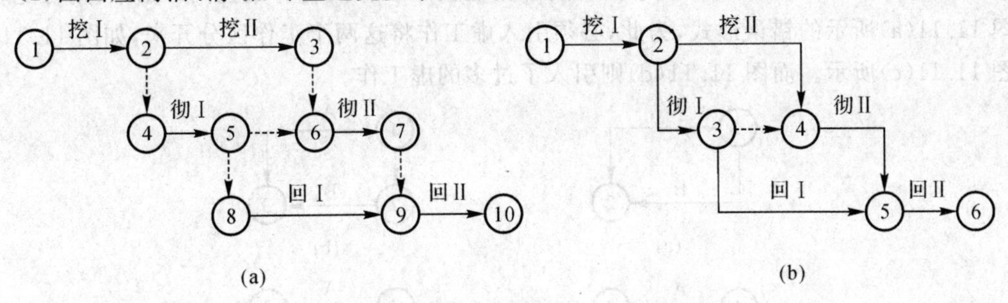

图 11.8　网络图中应避免多余的虚箭线

(a)图中有多余的虚箭线;(b)去掉多余虚箭线后的网络图

(3)网络图的表达应形象直观,便于计算和调整。为此,当对网络图进行排列时,常采用按施工过程的排列方式(见图 11.9(b))或按施工段的排列方式(见图 11.9(c))。如图 11.9(a)所示为按混合排列方式。

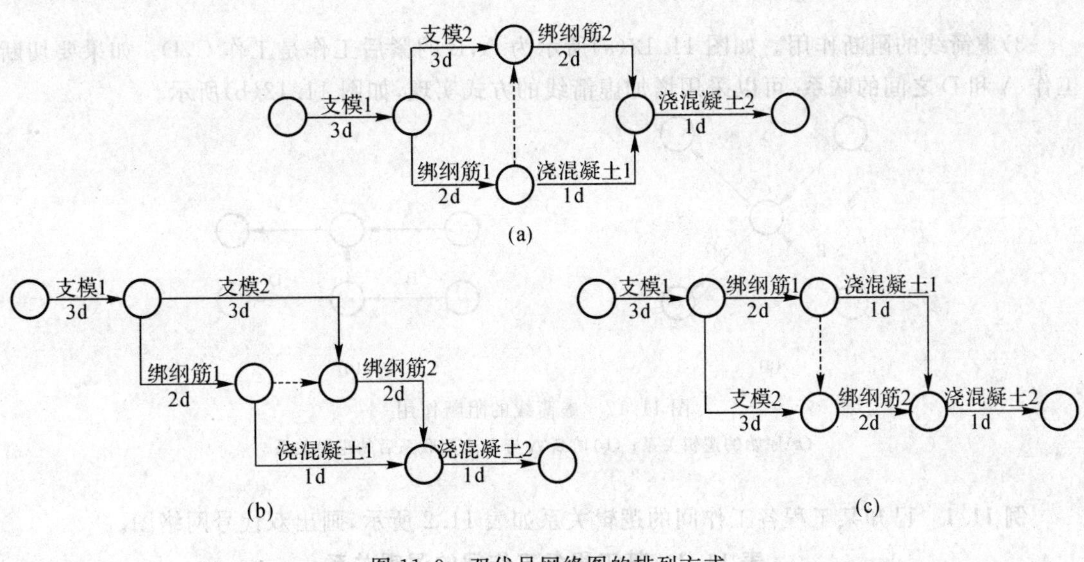

图 11.9　双代号网络图的排列方式

(a)混合排列方式;(b)按施工过程排列方式;(c)按施工段排列

(4)正确使用虚箭线。在双代号网络图中,虚箭线表示虚工作,它既不消耗资源,也不占用时间,在工作间的逻辑关系中起着联系、区分和阻断 3 个作用。

1)虚箭线的联系作用。如图 11.10 所示,工作 A 完成后可同时进行 B、工作 D,工作 C 完成后可进行工作 D。很明显,工作 A 完成后进行工作 B,工作 D 很容易表达;若不采用虚箭线,工作 C 完成后单独进行工作 D 将无法表达。

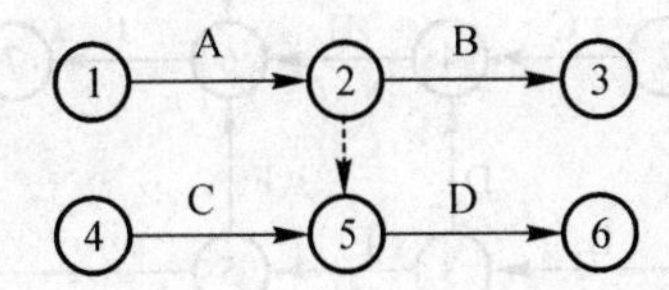

图 11.10　虚箭线的联系作用

2)虚箭线的区分作用。在双代号网络图中,若两个工作同时开始且同时结束,则可能表示如图 11.11(a)所示的错误形式,为此,必须引入虚工作将这两个工作区分开来,如图 11.11(b)或图 11.11(c)所示。而图 11.11(d)则引入了过多的虚工作。

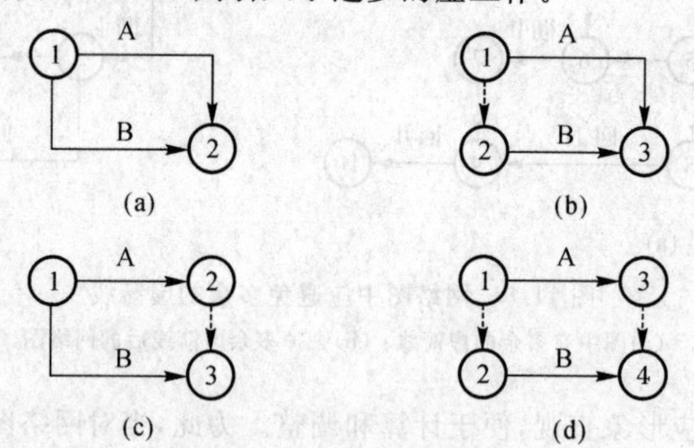

图 11.11 虚箭线的区分作用

(a)错误的表达方式;(b)正确表达;(c)正确表达;(d)有多余虚工作

3)虚箭线的阻断作用。如图 11.12(a)所示为 A,B 的紧后工作是工作 C,D。如果要切断工作 A 和 D 之间的联系,可以采用增加虚箭线的方式实现,如图 11.12(b)所示。

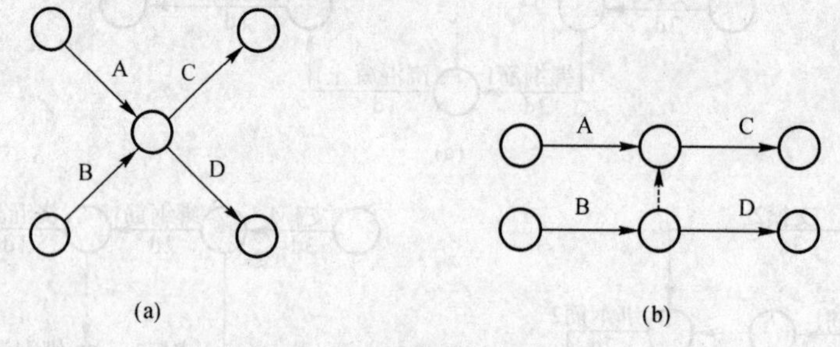

图 11.12 虚箭线的阻断作用

(a)原始的逻辑关系;(b)切断 A 与 D 之间联系后的逻辑关系

例 11.1 已知某工程各工作间的逻辑关系如表 11.2 所示,画出双代号网络图。

表 11.2 某工程各工作间的逻辑关系

工作名称	A	B	C	D	E	F	G	H	I	J	K
紧前工作	——	A	A	B	B	E	A	D,C	E	F,G,H	J
紧后工作	B,C,G	D,E	H	H	F,I	J	J	J	——	K	——

解 根据所给的逻辑关系,绘制网络图如图 11.13 所示。

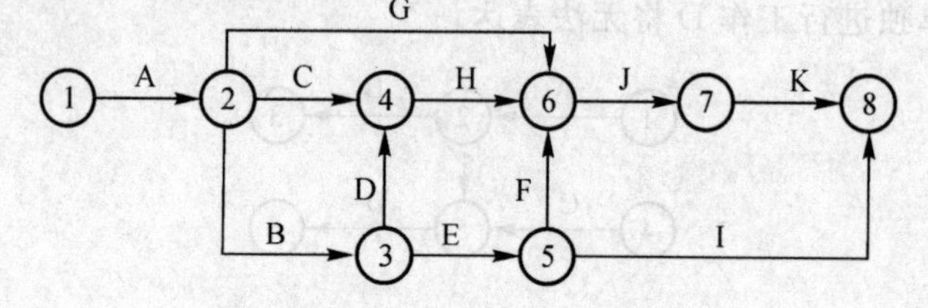

图 11.13 例题 11.1 网络图

例 11.2　根据表 11.3 所给的各工作间的逻辑关系绘制双代号网络图。

表 11.3　某分部工程各工作间的逻辑关系

工作名称	A	B	C	D	E	F	G	H
紧前工作	—	A	B	B	B	C,D	C,E	F,G
紧后工作	B	C,D,E	F,G	F	G	H	H	—

解　根据所给的逻辑关系，绘制网络图如图 11.14 所示。

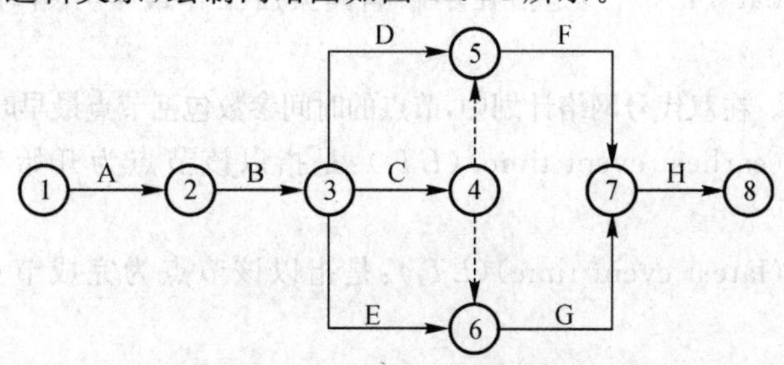

图 11.14　例题 11.2 网络图

11.1.3　双代号网络计划的时间参数及其计算

1. 网络图时间参数的定义

双代号网络图中的时间参数包括工作持续时间、工期、工作时间参数和节点时间参数 4 类。

(1)工作持续时间(duration)。工作持续时间是指一项工作从开始到完成的时间，用 D_{i-j} 表示。其确定方法如下。

1)根据以往经验估计。

2)根据试验推算。

3)按定额计算。

(2)工期(project duration)。它是指项目从开工到完成所持续的时间。网络计划中的工期包括以下内容。

1)计算工期(calculated project duration)是指根据网络计划的时间参数计算所得的工期，用 T_c 表示。

2)要求工期(required project duration)是指任务委托人所提出的指令性工期，用 T_r 表示。

3)计划工期(planned project duration)是指根据要求工期和计算工期所确定的作为实施目标的工期，用 T_p 表示。

一般情况下，当规定了要求工期时，取 $T_p \leqslant T_r$；当未规定要求工期时，取 $T_p = T_c$。

(3)工作的时间参数。在网络计划中，工作的时间参数有 6 个：最早开始时间、最早完成时间、最迟开始时间、最迟完成时间、总时差、自由时差。

1)最早开始时间和最早完成时间。

最早开始时间(ES_{i-j})是指各紧前工作全部完成后，本工作有可能开始的最早时刻。

最早完成时间(EF_{i-j})：是指各紧前工作全部完成后，本工作有可能完成的最早时刻。

2)最迟开始时间和最迟完成时间。

最迟开始时间(LS_{i-j}):是指在不影响整个任务按期完成的前提下,本工作必须开始的最迟时刻。

最迟完成时间(LF_{i-j}):是指在不影响整个任务按期完成的前提下,本工作必须完成的最迟时刻。

3)总时差和自由时差。

总时差(total float)(TF_{i-j}):是指在不影响总工期的前提下,本工作可以利用的机动时间。

自由时差(free float)(FF_{i-j}):是指在不影响其紧后工作最早开始时间的前提下,本工作可以利用的机动时间。

(4)节点时间参数。在双代号网络计划中,节点的时间参数包括节点最早时间和节点最迟时间。

1)节点最早时间(earliest event time)(ET_i):是指以该节点为开始节点的各项工作可能的最早开始时间。

2)节点最迟时间(latest event time)(LT_i):是指以该节点为完成节点的各项工作的必须最迟完成时间。

2.双代号网络图时间参数的工作计算法

当按工作法计算网络计划的时间参数时,虚工作也应视为工作进行计算,其持续时间为零。在网络图上,采用工作计算法时的时间参数的标注方法如图 11.15 所示。

ES_{i-j}	LS_{i-j}	TF_{i-j}
EF_{i-j}	LF_{i-j}	FF_{i-j}

(i) —工作名称 / 持续时间→ (j)

图 11.15 采用工作计算法时的时间参数标注方法

双代号网络图时间参数的工作计算法步骤如下。

(1)计算各工作最早开始时间和最早完成时间。工作的最早开始和最早完成时间应从网络图起节点开始,顺着箭线往下计算。

工作的最早完成时间等于其最早开始时间加上工作持续时间,即

$$EF_{i-j} = ES_{i-j} + D_{i-j} \tag{11.1}$$

工作的最早开始时间计算,有以下 3 种情形:

1) 对以网络图起节点为开始节点的工作,其最早开始时间为零,即

$$ES_{i-j} = 0 \tag{11.2}$$

2) 当本工作只有一项紧前工作时,本工作的最早开始时间为其紧前工作的最早完成时间,即

$$ES_{i-j} = EF_{h-j} = ES_{h-i} + D_{h-i} \tag{11.3}$$

3) 当本工作有多个紧前工作时,该工作的最早开始时间应为其所有紧前工作最早完成时间的最大值,即

$$ES_{i-j} = \max(EF_{h-i}) = \max(ES_{h-i} + D_{h-i}) \tag{11.4}$$

(2) 确定网络计划的计算工期。在双代号网络图中,网络计划的计算工期等于以终节点为完成节点的各个工作的最早完成时间的最大值。若网络图的终节点为 n,则

$$T_c = \max(EF_{i-n}) \tag{11.5}$$

(3) 计算各工作的最迟完成时间和最迟开始时间。根据最迟时间的定义，最迟完成时间和最迟开始时间的计算应从网络图的终节点开始，逆着箭线往后计算。

工作的最迟开始时间等于最迟完成时间减去工作持续时间，即

$$LS_{i-j} = LF_{i-j} - D_{i-j} \tag{11.6}$$

工作的最迟完成时间计算，包括下列 3 种情形：

1) 对以终节点为完成节点的工作，其最迟完成时间为网络计划的计划工期，即

$$LF_{i-n} = T_p \tag{11.7}$$

2) 当本工作只有一项紧后工作时，其最迟完成时间应为紧后工作的最迟开始时间，即

$$LF_{i-j} = LS_{j-k} = LF_{j-k} - D_{j-k} \tag{11.8}$$

3) 当本工作有多项紧后工作时，其最迟完成时间应为其各紧后工作最迟开始时间的最小值，即

$$LF_{i-j} = \min(S_{j-k}) = \min(LF_{j-k} - D_{j-k}) \tag{11.9}$$

(4) 计算各工作的总时差。根据定义，总时差是在不影响总工期的前提下，本工作可以利用的机动时间。由图 11.16 所示可以看出，在不影响总工期的条件下，一项工作可以利用的时间范围是从最早开始时间到最迟完成时间，扣除该工作持续的时间，即是该工作所具有的机动时间，即总时差，因此有

$$TF_{i-j} = LF_{i-j} - ES_{i-j} - D_{i-j} \tag{11.10}$$

或

$$TF_{i-j} = LF_{i-j} - EF_{i-j} \tag{11.11}$$

或

$$TF_{i-j} = LS_{i-j} - ES_{i-j} \tag{11.12}$$

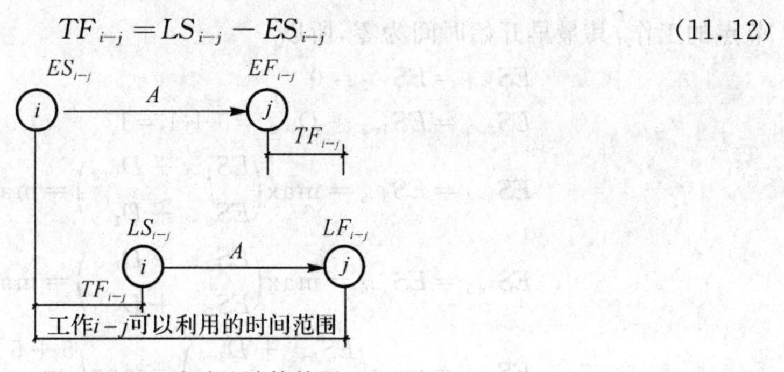

图 11.16　总时差计算简图

(5) 计算各工作自由时差。根据定义，自由时差是在不影响紧后工作最早开始时间的前提下，本工作可以利用的机动时间。由图 11.17 所示可以看出，在该条件下，一项工作可以利用的时间范围是从该工作的最早开始时间至其紧后工作的最早开始时间，扣除该工作的持续时间，即自由时差，因此有

$$FF_{i-j} = ES_{j-k} - ES_{i-j} - D_{i-j} \tag{11.13}$$

或

$$FF_{i-j} = ES_{j-k} - EF_{i-j} \tag{11.14}$$

对以终节点($j = n$)为完成节点的工作，其自由时差应按网络计划的计划工期 T_p 确定，即

终节点后工作的最早开始时间为计划工期，即

$$FF_{i-n}=T_p-EF_{i-n} \tag{11.15}$$

或

$$FF_{i-n}=T_p-ES_{i-n}-D_{i-n} \tag{11.16}$$

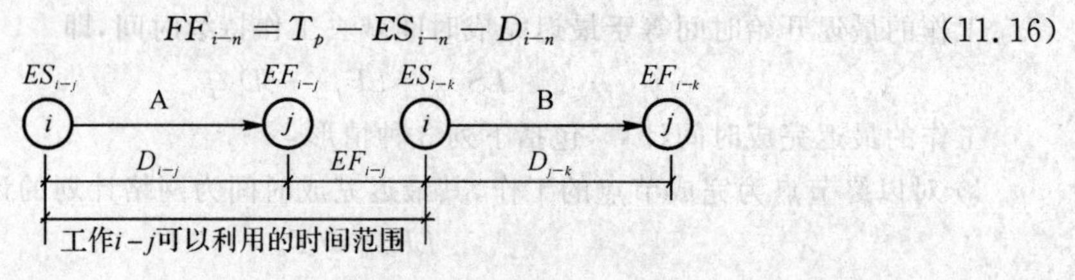

图 11.17　自由时差计算简图

例 11.3　某双代号网络计划如图 11.18 所示，计算各时间参数。

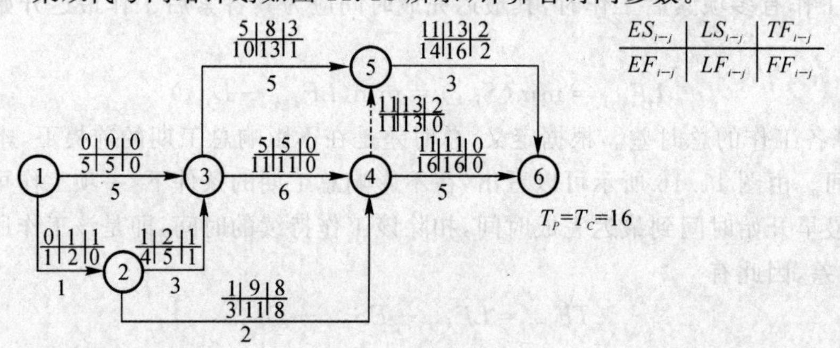

图 11.18　例题 11.3 图

解　(1) 最早开始时间的计算。节点 ① 为该网络计划的起节点，以网络图起节点为开始节点的工作，其最早开始时间为零，所以

$$ES_{1-2}=ES_{1-3}=0$$

$$ES_{2-3}=ES_{1-2}+D_{1-2}=0+1=1$$

$$ES_{3-4}=ES_{3-5}=\max\begin{pmatrix}ES_{1-3}+D_{1-3}\\ES_{2-3}+D_{2-3}\end{pmatrix}=\max\begin{pmatrix}0+5\\1+3\end{pmatrix}=5$$

$$ES_{4-5}=ES_{4-6}=\max\begin{pmatrix}ES_{2-4}+D_{2-4}\\ES_{3-4}+D_{3-4}\end{pmatrix}=\max\begin{pmatrix}1+2\\5+6\end{pmatrix}=11$$

$$ES_{5-6}=\max\begin{pmatrix}ES_{3-5}+D_{3-5}\\ES_{4-5}+D_{4-5}\end{pmatrix}=\max\begin{pmatrix}5+5\\11+0\end{pmatrix}=11$$

(2) 最早完成时间计算。按照定义有

$$EF_{i-j}=ES_{i-j}+D_{i-j}$$

所以

$$EF_{1-2}=ES_{1-2}+D_{1-2}=0+1=1$$

$$EF_{1-3}=ES_{1-3}+D_{1-3}=0+5=5$$

$$EF_{2-3}=ES_{2-3}+D_{2-3}=1+3=4$$

$$EF_{2-4}=ES_{2-4}+D_{2-4}=1+2=3$$

$$EF_{3-4}=ES_{3-4}+D_{3-4}=5+6=11$$

$$EF_{3-5}=ES_{3-5}+D_{3-5}=5+5=10$$

$$EF_{4-5}=ES_{4-5}+D_{4-5}=11+0=11$$
$$EF_{4-6}=ES_{4-6}+D_{4-6}=11+5=16$$
$$EF_{5-6}=ES_{5-6}+D_{5-6}=11+3=14$$

(3) 确定网络计划工期。按照计算工期的定义有

$$T_c=\max(EF_{i-n})$$

所以

$$T_c=\max(EF_{i-n})=\max(EF_{4-6},EF_{5-6})=\max(16,14)=16$$

取

$$T_p=T_c=16$$

(4) 最迟完成时间计算。按照最迟完成时间的定义有

$$LF_{i-j}=\min(LS_{j-k})=\min(LF_{j-k}-D_{j-k})$$
$$LF_{i-n}=T_p$$

各工作的最迟完成时间为

$$LF_{5-6}=LF_{4-6}=T_p=16$$
$$LF_{3-5}=LF_{5-6}-D_{5-6}=16-3=13$$
$$LF_{4-5}=LF_{3-5}=13$$
$$LF_{2-4}=\min\begin{pmatrix}LF_{4-5}-D_{4-5}\\LF_{4-6}-D_{4-6}\end{pmatrix}=\min\begin{pmatrix}13-0\\16-5\end{pmatrix}=11$$
$$LF_{1-3}=\min\begin{pmatrix}LF_{3-4}-D_{3-4}\\LF_{3-5}-D_{3-5}\end{pmatrix}=\min\begin{pmatrix}11-6\\13-5\end{pmatrix}=5$$
$$LF_{2-3}=LF_{1-3}=5$$
$$LF_{1-2}=\min\begin{pmatrix}LF_{2-3}-D_{2-3}\\LF_{2-4}-D_{2-4}\end{pmatrix}=\min\begin{pmatrix}5-3\\11-2\end{pmatrix}=9$$

(5) 各工作的最迟开始时间，有

$$LS_{1-2}=LF_{1-2}-D_{1-2}=2-1=1$$
$$LS_{1-3}=LF_{1-3}-D_{1-3}=5-5=0$$
$$LS_{2-3}=LF_{2-3}-D_{2-3}=5-3=2$$
$$LS_{2-4}=LF_{2-4}-D_{2-4}=11-2=9$$
$$LS_{3-4}=LF_{3-4}-D_{3-4}=11-6=5$$
$$LS_{3-5}=LF_{3-5}-D_{3-5}=13-5=8$$
$$LS_{4-5}=LF_{4-5}-D_{4-5}=13-0=13$$
$$LS_{4-6}=LF_{4-6}-D_{4-6}=16-5=11$$
$$LS_{5-6}=LF_{5-6}-D_{5-6}=16-3=13$$

(6) 计算各工作总时差。按照总时差的定义有

$$TF_{i-j}=LS_{i-j}-ES_{i-j}$$

各工作总时差为

$$TF_{1-2}=LS_{1-2}-ES_{1-2}=1-0=1$$
$$TF_{1-3}=LS_{1-3}-ES_{1-3}=0-0=0$$
$$TF_{2-3}=LS_{2-3}-ES_{2-3}=2-1=1$$

$$TF_{2-4}=LS_{2-4}-ES_{2-4}=9-1=8$$
$$TF_{3-4}=LS_{3-4}-ES_{3-4}=5-5=0$$
$$TF_{3-5}=LS_{3-5}-ES_{3-5}=8-5=3$$
$$TF_{4-5}=LS_{4-5}-ES_{4-5}=13-11=2$$
$$TF_{4-6}=LS_{4-6}-ES_{4-6}=11-1=0$$
$$TF_{5-6}=LS_{5-6}-ES_{5-6}=13-11=2$$

(7) 计算各工作自由时差。按照自由时差的定义，有

$$FF_{i-j}=ES_{j-k}-EF_{i-j}$$
$$FF_{i-n}=T_p-ES_{i-n}-D_{i-n}$$

各工作自由时差为

$$FF_{1-2}=ES_{2-3}-EF_{1-2}=1-1=0$$
$$FF_{1-3}=ES_{3-4}-EF_{1-3}=5-5=0$$
$$FF_{2-3}=ES_{3-4}-EF_{2-3}=5-4=0$$
$$FF_{2-4}=ES_{4-5}-EF_{2-4}=11-3=8$$
$$FF_{3-4}=ES_{4-5}-EF_{2-4}=11-11=0$$
$$FF_{3-5}=ES_{5-6}-EF_{3-5}=11-10=1$$
$$FF_{4-5}=ES_{5-6}-EF_{4-5}=11-11=0$$
$$FF_{4-6}=T_p-EF_{4-6}=16-16=0$$
$$FF_{5-6}=T_p-EF_{5-6}=16-14=2$$

3. 双代号网络图时间参数的节点计算法

当按节点法计算双代号网络图时间参数时，节点参数的标注如图 11.19 所示。

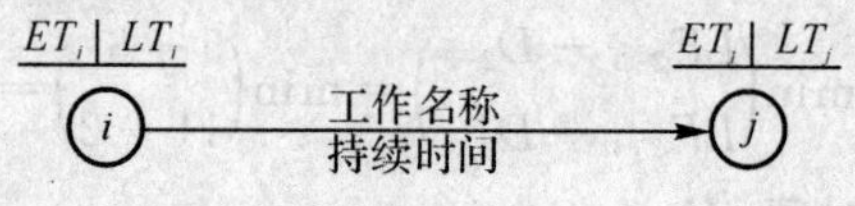

图 11.19　按节点法计算时的标注内容

(1) 节点最早时间的计算。按照定义，节点最早时间是以该节点为开始节点的工作的最早开始时间。显然，当计算节点最早时间时，应从网络图的起节点开始，顺着箭线进行计算。

对网络图的起点节点 ①，若未规定最早时间，其值应等于零，即

$$ET_1=0 \tag{11.17}$$

当节点 j 只有一条内向箭线时，最早时间应为

$$ET_j=ET_i+D_{i-j} \tag{11.18}$$

当节点 j 有多条内向箭线时，其最早时间应为

$$ET_j=\max(ET_i+D_{i-j}) \tag{11.19}$$

终节点 n 的最早时间即为网络计划的计算工期：

$$ET_n=T_c \tag{11.20}$$

(2) 节点最迟时间的计算。按照定义，节点最迟时间是以该节点为完成节点的工作的最迟完成时间，计算节点最迟时间应以终节点为起点，逆着箭线向起节点进行。

终节点：其最迟时间即为网络计划的计划工期，即

$$LT_n=T_p \tag{11.21}$$

当节点只有一个外向箭线时，最迟时间为

$$LT_i = LT_j - D_{i-j} \tag{11.22}$$

当节点 i 有多条外向箭线时，最迟时间为：

$$LT_i = \min(LT_j - D_{i-j}) \tag{11.23}$$

(3) 根据节点时间参数计算工作参数。

1) 工作的最早开始时间等于该工作的开始节点的最早时间，即

$$ES_{i-j} = ET_i \tag{11.24}$$

2) 工作的最早完成时间等于该工作的最早时间加上持续时间，即

$$EF_{i-j} = ET_i + D_{i-j} \tag{11.25}$$

3) 工作的最迟完成时间等于该工作完成节点的最迟时间，即

$$LF_{i-j} = LT_j \tag{11.26}$$

4) 工作的最迟开始时间等于该工作的完成节点的最迟时间减去持续时间，即

$$LS_{i-j} = LT_j - D_{i-j} \tag{11.27}$$

5) 工作的总时差等于该工作完成节点的最迟时间减去开始节点的最早时间再减去持续时间，即

$$TF_{i-j} = LT_j - ET_i - D_{i-j} \tag{11.28}$$

6) 工作的自由时差等于该工作完成节点的最早时间减去开始节点的最早时间再减去持续时间，即

$$EF_{i-j} = ET_j - ET_i - D_{i-j} \tag{11.29}$$

例 11.4　网络计划如图，试用节点法计算各工作的时间参数。

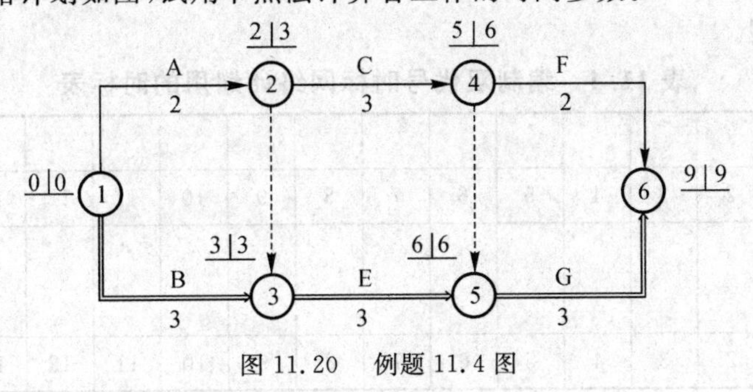

图 11.20　例题 11.4 图

解　利用上述理论，计算的各节点时间参数如图 11.20 所示，由此可以很方便地求得各工作的时间参数。计算过程略。

11.1.4　关键线路的确定

1. 关键工作

总时差最小的工作为关键工作。

在网络计划中，任何工作的总时差不可能小于零，否则，该工程无论如何不可能在规定时间内完成。

若网络计划的计划工期等于计算工期（$T_p = T_c$），则该网络计划中关键工作的总时差为零。若计划工期大于计算工期（$T_p > T_c$），则任何工作的总时差都大于零。

2.关键线路

网络图上自始至终全部由关键工作组成的线路或线路上总的工作持续时间最长的线路为关键线路。在网络图上，关键线路用粗线、双实线或彩色线条表示。

11.1.5 双代号时标网络计划

双代号时标网络计划是以时间坐标为尺度编制的网络计划。在这个网络图中，箭线的长度与其持续时间成正比，各工作的时间参数可以直观地在网络图中表示出来，便于工程管理人员在施工过程中随时根据工程的进展情况通过观察时差，实施各种控制活动，适时调整、优化进度计划，也便于管理人员在整个计划的持续期间，逐日统计各种资源需求量，进而编制资源需用量计划和施工成本计划。双代号时标网络计划在建筑工程施工的进度控制及成本、资源控制中占有特别重要的地位。

1.绘制双代号时标网络图的一般规定

绘制双代号时标网络图时，应注意以下方面。

(1)在时标网络图中，以实箭线表示工作，以虚箭线表示虚工作，以波形线表示工作的自由时差。

(2)各工作均以时间坐标为尺度表示其开始、结束时间及其他时间参数。

(3)虚工作必须以垂直方向的虚箭线表示，有自由时差时加波形线表示。

2.时标网络图的绘制

绘制时标网络图前，应先按规定的时间单位绘出时标表。时标可标注在时标表的顶部或底部，并注明时标的长度单位；必要时还可在顶部时标之上或底部时标之下加注日历的对应时间，如表 11.4 所列。

表 11.4 编制双代号时标网络计划用的时标表

日历																
(时间单位)	1	2	3	4	5	6	7	8	9	10	11	12	13	14	15	16
网络计划																
(时间单位)	1	2	3	4	5	6	7	8	9	10	11	12	13	14	15	16

为使时标网络计划表达清晰，时标表中部的时间间隔线应采用细线，甚至少画或不画。

(1)间接绘制法。间接绘制法是先在草纸上绘制网络图草图，并计算各节点的时间参数(一般只要计算出最早开始时间即可)，然后按每项工作的最早开始时间将其箭尾节点定位在时标表上，再用规定线形根据其持续时间绘出该工作的持续时间，用带箭头的波形线将该工作持续时间末端与其草图上的完成节点(实际上波形线在此表示该工作的自由时差)连接起来，即形成时标网络计划。

如图 11.21 所示给出了一个网络计划的时标网络图。

(2)直接绘制法。直接绘制法也是先在草纸上绘制网络图草图，再按下列步骤进行绘制。

1)绘制时标表。

2)将起点节点定位在时标表的起始刻度线上，从该节点按各工作持续时间绘制草图上对应各工作的外向箭线。

3)其他节点的位置应位于以该结点为节束节点的各工作的最早完成时间最迟的箭线末端;用带箭头的波形线按草图将各外向箭线与对应的节点连接起来。

4)再以刚确定的新节点为起始节点,绘制以该节点为开始节点的各工作。如此反复直到绘制完整个网络图。

5)不带波形线的线路即为关键线路。

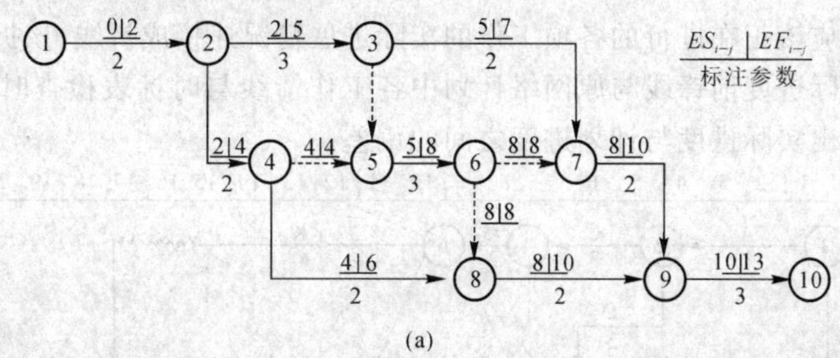

(a)

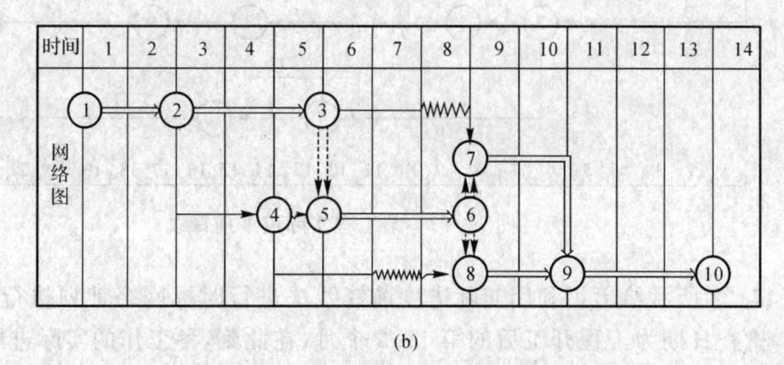

(b)

图 11.21　时标网络图的绘制示例

(a)双代号网络图;(b)对应的双代号时标网络图

3. 网络计划的执行、检查与调整

(1)网络计划的执行。网络计划编制的完成,标志着工程进度计划、资源需求与供给计划、施工组织计划的基本完成。这些计划的执行情况直接决定着工程实施的成败。

在执行网络计划时,应注意以下问题。

1)实施严格的项目目标管理责任制,将每个工作(箭线)所涉及的资源供给、开始结束日期、劳动生产率及其他责、权、利等采用"目标责任书"形式落实到相应班组。

2)做好各项工作开工前的准备(包括技术、物资、施工场地、劳动力等)工作,确保各项工作能按时开工。

3)在实施过程中如实记录实际进展情况,与网络计划进行比对,对可能出现的偏差进行预测,及时采取相应的纠偏措施。

4)严格按计划的逻辑关系施工。

(2)网络计划的检查。网络计划检查即检查网络计划的执行情况。

网络计划检查的目的是为了了解该网络计划的执行情况,检查的内容通常包括以下方面。

1)关键工作进度。

2)非关键工作的进度及时差利用情况。

3)实际进度对各项工作之间逻辑关系的影响。

4)资源及成本状况。

5)存在的其他问题。

网络计划执行情况检查的方法通常采用实际进度前锋线法记录计划的实际执行情况,并进行实际进度与计划进度的比较。

实际进度前锋线法是在原时标网络计划上,从计划检查时刻的时标点出发,自上而下用点画线将此刻应该正在进行的各项工作的实际进展情况连接成折线,该折线即实际进度前锋线。通过比较实际进度前锋线与原网络计划中各工作箭线与时标表检查时刻时标线交点的位置,即可以判断出实际进度与计划进度之间的偏差。

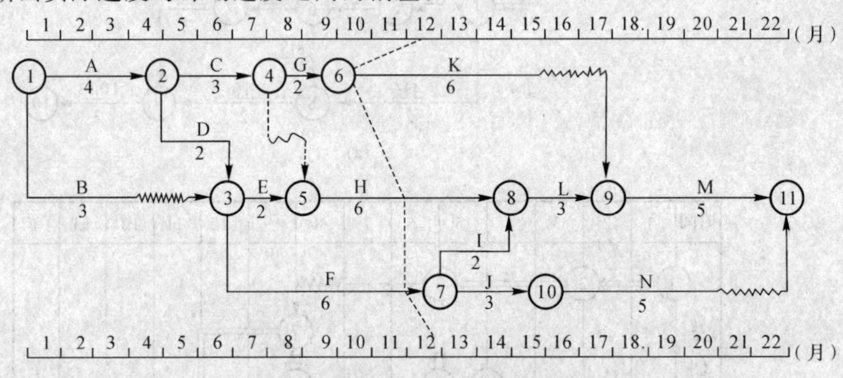

图 11.22 某工程实际进度前锋线

如图 11.22 所示给出了利用实际进度前锋线法进行时标网络计划执行情况检查的示例。可以看到,检查日期为工程开工后的第 11.5 个月,在此刻,各工作的实际进展情况为:

1)工作 K 拖延了 2.5 个月,其总时差为 2 个月。

2)工作 H 拖后 1 个月,其总时差为零。

3)工作 F 拖后 1 个月,总时差为零。

若要判断各工作拖延或提前对竣工日期的影响,只需将检查日的实际情况与原计划的各工作持续时间合并(如图 11.22 中,将工作 K 的持续时间改为 6+2.5=8.5 个月;将 H 的持续时间改为 6+1=7 个月等),对网络计划重新进行计算即可。对该网络计划,实际竣工日期需拖延 1 个月。

(3)施工进度计划的调整方法。当实际进度与计划进度出现偏差时,常用的调整方法主要有以下几种。

1)增加对已延误且无足够时差可利用的工作的资源投入。

2)改变工作间的逻辑关系,如将原计划依次施工的部分工作改成平行施工等。

3)增减工作范围。

4)提高劳动生产率。

5)将部分任务转移,如将原计划自己完成的构件制作改为外包采购。

6)将一些工作合并,以达到缩短工期的目的。例如墙、地面抹灰可改为墙面采用清水模板技术,地面可改为随浇随抹等。

11.2　单代号网络图

单代号网络图是以节点表示工作，以箭线表示工作间的逻辑关系的网络图。为了反映工作的基本特征，在节点处通常需要标出工作代号、工作名称和持续时间等内容，节点可以用圆圈或矩形表示。典型的单代号网络图工作表示方法及单代号网络图如图 11.23 所示。

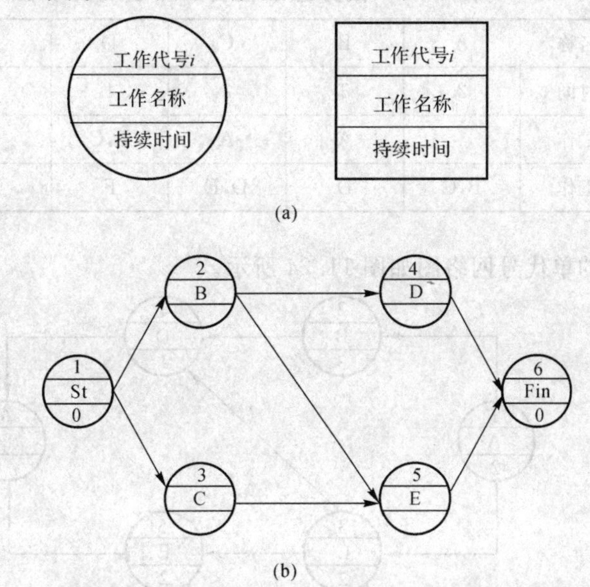

图 11.23　单代号网络图及其工作的表示方法

(a)单代号网络图中工作的表示方法；(b)单代号网络图

在单代号网络图中，一个节点表示一项工作，节点必须编号，号码可以间断，但严禁重复。箭尾节点工作的编号必须小于箭头节点的工作。一项工作只能有唯一的一个节点与之对应。箭线仅表示相邻工作间的逻辑关系，既不占用时间也不消耗资源。

11.2.1　单代号网络图绘图规则

(1)单代号网络图必须正确表述已定的逻辑关系。

(2)严禁出现循环回路。

(3)严禁出现双向箭头或无箭头的连线。

(4)严禁出现没有箭尾节点的箭线或没有箭头节点的箭线。

(5)当绘制网络图时，箭线不宜交叉。当交叉不可避免时，可采用过桥法和指向法绘制。

(6)单代号网络图只应有一个起点节点和一个终点节点。当网络图中有多项起点节点或多项终点节点时，应在网络图的两端分别设置一项虚工作作为该网络图的起点节点 St 和终点节点 Fin。

11.2.2　单代号网络计划的绘制

单代号网络计划的绘制比双代号网络计划简单，其绘制方法与双代号网络计划基本相同，主要包括两部分内容。

(1)列出所需完成的各项工作,并确定出各工作之间的逻辑关系(紧前工作、紧后工作)。

(2)根据上述关系绘制单代号网络计划图。一般先绘制出草图,再对一些不必要的交叉进行整理,绘出简化的网络图。

例 11.5 根据表 11.5 所给的逻辑关系绘制单代号网络图。

表 11.5 某分部工程各工作逻辑关系表

工作名称	A	B	C	D	E	F
持续时间	2	3	2	1	2	1
紧前工作		A	A	B,C	C	D,E
紧后工作	B,C	D	D,E	F	F	

解 所绘制的单代号网络图如图 11.24 所示。

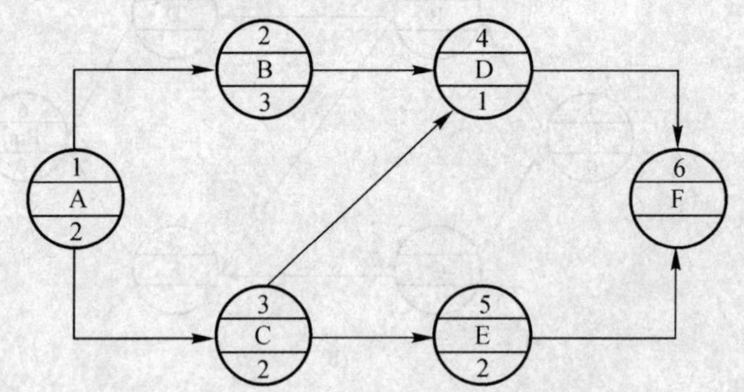

图 11.24 与表 11.5 对应的单代号网络图

11.2.3 单代号网络计划时间参数的计算

1. 单代号网络计划时间参数的表达方式

在单代号网络计划中,时间参数的表示方式如图 11.25 所示。

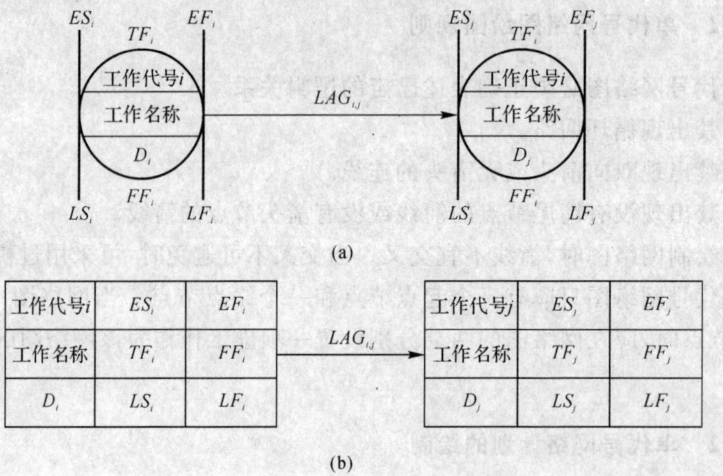

图 11.25 单代号网络图时间参数的表示方法

如图 11.25 所示中,各符号的含义与双代号网络计划相同。

$LAG_{i,j}$表示工作 i 和工作 j 之间的时间间隔。

2. 时间参数的计算

(1)最早时间的计算。在网络图中最早开始时间和最早完成时间应从网络图的起节点开始,顺着箭线方向依次逐项计算。

当起节点的最早开始时间未规定时,其最早开始时间为零。如起节点的编号 $i=1$,则

$$ES_i=0 \qquad (i=1) \tag{11.30}$$

工作的最早完成时间等于该工作的最早开始时间加上其持续时间,即

$$EF_i=ES_i+D_i \tag{11.31}$$

其他节点工作的最早开始时间等于各紧前工作最早完成时间的最大值:

$$ES_j=\max(EF_i) \tag{11.32}$$

或

$$ES_j=\max(ES_i+D_i) \tag{11.33}$$

(2) 网络计划的计算工期 T_c。计算工期 T_c 等于终节点的最早完成时间,即

$$T_c=EF_n \tag{11.34}$$

(3) 计算相邻两项工作之间的时间间隔 $LAG_{i,j}$。当终节点为虚拟节点时,有

$$LAG_{i,n}=T_p-EF_i \tag{11.35}$$

对其他节点,相邻两项工作 i,j 之间的时间间隔$LAG_{i,j}$ 等于紧后工作的最早开始时间ES_j与紧前工作的最早完成时间之差:

$$LAG_{i,j}=ES_j-EF_i \tag{11.36}$$

(4) 工作最迟时间的计算。工作最迟时间的计算,应从网络图的终节点开始,逆着箭线方向依次逐项计算。

终节点所代表的工作的最迟完成时间,应按网络计划的计划工期 T_p 确定,即

$$LF_n=T_p \tag{11.37}$$

其他节点的最迟完成时间应为各紧后工作最迟开始时间的最小值,即

$$LF_i=\min(LS_j) \tag{11.38}$$

最迟开始时间应等于该工作的最迟完成时间减去持续时间,即

$$LS_i=LF_i-D_i \tag{11.39}$$

(5) 工作时差的计算。各工作总时差及自由时差的定义和计算与双代号网络计划相同,即

$$TF_i=LS_j-ES_i \tag{11.40}$$

$$FF_i=\min(ES_j)-ES_i \tag{11.41}$$

(6)关键线路的确定。

关键工作:总时差最小的工作为关键工作。

关键线路:从起节点开始到终节点均为关键工作,且所有工作的时间间隔均为零的线路应为关键线路。该线路在网络图上应用粗线、双线或彩色线标注。

例 11.6　计算如图 11.26 所示网络图的时间参数,并绘出关键线路。

解　按照上述公式,计算各工作的时间参数如图 11.26 所示。详细步骤不再列出。

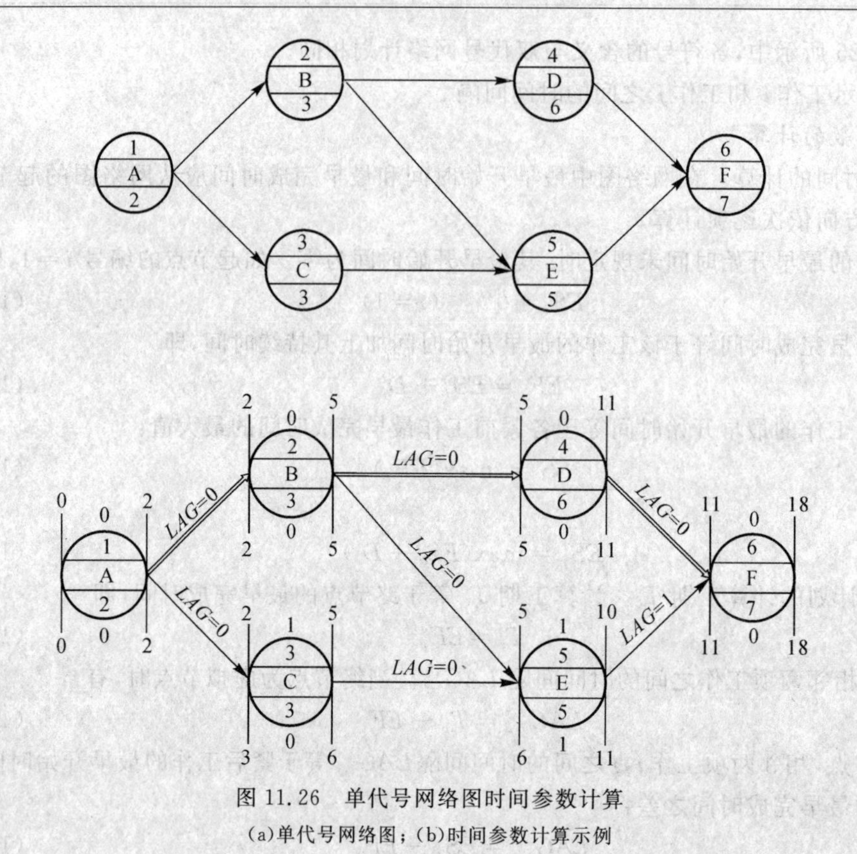

图 11.26 单代号网络图时间参数计算

(a)单代号网络图；(b)时间参数计算示例

习 题

1. 双代号网络图的组成有哪些？
2. 什么是关键线路？它有哪些特点？
3. 绘制双代号网络图的步骤有哪些？
4. 简述绘制双代号网络图的基本规则。
5. 简述双代号网络图中虚箭线的作用。
6. 双代号网络图的时间参数有哪些？他们是如何定义的？
7. 双代号网络图的时间参数如何计算？如何标注？
8. 时间参数的节点计算法和工作计算法有何不同？
9. 简述绘制双代号时标网络图的步骤。
10. 说明双代号时标网络图中波形线的含义。
11. 为什么要对网络计划的执行情况进行检查？检查的内容和方法是什么？
12. 简述单代号网络图的组成。
13. 单代号网络图与双代号网络图相比有何异同？
14. 如何进行单代号网络图的时间参数计算？
15. 绘制表 11.6～表 11.8 所示各工作间逻辑关系的双代号、单代号网络图。

表 11.6　工作逻辑关系表

工作名称	A	B	C	D	E	G	H	I
紧前工作			A	A,B	A	C,D	D、E	G,H

表 11.7　工作逻辑关系表

工作名称	A	B	C	D	E	F	G
紧前工作		A	B	A	B,D	E,C	F
持续时间/d	5	4	3	3	5	4	2

表 11.8　工作逻辑关系表

工作名称	A	B	C	D	E	F	G
紧后工作	B,C,D	E,F	F	G	G	G	
持续时间/d	3	6	4	7	4	5	5

16. 计算表 11.7、表 11.8 所示逻辑关系对应的双代号、单代号网络图的时间参数，并标出关键线路。

17. 绘制表 11.7、表 11.8 所示逻辑关系的双代号时标网络图。

第12章 建筑工程施工组织总设计

建筑工程施工组织设计是根据拟建工程的特点，对施工所需的资源（人力、材料、机械、资金等）、现场条件、施工方法、施工顺序、进度计划等各方面因素进行全面、科学的安排和论证，形成拟建工程的技术、经济、组织措施的书面指导文件。

建筑工程施工组织设计是指导建筑工程施工的纲领性文件，一旦编制完成并经过审批实施，将对施工方具有法律约束力。按照施工对象的层次，施工组织设计可以分为施工组织总设计、单位工程施工组织设计和施工方案3个层次。本章仅介绍施工组织总设计的编制。

12.1 概　　述

1.施工组织总设计

施工组织总设计是以建设项目或建筑群为对象，根据初步设计或扩大初步设计图纸及其他有关资料和施工现场条件编制的用以指导整个施工现场进行施工准备和施工活动的技术经济文件。施工组织总设计一般由总包单位或项目管理单位编制。

施工组织总设计的作用如下：

(1)为建设项目或建筑群施工做出全局性部署。

(2)为施工准备工作、保证资源供应提供依据。

(3)为建设单位进行工程施工招标安排提供依据。

(4)为施工单位编制单位工程施工组织设计提供依据。

2.施工组织总设计的编制依据

施工组织总设计的编制依据如下：

(1)计划文件及合同。计划文件包括可行性研究报告、工程项目一览表、分批分期施工项目及投资计划、招投标文件及施工合同、材料设备订货合同。

(2)设计文件。设计文件包括总平面布置图、各单体初步设计图、设计概算等。

(3)工程勘察报告及其他原始资料。它包括勘察报告、气象资料、交通、建筑材料、水电供应、机械设备、劳动力情况、专业分包情况等资料。

(4)现行规范及法规资料。它主要包括质量验收、现场管理、劳动保护、合同及造价等方面法规、规范。

(5)类似工程的相关资料。类似工程资料是前人经验的描述和总结，是施工组织总设计编制的一个非常重要方面。

3.施工组织总设计的内容及编制的程序

施工组织总设计的内容包括工程概况、总体施工部署、施工总进度计划、总体施工准备与资源配置计划、主要施工方法、施工总平面布置及主要施工组织管理措施等。这些内容将在随后的几节分别介绍。

施工组织总设计的编制程序如图 12.1 所示。

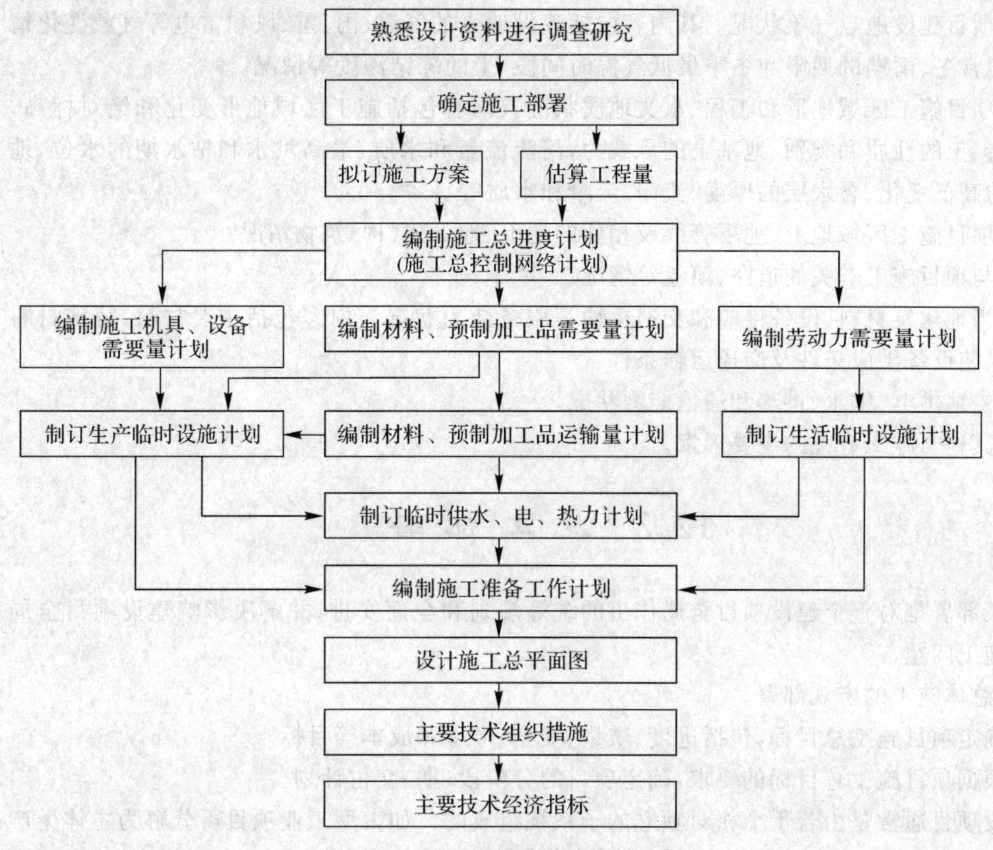

图 12.1　施工组织总设计编制程序

12.2　工程概况

工程概况是对建设项目总体情况进行的总说明及总分析，是对整个项目或建筑群所进行的文字介绍。工程概况一般包括项目主要情况和项目主要施工条件两大部分。

1. 项目的主要情况

(1)项目名称、性质、地理位置和建设规模。其内容包括本项目是工业还是民用项目，项目的使用功能、占地总面积、投资规模(产量)、分期分批建设范围等。

(2)项目的建设、勘察、设计和监理等相关单位的情况。

(3)项目设计概况。项目的设计概况包括建筑面积、建筑高度、建筑层数、基础及上部结构形式、建筑结构及装饰用料、建筑抗震设防烈度、安装工程和机电设备的配置等情况。

由于施工组织总设计的对象是群体工程或大型项目，因此，对各单体建筑物的设计特点应分别描述，一般采用列表形式进行表达。

(4)项目承包范围及主要分包工程范围。

(5)施工合同或招标文件对项目施工的重点要求。

(6)其他应说明的情况。

2.项目的主要施工条件

(1)项目建设地点气象状况。其内容包括建设地点的气温、雨、雪、风和雷电等气象变化情况以及通常冬、雨期的期限和冬季最低气温时间段、土的冻结深度等情况。

(2)项目施工区域地形和工程、水文地质状况。内容包括施工区域地形变化和绝对标高,地质构造、土的性质和类别、地基土的承载力,河流流量和水质、最高洪水和枯水期的水位,地下水位的高低变化、含水层的厚度、流向、流量和水质等。

(3)项目施工区域地上、地下管线及相邻的地上、地下建(构)筑物情况。

(4)与项目施工有关的道路、河流等情况。

(5)当地建筑材料、设备供应和交通运输等服务能力状况。内容包括主要材料、特殊材料和生产工艺设备供应条件及交通运输条件。

(6)当地供电、供水、供热和通信能力状况。

(7)其他与施工有关的主要因素。

12.3 施工部署

施工部署是对整个建设项目全局作出的统筹规划和全面安排,并解决影响建设项目全局的重大施工问题。

(1)总体施工的宏观部署。

1)确定项目施工总目标,包括进度、质量、安全、环境和成本等目标。

2)根据项目施工总目标的要求,确定项目的分阶段(期)交付计划。

建设项目通常是由若干个相对独立的子系统组成的。如大型工业项目可分解为主体生产系统、辅助生产系统和附属生产系统;住宅小区可分解为居住建筑、服务性建筑和附属性建筑。在满足总目标要求的前提下,可以将建设项目划分为分期(分批)投产或交付使用的独立交工系统。在保证工期的前提下,实行分期分批建设。这样既可使各具体项目迅速建成,尽早投入使用,又可在全局上实现施工的连续性和均衡性,减少暂设工程数量,降低工程成本。至于分几期施工、每期包含的施工内容,则应根据生产工艺或房地产市场需求,由建设单位根据工程规模和施工难易程度、资金、技术等情况确定。

3)确定项目分阶段(期)施工的合理顺序及空间组织。根据分阶段(期)交付计划,确定每个单位工程的开竣工时间,划分各施工单位之间的责任及分工协作关系,保证先后投产或交付使用的系统都能够正常运行。

(2)项目施工的重点难点分析。

指出本项目施工中影响安全、质量、工期的分部分项工程,列出重点难点事件一览表。

(3)列出总包单位项目管理机构组成框图。

项目管理组织机构的形式取决于工程规模、复杂程度、专业特点、人员素质和地域范围。一般,大中型项目可采用矩阵式项目管理组织,远离企业管理层的大中型项目可设置事业部式项目管理组织,小型项目宜设置成直线职能式项目管理组织。

(4)规划项目施工中拟开发的新技术、新工艺。

(5)明确主要分包项目施工单位应具有的资质和能力。

12.4　施工总进度计划

施工总进度计划是根据施工部署对各单位工程施工做出时间上的安排，即确定各单位工程的施工期限、开竣工时间及各项工程施工的衔接关系，并以此确定劳动力、材料、物资、机械设备需求量，确定附属的仓库、堆场面积，确定现场水电供应的数量等。

编制施工总进度计划的基本要求是保证拟建工程在规定的时间内完成，并迅速发挥投资效益，保证施工过程的连续性和均匀性，节约施工费用。

编制施工总进度计划的步骤如下。

1. 列出工程项目一览表并计算工程量

典型的工程项目工程量汇总表如表 12.1 所列。

表 12.1　工程项目工程量汇总表

序号	单位工程名称	结构类型	建筑面积	幢数	概算投资	主要实物工程量					
						场地平整	土方工程	桩基工程	砌体工程	混凝土工程	装饰工程
			1 000 m²	幢	万元	1 000 m²	1 000 m³	1 000 m³	1 000 m³	1 000 m³	1 000 m²
	合计										

2. 确定各单位工程施工期限

当确定各单位工程施工期限时，应综合考虑建筑类型、结构特征、施工方法、机械化程度、施工现场的施工环境以及工程地质条件等因素，同时还应参考相关工期定额。

3. 确定各单位工程的开竣工时间和相互搭接关系

当安排工程的开工时间及其搭接关系时，应考虑下列因素：

(1)保证重点，兼顾一般。应分清主次，同一时间开工的项目不宜过多，以免造成过大的流动资金压力及过多的临时设施。

(2)满足生产工艺要求，以尽快形成生产能力。

(3)满足连续、均衡施工的要求，尽量使劳动力、材料机械消耗等在全工地达到均衡。

(4)考虑施工总平面图的空间关系，对临时工程尽量做到一次建设，能较长时期使用。

(5)综合考虑各种条件限制，如季节性施工的影响、政府的施工限制措施等。

在确定了各单位工程的开竣工时间后，应编制单位工程开竣工时间一览表。

4. 编制施工总进度计划

编制施工总进度计划时，一般以单位工程为单位进行编制，最多细分至分部(或子分部)工程；如将一栋建筑物分为地基处理(桩基础)、基础工程、主体工程、装饰安装工程、室外工程等。工作的划分不宜过细，否则将造成控制困难。

施工总进度计划的编制可以使用横道图(Gantt 图)，也可以使用网络图。当使用网络图时，一般采用双代号时标网络图进行编制。典型的施工总进度计划表如表 12.2 所列。

表 12.2　施工总进度计划表

序号	单位工程名称	结构类型	工程量	建筑面积	总工日	施工进度计划											
						××年				××年				××年			
1																	
2																	
3																	

施工总进度计划编制完成后，还应将同一时期各单位工程的工程量相加，编制出工程量随时间的动态变化曲线，对此曲线进行分析，当曲线出现太大的峰值或谷底时，应通过调整某些单位工程开工时间使之变得较为均衡，以节约现场临时设施及流动资金需要量。

12.5　资源配置计划及施工准备工作计划

12.5.1　资源配置计划

资源配置计划包括劳动力需求计划和物资需求计划两类。

1. 劳动力需求计划

劳动力需求计划是规划临时设施和组织劳动力进场的主要依据。当确定某一时期的劳动力需求量时，一般是根据已汇总的主要实物工程量，查相关劳动定额或其他资料，得到各主要工种的劳动力工日数，再根据工作持续时间求得劳动力数量。据此，可编制出劳动力随时间变化的动态曲线。常用的劳动力需要量计划表的格式如表 12.3 所列。

表 12.3　劳动力需要量计划

序号	工种	劳动量	施工高峰人数	××年				××年				现有人数	多余或不足

2. 物资需求计划

物资需求计划包括材料构配件需求计划及施工机具需求计划。

(1)材料、构配件需求量计划。材料、构配件的需求量可根据已有的主要工程量，通过消耗定额或其他资料求得，再根据总进度计划表，即可编制出材料、构配件需求量计划。

除了工程实体施工所需要的材料及构配件外，现场施工中所需的周转性材料(如模板、脚手架钢管、混凝土养护及保温设施等)也是材料需求计划的一个非常重要方面。

对应的表格形式如表 12.4 所列。

表 12.4　主要材料、构配件需求计划表

序号	类别	材料及构配件名称	单位	总计	××年				××年			
1	构配件及半成品	钢筋混凝土方桩										
		钢筋混凝土梁										
		塑钢门窗										
		……										
2	主要建筑材料	钢筋										
		混凝土										
		空心砖										
		……										

(2)施工机具需求量表。编制的施工机具需求量表如表 12.5 所列。

表 12.5　施工机具需求量表

序号	机具名称	型号	电机功率	数量	××年				××年			
1	塔吊											
2	施工电梯											
3	……											

12.5.2　总体施工准备工作计划

总体施工准备工作包括技术准备、现场准备、资金准备及劳动力准备等，应对其分别编制工作计划。

技术准备包括施工过程所需技术资料的准备、施工方案编制计划、试验检验及设备调试工作计划、图纸会审计划等。

现场准备计划包括现场生产、生活等临时设施，如临时生产、生活用房，临时道路、材料堆放场，临时用水、用电和供热、供气等的计划。

资金准备应根据施工总进度计制编制资金使用计划。

劳动力准备主要是劳务分包的规划与计划。

相关计划表与上述劳动力及材料计划表相似，此处不再赘述。

12.6　主要施工方法

主要施工方法是指本项目中工程量大、施工难度大、工期长，对整个项目的完成有重大影响的分部分项工程的施工方法，如基坑开挖与支护、外架搭设、模板工程、大体积混凝土温控、重要分项的季节性施工等方法。

施工组织总设计对施工方法的描述做到简要说明即可,更详细的可留到单位工程施工组织设计中的施工方案或专项施工方案中进行。

12.7 施工总平面图

施工总平面图是拟建项目施工现场的总体布置图,较之于建筑总平面图,本图还反映了建设分期、现场材料堆场、库房、搅拌站、变电站、临时水电线路、施工用塔吊、施工电梯、施工及项目管理办公用房、宿舍、食堂、文化娱乐等所有设施。施工总平面布置图是按照拟定的施工方法及施工总进度计划所需的资源数量编制的,以达到正确处理施工期间所需的各种临时设施与已有的永久建筑物之间和拟建建筑物之间关系的目的。

12.7.1 施工总平面图的内容

(1)建筑总平面图上一切地上、地下建(构)筑物,以及其他设施的位置和尺寸。

(2)一切为全工地施工服务的临时设施的位置及数量。

1)施工用地范围、各种施工用道路。

2)加工厂、搅拌站及有关机械的位置。

3)各种建筑材料、构配件、半成品的仓库和堆场,取土及弃土位置。

4)行政管理用房、宿舍、食堂及文化福利设施。

5)水源、电源、变压器位置;临时水电线路。

6)机械站、停车场位置。

7)施工现场必备的安全、消防、保卫和环境保护等设施。

(3)永久性及临时性测量放线标桩位置。

12.7.2 施工总平面图布置的原则

(1)应科学合理,尽量减少施工场地占用面积。

(2)应合理组织运输,减少或避免二次搬运。

(3)应减少各单位工程施工时的相互干扰,以确保施工安全,加快施工进度,并利于成品保护。

(4)充分利用既有建(构)筑物和既有设施,以减少临时工程数量。

(5)办公区、生活区和生产区宜分离设置。

(6)符合节能、环保、安全和消防等要求。

12.7.3 施工总平面图设计的依据

(1)各种设计资料,包括建筑总平面图、地形图、已有和拟建的建筑物设计图。

(2)本地的自然条件和技术经济条件。

(3)项目概况、施工部署、总进度计划、主要施工方法等。

(4)各种建筑材料、构配件、施工机械需要量一览表。

(5)各种临时设施建筑面积。

12.7.4　施工总平面图设计的方法

当绘制施工总平面图时，对已有、拟建建筑物、各种临设、机械、堆场等，应尽量采用标准的图例进行表达，以方便阅读。这些图例符号在很多施工手册中均有介绍，此处不再罗列。

施工总平面图设计，一般按下述步骤进行。

1.确定工地大门的位置

工地大门位置的选择应考虑大型工程车辆进出工地的方便、施工车辆对周围环境的影响、现场内部仓库、材料堆场位置等因素，还应与现场临时及永久道路设计相结合。对完整的新建小区，通常选择小区大门的设计位置为工地大门；对已部分投入使用的小区，则应尽量将工地大门设在远离居民进出的地方，以便于对施工现场进行封闭管理。

2.确定仓库与材料堆场位置

对大型项目，当设计有专用铁路时，中心仓库应尽量沿铁路专用线布置，并且在仓库前留有足够的装卸场地；或在铁路线附近设置转运仓库，该转运仓库应设置在工地同侧。

对一般项目，多采用公路运输，中心仓库可布置在工地中心区或靠近使用的地方，也可将其布置在工地入口处。大宗地方材料（水泥、砂石、砖、砌块等）的堆场或仓库，可布置在相应的搅拌站、预制场或加工场附近。

工业项目的重型工艺设备，应尽可能运至车间附近的设备组装场堆放，普通工艺设备可放在车间外围或其他空地上。

3.确定搅拌站和加工场位置

对大型项目，可集中设置大型搅拌站，其位置应以考虑所有在建建筑的混凝土运输费用最小的原则确定。若分散设置小型搅拌站，其位置均应靠近使用地点或垂直运输设备。

加工场（钢筋、预制构件、模板等）宜集中布置在工地边缘处，并且将其与相应仓库或堆场布置在同一地区。当分散布置时，应尽量布置在垂直运输设备能直接提升的范围内。

4.确定场内运输道路位置

场内运输道路应尽量布置成环形，以减少现场车辆避让，并将各材料堆场、仓库、加工场及拟建建筑物等连接起来。主干道宜采用双车道，宽度不小于6 m，次要车道宽度不小于3.5 m。主干道应与场外公路相连。

确定场内运输道路时，应尽可能利用原有或拟建的永久道路，以减少浪费。

应合理安排场内运输道路与场内永久性地下管网间的施工顺序，避免多次开挖现象。

场内运输道路的转弯半径、路面结构等应充分考虑使用荷载及永久路面的设计要求。

5.确定行政管理及生活性临时设施位置

全工地性的行政管理用房屋宜设在工地入口处，以便加强对外联系；也可以布置在比较中心的地带，这样便于加强工地管理。宿舍应布置在工地外围或其边缘处。文化福利用房最好设置在工人生活集中的地方。

有可能时，尽量利用已有或已建成但尚未使用的建筑物作为这类临设，以减少临设费用。应强调，正在施工的在建建筑物不得作为临设使用。

6.临时水电管网布置

当附近有可以利用的水源、电源时，可以将其直接接入施工现场。临时变电站应设在高压电的接入处，储水池应设置在地势较高处。

通常情况下,3～10 kV 的高压线沿主干道布置,380/220 V 低压线采用枝状布置。电线可采用架空或埋地方式布设。架空时,离地高度不应小于 6m;埋地时,一般将电线穿在钢管或塑料管内。

供水管网应埋在冰冻线以下,以确保冬期施工用水。供水管网的布置可采用环状、枝状或混合 3 种方式,如图 12.2 所示。

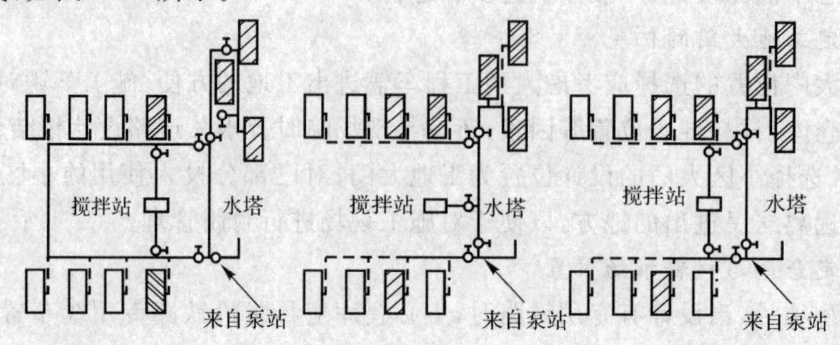

图 12.2 临时供水线路布置方法

(a)环状供水;(b)枝状供水;(c)混合供水

7.安全防火设施布置

工程防火用的消防站宜设置在易燃物堆场或仓库附近,并须有通畅的出口和消防车道。消防车道的宽度不宜小于 6 m,与拟建建筑物距离不大于 25 m,也不小于 5 m。消火栓宜沿道路布置,间距不大于 100 m,距路边不大于 2 m。

12.8 全场性暂设工程需求量设计

全场性暂设工程包括道路、堆场、仓库、办公及临时建筑、临时供水、临时供电等。本节讨论其需要量计算。

12.8.1 施工现场临时道路设置

场区内的临时道路应尽量结合永久路面进行修筑,道路的宽度应满足消防及行车要求,最小宽度不小于 3.5 m,道路设计的各项常用指标如表 12.6 和表 12.7 所列。

表 12.6 各类车辆要求路面最小允许曲线半径

车辆类型	路面内侧最小曲线半径/m		
	无拖车	有 1 辆拖车	有 2 辆拖车
一般二轴载重汽车:单车道	9	12	15
双车道	7		
三轴载重汽车、重型载重汽车、公共汽车	12	15	18
超重型载重汽车	15	18	21

表 12.7　施工道路路面种类和厚度

路面种类	特点及其使用条件	路基土	路面厚度 cm	材料配合比
级配砾石路面	雨天照常通车，可通行较多车辆，但材料级配要求严格	砂质土	10～15	体积比： 黏土：砂：石子＝1：0.7：3.5。 重量比： 1.面层：黏土 13%～15%，砂石料 85%～87%。 2.底层：黏土 10%，砂石混合料 90%
		黏质土或黄土	14～18	
碎(砾)石路面	雨天照常通车，碎(砾)石本身含土较多，不加砂	砂质土	10～18	碎(砾)石＞65%，当地土壤含量≤35%
		砂质土或黄土	15～20	
碎砖路面	可维持雨天通车，通行车辆较少	砂质土	13～15	垫层：砂或炉渣 4～5 cm 底层：7～10 cm 碎砖 面层：2～5 cm 碎砖
		黏质土或黄土	15～18	
炉渣或矿渣路面	可维持雨天通车，通行车辆较少，当附近有此项材料可利用时	一般土	10～15	炉渣或矿渣 75%，当地土 25%
		较松软时	15～30	

12.8.2　施工现场临时仓库设置

1.临时仓库的形式

按照材料的保管方式，临时仓库可以采用以下几种形式：

(1)露天堆场。用于堆放不受自然因素影响或受其影响较小的材料，如砖、砂石、钢材等。

(2)库棚。用于储存防止雨雪、阳光直接侵蚀的材料，如防水材料、小型施工机具、木模板等。

(3)封闭式仓库。用于储存受到大气侵蚀可能发生变质的建筑材料、贵重材料、易损或易散失材料，如水泥、石膏、五金件、贵重的机械设备等。

2.临时仓库的面积

临时仓库的面积取决于储备数量及时间，常用建筑材料的库存面积指标如表 12.8 所列。

表 12.8　仓库面积计算所需数据参考指标

序号	材料名称	单位	储备天数/d	储存量	堆置高度/m	仓库类型
1	钢材	t	40～50	1.5	1.0	
	钢筋(直筋)	t	40～50	1.8～2.4	1.2	露天
	钢筋(盘筋)	t	40～50	0.8～1.2	1.0	棚或库约占 20%
	钢管 ϕ200 以上	t	40～50	0.5～0.6	1.2	露天
	钢管 ϕ200 以下	t	40～50	0.7～1.0	2.0	露天

续 表

序号	材料名称	单位	储备天数/d	储存量	堆置高度/m	仓库类型
2	铸铁管	t	20～30	0.6～0.8	1.2	露天
3	暖气片	t	40～50	0.5	1.5	露天或棚
4	水暖零件	t	20～30	0.7	1.4	库或棚
5	五金	t	20～30	1.0	2.2	库
6	钢丝绳	t	40～50	0.7	1.0	库
7	电线电缆	t	40～50	0.3	2.0	库或棚
8	木材	m^3	40～50	0.8	2.0	露天
	成材	m^3	30～40	0.7	3.0	露天
	灰板条	千根	20～30	5	3.0	棚
9	水泥	t	30～40	1.4	1.5	库
10	生石灰(块)	t	20～30	1～1.5	1.5	棚
	生石灰(袋装)	t	10～20	1～1.3	1.5	棚
	石膏	t	10～20	1.2～1.7	2.0	棚
11	砂、石子(人工堆置)	m^3	10～30	1.2	1.5	露天
	砂、石子(机械堆置)	m^3	10～30	2.4	3.0	露天
12	块石	m^3	10～20	1.0	1.2	露天
13	红砖	千块	10～30	0.5	1.5	露天
14	耐火砖	t	20～30	2.5	1.8	棚
15	黏土瓦、水泥瓦	千块	10～30	0.25	1.5	露天
16	水泥管、陶土管	t	20～30	0.5	1.5	露天
17	防水卷材	卷	20～30	15～24	2.0	库
18	钢筋混凝土构件	m^3				
	板	m^3	3～7	0.14～0.24	2.0	露天
	梁、柱	m	3～7	0.12～0.18	1.2	露天
19	金属结构	t	3～7	0.16～0.24	—	露天
20	钢件	t	10～20	0.9～1.5	1.5	露天或棚
21	木门窗	m^2	3～7	30	2	棚
22	模板	m^3	3～7	0.7	—	露天
23	大型砌块	m^3	3～7	0.9	1.5	露天
24	水、电及卫生设备	t	20～30	0.35	1	棚、库各约占 1/4

12.8.3　施工现场生产用房

施工现场生产用房包括混凝土搅拌站、砂浆搅拌站、钢筋混凝土构件预制场、钢筋加工场、木材加工场、金属结构加工场、施工机械的管理维修场等。

各类生产用房的面积参考指标见表 12.9、表 12.10、表 12.11。

表 12.9　现场加工厂所需面积参考指标

<table>
<tr><th rowspan="2">序号</th><th rowspan="2">加工场名称</th><th colspan="2">年产量</th><th rowspan="2">单位产量所需建筑面积</th><th rowspan="2">占地总面积/m²</th><th rowspan="2">备注</th></tr>
<tr><th>单位</th><th>数量</th></tr>
<tr><td rowspan="3">1</td><td rowspan="3">混凝土搅拌站</td><td>m³</td><td>3 200</td><td>0.022(m²/m³)</td><td rowspan="3">按 砂石堆场考虑</td><td>400 L 搅拌机 2 台</td></tr>
<tr><td>m³</td><td>4 800</td><td>0.021(m²/m³)</td><td>400 L 搅拌机 3 台</td></tr>
<tr><td>m³</td><td>6 400</td><td>0.020(m²/m³)</td><td>400 L 搅拌机 4 台</td></tr>
<tr><td rowspan="4">2</td><td rowspan="4">临时性混凝土预制场</td><td>m³</td><td>1 000</td><td>0.25(m²/m³)</td><td>2 000</td><td rowspan="4">生产屋面板和中小型梁柱板等，配有蒸养设施</td></tr>
<tr><td>m³</td><td>2 000</td><td>0.20(m²/m³)</td><td>3 000</td></tr>
<tr><td>m³</td><td>3 000</td><td>0.15(m²/m³)</td><td>4 000</td></tr>
<tr><td>m³</td><td>5 000</td><td>0.125(m²/m³)</td><td>小于 6 000</td></tr>
<tr><td rowspan="7">5</td><td rowspan="4">钢筋加工场</td><td>t</td><td>200</td><td>0.35(m²/t)</td><td>280～560</td><td rowspan="4">加工、成形、焊接</td></tr>
<tr><td>t</td><td>500</td><td>0.25(m²/t)</td><td>380～750</td></tr>
<tr><td>t</td><td>1 000</td><td>0.20(m²/t)</td><td>400～800</td></tr>
<tr><td>t</td><td>2 000</td><td>0.15(m²/t)</td><td>450～900</td></tr>
<tr><td>现场钢筋调直或冷拉
拉直场
卷扬机棚
冷拉场
时效场</td><td colspan="4">所需场地(长×宽)
70～80×3～4 m
15～20 m²
40～60×3～4 m
30～40×6～8 m</td><td>包括材料及成品堆放；3～5 t 电动卷扬机一台；包括材料及成品堆放；包括材料及成品堆放</td></tr>
<tr><td>钢筋对焊
对焊场地
对焊棚</td><td colspan="4">所需场地(长×宽)
30～40×4～5 m
15～24 m²</td><td>包括材料及成品堆放；寒冷地区应适当增加</td></tr>
<tr><td>钢筋冷加工
冷拔、冷轧机
剪断机
弯曲机 ϕ12 以下
弯曲机 ϕ40 以下</td><td colspan="4">所需场地(m²/台)
40～50
30～50
50～60
60～70</td><td></td></tr>
<tr><td>6</td><td>石灰消化 { 储灰池
淋灰池
淋灰槽</td><td colspan="4">5×3＝15 m²
4×3＝12 m²
3×2＝6 m²</td><td>每两个储灰池配一套淋灰池和淋灰槽，每 600 kg 石灰可消化 1 m³ 石灰膏</td></tr>
</table>

表 12.10 现场作业棚所需面积参考指标

序号	名称	单位	面积	备注
1	木工作业棚	m^2/人	2	占地为建筑面积的 2～3 倍
2	电锯房	m^2	80	34～36 in① 圆锯 1 台
	电锯房	m^2	40	小圆锯 1 台
3	钢筋作业棚	m^2/人	3	占地为建筑面积的 3～4 倍
4	搅拌棚	m^2/台	10～18	
5	卷扬机棚	m^2/台	6～12	
6	烘炉房	m^2	30～40	
7	焊工房	m^2	20～40	
8	电工房	m^2	15	
9	白铁工房	m^2	20	
10	油漆工房	m^2	20	
11	机、钳工修理房	m^2	20	
12	立式锅炉房	m^2/台	5～10	
13	发电机房	m^2/kW	0.2～0.3	
14	水泵房	m^2/台	3～8	
15	空压机房(移动式)	m^2/台	18～30	
	空压机房(固定式)	m^2/台	9～15	

表 12.11 现场机修间、停放场所需面积参考指标

序号	施工机械名称	所需场地(m^2/台)	存放方式	检修间所需建筑面积	
				内容	数量/m^2
一、起重、土方机械类				10～20 台设 1 个检修台位(每增加 20 台增设 1 个检修台位)	200(增 150)
1	塔式起重机	200～300	露天		
2	履带式起重机	100～125	露天		
3	履带式正铲或反铲,拖式铲运机,轮胎式起重机	75～100	露天		
4	推土机,拖拉机,压路机	25～35	露天		
5	汽车式起重机	20～30	露天或室内		

① 1 in=2.54 cm。

续 表

序号	施工机械名称	所需场地 (m²/台)	存放方式	检修间所需建筑面积	
				内容	数量/m²
二、运输机械类					
6	汽车(室内)	20～30	一般情况下室内不小于10%	每20台设1个检修台位(每增加1个检修台位)	170(增160)
	(室外)	40～60			
7	平板拖车	100～150			
三、其他机械类					
8	搅拌机,卷扬机,电焊机,电动机,水泵,空压机,油泵等	4～6	一般情况下室内占30%;露天占70%	每50台设1个检修台位(每增加1个检修台位)	50(增50)

注:1.露天或室内视气候条件而定,寒冷地区应适当增加室内存放。

2.所需场地包括道路、通道和回转场地。

12.8.4　施工现场办公及生活用房

施工现场办公及生活用房屋设施参考指标见表12.12。

表 12.12　办公及生活用房屋设施参考指标

序号	临时房屋名称		指标使用方法	参考指标/(m²/人)
一	办公室		按管理人员人数	3～4
二	宿舍		按高峰年(季)平均职工人数	2.5～3.5
	双层床			2.0～2.5
	单层床			3.5～4
三	食堂		按高峰年平均职工人数	0.5～0.8
四	食堂兼礼堂		按高峰年平均职工人数	0.6～0.9
五	其他合计		按高峰年平均职工人数	0.5～0.6
	其中	医务室	按高峰年平均职工人数	0.05～0.07
		浴室	按高峰年平均职工人数	0.07～0.1
		理发	按高峰年平均职工人数	0.01～0.03
		浴室兼理发	按高峰年平均职工人数	0.08～0.1
		其他公用	按高峰年平均职工人数	0.05～0.10
六	现场小型设施			
	开水房			10～40
	厕所		按高峰年平均职工人数	0.02～0.07
	工人休息室		按高峰年平均职工人数	0.15

12.8.5　施工现场临时用电计算

施工现场用电包括施工机械用电和照明用电两类。总用电量为

$$P=(1.05\sim1.10)\left[K_1\frac{\sum P_1}{\cos\varphi}+K_2\sum P_2+K_3\sum P_3+K_4\sum P_4\right] \tag{12.1}$$

式中　P —— 供电设备总需要容量(kW)；

P_1 —— 电动机额定功率(kW)；

P_2 —— 电焊机额定容量(kW)；

P_3 —— 室内照明容量(kW)；

P_4 —— 室外照明容量(kW)；

$\cos\varphi$ —— 电动机的平均功率因数(在施工现场最高为 0.75 ～ 0.78，一般为 0.65 ～0.75)；

K_1,K_2,K_3,K_4 —— 需要系数，参见表 12.13。

表 12.13　需要系数表

用电名称	数量	需要系数		备注
		K	数值	
电动机	3 ～ 10 台	K_1	0.7	如施工中需要电热时，也应考虑其用电量
	11 ～ 30 台		0.6	
	30 台以上		0.5	
加工厂动力设备			0.5	
电焊机	3 ～ 10 台	K_2	0.6	
	10 台以上		0.5	
室内照明		K_3	0.8	
室外照明		K_4	1.0	

单班施工时，用电量计算可不考虑照明用电。由于照明用电量所占的比例较动力用电量要小得多，因此，当估算总用电量时可以在动力用电量(即式(12.1) 括号中的第一、二两项) 之外再加 10% 作为照明用电量即可。

求得总用电量之后，即可以此作为变压器功率，根据供给工地的高压选择变压器型号。场内输电线路导线截面可根据导线所负荷电流的大小参阅相关施工手册确定。

12.8.6　施工现场临时用水

施工现场的临时用水包括施工用水、机械用水、生活用水、生活区生活用水和消防用水 5 种。

1. 现场施工用水

$$q_1=K_1\sum\frac{Q_1N_1}{T_1b}\times\frac{K_2}{8\times3\,600} \tag{12.2}$$

式中　q_1—— 施工用水量(L/s)；

K_1—— 未预计的施工用水系数(1.05 ～ 1.15)；

Q_1—— 年(季) 度工程量(以实物计量单位表示)；

N_1—— 施工用水参考定额，见表 12.14；

T_1—— 年(季) 度有效作业日(d)；

b—— 每天工作班数(班)；

K_2—— 用水不均衡系数(见表 12.15)。

表 12.14　施工用水参考定额

序号	用水对象	单位	耗水量 N_1	备注
1	浇注混凝土全部用水	L/m^3	1 700 ～ 2 400	
2	搅拌普通混凝土	L/m^3	250	
3	搅拌轻质混凝土	L/m^3	300 ～ 350	
4	搅拌泡沫混凝土	L/m^3	300 ～ 400	
5	搅拌热混凝土	L/m^3	300 ～ 350	
6	混凝土养护(自然养护)	L/m^3	200 ～ 400	
7	混凝土养护(蒸汽养护)	L/m^3	500 ～ 700	
8	冲洗模板	L/m^2	5	
9	搅拌机清洗	L/ 台班	600	
10	砌砖工程全部用水	L/m^3	150 ～ 250	
11	砌石工程全部用水	L/m^3	50 ～ 80	
12	抹灰工程全部用水	L/m^2	30	
13	耐火砖砌体工程	L/m^3	100 ～ 150	包括砂浆搅拌
14	浇砖	L/ 千块	200 ～ 250	
15	浇硅酸盐砌块	L/m^3	300 ～ 350	
16	抹面	L/m^2	4 ～ 6	不包括调制用水
17	楼地面	L/m^2	190	主要是找平层
18	搅拌砂浆	L/m^3	300	
19	石灰消解	L/t	3 000	

2. 施工机械用水量可按下式计算：

$$q_1 = K_1 \sum Q_2 N_2 \times \frac{K_2}{8 \times 3\,600} \tag{12.3}$$

式中　q_2—— 机械用水量(L/s)；

K_1—— 未预计施工用水系数(1.05 ～ 1.15)；

Q_2—— 同一种机械台数(台)；

N_2—— 施工机械台班用水定额，参考表 12.16 中的数据换算求得；

K_3—— 施工机械用水不均衡系数(见表12.15)。机械用水参考定额见表12.16。

表12.15　施工用水不均衡系数

编号	用水名称	系数
K_2	现场施工用水	1.5
	附属生产企业用水	1.25
K_3	施工机械、运输机械	2.00
	动力设备	1.05～1.10
K_4	施工现场生活用水	1.30～1.50
K_5	生活区生活用水	2.00～2.50

表12.16　机械用水参考定额

序号	用水机械名称	单位	耗水量/L	备注
1	内燃挖土机	m^3·台班	200～300	以斗容量m^3计
2	内燃起重机	t·台班	15～18	以起重机吨数计
3	蒸汽起重机	t·台班	300～400	以起重机吨数计
4	蒸汽打桩机	t·台班	1 000～1 200	以锤重吨数计
5	内燃压路机	t·台班	15～18	以压路机吨数计
6	蒸汽压路机	t·台班	100～150	以压路机吨数计
7	拖拉机	台·昼夜	200～300	
8	汽车	台·昼夜	400～700	
9	空压机	(m^3/min)·台班	40～80	以空压机单位容量计
10	内燃机动力装置(直流水)	735 kW·台班	120～300	
11	内燃机动力装置(循环水)	735 kW·台班	25～40	
12	对焊机	台·h	300	

3.施工现场生活用水量可按下式计算:

$$q_3=\frac{P_1 N_3 K_4}{t\times 8\times 3\ 600} \tag{12.4}$$

式中　q_3—— 施工现场生活用水量(L/s);

P_1—— 施工现场高峰昼夜人数(人);

N_3—— 施工现场生活用水定额(一般为20～60L/人·班,主要须视当地气候而定);

K_4—— 施工现场用水不均衡系数,见表12.15;

t—— 每天工作班数(班)。

4. 生活区生活用水

$$q_4 = \frac{P_2 N_4 K_5}{24 \times 3\ 600} \tag{12.5}$$

式中　q_4——生活区生活用水(L/s)；

P_2——生活区居民人数(人)；

N_4——生活区昼夜全部生活用水定额，每一居民每昼夜为 100 ～ 120 L，随地区和有无室内卫生设备而变化；各分项用水参考定额见表 12.17。

K_5——生活区用水不均衡系数。

表 12.17　分项生活用水量参考定额

序号	用水对象	单位	耗水量
1	生活用水(盥洗、饮用)	L/ 人·日	20 ～ 40
2	食堂	L/ 人·次	10 ～ 20
3	浴室(淋浴)	L/ 人·次	40 ～ 60
4	淋浴带大池	L/ 人·次	50 ～ 60
5	洗衣房	L/kg 干衣	40 ～ 60
6	理发室	L/ 人·次	10 ～ 25

5. 消防用水

消防用水量见表 12.18。

表 12.18　消防用水量

序号	用水名称	火灾同时发生次数	单位	用水量
1	居民区消防用水			
	5 000 人以内	一次	L/s	10
	10 000 人以内	二次	L/s	10 ～ 15
	25 000 人以内	二次	L/s	15 ～ 20
2	施工现场消防用水			
	施工现场在 $25 \times 10\ 000\ m^2$ 内	一次	L/s	10 ～ 15
	每增加 $25 \times 10\ 000\ m^2$	一次	L/s	5

6. 总用水量计算

(1) 当$(q_1 + q_2 + q_3 + q_4) \leqslant q_5$ 时，则 $Q = q_5 + (q_1 + q_2 + q_3 + q_4)/2$。

(2) 当$(q_1 + q_2 + q_3 + q_4) > q_5$ 时，则 $Q = q_1 + q_2 + q_3 + q_4$。

(3) 当工地面积小于 5ha，且$(q_1 + q_2 + q_3 + q_4) < q_5$ 时，则 $Q = q_5$，最后计算出的总用水量，还应增加 10%，以补偿不可避免的水管漏水损失。

所需供水管的直径可根据总用水量查阅有关施工手册，或按表 12.19 计算。

表 12.19　给水钢管计算表

流量/L·s⁻¹	管径/mm									
	25		40		50		70		80	
	i	*v*	*i*	*v*	*i*	*v*	*i*	*v*	*i*	*v*
0.1										
0.2	21.3	0.38								
0.4	74.8	0.75	8.98	0.32						
0.6	159	1.13	18.4	0.48						
0.8	279	1.51	31.4	0.64						
1.0	437	1.88	47.3	0.8	12.9	0.47	3.76	0.28	1.61	0.2
1.2	629	2.26	66.3	0.95	18	0.56	5.18	0.34	2.27	0.24
1.4	856	2.64	88.4	1.11	23.7	0.66	6.83	0.4	2.97	0.28
1.6	1118	3.01	114	1.27	30.4	0.75	8.7	0.45	3.76	0.32
1.8			144	1.43	37.8	0.85	10.7	0.51	4.66	0.36
2.0			178	1.59	46	0.94	13	0.57	5.62	0.40
2.6			301	2.07	74.9	1.22	21	0.74	9.03	0.52
3.0			400	2.39	99.8	1.41	27.4	0.85	11.7	0.60
3.6			577	2.86	144	1.69	38.4	1.02	16.3	0.72
4.0					177	1.88	46.8	1.13	19.8	0.81
4.6					235	2.17	61.2	1.3	25.7	0.93
5.0					277	2.35	72.3	1.42	30	1.01
5.6					348	2.64	90.7	1.59	37	1.13
6.0					399	2.82	104	1.7	42.1	1.21

习　　题

1. 简述施工组织设计的作用。
2. 施工组织设计包含哪 3 个层次？
3. 简述施工组织总设计的作用、编制依据及编制程序。
4. 施工组织总设计中的工程概况包括哪些内容？
5. 什么是施工部署，包含哪些内容？
6. 简述施工总进度计划的编制方法。
7. 简述资源配置计划和施工准备工作计划的内容。
8. 简述施工总平面图的内容、布置原则、设计步骤。
9. 简述现场临时设施、临时用水、用电量的估算方法。
10. 简述施工现场临时水、电管网布置的原则。

第13章 单位工程施工组织设计

单位工程施工组织设计是由施工单位编写的，用以指导其在单位工程施工过程中进行技术、组织、经济、安全管理活动的综合性文件。

13.1 概 述

1.单位工程施工组织设计的分类

根据单位工程施工组织设计所处的阶段及作用，可以将其分为两类：投标前施工组织设计（标前设计）和投标后施工组织设计（标后设计）。

标前设计是为了满足编制投标书和签订承包合同的需要而编制的，是施工单位进行合同谈判、提出要约和进行承诺的根据和理由，是拟定合同文件相关条款的基础资料，也是业主选择施工单位的依据。标后设计是为了履行施工合同，满足施工准备和指导施工全过程的需要而编制的，标后设计不得更改标前设计中提出的原则，是对标前设计进行的进一步完善、细化和补充。

编制标前设计时应重点注意招标文件对技术标的要求，要对招标文件有实质性的响应。编制标后设计时应注意方案的具体化和实用性。

2.单位工程施工组织设计编制的依据和内容

单位工程施工组织设计编制的依据和内容与施工组织总设计基本相同，只是其范围局限于所承包的单位工程而已。因此，依据中所涉及的合同、设计文件、资料都以本单位工程为依据；内容中工程概况、施工部署、施工方法、施工准备及资源配备、进度计划、施工平面图及施工管理计划等也仅以该单位工程为目标编制。

在上述施工组织设计的内容中，核心部分是施工方案、进度计划和施工平面图，因此，传统上也将单位工程施工组织设计总结为"一图、一表、一方案"或"一方案、一表、一图"。

3.单位工程施工组织设计编制程序

单位工程施工组织设计编制的程序与施工组织总设计基本相同，如图13.1所示。

应当注意，单位工程施工组织设计中部分内容的编制必须与报价的编制相结合，如施工方案中模板形式、钢筋连接方法、脚手架的选择，基坑加固方案以及临时设施等都与报价密切相关。施工组织设计的任何不慎都有可能直接造成施工成本增加。

4.工程概况的编制

在单位工程施工组织设计中，工程概况将集中介绍本单位工程的一些情况，与施工组织总设计中工程概况介绍最大的区别在于项目设计情况部分。此处，应对本单位工程各专业的设计情况进行较为详细的介绍。

建筑设计。应介绍本单位工程的建筑规模，建筑功能，建筑特点，建筑耐火、防水及节能要求等，并应简单描述本工程的主要装修做法。

结构设计。应介绍本单位工程的结构形式、地基基础形式、结构安全等级、抗震设防类别、主要结构构件类型及要求等。

机电及设备安装设计。应介绍本单位工程给水、排水及采暖系统，通风与空调系统，电气系统，智能化系统，电梯等各个专业系统的做法要求。

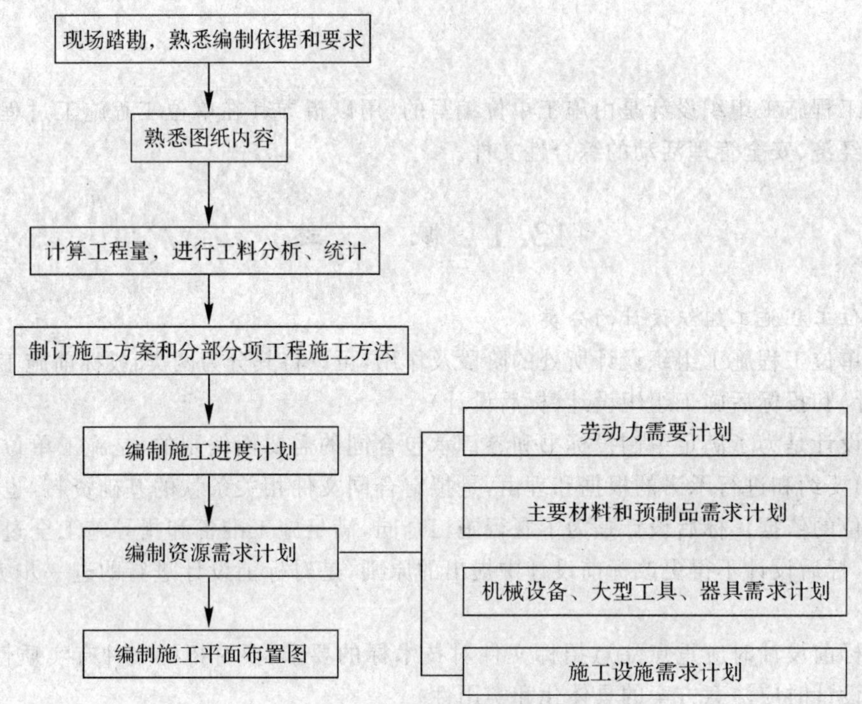

图 13.1 单位工程施工组织设计编制程序

13.2 施 工 部 署

施工部署是在单位工程施工实施前，对整个工程进行通盘考虑、统筹策划后所作出的全局性战略决策和全面安排，并明确工程施工的总体设想。

施工部署部分应编写的内容包括工程管理目标、进度安排和空间组织、项目组织机构、项目的重点难点分析、新技术新工艺的开发及应用、项目分包规划等。这部分最关键的内容是施工的空间组织，即项目的开展顺序及施工段的划分。

1. 项目管理目标

项目管理目标包括项目的质量目标、进度目标、安全目标、环境保护目标及施工成本目标等。其中质量、安全及环保目标应满足国家相关法律法规及施工合同的要求，进度目标应满足施工合同规定，成本目标是施工项目部内部进行成本控制的依据。

2. 进度安排及施工流水段的划分

此处的进度安排是对本单位工程各控制节点的时间安排，例如，开工时间、到达±0.000时间、主体封顶时间、竣工验收时间等标志性事件。这些时间节点应满足合同要求，且应与施工进度计划中相应事件的时间节点相一致。

施工流水段的划分原则同第 10 章流水施工原理。

3. 项目管理组织机构

项目管理组织机构即项目经理部的内部结构。该部分的内容包括 3 个方面:项目管理组织机构框图、项目管理组织机构组成人员表及项目管理人员岗位职责。

(1)项目管理组织机构框图。项目管理组织机构框图反映项目部的组成及其内部的管理关系。项目部的组成形式及其规模取决于项目大小及其复杂程度,也与施工单位内部的管理模式有关。

在一般情况下,项目部的组成包括项目经理、技术员、安全员、质检员、资料员、试验员、材料员和各专业工长(钢筋工长、木工工长、水电工长等)等。

某项目管理组织机构框图如图 13.2 所示。

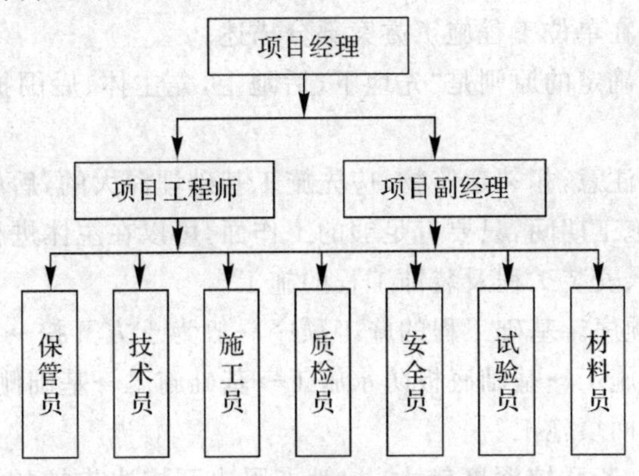

图 13.2　某项目管理机构框图

对一些较小的项目,其中的某些岗位可以兼职,如资料员兼做试验员,土建类各专业工长可以合并为土建施工员等。

(2)项目施工管理组织机构人员表。项目施工管理组织机构人员表应反映出下面各项内容:人员姓名、年龄、职位、职称、注册资格等。

(3)项目管理人员岗位职责。项目管理人员岗位职责是实行岗位责任制的基本条件,也是对项目管理人员进行考核的依据,否则将形成人浮于事、相互推诿,可能造成严重的质量事故或安全事故,影响工程施工的正常进行。在岗位职责的划分中应实行责任、权力相一致的原则,实行严格的奖惩制度,使各岗位人员各行其职、各负其责。

4. 项目的重点难点分析

工程的重点难点包括组织管理和技术管理两个方面。

组织管理方面的难点主要包括:项目部各管理人员之间、总包与分包之间(包括业主指定分包)交界面的处理、项目部与劳务队之间、项目部与建设单位、监理单位、项目所在地附近村民等之间的管理关系等。

技术管理方面的重点难点主要包括:对施工质量、进度及工程安全有重大影响的事件,如关键材料的选用、质量通病预防措施、深基坑开挖、脚手架及模板支架、高处作业及临边防护、防火及安全用电等。

对此处所分析出的重点难点,在施工管理规划中均应制定相应的对策。

5.新技术、新工艺的开发及应用

项目部应根据项目的实际情况及施工企业的需求,在项目施工过程中开发一些新工艺、新技术、新材料、新设备,同时应积极采用建设行政管理部门推广的新技术(如建设部颁发的《建筑业十项新技术(2010)》等,并提出相应的技术和管理规划。

6.项目分包规划

应以表格的方式将项目施工过程中拟分包的项目罗列出来。项目分包规划表应反映出下列内容:分包性质(指定分包还是一般分包)、分包工程内容、主要材料供应、分包单位资质等级要求、分包单位进场时间安排等。

7.施工顺序的确定及流水段的划分

确定施工顺序及划分流水段是编制施工进度计划的基础,应在施工部署部分对其进行较详细的描述。

该部分内容也可以在单位工程施工方案部分描述。

单位工程施工顺序确定的原则是“先地下、后地上,先主体、后围护,先结构、后装饰,先土建、后设备”。

具体在应用时还应注意,相邻建筑物,应先施工基础埋深大的,后施工基础埋深小的;在工期紧迫的情况下,主体施工期间,只要有足够的工作面,可以在主体进行上层施工的同时,在其下部穿插进行围护结构、安装工程及装饰工程的施工。

(1)基础工程施工顺序。基础工程的施工顺序一般为土方开挖→基坑支护→地基处理与桩基础施工→基础垫层施工→基础底板防水施工→基础施工→基础侧墙防水施工→基础侧墙防水保护层及基坑土方回填施工。

基坑在开挖过程中,若开挖深度较大,一般采用边开挖边支护的原则,分层开挖,开挖一层、支护一层,直到设计深度。在验槽及垫层施工前,应预留 20～30 cm 厚度土层在垫层施工前用人工剥离,以减少机械、气候(高温干燥、下雨、低温冰冻)对持力层的影响。对开挖深度大于地下水位的基坑,在开挖前还应做好人工降水,确保地下水位始终保持在开挖面以下不小于 50 cm,以保持开挖面干燥。

基坑回填。对没有地下室的扩展式基础,一般不存在地下防水工程施工。其基坑回填一般在基础施工完毕或一层墙柱施工完毕即可回填。过迟的回填将造成主体结构施工脚手架搭设困难,且影响施工安全。对有地下室的基础,一般在主体结构施工至地面二层以上,且外悬挑脚手架搭设完毕才开始地下室外墙防水及基坑土方回填施工,此时,土方回填不会影响到主体结构施工。

(2)主体结构施工顺序。常用的建筑物主体结构可分为砌体结构、框架结构、框剪结构及剪力墙结构。在主体结构施工阶段的主要工作包括安装起重及垂直运输设备、搭设脚手架、墙柱及梁板、楼梯施工等。对不同结构形式,主体工程施工顺序稍有差异。

1)砌体结构施工顺序。砌体结构主体工程施工的顺序一般是安装垂直运输设备(塔吊或龙门架)→搭设外脚手架→楼层放线、构造柱钢筋绑扎→砌筑墙体、搭设门窗过梁→浇筑构造柱→支设楼板、圈梁及楼梯模板→绑楼板、楼梯及圈梁钢筋→浇筑楼板、楼梯及圈梁混凝土→……这样往复向上直至结构封顶。

2)现浇钢筋混凝土结构(包括现浇框架、框剪、剪力墙结构)施工顺序。现浇钢筋混凝土结构主体工程的施工顺序一般为安装垂直运输设备(塔吊及龙门架或施工电梯)→搭设外脚手架→楼层放线、墙柱钢筋绑扎→支设墙柱模板并浇筑墙柱混凝土→支设梁板及楼梯模板→绑梁板、楼梯钢筋→浇筑梁板、楼梯混凝土→……这样往复向上直至结构封顶。

也可以在墙柱模板支设完毕后不立即浇筑混凝土，直接支设梁、板及楼梯模板，并绑扎梁、板及楼梯钢筋，然后一次浇筑墙柱、梁板及楼梯混凝土。

现浇钢筋混凝土结构中的二次结构(砌体隔墙及围护结构)可以在梁板拆模和有足够施工面后穿插施工。

(3)装饰工程施工顺序。装饰工程施工包括室外装饰和室内装饰两大部分。其中室外装饰的工作包括外墙、勒脚、散水、台阶、雨水管等；室内装饰的工作包括顶棚、墙面、楼地面、踢脚线、楼梯、门窗、油漆、五金件安装、玻璃等。其中内、外墙及楼地面装饰是整个装饰工程的主导施工过程。

根据装饰工程的质量、工期及安全要求以及具体的施工条件，施工顺序如下。

1)室外装饰工程。室外装饰工程一般采用自上而下的施工顺序，这样既可以避免对成品的污染破坏，又可以边施工便落下外脚手架。

有时候为了抢工期，也可采用分段自上而下的施工方法。在这种情况下，应做好对下部已完工程的保护工作。

2)室内装饰工程。室内装饰工程施工通常在主体封顶和屋面防水完成后进行。其施工顺序一般从顶层开始，逐层往下进行，有水平向下和垂直向下两种情况，如图 13.3 所示。

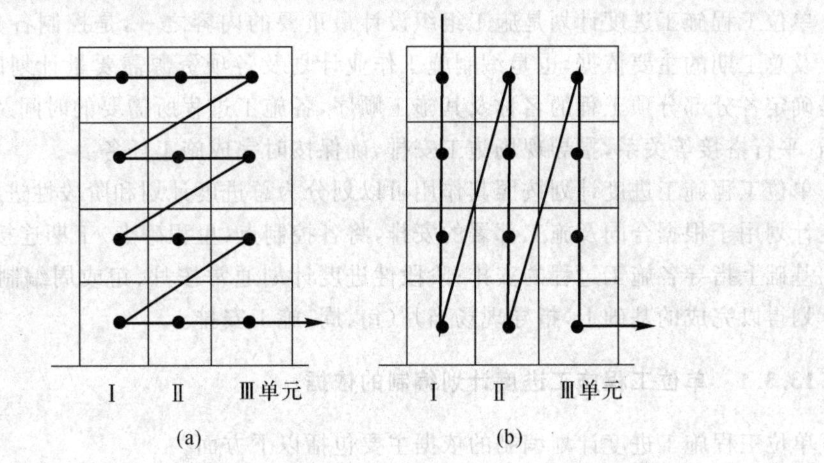

图 13.3　室内装饰工程自上而下的施工顺序

(a)水平向下；(b)垂直向下

采用这种施工顺序的优点是屋面防水完成后，不会因为下雨而对室内装饰造成损坏；各工序之间交叉少，便于进行施工组织，同时有利于成品保护；清理垃圾也较为方便。其缺点是必须等到主体封顶才能开始，工期较长。

另一种施工顺序是自下而上进行，它有水平向上和垂直向上两种情形，如图 13.4 所示。

采用这种施工顺序的优点是可以随着主体工程的进展，装饰工程同步跟进，以节约工期。缺点是上层主体施工过程中的施工用水可能对已完成的装饰造成损坏；同时因主体施工人员上下经过已完成装饰的楼层，不利于成品保护。

对高层建筑，常采用分段自上而下的施工顺序，以缩短总工期。

室内装饰工程不管采用哪种施工顺序，对每一楼层房间，一定是按照先做好其上一层楼地面，再做本层天棚装饰、墙面装饰、地面装饰的施工顺序进行施工。对每一套住宅或办公室，一定是先进行最里面房间的施工，再依次向门口方向退出，最后完成室内走道地面装饰，直到锁门，以利于本套房屋内部的成品保护。

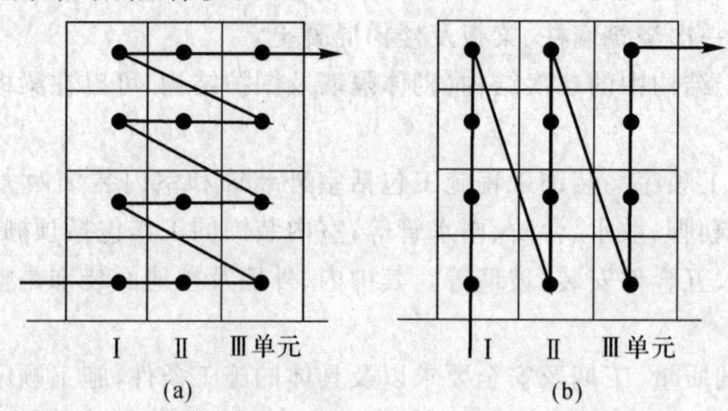

图 13.4 室内装饰工程自下而上的施工顺序

(a)水平向上；(b)垂直向上

13.3 施工进度计划和资源需要量计划

单位工程施工进度计划是施工组织设计最重要的内容之一，是控制各分部分项工程施工进程及总工期的主要依据，也是编制施工作业计划及各项资源需要量计划的依据。其主要作用是确定各分部分项工程的名称及其施工顺序，各施工过程所需要的时间及其相互间的衔接、穿插、平行搭接等关系，指导现场施工安排，确保按时完成施工任务。

单位工程施工进度计划按照其作用可以划分为总进度计划和阶段性进度计划两大类。总进度计划用于根据合同及施工部署的安排，将各控制点（里程碑点）工期连接起来，在保证总工期的基础上指导各施工过程的安排；阶段性进度计划通常按月、旬或周编制，用于在保证总进度计划得以完成的基础上，指导现场当月（旬、周）施工安排。

13.3.1 单位工程施工进度计划编制的依据

单位工程施工进度计划编制的依据主要包括以下方面。

(1)本工程承包合同和全部施工图纸及技术资料。

(2)建设地区原始资料，如气象、水文、法规等。

(3)施工总进度计划或合同条件对本工程的有关要求。

(4)选择确定的分部分项工程施工方案。

(5)主要施工资源的供应条件。

(6)预算文件中有关工程量，或根据图纸计算出的主要分项工程工程量。

(7)劳动定额及机械台班定额。

13.3.2 施工进度计划的编制

单位工程施工进度计划的表达方式有横道图法和时标网络图法两种。具体形式应根据合同要求采用。

施工进度计划编制的程序如 13.5 所示。

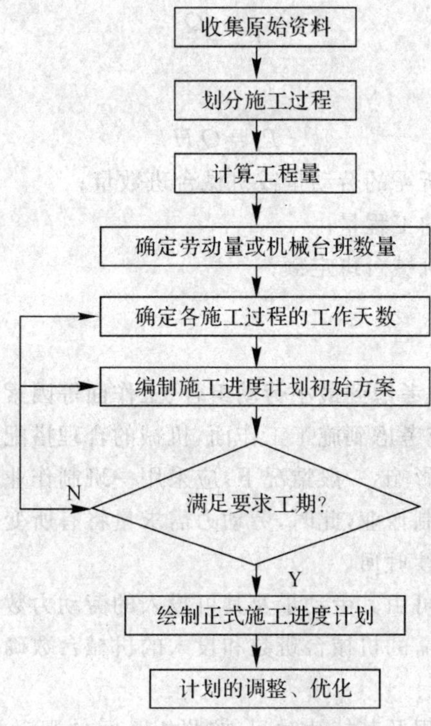

图 13.5　施工进度计划编制程序

1. 划分施工过程

施工过程划分不应过细，否则，编制的进度计划过于烦琐，对施工过程失去指导意义，但过粗的划分又很难保证安排得当。

对钢筋混凝土工程，可划分到每层、每施工段的支模板、绑扎钢筋、浇筑混凝土等，并对墙柱及梁板分别列项。

对砌体工程可划分至每层、每施工段墙体。

对抹灰工程可分内外墙抹灰，按顶棚、墙面、地面、楼梯间等分别列项。

对一般的建筑安装也可按安装项目分层列项。

在总进度计划及月进度计划中，一般以主体或装饰工程形象进度划分至层即可；在旬或周进度计划中，则应划分至施工段、每层中的各个部位（如墙柱、梁板，顶棚、墙面、地面等）。

2. 计算工程量

各施工过程的工程量可根据施工图直接计算，也可以由工程量清单相应分项的数据统计得到。计算工程量时应注意以下问题。

(1)工程量的单位应与劳动定额及机械台班定额相一致。

(2)工程量应与所划分的施工过程相对应。

(3)应与施工方案所选用的安全技术相协调。

3. 确定劳动量和机械台班数量

以计算所得的主要分部分项工程数量为基础，参考国家、地区或本企业相应的劳动定额、机械台班定额或消耗定额，即可求得每个施工过程所需的劳动量及机械台班数量。

(1)劳动量及机械台班数量的确定。劳动量及机械台班数量可按照下列公式确定：

$$P_i=\frac{Q_i}{s_i} \tag{13.1}$$

或

$$P_i=Q_iH_i \tag{13.2}$$

式中 P_i—— 某施工过程所需的劳动量或机械台班数量；

Q_i—— 该施工过程的工程量；

S_i—— 劳动定额或机械台班定额；

H_i—— 时间定额。

(2)应注意的相关问题。

1)在确定劳动班组时，应考虑到最小劳动组合、工作面等因素。

2)确定机械台数时，也应考虑到施工工作面、机械的合理搭配及维修保养等因素。

3)应注意到工作班制的影响，一般情况下，应采用一班制作业，在工期特别紧张的情况下，可考虑采用两班制甚或三班制作业，此时，劳动力需求量将有所变化。

4.确定各施工过程的持续时间

各施工过程的持续时间可由其劳动量及其可投入的劳动力数量确定。以机械为主导的施工过程的持续时间可由其所需的机械台班数和投入的机械台数确定。

5.初排进度计划

根据以上划分的施工过程及其持续时间，按照相互间的逻辑关系即可以排出初步的施工进度计划。

在初步进度计划排出后，还应对下列问题进行检查。

(1)该进度计划的总工期是否能满足规定的工期要求。

(2)各主导施工过程的施工顺序、搭接及技术间歇是否合理。

(3)能否保证主导施工过程的连续施工。

(4)资源需求的均衡情况。

根据检查结果，对不符合要求处应进行修改，修改的方法包括以下几种。

(1)增加或缩短某些施工过程的持续时间。

(2)在条件允许的情况下，将某些施工过程的开始时间前移或推后。

(3)改变施工方法或施工组织，从而取消或减少某些施工过程的工程量。

6.编制正式施工进度计划

在对初步的施工进度计划进行上述检查及调整后，即可得到正式的施工进度计划。

13.3.3 资源需要量计划的编制

建设工程施工所需要的各种资源包括劳动力需要量计划、材料需要量计划、构配件和半成品需要量计划及机械需要量计划。

1.劳动力需要量计划

劳动力需要量计划是签订劳务合同、修建临时设施的依据。劳动力需求计划是根据编制施工进度计划过程中统计得到的各施工过程劳动力数量及其在现场工作时间得到的，通常以表格形式表示(见表13.1)，也可以用时间-数量曲线表示。

表 13.1 劳动力需求计划

序号	施工过程名称	工种	劳动量/工日	需要时间					
				1月	2月	3月	4月		
1									
2									

2. 主要材料需求计划

在施工过程中，主要材料的短缺可能造成临时停工。主要材料需求计划对保证施工进度具有非常重要意义。根据施工进度计划和相关消耗定额，即可编制出主要材料需求计划，格式见表13.2。

对施工中所需的次要材料，则可以根据现场消耗及其需求情况临时采购。

表 13.2 主要材料需求计划

序号	材料名称	规格	需要量		供应时间	备注
			单位	数量		

3. 构件和半成品需要量计划

建筑结构构件、配件及半成品的需要量计划主要用于落实加工订货单位，并按所需的规格、数量及时间进行加工并运至现场指定堆场。其需要量计划的形式见表13.3。

表 13.3 构件、半成品需要量计划

序号	名称	图纸及图集编号	需要量		使用部位	加工单位	供应日期	备注
			单位	数量				

4. 机械需要量计划

施工机械需要量计划主要用于确定施工机具类型、数量、进场时间，据此落实施工机具来源，组织进场。其编制方法是根据施工进度计划所罗列的施工过程，将每天所需的施工机械类型、数量进行统计汇总，即可得到。其格式见表13.4。

表 13.4 施工机械需要量计划

序号	机械名称	型号、规格	需要量		货源	使用起止时间	备注
			单位	数量			

13.4 施工方案的编制

施工方案是单位工程施工组织设计的核心内容之一，施工方案是否合理，将直接影响到工程的施工质量、安全、进度及成本，必须引起足够的重视。当确定施工方案时，应在保证该施工过程的质量、进度、安全及成本的基础上，初步拟定多个方案，并分别对其进行技术、经济分析，通过多方案比较的方法，选择出最优方案作为实施方案，并编制相应的组织、管理及技术等保证措施，以确保该方案目标的实现。

13.4.1 施工方案的分类

施工方案实质上是施工组织设计的微型化，是对某一分部分项工程或专项工程而编制的施工组织设计。按照编制人、编制阶段等的不同，施工方案可分为如下几种。

(1)单位工程施工组织设计中的施工方案。

(2)作为单位工程施工组织设计的补充，由总承包单位编制的分部(分项)工程或专项工程施工方案。例如目前相关建设工程管理法规规定，工程开工前，施工单位还必须对脚手架工程、模板工程、防水工程、现场临时用电、施工安全事故应急等编制的专项方案，冬期施工开始前，编制的冬期施工方案等。

(3)专业分包时，专业承包公司对独立承包项目中的分部(分项)工程或专项工程所编制的施工方案。例如地基处理、桩基础、防水工程、保温节能工程、人防工程、消防工程等一般在施工中均作为专业分包进行组织。

由于编制人及编制阶段的不同，施工方案的内容及其深度也会有所差异。

13.4.2 施工方案的内容

1.完整施工方案应包括的内容

一个完整的施工方案，通常应包括下列内容。

(1)工程概况。

1)工程的主要情况：①应说明分部(分项)工程或专项工程名称；②工程参建单位(建设、设计、勘察、监理、监督等单位)的相关情况；③工程的施工范围；④施工合同、招标文件或总包单位对工程施工的重点要求等；

2)设计简介：施工范围内的工程设计内容和相关要求。

3)工程施工条件：应重点说明与分部(分项)工程或专项工程中相关的内容。

(2)施工安排。

1)本方案所述工程范围的质量、工期、安全、环保、成本等目标。

2)工程的施工顺序及流水段划分。

3)工程管理的组织机构设置及其职责划分。

4)施工的重点难点及其技术、管理措施。

(3)施工进度计划。以横道图或网络图方式给出本工程的进度计划，并编制相应的文字说明。

(4)施工准备与资源配置计划。

施工准备计划：

1)技术准备：包括施工所需技术资料的准备、图纸深化和技术交底的要求、试验检验和测试工作计划、样板制作计划以及与相关单位的技术交接计划等。

2)现场准备：包括生产、生活等临时设施的准备以及与相关单位进行现场交接的计划等；

3)资金准备：编制资金使用计划等。

资源配置计划：

1)劳动力配置计划：确定工程用工量并编制专业工种劳动力计划表。

2)物资配置计划：包括工程材料和设备配置计划、周转材料和施工机具配置计划以及计量、测量和检验仪器配置计划等。

(5)施工方法及工艺要求。在本部分应重点阐明该分部分项工程或专项工程在施工期间所采用的技术方案、工艺流程、组织措施、检验手段、安全施工措施等。它直接影响施工进度、质量、安全以及工程成本，是施工方案编写的重点。国家鼓励采用目前国家和地方推广的新技术、新工艺，对企业自主研发的新技术、新工艺应经过试验及专家鉴定后方可采用。

当编制施工方法时，还应考虑到季节性气候条件的影响，并采取针对性的措施以确保施工质量。

2.不同情况下施工方案内容的取舍

编制具体施工方案时，应根据具体环境对上述内容适当取舍。

(1)专业分包时，专业承包公司对独立承包项目中的分部(分项)工程或专项工程所编制的施工方案，应包括上述所有内容。

(2)作为单位工程施工组织设计的补充或进一步细化，由总包单位编制的专项施工方案一般只需要对施工准备、施工方法及工艺要求进行描述即可。

(3)在单位工程施工组织设计中，则应对施工顺序、流水段划分、施工方法及工艺要求等进行详细描述。

13.4.3 分部(分项)工程及专项工程施工方法及工艺要求的编制

分部(分项)工程及专项工程施工方法及工艺要求的编制是施工方案的核心。在该部分，应对该方案所述分部(分项)工程施工的下列问题进行详细阐述。

1.材料及构配件的选用

在该部分应对该施工过程所拟采用的材料及构配件作必要的说明。例如，混凝土工程施工方案，应明确混凝土的设计强度等级、水泥及粗细骨料的材料选用要求、外加剂的采用等，对大体积混凝土还应介绍降低水化热的措施。对模板工程施工方案，应介绍采用的模板材料类型，是定型钢大模板、小钢模板、多层板模板，还是竹胶板模板；说明模板材料的规格、支架材料的规格、材质等。

2.机具设备的选用

应介绍该施工过程所拟采用的施工机械情况，并列表介绍施工机械的型号、性能及所属性质等。对操作人员及辅助人员有特殊要求的，还应特别说明。例如塔吊操作工及辅助的信号工，属于特殊工种，必须有相应的岗位证书。

3.必要的设计计算

对一些需要进行施工设计的施工过程，如大体积混凝土工程中最高温度及温差的预测、覆盖厚度的确定;脚手架及模板支架工程中立杆间距的确定、土方开挖工程与运输中的基坑放坡及开挖运输机械的配合、基坑排水中排水量的计算及排水设备的选用、吊装工程中吊装机械的选用、冬期施工中保温措施的效果等,都必须通过相应的设计计算,以确定相应的施工参数。应给出方案计算的环境条件、设计计算过程、设计计算结果等内容。

4.施工工艺描述

施工工艺是施工方案的核心,包括该施工过程的施工工艺流程、施工操作要点、质量检验的标准、程序及方法描述。目前,国家、各地及一些大的建筑施工企业均编制了适用于全国、地方及本企业的施工工艺标准,在这些标准中对建筑施工中各分项工程的施工工艺有非常详尽的描述,可以作为编制施工工艺的参考。

5.安全管理措施

安全管理措施指本方案所涉及的施工过程在施工中应采取的安全措施。

(1)组织措施。例如组织机构的设立、安全交底及安全检查、安全应急预案等。安全交底时应分层进行,层层签字落实;安全检查包括专职安全员的随时检查、施工项目部及相关单位的定期检查、上级企业和政府管理部门的不定期检查等。应明确定期检查的时间、问题的处理程序及奖惩措施等。

(2)技术措施。编制专门的安全保障方案、必要时(如深基坑开挖)还应进行安全监测。

(3)资金保障措施。为设置安全防护划拨专门的资金。

6.成品保护措施

建筑工程施工是一个逐层施工、逐层隐蔽的过程,成品保护是建筑施工的重要一环,否则可能因为保护不力而造成严重的质量事故。例如混凝土浇筑是对钢筋的隐蔽过程,若在此过程中对钢筋保护不力,导致过分踩踏、则可能改变钢筋的受力性质,从而酿成工程事故。应针对所述施工过程,编制有针对性的成品保护措施,定人员、定岗位、定职责地做好这件事情。

7.必要的附图附表

例如,脚手架及模板支架的构造图、模板的节点图等。这些图表可能与前面设计计算过程相关联,也可能仅是作为施工操作工艺的说明。

目前,国内一些地区建设行政主管部门及一些企业对所管辖范围内的施工项目的施工方案编制规定有专门的表述方法,这些都可作为编制施工方案的参考。

13.5 单位工程施工平面图

单位工程施工平面图是对一个建筑物的施工现场进行平面规划的布置图,其作用是正确解决施工期间所需的各种临设工程、拟建建筑物及已有的永久性建筑物之间的合理位置关系。单位工程施工平面图是施工现场布置的依据,也是文明施工的先决条件。合理的现场平面布置能使得施工期间工地井然有序,有利于保证施工安全和质量。单位工程施工平面图一般根据施工现场的大小及复杂程度,采用1∶500～1∶2 000的比例绘制。

13.5.1 单位工程施工平面图的内容

(1)工程施工场地状况。它包括现场已有的建筑物、构筑物及其他设施(如道路、管线等)的位置及尺寸。

(2)拟建建(构)筑物的位置、轮廓尺寸、层数等。

(3)工程施工现场的各种加工设施(混凝土搅拌站、砂浆搅拌站、钢筋加工棚、木工棚等)、存储设施(砂石堆场、钢筋堆场、装饰材料仓库、五金仓库等)、办公和生活用房(工地办公室、宿舍、食堂、卫生间等)的位置和面积。

(4)布置在工程施工现场的垂直运输设施(塔吊、龙门架、施工电梯等)、供电设施(变压器房、配电房等)、供水、供热设施、排水排污设施和临时施工道路等。

(5)施工现场必备的安全、消防、保卫和环境保护等设施。

(6)相邻的地上、地下既有建(构)筑物及相关环境。

单位工程施工平面图应结合施工组织总设计规定的部署原则及施工总平面图进行布置。

13.5.2　单位工程施工平面图的设计步骤

单位工程施工平面图设计的步骤如图 13.6 所示。

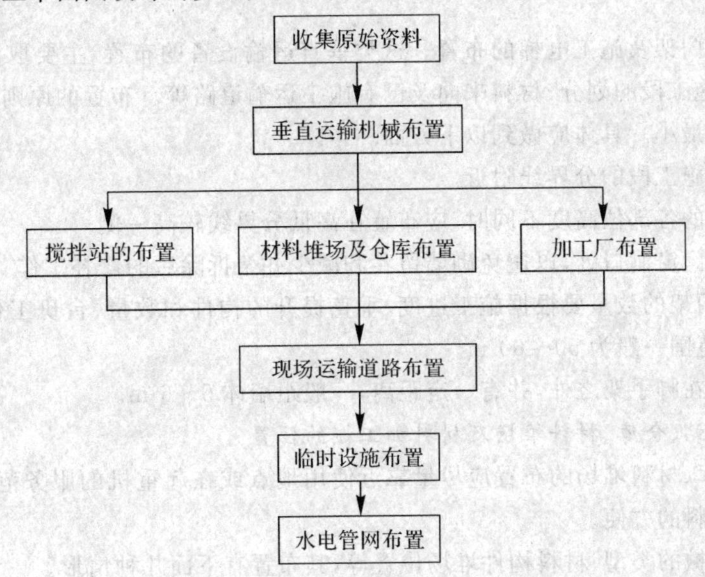

图 13.6　单位工程施工平面图设计步骤

1.布置垂直运输机械

垂直运输机械包括塔吊、龙门架、井架及施工电梯等。垂直运输设备的位置直接影响仓库、堆场、现场加工设施及水电线路的布置,是施工现场布置的核心。

在建筑施工现场,常用的塔式起重机(塔吊)有行走式和固定式两类。通常,固定式塔吊的起重量及允许起重高度比移动式要大,稳定性也好很多,是单位工程主体结构施工阶段最常用的垂直运输设备。塔吊常用于主体施工阶段往作业面上吊运钢筋、模板、模板支架钢管、混凝土等物料,也常用于协助现场钢筋进场时的卸车及将钢筋从堆场至加工棚之间的吊运。

施工电梯可用于人员及物料的垂直运输。可以将人员及物料从地面运送至各作业层,是一种相对比较安全的垂直运输设备,一般用于高层或超高层建筑的施工。

龙门架及井架主要用于将物料从地面运送至各作业层,一般严禁运送施工人员。主要用于多层建筑主体封顶后的二次结构及装饰安装工程施工阶段。

(1)塔吊的布置。布置塔吊时,应尽量将建筑物平面布置在吊臂的回转半径之内,以便直接将材料和构件运送至任意施工地点，尽量避免出现死角，如图 13.7 所示。塔吊离建筑物的距离(B)应考虑外脚手架宽度、建筑物悬挑部位的宽度、安全距离、回转半径等因素。塔吊布置的具体位置主要取决于建筑物的平面形状、高度及吊装方法等因素，还应考虑对相邻建筑物的影响。一栋建筑物或相邻建筑物布置多台塔吊时，应尽量避免吊臂之间的相互碰撞。

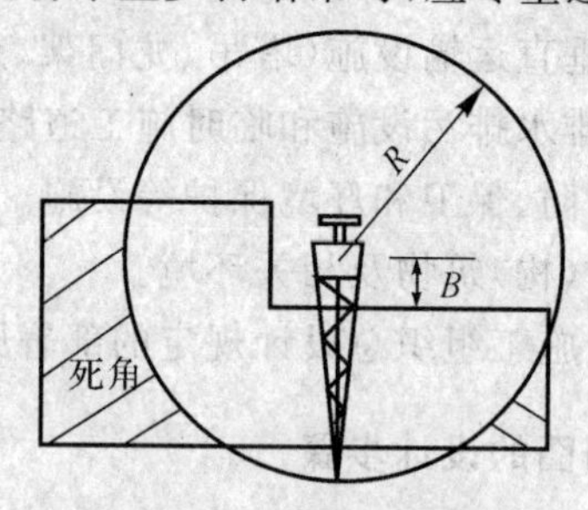

图 13.7　塔吊的布置

(2)井架、龙门架及施工电梯的布置。这类垂直运输设备的布置，主要取决于建筑物的平面形状和尺寸、施工段的划分、材料来向及已有施工运输道路等。布置的原则是使地面及楼面的水平运输距离最小。具体应做到以下方面。

1)应布置在施工段的分界线附近。

2)当建筑物的各部位高度不同时，应布置在高低分界线较高一侧。

3)应布置在门窗洞口处，以避免砌墙留茬和减少井架拆除后的修补工作。

4)井架、龙门架的数量要根据施工进度、垂直提升的构件和数量、台班工作效率等因素综合确定，其服务范围一般为 50～60 m。

5)井架应立在脚手架之外，并有一定距离，一般距墙体 5～6 m。

2. 确定搅拌站、仓库、材料堆场及材料加工棚的位置

搅拌站、仓库、材料堆场的布置应尽量靠近使用地点或在起重机的服务范围之内，并考虑到运输和装卸材料的方便。

根据起重机械的类型、材料构件堆场位置等，其布置有下面几种情形。

(1)采用固定式垂直运输机械时，对大宗的建筑材料，如砖等应布置在尽量靠近垂直运输机械附近，对使用量较少、质量较轻的材料，则可以离垂直运输机械较远。

(2)采用塔式起重机时，构件、材料堆场、加工棚及混凝土搅拌站的出料口应尽量布置在塔吊的服务范围之内。

(3)砂石堆场应布置在搅拌站附近，搅拌机后应预留上料场地。

3. 现场运输道路的布置

现场运输道路主要解决施工期间的材料运输及消防两个问题。

现场主要道路应尽可能利用永久性道路，或先修好永久性道路的路基，在土建工程结束时再铺设路面。为保证现场通畅，运输道路最好围绕建筑物布置成环形，道路宽度一般不小于 3.5 m，主干道路不小于 6 m。道路两侧应设置排水沟。

4. 临时生活及管理设施的布置

这些设施主要包括办公室、工人宿舍、开水房、食堂、卫生间、娱乐间等。布置的原则同施工总平面图，即有利生产、方便生活、安全防火、办公、生产和生活区相分离。

办公室应靠近施工现场，宜设在工地入口处，并用围墙与生产区、生活区相隔离；工人宿舍应设在安全的上风向一侧；收发室应设在入口处。运输车辆进出工地的大门口内侧还应设置洗车台。

5. 水电管网的布置

(1)施工现场临时用水布置。

1)施工用的临时给水管，一般由建设单位的干管或自行布置的干管接到用水地点。管径和水龙头数量应视需水量及其位置由计算确定。管道可设于地下或地上，视当地气温和使用期限而定。水管的布置方式有枝状、环状和混合状等，详见第12章。工地内还应设置消防栓，消防栓距建筑物不应小于5 m，也不应大于25 m，距离路边不大于2 m。条件允许时，可利用城市或建设单位的永久消防设施。

2)为防止现场地面积水和排除地下水，应及时修通永久性室外工程设计的排水设施，并结合现场地形在建筑物四周修筑排泄地面积水的沟渠。

(2)施工现场临时用电布置。

1)当采用架空配电线路时，架空线路与施工建筑物的水平距离不应小于10 m，离地高度不小于6 m，跨越建筑物或临时设施时，垂直距离不应小于2.5 m。

2)供电线路应尽量布置在道路同一侧，且尽量保持线路水平。在低压线路中，电杆间距应为25～40 m，分支线应从电杆处引出。

3)单位工程施工用电布置应符合施工总平面图的布置要求。

13.5.3 单位工程施工平面图案例

1. 工程简介

本工程为某学院教学实验楼，工程从东向西分有两栋教学楼和一栋实验楼，均为5层，一层层高4.2 m，二～五层层高均为3.9 m。在这三栋楼的南北两侧，布置有阶梯教室、门厅等，总建筑面积为25 625.34 m^2，建筑物总高为21.75 m。

建筑结构形式均为钢筋混凝土框架结构，基础为柱下条形基础。墙体采用粉煤灰混凝土砌块填充墙。

结构施工阶段，布置3台QTZ6013型塔吊，用于钢筋、混凝土及模板等材料的垂直运输；布置三台龙门架，用于砌块、装饰材料的垂直运输；设置两座混凝土搅拌站，各配备两台JS500型混凝土搅拌机、一台自动配料机、一台混凝土输送泵。钢筋加工机械，准备配备钢筋对焊机1台，钢筋调直机、切断机、弯曲机各2台及电渣压力焊机6台。

装饰施工阶段，还将设置3台砂浆搅拌机。

为保证施工现场水电供应，还准备有高压水泵1台和发电机1台。

2. 施工平面图

根据现场的具体条件，结合永久道路布置，拟在现场修筑宽5 m的环形道路，路基采用100 mm厚砂石路基，上铺150 mm厚C20混凝土，纵向坡度为2%；施工现场采用C15混凝土进行硬化。

施工平面布置图如图13.8所示。

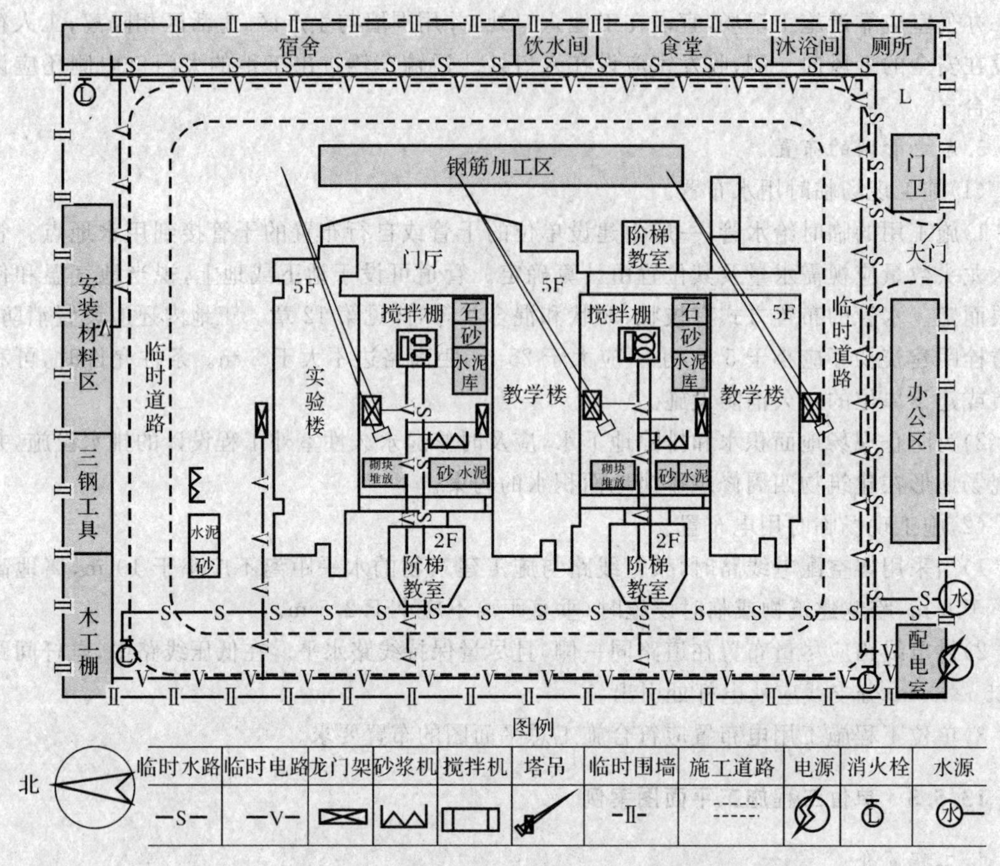

图 13.8　某学院单位工程施工平面布置图

13.6　主要施工管理计划的编制

1. 施工管理计划的内容

按照《建筑施工组织设计规范》GB50202，施工管理计划应包括进度管理计划、质量管理计划、安全管理计划、环境管理计划、成本管理计划以及其他管理计划等。

其他管理计划主要包括绿色施工管理计划、文明工地管理计划、消防管理计划等。

在通常的施工组织设计中，以上各项施工管理计划也常称之为各项“保证措施”。

2. 管理计划的编制

管理计划反映了为实现项目管理目标拟采取的措施。对每一项管理计划，应从组织、技术、经济、合同及工程具体情况等方面有针对性地进行编制，应做到可行、有效。以下仅对施工进度、施工质量和施工安全方面的管理计划进行讲述。

(1)进度管理计划。进度管理计划应包括以下内容。

1)对项目施工进度计划进行逐级分解，合理制定阶段性目标，通过阶段性目标的实现保证最终工期目标的完成。

2)建立施工进度管理的组织机构并明确职责，制定相应管理制度。

3)针对不同施工阶段的特点，制定进度管理的相应措施，包括施工组织措施、技术措施和合同措施等。

4)建立施工进度动态管理机制,及时纠正施工过程中的进度偏差,并制定特殊情况下的赶工措施。

5)根据项目周边环境特点,制定相应的协调措施,减少外部因素对施工进度的影响。

(2)质量管理计划。质量管理计划包括以下内容。

1)按照项目具体要求确定质量目标并进行目标分解,质量指标应具有可测量性;如单位工程合格率、分部工程优良率、顾客满意度、各种反映施工质量的杯、奖等。

2)建立项目质量管理的组织机构并明确职责;应给出质量管理机构框图,做到事事有人管,人人有职责,并有相应的奖惩制度作为约束。建立健全各种质量管理制度(如质量责任制、三检制、样板制、奖罚制、否决制等),并对质量事故的处理作出规定。

3)制定符合项目特点的技术保障和资源保障措施,通过可靠的预防控制措施,保证质量目标的实现。技术保障措施包括技术管理责任制;项目所用图集、规范等的有效性确认;图纸会审、施工方案编制和技术交底、工程资料管理等。资源保障包括项目管理层、劳务层的教育培训;材料、设备的采购规定等。

4)制定主要分部分项工程的质量预防控制措施,以分部分项工程质量保证单位工程的施工质量。

5)其他保证质量的措施,如劳务素质保证措施、成品保护措施、季节性施工措施等。

(3)安全管理计划。安全管理计划的内容应包括。

1)根据项目的具体特点,制定项目职业健康安全管理目标,判定施工现场的危险源。

2)建立项目安全管理的组织机构(画出相应框图),并明确职责。

3)根据项目特点,进行职业健康安全方面的资源配置。

4)建立有针对性的安全生产管理制度和职工安全教育培训制度,包括安全交底签字制度、安全奖惩制度等。

5)针对项目的主要危险源,制定相应的安全技术措施;对达到一定规模的危险性较大工程和特殊工种的作业,应编制专项安全施工技术措施。包括进入现场安全规定、深基坑、高处作业、立体交叉作业、施工用电、机械设备使用、自然灾害等方面的安全管理措施。

6)根据季节、气候的变化,制定相应的季节性安全施工技术措施。

7)建立现场安全检查制度,并对安全事故的处理做出相应规定。

8)建立安全事故应急处理预案,并做好相应的资源配置。

9)建立特殊工种(如架子工、电工、高空作业起重工、起重信号工等)的持证上岗和安全管理制度。

10)制定对分包的安全管理措施,包括签订安全责任协议书、将分包安全纳入总包管理等制度。

习　题

1. 什么是单位工程施工组织设计的标前设计和标后设计?

2. 单位工程施工组织设计应包括哪些内容?

3. 简述单位工程施工组织设计编制的程序。

4. 如何编写单位工程施工组织设计的工程概况？

5. 施工部署包括哪些内容？

6. 简述单位工程施工顺序。

7. 简述单位工程施工进度计划的编制程序。

8. 单位工程资源需求计划包括哪些内容？如何编制？

9. 简述施工方案的内容。

10. 单位工程施工平面图包括哪些内容？

11. 简述单位工程施工平面图的编制程序。

12. 主要施工管理计划包括哪些内容？各自应如何编制？

参 考 文 献

[1] 建筑施工手册编写组.建筑施工手册.4版.北京:中国建筑工业出版社,2003.

[2] 赵志缙,应惠清.建筑施工.4版.上海:同济大学出版社,2004.

[3] 毛鹤琴.土木工程施工.2版.武汉:武汉理工大学出版社,2003.

[4] 重庆大学,同济大学,哈尔滨工业大学.土木工程施工.北京:中国建筑工业出版社,2008.

[5] 卢循,林奇,陈孝慧.建筑施工技术.上海:同济大学出版社,1999.

[6] 付敏.现代建筑施工技术.北京:机械工业出版社,2009.

[7] 魏瞿霖,王松成,肖金媛,等.建筑施工技术.北京:清华大学出版社,2006.

[8] 王仕川,胡长明.土木工程施工.北京:科学出版社,2009.

[9] 杨嗣信,余志成,侯君伟.建筑业重点推广新技术手册.北京:中国建筑工业出版社,2003.

[10] 危道军.建筑施工组织.2版.北京:中国建筑工业出版社,2007.

[11] 钱昆润,葛筠圃.建筑施工组织与计划.南京:东南大学出版社,1996.

[12] 王仕川.建筑施工技术.北京:冶金工业出版社,2006.

[13] 余流.施工临时结构设计与应用.北京:中国建筑工业出版社,2010.

[14] 郁超.实施性施工组织设计及施工方案编制技巧.北京:中国建筑工业出版社,2009.

[15] 王恩广,王光伟.建筑钢结构工程施工技术与质量控制.北京:机械工业出版社,2010.

[16] 郑训兵.钢结构制作安装便携手册.北京:中国计划出版社,2008.